W0259974

Tabelle 1. 2. 1.

		DDR	Westeuropa	ČSSR	SU
1. Buchstabe	Germanium	G	A	G	G
(Ausgangs-	Silizium	S	B	K	K
material)	Verbindungshalbleiter (GaP, GaAsP)	V	C	L	A
2. Buchstabe	Diode	A	wie DDR-	wie	A
(Art des	Kapazitätsdiode	B	Schlüssel,	West-	W
Bauelementes)	NF-Transistor[1])	C	aber	europa-	T
	NF-Leistungstransistor[1])	D	Feldeffekt- und	Schlüssel	T
	Tunneldiode	E	bipolare		I
	HF-Transistor[1])	F	Transistoren		T
	Hall-Feldsonde	H	werden		
	Hall-Generator	K	*nicht* unter-		
	HF-Leistungstransistor[1])	L	schieden (M: Hall-Gene-		T
	Feldeffekt-Transistor	M	rator)		P
	strahlungsempfindliches Bauelement	P			F
	lichtemittierendes Bauelement	Q			L
	Vierschichtdiode	R			N
	Schalttransistor[1])	S			T
	Thyristor	T			U
	Leistungs-Schalttransistor[1])	U			T
	Gleichrichterdiode	Y			D
	Z-Diode	Z			S

[1]) DDR: Bipolar

Weitere Buchstaben und Ziffern weisen auf Hauptanwendungsgebiete bzw. Typenreihen oder auch bestimmte Kennwerte hin.

Tabelle 1. 2. 4. Internationaler Farbcode

Farbe	Ziffern-wert	Multipli-kator	Toleranz	Beispiele der Farbkennzeichnung
farblos	–	–	± 20%	*Widerstand R* in Ω
silber	–	10^{-2}	± 10%	
gold	–	10^{-1}	± 5%	
schwarz	0	10^{0}	–	
braun	1	10^{1}	± 1%	$R = 15 \cdot 10^2 \Omega \pm 20\%$
rot	2	10^{2}	±2%	bzw. 1,5 kΩ ± 20%
orange	3	10^{3}	–	
gelb	4	10^{4}	–	*Kapazität C* in pF
grün	5	10^{5}	± 0,5%	
blau	6	10^{6}	–	
violett	7	10^{7}	–	
grau	8	10^{8}	–	$C = 22 \cdot 10^2$ pF ± 20%
weiß	9	10^{9}	–	bzw. 2,2 nF ± 20%

Pfeifer · Elektronikpraktikum

Elektronikpraktikum

Herausgegeben von
Prof. Dr. Dr. h. c. H. Pfeifer, Leipzig

Autoren
Dr. H. Ernst, Leipzig
Dr. W. Heink, Leipzig
Dr. sc. techn. W. Jehmlich, Chemnitz
Dipl.-Ing. B. Knorr, Leipzig

3., bearbeitete Auflage
Mit 258 Abbildungen und 38 Tabellen

BSB B. G. TEUBNER VERLAGSGESELLSCHAFT · 1990

Elektronikpraktikum/hrsg. von H. Pfeifer
Autoren: H. Ernst... – 3., bearb. Aufl. – Leipzig: BSB Teubner, 1990. – 336 S. : mit 258 Abb. u. 38 Tab. & 1 Anl.
(336 S.)
NE: Pfeifer, H. [Hrsg.] ; Ernst, H. [Mitarb.]

ISBN 978-3-322-93042-2 ISBN 978-3-322-93041-5 (eBook)
DOI 10.1007/978-3-322-93041-5

Softcover reprint of the hardcover 3rd edition 1984
3. Auflage
VLN 294-375/72/90 · LSV 1154
Lektor: Dr. rer. nat. Ingrid Lerchner

Gesamtherstellung: INTERDRUCK Graphischer Großbetrieb Leipzig III/18/97
Bestell-Nr. 666 602 7

03400

Vorwort zur ersten Auflage

Versteht man die Elektronik als Wissenschaftsgebiet, das sich mit der Anwendung der Elektrizität zur Aufnahme, Übertragung und Verarbeitung von *Information* befaßt, so erkennt man einerseits die Abgrenzung zur Elektrotechnik, bei deren Definition „Energie“ an Stelle von „Information“ zu setzen ist, und andererseits die Tatsache, daß der Elektronik in allen Bereichen der Technik und der experimentellen Naturwissenschaft eine zentrale Bedeutung zukommt.

Für den Physiker ist die Elektronik in zweierlei Hinsicht bedeutsam: Einerseits stellen ihre physikalischen Grundlagen ein breites Forschungsgebiet dar, das gegenwärtig vor allem durch die Halbleiterphysik und die Mikroelektronik geprägt wird. Andererseits bilden elektronische Geräte und Schaltungen die Basis jeder modernen physikalischen Laboratoriumstechnik. In dieser Hinsicht ist die Elektronik für den experimentell arbeitenden Physiker eine Hilfswissenschaft, die er, wie beispielsweise die Mathematik, hinreichend gut beherrschen muß, um seine Aufgaben lösen zu können.

Das vorliegende Praktikumsbuch entstand unter dem letztgenannten Aspekt. Es wendet sich an Studierende aller Fachrichtungen, bei denen eine Forschungs- oder Entwicklungsarbeit die Verwendung elektronischer Geräte und Schaltungen erfordert. Mit der stürmischen Entwicklung der Mikroelektronik verlagert sich dabei das Schwergewicht immer mehr von der Zusammenschaltung diskreter Bauelemente auf die Kombination integrierter Schaltkreise und von der Analog- zur Digitaltechnik, ohne aber das diskrete Bauelement und die Analogschaltungen in der *Laboratoriumstechnik* vollständig abzulösen. Diesen Tendenzen versuchen die Konzeption des Buches und die inhaltliche Gestaltung der Themen Rechnung zu tragen.

Aus didaktischen Gründen gliedert sich das Praktikumsbuch in drei Teile: Zusammen mit der Anlage stellen die Abschnitte 1.1 und 1.2 des *ersten Teils* Übersichten dar, von denen man je nach Bedarf Gebrauch machen wird, während die Abschnitte 1.3 und 1.4 als Voraussetzung für die Bearbeitung von Aufgaben in den Teilen 2 und 3 anzusehen sind. Der *zweite Teil* beschreibt Messungen an vorgegebenen Schaltungen, mit denen ihre Wirkungsweise erläutert und der Umgang mit Meßgeräten erlernt werden sollen. Hinweise auf andere Abschnitte wurden im Text bewußt vermieden, um zu sichern, daß die einzelnen Themen auch ohne Bezug aufeinander verständlich sind. Damit kann für den Praktikanten eine beliebige Auswahl getroffen werden. Das gleiche gilt auch für den *dritten Teil*, bei dem die Dimensionierung von Schaltungen und deren Aufbau im Vordergrund stehen und der gegenüber dem Teil 2 schon gehobenere Ansprüche an den Praktikanten stellt. Neben der unterschiedlichen Zielsetzung können damit die Teile 2 und 3 auch als Teilpraktika zur Einführung bzw. für Fortgeschrittene aufgefaßt werden.

Im gesamten Buch wurde auf die Ableitung von Formeln verzichtet. Die theoretischen Grundlagen und die Ergebnisse der mathematischen Behandlung, ausgehend von den Grundgesetzen, sind aber so umfassend dargestellt und erläutert, daß der Praktikant ohne Zuhilfenahme anderer Literatur die Meßaufgaben (Versuche) bearbeiten kann. Für ein tiefergehendes Studium der theoretischen Zusammenhänge wird auf das Literaturverzeichnis verwiesen.

Dem Autorenkollektiv und dem Verlag danke ich für die angenehme Zusammenarbeit. Besonderer Dank gebührt dabei den Herren Dr. W. Heink und Dr. H. Ernst, die bei der Endabfassung der Manuskripte durch kritische Hinweise und Erprobung der Versuche mit Studenten im Elektronikpraktikum der Sektion Physik der Karl-Marx-Universität Leipzig wesentlich zum Gelingen beitrugen. Den Mitgliedern der Methodischen Kommission Elektronik, vor allem den Herren Prof. Dr. Gerdes (Rostock) und Prof. Dr. Meiling (Dresden), danke ich für Anregungen und Hinweise zur Konzeption des Praktikumsbuches und bei der inhaltlichen Überarbeitung der Manuskripte. Den künftigen Nutzern des Buches wäre ich für Hinweise zur Verbesserung dankbar.

H. Pfeifer

Vorwort zur dritten Auflage

Die weiterhin anhaltende Nachfrage nach dem „Elektronikpraktikum", von dem inzwischen auch eine spanische Ausgabe (Editorial Prial, Caracas 1988) erschienen ist, machte eine dritte Auflage notwendig. In dieser wesentlich überarbeiteten Auflage wurden das Bauelementesortiment erneut aktualisiert und einige Abschnitte ganz gestrichen, bzw. deren Inhalt in gekürzter Form an anderer Stelle eingearbeitet. Dies war erforderlich, um trotz Berücksichtigung neuerer Entwicklungen, wie vor allem der zunehmenden Ablösung diskret aufgebauter Schaltungen durch Kombinationen von integrierten Schaltkreisen aber auch der Verwendung des Mikrorechners in der elektronischen Meßtechnik, den Umfang des Buches nicht zu vergrößern.

Für Anregungen und Hinweise bei der Neugestaltung danke ich neben den im Vorwort zur ersten Auflage genannten Kollegen vor allem Herrn Doz. Dr. D. Fenzke (Leipzig) sowie den Autoren, den Herren Dr. H. Ernst, Dr. W. Heink, Dr. W. Jehmlich und Dipl.-Ing. B. Knorr. Dem Verlag gebührt wieder Dank für die angenehme Zusammenarbeit.

H. Pfeifer

Inhalt

1. Teil: Bauelemente und Meßgeräte

1.1. Symbole und Schaltzeichen

Zur Kennzeichnung der verschiedenen Darstellungen bzw. Anteile einer physikalischen Größe (z. B. elektrische Stromdichte) gilt:

Augenblickswert:	gewöhnlicher Buchstabe	(a),
Gleichanteil:	Buchstabe überstrichen	($\bar{a}$),
komplexe Amplitude:	Buchstabe unterstrichen	($\underline{a}$),
Scheitelwert:	Buchstabe mit Dach	($\hat{a}$),
	also gilt $\lvert\underline{a}\rvert = \hat{a}$.	

Damit ergibt sich beispielsweise:

$$a = \bar{a} + \hat{a}\cos(\omega t + \varphi)$$
$$\bar{a} + \mathrm{Re}\,\{\hat{a}\exp(\mathrm{j}\omega t + \mathrm{j}\varphi)\}$$
$$\bar{a} + \mathrm{Re}\,\{\underline{a}\exp(\mathrm{j}\omega t)\}$$

wegen

$$\underline{a} = \hat{a}\exp(\mathrm{j}\varphi)\,.$$

Eine Unterscheidung der verschiedenen Zeitabhängigkeiten durch Groß- oder Kleinschreibung erfolgt nicht.

Die wichtigsten Symbole

a_{dB}, a_{Np}	Spannungsverhältnisse in Dezibel bzw. Neper (vgl. S. 42)	
$\underline{a}_{\mathrm{ik}}$	Elemente der Kettenmatrix	
B	Bandbreite	(in Hz)
B	Suszeptanz (Imaginärteil eines komplexen Leitwerts) $B = \mathrm{Im}\,\{\underline{Y}\}$	(in $\mathrm{S} = \Omega^{-1} = \mathrm{A/V}$)
$\underline{c}_{\mathrm{ik}}$	Elemente der $\underline{c}$-Matrix	
C	Kapazität	(in $\mathrm{F} = \mathrm{A \cdot s/V}$)
f	Frequenz	(in Hz)
G	Konduktanz (Realteil eines komplexen Leitwerts) $G = \mathrm{Re}\,\{\underline{Y}\}$	(in $\mathrm{S} = \Omega^{-1} = \mathrm{A/V}$)
$\underline{G}(\omega)$	komplexe Übertragungsfunktion $\underline{G}(\omega) \equiv \underline{V}_{\mathrm{U}} = \underline{U}_{\mathrm{a}}/\underline{U}_{\mathrm{e}}$ mit $\underline{U}_{\mathrm{a,e}}$ als komplexe Amplitude der Ausgangs- bzw. Eingangsspannung	

$\underline{h}_{ik}$	Elemente der Hybridmatrix	
I	elektrische Stromstärke	(in A)
j	elektrische Stromdichte	(in A/m^2)
j	imaginäre Einheit $(=\sqrt{-1})$	
L	Induktivität	(in H = V · s/A)
M	Gegeninduktiviät (auch L_{ik})	(in H = V · s/A)
P	Wirkleistung $P = \mathrm{Re}\,\{\underline{P}\}$	(in W = V · A)
$\underline{P}$	komplexe Leistung $\underline{P} = P + \mathrm{j}Q$	(in W = V · A)
Q	Güte	
Q	Blindleistung $Q = \mathrm{Im}\,\{\underline{P}\}$	(in W = V · A)
R	Resistanz (Wirkwiderstand, ohmscher Widerstand) $R = \mathrm{Re}\,\{\underline{Z}\}$	(in Ω = V/A)
T	absolute Temperatur	(in K)
t	Zeit	(in s)
t_f	Abfallzeit	(in s)
t_p	Periodendauer	(in s)
t_r	Anstiegszeit	(in s)
U	elektrische Spannung, d. h. Differenz zweier elektrischer Potentiale	(in V)
$\bar{U}_b$	elektrische Betriebsspannung (Gleichspannung zur Stromversorgung)	(in V)
$\underline{V}_P$	komplexe Leistungsverstärkung $\underline{V}_P = \underline{P}_a/\underline{P}_e$	
$\underline{V}_U$	komplexe Spannungsverstärkung $\underline{V}_U = \underline{U}_a/\underline{U}_e$	
$\underline{V}_I$	komplexe Stromverstärkung $\underline{V}_I = \underline{I}_a/\underline{I}_e$	
X	Reaktanz (Imaginärteil eines komplexen Widerstands) $X = \mathrm{Im}\,\{\underline{Z}\}$	(in Ω = V/A)
$\underline{Y}$	Admittanz (komplexer Leitwert) $\underline{Y} = G + \mathrm{j}B = 1/\underline{Z}$	(in S = Ω^{-1} = A/V)
$\underline{Y}_{ik}$	Elemente der Leitwertmatrix	(in S = Ω^{-1} = A/V)
$\underline{Z}$	Impedanz (komplexer Widerstand) $\underline{Z} = R + \mathrm{j}X = 1/\underline{Y}$	(in Ω = V/A)
$\underline{Z}_{ik}$	Elemente der Widerstandsmatrix	(in Ω = V/A)
$\underline{Z}_L$	Wellenwiderstand	(in Ω = V/A)
α	Dämpfungskonstante $\alpha = \mathrm{Re}\,\{\underline{\gamma}\}$	(in m^{-1})
β	Phasenkonstante $\beta = \mathrm{Im}\,\{\underline{\gamma}\}$	(in m^{-1})
$\underline{\gamma}$	Übertragungskonstante $\underline{\gamma} = \alpha + \mathrm{j}\beta$	(in m^{-1})
ϑ	Temperatur	(in °C)
λ	Wellenlänge	(in m)
ω	Kreisfrequenz	(in s^{-1})
ω_{go}, ω_{gu}	obere bzw. untere Grenzfrequenz	(in s^{-1})
$\approx$	etwa gleich	
$\propto$	proportional	
$\mathrm{Im}\,\{\underline{a}\}$	Imaginärteil von $\underline{a}$	
$\mathrm{Re}\,\{\underline{a}\}$	Realteil von $\underline{a}$	
$F\,\{g(t)\}$	Fouriertransformierte von $g(t)$	
$L\,\{g(t)\}$	Laplacetransformierte von $g(t)$	

Wichtige Schaltzeichen

Widerstände, Kondensatoren, Spulen			
	ohmscher Widerstand (mit Kennzeichnung $\underline{Z}$ komplexer Widerstand)		Schwingquarz
	verstellbarer ohmscher Widerstand		Kondensator, allgemein
	einstellbarer ohmscher Widerstand	 +	Elektrolytkondensator, gepolt
	Potentiometer		verstellbarer Kondensator (Drehkondensator)
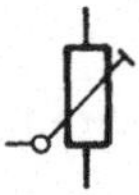	einstellbares Potentiometer (Einstellregler)		einstellbarer Kondensator (Trimmer)
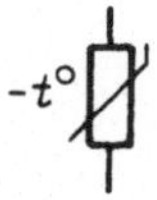 -t°	Heißleiter (Thermistor, NTC-Widerstand)		Spule, allgemein
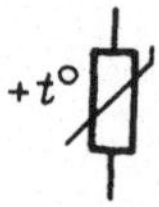 +t°	Kaltleiter (PTC-Widerstand)		Spule mit Ferrit- oder Massekern
 U	Varistor		Spule mit Eisenkern

Bedeutung der Pfeilrichtungen			
	Für $I > 0$ fließen positive Ladungsträger in der angegebenen Richtung		Für $U > 0$ besitzt die obere Klemme ein um U Volt höheres Potential (der Pfeil zeigt von + nach −)

Stromquellen			
	Stromquelle mit der Spannung U und beliebigem Innenwiderstand		Stromquelle mit der Wechselspannung $U(t)$ und dem Innenwiderstand Null („Wechselspannungsquelle“)
	Stromquelle mit der Spannung U und dem Innenwiderstand Null („Spannungsquelle“)		Stromquelle mit der Gleichspannung $\bar{U}$ und dem Innenwiderstand Null („Gleichspannungsquelle“)
	Stromquelle mit dem Strom I und dem Innenwiderstand unendlich		Batterie oder Akkumulator (definitionsgemäß gilt hier $\bar{U} > 0$)

Dioden, Thyristor			
	Halbleiterdiode, allgemein (für $U > 0$ ist die Diode in Durchlaßrichtung gepolt)		Fotodiode
	Z-Diode (Zenerdiode)		Lumineszenzdiode
	Kapazitätsdiode (Varicap)		Thyristor

Transistoren	B = Basis, C = Kollektor, E = Emitter bei bipolaren Transistoren; B = Bulk, S = Source, G = Gate, D = Drain bei Feldeffekttransistoren		
B C E	(bipolarer) npn-Transistor	G D S	Sperrschicht-Feldeffekt-transistor, p-Kanal
B C E	(bipolarer) pnp-Transistor	G D B S	MOS-Feldeffekttransistor, n-Kanal-Anreicherungstyp
	(bipolarer) npn-Fototransistor	G D B S	MOS-Feldeffekttransistor, p-Kanal-Anreicherungstyp
G D S	Sperrschicht-Feldeffekt-transistor, n-Kanal	G2 G1 D B S	Doppel-Gate-MOS-Feldeffekttransistor, n-Kanal-Anreicherungstyp

Vierpole			
	Vierpol, allgemein – – – kennzeichnet eine evtl. vorhandene durchgehende Leitung	n_1 n_2	Übertrager (Transformator) mit Ferrit- oder Massekern
n_1 n_2	Übertrager (Transformator) ohne Kern mit den Windungszahlen n_1 und n_2	n_1 n_2	Übertrager (Transformator) mit Eisenkern

Integrierte Schaltkreise			
	Analogschaltkreise allgemein (links Eingang, rechts Ausgang)	X_1 =1 X_2 Y	Antivalenz-Gatter ($Y = H$ für $X_1 \neq X_2$)
	Operationsverstärker	X Y	Negator ($Y = \bar{X}$)
	Logikgatter allgemein (links Eingänge, rechts Ausgang)	X_1 & X_2 Y	NAND-Gatter ($Y = \overline{X_1 \wedge X_2}$)
X_1 & X_2 Y	Und-Gatter ($Y = X_1 \wedge X_2$)	X_1 1 X_2 Y	NOR-Gatter ($Y = \overline{X_1 \vee X_2}$)
X_1 1 X_2 Y	Oder-Gatter ($Y = X_1 \vee X_2$)	X_1 = X_2 Y	Äquivalenzgatter ($Y = H$ für $X_1 = X_2$)

1.2. Bauelemente

Benutzungshinweise für die Datenblätter und Kennlinien:

- In diesem Abschnitt sind übersichtsartig charakteristische Daten und Kennlinien wichtiger Bauelemente- und Schaltkreisgruppen zusammengestellt, (s. a. [57]) wobei jeweils unter a) ein typisches, in der DDR gehandeltes Bauelement und unter b) ein dazu äquivalentes westeuropäisches Bauelement aufgeführt ist.
- Die Anlage enthält eine weiterführende Beschreibung der im Buch verwendeten Bauelemente und integrierten Schaltkreise. In der Regel sind diese Angaben ausreichend für die Durchführung der beschriebenen Praktikumsversuche. (Ausführlichere Darstellungen über Grenzwerte, statische und dynamische Kennwerte, charakteristische Anwendungen sowie Innenschaltungen integrierter Schaltkreise finden sich in den entsprechenden Katalogen der Hersteller.)
- Die in den Tabellen aufgeführten Kennwerte sind Mittelwerte, die realen Werte

können u. U. erheblich davon abweichen. Die Kennwerte beziehen sich, falls nicht anders vermerkt, auf eine Umgebungstemperatur $\vartheta_a = 25\,°C$. Die für ein Bauelement angegebenen und durch Fettdruck hervorgehobenen Grenzwerte dürfen nicht überschritten bzw. auch nicht immer alle gleichzeitig erreicht werden.

- Bei den Anschlußbelegungen der Halbleiterbauelemente ist, entsprechend der Darstellungsweise in Datenblättern, für Transistoren die Ansicht stets von unten, für integrierte Schaltkreise (falls nicht anders angegeben) stets von oben gezeichnet. Bei diesen kennzeichnet eine deutliche Markierung (Kreis, Halbkreis, Viereck) die Seite mit dem Anschluß 1.
- Falls die unter b) aufgeführten Schaltkreise nicht in Klammern gesetzt wurden, sind sie mit den unter a) genannten pin-kompatibel (d. h. Äquivalenz bezüglich der Funktion und der Anschlußbelegung, jedoch nicht unbedingt bezüglich einzelner Grenz- und Kennwerte).
- Besitzt ein Halbleiterbauelement mehr als zwei Anschlüsse, so erfolgt die Spannungsangabe als Potentialdifferenz zwischen den als Indizes angegebenen Elektroden. Trägt die Spannung nur einen Index (einen Buchstaben bei diskreten Halbleiterbauelementen bzw. eine Zahl bei integrierten Schaltkreisen), so ist stets die Potentialdifferenz zu null Volt (Masse) gemeint.
- Typenschlüssel für diskrete Halbleiterbauelemente (Auswahl): (vgl. die Tab. 1.2.1 auf der Einband-Innenseite).

1.2.1. Widerstände

Die Klassifizierung der Nennwerte von Widerständen (und auch von Kondensatoren) erfolgt nach den in Tab. 1.2.2 angegebenen Internationalen E-Reihen, wobei die Grundstufung durch Faktoren der ganzen Potenzen von 10 erweitert wird (z. B. $1 \cdot 10^3\,\Omega = 1\,k\Omega$). Außer den aufgeführten gibt es noch die Normreihen E 48 (±2,5 %), E 96 (±1,0 %) und E 192 (±0,5 %). Für die n Zahlenwerte z innerhalb einer E-Reihe gilt dabei $z = \sqrt[n]{10^m}$ mit $m = 0, 1, \ldots, n-1$ und $n = 6, 12, 24, 48, 96$ und 192.

Tabelle 1.2.2. Widerstandsreihen E 6, E 12, E 24

E 6 (±20 %)	1,0				1,5				2,2			
E 12 (±10 %)	1,0		1,2		1,5		1,8		2,2		2,7	
E 24 (±5 %)	1,0	1,1	1,2	1,3	1,5	1,6	1,8	2,0	2,2	2,4	2,7	3,0

Tabelle 1.2.2. (Fortsetzung)

E6 (±20 %)	3,3				4,7				6,8			
E12 (±10 %)	3,3		3,9		4,7		5,6		6,8		8,2	
E24 (±5 %)	3,3	3,6	3,9	4,3	4,7	5,1	5,6	6,2	6,8	7,5	8,2	9,1

Unter Berücksichtigung der entsprechenden Toleranzen schließen die Grundstufungen in einer Normreihe einander an.

Für die Kennzeichnung von Widerständen wird der in Tab. 1.2.3 angegebene Schlüssel verwendet. (Der Buchstabe des Nennwiderstandes ersetzt den Dezimalpunkt und ist gleichzeitig Multiplikator des aufgedruckten Zahlenwertes.)

Tabelle 1.2.3. Kennzeichnungsschlüssel von Widerständen

Widerstand	$R \mathrel{\hat=} 1\,\Omega$		$k \mathrel{\hat=} 10^3\,\Omega$		$M \mathrel{\hat=} 10^6\,\Omega$		$G \mathrel{\hat=} 10^9\,\Omega$		$T \mathrel{\hat=} 10^{12}\,\Omega$	
Toleranz	ohne Angabe ≙ 20 %			K ≙ 10 %	J ≙ 5 %	G ≙ 2 %	F ≙ 1 %	D ≙ 0,5 %	C ≙ 0,25 %	B ≙ 0,1 %
Herst.-Jahr	l ≙ 0	d ≙ 1	b ≙ 2	z ≙ 3	x ≙ 4	v ≙ 5	u ≙ 6	s ≙ 7	r ≙ 8	k ≙ 9
Beispiele	100 R ≙ 100 Ω; 1 k 5 Jk ≙ 1,5 kΩ ±5 %, Herstellungsjahr 1989									

Reicht die Oberfläche des Widerstandes nicht für diese Kennzeichnung aus, so wird wie auch bei Kondensatoren der Internationale Farbcode verwendet. Die Widerstandsangabe erfolgt dabei in Ω, die Kapazitätsangabe in pF (vgl. die Tab. 1.2.4 auf der Einband-Innenseite).

In den folgenden Tabellen 1.2.5 bis 1.2.7 sind die wichtigsten Kennlinien, Parameter, Eigenschaften und Anwendungen von ohmschen sowie temperatur- und spannungsabhängigen Widerständen angegeben.

Tabelle 1.2.5. Ohmsche Widerstände

Art	Widerstand in Ω (Toleranz/%)	Verlust- leistung in W	Temperatur- koeffizient/10^{-3} K^{-1}	Eigenschaften (Anwendungen)
Draht- wider- stände	0,01...10^5 (±0,01...±10)	0,2...500	−0,05...+1	hohe zeitliche Kon- stanz der Parameter; i. allg. hohe Eigen- kapazität und -indukti- vität, verwendbar bis etwa 1 kHz (Hochlastwiderstände, Niederohmwider- stände, Präzisions- widerstände)
Kohle- schicht- wider- stände	1...10^{10} (±1...±20)	0,05...100 l/mm $P_{V max}$/W 7 0,25 9 0,33 12 0,66 18 1,0 32 1,5 48 2,5 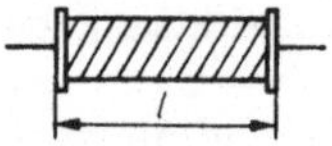	$\geqq -0,3$ ($R \leqq 10^3$ Ω) $\geqq -0,5$ ($R \leqq 10^4$ Ω) $\geqq -0,7$ ($R \leqq 10^5$ Ω) $\geqq -1,0$ ($R \leqq 10^6$ Ω)	kleine Eigenkapazität und -induktivität; Stromrauschen zusätz- lich zum Wärme- rauschen (allgemeine Anwen- dung bei normalen Betriebsbedingungen)
Metall- schicht- wider- stände	1...47 · 10^6 (±0,1...±10)	0,05...10; spezifische Flächen- belastbarkeit ≈ 0,8 W · cm^{-2}	−0,2...+0,2; positiv für $R < 10$ kΩ	hohe Stabilität des Widerstandes; kleine Temperaturkoeffizien- ten möglich; nur Wärmerauschen bei niedrigen Wider- standswerten (Anwendungen bei erhöhten Anforde- rungen)

Tabelle 1.2.6. Temperaturabhängige Widerstände

Art	Kennlinien	Parameter (Anwendungen)
Heißleiter (NTC-Widerstände, Thermistoren)	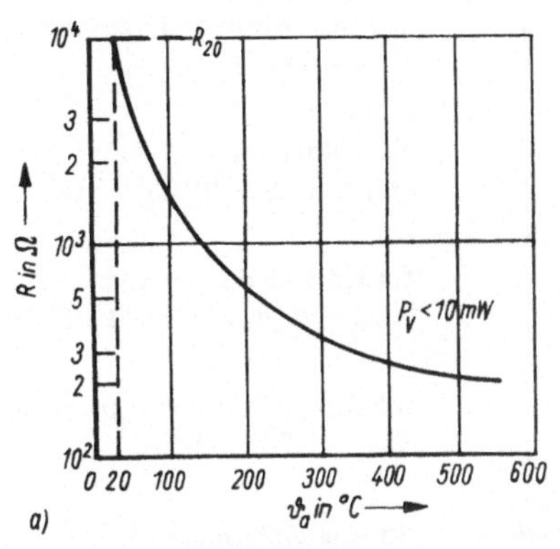 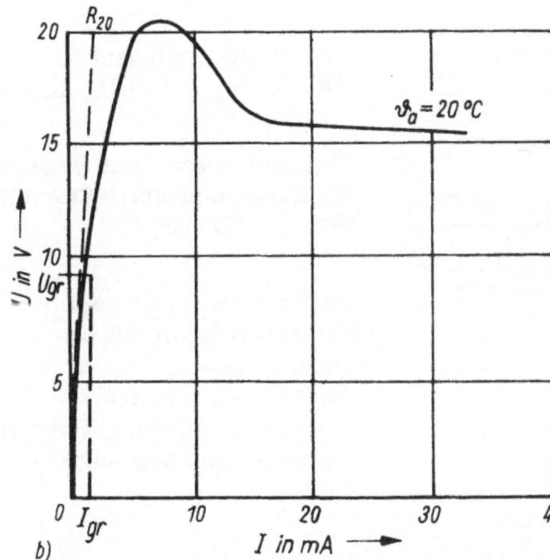 Abb. 1.2.1. Kennlinien von Heißleitern a) Widerstandsverlauf eines Heißleiters ($R_{20} = 10$ kΩ) in Abhängigkeit von der Temperatur bei vernachlässigbarer Eigenerwärmung ($P_v < 10$ mW); b) Spannungs-Strom-Kennlinie eines Heißleiters ($R_{20} = 10$ kΩ) bei Eigenerwärmung infolge des durchfließenden Stroms ($\vartheta_a = 20$ °C)	Kennlinie $R(T) = R_{20} \exp b \left(\frac{1}{T} - \frac{1}{293\,\text{K}}\right)$ (T: abs. Temperatur in K) Kaltwiderstand $R_{20} = R(\vartheta_0 = 20\,°\text{C})$ $\approx 10\,\Omega \ldots 500\,\text{k}\Omega$ Materialkonstante $b \approx (1\,000 \ldots 6\,000)$ K Temperaturkoeffizient $TK_R(\vartheta_0 = 20\,°\text{C}) = -\frac{b}{T^2}$ $\approx (-0{,}07 \ldots -0{,}01)\,\text{K}^{-1}$ Dissipationskonstante (kennzeichnet Erwärmung durch Stromfluß) $D \approx (0{,}1 \ldots 50)\,\text{mW} \cdot \text{K}^{-1}$ maximale Verlustleistung $P_{V\max} \approx (0{,}01 \ldots 3)$ W maximale Betriebstemperatur $\vartheta_{\max} \approx (80 \ldots 500)$ °C Grenzverlustleistung mit vernachlässigbar kleiner Eigenerwärmung $P_{gr} = U_{gr} \cdot I_{gr} \approx 10$ mW (Temperaturmessung, Temperaturregelung, Stromstabilisierung von Transistor-Endstufen)

Tabelle 1.2.6. (Fortsetzung)

Art	Kennlinien	Parameter (Anwendungen)
Kaltleiter (PTC-Widerstände)	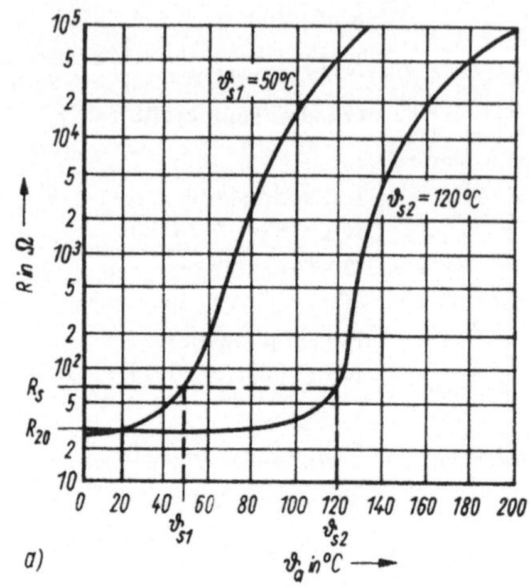 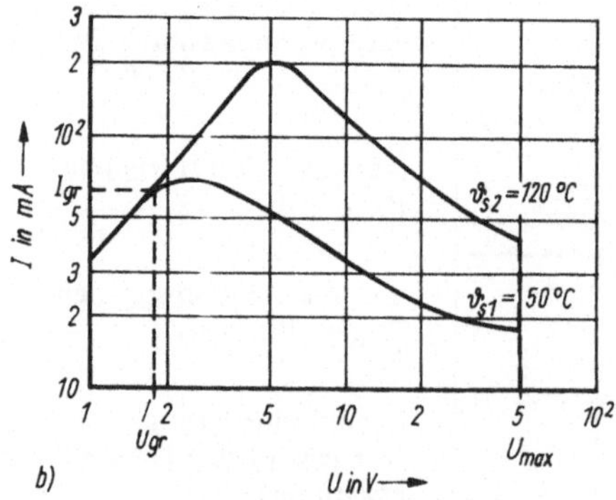 Abb. 1.2.2. Kennlinien von Kaltleitern a) Widerstandsverlauf von Kaltleitern ($R_{20} = 30\ \Omega$) unterschiedlicher Sprungtemperatur ($\vartheta_s = 50\ °C$, $120\ °C$) in Abhängigkeit von der Temperatur bei vernachlässigbarer Eigenerwärmung ($P_v < 10\ mW$); b) Strom-Spannungs-Kennlinie von Kaltleitern ($R_{20} = 30\ \Omega$) unterschiedlicher Sprungtemperatur ($\vartheta_s = 50\ °C$, $120\ °C$) bei Eigenerwärmung infolge des durchfließenden Stroms ($\vartheta_a = 20\ °C$)	Kennlinie mathematisch nicht geschlossen darstellbar Kaltwiderstand $R_{20} = R(\vartheta_0 = 20\ °C) \approx 1\ \Omega \ldots 5\ k\Omega$ maximaler Widerstand $R_{max} = R(\vartheta_{max}) \approx 20\ \Omega \ldots 500\ k\Omega$ maximale Betriebstemperatur $\vartheta_{max} \approx (120 \ldots 500)\ °C$ Sprungtemperatur $\vartheta_s \leqq 250\ °C$ $(R(\vartheta_s) = R_s \approx 2R_{20})$ Temperaturkoeffizient $TK_R(\vartheta_s \ldots \vartheta_{max}) \approx (0{,}05 \ldots 0{,}5)\ K^{-1}$ Dissipationskonstante (kennzeichnet Erwärmung durch Stromfluß) $D \approx (2 \ldots 10)\ mW \cdot K^{-1}$ Grenzverlustleistung mit vernachlässigbarer Eigenerwärmung $P_{gr} = U_{gr} \cdot I_{gr} \approx 10\ mW$ (Temperaturmessung, Temperaturregelung, Stromregelung)

Tabelle 1.2.7. Spannungsabhängige Widerstände

Art	Kennlinien	Parameter (Anwendungen)
Varistoren (VDR-Elemente)	a) 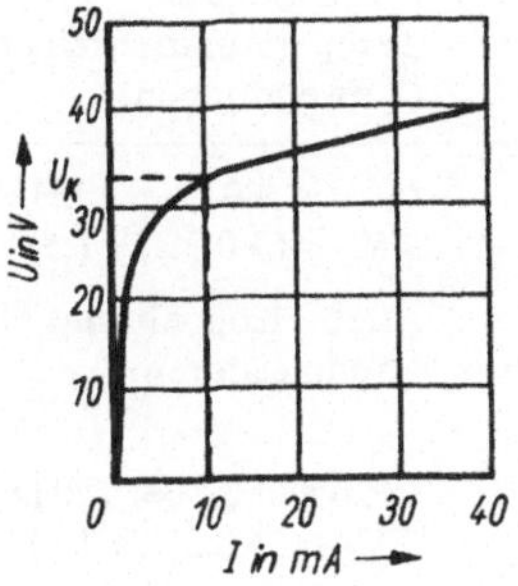 b) 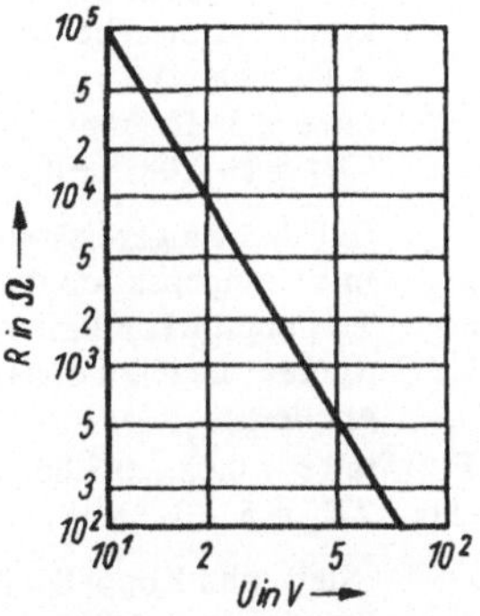 Abb. 1.2.3. Kennlinien von Varistoren a) Spannungs-Strom-Kennlinie eines Varistors ($U \approx 33$ V für $I = 10$ mA) in linearer Darstellung; b) Spannungsabhängigkeit des Gleichstromwiderstandes dieses Varistors	Kennlinie $U = c I^{\beta}$ (U in V, I in A) Bauartkonstante $c \approx 10 \ldots 5\,000$ Nichtlinearitätskoeffizient $\beta \approx 0{,}15 \ldots 0{,}30$ Temperaturkoeffizient $TK_R \approx (-1 \ldots -2) \cdot 10^{-3}\,K^{-1}$ maximale Anwendungsfrequenz $f_{max} \approx 5$ kHz maximale Betriebstemperatur $\vartheta_{max} \approx 120\,°C$ (Spannungsstabilisierung, Spannungsbegrenzung)

1.2.2. Kondensatoren

Tabelle 1.2.8

Art	Kapazitätsbereich (Kapazitätstoleranz) Spannungsbereich	Verlustfaktor Temperaturkoeffizient (Anwendungen)
Polyester-(KT-) Kondensatoren	0,1 nF...1 µF; Stufung E 6 (±5 %, ±10 %, ±20 %) (160...1 000) V; Stufung 1 V; 1,6 V; 2,5 V; 4,0 V; 6,3 V und multipliziert mit Potenzen von 10	$\tan\delta \leqq 0{,}01$ bei 1 kHz; $TK_C \approx (+0{,}3\ldots+1{,}5)\cdot 10^{-3}\,\mathrm{K}^{-1}$ (Sieb-, Koppel- und Meß-kondensatoren)
Metallisierte Polyester-(MKT-) Kondensatoren	33 nF...10 µF; Stufung E 6 (±5 %, ±10 %, ±20 %) 63 V, 100 V, 250 V	$\tan\delta \approx 0{,}02$ bei 1 kHz; $TK_C \approx (+0{,}3\ldots+1{,}5)\cdot 10^{-3}\,\mathrm{K}^{-1}$ (Sieb-, Koppel- und Meß-kondensatoren bei erhöhten Ansprüchen)
Polystyren-(KS-) Kondensatoren	10 pF...0,47 µF; Stufung E 6, E 12 (±2,5 %, ±5 %, ±10 %, ±20 %; nicht kleiner als ±1 pF) (25...1 000) V; Stufung 1 V; 1,6 V; 2,5 V; 4,0 V; 6,3 V und multipliziert mit Potenzen von 10	$\tan\delta \leqq 5\cdot 10^{-4}$ bei 100 kHz; $TK_C \approx (-0{,}08\ldots-0{,}2)\cdot 10^{-3}\,\mathrm{K}^{-1}$ (HF-Schwingkreiskondensatoren mit Kompensation des positiven Temperaturkoeffizienten von Spulen; Ladekondensatoren in Zeitgliedern)
Aluminium-Elektrolyt-Kondensatoren	(1...4 700) µF; Stufung 1 µF; 2,2 µF; 4,7 µF und multipliziert mit Potenzen von 10 (−10 %...+50 %) (1,5...450) V; Stufung 1,5 V; 3 V; 6 V; 10 V; 15 V; 25 V; 50 V; 70 V; 150 V; 250 V; 350 V; 450 V	$\tan\delta \approx 0{,}02\ldots0{,}8$ bei 50 Hz; $TK_C \approx 5\cdot 10^{-3}\,\mathrm{K}^{-1}$ (Sieb- und Koppelkondensatoren; Bemerkung: Zerstörung durch Falschpolung bei Gleichspannung > 2 V)
keramische Kondensatoren	0,1 pF...100 nF; Stufung E 6, E 12 (±0,25 pF...+100 %/−20 %) (10...1 000) V	NDK-Kondensatoren (niedrige Dielektrizitätskonstante $\varepsilon_r \approx 6\ldots500$): $\tan\delta \approx 5\cdot 10^{-3}$ bei 1 MHz; $TK_C \approx (+0{,}1\ldots-1{,}5)\cdot 10^{-3}\,\mathrm{K}^{-1}$ (HF-Kondensatoren für Filter und Schwingkreise) HDK-Kondensatoren (hohe Dielektrizitätskonstante $\varepsilon_r \approx 700\ldots50\,000$): $\tan\delta \approx 0{,}05$ bei 1 kHz; $TK_C \approx 0{,}2\,\mathrm{K}^{-1}$ (HF-Kondensatoren für Koppel- und Siebzwecke)

1.2.3. Spulen, Magnetwerkstoffe

Tabelle 1.2.9.

Art	Parameter	Bauform
einlagige Zylinder-Luftspule	$L_0 \approx \dfrac{dn^2}{l/d + 0{,}44} = \dfrac{n^2}{k^2}$ L_0 Induktivität in μH n Windungszahl d, l Abmessungen in m k k-Wert in $\mu H^{-1/2}$	
Zylinderspule mit Kern	$L \approx \dfrac{\mu_i L_0}{1 + 0{,}84(d_K/l_K)^{1,7}\mu_i} \approx \left(\dfrac{l_K}{d_K}\right)^2 L_0 \approx (4\ldots20)\, L_0$ oder $L = n^2 A_L$ mit $A_L \approx (10\ldots20)$ nH oder $L = \dfrac{n^2}{k^2}$ mit $k \approx (10\ldots7)\, \mu H^{-1/2}$ L Induktivität der Spule mit Kern in μH bzw. nH L_0 Induktivität der entsprechenden Luftspule in μH μ_i Anfangspermeabilität des Kerns A_L Induktivitätsfaktor, A_L-Wert in nH k k-Wert in $\mu H^{-1/2}$ d_K, l_K Abmessungen des Kerns n Windungszahl	
Spule auf Ringkern oder im Schalenkern	$L = n^2 A_L$ mit $A_L \approx (20\ldots10^4)$ nH L Induktivität in nH A_L Induktivitätsfaktor in nH n Windungszahl d, d_1, d_2, h Abmessungen (vgl. A 1.2.3)	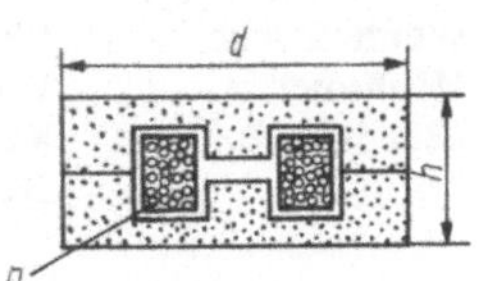

1.2.4. Schwingquarze

Tabelle 1.2.10

	Parameter
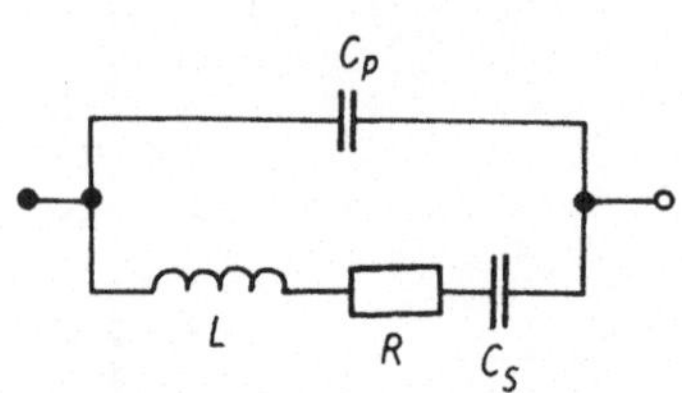 Abb. 1.2.4. Ersatzschaltung eines Schwingquarzes zur Beschreibung seines elektrischen Verhaltens (die Schaltung ist praktisch nicht realisierbar)	Serienresonanzfrequenz $f_s \approx \frac{1}{2\pi\sqrt{LC_s}}$ Parallelresonanzfrequenz $f_p \approx \frac{1}{2\pi} \cdot \sqrt{\frac{C_s + C_p}{LC_sC_p}}$ Güte $Q = \frac{2\pi f}{R} \approx 10^3$ L-C-Verhältnis $\frac{L}{C_s} \approx 10^{14}$

1.2.5. Hochfrequenzkabel

Tabelle 1.2.11

Art	typische Parameter	
koaxiale HF-Kabel	Wellenwiderstand	$Z_L = 50\,\Omega, 60\,\Omega, 75\,\Omega, 120\,\Omega, 150\,\Omega$
	Verkürzungsfaktor	$v/c_v \approx 0{,}66\ldots0{,}9$
	Kapazitätsbelag	$C' \approx (30\ldots100)\,\mathrm{pF \cdot m^{-1}}$
	Dämpfung	$\alpha \approx 15 \cdot 10^{-3}$ bei $f = 100\,\mathrm{MHz}$
symmetrische HF-Kabel (Bandkabel)	Wellenwiderstand	$Z_L = 120\,\Omega, 240\,\Omega, 300\,\Omega$
	Verkürzungsfaktor	$v/c_v \approx 0{,}8$
	Kapazitätsbelag	$C' \approx (10\ldots40)\,\mathrm{pF \cdot m^{-1}}$
	Dämpfung	$\alpha \approx 5 \cdot 10^{-3}$ bei $f = 100\,\mathrm{MHz}$

1.2.6. Halbleiterdioden

Tabelle 1.2.12

<table>
<tr><th>Art</th><th>typische Kennlinien und Parameter</th><th>typische Bauelemente</th></tr>
<tr><td>Si-Schalt-
dioden</td><td>

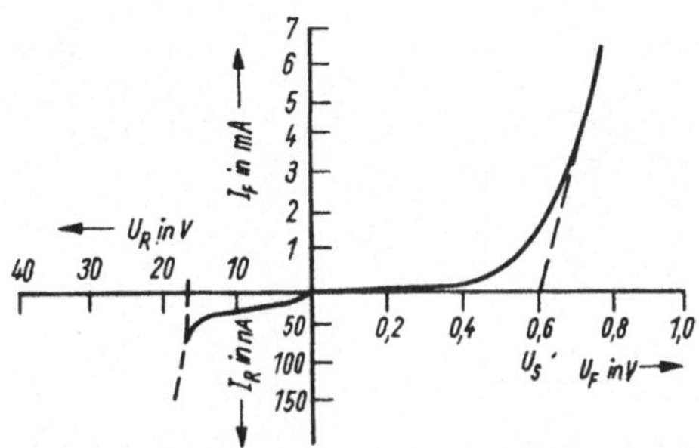

Abb. 1.2.5. Strom-Spannungs-Kennlinie einer Siliziumdiode

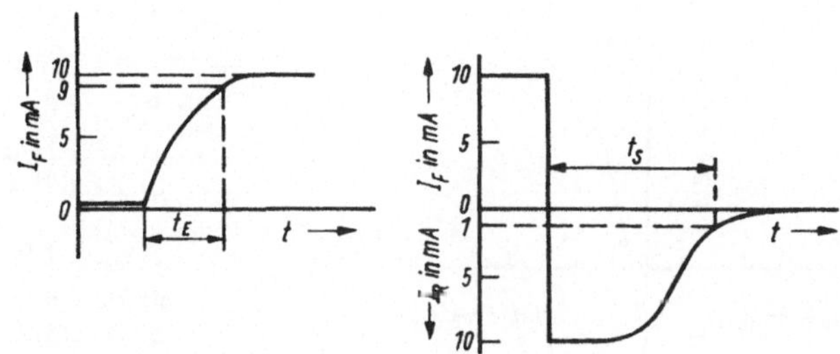

Abb. 1.2.6. Schaltverhalten von Dioden
a) Definition der Einschaltzeit t_E;
b) Definition der Sperrerholungszeit t_s

Schleusenspannung $U_S \approx (0{,}5 \ldots 0{,}8)$ V
Sperrstrom $I_R \leqq 50$ nA bei $U_R \approx 10$ V
Umgebungstemperatur $\vartheta_a < 120\,°\mathrm{C}$
Temperaturkoeffizient von U_S $TK_S \approx -3 \cdot 10^{-3}\,\mathrm{K}^{-1}$
Schaltzeiten $t_E, t_S \approx (0{,}2 \ldots 200)$ ns

</td><td>a) SAY 40
b) BAX 12</td></tr>
<tr><td>Si-Gleich-
richter-
dioden</td><td></td><td>a) SY 320/1…5
b) 1N 4001…07</td></tr>
</table>

Tabelle 1.2.12 (Fortsetzung)

Art	typische Kennlinien und Parameter	typische Bauelemente
	Kennlinie vgl. Si-Schaltdioden Durchlaßstrom $I_{F\,max} \geqq 1$ A Sperrspannung $U_{R\,max} \approx (100 \ldots 1\,000)$ V	
Kapazitätsdioden (mit hoher Sperrschichtkapazität)	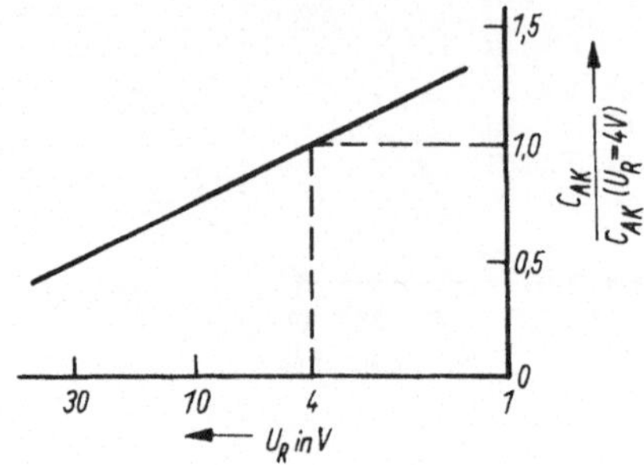Abb. 1.2.7. Sperrschichtkapazität einer Kapazitätsdiode in Abhängigkeit von der Vorspannung	$C_{AK} > 50$ pF: a) KB 113 (ČSSR) b) BB 113
Z-Dioden	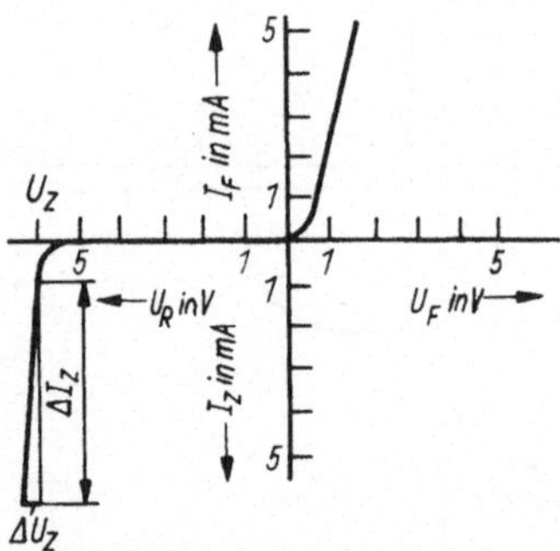Abb. 1.2.8. Strom-Spannungs-Kennlinie einer Z-Diode Z-Spannung $U_Z \approx (5 \ldots 25 \ldots 200)$ V Z-Widerstand $R_Z = \frac{\Delta U_Z}{\Delta I_Z} \approx (1 \ldots 100)\,\Omega$ Temperaturkoeffizient der Z-Spannung $TK_Z \approx (-3 \ldots +1) \cdot 10^{-3}\,\mathrm{K}^{-1}$	$P_{V\,max} < 0{,}5$ W: a) SZX 21/5,1...24 b) BZX 83/C5V1...C47 $P_{V\,max} > 1$ W: a) SZ 600/5,1...22 b) BZD 10C3V3...C200

Tabelle 1.2.12 (Fortsetzung)

Art	typische Kennlinien und Parameter	typische Bauelemente
Thyristoren		a) KT 201 (ČSSR) b) BT 151

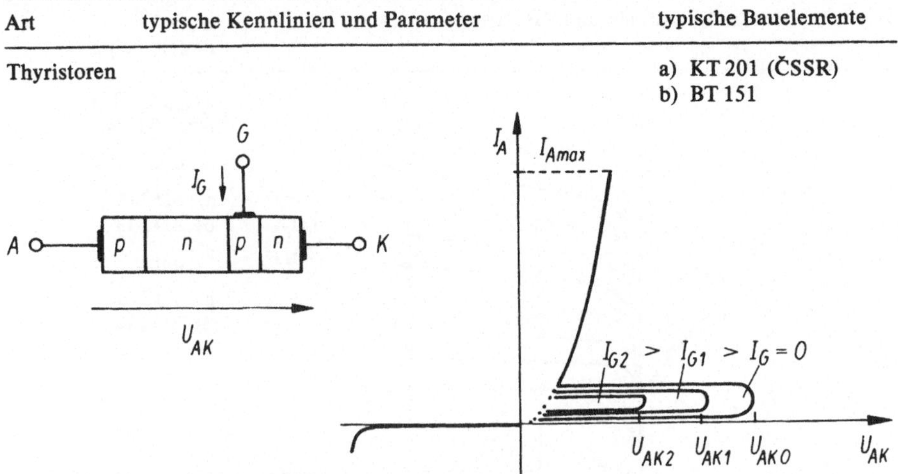

Abb. 1.2.9. Strom-Spannungs-Kennlinie eines Thyristors

Thyristorstrom $I_{A\,max} \approx (1 \ldots 20)$ A
Thyristorspannung $U_{AK\,max} \approx (100 \ldots 1\,000)$ V

1.2.7. Transistoren

Tabelle 1.2.13

Art	typische Kennlinien und Parameter	typische Bauelemente
bipolare Si-Transistoren		$P_{V\,max} \leqq 1$ W, $f_T \geqq 50$ MHz: npn a) SF 826 b) BC 140 pnp a) SF 816 b) BC 160

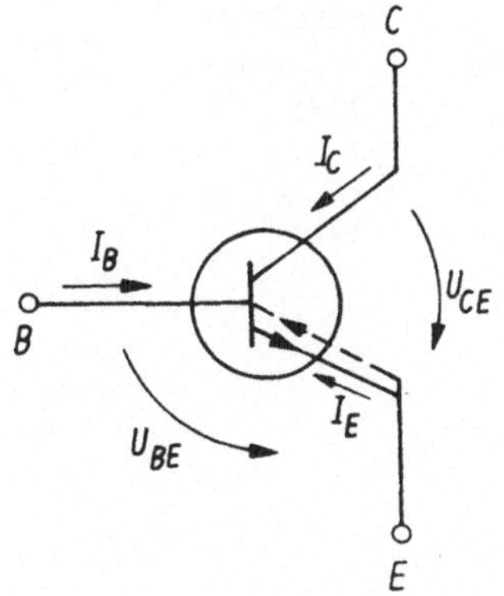

	npn-Transistor	pnp-Transistor
U_{CE}	+	−
U_{BE}	+	−
I_C	+	−
I_E	−	+
I_B	+	−

C
I_C
I_B
B
U_{CE}
U_{BE}
I_E
E

Abb. 1.2.10. Vorzeichen von Strömen und Spannungen bei einem npn- und einem pnp-Transistor (Schaltzeichen vgl. S. 14)

Tabelle 1.2.13 (Fortsetzung)

Art	typische Kennlinien und Parameter	typische Bauelemente
	Abb. 1.2.11. Vierquadranten-Kennlinienfeld eines Si-npn-Transistors zur Beschreibung des Kleinsignalverhaltens (*A* Arbeitspunkt)	$P_{V\,max} > 10$ W, $f_T \leqq 10$ MHz: npn a) SD 345 b) BD 233 pnp a) SD 346 b) BD 234

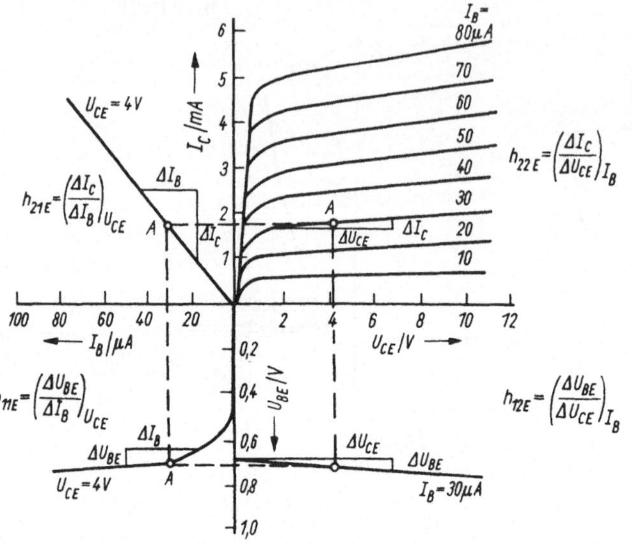

typische *h*-Parameter der Transistor-Grundschaltungen ($I_C \approx 1$ mA):

h-Parameter	Emitter-schaltung	Basis-schaltung	Kollektor-schaltung
h_{11}	2 kΩ	20 Ω	2 kΩ
h_{12}	$5 \cdot 10^{-4}$	$5 \cdot 10^{-4}$	1
h_{21}	100	−0,99	−100
h_{22}	50 µS	0,5 µS	50 µS

Tabelle 1.2.13 (Fortsetzung)

Art	typische Kennlinien und Parameter	typische Bauelemente
	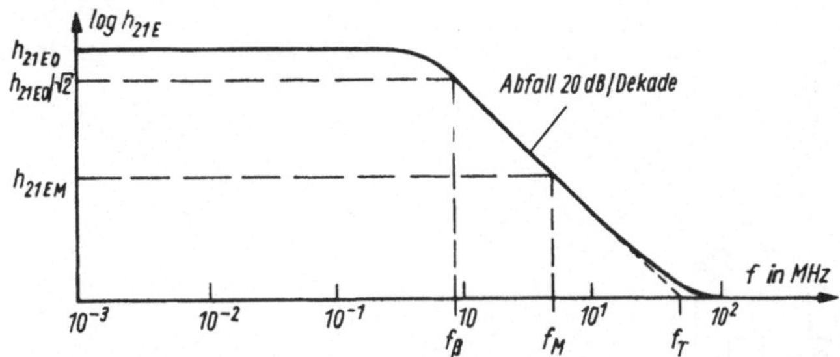	
	Abb. 1.2.12. Definition der Transistorgrenzfrequenzen in Emitterschaltung f_β Frequenz, bei der h_{21E} auf $h_{21E0}/\sqrt{2}$ abgefallen ist; f_T Transitfrequenz (Produkt aus h_{21E} und der Meßfrequenz f_M im Frequenzgebiet, in dem der Abfall von h_{21E} 20 dB/Dekade beträgt; $f_T = f_M \cdot h_{21EM} = f_\beta \cdot h_{21E0}$)	
bipolare Si-Schalt-transi-storen	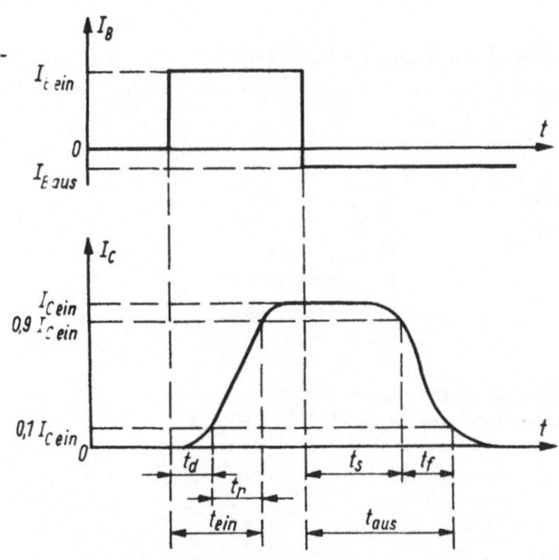	$P_{V\,max} \leqq 1$ W a) SS 218 b) BSY 62 $P_{V\,max} > 10$ W a) SU 160 b) BU 208
	Abb. 1.2.13. Definition der Transistor-Schaltzeiten t_d Verzögerungszeit; t_r Anstiegszeit; t_s Speicherzeit; t_f Abfallzeit; $t_{ein} = t_d + t_r$ Einschaltzeit; $t_{aus} = t_s + t_f$ Ausschaltzeit	

Tabelle 1.2.13 (Fortsetzung)

Art	typische Kennlinien und Parameter	typische Bauelemente
n-Kanal-Sperrschicht-FET		a) KP 303 (SU) b) BF 245

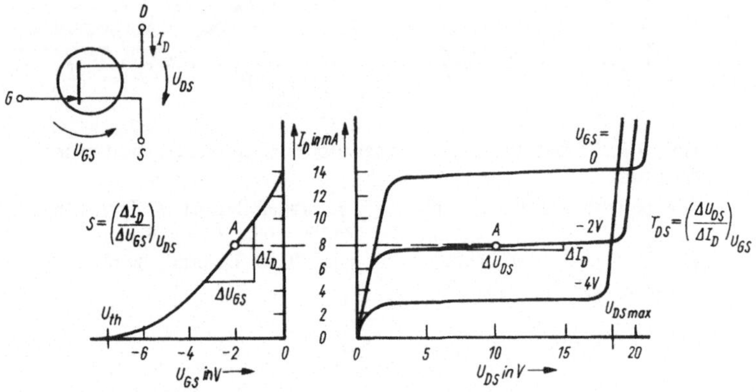

Abb. 1.2.14. Eingangs- und Ausgangs-Kennlinienfeld eines n-Kanal-Sperrschicht-FET

Drain-Source-Spannung	$U_{DS\,max} \approx +30$ V
Gate-Source-Spannung	$U_{GS\,min} \approx -20$ V
	$U_{GS\,max} = 0$ V
Drain-Strom	$I_{D\,max} \approx 20$ mA
Verlustleistung	$P_{V\,max} \approx 200$ mW
Schwellspannung	$U_{th} \approx (-10 \ldots -2)$ V
Steilheit	$S \approx (3 \ldots 10)$ mA V^{-1}
differentieller Ausgangswiderstand	$r_{DS} \approx 100$ kΩ
differentieller Eingangswiderstand	$r_{GS} \approx (10^{10} \ldots 10^{14})$ Ω

Tabelle 1.2.13 (Fortsetzung)

Art	typische Kennlinien und Parameter	typische Bauelemente
n-Kanal-MOSFET, Verarmungstyp (selbstleitend)		a) – b) BFR 29

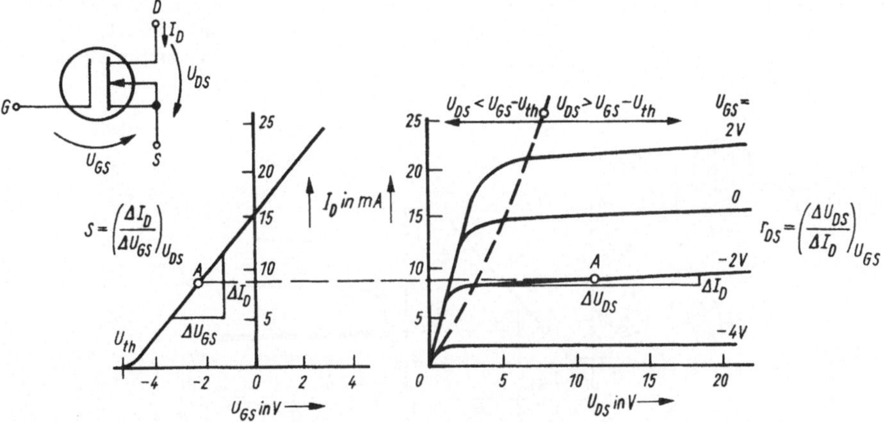

Abb. 1.2.15. Eingangs- und Ausgangs-Kennlinienfeld eines n-Kanal-MOSFET vom Verarmungstyp (selbstleitend)

Drain-Source-Spannung	$U_{DS\,max} \approx +30$ V
Gate-Source-Spannung	$U_{GS\,min} \approx -10$ V
	$U_{GS\,max} \approx +10$ V
Drain-Strom	$I_{D\,max} \approx 40$ mA
Verlustleistung	$P_{V\,max} \approx 150$ mW
Schwellspannung	$U_{th} \approx (-10 \ldots -5)$ V
Steilheit	$S \approx (2 \ldots 10)$ mA $\cdot$ V^{-1}
differentieller Ausgangswiderstand	$r_{DS} \approx (10 \ldots 50)$ kΩ
differentieller Eingangswiderstand	$r_{GS} \approx 10^{14}\,\Omega$

Tabelle 1.2.13 (Fortsetzung)

Art	typische Kennlinien und Parameter	typische Bauelemente
n-Kanal-MOSFET, Anreicherungstyp (selbstsperrend)		a) V 4007 D*) b) CD 4007 UBE*) *) n-Kanal-Einzeltransistor des Schaltkreises. Doppel-Gate-MOSFET a) KP 350 (SU) b) (BF 961; Verarmungstyp)

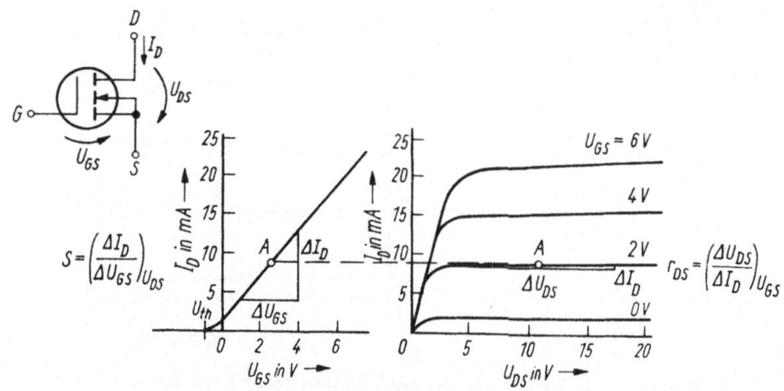

Abb. 1.2.16. Eingangs- und Ausgangs-Kennlinienfeld eines n-Kanal-MOSFET vom Anreicherungstyp (selbstsperrend)

Drain-Source-Spannung	$U_{DS\,max} \approx 20$ V
Gate-Source-Spannung	$U_{GS\,min} \approx -15$ V
	$U_{GS\,max} \approx +15$ V
Drain-Strom	$I_{D\,max} \approx 20$ mA
Verlustleistung	$P_{V\,max} \approx 200$ mW
Schwellspannung	$U_{th} \approx -1$ V
Steilheit	$S \approx (3 \ldots 10)$ mA $\cdot$ V^{-1}
differentieller Ausgangswiderstand	$r_{DS} \approx (10 \ldots 100)$ kΩ
differentieller Eingangswiderstand	$r_{GS} \approx (10^{10} \ldots 10^{14})\ \Omega$

1.2.8. Optoelektronische Bauelemente

Tabelle 1.2.14

Art	typische Parameter		typische Bauelemente
Lumines-zenz-dioden	Emissionswellenlänge λ_P:	560 nm (grün) 590 nm (gelb) 660 nm (rot) 990 nm (IR)	a) VQA 26 VQA 36 VQA 16 VQ 125
	Sperrspannung Durchlaßstrom Durchlaßspannung	$U_{R\,max} \leqq 5$ V $I_{F\,max} \leqq 50$ mA $U_F \leqq 3$ V ($I_F \leqq 20$ mA)	b) CQX 36 CQX 37 CQX 39 CQY 99
Foto-dioden	Wellenlänge maximaler Empfindlichkeit Fotoempfindlichkeit Dunkelstrom ($E = 0$)	$\lambda_S \approx 800$ nm $S \approx (10...100)$ nA lx^{-1} $I_R \approx (10^{-2}...10^2)$ nA	a) SP 103 b) BPX 94
Foto-transistoren	Wellenlänge maximaler Empfindlichkeit Fotoempfindlichkeit Kollektor-Emitter-Spannung	$\lambda_S \approx 850$ nm $S \approx (1...10)$ nA lx^{-1} $U_{CE\,max} \leqq 50$ V	a) SP 215 b) BP 103 B
Opto-koppler	Sender: Lumineszenzdiode Empfänger: Fototransistor Stromübertragungsverhältnis	0,2...5	a) MB 104 b) CNY 47
Lumines-zenz-Anzeige-einheiten	Stellenzahl: 1...4; plus, minus, Dezimalpunkt Farbe: rot, grün Darstellung: Sieben-Segment		a) VQE 24 b) TLG 325

1.2.9. Analoge integrierte Schaltkreise

Tabelle 1.2.15

Art	typische Parameter		typische Schaltkreise
Operations-verstärker (OV)	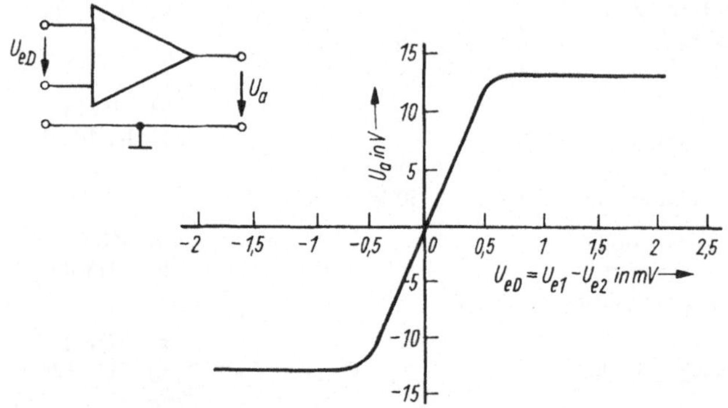 Abb. 1.2.17. Typische Übertragungskennlinie eines Operationsverstärkers		OV mit äußerer Frequenzgang-korrektur, bipolar: a) MAA 748 (ČSSR) b) µA 748 FET-Eingang: a) B 080 D b) TL 080 OV mit interner Frequenz-gangkorrektur, bipolar a) MAA 741 b) µA 741 FET-Eingang: a) B 081 D b) TL 081
	Betriebsspannungsbereich	$\bar{U}_b \approx (\pm 2 \ldots \pm 18)$ V	Leistungs-OV a) B 165 H/V b) L 165
	Leerlauf-Spannungsverstärkung	$\lvert V_{UL} \rvert \approx (50 \ldots 100)$ dB	
	Differenzeingangs-widerstand	$R_{eD} \approx (0{,}1 \ldots 10^4)$ MΩ	
	Ausgangswiderstand	$R_a \approx 100\ \Omega$	
	obere Grenzfrequenz für $\lvert V_U \rvert = 1$	$f_{go} \approx (1 \ldots 10)$ MHz	
Spannungs-stabilisator	nichtstabilisierte Eingangsspannung	$U_e \approx (10 \ldots 50)$ V	Verlust-leistung $\leqq 1$ W, Laststrom $\leqq 100$ mA: a) MAA 723 (ČSSR) b) µA 723
	stabilisierte Ausgangsspannung	$U_a \approx (2 \ldots 40)$ V	
	Regelverhalten	$\frac{\Delta U_a}{U_a} \approx 10^{-3}$	

Tabelle 1.2.15 (Fortsetzung)

Art	typische Parameter		typische Schaltkreise
			Verlust-leistung ≧ 15 W, Laststrom ≧ 1,5 A: a) B 3170 V, B 3171 V, B 3370 V, B 3371 V b) LM 317 HV, LM 337 HV
Hoch-frequenz-verstärker und AM-, FM-De-modulator	Spannungs-verstärkung	$\lvert \underline{V}_U \rvert \approx 50$ dB	a) A 4100 D b) TDA 4100
	Eingangsspannung für Begrenzungs-einsatz	$U_{eT} \approx 30\ \mu V$	
	NF-Ausgangs-spannung	$U_{aNF} \approx 1$ V	
	obere Grenzfrequenz	$f_{go} \approx 15$ MHz	
	Verstärkungs-regelung	automatisch	
Analog-Digital-Umsetzer	Auflösung	8 Bit	Binär, 8 Bit:
	Linearitätsfehler	± 1/2 LSB (Bit 10)	a) C 570 D b) AD 570
	Setzzeit	50 µs	Dezimal, 3 Stellen: a) C 520 D b) AD 2020
Digital-Analog-Umsetzer	Auflösung	10 Bit	a) C 565 D
	Linearitätsfehler	± 1/2 LSB (Bit 10)	b) –
	Setzzeit	500 ns	
Ansteuer-schaltkreis für Licht-emitterdio-den-Zeilen			a) A 277 D b) UAA 180
Ansteuer-schaltkreis für Schalt-netzteile			a) B 260 D b) TDA 1060
Transistor-array			a) B 340 D b) –

1.2.10. Digitale integrierte Schaltkreise

Tabelle 1.2.16

	Funktion des Schaltkreises	a)	b)
CMOS-Reihe	Zwei Transistorpaare und ein Inverter	V 4007 D	CD 4007 UBE
	Vier NAND-Gatter mit je zwei Eingängen	V 4011 D	CD 4011 BE
	Zwei D-Flipflops	V 4013 D	CD 4013 BE
	Zwei JK-Master-Slave-Flipflops	V 4027 D	CD 4027 BE
	4 Bit-BCD-Dezimal-Decoder	V 4028 D	CD 4028 BE
	Synchroner binärer BCD-Vorwärts/Rückwärtszähler	V 4029 D	CD 4029 BE
	Vier Exklusiv-Or-Gatter mit je zwei Eingängen	V 4030 D	CD 4030 BE
	8 Kanal-Analog-Multiplexer/Demultiplexer	V 4051 D	CD 4051 BE
	Vier NAND-Gatter mit je zwei Eingängen mit Schmitt-Trigger-Verhalten	V 4093 D	CD 4093 BE
	Zwei binäre 4 Bit-Vorwärtszähler	V 4520 D	CD 4520 BE
TTL-Reihe	Vier NAND-Gatter mit je zwei Eingängen und offenem Kollektor	D 126 D	SN 7426 N
	BCD-zu-7-Segment-Decoder/Treiber	D 346 D	–
	BCD-zu-7-Segment-Decoder/Treiber	D 348 D	(SN 74 LS 247 N)
	4-Bit-BCD-Dezimal-Decoder	MH 7442	SN 7442
	16 Kanal-Digital-Multiplexer/Demultiplexer	MH 74150	SN 74150
Low-Power-Schottky-TTL-Reihe	Vier NAND-Gatter mit je zwei Eingängen	DL 000 D	SN 74 LS00
	Vier NOR-Gatter mit je zwei Eingängen	DL 002 D	SN 74 LS02
	Vier NAND-Gatter mit je zwei Eingängen und offenem Kollektor	DL 003 D	SN 74 LS03
	Sechs Inverter	DL 004 D	SN 74 LS04
	Drei NAND-Gatter mit je drei Eingängen	DL 010 D	SN 74 LS10
	Zwei NAND-Gatter mit je vier Eingängen	DL 020 D	SN 74 LS20
	Zwei AND-Gatter mit je vier Eingängen	DL 021 D	SN 74 LS21
	Ein NAND-Gatter mit acht Eingängen	DL 030 D	SN 74 LS30
	Vier NAND-Treiber mit je zwei Eingängen und offenem Kollektor	DL 038 D	SN 74 LS38
	Zwei NAND-Treiber mit je vier Eingängen	DL 040 D	SN 74 LS40
	Zwei D-Flipflops	DL 074 D	SN 74 LS74
	4 Bit-Binärzähler	DL 093 D	SN 74 LS93
	Zwei JK-Flipflops	DL 112 D	SN 74 LS112
	Zwei monostabile Multivibratoren	DL 123 D	SN 74 LS123
	Vier NAND-Gatter mit je zwei Eingängen mit Schmitt-Trigger-Verhalten	DL 132 D	SN 74 LS132
	Zwei 2 auf 4 Decoder/Demultiplexer	DL 155 D	SN 74 LS155N
	Synchroner Vorwärts-/Rückwärts-Dezimalzähler	DL 192 D	SN 74 LS192
	Synchroner Vorwärts-/Rückwärts-Binärzähler	DL 193 D	SN 74 LS193
	Bidirektionales 4 Bit-Schieberegister	DL 194 D	SN 74 LS194N
	8 auf 1 Multiplexer	DL 251 D	SN 74 LS251N
	4 Bit-Schieberegister mit Tristate-Ausgängen	DL 295 D	SN 74 LS295N
	1 aus 8-Binärdecoder	DS 82050	P 8205

1.3. Meßgeräte und ihre Handhabung

Die erfolgreiche Bearbeitung von Elektronikpraktikums-Aufgaben setzt grundlegende Kenntnisse über Funktionsweise, Meßmöglichkeiten und Handhabung der erforderlichen Meßmittel voraus. In diesem Kapitel sollen einfache, in Praktika übliche Meßgerätearten mit ihren typischen Eigenschaften und Kenndaten sowie ihr Einsatz beschrieben werden. Diese Hinweise gehen nicht von konkreten kommerziellen Geräten aus und ersetzen deshalb nicht das Studium der Gerätebeschreibungen.

Für die Versuchsplanung sind folgende Fragestellungen wichtig: Welches Meßgerät ist für die geforderte Meßgenauigkeit geeignet? Wie verändert u. U. das Meßgerät durch das Anschalten an das Meßobjekt die zu erfassenden Kenngrößen? Welche Zeit nach dem Einschalten des Meßgerätes ist erforderlich, um die angegebene Meßgenauigkeit zu erreichen („Einlaufzeit")?

In zunehmendem Maße spielt als Bestandteil von Meßgeräten und bei der Gestaltung von Elektronikversuchen die Mikrorechentechnik eine Rolle. Sowohl bei der Steuerung von Versuchsschaltungen als auch bei der Erfassung und Verarbeitung der Meßergebnisse ist der Mikrorechnereinsatz möglich. Zu diesem Komplex werden im letzten Abschnitt dieses Kapitels einige einführende Hinweise gegeben.

1.3.1. Spannungs- und Strommeßgeräte

Zur Messung von Gleichspannungen und -strömen dient im einfachsten Falle der *Vielfachmesser* (auch als Universalmesser bezeichnet). Dieses Gerät besitzt ein Drehspulmeßwerk, dem für Spannungsmessungen Reihenwiderstände R_s und für Strommessungen Parallelwiderstände R_p zugeschaltet werden (Abb. 1.3.1). Das Meßwerk benötigt i. allg. Spannungen von 30...100 mV für Vollausschlag, dabei fließen Ströme von 10...100 μA. Diese Werte stellen gleichzeitig den empfindlichsten Meßbereich dar. Die größten meßbaren Spannungen betragen 300...1 000 V, die größten Ströme 2,5...10 A. Der Vielfachmesser ändert in Abhängigkeit vom gewählten Meßbereich seinen Innenwiderstand. So hat ein üblicher 20 kΩ/V-Viel-

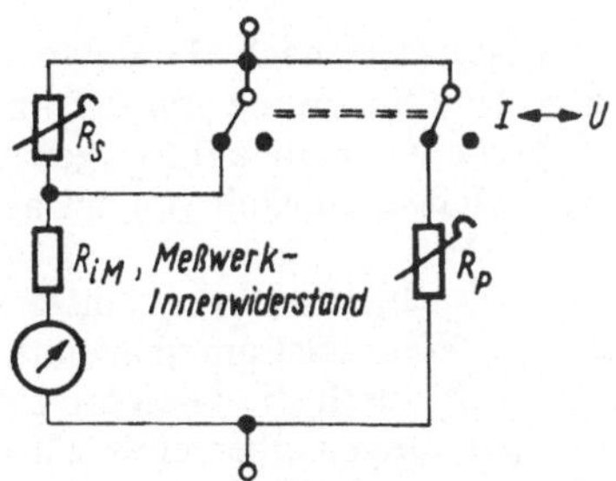

Abb. 1.3.1. Schaltung eines Vielfachmessers

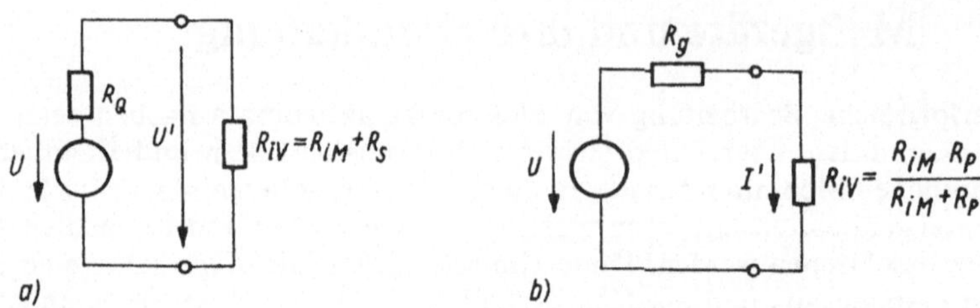

Abb. 1.3.2. Messung von Spannungen (a) und Strömen (b) unter Berücksichtigung des Meßgeräte-Innenwiderstandes, wobei im belasteten Fall $U' = R_{iv}U/(R_{iv} + R_Q)$ und $I' = R_g I/(R_{iv} + R_g)$ mit $I = U/R_g$ gilt

fachmesser beispielsweise einen Innenwiderstand von 2 kΩ im 100 mV-Bereich und von 200 kΩ im 10 V-Bereich. Durch die Parallelschaltung von Widerständen R_p zum Meßwerk bei der Strommessung nimmt der Innenwiderstand des Vielfachmessers mit wachsendem Strombereich ab. Unabhängig vom gewählten Bereich bleibt aber der Spannungsabfall bei gleichem Zeigerausschlag des Instruments konstant. Bedingt durch den nicht unendlichen Innenwiderstand bei der Spannungsmessung bzw. den von Null abweichenden Innenwiderstand bei der Strommessung, entstehen durch das Anschalten des Meßgerätes Abweichungen von den ohne Meßinstrument vorhandenen Spannungs- und Stromwerten. Nach Abb. 1.3.2 muß bei einer geforderten Spannungsmeßgenauigkeit von p Prozent für den Innenwiderstand des Vielfachmessers

$$R_{iV} \geqq \left(\frac{100}{p} - 1\right) R_Q \tag{1.3.1}$$

gelten. Dabei bezeichnet R_Q den Innenwiderstand der auszumessenden Spannungsquelle. Bei der Strommessung mit einem Vielfachmesser muß hingegen

$$R_{iV} \leqq \frac{p}{100 - p} R_g \tag{1.3.2}$$

erfüllt sein, wobei R_g als Gesamtwiderstand des Stromkreises den ohne Meßgerät fließenden Strom bestimmt.

Die Meßgenauigkeit eines Vielfachmessers beträgt je nach Gerätetyp 1...2,5 %, bezogen auf den Skalenendwert. So kann z. B. eine Spannung von 8 V im Meßbereich 10 V auf 2,5 % genau, hingegen im 100-V-Meßbereich nur auf 25 % genau gemessen werden, wenn für den Vielfachmesser eine Meßgenauigkeit von 2 % angegeben wird.

Durch ein Zuschalten von (eingebauten) Meßgleichrichtern sind einige Vielfachmesser gleichzeitig als Wechselspannungs- und Wechselstrommeßgeräte einsetzbar. Im Spannungsbereich unter 1 V ergeben sich durch die Gleichrichterkennlinien stark nichtlineare Skalenverläufe, nur Spannungen über etwa 200 mV sind meßbar. Der Innenwiderstand des Wechselspannungs-Vielfachmessers ist wesentlich niedriger als bei der Gleichspannungsmessung (z. B. 4 kΩ/V$_\sim$ gegenüber

20 kΩ/V₋). Spannungen im Frequenzbereich 50 Hz bis 10 kHz können gemessen werden, allerdings beschränkt sich die Meßbarkeit bei einigen Geräten auf netzfrequente Spannungen (um 50 Hz) im Spannungsbereich ≧ 100 V. Mit Vielfachmessern sind nur sinusförmige Wechselspannungen und -ströme meßbar, die Skala ist in Effektivwerten (U_{eff}, I_{eff}) geeicht. Es gilt

$$U_{eff} = \frac{1}{\sqrt{2}} \hat{U} \approx 0{,}71 \hat{U} \tag{1.3.3}$$

mit

$$U(t) = \hat{U} \sin \omega t\,; \tag{1.3.4}$$

dabei bezeichnet $\hat{U}$ den Scheitelwert, ω die Kreisfrequenz und t die Zeit. Entsprechendes gilt für Wechselströme.

Gegen Überlastung (für den jeweiligen Meßbereich zu hohe angelegte Spannungen bzw. durchfließende Ströme) sind Vielfachmesser sehr empfindlich, sie können dadurch zerstört werden. Empfehlenswert ist, bei nicht genau bekannter Meßgröße stets vom größeren auf empfindlichere Bereiche umzuschalten, bis ein ablesbarer Ausschlag des Zeigers zustande kommt. Einige Vielfachmesser sind mit einer eingebauten Überlastsicherung ausgerüstet. Hier wird bei Überlast das Meßwerk entweder durch ein Relais abgeschaltet oder die anliegende Spannung begrenzt. Dennoch sollte auch bei diesen Geräten eine Überlastung möglichst vermieden werden.

Vielfachmesser sind oft auch zur Überprüfung bzw. Grobmessung von Bauelementen geeignet. Zur Widerstandsbestimmung besitzen einige Vielfachmesser eine (nichtlineare) Ohmskala. Gemessen wird der Strom, der durch den zu bestimmenden Widerstand bei bekannter (eingeeichter) Spannung der eingebauten Batterie fließt. Die Meßgenauigkeit beträgt nur 50...10 %, der genauere Wert ergibt sich in der Nähe des Vollausschlages des Meßwerkzeigers. Diese Widerstandsmessung kann zur Funktionsprüfung von Halbleiterdioden und Transistoren verwendet werden. Siliziumdioden ergeben in Sperrichtung den Widerstand „∞“, da der Sperrstrom praktisch unmeßbar klein ist. In Durchlaßrichtung der Siliziumdioden zeigen Vielfachmesser mit eingebautem 1,5 V-Element im 10 kΩ-Meßbereich einen Widerstand von 100...200 Ω an. Zur Prüfung von Bipolar-Transistoren mißt man zunächst die Kollektor-Basis- und die Basis-Emitter-Diode nach dem Verfahren der Diodenprüfung. Danach schätzt man die Stromverstärkung mit einer Schaltung nach Abb. 1.3.3 ab. Bei geöffnetem Schalter wird höchstens bei Silizium-Leistungs-

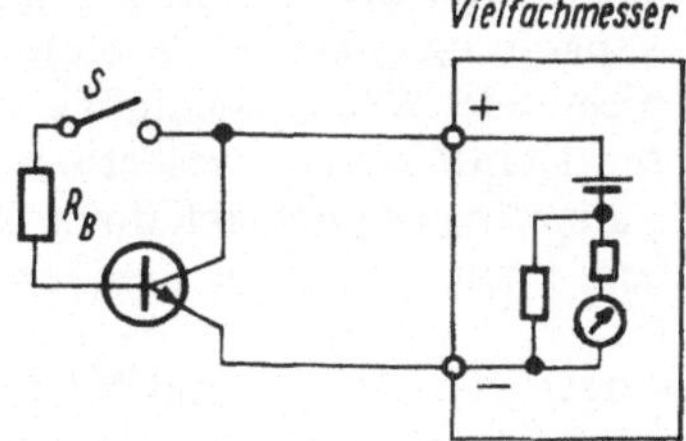

Abb. 1.3.3. Prüfung von Transistoren mit dem Widerstandsmeßbereich eines Vielfachmessers (bei pnp-Transistoren ist der Vielfachmesser umzupolen)

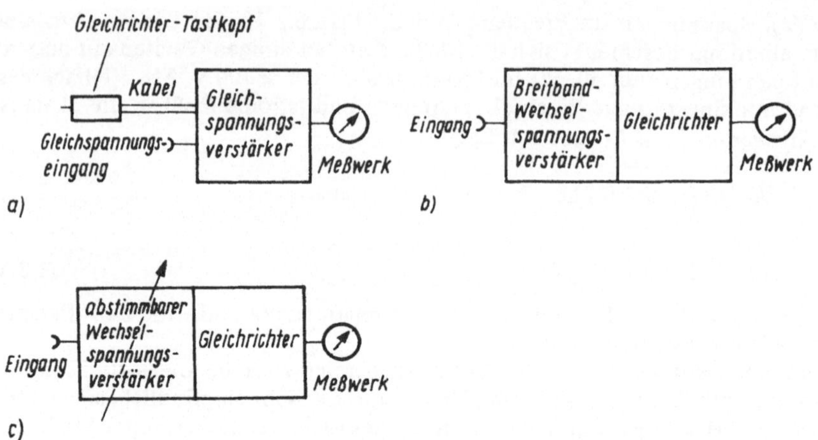

Abb. 1.3.4. Analoge elektronische Spannungsmesser
a) Breitband-Spannungsmesser mit Gleichspannungsverstärker; b) Breitband-Spannungsmesser mit Wechselspannungsverstärker; c) selektiver Spannungsmesser

transistoren ein (sehr großer) Widerstand (> 100 kΩ) angezeigt, bei Silizium-Kleinleistungsbauelementen ist der Widerstand unmeßbar groß. Bei geschlossenem Schalter zeigt der Vielfachmesser überschlagsmäßig einen Widerstand an, der um die Stromverstärkung B des Transistors kleiner als der Basis-Vorwiderstand R_B (z. B. 100 kΩ) ist.

Für höhere Anforderungen an den Innenwiderstand (etwa 1 MΩ...1 GΩ, i. allg. unabhängig vom eingeschalteten Spannungsbereich) und für einen wesentlich größeren Frequenzbereich (10 Hz...300 MHz) bei etwa gleicher Meßgenauigkeit (1...10 %) werden analog arbeitende, breitbandige *elektronische Spannungsmesser* eingesetzt. In der Ausführung mit einem gleichspannungsgekoppelten, schmalbandigen Meßverstärker (Abb. 1.3.4 a) sind neben der Gleichspannungsmessung auch Wechselspannungsmessungen mit einem vorgeschalteten Gleichrichter-Tastkopf möglich. Durch die Gleichrichtereigenschaften sind i. allg. nur Wechselspannungen über 50 mV zu messen. Wegen der geringen Leitungslänge von der Tastspitze bis zur Gleichrichterschaltung im Tastkopf können kleine Eingangskapazitäten (5...10 pF) realisiert werden, die auch bei Hochfrequenzen zu nur geringen Meßverfälschungen führen. Im Falle von wechselspannungsgekoppelten breitbandigen Meßverstärkern (Abb. 1.3.4 b) wird die zu messende Wechselspannung zunächst verstärkt und anschließend erst gleichgerichtet. Damit können wesentlich kleinere Spannungen (ab etwa 100 µV) erfaßt werden, allerdings eignet sich diese Geräteart nur für Wechselspannungsmessungen in einem i. allg. kleineren Frequenzbereich (z. B. 10 Hz...10 MHz).

Bei der Messung kleinerer Wechselspannungen ($\hat{U} \leq 10$ mV) mit breitbandigen Spannungsmessern besteht die Gefahr einer Fehlmessung durch unerwünschte Fremdsignale. Im Niederfrequenzbereich stören vor allem 50 Hz-Einstreuungen (Netzfrequenz). Im Hochfrequenzbereich erzeugen nahegelegene leistungsstarke

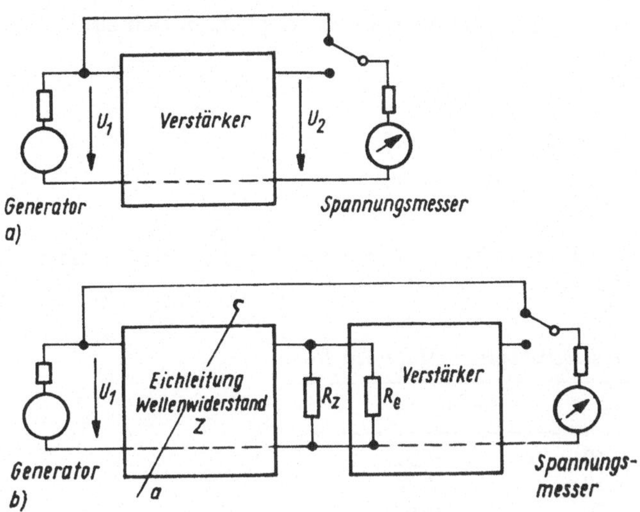

Abb. 1.3.5. Spannungsverstärkungs-Messung
a) Direktmessung; b) Messung mit Eichleitung, wobei $Z = R_z R_e/(R_z + R_e)$ gelten muß

Rundfunksender Störspannungen. Diese Schwierigkeiten werden durch selektive elektronische Spannungsmesser, sog. *selektive Mikrovoltmeter*, umgangen, die auf die jeweilig interessierende Meßfrequenz abstimmbar sind (Abb. 1.3.4c). Mit diesen Geräten sind Wechselspannungen ab einigen Mikrovolt meßbar.

Strommessungen mit elektronischen Spannungsmessern werden über den Spannungsabfall an Meßwiderständen realisiert. Für Hochfrequenzanwendungen (ab etwa 1 MHz) werden hierfür induktionsarme Widerstände benötigt. Es muß beachtet werden, daß der Betrag des komplexen Eingangswiderstandes des Meßgerätes (insbesondere durch die Eingangskapazität) groß gegen den Meßwiderstand bleibt.

Ein wichtiges Anwendungsgebiet elektronischer Spannungsmesser ist die Bestimmung der Spannungsverstärkung elektronischer Verstärker. Neben der Möglichkeit der direkten Spannungsmessungen am Eingang und Ausgang eines Verstärkers (Abb. 1.3.5a) empfiehlt sich für genauere Messungen die zusätzliche Verwendung einer *Eichleitung*. Nach der Meßanordnung von Abb. 1.3.5b wird zunächst die Spannung der Signalquelle bestimmt und anschließend am Ausgang des Verstärkers die Spannung gemessen. Dabei wird die als Abschwächer wirkende Eichleitung so eingestellt, daß am Anzeigeinstrument des Spannungsmessers genau der gleiche Ausschlag entsteht. Die Dämpfung der Eichleitung entspricht dann der Spannungsverstärkung des untersuchten Verstärkers. Wegen der Einstellung auf gleichen Zeigerausschlag verringert sich der Meßfehler erheblich; eine Meßgenauigkeit von 1 % kann erreicht werden. Eichleitungen stellt man i. allg. mit einer logarithmischen Stufung her, wobei die Dämpfungsmaße Dezibel und Neper gebräuchlich sind. Das Spannungsverhältnis a_{dB} in Dezibel ergibt sich zu

$$a_{dB} = 20 \lg \frac{U_2}{U_1}, \tag{1.3.5}$$

entsprechend bezeichnet

$$a_{Np} = \ln \frac{U_2}{U_1} \tag{1.3.6}$$

das Spannungsverhältnis in Neper. Hierbei bedeutet U_1 die Eingangs- und U_2 die Ausgangsspannung des Gerätes (vgl. Tab. 1.3.1).

Tabelle 1.3.1. Spannungsverhältnisse in Dezibel bzw. Neper

U_2/U_1	a_{dB}	a_{Np}
0,001	−60	−6,91
0,003 2	−50	−5,74
0,01	−40	−4,61
0,032	−30	−3,44
0,1	−20	−2,30
0,32	−10	−1,14
1	0	0
2	6,0	0,69
3	9,5	1,10
4	12,0	1,39
5	14,0	1,61
6	15,6	1,79
7	16,9	1,95
8	18,1	2,08
9	19,1	2,20
10	20	2,30
32	30	3,47
100	40	4,61
320	50	5,77
1 000	60	6,91

Bei der gezeigten Meßanordnung zur Verstärkungsmessung mit Eichleitung sind einige Besonderheiten zu beachten: Der Generator wird mit einem charakteristischen Widerstand (dem Wellenwiderstand der Eichleitung, 50...800 Ω, niedrigere Werte für Hochfrequenz-, höhere Werte für Niederfrequenzanwendungen) belastet. Die eingestellten Dämpfungswerte der Eichleitung gelten nur, wenn diese mit einem Widerstandswert gleich dem Wellenwiderstand ausgangsseitig abgeschlossen ist. Aus diesem Grunde sind prinzipiell denkbare Anordnungen Signalquelle – Verstärker – Eichleitung – Spannungsmesser weniger gebräuchlich, da hier der Verstärkerausgang mit dem relativ kleinen Wellenwiderstand der Eichleitung belastet wird.

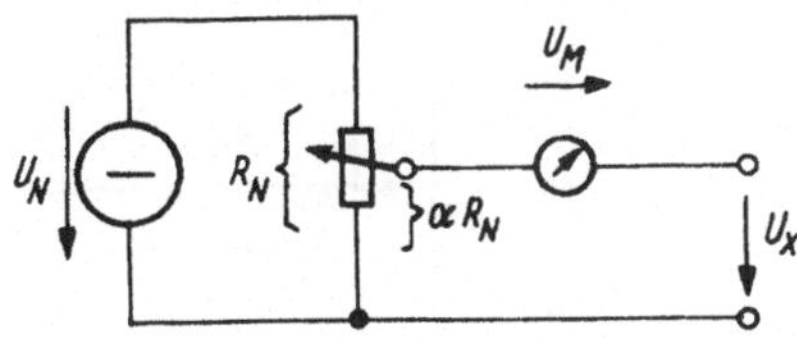

Abb. 1.3.6. Kompensationsmeßverfahren

Für Spannungsmessungen mit einer Genauigkeit von besser als 1% sind zwei Verfahren gebräuchlich, die Kompensationsmethode und der Einsatz von Digitalvoltmetern. Das *Kompensationsmeßverfahren* nach Abb. 1.3.6 beruht auf dem Vergleich einer mit Präzisionsspannungsteiler geteilten Normalspannung U_N mit einer unbekannten Spannung U_x. Der Spannungsteiler wird so verändert, daß das Meßinstrument spannungslos ist. Dann gilt

$$\alpha U_N = U_x . \tag{1.3.7}$$

Ein wesentlicher Vorteil dieses Verfahrens besteht darin, daß im Abgleichfall belastungsfrei gemessen wird. Diese Meßart dient vor allem der genauen Bestimmung von Gleichspannungen; bei Wechselspannungsmessungen muß ein Nullabgleich für Amplitude und Phase erfolgen.

Das wichtigste Gerät zur genauen Spannungsmessung (und daraus abgeleitet zur Strom- und Widerstandsmessung) stellt das *Digitalvoltmeter* dar. Selbst einfache Laborgeräte (Digitalmultimeter) erreichen Meßgenauigkeiten von 0,01...0,1% des Meßbereichsendwertes bei der Gleichspannungsmessung und von 0,5% des Meßbereichsendwertes bei der Wechselspannungsmessung im Niederfrequenzbereich (30 Hz...20 kHz). Dabei wird der Meßwert in drei bis vier Dezimalstellen angezeigt, die kleinste Schritteinheit (digitale Auflösung) beträgt im empfindlichsten Meßbereich (0,1...1 V) meist 100 µV, bei einigen Geräten 10 µV. Der Eingangswiderstand ist ebenso wie bei analogen elektronischen Spannungsmessern i. allg. unabhängig vom gewählten Meßbereich. Richtwerte sind 10...100 MΩ für Gleichspannungsmessungen und 1 MΩ parallel 100 pF für Wechselspannungsmessungen.

Einige Digitalvoltmeter besitzen eine Rechnerschnittstelle, so daß die ermittelten Meßwerte in einen Rechner übergeben werden können (vgl. Abschn. 1.3.7).

Die Prinzipschaltung eines einfachen Digitalvoltmeters zeigt Abb. 1.3.7. In einem Spannungs-Frequenz-Wandler wird eine Impulsfolge erzeugt, deren Impulsfolgefrequenz streng proportional zur Eingangsspannung ist. Gemessen wird die Zahl der Impulse, die in einem durch einen Quarzoszillator fixierten Zeitintervall die Torschaltung passieren. Damit entspricht der Zählerstand am Ende der Meßzeit der Eingangsspannung. Bei Wechselspannungsmessungen wird ein elektronischer Präzisionsgleichrichter vorgeschaltet, da der Spannungs-Frequenz-Wandler nur Gleichspannungen verarbeiten kann. Durch geeignete Wahl der Meßzeit, einem ganzzahligen Vielfachen der Periodendauer der Netzfrequenz, kann beim angegebenen Digitalmeßverfahren der Einfluß überlagerter netzfrequenter Störspannungen verringert werden.

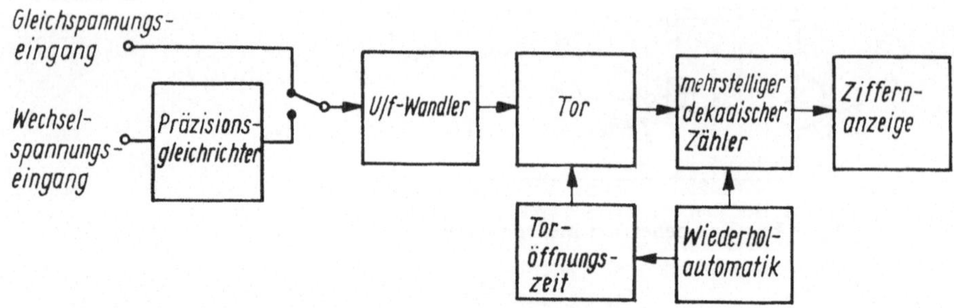

Abb. 1.3.7. Prinzip-Blockschaltung eines einfachen Digitalvoltmeters

Alle beschriebenen analogen und digitalen elektronischen Wechselspannungsmesser zeigen ebenso wie Vielfachmesser den Effektivwert einer sinusförmigen Spannung an. Für die Messung nichtsinusförmiger Wechselspannungen benutzt man am besten einen Oszillographen, der außerdem als Spannungsmesser für Gleich- und sinusförmige Wechselspannungen einsetzbar ist.

1.3.2. Oszillographen

Das wichtigste elektronische Meßgerät stellt nach wie vor der Elektronenstrahl-Oszillograph (auch Oszilloskop) dar. Mit ihm können eine Vielzahl von Messungen durchgeführt werden. Möglich sind Spannungsmessungen bei beliebiger Zeitfunktion, Phasenmessungen zwischen verschiedenen Wechselspannungen, Verstärkungs- bzw. Dämpfungsmessungen, Zeit- und Frequenzmessungen. Mit kleineren Zusatzeinrichtungen sind Strommessungen, die Darstellung von Bauelementekennlinien und von Frequenzgangcharakteristiken durchführbar. Das Blockschaltbild eines *Einstrahl-Oszillographen* zeigt Abb. 1.3.8. Das Gerät besitzt zwei gleichspannungsgekoppelte Breitbandverstärker, die mit den *X*- bzw. *Y*-Ablenkplatten der Elektronenstrahlröhre verbunden sind. Die Eingangsspannungen dieser beiden

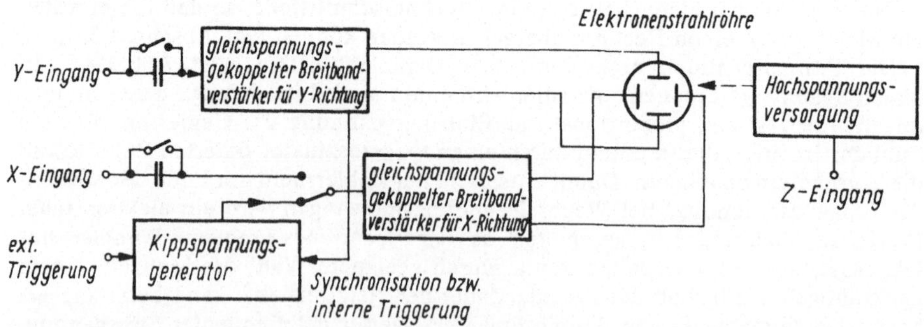

Abb. 1.3.8. Blockschaltbild eines Einstrahl-Oszillographen

Verstärker bewirken so eine Auslenkung des Elektronenstrahls in horizontaler bzw. vertikaler Richtung. Wird an den Eingang des X-Verstärkers eine mit der Zeit linear ansteigende Spannung gelegt, die nach Erreichen eines vorgegebenen Maximalwertes relativ schnell in den Ausgangszustand zurückkippt („Sägezahnspannung“), kann mit dem Oszillographen ein Spannungs-Zeit-Verlauf abgebildet werden. Die zu untersuchende Spannung wird dabei mit dem Eingang des Y-Verstärkers verbunden. Die Erzeugung der X-Ablenkspannung erfolgt in dem Kippspannungsgenerator (auch: Zeitbasis-Generator). Diese Baugruppe muß für stehende Oszillographenbilder synchronisiert bzw. getriggert werden. Eine Synchronisation bewirkt, daß der Start des Kippspannungsgenerators bei anliegender Wechselspannung am Y-Eingang immer zu einer bestimmten einstellbaren Phase des Eingangssignals erfolgt, aber daß bei zu kleiner oder keiner Spannung der Kippgenerator frei schwingt und so unabhängig vom Eingangssignal immer ein Strahl auf der Oszillographenröhre geschrieben wird. In der Betriebsart „interne Triggerung“ wird der Kippspannungsgenerator nur bei hinreichend großer Spannung am Y-Eingang ausgelöst. Der Spannungswert des Eingangssignals, bei dem der Kippspannungsgenerator startet, ist einstellbar („Triggerpegel“). Bei „externer Triggerung“ wird der Kippstart nicht vom Signal am Y-Eingang, sondern von einer gesonderten Spannung abgeleitet. Neben der Betriebsart mit zeitlinearer Auslenkung in X-Richtung kann der Oszillograph auch in beiden Ablenkrichtungen mit Meßspannungen ausgelenkt werden. Über den Z-Eingang ist der Oszillographenstrahl (i. allg. nur wechselspannungsmäßig) in seiner Helligkeit beeinflußbar, so daß z. B. Zeitmarken eingeblendet werden können.

Zur *Spannungsmessung* von Gleich- und Wechselspannungen beliebiger Zeitfunktion benutzt man die Betriebsart X-Auslenkung mit Kippspannungsgenerator und Synchronisation bzw. interne Triggerung. Übliche Y-Ablenkkoeffizienten bei Service-Oszillographen sind 10 mV pro Teilungseinheit (meist 1 cm) bis 30 V pro Teilungseinheit. Die auszumessende Spannung ergibt sich aus dem Produkt des Ablenkkoeffizienten und der Anzahl der ausgeschriebenen Teilungseinheiten, ablesbar bis etwa ein Zehntel der Teilungseinheit. Damit sind auf einem 7,6-cm-Planschirm eines Service-Oszillographen Meßgenauigkeiten um etwa 5 % bei entsprechend großem Ausschreiben des Schirms durch die Meßspannung möglich. Die angegebene Genauigkeit gilt nur, wenn sich der Feinregler der Y-Auslenkung in der kalibrierten Stellung befindet. Bei sinusförmigen Wechselspannungen bestimmt man die Strahlauslenkung vom negativen zum positiven Scheitelwert U_{ss}, der Effektivwert der Wechselspannung U_{eff} ergibt sich zu

$$U_{eff} = \frac{1}{2\sqrt{2}} U_{ss} \approx 0{,}35\, U_{ss}. \tag{1.3.8}$$

Will man eine der Wechselspannung überlagerte Gleichspannung abtrennen, kann das Eingangssignal über einen Koppelkondensator an den Y-Verstärker gegeben werden (vgl. Abb. 1.3.8). Der komplexe Eingangswiderstand des Y-Eingangs üblicher Service-Oszillographen beträgt

$$\underline{Z}_e = \left(\frac{1}{R} + j\omega C\right)^{-1} \tag{1.3.9}$$

mit $R \approx 1\,M\Omega$ und $C \approx (15\ldots30)$ pF. In Verbindung mit einem etwa 1 m langen Meßkabel erhöht sich die Eingangskapazität C auf etwa 100 pF. Diese insbesondere bei Hochfrequenzmessungen störende große Kapazität kann durch Anwendung eines Tastteiler-Meßkabels verringert werden. Dieses Meßkabel besitzt an der Tastspitze einen Spannungsteiler, der die zu messende Spannung, zehnfach geteilt, an den Y-Eingang abgibt, dafür aber den ohmschen Eingangswiderstand R um den Faktor 10 erhöht und die Eingangskapazität C zehnfach erniedrigt. (Schaltungstechnisch liegt dem Tastteiler-Meßkabel ein kompensierter Spannungsteiler zugrunde, vgl. Kap. 2.1.)

Der Kippspannungsgenerator wird so eingestellt, daß einige Perioden der abzubildenden Wechselspannung erfaßt werden. Damit kann oszillographisch eine *Frequenzmessung* erfolgen. Die Periodendauer ist das Produkt aus der gewählten Zeitbasis des Kippspannungsgenerators in Sekunden (Millisekunden, Mikrosekunden) pro Teilungseinheit (meist 1 cm) und der Anzahl der Teilungseinheiten für eine Periode der Wechselspannung. Service-Oszillographen besitzen Zeitbasiswerte von etwa 0,2 µs bis etwa 1 s pro Teilungseinheit. Die Meßgenauigkeit dieser Frequenzmessung entspricht etwa der der Spannungsmessung (um 5 %); der Zeitbasis-Feinregler ist dabei in die kalibrierte Stellung zu bringen. Die maximal abbildbare Frequenz hängt im wesentlichen von der Bandbreite des Y-Verstärkers ab und beträgt bei Service-Oszillographen i. allg. 10 MHz. Zur Spannungsmessung von Frequenzen unter 100 Hz ist eine einfachere Ablesung möglich, wenn man die X-Ablenkung außer Betrieb setzt und nur die Strichlänge in Y-Richtung bestimmt. Dabei entfällt allerdings die Kontrolle der Kurvenform.

Eine sehr genaue oszillographische Frequenzmessung sinusförmiger Wechselspannungen ist bei Vorhandensein eines geeigneten Bezugsfrequenzgenerators (hoher Präzision) durchführbar. Hierzu wird beispielsweise die auszumessende Spannung der Frequenz f_x an den Y-Eingang und die Bezugsspannung der Frequenz f_B an den X-Eingang gelegt. Der Kippspannungsgenerator ist außer Betrieb. Die Ablenkkoeffizienten werden so gewählt, daß in X- und Y-Richtung etwa gleich große Auslenkungen entstehen. Dabei ist zu beachten, daß üblicherweise der Ablenkkoeffizient und die Grenzfrequenz des X-Verstärkers geringer als die des Y-Verstärkers

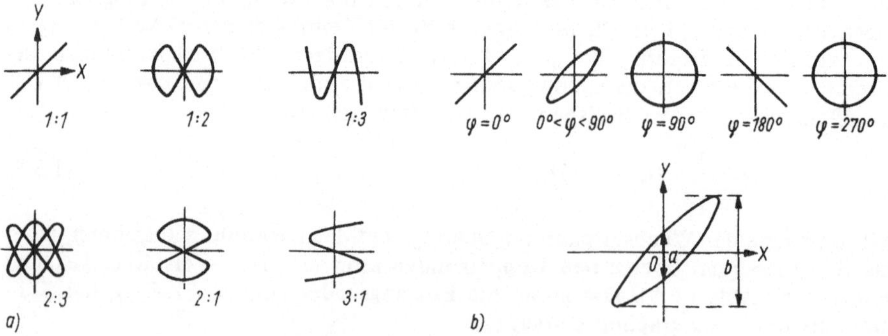

Abb. 1.3.9. Lissajousfiguren bei verschiedenen Frequenzverhältnissen (a) und bei verschiedenen Phasen bei gleicher Frequenz (b)

sind. Durch Verändern der Bezugsfrequenz wird nun auf dem Oszillographenschirm ein stehendes Bild erzeugt, für das exakt

$$f_x = m f_B \tag{1.3.10}$$

gilt. m ist der Quotient aus zwei natürlichen Zahlen. Für verschiedene Werte m zeigt Abb. 1.3.9a diese *Lissajousfiguren* genannten Bilder. Dabei wurde von gemeinsamen Nulldurchgängen der beiden Frequenzen zu einem Bezugszeitpunkt ausgegangen (keine Phasendifferenzen). Die Meßgenauigkeit wird von der Genauigkeit von f_B bestimmt. Diese Meßanordnung kann auch zur Phasenmessung zwischen Meß- und Bezugsspannung verwendet werden. Für $m = 1$ ergibt sich mit den in Abb. 1.3.9b erklärten Größen a und b die Phasendifferenz φ zwischen beiden Spannungen zu

$$\varphi = \arcsin(a/b). \tag{1.3.11}$$

Zwei Zeitfunktionen gemeinsam können auf der Elektronenstrahlröhre eines *Zweistrahl-Oszillographen* abgebildet werden. Bei üblichen, einfachen Servicegeräten werden Einstrahlröhren eingesetzt und die beiden Eingangssignale zunächst an

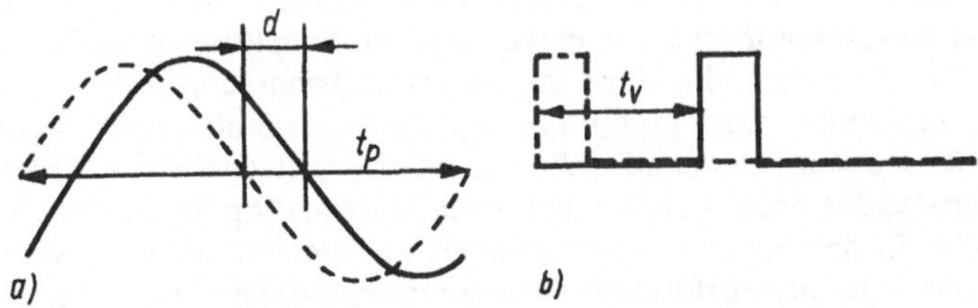

Abb. 1.3.10. Phasenmessung (a) und Zeitdifferenzmessung (b) mit einem Zweistrahl-Oszillographen
- - - - Bezugsspannung am Y_1-Eingang;
——— Meßspannung am Y_2-Eingang

zwei getrennte Y-Vorverstärker gelegt. Die beiden Ausgänge dieser Verstärker werden über einen elektronischen Schalter abwechselnd an den Y-Hauptverstärker angeschaltet. Dabei kann bei relativ langsam ablaufenden Vorgängen jeweils ein Meßpunkt des einen und dann ein Meßpunkt des anderen Kanals abgefragt werden (Chopperbetrieb), oder bei schnelleren Vorgängen wird erst komplett ein Kippvorgang mit der einen und dann ein Kippvorgang mit der anderen Eingangsspannung geschrieben (alternierender Betrieb). Diese elektronischen Zweistrahl-Oszillographen besitzen i. allg. getrennte Einstellorgane für Y-Ablenkkoeffizient und Y-Strahllage in den beiden Kanälen, aber für beide Kanäle die gleiche Zeitbasis und die gleiche X-Strahlposition. Die Y-Ablenkempfindlichkeit, die Zeitbasis und die Y-Grenzfrequenz entsprechen den Werten der Service-Einstrahl-Oszillographen. Zweistrahl-Oszillographen dienen vor allem Messungen, bei denen eine Eingangs- und eine Ausgangsspannung gleichzeitig beobachtet werden sollen. Hieraus kann dann eine Phasen- oder Zeitdifferenz zwischen den beiden Signalen abgelesen werden. Gemäß Abb. 1.3.10 ist die Phasendifferenz

$$\varphi = \frac{d}{t_p} 360°, \tag{1.3.12}$$

wobei mit d der Abstand der Nulldurchgänge der beiden Spannungen und mit t_p die Periodendauer bezeichnet sind. Bildet man reichlich eine Periode auf dem Oszillographenschirm ab, kann mit Service-Oszillographen eine Meßgenauigkeit von etwa 5 % erzielt werden. Wegen der Verhältnisbildung ist keine kalibrierte Einstellung der Abbildungskoeffizienten notwendig.

Sollen mit einfachen Service-Oszillographen (ohne Y-Verzögerungsleitung) impulsförmige Spannungsverläufe mit geringen Anstiegs- oder Abfallzeiten (t_r, $t_f \lesssim 100$ ns) dargestellt werden, empfiehlt sich mit einem Doppelimpulsgenerator eine externe Triggerung etwa 100 ns vor der abzubildenden Impulsflanke. Denn erfolgt die Triggerung erst mit dem zu beobachtenden Impuls, entstehen wegen der mit den Anstiegs- bzw. Abfallzeiten vergleichbaren Verzögerungszeit zwischen Triggerbefehl und der Erzeugung einer zeitlinearen Y-Auslenkung merkliche Abbildungsfehler.

Eine wichtige Anwendung finden Oszillographen zur Wechselspannungsmessung bei gleichzeitiger Kontrolle der Kurvenform, wie das bei der Bestimmung von *Eingangs- und Ausgangswiderständen* elektronischer Schaltungen (z. B. Verstärker) erforderlich ist. Während die Eingangswiderstandsmessung nach Abb. 1.3.11a i. allg. keine Probleme hinsichtlich des Entstehens nichtlinearer Verzerrungen beim Einfügen des Vorwiderstandes R_V verursacht, gilt das bei der Messung des Ausgangswiderstandes nach Abb. 1.3.11b mittels Belastung durch den Widerstand R_L häufig nicht. R_L darf nicht so weit verringert werden, daß bei sinusförmigen Eingangsspannungen nichtsinusförmige Ausgangsspannungen entstehen. Dadurch kann im belasteten Fall die Ausgangsspannung nur geringfügig von der im unbelasteten Fall abweichen. Solche geringen Unterschiede sind oszillographisch schlecht meßbar. Es empfiehlt sich, neben der oszillographischen Kurvenformkontrolle die Spannungsmessung mit einem genaueren elektronischen Spannungsmesser durchzuführen.

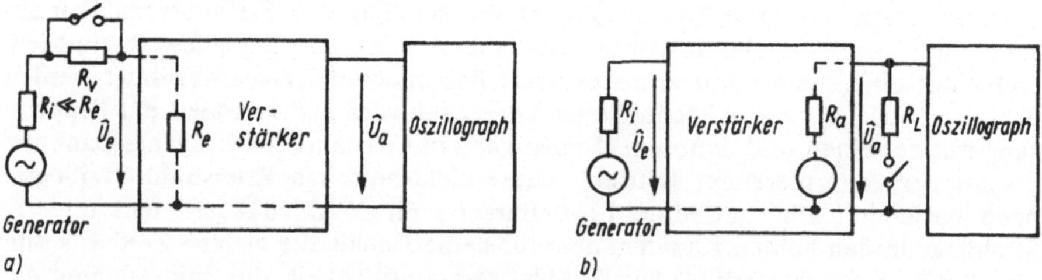

Abb. 1.3.11. Oszillographische Bestimmung des Eingangswiderstandes (a) und des Ausgangswiderstandes (b) eines Verstärkers, wobei sich $R_e = \hat{U}_{aR} R_v / (\hat{U}_{a0} - \hat{U}_{aR})$ und $R_a = (\hat{U}_{au} - \hat{U}_{ab}) R_L / \hat{U}_{ab}$ ergeben. Dabei werden $\hat{U}_{a0}$ bzw. $\hat{U}_{au}$ ohne R_v bzw. R_L und $\hat{U}_{aR}$ bzw. $\hat{U}_{ab}$ mit R_v bzw. R_L gemessen.

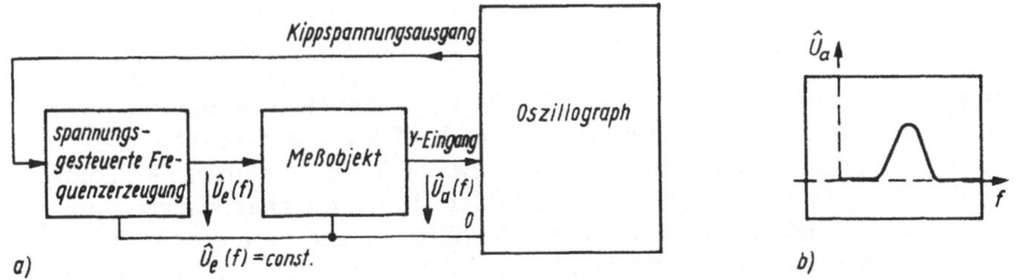

Abb. 1.3.12. Blockschaltbild eines Wobblers (a) und Beispiel für eine Spannungs-Frequenz-Charakteristik (b)

Mit einem Oszillographen und einem Zusatzgerät, das Wechselspannungen erzeugt, deren Amplitude konstant und deren Frequenz proportional zur momentanen Größe der Kippspannung ist, können Spannungs-Frequenz-Charakteristiken geschrieben werden. Diese Wechselspannung wird auf den Eingang des zu untersuchenden Meßobjekts (z. B. Filter, Selektivverstärker) gegeben und der Ausgang des Meßobjekts mit dem Y-Eingang des Oszillographen verbunden. Abb. 1.3.12 zeigt den Schaltungsaufbau sowie die Spannungs-Frequenz-Charakteristik eines Selektivverstärkers. Die komplette Meßanordnung von Oszillograph und spannungsgesteuerter Frequenzerzeugung wird als *Wobbler* (oder Selektograph) bezeichnet und ist handelsüblich. Beachtet werden muß, daß die Kippfrequenz des Wobblers nicht zu hoch gewählt werden darf. Andernfalls kann insbesondere ein schmalbandiges Meßobjekt nicht den eingeschwungenen Zustand bei der jeweiligen Meßfrequenz erreichen, und die Spannungs-Frequenz-Charakteristik wird verfälscht abgebildet.

Die Auswertung schnell ablaufender Zeitfunktionen mit geringer Wiederholfrequenz bzw. einmaliger Vorgänge ist mit normalen Oszillographen schwer durchführbar. Hierfür geeignet sind *Digitalspeicher-Oszillographen.* Diese besitzen in der Regel eine 8bit-Amplitudenauflösung (d. h. eine in 256 diskreten Stufen aufgelöste Y-Achse) und 1 024 Meßpunkte für die X-Achse mit Meßpunktabständen ab etwa 1 μs. Für die Auswertung wird dann die in den Speicher eingeschriebene Information auf der Oszillographenröhre ständig dargestellt.

In moderne Oszillographen werden teilweise schon Rechner integriert, so daß verschiedene Größen, wie z. B. Amplitude, Frequenz, Phasenverschiebung, Zeitverzögerung u. a. automatisch ausgewertet und alphanumerisch zusätzlich auf der Elektronenstrahlröhre mit ausgegeben werden können.

Allgemeine Richtlinien für die Benutzung von Oszillographen sind, daß der Strahl zur Erhöhung der Meßgenauigkeit so scharf wie möglich und zur Schonung der Elektronenstrahlröhre nur so hell wie nötig eingestellt wird. Insbesondere bei langsam ablaufenden Vorgängen oder beim Abschalten der X- bzw. Y-Auslenkung besteht die Gefahr des Einbrennens (Taubwerdens des Schirmes auf der zu stark angeregten Stelle).

Wegen der gleichspannungsgekoppelten Meßverstärker benötigt ein Oszillograph eine Einlaufdauer von etwa 15 min nach dem Einschalten, ehe zuverlässige, die mögliche Meßgenauigkeit ausschöpfende Messungen durchgeführt werden können.

1.3.3. Meßbrücken

Das Brückenmeßverfahren ist eine wichtige Methode der elektrischen und elektronischen Meßtechnik. Das Grundprinzip dieses Verfahrens gemäß Abb. 1.3.13 besteht darin, daß durch Verändern eines oder zweier (im allgemeinen Fall komplexer) Widerstände in einer Brücke aus vier Widerständen die Diagonalspannung U_e zu Null gemacht wird. Ist dieser Nullabgleich vollzogen, kann von drei in ihren Widerstandswerten bekannten Bauelementen auf die Größe des vierten geschlossen werden.

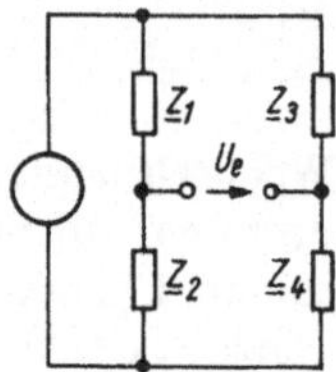

Abb. 1.3.13. Prinzip einer Meßbrücke

Auch mit einfachen Labormeßbrücken können recht hohe Meßgenauigkeiten von 0,1...1% erreicht werden, wenn die Vergleichswiderstände hinreichend genau sind und der Meßverstärker zum Nachweis des Nullabgleichs der Brücke eine genügend große Empfindlichkeit besitzt. Meßbrücken mit entsprechenden Meßverstärkern für die angegebene Genauigkeitsklasse sind praktisch sofort nach dem Einschalten betriebsbereit.

Aus der allgemeinen Schaltung einer Meßbrücke folgt unmittelbar die einfachste Gleichstrommeßbrücke, wenn alle vier Brückenwiderstände reell ($\underline{Z}_i = R_i$, $i = 1, \ldots, 4$) sind und eine Betriebsgleichspannung angelegt wird. Diese als *Wheatstone-Brücke* bezeichnete Meßbrücke ist bei

$$R_1/R_2 = R_3/R_4 \tag{1.3.13}$$

auf Null abgeglichen. Im Falle der Ausführungsform als Schleifdraht-Meßbrücke nach Abb. 1.3.14a sind R_1 und R_2 Teilwiderstände eines abzugleichenden Potentiometers, $R_3 = R_x$ ist der unbekannte und R_4 ein fester (bekannter) Widerstand. Bei der Stufenwiderstands-Meßbrücke (Abb. 1.3.14b) werden R_1 und R_2 als dekadisch abgestufte, umschaltbare Festwiderstände eingebaut, R_3 ist wieder der unbekannte Widerstand R_x und R_4 der veränderbare Widerstand, mit dem der Brückenabgleich geschieht. In beiden Fällen wird der unbekannte Widerstand mit

$$R_x = \frac{R_1}{R_2} R_4 \tag{1.3.14}$$

ermittelt. Die Stufenwiderstands-Meßbrücke besitzt einen linearen Zusammenhang zwischen Abgleichwiderstand und R_x und ist daher einfach eichbar. Zur Messung kleiner ohmscher Widerstände ($\leqq 1\,\Omega$) dient die *Thomson-Brücke* nach

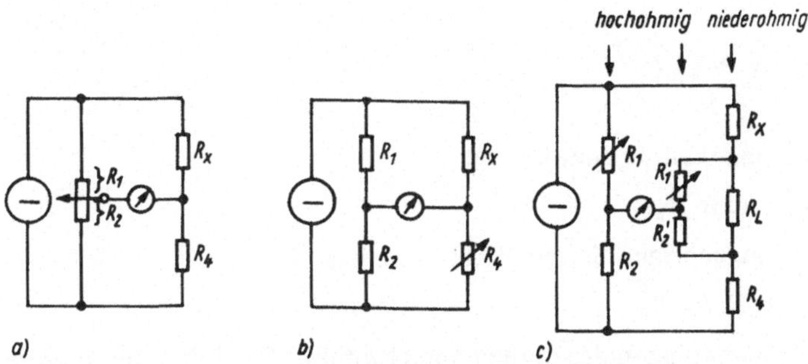

Abb. 1.3.14. Gleichstrommeßbrücken
a) Schleifdraht-Wheatstone-Brücke; b) Stufenwiderstands-Wheatstone-Brücke;
c) Thomson-Brücke

Abb. 1.3.14c. Bei dieser Meßbrücke wird der Einfluß von Leitungswiderständen R_L in dem niederohmigen Brückenzweig mit dem unbekannten Widerstand $R_3 = R_x$ und dem niederohmigen Festwiderstand R_4 auf das Meßergebnis durch das Einfügen zweier zusätzlicher Widerstände R_1' und R_2' ausgeschaltet. Wählt man $R_1' = R_1$ und $R_2' = R_2$ und gleicht mit R_1 und R_1' gemeinsam die Brücke ab, gilt für R_x wieder Gl. (1.3.14).

Fügt man in die Schaltung nach Abb. 1.3.13 einige Blind- bzw. Scheinwiderstände ein und betreibt die Meßbrücke mit einer Wechselspannung der Kreisfrequenz ω_0, können damit die Induktivität von Spulen und die Kapazität von Kondensatoren sowie die Güte bzw. der Verlustfaktor dieser Bauelemente gemessen werden. Hier müssen zum Erreichen eines Nullabgleichs der Brücke (oder bei Restfehlern eines Minimumabgleichs) die Abgleichbedingung nach Realteil und Imaginärteil erfüllt werden und so zwei Bedienelemente betätigt werden, wenn die auszumessenden Bauelemente nicht verlustfrei sind. Die *Induktivitätsmeßbrücke* nach Maxwell/Wien zeigt Abb. 1.3.15a. Aus der Gleichgewichtsbedingung für die

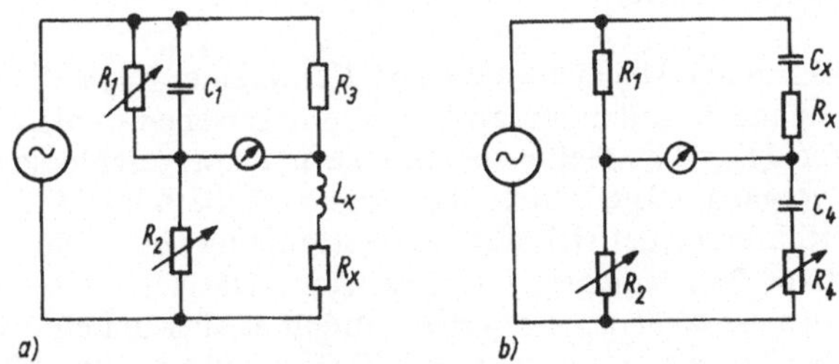

Abb. 1.3.15. Wechselstrommeßbrücken
a) Induktivitätsmeßbrücke nach Maxwell/Wien;
b) Kapazitätsmeßbrücke nach Wien

Brücke

$$\frac{(1/R_1 + j\omega_0 C_1)^{-1}}{R_2} = \frac{R_3}{j\omega_0 L_x + R_x} \tag{1.3.15}$$

folgt für die unbekannte Induktivität

$$L_x = C_1 R_3 R_2 \tag{1.3.16}$$

und für den zugehörigen Serien-Verlustwiderstand

$$R_x = R_2 R_3 / R_1 , \tag{1.3.17}$$

wenn die Brückendiagonalspannung verschwindet. Die Güte der auszumessenden Spule ist

$$Q = \frac{\omega_0 L_x}{R_x} = \omega_0 C_1 R_1 . \tag{1.3.18}$$

Da ω_0, C_1 und R_3 feste Größen sind, können die Skalen der Abgleichwiderstände R_2 in Induktivitäts- und R_1 in Gütewerten geeicht werden. Für den einfachen Fall idealer Induktivitäten ($R_x = 0$) wird R_1 abgeschaltet ($R_1 = \infty$) und nur R_2 abgeglichen.

Eine entsprechende Schaltung zur Messung verlustbehafteter Kondensatoren zeigt Abb. 1.3.15b. Bei dieser *Kapazitätsmeßbrücke* nach Wien verschwindet für

$$\frac{R_1}{R_2} = \frac{R_x + (j\omega_0 C_x)^{-1}}{R_4 + (j\omega_0 C_4)^{-1}} \tag{1.3.19}$$

die Brückendiagonalspannung. Daraus ergeben sich die zu messende Kapazität

$$C_x = \frac{C_4}{R_1} R_2 \tag{1.3.20}$$

und der Serien-Verlustwiderstand

$$R_x = R_1 R_4 / R_2 . \tag{1.3.21}$$

Der Verlustfaktor $\tan \delta_C$ des realen Kondensators ist dann

$$\tan \delta_C = R_x \omega_0 C_x = \omega_0 C_4 R_4 . \tag{1.3.22}$$

Bei dieser Meßbrücke kann der Abgleichwiderstand R_2 mit einer Kapazitätseichung und der Abgleichwiderstand R_4 mit einer $\tan \delta_C$-Eichung versehen werden. Für verlustfreie Kondensatoren ($R_x = 0$) arbeitet die Brücke mit kurzgeschlossenem Widerstand R_4, der Meßvorgang erfolgt durch alleiniges Verändern von R_2.

Das Brückenmeßverfahren eignet sich gut zur Bestimmung von (differentiellen) Kleinsignalgrößen aktiver Bauelemente. Ein derartiger wichtiger Anwendungsfall ist die *Transistor-h-Parameter-Meßbrücke*. Hierbei handelt es sich um eine Wechselstrombrücke, in der der Transistor ein oder zwei Brückenwiderstände bildet. Die Betriebsfrequenz wird so niedrig gewählt (etwa 1 kHz), daß alle Kenngrößen hinreichend genau reell bleiben. Dem Gleichstrom-Arbeitspunkt des Transistors werden nur kleine Wechselspannungen (bzw. -ströme) überlagert. Abb. 1.3.16 zeigt die vier

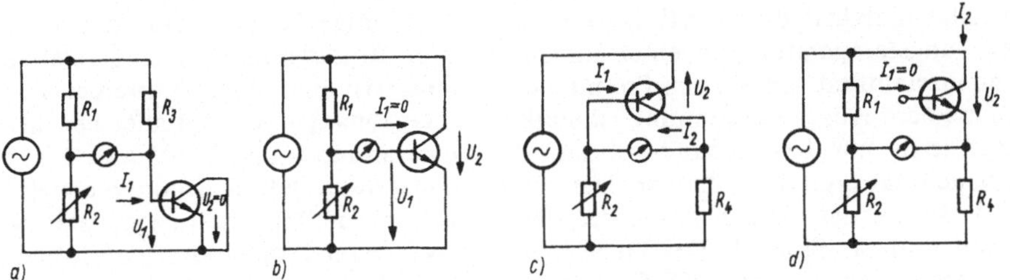

Abb. 1.3.16. Prinzipschaltungen zur Bestimmung der h-Parameter von bipolaren Transistoren mit einer Meßbrücke
a) h_{11E}-Messung; b) h_{12E}-Messung; c) h_{21E}-Messung; d) h_{22E}-Messung

Prinzipschaltungen, wobei die Einstellung des Arbeitspunktes des auszumessenden Transistors der Übersichtlichkeit wegen nicht mit dargestellt wurde. Bei abgeglichener Brücke (mit minimaler Diagonalspannung) ergibt sich

$$h_{11E} = \left(\frac{\hat{U}_1}{\hat{I}_1}\right)_{\hat{U}_2=0} = \frac{R_3}{R_1} R_2 \tag{1.3.23}$$

für den Kurzschluß-Eingangswiderstand,

$$h_{12E} = \left(\frac{\hat{U}_1}{\hat{U}_2}\right)_{\hat{I}_1=0} = \frac{R_2}{R_1 + R_2} \approx \frac{1}{R_1} R_2 \quad \text{bei} \quad R_2 \ll R_1 \tag{1.3.24}$$

für die Leerlauf-Spannungsrückwirkung,

$$h_{21E} = \left(\frac{\hat{I}_2}{\hat{I}_1}\right)_{\hat{U}_2=0} = \frac{1}{R_4} R_2 \tag{1.3.25}$$

für die Kurzschluß-Stromverstärkung und

$$h_{22E} = \left(\frac{\hat{I}_2}{\hat{U}_2}\right)_{\hat{I}_1=0} = \frac{1}{R_1 R_4} R_2 \tag{1.3.26}$$

für den Leerlauf-Ausgangsleitwert. Damit ist in allen vier Schaltungen die Skala des Abgleichpotentiometers (R_2) in den jeweiligen h-Parametern eichbar. Das Meßverfahren für h_{21E} stellt nur eine Näherung dar, weil die Schaltung die Bedingung $\hat{U}_2 = 0$ verletzt. Die Betriebswechselspannung der Brücke und der Spannungsabfall am Widerstand R_4 müssen deswegen möglichst klein gewählt werden (einige Millivolt). Das erfordert aber einen besonders empfindlichen Meßverstärker zum Nachweis des Brückenabgleichs.

1.3.4. Generatoren

Einfache Generatoren zur Erzeugung von sinusförmigen Wechselspannungen im Niederfrequenzbereich (10 Hz...100 kHz) arbeiten mit Oszillatorschaltungen, die zur Rückkopplung Netzwerke mit Widerständen und Kondensatoren besitzen. Die

Einstellgenauigkeit dieser *RC-Generatoren* beträgt einige Prozent; bei konstanter Umgebungstemperatur und einer Einlaufzeit von 10...20 min wird eine relative Frequenzstabilität von einigen Promille über einige Minuten Meßzeit erreicht. Die entnehmbare Ausgangsspannung ist stark gerätetypabhängig, beträgt aber bei modernen transistor- bzw. schaltkreisbestückten Generatoren i. allg. 10 µV...10 V und ist manchmal digital einstellbar. Die Ausgangsspannung läßt sich normalerweise auf 1...10 % genau wählen (im unbelasteten Fall) und besitzt eine Langzeitstabilität von einigen Prozent. Der Generator-Innenwiderstand (auch Ausgangswiderstand bezeichnet) neuerer *RC*-Generatoren ist mit Werten unter etwa 10 Ω recht niedrig, so daß diese Geräte bei nicht zu kleinen Lastwiderständen R_L näherungsweise als Spannungsquelle arbeiten. Einen Generator bezeichnet man als (ideale) Spannungsquelle, wenn seine Ausgangsspannung unabhängig vom Lastwiderstand ist (d. h., der Innenwiderstand wird zu Null). Sehr unterschiedliche Herstellerangaben werden über den minimal möglichen Lastwiderstand $R_{L\min}$ von Generatoren gemacht. Zum einen wird mit $R_{L\min}$ der Widerstandswert bezeichnet, bei dem die Ausgangsspannungsangabe im Vergleich zum unbelasteten Fall innerhalb der vorgegebenen Toleranz noch stimmt, z. B. $R_{L\min} = 1\ \mathrm{k\Omega}$ bei $R_i = 10\ \Omega$ und um 1 % verringerter Ausgangsspannung bei Belastung. Dabei gelangt die Spannung der Generatorschaltung meist über einen ohmschen Teiler an den Ausgang des Gerätes, und ein angeschalteter Lastwiderstand $R_L < R_{L\min}$ führt nur zu einer über den Toleranzbereich hinaus verringerten Ausgangsspannung, die Anordnung ist kurzschlußfest. Zum andern gibt $R_{L\min}$ den Widerstandswert an, der bei maximaler Ausgangsspannung die maximal zulässige Leistung dem Generator entnimmt und dabei auch die Spannungstoleranz einhält. Selbst eine kurzzeitige Verringerung des tatsächlichen Lastwiderstandes unter $R_{L\min}$ führt dann zur Überlastung und kann das Gerät zerstören. Dieser Fall tritt meist bei direkter Kopplung eines niederohmigen Ausgangsverstärkers an die Ausgangsbuchsen des Generators ein. Im Einzelfall muß die Prüfung der Kurzschlußfestigkeit anhand des Schaltbildes erfolgen.

Für einige meßtechnische Aufgaben werden Wechselstromgeneratoren benötigt. Als (ideale) Stromquelle gilt ein Gerät, das unabhängig vom Belastungswiderstand einen konstanten Strom erzeugt. Das bedeutet einen unendlich großen Innenwiderstand der Quelle. Abb. 1.3.17 zeigt eine einfache Möglichkeit, eine Wechselstromquelle näherungsweise aus einem Wechselspannungsgenerator nachzubilden. Die Stromergiebigkeit bewirkt ein genügend großer Vorwiderstand R_v, wenn die Bedingung $R_v \gg |\underline{Z}_e|$ eingehalten wird. $\underline{Z}_e$ ist der i. allg. komplexe Eingangswiderstand des Meßobjektes.

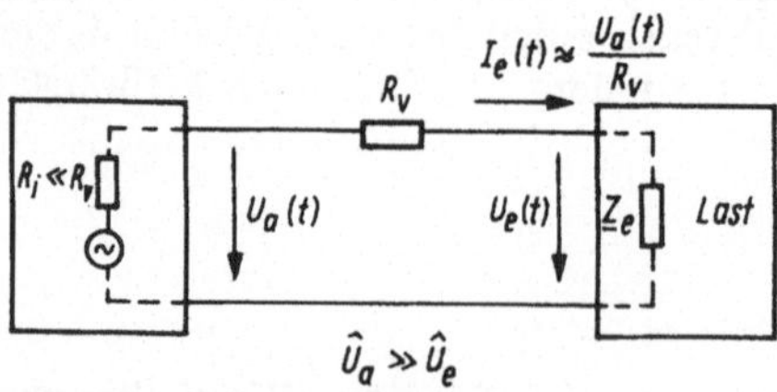

Abb. 1.3.17. Nachbildung eines Wechselstromgenerators

Einfache Generatoren zur Erzeugung hochfrequenter Wechselspannungen (f = 100 kHz...100 MHz) besitzen als frequenzbestimmendes Schaltungsteil i. allg. einen Parallelschwingkreis mit Spule und Kondensator und werden daher *LC-Generatoren* genannt. Die Frequenzeinstellgenauigkeit entspricht der von *RC*-Generatoren (einige Prozent); nach einer Einlaufzeit von 15 bis 30 min wird meist eine recht gute Frequenzstabilität (im Promillebereich, teilweise darunter) über mehrere Minuten Meßzeit erreicht. Die Ausgangsspannung kann etwa von 1 µV...1 V gewählt werden und ist mit etwa 10% Genauigkeit einstellbar. Der Generatorinnenwiderstand besitzt üblicherweise den Wert des Wellenwiderstandes handelsüblicher Koaxialkabel (50 oder 75 Ω), der empfohlene Lastwiderstand soll die gleiche Größe besitzen. Da in diesem Fall Anpassung herrscht, kann zwischen Generator und Verbraucher ein beliebig langes, verlustarmes Kabel geschaltet werden, ohne daß störende Kabeleffekte wie Blindwiderstandsbelastung oder frequenzabhängige Spannungstransformation auftreten. Für einen Lastwiderstand, der von der Größe des Generatorinnenwiderstandes abweicht, ändert sich beim Hochfrequenzgenerator zwar die Ausgangsspannung, Störungen treten aber i. allg. nicht auf.

Generatoren zur Erzeugung impulsförmiger Spannungsverläufe, kurz *Impulsgeneratoren*, werden für Praktikumsaufgaben und in der Laborpraxis meist als Rechteckspannungsgeneratoren benötigt. Einfache Geräte erzeugen die Dauer der beiden Schaltzustände mit den Zeitkonstanten von Widerstands-Kondensator-Kombinationen (analoge Impulsgeneratoren). Wichtige Impulsspannungsverläufe sind Rechteck- und Trapezimpulsfolgen. Die Rechteckimpulsfolge mit einem Tastverhältnis von 1:1, d. h. gleichen Ein- und Auszeiten, ist in der Meßtechnik von größerer Bedeutung. Sind die Anstiegs- und Abfallzeiten des Umschaltvorganges von Aus nach Ein bzw. von Ein nach Aus gegenüber der Impulsbreite merklich, und besitzen diese Umschaltvorgänge einen linearen Zeitverlauf, spricht man von Trapezimpulsen. Die Ein-Spannung läßt sich etwa zwischen 0,1 und 10 V (wahlweise positiv oder negativ) einstellen, die Aus-Spannung ist Null. Dabei muß bei einigen Geräten ein vorgegebener Lastwiderstand (z. B. 50 Ω) angeschaltet werden, der dem Generatorinnenwiderstand entspricht und eventuell auch von einem im Gerät eingebauten Stufen-Spannungsteiler gebildet werden kann. Die Größe der Impulsspannung ist meist nicht geeicht; sie kann mit einem Oszillographen kontrolliert werden. Die Konstanz der Impulsspannung beträgt einige Prozent. Der übliche Einstellbereich der Periodendauer umfaßt 100 ns...100 ms, der der Impulsbreite bei Einzelrechteckimpulsen 50 ns...50 ms. Ohne Kontrollgerät sind Periodendauer und Impulsbreite i. allg. auf 10% genau wählbar, kurzzeitige Schwankungen dieser Parameter sind aber wesentlich geringer (im Promillebereich). Impulsgeneratoren zeigen praktisch keine Einlaufeffekte nach dem Einschalten. Impulsgeneratoren sind ebenso wie *RC*-Generatoren häufig nicht kurzschlußfest. Ihr geringer Innenwiderstand (etwa 50 Ω) gestattet den näherungsweisen Einsatz als Spannungsquelle.

Digitale Sinus- und Impulsgeneratoren, die eine sehr hohe Frequenzkonstanz besitzen können, gibt es für einfachere Laboranforderungen insbesondere in der Form von Funktionsgeneratoren. Bei diesen wird zunächst in digitaler Form ein Rechtecksignal erzeugt, das dann über eine Integrationsschaltung zu einer Dreieckspannung umgeformt und mit einem Funktionsnetzwerk zu einer sinusförmigen Spannung gewandelt wird [59, 83].

1.3.5. Meßgeräte für Zeit-, Frequenz- und Periodendauermessung

Bei der Bestimmung von Zeiten, Frequenzen und Periodendauern hat sich weitgehend die Digitalmeßtechnik durchgesetzt, da durch den Einsatz integrierte Schaltkreise elektronische Zähler als einfache Laborgeräte aufgebaut werden können. Diese als *Zählfrequenzmesser* bezeichneten Geräte besitzen schon unmittelbar nach dem Einschalten relative Meßgenauigkeiten von 10^{-4}, wenn zur Erfassung der entsprechenden Meßgröße die Auflösung (kleinster digitaler Schritt) genügend hoch gewählt wird. Läßt das Gerät eine fünfstellige (oder noch mehrstelligere) Dezimalanzeige zu, muß zur Ausschöpfung dieser Genauigkeit das thermische Gleichgewicht der die Zeitbasis bestimmenden Quarzoszillatorschaltung abgewartet werden. So ergeben sich dann Einlaufzeiten von 10...30 min nach dem Einschalten.

Die Prinzip-Blockschaltbilder zur Messung von Zeiten, Frequenzen und Periodendauern gibt Abb. 1.3.18 an. Die Messung der Zeit (zwischen zwei Einzelimpulsen als Start und Stop) entspricht einer Periodendauermessung. Diese erfolgt derart, daß in der Zeit t_M zwischen zwei Impulsen oder genau einer Periode einer Wechselspannung ein Tor geöffnet wird, das dann eine Normalfrequenz f_N zu einem dekadischen Zähler durchläßt. Die Normalfrequenz wird so gewählt, daß eine genügend große Zahl von Zählimpulsen während eines Meßvorgangs auf den Zähler gelangt. Will man beispielsweise eine Zeit von 1 ms auf 1 ‰ genau messen, muß mit einer Normalfrequenz $f_N = 1$ MHz gearbeitet werden (1 000 Impulse während 1 ms). In der Betriebsart Frequenzmessung wird die Dauer der Toröffnungszeit t_M von einem Quarzoszillator sehr genau abgeleitet. Während dieser Zeit gelangt dann die unbekannte Frequenz f_x auf den Zähler. Die einzustellende Toröffnungszeit hängt von der gewünschten absoluten Frequenzmeßgenauigkeit ab. Soll z. B. eine Frequenz f_x auf 1 Hz genau vermessen werden, muß $t_M = 1$ s betragen, für 10 Hz Meßgenauigkeit genügt $t_M = 0{,}1$ s usw. Die Periodendauermessung ist so wegen einer geringeren Meßzeit der Frequenzmessung bei niedrigen Frequenzen vorzuziehen. Mit einfachen Zählfrequenzmessern sind i. allg. Zeiten und Periodendauern mit einer Auflösung von 1 µs und Frequenzen bis mindestens 10 MHz meßbar.

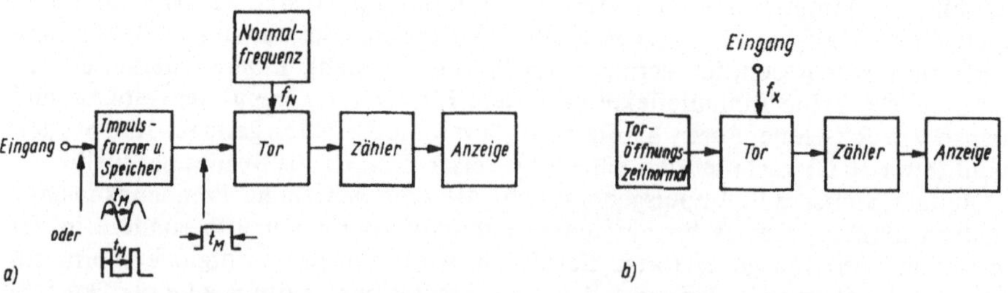

Abb. 1.3.18. Blockschaltbild für Periodendauer- bzw. Zeitmessung (a) und für Frequenzmessung (b) mit einem Zählfrequenzmesser

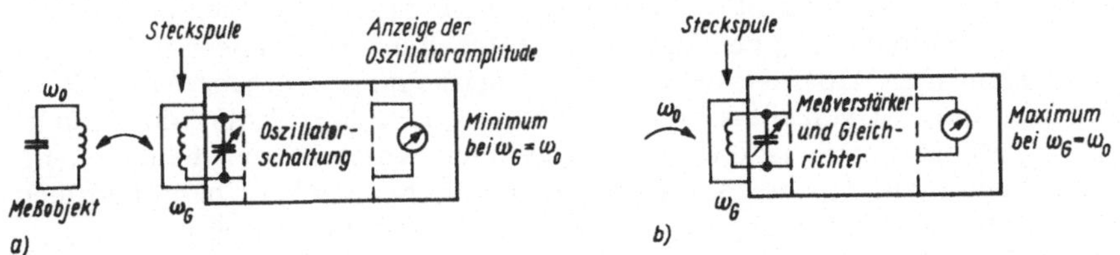

Abb. 1.3.19. Blockschaltbild eines Dip-Meters
a) aktive Frequenzmessung; b) passive Frequenzmessung

Einige Zählfrequenzmesser besitzen eine Rechnerschnittstelle. Damit können Meßwerte in einen Rechner übernommen und weiterverarbeitet werden.

Ein sehr einfaches, analog arbeitendes Frequenzmeßgerät für orientierende Messungen ist das *Dip-Meter*. Dieses Gerät besteht aus einem Schwingkreis, der entweder Bestandteil einer Oszillatorschaltung ist oder an einen Spannungs-Meßverstärker angekoppelt wird (Abb. 1.3.19). Im ersten Fall erfolgt eine aktive Resonanzfrequenzmessung derart, daß die Spule des Meßgeräts in die Nähe der Spule des auszumessenden Schwingkreises gebracht und mit dem Drehkondensator des Meßgeräts eine solche Frequenz eingestellt wird, bei der die Oszillatoramplitude minimal ist (Dip am Meßinstrument): Der zu untersuchende Schwingkreis entzieht dem Oszillatorkreis maximale Energie, und es stimmen Resonanzfrequenz f_0 und Oszillatorfrequenz f_g, die an der Skala des Drehkondensators abgelesen werden kann, überein. Im zweiten Fall, einer passiven Frequenzmessung, koppelt man an die Meßgerätespule eine hinreichend große Spannung der unbekannten Frequenz induktiv an und stellt mit dem Drehkondensator einen maximalen Ausschlag am Meßgerät ein (Resonanz des Meßkreises). Die Frequenz wird wieder an der Skala des Drehkondensators abgelesen. Dip-Meter werden für den gesamten Hochfrequenzbereich ($f = 0{,}1 \ldots 300$ MHz) hergestellt, ihre Meßgenauigkeit beträgt etwa 5...10%. Die aktive Frequenzmessung ist etwas genauer als die passive. Einlaufeffekte nach dem Einschalten liegen innerhalb des angegebenen Toleranzbereiches.

1.3.6. Stromversorgungsgeräte

Die Stromversorgung von Versuchs- und Experimentierschaltungen wird i. allg. mit elektronisch stabilisierten *Gleichspannungsreglern* in Transistor-Schaltkreis-Technik vorgenommen. Diese Geräte erzeugen aus dem 50 Hz-Wechselstromnetz eine einstellbare, sehr konstante Gleichspannung. Typische Werte für diesen Anwendungsfall sind Spannungen von 0,1...30 V, die mit maximal 1 A belastbar sind. Bei Netzspannungsänderungen von 10% oder bei Laständerungen von Leerlauf auf Vollast beträgt die Spannungsänderung nach einem Ausregelvorgang mit einer Dauer von max. 100 µs wenige Millivolt. Außerdem kann ein vorgebbarer maximaler Laststrom des Verbrauchers am Gleichspannungsregler eingestellt werden. Wird dieser

Maximalwert erreicht, schaltet das Gerät von einer Spannungsregelung automatisch auf eine Stromregelung um. Durch ein Absinken der Spannung wird dann bei weiter abnehmendem Lastwiderstand einer Stromerhöhung entgegengewirkt. Diese Schaltungstechnik ist vor allem bei Versuchsaufbauten zum Schutz der Bauelemente bei fehlerhafter Schaltung oder ungewollten Kurzschlüssen beim Experimentieren sehr nützlich. Ältere Geräte mit Relaisabschaltung bei Überlast erfüllen diese Schutzfunktion nur mangelhaft, weil ihre Abschaltzeit zu groß ist.

Für die Stromversorgung von Operationsverstärkern, die meist zwei betragsmäßig gleich große, aber im Vorzeichen entgegengesetzte Spannungen gegen die Bezugs-Masseleitung benötigen, sind sog. Doppelspannungsregler vorteilhaft. Diese lassen sich so schalten, daß mit einem Einstellpotentiometer beide Spannungen zugleich in gleicher Größe eingestellt werden.

Einige moderne Stromversorgungsgeräte besitzen ein eingebautes Digitalvoltmeter zur genauen Einstellung und Kontrolle der gelieferten Spannung.

Soll ein Gleichspannungsregler zur Erzeugung von Spannungen maximaler Konstanz (Schwankungen im Millivoltbereich über eine halbe Stunde) eingesetzt werden, muß mit Einlaufzeiten von 10...15 min nach dem Einschalten gerechnet werden.

1.3.7. Mikrorechner zur Steuerung und Signalverarbeitung bei elektronischen Versuchen

Mit den erreichten hohen Integrationsgraden mikroelektronischer Bauelemente, vor allem auf dem Gebiet der Mikrorechentechnik, ist auch der Einsatz entsprechender Rechner für die Steuerung und zur Signalerfassung und -verarbeitung möglich und sinnvoll. Insbesondere bei schnell aufeinanderfolgenden Messungen, bei einer langen Meßdauer, bei einer größeren Zahl von zu variierenden Parametern und bei einer hohen geforderten Meßgenauigkeit ist der Rechnereinsatz von großem Vorteil. Außerdem erspart die rechnergestützte Erfassung der Meßdaten die oft zeitaufwendige Eingabe konventionell gewonnener Meßwerte zur weiteren rechentechnischen Verarbeitung.

Die zur Ansteuerung einer Versuchsschaltung notwendigen Größen sind überwiegend analoger Art (vor allem Spannungen und Ströme), aber auch zum Teil digital (z. B. Schaltzustände). Ebenso sind die zu erfassenden Meßwerte vor allem analog, sofern diese nicht schon mit Hilfe von Digitalmeßgeräten (wie z. B. Digitalvoltmeter oder Zählfrequenzmesser) gewonnen wurden. Damit sind Digital-Analog- bzw. Analog-Digital-Wandler wesentliche Baugruppen für die Kopplung von Versuchsschaltungen an Rechner. Üblich sind hierfür Auflösungen von 8, 10 bzw. 12 bit, womit Meßgenauigkeiten von 4, 1 bzw. 0,25 % (bezogen auf den Bereichsendwert) erzielt werden können. Für die Kopplung einer Schaltung an den Rechnerbus dienen Ein-/Ausgabe-Schaltkreise für parallelen bzw. seriellen Betrieb (PIO bzw. SIO).

Insbesondere für die 8 bit-Rechentechnik ist eine größere Zahl geeigneter Bauelementetypen verfügbar. Ein-/Ausgabe-Schaltkreise bilden zusammen mit den Digital-Analog- bzw. Analog-Digital-Wandlern sog. E/A-Module. Sollen verschiedene

Rechner, Meßgeräte und Meßschaltungen möglichst universell miteinander koppelbar sein, bedarf es einer einheitlichen Gestaltung der Schnittstellen untereinander. Diese sog. Standard-Interface-Systeme beinhalten neben den elektrischen Kennwerten auch Richtlinien für die mechanische Gestaltung (Steckverbinder), die Zahl der koppelbaren Geräte, die maximale Länge der Verbindungsleitungen, die Übertragungsart und -geschwindigkeit der auszutauschenden Informationen u. a. Schaltungsmäßig sind dabei drei verschiedene Interfacearten gebräuchlich, die als *Ketten-, Stern-* bzw. *Linien-Interface* bezeichnet werden (vgl. Abb. 1.3.20). Außerdem unterscheidet man die Systeme danach, ob Daten seriell oder parallel (in der Verarbeitungsbreite eines Datenwortes) übertragen werden. Als häufig verwendete Systeme mit serieller Datenübertragung seien das V-24-Interface und mit paralleler Datenübertragung (von 8-bit-Datenwörtern) das Interface nach der IEEE-Norm (sog. IEC-Bus) genannt.

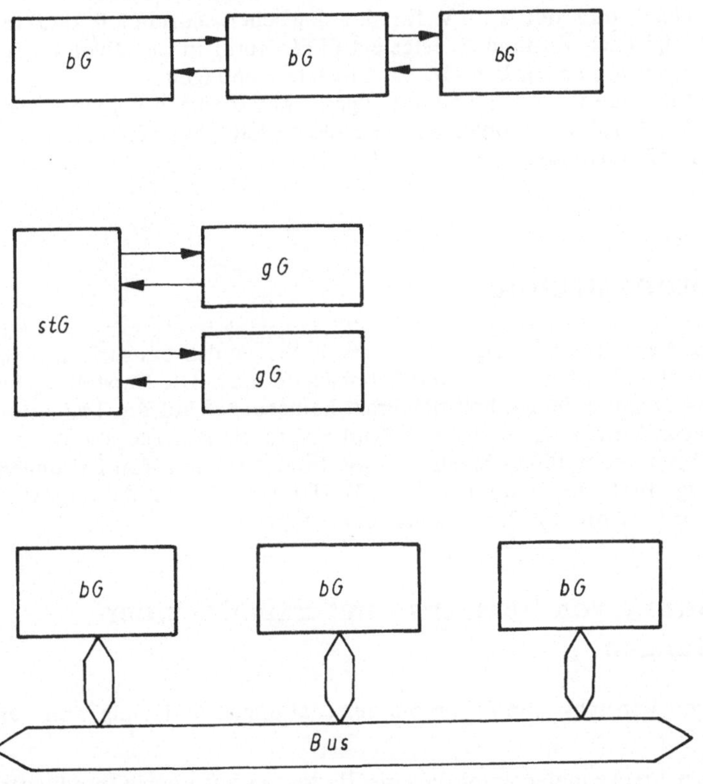

Abb. 1.3.20. Interface-Arten
Ketten-Interface (oben); Stern-Interface (Mitte); Linien-Interface (unten)
Gerätetypen-Kennzeichnung: *bG* beliebiges Gerät; *stG* steuerndes Gerät (Rechner); *gG* gesteuertes Gerät (Datensender, Datenempfänger)

Die *V-24-Schnittstelle* besitzt (meist) eine 25-polige Verbindungsleitung für die Daten-, Takt-, Wähl-, Melde- und Steuersignale. Bei den Daten entspricht dem logischen Zustand 1 ein Potential von +3...+15 V und dem logischen Zustand 0 ein Potential von −3...−15 V. Bei allen anderen Signalen ist die Zuordnung umgekehrt. Die Übertragungsgeschwindigkeit ist mit ≧ 20 kbit/s festgelegt.

Der *IEC-Bus* (mit einigen in Details unterschiedlichen Varianten) hat sich für den Linienverkehr über ein Bussystem durchgesetzt. Von den 16 Leitungen übertragen 8 die Daten bzw. Adressen, 3 Leitungen dienen dem Handshake-Datentransfer (d. h. einer Steuerung mit Gültigkeits-, Bereitschafts- und Quittiermeldungen) und 5 Leitungen der allgemeinen Interface-Steuerung. Die maximal koppelbare Zahl von Geräten ist 15, wobei drei Gerätetypen unterschieden werden: Geräte, die steuern, Daten senden und empfangen (Rechner), Geräte, die Daten senden und empfangen (z. B. Meßschaltungen oder Meßgeräte) und Geräte, die nur Daten empfangen (z. B. Meßwertdrucker). Als maximale Kabellänge des Busses ist 20 m vorgesehen, die Pegel sind mit 2...5 V für den logischen Zustand 0 und mit 0...0,8 V für den logischen Zustand 1 festgelegt (TTL-Norm in negativer Logik). Die Übertragungsgeschwindigkeit kann bis zu 1 MByte/s betragen.

Für eine weiterführende Beschäftigung mit allgemeinen meßtechnischen Fragen sei auf [23, 25, 34, 59, 76], bei Problemen der rechnergestützten Meßtechnik auf [13, 19, 46, 56, 71, 77] verwiesen.

1.4. Schaltungstechnik

Gegenstand dieses Kapitels sind einige grundlegende Fragen des Entwurfs und des Aufbaus von Versuchs-, Experimentier- und Laborschaltungen. Die Darstellung beschränkt sich entsprechend dem Inhalt des Praktikumsbuches auf die Transistor- und Schaltkreistechnik im Frequenzbereich Null bis zu einigen Megahertz bzw. mit Schaltzeiten bis zu etwa 100 ns herab. Auf die Besonderheiten von Leitungen, bei denen die Länge in die Größenordnung der Wellenlänge der zu übertragenden Signale kommt, wird im Abschn. 2.1.3. näher eingegangen.

1.4.1. Gestaltung von Versuchs- und Experimentierschaltungen

Für den Aufbau von Versuchs- und Experimentierschaltungen sind i. allg. drei Verfahren geeignet:

- Der Einsatz von Steckbauelementen in eine Halterung auf einer Grundplatte, die gleichzeitig zur elektrischen Kontaktierung dienen kann,
- die Verwendung von Lötösenbrettchen zum Anlöten von Bauelementen und Verbindungsdrähten und
- die Nutzung von Experimentierleiterplatten (gedruckten Schaltungen) mit

einem relativ universellen bzw. der Aufgabenstellung angepaßten Leiterzugmuster.

Die *Steckbauelemente-Technik* wird dort eingesetzt, wo einfachste Schaltungen mit wenigen Bauelementen, aber bei Variation der Bauelementegrößen in einer Meßreihe untersucht werden sollen. Diese Technik ist demnach insbesondere für die Grundschaltungsversuche der Kap. 2.1. bis 2.8. geeignet. Grundplatte und Steckbauelemente mit Bananenstecker-Telefonbuchsen-Verbindungen sind leicht selbst herstellbar, oder man verwendet die für Ausbildungszwecke produzierten Baukastensysteme. Die elektrische Verbindung der Bauelemente untereinander kann über die Stecker und Leiterzüge auf der Grundplatte oder durch Verbindungsdrähte mit Klemmanschlüssen erfolgen. Integrierte Schaltkreise erhalten zweckmäßigerweise eine eigene kleine Grundplatte mit Telefonbuchsenanschlüssen und werden mit Steckfassungen eingebaut. Diese Grundplatte wird dann auch mit Abblockkondensatoren für die Betriebsspannung (s. u.) und evtl. mit einer Schutzschaltung gegen Falschpolung versehen.

Bedingt durch die Art der Leitungsführung und der Bauelementeanordnung, muß mit ziemlich großen Kapazitäten gegen Masse und auch *Streukapazitäten* (bis zu einigen zehn Picofarad) gerechnet werden. Bei normalerweise ungeschirmtem Aufbau sind Schaltungen mit nicht zu hoher Verstärkung (max. etwa 1 000) und nicht zu hoher Frequenz (max. einige Megahertz, aber bei geringerer Verstärkung als dem angegebenen Maximalwert) bzw. mit Anstiegs- und Abfallzeiten bis zu einigen hundert Nanosekunden herab möglich. Über diesen Bereich hinaus besteht die Gefahr von Störungen durch Verkopplung (kapazitive und induktive Rückwirkungen, s. u.).

Mit der *Lötösenbrettchen-Technik* können die für eine Schaltung benötigten Bauelemente günstiger, d. h. mit geringeren Streukapazitäten und Kapazitäten gegen Masse angeordnet werden als in der Steckbauelemente-Technik. Die mit Bohrungen versehene, isolierende Trägerplatte dient der mechanischen Halterung der Bauelemente (Durchstecken der Anschlußdrähte). Eine Abschirmung von Bauelementen ist möglich, und umfangreichere Schaltungen sind realisierbar. Das Verändern von Bauelementewerten (außer bei Verwendung von Einstellreglern und Trimmern) ist wegen des damit verbundenen Lötprozesses erschwert. Der Frequenz- und Verstärkungsbereich dieser Technik ist um etwa eine Größenordnung höher als der der Steckbauelemente-Technik. Der Einbau integrierter Schaltkreise mit vielen Anschlußkontakten erfolgt über Steckfassungen, die mit Drahtanschlüssen zum Anlöten an die Lötösen versehen sind.

Durch den Einsatz von *Experimentierleiterplatten* mit einem für spezielle Anwendungsgruppen entworfenen Leiterzugmuster kann ein großer Teil der Verdrahtungsarbeit eingespart werden. Allerdings geschieht das auf Kosten etwas eingeschränkter Möglichkeiten der Bauelementeanordnung. Besonders günstig ist die Verwendung von Leiterplatten bei Schaltungen mit integrierten Schaltkreisen, da solche mit Leitungsmustern und Bohrungen für die standardisierten Abmessungen üblicher Schaltkreise erhältlich sind und so ein direkter Löteinbau erfolgen kann. Der Einsatzbereich von Experimentierleiterplatten entspricht ungefähr dem der Lötösenbrettchen-Technik.

Die für eine rationelle industrielle Fertigung neuentwickelte und bedeutsame Technik der Oberflächenmontage, die sog. *SMD-Technik* (surface mounted device), mit speziell hierfür geschaffenen Chipbauelementen spielt gegenwärtig beim Aufbau von Versuchs- und Experimentierschaltungen noch keine Rolle.

Abgesehen von der Steckbauelemente-Technik, werden die elektrischen Verbindungen durch die *Löttechnik* hergestellt. In der Schwachstromtechnik und Elektronik arbeitet man normalerweise mit einem Weichlot, das aus etwa 60 % Zinn und etwa 40 % Blei besteht und einen Schmelzpunkt bei 200 °C hat. Die Verbindung der Kupfer-, Silber- bzw. Eisendrähte erfolgt durch Umschließen mit dem Lot in einer Legierung. Voraussetzung für eine einwandfreie Lötstelle, d. h. eine stabile, niederohmige, nicht gleichrichtende Verbindung, ist die vorherige Säuberung der zu verbindenden Drähte. Hierzu werden nach einer mechanischen Reinigung mit Messer, Glashaarpinsel, Schmirgelleinen oder speziellem Abkratzer unter Zuhilfenahme einer Kolophonium-Spiritus-Lösung als Flußmittel die Drähte zunächst einzeln verzinnt und danach erst zusammengelötet. Beim Einsatz von anderen, chemisch aggressiveren Flußmitteln (Löttinkturen, Lötwasser, Lötfett) ist zwar die Verzinnung leichter durchzuführen, aber eine solche Lötstelle korrodiert wesentlich leichter. Für den Aufbau von Laborschaltungen mit Bauelementeanschluß- und Drahtdurchmessern bis etwa 1 mm genügen Lötkolben mit einer Heizleistung von 20...40 W.

Bei jeder Verstärkerschaltung besteht die Gefahr, daß durch kapazitive oder induktive Rückführung eines Teils der Ausgangsspannung auf den Eingang die Schaltung ins Schwingen gerät und bei einer Frequenz, für die die rückgeführte Spannung phasengleich zur Eingangsspannung ist, ungewollt als Oszillator arbeitet. Bei geringerer rückgeführter Spannung verändern sich die Kenndaten des Verstärkers. Diese unerwünschte Rückkopplung kann durch ungeeignete *Leitungsführung* zustande kommen. Beispielsweise ist eine kapazitive Verkopplung eines Verstärkers durch parallele, enge Führung der Eingangs- mit der Ausgangsleitung möglich. Beim Schaltungsaufbau sollte demnach berücksichtigt werden, daß nachfolgende Verstärkerstufen mit ihren Bauelementen nicht in die Nähe vorhergehender Stufen kommen und die Leitungslängen kurz bleiben. Die Planung der Leitungsführung ist um so sorgfältiger durchzuführen, je höher Verstärkung, Frequenz und Eingangswiderstand der Schaltung sind. Kapazitive und induktive Verkopplungen oder auch Störungen durch Fremdfelder (z. B. 50-Hz-Netzbrumm) können durch entsprechende *Abschirmungen* oder *Erdungen* verringert bzw. beseitigt werden. Abgeschirmte Verbindungsleitungen (Kabel) zwischen den einzelnen Bauelementen oder Schaltungsteilen verhindern vor allem kapazitive Verkopplungen. Sie stellen aber mit etwa 30...100 pF/m eine zusätzliche Kapazität dar, wenn die Leitungslänge klein gegen die Wellenlänge der Betriebsfrequenz ist (was bei Schaltungen bis 10 MHz entsprechend 30 m Wellenlänge beim Versuchsaufbau immer gilt) und das Kabel nicht mit seinem Wellenwiderstand (50...100 Ω) abgeschlossen ist. Für Schaltungen im Niederfrequenzbereich mit der Gefahr einer Störung durch die 50-Hz-Netzfrequenz (oder deren Oberwellen) werden die Abschirmmäntel der Kabel einseitig am Ende geerdet, was zur Vermeidung von Erdschleifen mit induktiver oder Stromeinspeisung dient. Entsprechend erfolgt die Ausführung der Masseverbindung als eine durchgehende Leitung ohne Schleifenbildung. Hochfrequenzschaltungen werden mit Kabeln verbunden, deren Abschirmmantel beidseitig geerdet ist. Masseverbindungen werden flächenhaft oder mit starken Drähten ausgeführt, um den induktiven Widerstand der Masseleitung möglichst niedrig zu halten.

Eine unerwünschte Verkopplung zwischen mehreren Verstärkerstufen einer Versuchsschaltung kann auch über den nichtverschwindenden Innenwiderstand einer gemeinsamen Stromversorgung zustande kommen. Selbsterregung ist möglich, wenn Signalspannungsabfälle an diesem Innenwiderstand durch Stufen am Ausgang gleichphasig auf den Eingang zurückgeführt werden. Vermieden werden kann diese Rückkopplung, indem zwischen Stromversorgung und Verstärkerstufen jeweils ein *Siebglied* pro Stufe zwischengeschaltet wird, wie das Abb. 1.4.1 zeigt. Der kapazitive Widerstand des Siebkondensators C_S muß bei der Betriebsfrequenz klein gegen den Widerstandswert des Siebwiderstandes R_S sein.

Störungen über die Betriebsspannungsversorgung sind auch bei digitalen Schaltungen möglich. Insbesondere die relativ hohen Betriebsströme der Gatter von TTL-Schaltkreisen (in geringerem Maße auch bei CMOS-Schaltkreisen) beim Umschalten von dem einen in den anderen logischen Zustand führen zu Störimpulsen auf der Betriebsspannungsleitung, wenn diese zu hochohmig ist. Deswegen sollte jeder Schaltkreis unmittelbar an den Anschlußkontakten für die Betriebsspannung mit einem keramischen *Stützkondensator* (einer Kapazität von einigen zehn Nanofarad) abgeblockt werden, und die gesamte digitale Versuchsschaltung erhält an den Anschlußklemmen für die Betriebsspannung noch einen Elektrolytkondensator von etwa 100 µF zur Siebung. Widerstände wie in der Verstärkertechnik sind hier nicht üblich.

Bei Schaltungen mit CMOS-Schaltkreisen ist unbedingt zu beachten, daß – im Gegensatz zu TTL-Schaltkreisen – unbeschaltete Eingänge kein definiertes Potential haben und so auch einen Spannungswert zwischen den beiden logischen Zuständen besitzen können. Das würde zu einer beträchtlichen Stromaufnahme des betreffenden Gatters führen, so daß möglicherweise eine fehlerhafte Funktion des gesamten Schaltkreises durch unzulässige Erwärmung bewirkt wird. Deswegen müssen alle unbenutzten Eingänge ein definiertes Potential erhalten, indem man sie z. B. mit Masse oder der Betriebsspannung verbindet. Für TTL-Schaltkreise hingegen gilt, daß unbeschaltete Eingänge von selbst *H*-Potential annehmen.

Die Verbindung der Versuchsschaltung mit der Stromversorgung und den Meßgeräten kann i. allg. mit isolierten, flexiblen Schaltdrähten mit Bananensteckern

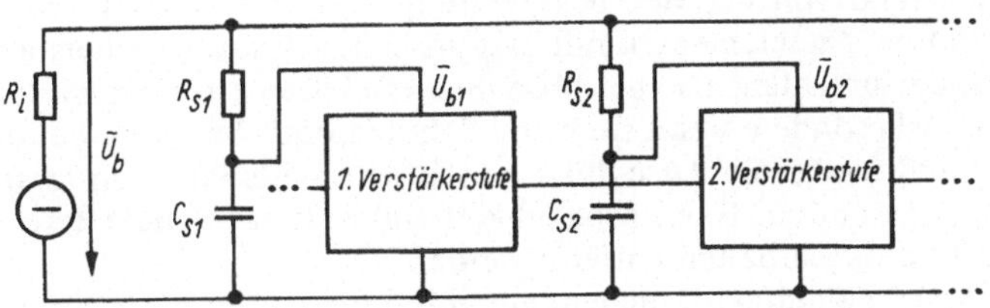

Abb. 1.4.1. Entkopplung der Betriebsspannungszuführung in mehrstufigen Verstärkern durch Siebglieder

über Telefonbuchsen erfolgen. Stehen nur kleine Eingangsspannungen $U_E \leqq 10$ mV zur Verfügung oder wurde eine hochverstärkende Schaltung aufgebaut, empfiehlt es sich, die Eingangsleitung mit abgeschirmtem Kabel auszuführen und als Steckverbinder BNC-Buchsen und -Stecker einzusetzen. Oft genügt auch die Verwendung von abgeschirmter NF-Leitung.

1.4.2. Einbauhinweise für elektronische Bauelemente

Beim Einbau elektronischer Bauelemente in eine Schaltung sind die möglichen mechanischen, thermischen und elektrischen Beanspruchungen zu beachten.

Die *mechanische Beanspruchung* bei der Montage elektronischer Bauelemente (Widerstände, Kondensatoren, Dioden, Transistoren, integrierte Schaltkreise) bezieht sich vor allem auf zulässige Verbiegungen der Anschlußdrähte. Der Abstand zwischen Bauelementegehäuse und dem Beginn einer Abbiegung muß wenigstens 1,5...2 mm bei einer Drahtstärke bis zu 0,5 mm betragen. Die Anschlüsse von integrierten Schaltkreisen im Dual-in-line-Gehäuse und die von Leistungstransistoren (im TO-3- und SOT-9-Gehäuse) sollten nicht verbogen werden. Eine Verdrehung der Anschlußdrähte und das Abbiegen von rechteckförmigen Zuleitungen in der Ebene der größeren Fläche ist nicht statthaft. Damit ergeben sich insbesondere beim Einbau von Miniplasttransistoren Besonderheiten (vgl. Transistorkataloge).

Die *thermische Belastung* elektronischer Bauelemente durch den Lötprozeß (Lötkolbentemperatur 250...300 °C) ist insbesondere bei Halbleiterbauelementen (Dioden, Transistoren, integrierten Schaltkreisen) und Elektrolytkondensatoren zu beachten. Die durch den Lötvorgang entstehende Temperatur der Sperrschicht des Halbleiterbauelements darf 110 °C bei Germanium- und 200 °C bei Silizium-Bauelementen nicht überschreiten, wobei diese Temperatur maximal 1 min auftreten kann. Eine Möglichkeit zur Vermeidung einer thermischen Überlastung besteht in der Benutzung einer Flachzange, die zwischen Lötstelle und Bauelement den Zuleitungsdraht kühlt, eine andere in der Beschränkung der Dauer des Lötprozesses. Als Richtwert für übliche Halbleiterbauelemente-Bauformen gilt für einen Abstand von minimal 5 mm zwischen Lötstelle und Gehäuse eine Lötdauer von maximal 5 s bei einer Lötkolbentemperatur von 250 °C.

Die *elektrische Beanspruchung* elektronischer Bauelemente beim Einbau kann durch elektrostatische Aufladungen oder durch eine Spannung entstehen, die über einen Leckwiderstand von der Betriebsspannung des Lötkolbens herrührt. Diese Spannungen sind bei Bauelementen mit extrem hohen Eingangswiderständen und sehr dünnen Isolierschichten, also bei MOS-Feldeffekttransistoren und -Schaltkreisen, gefährlich, insbesondere wenn sie keine Schutzdioden besitzen. Bei derartigen Bauelementen sind i. allg. die Anschlüsse durch Kurzschlußbrücken (z. B. aus leitendem Gummi) geschützt. Nach Möglichkeit sollte dieser Schutz erst nach Abschluß der Verdrahtungsarbeiten entfernt werden.

Aber auch MOS-Feldeffekt-Bauelemente mit integrierten Gate-Schutzdioden, wie vor allem CMOS-Schaltkreise, sind gegen Zerstörung durch elektrostatische Aufladungen nicht völlig geschützt, so daß entsprechende Vorschriften der Halbleiterbauelementehersteller [14] beachtet werden sollten. Als Grundregeln gelten: Die CMOS-Schaltkreise sind auf einer elektrisch leitenden Palette (Alufolie) zu lagern und erst zuletzt in die Schaltung einzusetzen, damit die elektrische Kontaktierung aller Anschlüsse gesichert ist.

1.4.3. Kühlung von Halbleiterbauelementen

Bedingt durch die maximal mögliche Betriebs-Sperrschichttemperatur des Halbleitermaterials (bei Silizium 170...200 °C) und teilweise durch die thermische Belastbarkeit eingesetzter Plastmaterialien für die Gehäuse, muß die durch die Verlustleistung entstehende Aufheizung mittels Kühlung so weit begrenzt werden, daß eine maximale Temperatur nicht überschritten wird. Dabei berechnet man die Sperrschichttemperatur T_j bei einer Verlustleistung P_V, einem inneren Wärmewiderstand R_{thi} und einem äußeren Wärmewiderstand $R_{thä}$ sowie einer Umgebungstemperatur T_U aus der Gleichung

$$T_j = P_V(R_{thi} + R_{thä}) + T_U \,. \tag{1.4.1}$$

R_{thi} beschreibt den inneren (bauelementeseitigen) Wärmeübergang zwischen Sperrschicht und Gehäuseboden und $R_{thä}$ den Wärmeübergang zwischen Gehäuseboden und umgebender Luft mit der Temperatur T_U. Der Wert des äußeren Wärmewiderstandes wird beim Einsatz eines richtig bemessenen Kühlkörpers im wesentlichen durch den Wärmeübergang Kühlkörperoberfläche – Luft bestimmt, da die Wärmefortleitung vom Gehäuseboden zur Kühlkörperoberfläche nur einen geringen Beitrag liefert. Für ein gegebenes Bauelement ($T_{j\,max}$, R_{thi}), gegebener Verlustleistung P_V und gegebener Umgebungstemperatur T_U muß demnach ein geeigneter

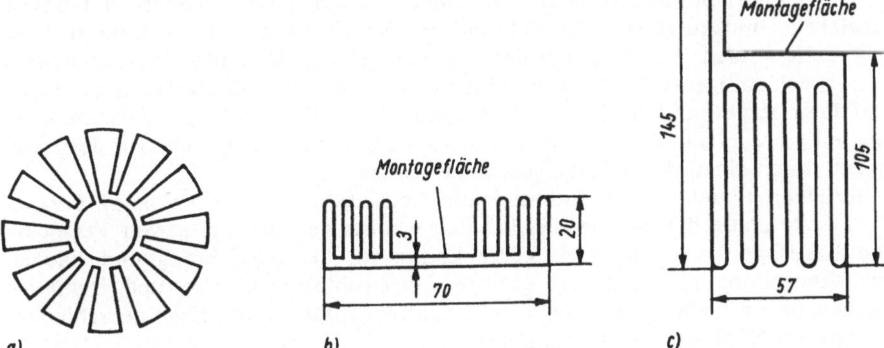

Abb 1.4.2. Transistorkühlkörper
a) Kühlstern für Transistorgehäuse T0-5, $R_{thK} \approx 100$ K/W; b) Kühlprofil, $R_{thK} \approx 10$ K/W für eine Länge von 50 mm; c) Kühlkörper K2, $R_{thK} \approx 1{,}2$ K/W, Länge 28 mm

Kühlkörper K mit $R_{thK} \leqq R_{thä}$ hergestellt werden. Bei kleineren Verlustleistungen ($P_V \leqq 0{,}1$ bis 1 W) kann die Funktion der Kühlfläche das Transistorgehäuse übernehmen. Der Halbleiter-Hersteller gibt deswegen neben R_{thi} einen Gesamt-Wärmewiderstand R_{thg} an, der den Wärmeübergang zwischen Sperrschicht und umgebender ruhender Luft beschreibt. Der Wärmewiderstand handelsüblicher Kühlkörper beträgt etwa 100...1 K/W. Abb. 1.4.2 zeigt eine Auswahl davon.

Für selbst herzustellende Kühlbleche kann der Wärmewiderstand mit

$$R_{thK} \approx \left(\frac{0{,}065C}{A[\mathrm{m}^2]} + \frac{C^{0,25}}{\sqrt{\lambda[\mathrm{W/K \cdot m}] \cdot d[\mathrm{m}]}} \right) \mathrm{K/W} \qquad (1.4.2)$$

näherungsweise berechnet werden. Hierbei bezeichnet A die Fläche und d die Dicke des Bleches, λ den Wärmeleitwert des Blechmaterials und C einen einbauabhängigen Korrekturfaktor. λ beträgt für Aluminium 210 W/K·m, für Kupfer 380 W/K·m und für Eisen 46 W/K·m. C ist bei blanker Oberfläche und waagerechtem Einbau 1 bzw. bei senkrechtem Einbau 0,85; bei geschwärzter Oberfläche verringern sich die Werte auf 0,5 (waagerechter Einbau) bzw. auf 0,43 (senkrechter Einbau). Genügt eine Abschätzung des Wärmewiderstandes von Kühlblechen mit nicht zu kleinem d, entfällt der zweite Term von Gl. (1.4.2), der die Wärmefortleitung im Kühlblech beschreibt. Bei der Montage von Leistungstransistoren auf Kühlkörpern muß beachtet werden, daß der Wärmeübergang vom Gehäuseboden zum Kühlkörper ohne Zwischenlage einen Wärmewiderstand von 0,3...0,5 K/W und mit isolierender Glimmerzwischenlage von ungefähr 0,8...1 K/W besitzt, wenn zwischen diese Teile zur besseren Wärmeübertragung eine Wärmeleitpaste (Silikonfett) eingebracht wird.

1.4.4. Leiterplattenentwurf und -herstellung

Ebenso wie bei industriell gefertigten Geräten können unter Laborbedingungen entwickelte und aufzubauende elektronische Schaltungen in Leiterkartentechnik hergestellt werden. Für den Fall der Eigenherstellung der Leiterplatte verwendet man zweckmäßigerweise die gedruckte (gezeichnete) Schaltungstechnik. Dieses Verfahren beruht auf dem Herausätzen von nicht benötigtem Kupfer aus ein- bzw. zweiseitig beschichtetem Leiterplattenmaterial, wobei die Leiterzüge vor dem Ätzprozeß durch einen Abdecklack geschützt wurden.

Bezüglich Bauelementeanordnung und Leitungsführung gelten beim *Entwurf* einer Leiterplatte die gleichen Richtlinien wie bei der Gestaltung von Versuchs- und Experimentierschaltungen: kurze Leitungen, Leitungsführung und Bauelementeanordnung für möglichst geringe (ungewollte) kapazitive und induktive Rückkopplung, flächenhafte Masse bei Hochfrequenzschaltungen, keine Schleifenbildung bei Niederfrequenzschaltungen.

Der Entwurf einer Leiterplatte in gedruckter Schaltungstechnik erfolgt zunächst auf Papier. Als Rastermaß (Einheit des Abstandes in Längs- und Querrichtung) für die Bauelemente-Befestigungsbohrungen wählt man üblicherweise 2,5 mm. Bei einem Zeichnungsentwurf im Maßstab 2:1 verwendet man einfach kariertes

Schreibpapier (Kästchen $5 \cdot 5\,mm^2$). Die Bohrungen für die Bauelemente sollten 0,8...1 mm und die Lötaugen etwa 2...2,5 mm Durchmesser haben. Nach Möglichkeit ist ein Mindestabstand von 1 mm zwischen den Leiterzugrändern einzuhalten. Ein wesentlicher Unterschied zur konventionellen Verdrahtung besteht darin, daß leitende Überkreuzungen auf einer Leiterebene nicht möglich sind. Überkreuzungen können bei einseitiger Leiterführung mit Bauelementen auf der anderen Leiterplattenseite realisiert werden. Drahtbrücken sollten möglichst durch geeigneten Leiterplattenentwurf vermieden werden. Die elektrische Kontaktierung der Leiterplatte mit der übrigen Schaltung, dem Stromversorgungsbaustein usw. erfolgt über Messer- und Federleisten.

Zweiseitig beschichtetes Leiterplattenmaterial wird bei komplizierteren Schaltungen, insbesondere mit integrierten Schaltkreisen, eingesetzt. Hierbei darf keine Berührung zwischen leitenden Teilen von Bauelementen und der bauelementeseitigen Leiterführung zustande kommen.

Mit zunehmender Verfügbarkeit von moderner Rechentechnik wird auch für die Entwicklung von Laborschaltungen der rechnergestützte Entwurf von Leiterplatten möglich und sinnvoll. Entsprechende Entwurfsprogramme existieren für die meisten Personalcomputer.

Die *Leiterplattenherstellung* geschieht in folgenden Schritten:

- Zeichnen des Leitermusters auf der Kupferfolie mit Abdecklack nach vorheriger sorgfältiger Reinigung des Leiterplattenmaterials (beispielsweise mit feinem Scheuersand),
- Ätzen der Leiterplatte (Entfernen der nicht mit Abdecklack versehenen Kupferfläche),
- Reinigen der Leiterplatte von Abdecklack und Verunreinigungen,
- Bohren der Leiterplatte,
- Beschichten der Leiterplatte mit Lötlack und
- Bestücken der Leiterplatte mit den Bauelementen sowie Verlöten mit konventioneller Kolbenlötung.

Zur Übertragung des Leitermusters auf die Kupferfolie dienen handelsübliche ätzfeste Farben (Abdecklacke), die mit einem Tuschezeichengerät oder Röhrchenfedern für die Leiterzüge von etwa 0,5...2 mm Breite aufgebracht werden. Breitere Leiterzüge oder größere Flächen werden am besten mit einem Haarpinsel bemalt. Für die labormäßige Herstellung der Abdeckung ist auch spezielle Abriebfolie für die Leiterzüge und die Lötaugen verwendbar.

Das Ätzen der Leiterplatte erfolgt mit Eisen-III-Chlorid-Lösung. Die Ätzzeit beträgt z. B. bei einem Bad mit 500 g $FeCl_3$ in 1 l Wasser und 45 °C Badtemperatur unter ständiger Luftzufuhr (z. B. durch Einleiten von Preßluft über Reduzierventil) etwa 10...15 min. Eine Badtemperatur von 10...15 °C (Temperatur von Leitungswasser) verlängert die Ätzzeit wesentlich. Eine ständige Kontrolle des Ätzvorgangs ist nötig, um zu vermeiden, daß bei zu langer Ätzdauer die Leiterzüge am Rand unterätzt werden. Schärfere Ätzbäder (mit kürzerer Ätzdauer) sind bezüglich des flächenhaften Angreifens abgedeckter Leiterzüge bei nicht exakt eingehaltener Ätzvorschrift relativ kritisch.

Nach beendetem Ätzvorgang wird die Leiterplatte gründlich mit Wasser gewaschen und der Abdecklack mit dem zugehörigen Lösungsmittel entfernt. Das sich anschließende Bohren kann auch bereits zu Beginn des Herstellungsprozesses erfolgen. Die dann entstehenden Bohrmarkierungen sind vor allem bei zweiseitiger Leiterführung für die richtige Positionierung der Zeichnungen der beiden Leiterseiten gegeneinander sehr nützlich.

Zum Schutz der gereinigten Leiterzüge vor Oxydation und zur Erleichterung des nachfolgenden Lötvorgangs bedeckt man die Leiterplatte auf der Leiterseite mit lötfähigem Elektroisolierlack. Bei der Bestückung der Leiterplatte mit den Bauelementen werden die Anschlußdrähte auf etwa 1...2 mm über der Leiteroberfläche abgeschnitten, eventuell umgebogen und konventionell mit einem Lötkolben unter Zuhilfenahme von Kolophonium-Spiritus-Lösung als Flußmittel verlötet. Eine nochmalige Behandlung der Lötstellen mit Isolierlack schützt diese vor Korrosion.

Neben der hier dargestellten einfachen Methode der Leiterplattenherstellung sind vor allem das fotomechanische Verfahren und der Siebdruck zur Abdeckung der Leiterzüge vor dem Ätzen und das Tauchlöten zum Verlöten des gesamten Bauelementesatzes einer Leiterplatte zu nennen. Für Praktikumsbelange sind diese aber wegen des erhöhten Aufwandes an Geräten bzw. bei der Herstellung von Hilfsmitteln (fotokopierfähige Leiterbahnvorlage) weniger geeignet. Ob für eine aufzubauende Schaltung eine industriell gefertigte Universalleiterplatte (mit einigen zusätzlichen Drahtbrücken) oder eine selbst entworfene und hergestellte Leiterplatte eingesetzt werden sollte, hängt im wesentlichen von der Komplexität der Schaltung und einer eventuellen Größenforderung ab. Natürlich wird mit einer für eine ganz spezielle Anwendung und Schaltung entwickelten Leiterplatte ein Aufbau möglich, der flächensparender und bezüglich der elektrischen Anordnung günstiger ist als mit einer Universalleiterplatte.

Als weiterführende Literatur zur Schaltungstechnik sei [24, 57, 72] angegeben.

2. Teil: Messungen an vorhandenen Grundschaltungen

2.1. Netzwerke mit linearen passiven Bauelementen

In diesem Kapitel soll das Frequenz- und Zeitverhalten einfacher Schaltungen behandelt werden, die aus linearen passiven Bauelementen aufgebaut sind. Linear bedeutet dabei, daß ein linearer Zusammenhang zwischen Strom und Spannung besteht, und passiv, daß das betreffende Bauelement (im Mittel) keine Energie abgibt. Beispiele sind lineare Widerstände, Kondensatoren und Spulen.

Die Berechnung von Netzwerken mit derartigen linearen passiven Bauelementen erfolgt bei sinusförmiger Erregung und nach dem Abklingen des Einschaltvorganges zweckmäßigerweise mit der *komplexen Wechselstromrechnung* [1, 48, 63, 78]. Zwischen der Zeitfunktion $a(t)$ und der komplexen Amplitude $\underline{a}$ einer physikalischen Größe gilt

$$\begin{aligned} a(t) &= \hat{a}\cos(\omega t + \varphi) = \mathrm{Re}\{\underline{a}\exp(\mathrm{j}\omega t)\} \\ &= \mathrm{Re}\{\hat{a}\exp(\mathrm{j}\varphi)\exp(\mathrm{j}\omega t)\}, \end{aligned} \tag{2.1.1}$$

wobei $\hat{a}$ den Scheitelwert, ω die Kreisfrequenz und φ die Phase einer Wechselspannung oder eines Wechselstroms bezeichnet. Die komplexe Wechselstromrechnung gestattet die Anwendung des Ohmschen Gesetzes und der Kirchhoffschen Gesetze auf diese Netzwerke wie bei Gleichspannungen, wenn für eine Kapazität ihr kapazitiver Widerstand $-\mathrm{j}/\omega C$ und für eine Induktivität ihr induktiver Widerstand $\mathrm{j}\omega L$ eingeführt und an Stelle der Gleichspannungen und -ströme die entsprechenden komplexen Amplituden eingesetzt werden. Die einfach meßbaren Größen $\hat{a}$ und φ sind gemäß Gl. (2.1.1) mit der komplexen Amplitude $\underline{a}$ über die Beziehungen

$$\hat{a} = |\underline{a}| \tag{2.1.2}$$

und

$$\tan\varphi = \mathrm{Im}\{\underline{a}\}/\mathrm{Re}\{\underline{a}\} \tag{2.1.3}$$

verknüpft.

Die Berechnung des Zeitverhaltens eines Netzwerkes bei einem Einschaltvorgang erfordert i. allg. die Lösung einer Differentialgleichung. Das Rechenverfahren kann aber durch Anwendung der *Laplace-Transformation* wesentlich vereinfacht werden [45, 48, 63, 78]. Wenn der Einschaltvorgang durch

$$a(t) = \begin{cases} 0 & \text{für} \quad t < 0 \\ F(t) & \text{für} \quad t > 0 \end{cases} \tag{2.1.4}$$

beschrieben werden kann und für $t < 0$ die im Netzwerk enthaltenen Kondensatoren ungeladen und die Spulen stromlos sind (diese Voraussetzungen sollen bei allen Versuchen dieses Kapitels erfüllt sein), erhält man die zu lösende algebraische Gleichung im sog. Bildbereich aus der komplexen Darstellung des Netzwerkes durch Ersetzen von $j\omega$ durch p und der komplexen Amplitude $\underline{F}$ durch die Laplacetransformierte $f(p)$ der Zeitfunktion $F(t)$. Die Rücktransformation in den Originalbereich kann mit Transformationstabellen geschehen, das Ergebnis stellt den gesuchten Einschaltvorgang dar. Für die hier zu untersuchenden Netzwerke gibt Tab. 2.1.1 die zur Berechnung notwendigen Korrespondenzen an.

Tabelle 2.1.1. Einige Korrespondenzen $F(t) \leftrightarrow f(p)$

$f(p)$			$F(t)$ für $t>0$
$\frac{1}{p}$			1
1			$\delta(t)$
$\frac{1}{p+a}$			e^{-at}
$\frac{1}{p(p+a)}$			$\frac{1}{a}(1-e^{-at})$
$\frac{1}{p^2+2ap+b}$	mit	$b-a^2>0$	$\frac{1}{c}e^{-at}\sin ct$ mit $c=\sqrt{b-a^2}$
		$b-a^2<0$	$\frac{1}{c'}e^{-at}\sinh c't$ mit $c'=\sqrt{a^2-b}$
		$b-a^2=0$	$e^{-at}\,t$
$\frac{1}{p(p^2+2ap+b)}$	mit	$b-a^2>0$	$\frac{1}{b}\left[1-e^{-at}\left(\cos ct+\frac{a}{c}\sin ct\right)\right]$ mit $c=\sqrt{b-a^2}$
		$b-a^2<0$	$\frac{1}{b}\left[1-e^{-at}\left(\cosh c't+\frac{a}{c'}\sinh c't\right)\right]$ mit $c'=\sqrt{a^2-b}$
		$b-a^2=0$	$\frac{1}{a^2}[1-e^{-at}(1+at)]$

Bei der Berechnung der elektrischen Kennwerte zusammengesetzter Schaltungen kann die sog. *Vierpoltheorie* [45, 61, 66, 88] vorteilhaft verwendet werden. Ein elektrisches Übertragungssystem beschreibt man dabei als einen Vierpol mit zwei Eingangs- und zwei Ausgangsklemmen (vgl. Abb. 2.1.1). Zwischen der Eingangsspannung U_1, dem Eingangsstrom I_1, der Ausgangsspannung U_2 und dem Ausgangsstrom I_2 müssen lineare Beziehungen gelten, wenn der Vierpol aus linearen Bauelementen aufgebaut ist. Die Koeffizienten in diesen Beziehungen sind bei Verwendung der komplexen Wechselstromrechnung i. allg. komplexe und frequenzabhängige Größen, die sich aus der Innenschaltung des Vierpols berechnen lassen. Je nach der Auflösung des Gleichungssystems nach zwei der vier Variablen sind verschiedene Darstellungsformen möglich, die beliebig ineinander umgerech-

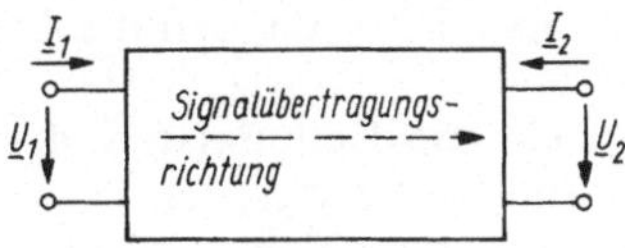

Abb. 2.1.1. Vierpol

net werden können. Die vier wichtigsten Arten sind die Widerstandsform gemäß

$$\begin{pmatrix} \underline{U}_1 \\ \underline{U}_2 \end{pmatrix} = \begin{pmatrix} \underline{Z}_{11} & \underline{Z}_{12} \\ \underline{Z}_{21} & \underline{Z}_{22} \end{pmatrix} \begin{pmatrix} \underline{I}_1 \\ \underline{I}_2 \end{pmatrix}, \tag{2.1.5}$$

die Leitwertform gemäß

$$\begin{pmatrix} \underline{I}_1 \\ \underline{I}_2 \end{pmatrix} = \begin{pmatrix} \underline{Y}_{11} & \underline{Y}_{12} \\ \underline{Y}_{21} & \underline{Y}_{22} \end{pmatrix} \begin{pmatrix} \underline{U}_1 \\ \underline{U}_2 \end{pmatrix}, \tag{2.1.6}$$

die Kettenform gemäß

$$\begin{pmatrix} \underline{U}_1 \\ \underline{I}_1 \end{pmatrix} = \begin{pmatrix} \underline{a}_{11} & \underline{a}_{12} \\ \underline{a}_{21} & \underline{a}_{22} \end{pmatrix} \begin{pmatrix} \underline{U}_2 \\ -\underline{I}_2 \end{pmatrix} \tag{2.1.7}$$

und die Hybridform gemäß

$$\begin{pmatrix} \underline{U}_1 \\ \underline{I}_2 \end{pmatrix} = \begin{pmatrix} \underline{h}_{11} & \underline{h}_{12} \\ \underline{h}_{21} & \underline{h}_{22} \end{pmatrix} \begin{pmatrix} \underline{I}_1 \\ \underline{U}_2 \end{pmatrix}. \tag{2.1.8}$$

Folgende Rechenregeln (Vierpoltheorie) gelten:

- Bei der Reihenschaltung zweier Vierpole (Abb. 2.1.2a) sind die Widerstandsmatrizen der Teilvierpole zur Widerstandsmatrix des Gesamtvierpols zu addieren.

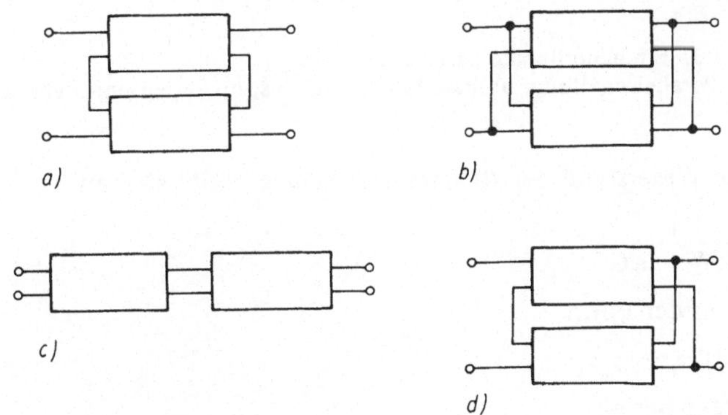

Abb. 2.1.2. Vierpolschaltungen
a) Reihenschaltung; b) Parallelschaltung; c) Kettenschaltung; d) Reihen-Parallel-Schaltung

- Bei der Parallelschaltung zweier Vierpole (Abb. 2.1.2b) müssen die Leitwertmatrizen addiert werden.
- Bei der Kettenschaltung (Abb. 2.1.2c) entsteht die Kettenmatrix der Gesamtschaltung durch Multiplikation der beiden Teil-Kettenmatrizen.
- Bei der Reihen-Parallel-Schaltung (Abb. 2.1.2d) ergibt sich die Gesamt-Hybridmatrix durch Addition der Teil-Hybridmatrizen.

Voraussetzung für die Gültigkeit dieser Regeln ist, daß sowohl die Eingangs- als auch die Ausgangsklemmen jeweils vom gleichen Strom durchflossen werden. Bei Vierpolen mit durchgehenden Nulleitungen folgt daraus, daß diese Leitungen miteinander zu verbinden sind, so daß durch sie keine Kurzschlüsse entstehen. Werden Signale über Leitungen übertragen, deren Länge vergleichbar mit der Wellenlänge einzelner Signalkomponenten ist, müssen die speziellen Leitungseigenschaften berücksichtigt werden. Einen Überblick hierüber gibt Abschn. 2.1.3.

2.1.1. Lineare passive Zweipole

Einfache lineare passive Zweipole sind die Parallelschaltung von Widerstand und Kondensator, der Parallelschwingkreis und der Serienschwingkreis nach Abb. 2.1.3.

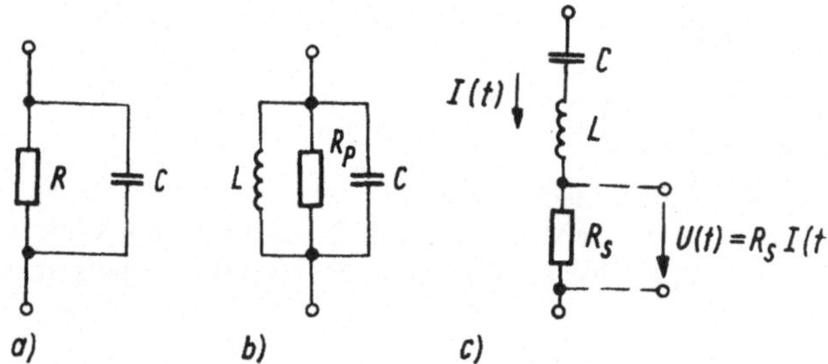

Abb. 2.1.3. Einfache lineare passive Zweipole
a) *RC*-Parallelschaltung; b) Parallelschwingkreis; c) Serienschwingkreis

Der komplexe Widerstand der *RC-Parallelschaltung* ergibt sich zu

$$\underline{Z} = \frac{1}{1/R + j\omega C}. \tag{2.1.9}$$

Dies kann man in der Form

$$\underline{Z} = |\underline{Z}| \exp(j\varphi_z) \tag{2.1.10}$$

schreiben mit dem Betrag

$$|\underline{Z}| = \frac{R}{\sqrt{1 + (\omega RC)^2}} \tag{2.1.11}$$

und der Phase

$$\tan \varphi_Z = -\omega RC. \tag{2.1.12}$$

Legt man an die Zweipolklemmen der *RC*-Parallelschaltung zur Zeit $t = 0$ einen Stromsprung der Größe I_0, d. h. $F(t) = I_0$ in Gl. (2.1.4), so entsteht eine Spannung

$$U(t) = I_0 R\,(1 - \mathrm{e}^{-t/RC}) \tag{2.1.13}$$

als Einschaltvorgang (Sprungantwort).

Der *Parallelschwingkreis* besitzt einen komplexen Widerstand

$$\underline{Z} = \frac{1}{1/R_p + \mathrm{j}\omega C + 1/\mathrm{j}\omega L} = \frac{R_p}{1 + \mathrm{j}(\omega/\omega_0 - \omega_0/\omega) R_p/\omega_0 L} = \frac{R_p}{1 + \mathrm{j} vQ}. \tag{2.1.14}$$

Hierbei wurden die Resonanzfrequenz $\omega_0 = 1/\sqrt{LC}$, die Verstimmung $v = \omega/\omega_0 - \omega_0/\omega$ und die Güte $Q = R_p/\omega_0 L$ eingeführt. Aus Gl. (2.1.14) folgt

$$|\underline{Z}| = \frac{R_p}{\sqrt{1 + (vQ)^2}} \tag{2.1.15}$$

und

$$\tan \varphi_Z = -vQ. \tag{2.1.16}$$

Nach Gl. (2.1.15) tritt beim Anlegen einer sinusförmigen Stromquelle an einen Parallelschwingkreis maximale Spannung für den Resonanzfall ($\omega = \omega_0$ und damit $v = 0$) auf (Spannungsresonanz). Der Betrag der Differenz der beiden Frequenzen, für die $|\underline{Z}|$ den Wert $R_p/\sqrt{2}$ annimmt, wird als Bandbreite B bezeichnet. Damit erhält man

$$Q = \omega_0/2\pi B = f_0/B. \tag{2.1.17}$$

Als Einschaltvorgang $U(t)$ bei einem Parallelschwingkreis auf einen Stromsprung I_0 ergibt sich für $Q > 1/2$

$$U(t) = \frac{I_0 R_p}{Q\sqrt{1 - \frac{1}{4Q^2}}}\,\mathrm{e}^{-\omega_0 t/2Q} \sin\left(\sqrt{1 - \frac{1}{4Q^2}}\;\omega_0 t\right). \tag{2.1.18}$$

Für $Q = 1/2$ (aperiodischer Grenzfall) gilt

$$U(t) = I_0 R_p \cdot 2\omega_0 t\,\mathrm{e}^{-\omega_0 t}, \tag{2.1.19}$$

und für $Q < 1/2$ findet man

$$U(t) = \frac{I_0 R_p}{Q\sqrt{\frac{1}{4Q^2} - 1}}\,\mathrm{e}^{-\omega_0 t/2Q} \sinh\left(\sqrt{\frac{1}{4Q^2} - 1}\;\omega_0 t\right). \tag{2.1.20}$$

Der *Serienschwingkreis* besitzt den komplexen Widerstand

$$\begin{aligned} \underline{Z} &= R_s + \frac{1}{j\omega C} + j\omega L = R_s\left[1 + j\left(\frac{\omega}{\omega_0} - \frac{\omega_0}{\omega}\right)\omega_0 L/R_s\right] \\ &= R_s(1 + jvQ)\,, \end{aligned} \tag{2.1.21}$$

wobei ω_0 und v die gleiche Bedeutung wie beim Parallelschwingkreis haben und für die Güte $Q = \omega_0 L/R_s$ gilt. Betrag und Phase des komplexen Widerstandes ergeben sich zu

$$|\underline{Z}| = R_s\sqrt{1 + (vQ)^2} \tag{2.1.22}$$

und

$$\tan\varphi_Z = vQ\,. \tag{2.1.23}$$

Damit ist der Strom durch einen Serienschwingkreis für $v = 0$ (d. h. $\omega = \omega_0$) maximal. Dieser Zustand heißt Stromresonanz. Da $|\underline{Z}|$ bei $\omega = \omega_0$ ein Minimum besitzt, wird für die Bandbreite B der Betrag der Differenz der beiden Frequenzen einge-

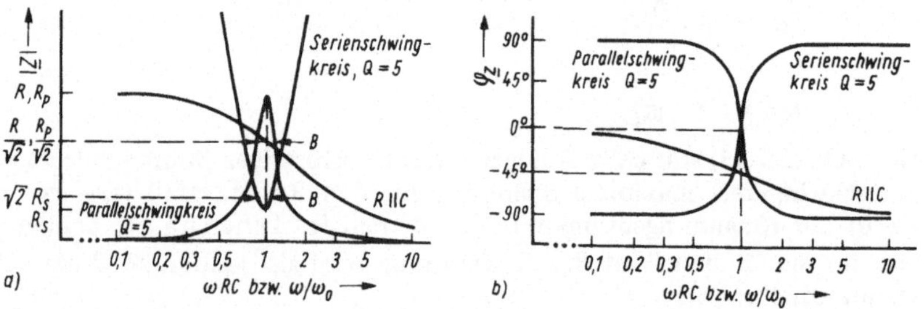

Abb. 2.1.4. Betrag (a) und Phase (b) des komplexen Widerstandes der Zweipole nach Abb. 2.1.3.

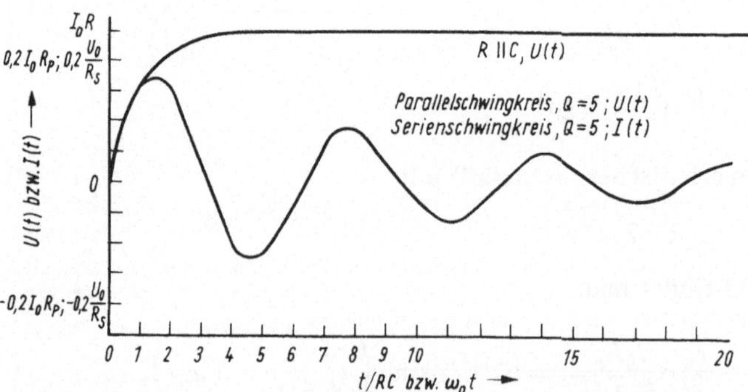

Abb. 2.1.5. Einschaltvorgang $U(t)$ bzw. $I(t)$ der Zweipole nach Abb. 2.1.3.

setzt, für die sich $|\underline{Z}| = \sqrt{2}\, R_s$ ergibt. Es gilt wiederum die Gl. (2.1.17). Der Einschaltvorgang $I(t)$ entspricht völlig dem des Parallelschwingkreises. Ersetzt man in den Gln. (2.1.18)...(2.1.20) die Größe $U(t)$ durch $I(t)$ und den Faktor $I_0 R_p$ durch U_0/R_s, so gelten diese für den Serienschwingkreis. Bei der Berechnung des Frequenzverhaltens von Schwingkreisen kann zur Vereinfachung von der Näherung

$$v = \frac{\omega}{\omega_0} - \frac{\omega_0}{\omega} \approx 2\Delta\omega/\omega_0 \tag{2.1.24}$$

mit

$$\Delta\omega = \omega - \omega_0 \tag{2.1.25}$$

Gebrauch gemacht werden, solange $|\Delta\omega|$ nicht zu groß wird.

Die Abb. 2.1.4 und 2.1.5 zeigen Betrag und Phase der komplexen Widerstände bzw. die Einschaltvorgänge der drei behandelten passiven Zweipole.

Versuche

Das Frequenzverhalten des komplexen Widerstandes passiver Zweipole wird mit einem Sinusgenerator gemessen, der eine Scheitelspannung $\hat{U} = 5$ V bzw. einen Scheitelstrom $\hat{I} = 0{,}5$ mA (evtl. nachgebildet aus einer Scheitelspannung $\hat{U} = 5$ V und einem Vorwiderstand $R_v = 10\,\mathrm{k\Omega}$, vgl. Abschn. 1.3.4) im Frequenzbereich $f = (0, 1\ldots20)$ kHz liefert. Zur Messung des Zeitverhaltens nach einem Einschaltsprung dient ein Impulsgenerator, der eine Rechteckimpulsfolge mit einem Tastverhältnis von 1 : 1, einer Impulsfolgefrequenz von 50 Hz und einer Spannung von 5 V bzw. einem Strom von 0,5 mA (evtl. wieder mit einem Vorwiderstand aus einer Spannung nachgebildet) erzeugt. Für die Spannungsmessung nach Betrag und Phase bzw. als Funktion der Zeit wird ein Oszillograph verwendet. Die Phasenmessung erfolgt entweder mit Lissajousfiguren oder mit einer Abbildung von Spannung und Strom (über einen Meßwiderstand) an bzw. durch den Zweipol auf einem Zweistrahl-Oszillographen.

V 2.1.1.1

a) Messen Sie Betrag und Phase des komplexen Widerstandes einer RC-Parallelschaltung für $R = 1\,\mathrm{k\Omega}$; $C = 0{,}1\,\mu\mathrm{F}$ bei Anregung mit einer Wechselstromquelle!
b) Bestimmen Sie den Einschaltvorgang an der gleichen RC-Parallelschaltung beim Anlegen eines Stromsprungs I_0!
c) Bestimmen Sie aus den Messungen a) die Grenzfrequenz ω_g (Abfall des Betrages des komplexen Widerstandes auf $R/\sqrt{2}$ bei ω_g)! Überprüfen Sie, ob ω_g auch aus den Meßwerten von b) abgeleitet werden kann!
d) Wie wirkt sich ein endlicher Generatorinnenwiderstand bei den Messungen a) und b) aus? Warum kann an die RC-Parallelschaltung kein Spannungssprung angelegt werden? Welche Bedingungen müssen gelten, damit ein Einschaltvorgang mit einer Rechteck-Impulsfolge gemessen werden kann? Sind diese hier erfüllt?

V 2.1.1.2

a) Messen Sie Betrag und Phase des komplexen Widerstandes eines Parallelschwingkreises mit $L = 20\,\mathrm{mH}$; $C = 0{,}1\,\mu F$; R_p für drei verschiedene Werte $R_p = 2{,}2\,\mathrm{k\Omega}$; $470\,\Omega$; $100\,\Omega$ bei Anregung mit einer Wechselstromquelle!
b) Bestimmen Sie für den gleichen Parallelschwingkreis wie bei a) den Einschaltvorgang auf einen Stromsprung I_0!
c) Ermitteln Sie aus den Messungen a) Resonanzfrequenz, Bandbreite und Güte der Schwingkreise! Sind diese Größen auch aus den Messungen b) ableitbar?
d) Wie wirkt sich ein endlicher Innenwiderstand des Generators auf die Messungen aus? Schätzen Sie die oszillographenbedingte Meßgenauigkeit der durchgeführten Spannungs-, Phasen- und Zeitmessungen ab!

V 2.1.1.3

a) Messen Sie Betrag und Phase des komplexen Widerstandes eines Serienschwingkreises mit $L = 20\,\mathrm{mH}$; $C = 0{,}1\,\mu\mathrm{F}$; R_s für drei verschiedene Werte $R_s = 2{,}2\,\mathrm{k\Omega}$; $470\,\Omega$; $100\,\Omega$ bei Anregung mit einer Wechselspannungsquelle!
b) Bestimmen Sie für den gleichen Serienschwingkreis wie bei a) den Einschaltvorgang bei einem Spannungssprung U_0!
c) Ermitteln Sie aus den Messungen a) Resonanzfrequenz, Bandbreite und Güte der Schwingkreise! Versuchen Sie, diese Größen auch aus den Messungen b) zu erhalten!
d) Unter welcher Bedingung hat ein nicht verschwindender Generatorinnenwiderstand Einfluß auf die Meßergebnisse? Warum kann an dem Serienschwingkreis kein Stromsprung realisiert werden?

2.1.2. Lineare passive Vierpole

Widerstands-Kondensator-(RC-)Filter stellen die einfachsten linearen passiven Vierpole zur Übertragung oder Sperrung bestimmter Frequenzbereiche dar. Das Verhältnis der komplexen Amplituden der Ausgangs- und der Eingangsspannung wird als Übertragungsfunktion

$$\underline{G}(\omega) = |\underline{G}(\omega)| \exp(\mathrm{j}\varphi(\omega)) \tag{2.1.26}$$

bezeichnet. In diesem Abschnitt soll zur Vereinfachung generell keine ausgangsseitige Belastung berücksichtigt werden. Die behandelten Schaltungen zeigt Abb. 2.1.6.

Der *RC-Tiefpaß* läßt Gleichspannungen und Spannungen tiefer Frequenz passieren und sperrt höhere Frequenzen. Er besitzt die Übertragungsfunktion

$$\underline{G}(\omega) = \frac{1}{1 + \mathrm{j}\omega/\omega_g} = \frac{1}{1 + \mathrm{j}\Omega} \tag{2.1.27}$$

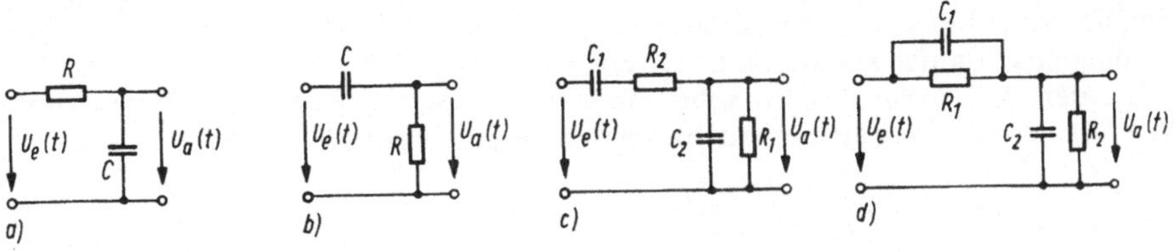

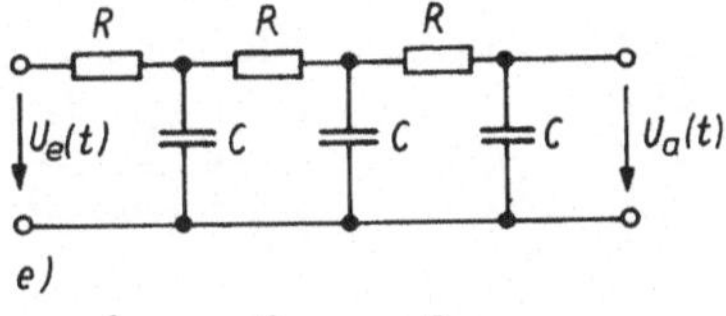

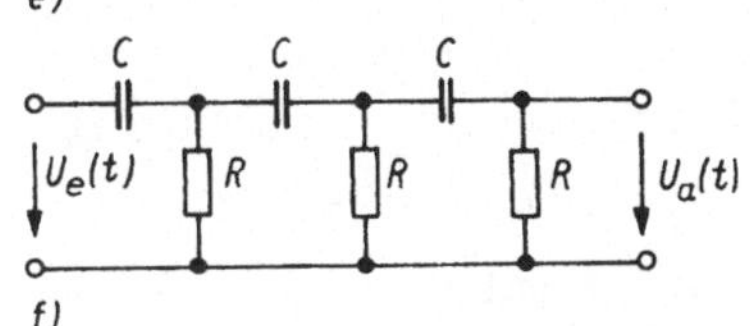

Abb. 2.1.6. *RC*-Filter
a) *RC*-Tiefpaß; b) *RC*-Hochpaß; c) *RC*-Bandpaß; d) komplexer Spannungsteiler; e) Tiefpaß-Phasenschieberkette; f) Hochpaß-Phasenschieberkette

mit der Grenzfrequenz

$$\omega_g = 1/RC \tag{2.1.28}$$

sowie der „normierten Frequenz"

$$\Omega = \omega RC. \tag{2.1.29}$$

Die Grenzfrequenz wird allgemein durch die Beziehung

$$|\underline{G}(\omega_g)| = |\underline{G}(\omega_B)|/\sqrt{2} \tag{2.1.30}$$

definiert, wobei die Bezugsfrequenz ω_B innerhalb des Frequenzbereichs mit konstantem $|\underline{G}(\omega)|$ liegt. Beim *RC*-Tiefpaß gilt daher $|\underline{G}(\omega_B)| = 1$ mit $\omega_B \ll \omega_g$. Aus Gl. (2.1.27) ergeben sich

$$|\underline{G}(\omega)| = \frac{1}{\sqrt{1+(\omega/\omega_g)^2}} = \frac{1}{\sqrt{1+\Omega^2}} \tag{2.1.31}$$

und

$$\tan\varphi(\omega) = -\omega/\omega_g = -\Omega. \tag{2.1.32}$$

Ein Spannungssprung U_0 am Eingang des Filters zur Zeit $t = 0$ erzeugt am Ausgang die Spannung

$$U_a(t) = U_0(1 - e^{-\omega_g t}). \tag{2.1.33}$$

Definiert man als Anstiegszeit t_r die Zeitdifferenz $t_2 - t_1$, für die $U_a(t_2)/U_a(t=\infty) = 0{,}9$ bzw. $U_a(t_1)/U_a(t=\infty) = 0{,}1$ gilt, so ergibt sich folgender Zusammenhang zwischen Grenzfrequenz und Anstiegszeit:

$$t_r = \frac{\ln 9}{\omega_g} = \frac{\ln 9}{2\pi f_g} \approx \frac{1}{2{,}86 f_g}. \tag{2.1.34}$$

Eine derartige Beziehung gilt für alle Tiefpaßsysteme, allerdings ist der Zahlenfaktor abhängig von der konkreten Schaltung (etwa 2,8...4).

Für den *RC-Hochpaß* (nur hohe Frequenzen können passieren, Gleich- und Wechselspannungen tiefer Frequenz werden gesperrt) gilt

$$\underline{G}(\omega) = \frac{\mathrm{j}\omega/\omega_g}{1 + \mathrm{j}\omega/\omega_g} = \frac{\mathrm{j}\Omega}{1 + \mathrm{j}\Omega} \tag{2.1.35}$$

ebenfalls mit $\omega_g = 1/RC$ und $\Omega = \omega RC$. Hieraus folgt

$$|\underline{G}(\omega)| = \frac{\omega/\omega_g}{\sqrt{(1 + (\omega/\omega_g)^2}} = \frac{\Omega}{\sqrt{1 + \Omega^2}} \tag{2.1.36}$$

und

$$\tan\varphi(\omega) = \omega_g/\omega = 1/\Omega. \tag{2.1.37}$$

Die Sprungantwort $U_a(t)$ beträgt

$$U_a(t) = U_0\,\mathrm{e}^{-\omega_g t}. \tag{2.1.38}$$

Durch Kombination eines Hochpasses (R_1, C_1) mit einem Tiefpaß (R_2, C_2) entsteht ein *RC-Bandpaß*, der nur ein gewisses Frequenzband überträgt. Aus der komplexen Übertragungsfunktion

$$\underline{G}(\omega) = \frac{1}{\left(1 + \frac{R_2}{R_1} + \frac{\omega_1 R_1}{\omega_2 R_2}\right) + \mathrm{j}\left(\frac{\omega}{\omega_2} - \frac{\omega_1}{\omega}\right)} = \frac{1}{a + \mathrm{j}\left(\frac{\omega}{\omega_2} - \frac{\omega_1}{\omega}\right)} \tag{2.1.39}$$

mit

$$\omega_1 = 1/R_1C_1, \tag{2.1.40}$$

$$\omega_2 = 1/R_2C_2, \tag{2.1.41}$$

und

$$a = 1 + \frac{R_2}{R_1} + \frac{\omega_1 R_1}{\omega_2 R_2} \tag{2.1.42}$$

erhält man den Betrag

$$|\underline{G}(\omega)| = \frac{1/a}{\sqrt{1 + \left(\frac{\omega}{\omega_2} - \frac{\omega_1}{\omega}\right)^2 / a^2}} \tag{2.1.43}$$

und die Phase

$$\tan\varphi(\omega) = -\left(\frac{\omega}{\omega_2} - \frac{\omega_1}{\omega}\right)/a. \tag{2.1.44}$$

Für $\omega = \omega_0 = \sqrt{\omega_1\omega_2}$ wird der Betrag der Übertragungsfunktion maximal und die Phase verschwindet. Bei einem Spannungssprung U_0 am Eingang entsteht eine Ausgangsspannung

$$U_a(t) = \frac{2U_0}{\sqrt{a^2 - 4\omega_1/\omega_2}} \exp(-a\omega_2 t/2) \sinh\left(\sqrt{a^2 - 4\omega_1/\omega_2}\;\omega_2 t/2\right) \tag{2.1.45}$$

mit der Abkürzung a nach Gl. (2.1.42). Für den Spezialfall $R_1 = R_2 = R$ und $C_1 = C_2 = C$ vereinfachen sich die Beziehungen zu

$$|\underline{G}(\omega)| = \frac{1/3}{\sqrt{1 + \left(\frac{\omega}{\omega_0} - \frac{\omega_0}{\omega}\right)^2 / 9}} = \frac{1/3}{\sqrt{1 + (v/3)^2}} \tag{2.1.46}$$

und

$$\tan\varphi(\omega) = -v/3 \tag{2.1.47}$$

mit

$$v = \frac{\omega}{\omega_0} - \frac{\omega_0}{\omega} \tag{2.1.48}$$

und

$$\omega_0 = \omega_1 = \omega_2 \,. \tag{2.1.49}$$

Die Sprungantwort wird dann

$$U_a(t) = \frac{2U_0}{\sqrt{5}} \exp\left(-\frac{3}{2}\omega_0 t\right) \sinh\left(\frac{\sqrt{5}}{2}\omega_0 t\right). \tag{2.1.50}$$

Diese Schaltung, ergänzt mit einem ohmschen Spannungsteiler, wird als Wien-Brücke bezeichnet und häufig in Sinusgeneratoren verwendet.

Durch die Reihenschaltung zweier RC-Parallelschaltungen nach Abb. 2.1.3a entsteht ein *komplexer Spannungsteiler* mit einer Übertragungsfunktion

$$\underline{G}(\omega) = \frac{R_2}{R_1 + R_2} \; \frac{1 + \mathrm{j}\omega/\omega_1}{1 + \mathrm{j}\omega\left[\frac{R_2}{\omega_1(R_1 + R_2)} + \frac{R_1}{\omega_2(R_1 + R_2)}\right]} \tag{2.1.51}$$

mit

$$\omega_1 = 1/R_1 C_1 \tag{2.1.52}$$

und

$$\omega_2 = 1/R_2 C_2 \,. \tag{2.1.53}$$

Es folgt

$$|\underline{G}(\omega)| = \frac{R_2}{R_1 + R_2} \; \frac{\sqrt{1 + \left(\frac{\omega}{\omega_1}\right)^2}}{\sqrt{1 + \omega^2\left(\frac{R_2}{\omega_1(R_1 + R_2)} + \frac{R_1}{\omega_2(R_1 + R_2)}\right)^2}} \tag{2.1.54}$$

und

$$\varphi(\omega) = \arctan\frac{\omega}{\omega_1} - \arctan\left(\frac{\omega}{\omega_1}\,\frac{R_2}{R_1 + R_2} + \frac{\omega}{\omega_2}\,\frac{R_1}{R_1 + R_2}\right). \tag{2.1.55}$$

Die Ausgangsspannung $U_a(t)$ bei einem Eingangsspannungssprung U_0 beträgt

$$U_a(t) = U_0\left\{\frac{R_2}{R_1 + R_2} + \left(\frac{C_1}{C_1 + C_2} - \frac{R_2}{R_1 + R_2}\right) \exp\left[\frac{-t(R_1 + R_2)}{(C_1 + C_2) R_1 R_2}\right]\right\}. \tag{2.1.56}$$

Für den Spezialfall $R_1C_1 = R_2C_2 = 1/\omega_g$ ergibt sich der sog. *kompensierte Spannungsteiler* mit

$$|\underline{G}(\omega)| = \frac{R_2}{R_1 + R_2} \tag{2.1.57}$$

und verschwindender Phase.

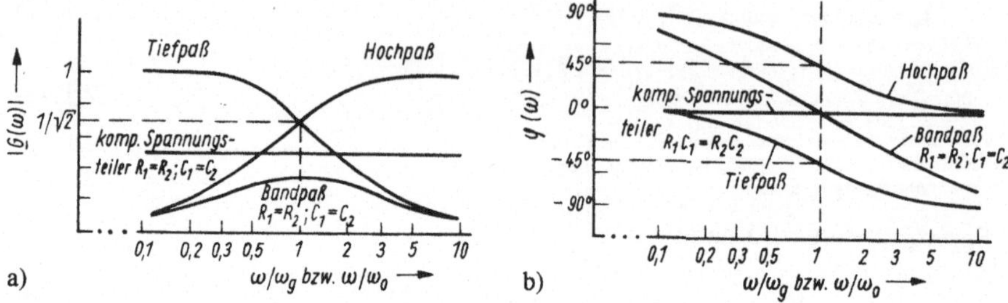

Abb. 2.1.7. Betrag (a) und Phase (b) der Übertragungsfunktion der Filter nach Abb. 2.1.6 a...d

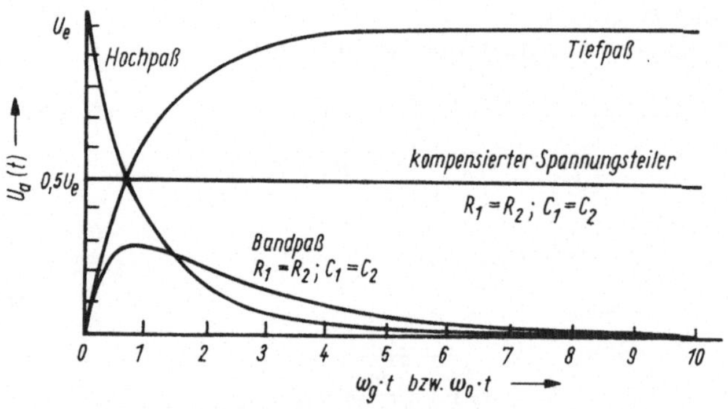

Abb. 2.1.8. Einschaltvorgang der *RC*-Filter nach Abb. 2.1.6 a...d

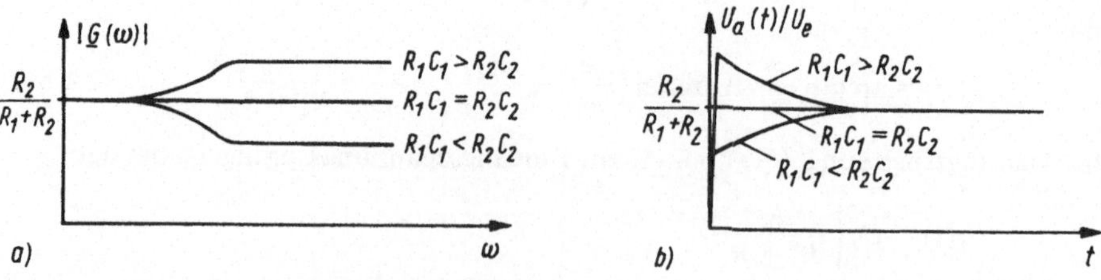

Abb. 2.1.9. Komplexer Spannungsteiler
a) Betrag der Übertragungsfunktion; b) Einschaltvorgang

In den Abb. 2.1.7 und 2.1.8 sind die Übertragungsfunktionen und die Ausgangsspannungen $U_a(t)$ bei Anlegen eines Einschaltsprungs am Eingang für den *RC*-Tiefpaß, den *RC*-Hochpaß und für zwei Spezialfälle des *RC*-Bandpasses und des komplexen Spannungsteilers (kompensierter Spannungsteiler) dargestellt. Abbildung 2.1.9 zeigt den qualitativen Verlauf des Betrages der Übertragungsfunktion und der Sprungantwort für den komplexen Spannungsteiler.

Durch die Kettenschaltung dreier *RC*-Tiefpässe bzw. dreier *RC*-Hochpässe entstehen die in Abb. 2.1.6e und f dargestellten *RC-Phasenschieberketten.* Die Übertragungseigenschaften dieser Vierpole berechnet man am einfachsten durch Multiplikation der Teil-Kettenmatrizen der Tief- bzw. Hochpässe.

Für die Tiefpaß-Phasenschieberkette ergibt sich

$$\underline{G}(\omega) = \frac{1}{1 - 5\Omega^2 - \mathrm{j}(\Omega^3 - 6\Omega)}, \tag{2.1.58}$$

für die Hochpaß-Phasenschieberkette gilt

$$\underline{G}(\omega) = \frac{\Omega^3}{\Omega^3 - 5\Omega + \mathrm{j}(1 - 6\Omega^2)}. \tag{2.1.59}$$

Als Abkürzung wurde

$$\Omega = \omega RC \tag{2.1.60}$$

benutzt. Die Tiefpaß-Phasenschieberkette dreht die Phase um 180° bei der Frequenz

$$f(\Delta\varphi = 180°) = \frac{\sqrt{6}}{2\pi RC}, \tag{2.1.61}$$

die Hochpaß-Phasenschieberkette bei

$$f(\Delta\varphi = 180°) = \frac{1}{\sqrt{6}\,2\pi RC}. \tag{2.1.62}$$

Diese *RC*-Phasenschieberketten werden in Rückkopplungszweigen einfacher Sinusgeneratoren sowie in frequenzselektiven Filtern eingesetzt.

Als Modellfall eines Filters mit Spule und Kondensator und einem Widerstand soll der in Abb. 2.1.10 dargestellte *LCR-Tiefpaß* behandelt werden. Eine ohmsche

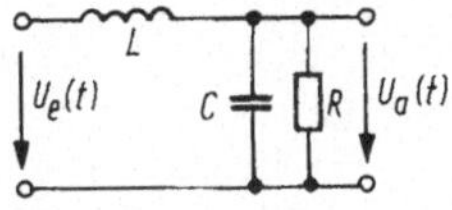

Abb. 2.1.10. *LCR*-Tiefpaß

Belastung kann hierbei in den Widerstand R und eine kapazitive Belastung in den Kondensator C eingezogen werden (Parallelschaltungen). Aus der komplexen Übertragungsfunktion

$$\underline{G}(\omega) = \frac{1}{1 - \omega^2 LC + j\omega L/R} \tag{2.1.63}$$

folgen unter Beachtung der Definitionen von Resonanzfrequenz

$$\omega_0 = 1/\sqrt{LC} \tag{2.1.64}$$

und Güte

$$Q = R/\omega_0 L \tag{2.1.65}$$

die Beziehungen

$$|\underline{G}(\omega)| = \frac{1}{\sqrt{\Omega_1^4 - \left(2 - \frac{1}{Q^2}\right)\Omega_1^2 + 1}} \tag{2.1.66}$$

sowie

$$\tan\varphi(\omega) = \frac{\Omega_1}{(\Omega_1^2 - 1)\,Q} \tag{2.1.67}$$

mit der Abkürzung $\Omega_1 = \omega/\omega_0$.

Für $Q > 1/\sqrt{2}$ besitzt $|\underline{G}(\omega)|$ ein Maximum mit einer Spannungsüberhöhung (der Betrag der Übertragungsfunktion ist größer als 1). Ein Spannungssprung U_0 liefert am Ausgang

für $Q > 1/2$

$$U_a(t) = U_0\left\{1 - e^{-\omega_0 t/2Q}\left[\cos(d\omega_0 t) + \frac{1}{2Qd}\sin(d\omega_0 t)\right]\right\} \tag{2.1.68}$$

mit

$$d = \sqrt{1 - \frac{1}{4Q^2}}\,, \tag{2.1.69}$$

für $Q = 1/2$

$$U_a(t) = U_0\{1 - e^{-\omega_0 t}[1 + \omega_0 t]\} \tag{2.1.70}$$

und für $Q < 1/2$

$$U_a(t) = U_0\left\{1 - e^{-\omega_0 t/2Q}\left[\cosh(d'\omega_0 t) + \frac{1}{2Qd'}\sinh(d'\omega_0 t)\right]\right\} \tag{2.1.71}$$

mit

$$d' = \sqrt{\frac{1}{4Q^2} - 1}\,. \tag{2.1.72}$$

Abb. 2.1.11 zeigt die Übertragungsfunktion und Abb. 2.1.12 die Sprungantwort $U_a(t)$ auf einen Eingangsspannungssprung. Abb. 2.1.12 läßt erkennen, daß mit zu-

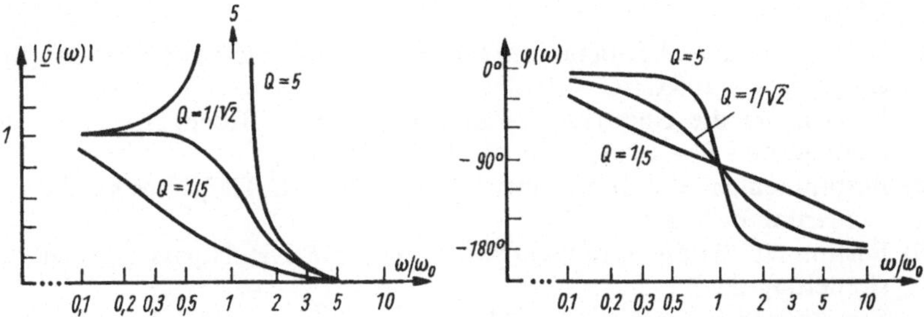

Abb. 2.1.11. Betrag und Phase der Übertragungsfunktion des *LCR*-Tiefpasses für verschiedene Werte der Güte Q

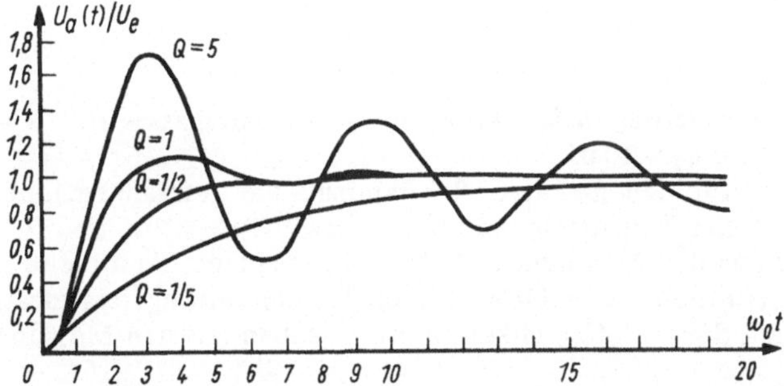

Abb. 2.1.12. Einschaltvorgang $U_a(t)$ des *LCR*-Tiefpasses für verschiedene Werte der Güte Q

nehmender Güte der Kurvenanstieg größer (die Anstiegszeit kleiner) wird, daß aber für $Q > 0{,}5$ ein Überschwingen auftritt. Vergleicht man den *LCR*-Tiefpaß mit dem *RC*-Tiefpaß, so ergibt sich im Sperrbereich der Filter eine wesentlich größere Dämpfung bei der *LCR*-Schaltung.

Versuche

Die Übertragungsfunktion der Filter von Abb. 2.1.6 und 2.1.10 wird nach Betrag und Phase im Frequenzbereich $f = (0{,}1 \ldots 100)$ kHz mit Eingangsspannungen $\hat{U}_e = 3$ V bestimmt. Bei Impulsaussteuerung wird ein Impulsgenerator verwendet, der eine Rechteckimpulsfolge mit einem Tastverhältnis von 1 : 1 und einer Impulsfolgefrequenz von 50 Hz und $U_0 = 5$ V liefert. Alle Spannungsmessungen erfolgen mit einem Oszillographen. Für die Messung des Phasen- bzw. Zeitverlaufs ist der Einsatz eines Zweistrahl-Oszillographen zweckmäßig, wobei Eingangs- und Ausgangsspannung gleichzeitig abgebildet werden.

V 2.1.2.1

a) Messen Sie die Übertragungsfunktion eines *RC*-Tiefpasses mit den Bauelementewerten $R = 10\,\text{k}\Omega$; $C = 10\,\text{nF}$!
b) Messen Sie die Übertragungsfunktion eines *RC*-Hochpasses mit den Bauelementewerten $R = 10\,\text{k}\Omega$; $C = 10\,\text{nF}$!
c) Bestimmen Sie die Sprungantwort $U_\text{a}(t)$ des *RC*-Tiefpasses gemäß der Dimensionierung nach a)!
d) Bestimmen Sie die Sprungantwort $U_\text{a}(t)$ des *RC*-Hochpasses gemäß der Dimensionierung nach b)!
e) Ermitteln Sie sowohl mit den Messungen nach a) und b) als auch nach c) und d) die Grenzfrequenzen der beiden Vierpole!
f) Welche Anforderungen sind an den ohmschen Eingangswiderstand und an die Eingangskapazität des Meßoszillographen zu stellen, damit der hierdurch bedingte Meßfehler bei der Amplituden- und Phasenmessung unter 5 % bzw. 5° bleibt?

V 2.1.2.2

a) Messen Sie die Übertragungsfunktion eines *RC*-Bandpasses mit $R = R_1 = R_2 = 10\,\text{k}\Omega$; $C = C_1 = C_2 = 10\,\text{nF}$!
b) Bestimmen Sie für den gleichen *RC*-Bandpaß die Ausgangsspannung $U_\text{a}(t)$ beim Anlegen eines Eingangsspannungssprungs U_0!
c) Ermitteln Sie aus den Messungen a) Resonanzfrequenz, Bandbreite und Güte (gemäß der Definition dieser Größen beim Parallelschwingkreis) des Bandpasses! Diskutieren Sie die Möglichkeit, diese Angaben aus den Messungen b) zu gewinnen!

V 2.1.2.3

a) Messen Sie die Übertragungsfunktion eines komplexen Spannungsteilers mit $R_1 = 100\,\text{k}\Omega$; $R_2 = 10\,\text{k}\Omega$; $C_2 = 10\,\text{nF}$; C_1 für drei verschiedene Werte $C_1 = 0$; 1 nF; 2,2 nF!
b) Bestimmen Sie für die gleiche Dimensionierung wie bei a) den Ausgangsspannungsverlauf $U_\text{a}(t)$ beim Anlegen eines Eingangsspannungssprungs U_0!
c) Welche Grenzfrequenzen ergeben sich für die komplexen Spannungsteiler? Beachten Sie dabei, daß $|\underline{G}(\omega_\text{B})| \neq 1$ gilt!
d) Welchen Einfluß hat der Generatorinnenwiderstand auf die Meßergebnisse? Warum muß insbesondere bei $C_1 \neq 0$ ein sehr kleiner Innenwiderstand gefordert werden?

V 2.1.2.4

a) Messen Sie die Übertragungsfunktion der Tiefpaß- und der Hochpaß-Phasenschieberkette mit $R = 10\,\text{k}\Omega$; $C = 10\,\text{nF}$!
b) Bestimmen Sie aus dem Amplitudenverlauf der Phasenschieberkette die obere bzw. die untere Grenzfrequenz und aus dem Phasenverlauf die beiden Frequenzen, für welche die Phasenverschiebung $\Delta\varphi = 180°$ wird!

c) Vergleichen Sie die experimentell ermittelte Übertragungsfunktion mit den aus den Gln. (2.1.58) und (2.1.59) folgenden Abhängigkeiten!
d) Ermitteln Sie die Kettenparameter der Einzelvierpole, berechnen Sie daraus die Gesamt-Kettenmatrix der beiden Phasenschieberketten und vergleichen Sie das Ergebnis mit den Messungen nach a) und den Gln. (2.1.58), (2.1.59)!

V 2.1.2.5

a) Messen Sie Betrag und Phase der Übertragungsfunktion eines *LCR*-Tiefpasses mit $L = 10\,\text{mH}$; $C = 10\,\text{nF}$; R für drei verschiedene Werte $R = 10\,\text{k}\Omega$; $1\,\text{k}\Omega$; $470\,\Omega$ im angegebenen Frequenzbereich!
b) Messen Sie die Sprungantwort des gleichen *LCR*-Tiefpasses!
c) Ermitteln Sie die Grenzfrequenz ω_g mit $|\underline{G}(\omega_g)| = 1/\sqrt{2}$ und die Güte Q der Tiefpaßanordnungen aus den Messungen nach a), und vergleichen Sie die Ergebnisse mit den Werten, die hierfür aus Gl. (2.1.66) folgen! Diskutieren Sie die Möglichkeit, ω_g und Q aus den Messungen b) zu bestimmen!
d) Welchen Einfluß hat der Generatorinnenwiderstand bzw. der Spulen-Wicklungswiderstand auf Grenzfrequenz und Güte der Tiefpässe?
e) Warum ist ein *LCR*-Tiefpaß zur Abtrennung einer Restwechselspannung von einer Gleichspannung in einem Netzteil besser geeignet als ein *RC*-Tiefpaß?

2.1.3. Leitungen

Werden zur Signalübertragung zwischen verschiedenen Schaltungsteilen Leitungen angeordnet, deren Länge l in die Größenordnung der Wellenlänge λ der zu übertragenden Frequenz f kommt oder größer ist, müssen einige Besonderheiten berücksichtigt werden, die in diesem Abschnitt dargestellt sind [17, 45, 65].

Zur Berechnung der Leitungseigenschaften wird eine Leitung in differentielle Leitungsstücke der Länge dl entsprechend Abb. 2.1.13 zerlegt. Die Größen R', G', L' und C' bezeichnet man als Widerstands-, Leitwerts-, Induktivitäts- bzw. Kapazitätsbelag, gemessen in Ω/m, S/m, H/m und F/m. Für die Hintereinanderschaltung

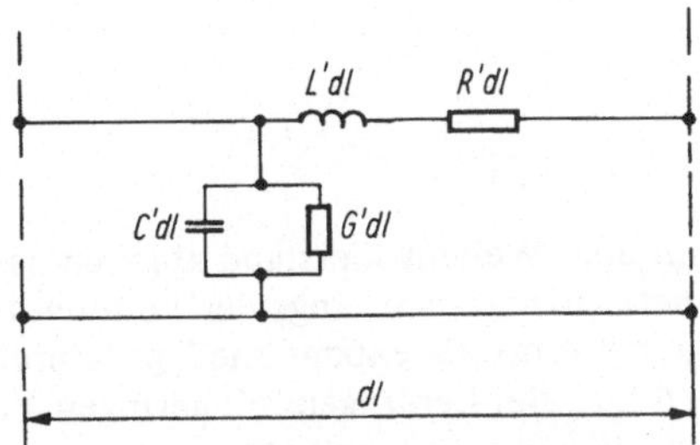

Abb. 2.1.13. Differentielles Leitungsstück

vieler derartiger Leitungsstücke ergibt sich die sog. Telegraphengleichung

$$\frac{d^2\underline{U}}{dz^2} - \underline{U}(R' + j\omega L')(G' + j\omega C') = 0 \tag{2.1.73}$$

sowie die Beziehung

$$\underline{I} = -(R' + j\omega L')^{-1} \frac{d\underline{U}}{dz}. \tag{2.1.74}$$

$\underline{U}$ bzw. $\underline{I}$ stellt dabei die komplexe Amplitude der Spannung bzw. des Stromes an der Stelle z dar, wenn am Eingang der Leitung ($z = 0$) eine sinusförmige Wechselspannung anliegt, deren Amplitude mit $\underline{U}_0$ bezeichnet werde und deren Kreisfrequenz ω ist.

Eine übersichtliche Darstellung der Lösungen dieser beiden Gleichungen ergibt sich, wenn man die sog. Wellenparameter $\underline{\gamma}$, $\underline{Z}_L$ und $\underline{r}$ einführt: Die Größe $\underline{\gamma}$ wird Übertragungskonstante genannt und durch die Beziehung

$$\underline{\gamma} = \sqrt{(R' + j\omega L')(G' + j\omega C')} = \alpha + j\beta \tag{2.1.75}$$

definiert. Der Realteil α heißt Dämpfungskonstante und der Imaginärteil β Phasenkonstante $\underline{Z}_L$ ist der sog. Wellenwiderstand der Leitung und $\underline{r}$ der Reflexionsfaktor, beide sind durch die Gleichungen

$$\underline{Z}_L = \sqrt{\frac{R' + j\omega L'}{G' + j\omega C'}} \tag{2.1.76}$$

und

$$\underline{r} = \frac{\underline{Z}_a - \underline{Z}_L}{\underline{Z}_a + \underline{Z}_L} \tag{2.1.77}$$

festgelegt, wobei $\underline{Z}_a$ den an das Leitungsende ($z = l$) angeschlossenen Widerstand bezeichnet, der beliebig komplex sein kann. Unter Verwendung dieser Größen ergibt sich als Lösung von Gl. (2.1.73) die Beziehung

$$\underline{U} = \underline{U}_1 \exp(-\underline{\gamma} z) + \underline{U}_2 \exp(+\underline{\gamma}) \tag{2.1.78}$$

mit den Konstanten

$$\underline{U}_1 = \underline{U}_0[\underline{r} \exp(-2\underline{\gamma} l) + 1]^{-1} \tag{2.1.79}$$

und

$$\underline{U}_2 = \underline{U}_0 \underline{r} \exp(-2\underline{\gamma} l)[\underline{r} \exp(-2\underline{\gamma} l) + 1]^{-1}. \tag{2.1.80}$$

Ist die Leitung unendlich lang oder mit dem Wellenwiderstand abgeschlossen (dieser Fall wird mit Anpassung bezeichnet), pflanzt sich längs der Leitung die Spannung (und gemäß Gl. (2.1.74) auch der Strom) als exponentiell gedämpfte Welle mit der Phasengeschwindigkeit $v = \omega/\beta$ fort. Bei Leitungen mit geringen Verlusten, d. h. für $R' \ll \omega L'$ und $G' \ll \omega C'$, gilt für die Phasenkonstante

$$\beta \approx \omega \sqrt{L'C'} \tag{2.1.81}$$

und für den Wellenwiderstand

$$\underline{Z}_L \approx \sqrt{\frac{L'}{C'}} \,. \tag{2.1.82}$$

Damit sind bei verlustarmen Leitungen die Phasengeschwindigkeit und der Wellenwiderstand frequenzunabhängig und der Wellenwiderstand ist reell.

Wird die Leitung durch einen beliebigen Widerstand $\underline{Z}_a$ abgeschlossen, entstehen durch die Überlagerung mit der reflektierten Welle (2. Term in Gl. (2.1.78)) kompliziertere Spannungsverhältnisse. Abb. 2.1.14 zeigt ein Beispiel für die dadurch entstehenden Schwebungen, die mit dem Stehwellenverhältnis

$$s = \frac{|\underline{U}|_{\max}}{|\underline{U}|_{\min}} = \frac{1 + |\underline{r}|}{1 - |\underline{r}|} \tag{2.1.83}$$

beschrieben werden. Wird eine Leitung sowohl eingangs- als auch ausgangsseitig fehlangepaßt, entstehen Mehrfachreflexionen. Für den Eingangswiderstand $\underline{Z}_e$ einer beliebig abgeschlossenen Leitung ergibt sich

$$\underline{Z}_e = \underline{Z}_L \frac{1 + \underline{r} \exp(-2\,\underline{\gamma} l)}{1 - \underline{r} \exp(-2\,\underline{\gamma} l)} \tag{2.1.84}$$

und für die Spannung am Ende der Leitung

$$\underline{U}(z = l) = \underline{U}_0 \frac{(1 + \underline{r}) \exp(-\underline{\gamma} l)}{1 + \underline{r} \exp(-2\,\underline{\gamma} l)} \,. \tag{2.1.85}$$

Aus Gl. (2.1.84) folgt unter der Voraussetzung, daß es sich um eine verlustarme Leitung handelt, bei Kurzschluß des Ausgangs ($\underline{Z}_a = 0$)

$$\underline{Z}_e^{(k)} \approx \mathrm{j} Z_L \tan(2\pi l/\lambda) \tag{2.1.86}$$

und bei offenem Ausgang ($\underline{Z}_a = \infty$)

$$\underline{Z}_e^{(0)} \approx -\mathrm{j} Z_L \cot(2\pi l/\lambda) \,. \tag{2.1.87}$$

Die ausgangsseitig kurzgeschlossene Leitung besitzt also für $l = \lambda/4$ einen sehr hohen Eingangswiderstand, der für den verlustfreien Fall unendlich groß wird. Dies entspricht dem Verhalten eines Parallelschwingkreises. Für Frequenzen, die $l = \lambda/2$ entsprechen, verhält sich dagegen die ausgangsseitig kurzgeschlossene Leitung wie

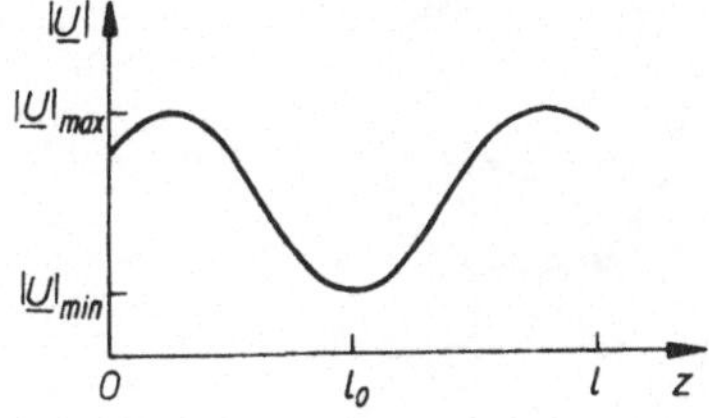

Abb. 2.1.14. Spannungsverlauf längs einer nicht angepaßten Leitung (Beispiel)

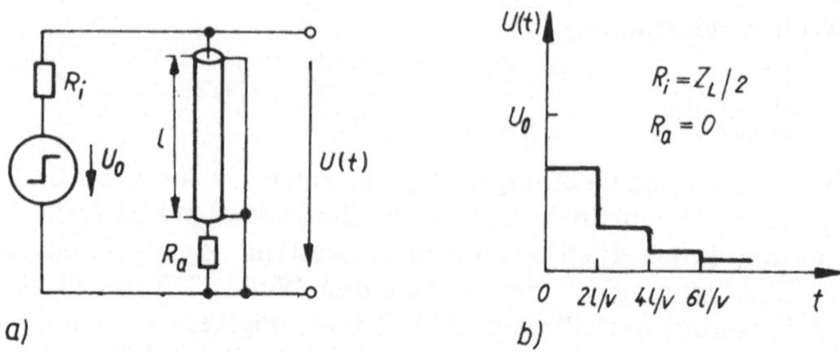

Abb. 2.1.15. Impulserzeugung mit einer Leitung
a) Schaltung; b) Spannungsverlauf für eine spezielle Dimensionierung

ein Serienschwingkreis. Für die ausgangsseitig offene Leitung gilt die umgekehrte Zuordnung.

Weiterhin läßt sich aus Gl. (2.1.84) ableiten, daß für eine verlustfreie Leitung ($\alpha = 0$) der Länge $l = \lambda/4$ die Beziehung

$$\underline{Z}_e = Z_L^2 / \underline{Z}_a \tag{2.1.88}$$

gilt, die Leitung transformiert also den Abschlußwiderstand in einen Widerstand, der dem reziproken Wert proportional ist („λ/4-Transformator“).

Werden an Leitungen impulsförmige Spannungen gelegt, berechnet man deren Verhalten zweckmäßigerweise unter Verwendung der Laplace-Transformation. Für eine anschaulichere Beschreibung kann man das Verhalten von Leitungen bei Impulsanregung auch für die einzelnen Fourierkomponenten untersuchen und durch Überlagerung am Ausgang die resultierende Zeitfunktion bestimmen. Ist die Leitung mit dem Wellenwiderstand abgeschlossen, entstehen für alle Frequenzkomponenten fortschreitende Wellen, am Ausgang erhält man wieder ein impulsförmiges Signal. Bei verlustarmen Leitungen (die Phasengeschwindigkeit ist hier unabhängig von der Frequenz) stimmen Impulsform am Eingang und am Ausgang überein. Für nicht angepaßte Leitungen bilden sich durch Überlagerung von hinlaufenden und reflektierten Wellen Störimpulse. Andererseits können diese Reflexionen in nicht

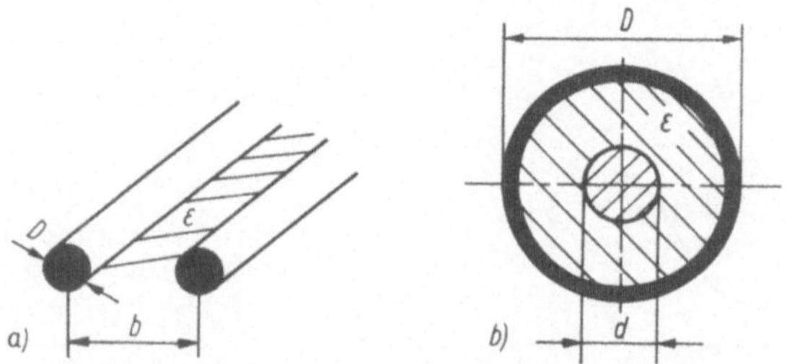

Abb. 2.1.16. Technische Ausführungsformen von Leitungen
a) Bandkabel; b) Koaxialkabel

angepaßten Leitungen zur Impulserzeugung ausgenutzt werden, wofür Abb. 2.1.15 ein Beispiel zeigt.

Die beiden wichtigsten technischen Ausführungsformen von Leitungen sind die Paralleldrahtleitungen (Bandkabel) und die konzentrische Leitung (Koaxialkabel) nach Abb. 2.1.16. Zu beachten ist, daß die Phasengeschwindigkeit v kleiner als die Lichtgeschwindigkeit im Vakuum c_v ist. Dies wird durch den Verkürzungsfaktor v/c_v charakterisiert. Damit ist die **wirksame** elektrische Länge von Kabeln kürzer als die geometrische. Die Dämpfungskonstante α ist bei Bandkabeln etwa dreimal kleiner als bei Koaxialkabeln, dagegen sind Signale auf Bandkabeln wegen des Streufeldes leicht durch äußere Störungen zu beeinflussen.

Versuche

Als Leitung wird ein Koaxialkabel mit einem Wellenwiderstand $Z_L = 75\,\Omega$ (z. B. 75-4-1) und einer (geometrischen) Länge von 50 m verwendet. An den Leitungseingang werden sinusförmige Spannungen im Frequenzbereich $f = (0,1 \ldots 10)$ MHz mit einer Amplitude von $\hat{U} \geqq 0{,}1$ V bzw. impulsförmige Spannungen ($U \geqq 1$ V) mit einer Impulsbreite $t_w = 0{,}1$ µs bzw. 500 µs und einer Impulsfolgefrequenz von 1 kHz angelegt. Die Innenwiderstände R_i' der Signalquellen für die Leitung werden durch geeignete Vorwiderstände bzw. Spannungsteiler unter Beachtung der Innenwiderstände der Meßgeneratoren (und evtl. ihren Abschlußbedingungen, vgl. Kap. 1.3.) realisiert. Die Spannungsmessungen erfolgen mit einem Oszillographen.

V 2.1.3.1

a) Messen Sie die Ausgangsspannung der Leitung bei einer eingangsseitig angeschlossenen Wechselspannungsquelle mit dem Innenwiderstand $R_i' = 5\,\Omega$ bzw. $R_i = Z_L$ als Funktion der Frequenz und des Abschlußwiderstandes $R_a = 38\,\Omega$, 75 Ω oder 150 Ω!

b) Messen Sie die Eingangsspannung der Leitung bei Anschluß eines Wechselspannungsgenerators mit dem Innenwiderstand $R_i' = Z_L$ als Funktion der Frequenz (in der Nähe der Serien- bzw. Parallelresonanz) und des Abschlußwiderstandes $R_a = 0$ bzw. 10 Ω!

c) Ermitteln Sie aus den Messungen von a) den Reflexionsfaktor, die Dämpfungskonstante und den Verkürzungsfaktor!

d) Bestimmen Sie aus den Messungen nach b) die Güte Q entsprechend der Definition beim Parallel- und Serienschwingkreis (vgl. Abschn. 2.1.1)!

V 2.1.3.2

a) Speisen Sie die Leitung aus einem Wechselspannungsgenerator mit dem Innenwiderstand $R_i' = 27\,\Omega$ (bzw. 220 Ω) und belasten Sie den Ausgang mit $R_a = 220\,\Omega$ (bzw. 27 Ω)! Messen Sie in der Umgebung der für einen $\lambda/4$-Transformator erforderlichen Frequenz die Eingangs- und die Ausgangsspannung an der Leitung!

b) Bestimmen Sie mit den Messungen nach a) das Übersetzungsverhältnis des Transformators als Funktion der Frequenz sowie hieraus die Bandbreite!

V 2.1.3.3

a) Ermitteln Sie die Zeitfunktion der Ausgangsspannung an der Leitung, wenn der an den Eingang geschaltete Rechteckimpulsgenerator einen Innenwiderstand $R_i' = 38\,\Omega$, $75\,\Omega$ bzw. $150\,\Omega$ besitzt und der Abschlußwiderstand $R_a = 38\,\Omega$, $75\,\Omega$, $150\,\Omega$ bzw. ∞ beträgt ($t_w = 0{,}1\,\mu s$)!
b) Untersuchen Sie die Impulserzeugungseigenschaften der Schaltung nach Abb. 2.1.15 mit $R_i' = 75\,\Omega$ und $R_a = 0\,\Omega$, $38\,\Omega$, $75\,\Omega$, $150\,\Omega$ bzw. ∞ bei $t_w = 500\,\mu s$!
c) Formulieren Sie mit den Messungen von a) die Anforderungen an eine störungsfreie Impulsübertragung!
d) Bestimmen Sie mit den Messungen nach b) den Verkürzungsfaktor der Leitung!

2.2. Netzwerke mit nichtlinearen passiven Bauelementen

In diesem Kapitel soll das Verhalten einiger einfacher Stromkreise, die passive Bauelemente mit nichtlinearer Strom-Spannungs-Kennlinie (Thermistoren, Dioden, Thyristoren, Z-Dioden) enthalten, untersucht werden [49]. Für solche Netzwerke gelten zwar die Kirchhoffschen Gesetze, aber die Berechnung von Strömen und Spannungen ist wesentlich schwieriger als in linearen Systemen.

Ausgehend von der statischen Kennlinie des nichtlinearen Zweipols (Gesamtheit aller stationären Wertepaare von Gleichstrom und Gleichspannung in einem durch

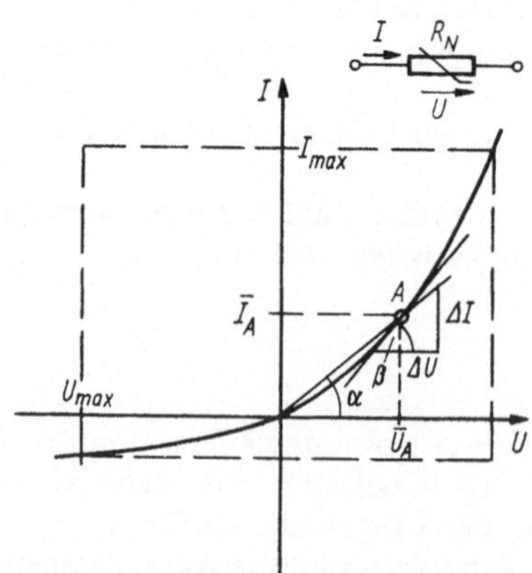

Abb. 2.2.1. Nichtlineare Kennlinie

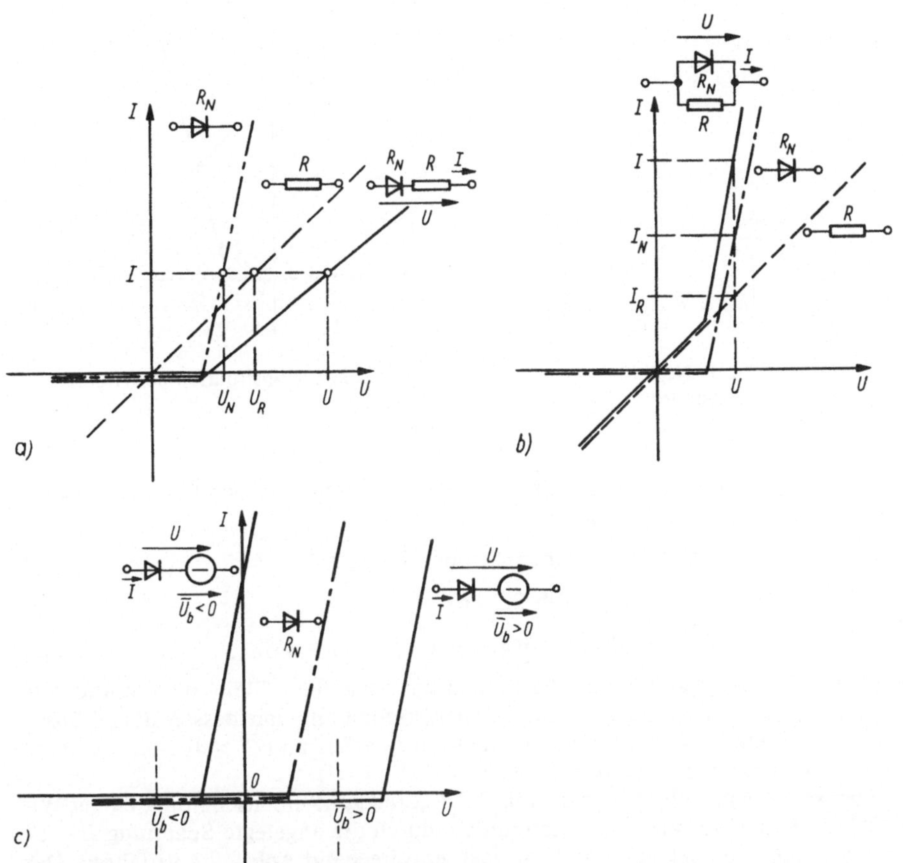

Abb. 2.2.2. Konstruktion von Kennlinien
a) Reihenschaltung zweier Widerstände; b) Parallelschaltung zweier Widerstände; c) Reihenschaltung von Widerstand und Spannungsquelle

Maximalwerte begrenzten Bereich), führen bei einfachen Schaltungen grafische Verfahren zum Ziel. Wie in Abb. 2.2.1 gezeigt, ermittelt man den Gleichstromwiderstand R_0 in einem Punkt A durch das Verhältnis $R_0 = \frac{\bar{U}_A}{\bar{I}_A} \propto \cot \alpha$ in diesem Punkt. Dieser Widerstand R_0 kann erheblich von dem *differentiellen Widerstand* $R_d = \left(\frac{dU}{dI}\right)_A \propto \cot \beta$, der durch den reziproken Anstieg der Tangente im Punkt A gegeben ist, abweichen.

Schaltet man einen ohmschen Widerstand R in Reihe oder parallel zu einem nichtlinearen Widerstand R_N (in der Abb. 2.2.2 eine Diode), so überlagern sich die

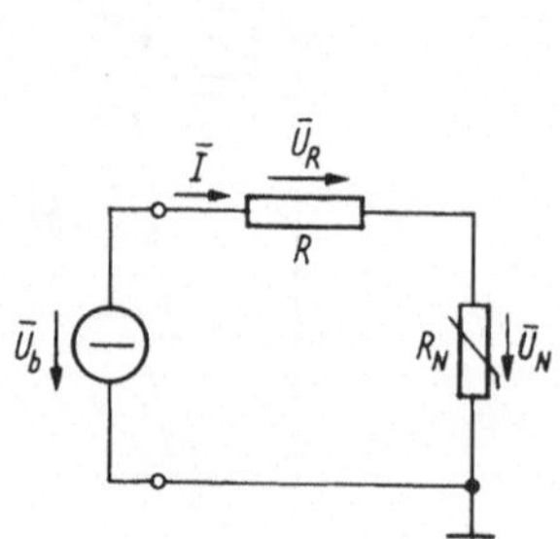

Abb. 2.2.3. Nichtlinearer Spannungsteiler

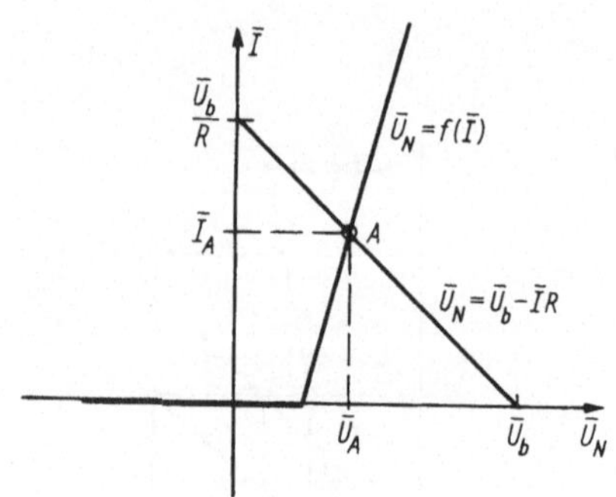

Abb. 2.2.4. Konstruktion der Arbeitsgeraden

statischen Kennlinien beider Zweipole. Nach den Kirchhoffschen Gesetzen gilt für die Reihenschaltung (Abb. 2.2.2 a)

$$U = U_R + U_N \quad \text{bei gleichem Strom} \quad I = I_R = I_N \tag{2.2.1}$$

und für die Parallelschaltung (Abb. 2.2.2 b)

$$I = I_R + I_N \quad \text{bei gleicher Spannung} \quad U = U_R = U_N \,. \tag{2.2.2}$$

Aus Gl. (2.2.1) folgt weiter, daß die Reihenschaltung einer Gleichspannungsquelle $\bar{U}_b$ mit einem Widerstand R_N eine Parallelverschiebung von dessen Strom-Spannungs-Kennlinie längs der Spannungsachse nach größeren ($\bar{U}_b > 0$) oder kleineren ($\bar{U}_b < 0$) Spannungen U bewirkt (Abb. 2.2.2 c).

Interessiert man sich bei der in Abb. 2.2.3 gezeigten Reihenschaltung zweier Widerstände R und R_N für einen bestimmten, durch die angelegte Spannung $U = \bar{U}_b$ vorgegebenen *Arbeitspunkt A*, so kann man entsprechend Abb. 2.2.4 verfahren: Der Schnittpunkt der beiden Gleichungen $\bar{U}_N = f(\bar{I})$ und $\bar{U}_N = \bar{U}_b - R\bar{I}$ liefert den Strom $\bar{I}_A$ und die Spannung $\bar{U}_A$ im Arbeitspunkt A.

2.2.1. Thermistoren

Thermistoren sind Widerstände mit einem großen negativen Temperaturkoeffizienten (NTC-Widerstände, Heißleiter). Sie werden insbesondere als sog. Anlaßhalbleiter (ihr Widerstand ändert sich allein infolge der Eigenerwärmung, s. V 2.2.1.1) und als Meßfühler (ihr Widerstand wird nur durch die Umgebungstemperatur beeinflußt, s. V 2.2.1.2) verwendet.

Versuche

V 2.2.1.1

a) Nehmen Sie die Strom-Spannungs-Kennlinie eines Thermistors mit einem Kaltwiderstand von 680 Ω (z. B. TNM 680; $P_{V\,max} = 1$ W) für Ströme $\bar{I} \leqq 20$ mA nach Abb. 2.2.3 mit $R = 1\ k\Omega$ auf! (Warum muß dieser Widerstand R in Reihe geschaltet werden?) Warten Sie bei jeder Messung die Einstellung des thermischen Gleichgewichts ab!

b) Zeichnen Sie in ein lineares Diagramm sowohl die Kennlinie des Heißleiters als auch die resultierende Kennlinie der Reihenschaltung mit dem Widerstand $R = 1$ kΩ! Lesen Sie den zu $\bar{U}_b = 20$ V gehörenden Arbeitspunkt ($\bar{I}_A$, $\bar{U}_A$) der Schaltung ab, und messen Sie ihn nach!

c) Bestimmen Sie im gleichen Arbeitspunkt grafisch den Gleichstromwiderstand R_0 und den differentiellen Widerstand R_d des Heißleiters!

d) Überprüfen Sie experimentell die Beziehung $\frac{\Delta U_b}{\Delta U_N} = \frac{R}{R_d} + 1$ für $\bar{U}_b = 20$ V, $\Delta\bar{U}_b = \pm 5$ V und $R = 1$ kΩ bzw. 2,2 kΩ!

V 2.2.1.2

a) Messen Sie an der in Abb. 2.2.5 gezeigten Schaltung den Strom $\bar{I}$ durch den Thermistor R_N (TNM 680) in Abhängigkeit von der Spannung $\bar{U}_H = 0, 1, 2 \ldots 10$ V an dem als Wärmequelle dienenden röhrenförmigen Widerstand R_H ($R_H = 47\ \Omega$, $P_{V\,max} \geqq 2$ W)! Warten Sie vor jeder Messung die Einstellung des thermischen Gleichgewichts ab!

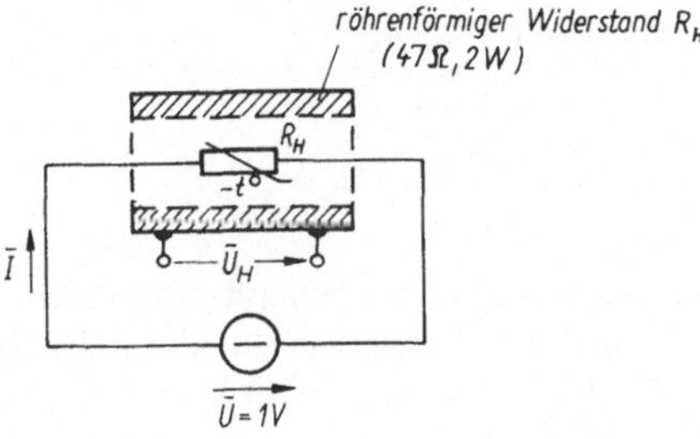

Abb. 2.2.5. Schaltung zur Aufnahme der $R_N(T)$-Kennlinie eines Thermistors R_N

b) Bestimmen Sie unter Voraussetzung einer Thermistorkennlinie der Form $R_N(T) = R_{20} \exp b \left(\frac{1}{T} - \frac{1}{293\ \text{K}}\right)$ sowie $b = 2\,000$ K aus diesen Messungen den Kaltwiderstand R_{20} und die zur jeweiligen Spannung gehörige Temperatur T!

c) Stellen Sie die $R_N(T)$-Kennlinie des Thermistors grafisch dar, und ermitteln Sie für $\bar{U}_H = 5$ V bzw. 10 V den Temperaturkoeffizienten des Thermistors!

2.2.2. Z-Dioden

Z-Dioden werden häufig zur Stabilisierung einer Gleichspannung verwendet [68]. Für die in Abb. 2.2.6 angegebene einfache Schaltung erhält man für den *sog. Glättungsfaktor* $G = \left(\frac{\mathrm{d}U_b}{\mathrm{d}U_Z}\right)_{\bar{I}_L} \approx \frac{R_V}{R_d}$ und für den differentiellen ausgangsseitigen Innenwiderstand $R_i = -\left(\frac{\mathrm{d}U_Z}{\mathrm{d}I_L}\right)_{\bar{U}_b} \approx R_d$, wobei R_d den differentiellen Widerstand der Z-Diode bezeichnet. Aus den beiden Randbedingungen, wonach erstens die Z-Diode weder überlastet $\left(\bar{I}_Z \leqq \bar{I}_{Z\max} = \frac{P_{V\max}}{\bar{U}_Z}\right)$ noch zweitens ein minimaler Strom durch die Diode unterschritten werden darf ($\bar{I}_Z \geqq \bar{I}_{Z\min}$), folgt für den Vorwiderstand R_V die Ungleichung

$$\frac{\bar{U}_{b\max} - \bar{U}_Z}{\bar{I}_{Z\max} + \bar{I}_{L\min}} < R_V < \frac{\bar{U}_{b\min} - \bar{U}_Z}{\bar{I}_{Z\min} + \bar{I}_{L\max}}.$$

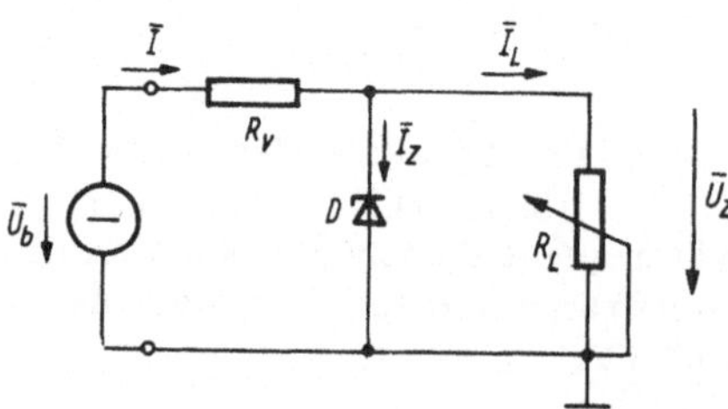

Abb. 2.2.6. Spannungsstabilisierung mit Z-Diode

Versuch
V 2.2.2.1

a) Messen Sie an der Stabilisierungsschaltung entsprechend Abb. 2.2.6 mit Hilfe eines Digitalvoltmeters oder der Spannungskompensationsmethode die Abhängigkeiten $\bar{U}_Z = f(\bar{U}_b)$ für $\bar{U}_b = (12\ldots18)$ V bei $\bar{I}_L = 10$ mA und $\bar{U}_Z = g(\bar{I}_L)$ für $\bar{I}_L = (5\ldots40)$ mA bei $\bar{U}_b = 12$V!
Wählen Sie eine Z-Diode mit einer Z-Spannung $\bar{U}_Z = 6{,}8$ V und einer maximalen Verlustleistung $P_{V\max} \geqq 1$ W (z. B. SZ 600/6,8) sowie den Widerstand $R_V = 100\,\Omega$ und das Potentiometer $R_L = 1$ kΩ!
b) Überprüfen Sie die oben angegebene Ungleichung für den Vorwiderstand $R_V(\bar{I}_{Z\min} = 10$ mA)! Bestimmen Sie aus den Meßergebnissen den Glättungsfaktor G und den differentiellen Widerstand R_d!
c) Erklären Sie an Hand des Glättungsfaktors G, des Innenwiderstandes R_i und des Kennlinienverlaufs für kleine Ströme $\bar{I}_Z$, warum die Eingangsspannung $\bar{U}_b$ möglichst groß ($\bar{U}_b \approx (2\ldots3)\bar{U}_Z$) und der minimale Z-Diodenstrom $\bar{I}_{Z\min}$ nicht zu klein ($\bar{I}_{Z\min} \approx (0{,}05\ldots0{,}1)\bar{I}_{Z\max}$) gewählt werden sollte!

2.2.3. Gleichrichterdioden

Für den Fall, daß an ein Netzwerk eine sich mit der Zeit ändernde Spannung $U_e(t)$ angelegt wird, ist in Abb. 2.2.7 die Konstruktion des zeitlichen Verlaufs des Stroms $I(t)$ (1. Schritt) und der Teilspannungen $U_R(t)$ und $U_N(t)$ (2. Schritt) für eine Reihenschaltung aus ohmschem Widerstand R und nichtlinearem Widerstand R_N ausgeführt. Dabei wurde vorausgesetzt, daß sich die stationären Werte von Strom und Spannung momentan einstellen können. Das ist z. B. bei Verwendung der ther-

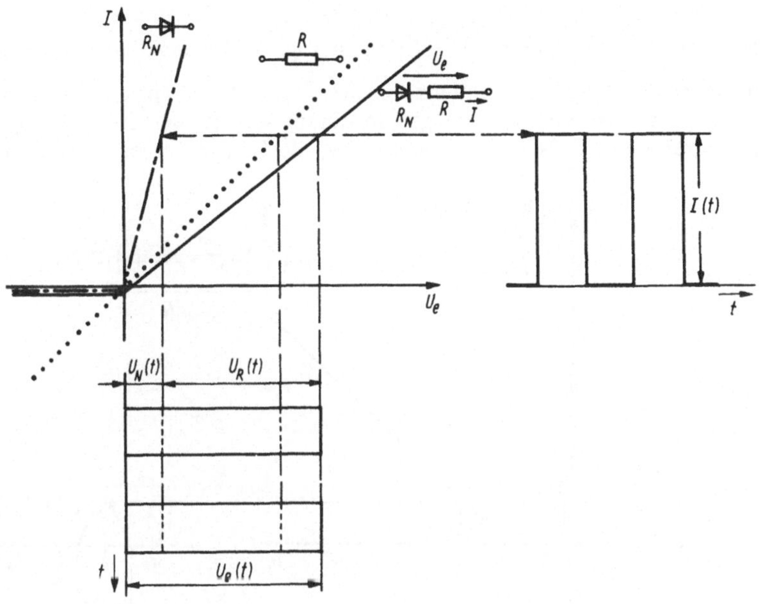

Abb. 2.2.7. Zeitabhängige Aussteuerung einer Kennlinie

misch trägen Heiß- und Kaltleiter oder von Dioden im Impulsbetrieb nicht immer erfüllt. Eine rechnerische Erfassung des Verhaltens von Netzwerken mit nichtlinearen Bauelementen erfordert die Darstellbarkeit oder die Approximation der nichtlinearen Kennlinie $I = f(U)$ bzw. $U = g(I)$ durch analytische Funktionen.

Wird die Kennlinie $I = f(U)$ nur in einem kleinen Spannungsbereich um den Arbeitspunkt A $(\bar{U}_A, \bar{I}_A)$ ausgesteuert (vgl. Abb. 2.2.1), und ist sie dort stetig und differenzierbar, so entwickelt man sie im Arbeitspunkt in eine Taylor-Reihe [68]:

$$I(\bar{U}_A + \Delta U) = I_A + S\Delta U + \frac{T}{2}\Delta U^2 + \dots \tag{2.2.3}$$

Dabei sind die üblichen Bezeichnungen

$$S=\left(\frac{\mathrm{d}I}{\mathrm{d}U}\right)_{\bar{U}_A}; \quad T=\left(\frac{\mathrm{d}^2I}{\mathrm{d}U^2}\right)_{\bar{U}_A} \tag{2.2.4}$$

für die *Steilheit* $S = 1/R_d$ und die Krümmung T verwendet worden. Ist ΔU z. B. eine sinusförmige Wechselspannung $\Delta U = U_e(t) = \hat{U}_e \cos \omega t$ kleiner Amplitude ($\hat{U}_e$ etwa 10 bis 15 mV bei Halbleiterdioden), so folgt, wenn in Gl. (2.2.3) nur Glieder bis einschließlich zweiter Ordnung Berücksichtigung finden,

$$I(\bar{U}_A + U_e(t)) = \bar{I}_A + \frac{T}{4}\hat{U}_e^2 + S\hat{U}_e \cos \omega t + \frac{T}{4}\hat{U}_e^2 \cos 2\omega t. \tag{2.2.5}$$

Neben dem Gleichstromanteil $\frac{T}{4}\hat{U}_e^2$ (dem sog. *Richtstrom*) entsteht zusätzlich zu dem Strom mit der Signalfrequenz ein Strom mit der doppelten Frequenz.

Erfolgt die Aussteuerung dagegen in einem sehr großen Bereich ($\hat{U}_e \geqq 1$ V bei Halbleiterdioden), so ist es oft zweckmäßig, die Kennlinie des nichtlinearen Zwei-

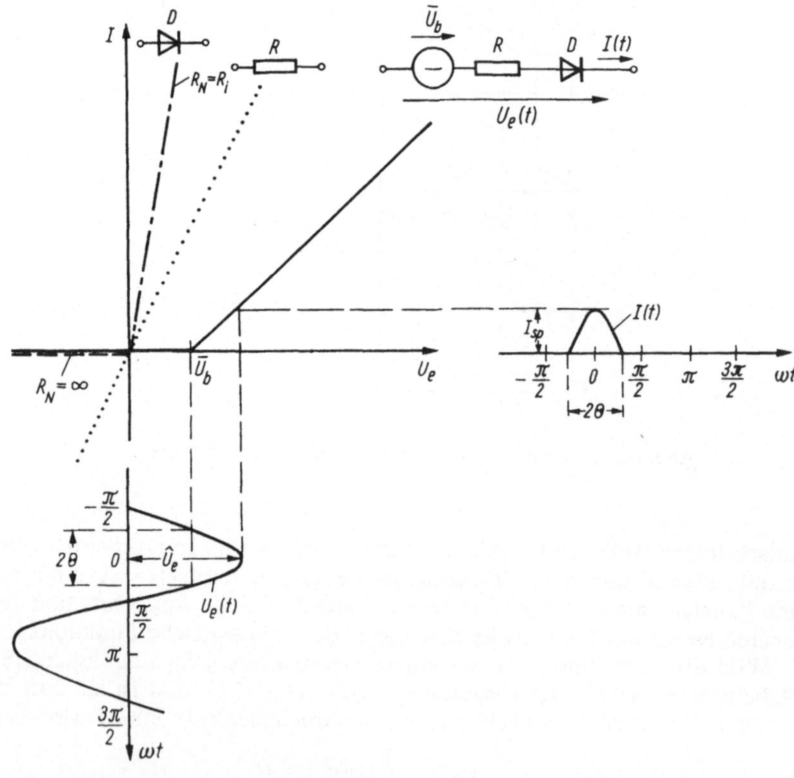

Abb. 2.2.8. Diode mit fester Vorspannung

pols durch einfache Verläufe zu approximieren. Abb. 2.2.8 zeigt als Beispiel die Reihenschaltung einer Diode *D*, deren Kennlinie durch die Funktion

$$I = \begin{cases} \dfrac{1}{R_i} U_N & \text{für} \quad U_N > 0 \\ 0 & \text{für} \quad U_N \leqq 0 \end{cases} \tag{2.2.6}$$

angenähert wurde, mit einem ohmschen Widerstand *R* und einer Gleichspannungsquelle $\bar{U}_b$. Die sinusförmige Steuerspannung $U_e(t) = \hat{U}_e \cos \omega t$ mit $\hat{U}_e \geqq \bar{U}_b$ erzeugt einen Strom $I(t)$, der aus Sinusbögen besteht. Für die ersten beiden Koeffizienten $f_n(\theta)$ der Fourier-Entwicklung

$$I(t) = I_{sp} \sum_{n=0}^{\infty} f_n(\theta) \cos n\omega t \tag{2.2.7}$$

dieser Stromimpulse erhält man die Ausdrücke [64]

$$f_0(\theta) = \frac{\sin\theta - \theta\cos\theta}{\pi(1 - \cos\theta)}, \quad f_1(\theta) = \frac{\theta - \sin\theta\cos\theta}{\pi(1 - \cos\theta)}. \tag{2.2.8}$$

Darin bezeichnet $I_{sp} = \dfrac{1}{R_i + R} (\hat{U}_e - \bar{U}_b)$ den Maximalwert des Stroms und $\dfrac{2\theta}{\omega}$ die Dauer des Stromflusses während einer Periode.

Zur Berechnung des *Stromflußwinkels* θ dient die in Abb. 2.2.8 ablesbare Beziehung

$$\hat{U}_e \cos\theta = \bar{U}_b. \tag{2.2.9}$$

Während hier ein bestimmter Stromflußwinkel durch die Größe der Spannung $\bar{U}_b$ gewählt werden kann, stellt sich bei der Schaltung in Abb. 2.2.9 der Stromflußwinkel automatisch ein (Gleichrichterschaltung mit Ladekondensator [68]). Die Diode *D*, beschrieben durch die Kennlinie in Gl. (2.2.6), liegt mit der Parallelschaltung von dem Widerstand *R* und dem Kondensator *C* in Reihe. Die Steuerspannung $U_e(t) = \hat{U}_e \cos \omega t$ bewirkt wieder einen impulsförmigen Stromfluß. Da $\dfrac{1}{\omega C} \ll R$ gelten soll, erzeugt nur der Gleichstromanteil $\bar{I}_0 = I_{sp} f_0(\theta)$ einen Spannungsabfall $\bar{U}_R = \bar{I}_0 R$ am Widerstand *R*. Alle Wechselstromkomponenten $I_{sp} f_n(\theta) \cos n\omega t$ mit $n \geqq 1$ werden durch den Kondensator kurzgeschlossen. Jetzt erhält man für den Spitzenstrom $I_{sp} = \dfrac{\hat{U}_e - \bar{U}_R}{R_i}$ und mit der auch hier gültigen Gl. (2.2.9), in der $\bar{U}_b$ durch $\bar{U}_R$ zu ersetzen ist, die Beziehung

$$\frac{R_i}{R} \pi = \tan\theta - \theta \tag{2.2.10}$$

zur (graphischen) Bestimmung von θ.

Sind, wie im letzten Beispiel, Bauelemente, die eine nichtlineare Strom-Spannungs-Kennlinie besitzen, mit Kondensatoren oder Spulen zusammengeschaltet, so lassen sich die analytisch oft nur schwer zu ermittelnden Zeitverläufe von Span-

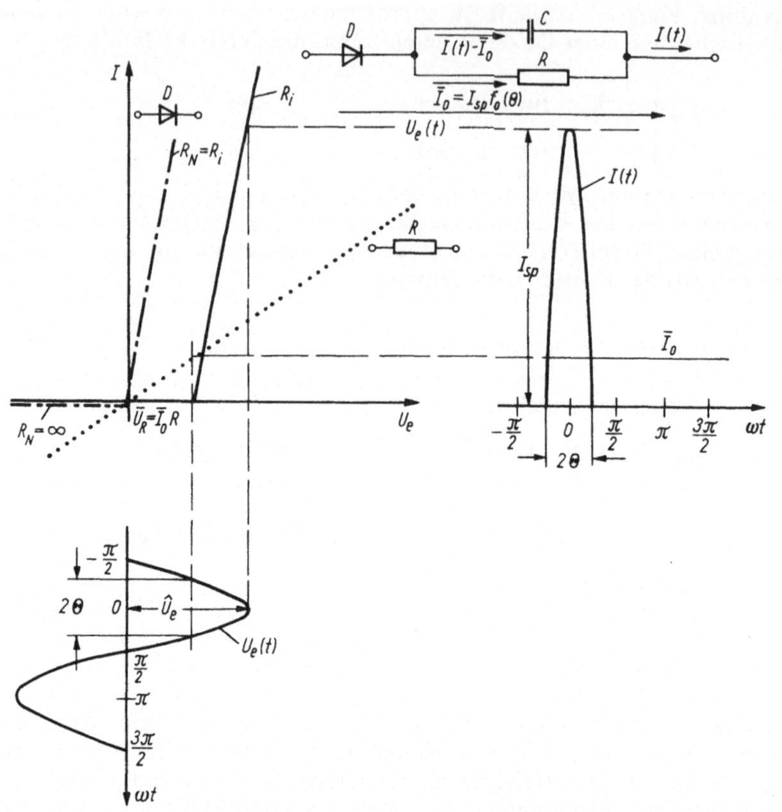

Abb. 2.2.9. Diode mit automatischer Vorspannungserzeugung

nungen und Strömen einfacher numerisch unter Verwendung eines Personalcomputers bestimmen und auf dem Bildschirm darstellen (s. Versuch V 2.2.3.4). Der Vorzug einer solchen Versuchsvorbereitung besteht auch darin, daß der Einfluß der Bauelementewerte auf die zu bestimmenden Größen unmittelbar sichtbar wird.

Versuche

V 2.2.3.1

a) Stellen Sie für die Schaltung nach Abb. 2.2.10 (Amplitudenmodulation durch additive Kleinsignalaussteuerung einer Diode) die Spannungen $U_{e1}(t)$, $U_{e2}(t)$, $U_e(t)$ sowie $U_a(t)$ auf einem Oszillographen dar und erklären Sie die zeitlichen Verläufe!

Die Steuerspannung $U_e(t)$ ist dabei die Summe zweier sinusförmiger Spannungen $U_e(t) \approx U_{e1}(t) + U_{e2}(t) = \hat{U}_{e1} \cos \omega_1 t + \hat{U}_{e2} \cos \omega_2 t$, wobei $\hat{U}_{e1}$ und

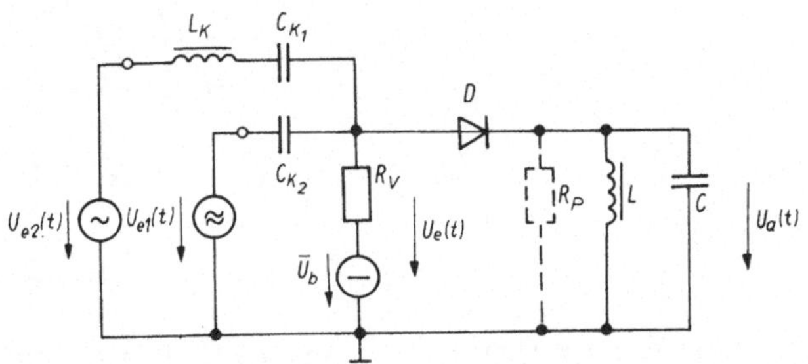

Abb. 2.2.10. Kleinsignalaussteuerung einer Diode durch die Summe zweier Wechselspannungen

$\hat{U}_{e2} \approx 10$ mV...50 mV, $f_1 \approx 100$ kHz und $f_2 \approx 1$ kHz gelten soll. Die Kondensatoren $C_{K1} = 1\ \mu$F und $C_{K2} = 10$ nF blocken die Wechselspannungsquellen $U_{e1}(t)$ und $U_{e2}(t)$ von der Gleichspannung $\bar{U}_b = 1{,}5$ V ab. Der Widerstand $R_V = 22$ kΩ verhindert einen Kurzschluß der Wechselspannungen über $\bar{U}_b$, die Spule L_K einen Kurzschluß von $U_{e1}(t)$ über $U_{e2}(t)$. Der Parallelschwingkreis aus $L \approx 2$ mH und $C = 1$ *nF* filtert die Frequenzanteile um f_1 heraus.
Stellen Sie f_1 auf die Resonanzfrequenz f_0 des Schwingkreises ein! Welchen Einfluß besitzt dessen Bandbreite?

b) Berechnen Sie analog zu dem Ergebnis in Gl. (2.2.5) die Frequenzkomponenten des Diodenstroms $I(\bar{U}_b + U_e(t))$ mit der in Gl. (2.2.3) gegebenen Reihenentwicklung! Zeigen Sie, daß für die Steilheit S und die Krümmung T einer Halbleiterdiode [s. Gl. (2.2.4)] auf Grund ihrer Kennlinie

$$I = I_S\left(\exp\frac{U}{U_T} - 1\right) \text{ gilt:} \quad S = \frac{1}{R_d} = \frac{I + I_S}{U_T} \approx \frac{I}{U_T}, \quad T = \frac{I + I_S}{U_T^2} \approx \frac{I}{U_T^2}!$$

Dabei gibt I_S den Sperrstrom und $U_T = 26$ mV die Temperaturspannung bei einer Temperatur $T = 300$ K an. Zeigen Sie, daß die Reihenentwicklung Gl. (2.2.3) nach dem dritten Term abgebrochen werden kann, falls für die Spannungsänderung $\Delta U \leqq U_T$ gilt!

V 2.2.3.2

a) Stellen Sie die Spannung $U_a(t)$ bei der in Abb. 2.2.11 angegebenen Amplitudenbegrenzer-Schaltung mit Diode (z. B. Schaltdiode SAY 40) auf einem Oszillographen dar, wobei $U_e(t)$ eine sinusförmige Spannung $U_e(t) = \hat{U}_e \cos \omega t$ mit $\hat{U}_e = 3$ V und $\dfrac{\omega}{2\pi} = 1$ kHz ist (bei Sinusgeneratoren mit ausgangsseitigem Koppelkondensator ist den Ausgangsklemmen eine NF-Drossel von etwa 10 mH parallel zu schalten)! Polen Sie die Diode auch um! Bestimmen Sie den Stromflußwinkel θ in Abhängigkeit von $\bar{U}_b = \pm(0\ldots1{,}5)$ V! Der Widerstand R beträgt 1 kΩ.

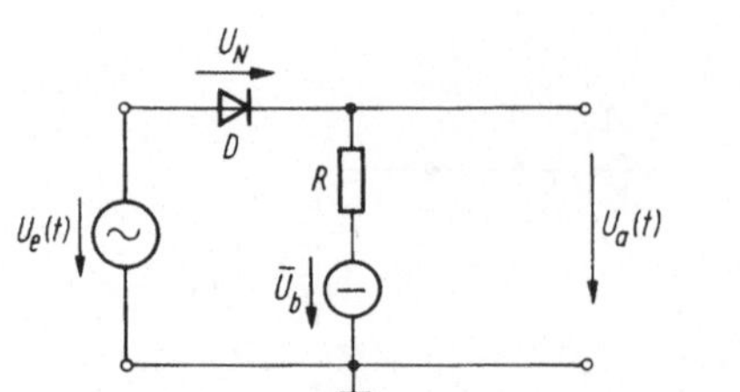

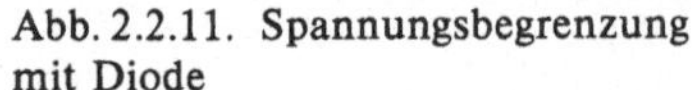

Abb. 2.2.11. Spannungsbegrenzung mit Diode

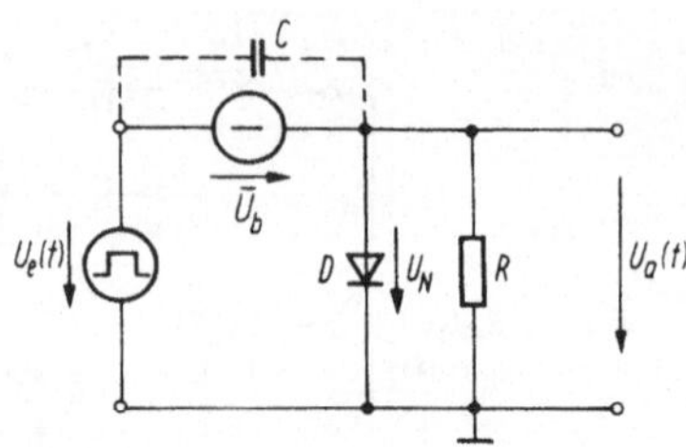

Abb. 2.2.12. Klammerschaltung mit Diode

b) Konstruieren Sie die resultierende Kennlinie der in Abb. 2.2.11 gegebenen Reihenschaltung mit einer festen Vorspannung $\bar{U}_b$!
Approximieren Sie dabei die Diodenkennlinie für $U_N > 0{,}5$ V durch eine Gerade mit dem Widerstand $R_N = 0$ und für $U_N \leqq 0{,}5$ V durch eine Gerade mit dem Widerstand $R_N = \infty$! Konstruieren Sie den Verlauf von $U_a(t)$, und vergleichen Sie ihn mit dem entsprechenden Oszillogramm!

V 2.2.3.3

a) Stellen Sie die Ausgangsspannung $U_a(t)$ der in Abb. 2.2.12 angegebenen Klammerschaltung mit Diode (z. B. SAY 40) auf einem Oszillographen dar, wenn die Eingangsspannung $U_e(t)$ eine Impulsfolge mit der Impulsbreite $t_w = 100$ µs, der Folgefrequenz $f = 1$ kHz und der Amplitude $U_I = +5$ V ist ($\bar{U}_b = 4{,}5$ V, $R = 10$ kΩ; zum Schutz des Impulsgenerators ist seinem Ausgang ein Widerstand von 100 Ω in Reihe zu schalten)!
b) Ersetzen Sie danach die Spannungsquelle $\bar{U}_b$ durch einen Kondensator $C = 1$ µF! Beobachten und erklären Sie den Verlauf von $U_a(t)$! Führen Sie das gleiche Experiment mit einem Widerstand $R = 1$ kΩ durch, und erläutern Sie seinen Einfluß auf $U_a(t)$!
c) Ermitteln Sie die resultierende Kennlinie der Reihenschaltung der Spannungsquelle $\bar{U}_b = +4{,}5$ V mit der Parallelschaltung von Diode D und ohmschem Widerstand $R = 10$ kΩ entsprechend Abb. 2.2.12! Approximieren Sie dabei die Diodenkennlinie für $U_N \leqq 0{,}5$ V durch eine Gerade mit dem Widerstand $R_N = \infty$ und für $U_N > 0{,}5$ V durch eine Gerade mit dem Widerstand $R_N = 0$! Konstruieren Sie die Ausgangsspannung $U_a(t)$, wenn die Eingangsspannung den unter a) genannten Verlauf besitzt! Vergleichen Sie das Ergebnis mit der oszillographischen Messung!

V 2.2.3.4

a) Realisieren Sie das nachstehend aufgeführte Pascal-Programm „gleich" zur Darstellung von Strömen und Spannungen in einer Dioden-Gleichrichterschaltung

entsprechend Abb. 2.2.13 (der Dioden-Wechselstromwiderstand R_d schließt den Vorwiderstand R_V ein)!
Testen Sie damit insbesondere den Einfluß des Lastwiderstandes R und des Ladekondensators C auf den Diodenstrom $I(t)$ und die Ausgangsspannung $U_a(t)$!

```
program gleich;
const  P = '........: = ';
var    Ri, Ui, Ue, C, C1, R, f: real;
       j, t, o, u, uO, us, ud, dt: real;
       n, m: integer;
       Tip: char;

begin
f: = 50; Ue: = 8; C: = 25; R: = 470; Ri: = 8; Ui: = 0.65;
repeat
  hires;
  writeln ('Gleichrichtung mit einer Diode');
  gotoxy (55,1); write ('Schaltung');
  gotoxy (55,3); write ('--- Diode -----------');
  gotoxy (55,4); write ('  !              !       !');
  gotoxy (55,5); write ('Quelle   Lade-C   Last-R');
  gotoxy (55,6); write ('  !----------!-------!');
  gotoxy (1, 2);
  write ('Frequenz in Hz:', f: 8:2,P); readln (f);
  write ('Spannung Veff:', Ue:8:2,P); readln (Ue);
  write ('Lade-C in µF:', C:8:2,P); readln (C);
  write ('Last-R in Ohm:', R:8:2,P); readln (R);
  write ('R-Diode in Ohm:' Ri:8:2,P); readln (Ri);
  write ('U-Diode in V:', Ui: 8:2,P); readln (Ui);
C1: = (1E-6)*C; us: = Ue*sqrt(2); o: = 2*pi*f,'
u: = 0;t: = 0;dt: = 1/f/1000;u0: = 0;j: = 0; Tip: = 'f';
while Tip = 'f' do begin
for n: = 1 to 600 do begin
  plot(n, round (130-60*u0/us),1);
  plot(n, round (130-60*u/us),1);
  plot(n, round (130-6*j*R/us),1);
  for m: = 1 to 5 do begin
    u0:=us*sin(0*t);
    ud: = u0-u;
    if ud > Ui then j: = (ud-Ui)/Ri else j: = 0;
    u: = u+(-u/R+j)*dt/C1;
    t: = t+dt;
  end;
end;
gotoxy (40, 23);write('fortsetzen/neue Werte/Ende: f/bel./*');
read (KBD, Tip); hires;
end;
```

until Tip = '*';
end.

b) Bestimmen Sie an der Schaltung in Abb. 2.2.13 durch eine oszillographische Messung an $R_V = 8\,\Omega$ den Diodenspitzenstrom I_{sp} und den Stromflußwinkel θ (mit $C = 470\,\mu F$; $R = 470\,\Omega$ bzw. $47\,\Omega$)! Messen Sie ohne Kondensator C die am Widerstand R auftretende Spitzenspannung U_{Rsp} für $R = 470\,\Omega$ und $47\,\Omega$, und ermitteln Sie daraus den experimentell vorliegenden Innenwiderstand der Schaltung (einschließlich R_V)! Stellen Sie die an dem Kondensator $C = 470\,\mu F$ für $R = 470\,\Omega$ anliegende Gleichspannung $\bar{U}_R$ und die ihr noch überlagerte Wechselspannung mit einem Oszillographen dar! Für die Eingangsspannung gilt $U_e(t) = \hat{U}_e \cos \omega t$ mit $\hat{U}_e = \sqrt{2} \cdot 8\,V$ und $\frac{\omega}{2\pi} = 50\,Hz$; die Diode D ist eine Gleichrichterdiode mit einem Spitzenstrom von 1 A (z. B. SY 320/1).

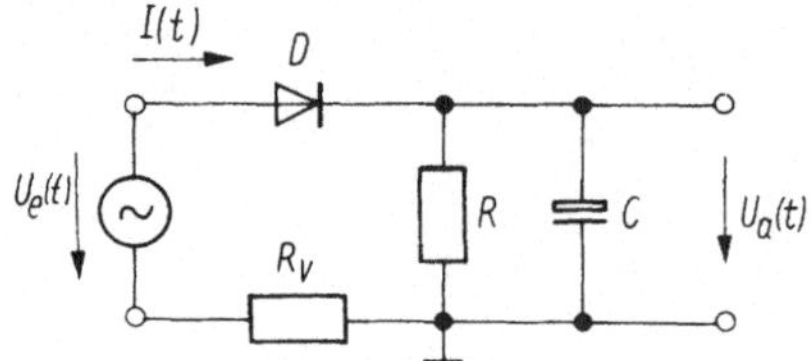

Abb. 2.2.13. Gleichrichterschaltung mit Diode

2.2.4. Thyristoren

Thyristoren sind auf Grund einer pnpn-Struktur steuerbare Gleichrichterdioden [68]. Die „Zündung" des in Durchlaßrichtung geschalteten Thyristors erfolgt durch einen positiven Gate-Steuerstrom I_G, der so lange fließen muß, bis der Thyristor den Anoden-Einraststrom I_E erreicht hat. Im leitenden Zustand fällt am Thyristor wie auch bei der Diode nur eine geringe Durchlaßspannung U_T ab. Die Sperrung des Thyristors erfolgt unabhängig vom Steuerstrom erst dann, wenn der Anodenstrom einen bestimmten Haltestrom I_H unterschreitet. Ein in Sperrichtung geschalteter Thyristor führt nur einen kleinen Sperrstrom.

Damit wird ein Thyristor im Wechselspannungskreis nach jeder Halbwelle automatisch „gelöscht", während bei Anwendungen im Gleichspannungskreis die Unterschreitung des Haltestromes durch eine geeignete Beschaltung erreicht werden muß.

Die Abb. 2.2.14 zeigt einen Thyristor *Th* in einem Wechselspannungskreis. Der Lastwiderstand R_L und der Thyristor *Th* liegen in Reihe. Der Zündzeitpunkt wird durch den Einstellwert R des Potentiometers bestimmt. (Der Widerstand R_V begrenzt den Strom I_{GT} für $R = 0$. Die Diode D schützt das Gate vor negativen Spannungen.)

Da für eine Zündung $U_{AK} \approx I_G (R_V + R) + U_{GT}$ gelten muß, wobei U_{GT} die Zünd-

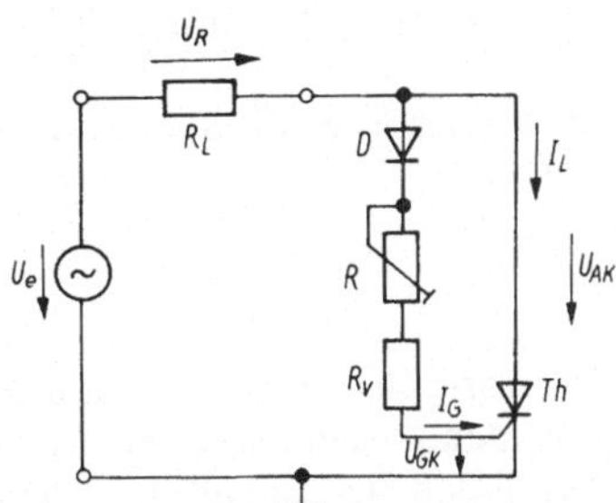

Abb. 2.2.14. Thyristor in einem Wechselstromkreis

spannung bezeichnet, folgt für den sog. Phasenanschnittswinkel $\alpha = \arc\sin \frac{U_{AK}}{\hat{U}_e}$.

Die Abb. 2.2.15 zeigt die Arbeitsweise des Thyristors *Th* als Gleichstromschalter. Er liegt in Reihe mit dem Lastwiderstand R_L an der Batteriespannung $\bar{U}_b$. Bei Drücken der Ein-Taste S_1 fließt durch den Widerstand R_V ein begrenzter Zündstrom in das Gate des Thyristors. Dieser wird gezündet, und es fließt ein Laststrom I_L, auch noch nach dem Öffnen des Schalters S_1. Dabei wird der Kondensator C über R_V auf die Spannung $\bar{U}_b$ aufgeladen. Bei Drücken der Aus-Taste S_2 wird die Anode des Thyristors durch die Kondensatorspannung negativ gegen die Katode vorgespannt, der Kondensator entlädt sich, und der Entladestrom löscht den Thyristor.

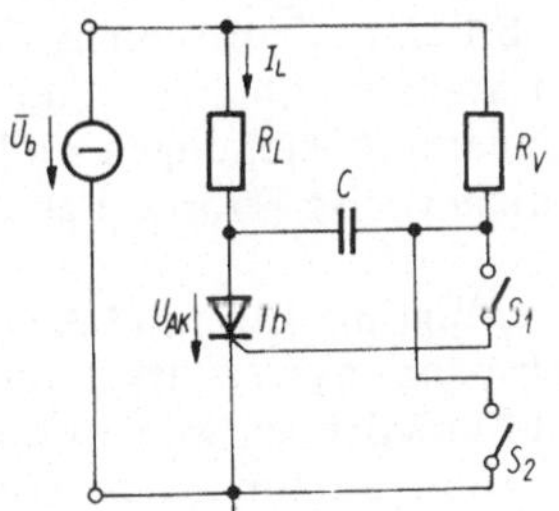

Abb. 2.2.15. Thyristor in einem Gleichstromkreis

Versuche

V 2.2.4.1

a) Bestimmen Sie oszillographisch an der Schaltung entsprechend Abb. 2.2.14 den Phasenanschnittswinkel α in Abhängigkeit vom Widerstand $R \leqq 10\,\mathrm{k\Omega}$!
Der Thyristor *Th* (z. B. KT 201/100) und der Lastwiderstand $R_L = 100\,\Omega$ werden von einer Speisespannung $U_e(t) = \hat{U}_e \cos \omega t$, wobei $\omega/2\pi$ die Netzfrequenz und $\hat{U}_e \approx 10\,\mathrm{V}$ sei, angesteuert ($R_V = 470\,\Omega$, D z. B. SY 320).

b) Berechnen Sie die am Lastwiderstand R_L umgesetzte Leistung für $\alpha = 0°$, 30° und 90°!
c) Stellen Sie die Eingangswechselspannung $U_e(t)$ sowie die Spannung $U_R(t)$ am Lastwiderstand R_L in einem Diagramm dar!

V 2.2.4.2

a) Erläutern Sie die Funktionsweise der Thyristor-Schaltung nach Abb. 2.2.15!
b) Stellen Sie die Spannungsverläufe an den beiden Anschlüssen des Kondensators $C = 10\,\mu F$ (jeweils gegen Masse) nach Schließen der Schalter S_1 bzw. S_2 mit einem Zweistrahloszillographen dar und tragen Sie diese in ein Diagramm ein!
Wählen Sie $\bar{U}_b = 9\,V$, $R_L = 1\,k\Omega$, $R_V = 2{,}2\,k\Omega$, *Th* z. B. KT 201/100!
c) Ermitteln Sie rechnerisch und experimentell den Mindestwert für den Kondensator *C*, der notwendig ist, wenn der Schalter S_2 zur Löschung des Thyristors höchstens eine Zeit t_E geschlossen werden soll!

2.3. Kleinsignal-Transistorverstärker

Kleinsignal-Transistorverstärker können in den drei Grundschaltungen Emitter- bzw. Sourceschaltung, Basis- bzw. Gateschaltung und Kollektor- bzw. Drainschaltung betrieben werden. Die namengebende Elektrode ist dabei die Bezugsklemme für den Eingangs- und Ausgangskreis der Schaltung. Als aktive Bauelemente dienen bipolare Silizium-Flächentransistoren bzw. Silizium-Sperrschicht-Feldeffekttransistoren. Die Zusammenhänge zwischen den Signalspannungen und -strömen können bei einer Kleinsignalaussteuerung mit linearen Gleichungen und Vierpolkoeffizienten beschrieben werden, wobei man üblicherweise Hybrid- bzw. Leitwertparameter verwendet.

Bei Wechselspannungs-Kleinsignalverstärkern erfolgt die Ein- und Auskopplung der Signale über Kondensatoren. Da für Gleichspannungsverstärker eine solche Trennung von Betriebs- und Signalspannung nicht möglich ist, werden hierfür spezielle Schaltungstechniken angewendet. Die Grundstruktur eines Gleichspannungs-Kleinsignalverstärkers bildet der Differenzverstärker.

2.3.1. Kleinsignalverstärker mit bipolaren Transistoren

Ein typischer Silizium-npn-Flächentransistor benötigt für den Betrieb als linearer Verstärker (d. h. bei Kleinsignalaussteuerung) eine positive Basis-Emitter-Spannung $\bar{U}_{BE} \approx 0{,}5\ldots0{,}7\,V$ und eine positive Kollektor-Emitter-Spannung $\bar{U}_{CE}$, die größer als $\bar{U}_{BE}$ ist. Der Kollektorstrom $\bar{I}_C$ beträgt für diesen Anwendungsfall einige zehntel bis einige Milliampere, der zugehörige Basisstrom $\bar{I}_B$ ist um den Stromverstärkungsfaktor *B* (in der Größenordnung von 100) geringer. Bei Verwendung eines

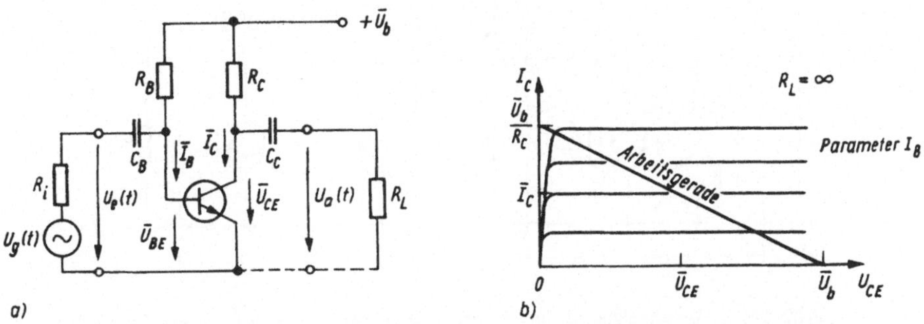

Abb. 2.3.1. Einfacher Kleinsignal-Wechselspannungsverstärker in Emitterschaltung
a) Schaltung; b) Aussteuerung um den Arbeitspunkt $\bar{U}_{CE}$; $\bar{I}_C$ auf der Arbeitsgeraden

entsprechenden Silizium-pnp-Transistors sind nur die Vorzeichen der Spannungen und Ströme umzukehren. Die Betriebsgleichspannungen ($\bar{U}_{BE}$ und $\bar{U}_{CE}$) und -ströme ($\bar{I}_B$ und $\bar{I}_C$) bilden den *Arbeitspunkt* des Transistors, sie werden aus der Betriebsspannungsversorgung ($\bar{U}_b$) mit Widerständen eingestellt. Die prinzipielle Wirkungsweise eines Wechselspannungsverstärkers in *Emitterschaltung* soll an Hand der Abb. 2.3.1 erläutert werden. Der Basisvorwiderstand

$$R_B = \frac{\bar{U}_b - \bar{U}_{BE}}{\bar{I}_B} = \frac{B(\bar{U}_b - \bar{U}_{BE})}{\bar{I}_C} \approx \frac{B(\bar{U}_b - 0{,}6\ \bar{V})}{\bar{I}_C} \tag{2.3.1}$$

erzeugt den für den gewünschten Kollektorstrom notwendigen Basisstrom. Damit eine in beiden Richtungen gleich große Aussteuerung um den Arbeitspunkt durch das Eingangssignal möglich ist, wählt man $\bar{U}_b = 2\bar{U}_{CE}$ (vgl. Abb. 2.3.1 b). Für den Kollektorwiderstand gilt dann

$$R_C = \frac{\bar{U}_b - \bar{U}_{CE}}{\bar{I}_C} = \frac{0{,}5\,\bar{U}_b}{\bar{I}_C}. \tag{2.3.2}$$

Der Kondensator C_B wird so dimensioniert, daß er für die Eingangswechselspannung $U_e(t)$ (nahezu) einen Kurzschluß darstellt. Die dann zwischen Basis und Emitter anliegende Wechselspannung $U_e(t)$ erzeugt einen Basiswechselstrom $I_B(t)$, der im Transistor verstärkt als Kollektorstrom $I_C(t)$ erscheint. Dieser Wechselstrom ruft am Kollektorwiderstand R_C eine Wechselspannung hervor, die über den Kondensator C_C zum Ausgang gelangt. Der Kondensator C_C soll wieder so bemessen werden, daß der Wechselspannungsabfall über ihn vernachlässigbar klein ist.

Der Transistor kann bezüglich seiner Wechselspannungs-Verstärkereigenschaften bei kleiner Aussteuerung mit Hybrid-Vierpolparametern $\underline{h}_{ik}$ beschrieben werden:

$$\underline{U}_1 = \underline{h}_{11}\underline{I}_1 + \underline{h}_{12}\underline{U}_2, \tag{2.3.3}$$

$$\underline{I}_2 = \underline{h}_{21}\underline{I}_1 + \underline{h}_{22}\underline{U}_2. \tag{2.3.4}$$

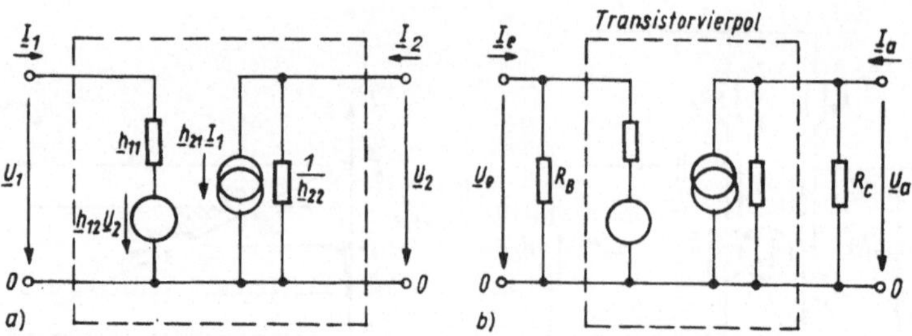

Abb. 2.3.2. Wechselspannungs-Kleinsignal-Ersatzschaltbild eines Transistorvierpols bei Anwendung der $\underline{h}_{ik}$-Parameter (a) und der Verstärkerschaltung nach Abb. 2.3.1 a ohne Lastwiderstand R_L (b)

$\underline{h}_{11}$ bezeichnet den Eingangswiderstand bei Kurzschluß des Ausgangs, $\underline{h}_{12}$ die Spannungsrückwirkung bei Leerlauf des Eingangs, $\underline{h}_{21}$ die Stromverstärkung bei Kurzschluß des Ausgangs und $\underline{h}_{22}$ den Ausgangsleitwert bei Leerlauf des Eingangs. Die Grenze der Gültigkeit dieser linearen Gleichungen wird vor allem durch den nichtlinearen Zusammenhang zwischen Basis-Emitter-Spannung und Basisstrom gegeben; sie beträgt je nach der Genauigkeitsforderung etwa einige Millivolt bis einige zehn Millivolt Basis-Emitter-Wechselspannung.

Den Gln. (2.3.3) und (2.3.4) entspricht das Wechselspannungs-Kleinsignal-*Ersatzschaltbild* des Transistors nach Abb. 2.3.2 a. Die Betriebsfrequenzen seien hinreichend niedrig ($f \leqq 10$ kHz), so daß die Vierpolparameter reell bleiben (Kennzeichnung durch h_{ik}). Aus den Vierpolgleichungen und der Beziehung $\underline{U}_2 = -\underline{I}_2 R_2$ folgt für die *Spannungsverstärkung* V_U des Transistorvierpols

$$V_U = \frac{\underline{U}_2}{\underline{U}_1} = \frac{-h_{21}R_2}{h_{11} + \Delta h R_2} \tag{2.3.5}$$

mit

$$\Delta h = h_{11}h_{22} - h_{12}h_{21}. \tag{2.3.6}$$

R_2 bezeichnet den Ausgangs-Lastwiderstand des Vierpols. Der *Eingangswiderstand* R_e, der die Belastung der Signalquelle durch den Vierpol angibt, beträgt

$$R_e = \frac{\underline{U}_1}{\underline{I}_1} = \frac{h_{11} + \Delta h R_2}{1 + h_{22}R_2}. \tag{2.3.7}$$

Für den die Abhängigkeit der Verstärkung von der ausgangsseitigen Belastung des Vierpols beschreibenden *Ausgangswiderstand* gilt

$$R_a = \frac{\underline{U}_2}{\underline{I}_2} = \frac{h_{11} + R_1}{\Delta h + h_{22}R_1}. \tag{2.3.8}$$

R_1 gibt den Innenwiderstand der eingangsseitigen Signalquelle an. Die in die Gln. (2.3.5) bis (2.3.8) eingehenden h_{ik}-Parameter gelten streng nur für einen bestimmten Arbeitspunkt und eine bestimmte Frequenz. Hierbei ändert der Kollektorstrom $\bar{I}_C$ die Parameter stark, die Kollektor-Emitter-Spannung $\bar{U}_{CE}$ und die Fre-

Tabelle 2.3.1. Mittlere h_{ikE}-Parameter des Transistortyps SF 826C für drei Arbeitspunkte bei einer Meßfrequenz $f = 1$ kHz

	$\bar{U}_{CE} = 5$ V; $\bar{I}_C = 1$ mA	$\bar{U}_{CE} = 5$ V; $\bar{I}_C = 2$ mA	$\bar{U}_{CE} = 5$ V; $\bar{I}_C = 5$ mA
h_{11E}	3 kΩ	1,5 kΩ	0,75 kΩ
h_{12E}	$4 \cdot 10^{-4}$	$2 \cdot 10^{-4}$	$1{,}3 \cdot 10^{-4}$
h_{21E}	95	100	120
h_{21E}	25 µS	30 µS	50 µS
Δh_E	$4 \cdot 10^{-2}$	$2{,}5 \cdot 10^{-2}$	$2 \cdot 10^{-2}$

quenz (für $f \leqq 10$ kHz) sind hingegen von wesentlich geringerem (meist vernachlässigbarem) Einfluß. Tabelle 2.3.1 gibt die h_{ik}-Parameter der Emitterschaltung für einen typischen Silizium-Flächentransistor für Verstärkeranwendungen (SF 826C) für drei verschiedene Werte $\bar{I}_C$ bei $\bar{U}_{CE} = 5$ V und $f = 1$ kHz an.

Die Kennwerte der Verstärkerschaltung (Transistorvierpol und passive Außenschaltung) lassen sich am besten aus dem zugehörigen Wechselspannungs-Ersatzschaltbild (Abb. 2.3.2b) ableiten. Dieses folgt aus Abb. 2.3.1a, da die Kondensatoren C_B und C_C vernachlässigbare Widerstände darstellen und die Betriebsgleichspannungsleitung wechselspannungsmäßig der Nulleitung entspricht.

Die Spannungsverstärkung V'_U der Verstärkerschaltung ist gleich der Spannungsverstärkung V_U des Transistorvierpols, da $\underline{U}_e = \underline{U}_1$ und $\underline{U}_a = \underline{U}_2$ gilt. Für R_2 ist dabei in Gl. (2.3.5) der Wert $R_C R_L/(R_C + R_L)$d einzusetzen. Der Eingangswiderstand $R'_e = \underline{U}_e/\underline{I}_e$ und der Ausgangswiderstand $R'_a = \underline{U}_a/\underline{I}_a$ der Verstärkerschaltung weichen von denen des Transistorvierpols ab, da in der Verstärkerschaltung die Widerstände R_B bzw. R_C dem Transistorvierpol eingangs- bzw. ausgangsseitig parallel geschaltet sind:

$$R'_e = R_B R_e/(R_B + R_e), \tag{2.3.9}$$

$$R'_a = R_C R_a/(R_C + R_a). \tag{2.3.10}$$

In den Gln. (2.3.7) bzw. (2.3.8) ist dabei $R_2 = R_C R_L/(R_C + R_L)$ bzw. $R_1 = R_i R_B/(R_i + R_B)$ einzusetzen. Untersucht man die Verstärkereigenschaften der Schaltung in Abhängigkeit von der Frequenz f, wird bei entsprechend niedrigen Werten f der Spannungsabfall über den Kondensatoren C_B bzw. C_C nicht mehr vernachlässigbar. Diese Kondensatoren bilden zusammen mit den zugehörigen Widerständen $R_i + R'_e$ bzw. $R'_a + R_L$ Hochpässe, die die Übertragungsfunktionen

$$\underline{G}_e(f) = \frac{\mathrm{j}f/f_{ge}}{1 + \mathrm{j}f/f_{ge}} = \frac{\mathrm{j}\Omega_e}{1 + \mathrm{j}\Omega_e} \tag{2.3.11}$$

mit der Grenzfrequenz

$$f_{ge} \approx [2\pi C_B(R_i + R'_e)]^{-1} \tag{2.3.12}$$

und

$$\underline{G}_a(f) = \frac{\mathrm{j}f/f_{ga}}{1 + \mathrm{j}f/f_{ga}} = \frac{\mathrm{j}\Omega_a}{1 + \mathrm{j}\Omega_a} \tag{2.3.13}$$

mit der Grenzfrequenz

$$f_{ga} \approx [2\pi C_C(R'_a + R_L)]^{-1} \tag{2.3.14}$$

besitzen. Ω kürzt f/f_g ab. Zur exakten Ermittlung der Grenzfrequenzen müßte der Einfluß von C_C auf den dann komplexen Eingangswiderstand $\underline{Z}'_e$ bzw. von C_B auf $\underline{Z}'_a$ (statt R'_a) berücksichtigt werden. Die komplexe Spannungsverstärkung der Schaltung wird

$$\underline{V}'_U(f) \approx V'_U(f \gg f_{ge}, f_{ga})\, \underline{G}_e(f)\, \underline{G}_a(f), \tag{2.3.15}$$

für den Betrag hiervon gilt

$$|\underline{V}'_U(f)| \approx V'_U(f \gg f_{ge}, f_{ga}) \frac{\Omega_e}{\sqrt{1+\Omega_e^2}} \frac{\Omega_a}{\sqrt{1+\Omega_a^2}}. \tag{2.3.16}$$

Die einfache Arbeitspunkteinstellung mit zwei Widerständen bei der Schaltung nach Abb. 2.3.1a hat den Nachteil, daß der Arbeitspunkt relativ stark temperaturabhängig ist. Den Temperatureinfluß verringern Schaltungen mit einer *Arbeitspunktstabilisierung* wesentlich. Diese besitzen einen Basisspannungsteiler und einen Emitterwiderstand [1, 43, 66]. Der Emitterwiderstand R_E wird bei der Emitterschaltung mit einem Kondensator C_E für Wechselspannungen kurzgeschlossen (vgl. Abb. 2.3.3a).

Neben der Emitterschaltung ist eine Basis- und eine Kollektorschaltung möglich. Alle drei in Abb. 2.3.3 angegebenen Schaltungen verfügen über eine Arbeitspunktstabilisierung.

Um bei gegebenen h-Parametern in Emitterschaltung (h_{ikE}) die Vierpoleigenschaften der Basis- und der Kollektorschaltung berechnen zu können, gibt Tab. 2.3.2 die benötigten Umrechnungen an. Die Ergebnisse sowie Näherungsformeln unter Berücksichtigung der realen Vierpolparameterwerte von bipolaren Siliziumtransistoren mit typischen Außenschaltungen sind in Tab. 2.3.3 zusammengefaßt. Hieraus geht hervor, daß die Emitterschaltung betragsmäßig etwa die gleiche große Spannungsverstärkung wie die Basisschaltung, einen mittelgroßen Eingangs-

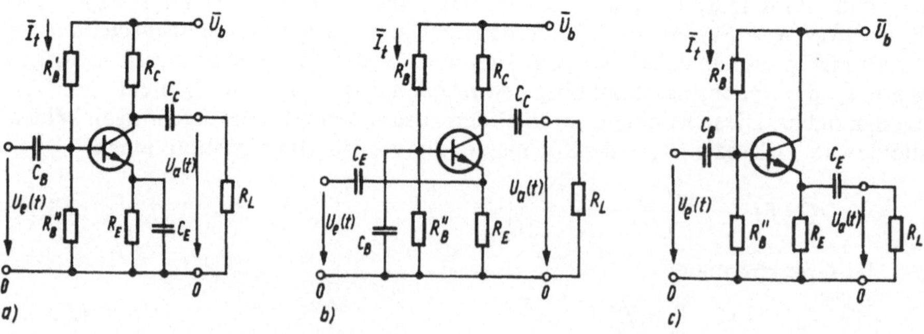

Abb. 2.3.3. Arbeitspunktstabilisierte Emitter- (a), Basis- (b) und Kollektorschaltung (c) eines Kleinsignal-Wechselspannungsverstärkers

Tabelle 2.3.2. Umrechnung von h_{ik}-Parametern der Emitterschaltung in die der Basis- und Kollektorschaltung. (Die Gleichungen, nicht aber die Näherungen gelten auch für komplexe h_{ik}.)

Emitter-schaltung	Basisschaltung	Kollektorschaltung
h_{11E}	$h_{11B} = \dfrac{h_{11E}}{1 + h_{21E} - h_{12E} + \Delta h_E} \approx \dfrac{h_{11E}}{h_{21E}}$	$h_{11C} = h_{11E}$
h_{12E}	$h_{12B} = \dfrac{\Delta h_E - h_{12E}}{1 + h_{21E} - h_{12E} + \Delta h_E} \approx \dfrac{\Delta h_E - h_{12E}}{h_{21E}}$	$h_{12C} = 1 - h_{12E} \approx 1$
h_{21E}	$h_{21B} = \dfrac{-(h_{21E} + \Delta h_E)}{1 + h_{21E} - h_{12E} + \Delta h_E} \approx -1$	$h_{21C} = -(1 + h_{21E}) \approx -h_{21E}$
h_{22E}	$h_{22B} = \dfrac{h_{22E}}{1 + h_{21E} - h_{12E} + \Delta h_E} \approx \dfrac{h_{22E}}{h_{21E}}$	$h_{22C} = h_{22E}$
Δh_E	$\Delta h_B = \dfrac{\Delta h_E}{1 + h_{21E} - h_{12E} + \Delta h_E} \approx \dfrac{\Delta h_E}{h_{21E}}$	$\Delta h_C = 1 + h_{21E} - h_{12E} + \Delta h_E \approx h_{21E}$

widerstand und ebenso wie die Basisschaltung einen großen Ausgangswiderstand besitzt. Die Emitterschaltung ist die Grundschaltung von Spannungsverstärkern. Die Basisschaltung unterscheidet sich von der Emitterschaltung im wesentlichen durch einen kleinen Eingangswiderstand, so daß sie für Niederfrequenzanwendungen von geringer Bedeutung ist. Die Kollektorschaltung hat einen großen Eingangs- und einen kleinen Ausgangswiderstand bei einer Spannungsverstärkung von etwa eins; sie ist damit als aktiver Impedanzwandler zur Ankopplung niederohmiger Verbraucher an hochohmige Quellen wichtig.

Als Dimensionierungsregeln für arbeitspunktstabilisierte Wechselspannungs-Kleinsignal-Transistorverstärker gelten für die Emitter- und die Basisschaltung, daß

- der Basisspannungsteiler-Strom $\bar{I}_t$ etwa das Drei- bis Zehnfache des Basisstroms $\bar{I}_B$,
- der Spannungsabfall am Emitterwiderstand R_E etwa ein Zehntel der Betriebsspannung $\bar{U}_b$ und
- die Kollektor-Emitter-Spannung $\bar{U}_{CE}$ gleich dem Spannungsabfall an R_C sein soll.

Die Kollektorschaltung wird so bemessen, daß

- der Basisspannungsteiler-Strom $\bar{I}_t$ etwa das Doppelte des Basisstroms $\bar{I}_B$ und
- die Kollektor-Emitter-Spannung $\bar{U}_{CE}$ gleich dem Spannungsabfall an R_E ist.

Bei der Kollektorschaltung ist noch eine Besonderheit zu beachten. Wird deren Ausgang kapazitiv belastet (vgl. Abb. 2.3.3c mit $R'_E = 0$ und einer Kapazität parallel zu R_L), so neigt sie zu Instabilitäten, d. h. es treten Verzerrungen oder sogar Schwingungen auf. Abhilfe schafft ein Widerstand R'_E in der Größenordnung einiger zehn Ohm.

Die Kennwerte der Verstärkerschaltung V'_U, R'_e und R'_a ergeben sich aus den Transistorvierpol-Kennwerten entsprechend den Überlegungen zur Schaltung nach Abb. 2.3.1a durch die Parallelschaltung der zugehörigen Widerstände unter der An-

Tabelle 2.3.3. Spannungsverstärkung, Eingangswiderstand und Ausgangswiderstand in den drei Grundschaltungen, angegeben in den h_{ik}-Parametern der Emitterschaltung

	Emitterschaltung			Basisschaltung			Kollektorschaltung		
	exakt	Näherung	gültig für	exakt[1])	Näherung	gültig für	exakt[1])	Näherung	gültig für
V_U	$\frac{-h_{21}R_2}{h_{11}+\Delta h R_2}$	$-\frac{h_{21}}{h_{11}}R_2$	$R_2 \ll \frac{h_{11}}{\Delta h}$	$\frac{h_{21}R_2}{h_{11}+\Delta h R_2}$	$\frac{h_{21}}{h_{11}}R_2$	$R_2 \ll \frac{h_{11}}{\Delta h}$	$\frac{h_{21}R_2}{h_{11}+h_{21}R_2}$	1	$R_2 \gg \frac{h_{11}}{h_{21}}$
R_e	$\frac{h_{11}+\Delta h R_2}{1+h_{22}R_2}$	h_{11}	$R_2 \ll \frac{1}{h_{22}}, \frac{h_{11}}{\Delta h}$	$\frac{h_{11}+\Delta h R_2}{h_{21}+h_{22}R_2}$	$\frac{h_{11}}{h_{21}}$	$R_2 \ll \frac{h_{11}}{\Delta h}, \frac{h_{21}}{h_{22}}$	$\frac{h_{11}+h_{21}R_2}{1+h_{22}R_2}$	$h_{21}R_2$	$\frac{h_{11}}{h_{21}} \ll R_2$ $R_2 \ll \frac{1}{h_{22}}$
R_a	$\frac{h_{11}+R_1}{\Delta h+h_{22}R_1}$	$\frac{h_{11}}{\Delta h}$	$R_1 \ll h_{11}, \frac{\Delta h}{h_{22}}$	$\frac{h_{11}+h_{21}R_1}{\Delta h+h_{22}R_1}$	$\frac{h_{11}+h_{21}R_1}{\Delta h}$	$R_1 \ll \frac{\Delta h}{h_{22}}$	$\frac{h_{11}+R_1}{h_{21}+h_{22}R_1}$	$\frac{h_{11}}{h_{21}}$	$R_1 \ll h_{11}, \frac{h_{21}}{h_{22}}$

[1]) für $h_{21} \gg 1$, h_{12}, Δh; was bei üblichen bipolaren Transistoren sehr gut erfüllt ist (vgl. Tab. 2.3.1)

nahme, daß die Kondensatoren für die Wechselspannungen einen Kurzschluß bilden. Die Größe der Kondensatoren C_B und C_C wird je nach den erforderlichen Grenzfrequenzen f_{ge} und f_{ga} mit den Beziehungen (2.3.12) und (2.3.14) für die Emitterschaltung abgeschätzt. Die so ermittelten Bauelementewerte können als Richtwerte auch für die beiden anderen Schaltungen verwendet werden. Der Emitterkondensator C_E soll bei der Emitter- und Basisschaltung bis zur Grenzfrequenz

$$f_{gC_E} \approx \frac{h_{21E}}{2\pi C_E h_{11E}} \tag{2.3.17}$$

herab als Kurzschluß wirken. Damit muß der Kondensator C_E für die gleiche Grenzfrequenz etwa um den Faktor h_{21E} größer als der Kondensator C_B gewählt werden. Bei der Kollektorschaltung ergibt sich analog zu Gl. (2.3.14) für die Ausgangsgrenzfrequenz

$$f_{ga} \approx [2\pi C_E(R'_{aC} + R_L)]^{-1} \approx (2\pi C_E R_L)^{-1}. \tag{2.3.18}$$

Die zweite Näherung gilt wegen des niedrigen Wertes des Ausgangswiderstandes der Kollektorschaltung R'_{aC}. Will man den Vorteil des niedrigen Ausgangswiderstandes R'_{aC} für die Verstärkerschaltung erhalten, bemißt man den Emitterkondensator C_E auch für die Kollektorschaltung nach Gl. (2.3.17).

Gleichspannungsverstärker unterscheiden sich wesentlich von Wechselspannungsverstärkern, da hier keine Trennung von Betriebsspannung und Signalspannung durch Koppelelemente (Kondensatoren oder Transformatoren) möglich ist. So müssen bei Gleichspannungsverstärkern spezielle Schaltungstechniken eingesetzt werden, um insbesondere thermisch bedingte Schwankungen („Drift") niedrig zu halten. Zu beachten ist dabei, daß bei einer mehrstufigen Schaltung eine in der n-ten Stufe erzeugte Schwankungsgröße in der $(n + 1)$-ten Stufe ebenso wie eine Signalgröße weiterverstärkt wird.

Die Grundstruktur von Gleichspannungsverstärkern ist der in Abb. 2.3.4a gezeigte *Differenzverstärker.* Dieser wird mit zwei Betriebsspannungen $\bar{U}_{b1}$, $\bar{U}_{b2}$ (meist gleicher Größe) unterschiedlicher Polarität gegen die Nulleitung betrieben. Legen wir an die Eingänge die Signalgleichspannungen U_{e1} bzw. U_{e2}, so ergeben sich die

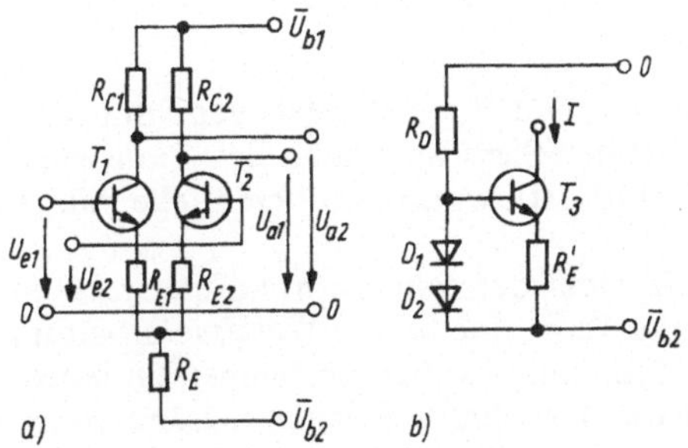

Abb. 2.3.4. Differenzverstärker
a) Grundschaltung; b) Konstantstromquelle als Ersatz für den Widerstand R_E

Ausgangsspannungen

$$U_{a1} \approx +\frac{R_{C2}}{2\,\dfrac{h_{11E}}{h_{21E}} + R_{E1} + R_{E2}}(U_{e1} - U_{e2}) + (\bar{U}_{b1} - \bar{I}_C R_{C2}) \qquad (2.3.19)$$

und

$$U_{a2} \approx -\frac{R_{C1}}{2\,\dfrac{h_{11E}}{h_{21E}} + R_{E1} + R_{E2}}(U_{e1} - U_{e2}) + (\bar{U}_{b1} - \bar{I}_C R_{C1})\,. \qquad (2.3.20)$$

Dabei wurden

$$h_{21E}R_E/h_{11E} \gg 1\,, \qquad (2.3.21)$$

gleiche Arbeitspunkt-Kollektorströme $\bar{I}_{C1} = \bar{I}_{C2} = \bar{I}_C$, gleiche h-Parameter der beiden Transistoren, vernachlässigbare Transistorrückwirkung ($h_{12E} = 0$) und nicht zu große Kollektorwiderstände ($R_{C1}, R_{C2} \ll 1/h_{22E}$) angenommen. Die Widerstände R_{E1} und R_{E2} dienen der Symmetrierung der Schaltung, so daß bei $U_{e1} = U_{e2}$ auch $I_{C1} = I_{C2}$ gilt: Durch Exemplarstreuungen bedingt, sind i. allg. die Kollektorströme I_{C1} und I_{C2} für $U_{BE1} = U_{BE2}$ nicht genau gleich. Mit einer gegenläufigen Einstellung der Widerstände R_{E1} und R_{E2} (bei vergrößertem Wert R_{E1} wird R_{E2} kleiner und umgekehrt, d. h. Potentiometerschaltung für R_{E1} und R_{E2}) kann $I_{C1} = I_{C2}$ bei $U_{e1} = U_{e2}$ und damit $U_{a1} = U_{a2}$ bei $R_{C1} = R_{C2}$ ohne Veränderung der Verstärkung erreicht werden. Die Einhaltung der Ungleichung (2.3.21) erfordert hohe Widerstandswerte für R_E. Andererseits muß für die Arbeitspunkteinstellung beider Transistoren bei $U_{e1} = U_{e2} = 0$

$$2\bar{I}_C\left(R_E + \frac{R_{Ei}}{2}\right) = |\bar{U}_{b2}| - \bar{U}_{BEi}\,; \quad i = 1, 2 \qquad (2.3.22)$$

gelten, wobei für npn-Siliziumtransistoren $\bar{U}_{BE} \approx 0{,}6$ V einzusetzen ist. Hierdurch auftretende Schwierigkeiten können durch den Einsatz einer *Konstantstromquelle* (Abb. 3.1.1b) anstelle von R_E umgangen werden. Mit einem Widerstand R_D und zwei Siliziumdioden D_1, D_2 wird aus der Betriebsspannung $\bar{U}_{b2}$ eine stabilisierte Spannung $2\bar{U}_D \approx 1{,}4$ V erzeugt, für die

$$2\bar{U}_D = U_{BE3}(I) + IR'_E \qquad (2.3.23)$$

gilt ($-\bar{U}_{b2} \gg 2\bar{U}_D$). Unter der Annahme, daß U_{BE3} bei gegebenem, mit R'_E einstellbarem Strom I_{C3} nicht von der Kollektor-Basis-Spannung des Transistors abhängt (d. h. $h_{12B} = 0$, was praktisch gut erfüllt ist), wird der differentielle Ausgangswiderstand unendlich.

In den Gln. (2.3.19) und (2.3.20) stellt der erste Term auf der rechten Seite jeweils die Signalgröße und der zweite Term eine für die Weiterverarbeitung zu kompensierende Ruhegröße dar. Eine Erhöhung der Betriebstemperatur eines bipolaren Transistors bewirkt eine scheinbare Basis-Emitter-Spannungsänderung von etwa -2 mV/K. Für den Differenzverstärker entfällt jedoch bei gleichem Temperaturverhalten und thermischer Kopplung beider Transistoren der Temperatureinfluß auf den ersten Term durch die Differenzbildung. Die Ruhegrößen (zweiter Term) ändern sich geringfügig, da I_C über U_{BE} temperaturabhängig wird. Mit zunehmendem R_E wird dieser Einfluß kleiner und verschwindet bei einer idealen (d. h. temperaturkompensierten) Konstantstromquelle. Der Differenzverstärker ist die Grundstruktur integrierter, gleichspannungsgekoppelter Verstärker (Operationsverstärker).

Versuche

In allen Schaltungen werden npn-Silizium-Flächentransistoren für Verstärkeranwendungen SF 826 C eingesetzt. Die Kleinsignal-Wechselspannungsverstärker werden mit einer Betriebsspannung $\bar{U}_b = 10$ V und einem Arbeitspunkt $\bar{U}_{CE} = 5$ V; $\bar{I}_C = 1$ mA betrieben. Um Meßfehler zu vermeiden, erfolgt in der Meßschaltung eine Abblockung (Wechselspannungskurzschluß) der Betriebsspannung gegen die Nulleitung mit einem Kondensator $C_S = 220\ \mu$F.

Die Schaltung I (Emitterschaltung nach Abb. 2.3.1 a) erhält die Bauelementewerte $R_B \approx 600\ k\Omega$ (Widerstand 220 kΩ und Einstellregler 1 MΩ in Reihe geschaltet); $R_C = 4{,}7\ k\Omega$; $C_B = 1\ \mu$F und $C_C = 1\ \mu$F. Der Kollektorstrom wird mit R_B auf $\bar{I}_C = 1$ mA eingestellt.

Die Schaltung II (Emitterschaltung nach Abb. 2.3.3 a) wird mit $R'_B = 100\ k\Omega$; $R''_B \approx 20\ k\Omega$; $R_C = 4{,}7\ k\Omega$; $R_E = 1\ k\Omega$; $C_B = 1\ \mu F$; $C_E = 100\ \mu F$; $C_C = 1\ \mu F$, die Schaltung III (Basisschaltung nach Abb. 2.3.3 b) $R'_B = 100\ k\Omega$; $R''_B \approx 20\ k\Omega$; $R_C = 4{,}7\ k\Omega$; $R_E = 1\ k\Omega$; $C_B = 1\ \mu F$; $C_E = 100\ \mu F$; $C_C = 1\ \mu F$ und die Schaltung IV (Kollektorschaltung nach Abb. 2.3.3 c) mit $R'_B = 220\ k\Omega$; $R''_B \approx 500\ k\Omega$; $R_E = 4{,}7\ k\Omega$; $R'_E = 47\ \Omega$; $C_B = 1\ \mu F$; $C_E = 100\ \mu F$ aufgebaut. Den Widerstand R''_B bildet ein Einstellregler oder eine Reihenschaltung von Festwiderstand und Einstellregler, mit ihm wird der Kollektorstrom $\bar{I}_C$ auf den Sollwert eingestellt. Die Generatorwechselspannung beträgt für die Schaltungen I, II und III 10 mV bzw. 1 V für die Schaltung IV. Gleichspannungsmessungen für die Basis-Emitter-Spannung erfolgen mit einem elektronischen Spannungsmesser (Eingangswiderstand $\geqq 10\ M\Omega$), sonst mit üblichen Vielfachmessern. Die Gleichströme werden über den Spannungsabfall an Widerständen bekannter Größe errechnet. Zur Wechselspannungsmessung dient ein Oszillograph, wobei für Phasenmessungen zweckmäßigerweise im Zweistrahlbetrieb gearbeitet wird.

Der Differenzverstärker nach Abb. 2.3.4 wird mit Betriebsspannungen $\bar{U}_{b1} = +10$ V und $\bar{U}_{b2} = -10$ V versorgt. Die Bauelementewerte sind $R_{C1} = R_{C2} = 4{,}7\ k\Omega$; $R_{E1} \approx R_{E2} \approx 50\ \Omega$, gebildet durch ein 100 Ω-Potentiometer; $R_E \approx 4{,}5\ k\Omega$, gebildet aus der Reihenschaltung eines Festwiderstandes von 3,3 kΩ und einem Einstellregler 2,5 kΩ; $R_D = 4{,}7\ k\Omega$; $R'_E \approx 350\ \Omega$. Als Stabilisierungsdioden D_1 und D_2 werden Siliziumdioden SAY 40 verwendet. Die Signalspannungsmessungen am Differenzverstärker erfolgen mit einem Digitalvoltmeter bzw. mit einem Zweistrahl-Oszillographen im Differenzbetrieb.

V 2.3.1.1

a) Messen Sie die Spannungsverstärkung $\underline{V}'_U$ der Schaltung I als Funktion des Lastwiderstandes $R_L = 1\ k\Omega$; 2,2 kΩ; 4,7 kΩ; 10 kΩ; 22 kΩ bei einer Meßfrequenz $f = 1$ kHz!

b) Messen Sie den Betrag der Spannungsverstärkung $|\underline{V}'_U|$ der Schaltung I als Funktion der Frequenz $f = 10$ Hz...10 kHz bei einem Lastwiderstand $R_L = 4{,}7$ kΩ!
c) Bestimmen Sie die Temperaturabhängigkeit der Spannung $\bar{U}_{BE}$ und des Stromes $\bar{I}_C$ im Bereich 20...60 °C für die Schaltungen I und II, wenn der Arbeitspunkt bei 20 °C mit R_B bzw. R''_B eingestellt wurde!
d) Vergleichen Sie das Meßergebnis von a) mit den aus Gl. (2.3.5) folgenden Werten für die Spannungsverstärkung $\underline{V}'_U$!
e) Interpretieren Sie die Frequenzabhängigkeit der Spannungsverstärkung $|\underline{V}'_U|$ nach b) im Zusammenhang mit Gl. (2.3.16)!
f) Begründen Sie mit den Messungen nach c) die Nützlichkeit der Schaltung II gegenüber der Schaltung I bei Temperaturschwankungen! Erklären Sie die Wirkungsweise der Arbeitspunktstabilisierung!

V 2.3.1.2

a) Messen Sie die Spannungsverstärkung $\underline{V}'_U$ der Schaltungen II, III und IV bei variablem Lastwiderstand $R_L = 470$ Ω; 1 kΩ; 2,2 kΩ; 4,7 kΩ; 10 kΩ; 22 kΩ und einer Meßfrequenz $f = 1$ kHz! Bestimmen Sie die Phasenlage von der Ausgangs- gegen die Eingangsspannung!
b) Messen Sie den Betrag der Spannungsverstärkung $|\underline{V}'_U|$ für die Schaltung II als Funktion der Frequenz $f = 10$ Hz...10 kHz bei $R_L = R_C$ mit dem Parameter $C_E = 0$; 10 µF; 47 µF; 470 µF!
c) Vergleichen Sie die Meßergebnisse von a) mit den Werten, die aus Tabelle 2.3.3 unter Beachtung der Parameterwerte nach Tabelle 2.3.1 für die Spannungsverstärkung folgen!
d) Überprüfen Sie die Gültigkeit von Gl. (2.3.17) mit den Messungen von b)!

V 2.3.1.3

a) Messen Sie den Eingangswiderstand R'_e der Schaltungen II, III und IV bei einem Lastwiderstand $R_L = 1$ kΩ und einer Meßfrequenz $f = 1$ kHz durch Einschalten eines Vorwiderstandes R_v zwischen dem Signalgenerator und den Eingangsklemmen der Schaltung (vgl. Abb. 1.3.11 a)! Wählen Sie R_v so groß, daß sich die Ausgangsspannung gegenüber $R_v = 0$ halbiert!
b) Ermitteln Sie den Ausgangswiderstand R'_a der Schaltungen II, III und IV durch Messung von $\hat{U}_a$ mit und ohne Lastwiderstand $R_L = R_C$ (für II und III) bzw. $R_L = R_E$ (für IV) bei $f = 1$ kHz (vgl. Abb. 1.3.11 b)! Untersuchen Sie durch Einschalten eines Vorwiderstandes $R_v = 10$ kΩ, ob der Einfluß des Innenwiderstandes der Signalquelle meßbar ist!

V 2.3.1.4

a) Gleichen Sie den Differenzverstärker nach Abb. 2.3.4 durch Variation von R_{E1}, R_{E2} und R_E auf $\bar{I}_{C1} = \bar{I}_{C2} = 1$ mA ab!
b) Messen Sie die Differenzspannungsverstärkung, den Eingangs- und den Ausgangswiderstand (vgl. Abb. 1.3.11) der abgeglichenen Schaltung!

c) Untersuchen Sie das Driftverhalten (d. h. die zeitliche Änderung der Ausgangsspannung und der Ausgangsspannungsdifferenz) mit verschwindenden Eingangsspannungen (beide Eingänge mit Null verbunden) bzw. mit Eingangs-Abschlußwiderständen von 2× 10 kΩ nach Null über eine Zeitdauer von 30 min!
d) Ersetzen Sie in der Schaltung nach Abb. 2.3.4a den Widerstand R_E durch die Konstantstromquelle nach Abb. 2.3.4b und führen Sie für diese Gesamtschaltung die Aufgaben b) und c) durch!

2.3.2. Kleinsignalverstärker mit Feldeffekttransistoren

Im Gegensatz zum bipolaren Transistor wird der Strom im Ausgangskreis eines Feldeffekttransistors (Drainstrom $\bar{I}_D = -$Sourcestrom $\bar{I}_S$) nur mit der Gate-Source-Spannung $\bar{U}_{GS}$ gesteuert, der Gatestrom $\bar{I}_G$ ist Null.

Der Zusammenhang zwischen U_{GS} und I_D ist bis zu einigen hundert Millivolt Gate-Source-Signalspannung näherungsweise linear. So ist der für Kleinsignalverstärker nutzbare Eingangs-Aussteuerbereich etwa zwei Größenordnungen größer als beim bipolaren Transistor. Die Einstellung des *Arbeitspunktes* für die drei Grundschaltungen nach Abb. 2.3.4 erfolgt ähnlich wie beim bipolaren Transistor, wobei

- der Gatespannungsteiler (mit den Widerständen R'_G und R''_G) wegen des fehlenden Gatestroms mit beliebigem Teilerstrom dimensioniert werden kann und für einen hohen Eingangswiderstand der Schaltung hochohmig ausgeführt wird,
- der Spannungsabfall am Arbeitswiderstand R_D (für die Source- und Gateschaltung) bzw. R_S (für die Drainschaltung) etwa gleich der Drain-Source-Spannung $\bar{U}_{DS}$ ist,
- im Gegensatz zum bipolaren Transistor die für den Drainstrom $\bar{I}_D$ erforderliche Spannung $\bar{U}_{GS}$ stark von Bauelementetyp und -exemplar abhängt.

Für typische Silizium-n-Kanal-Sperrschicht-Feldeffekttransistoren gilt $\bar{U}_{GS} \approx -1 \ldots -6$ V für Drainströme im mA-Bereich bei positiven Werten $\bar{U}_{DS}$. Der Einsatz derartiger Bauelemente gestattet so für die Source- bzw. Gateschaltung, ohne die Widerstände R'_G bzw. R'_G und R''_G zu arbeiten ($R'_G = \infty$, vgl. Abb. 2.3.5a, bzw. $R'_G = \infty$ und $R''_G = 0$, vgl. Abb. 2.3.5b). Die Beschreibung der Kleinsignaleigenschaften des Feldeffekttransistors erfolgt üblicherweise mit $\underline{Y}$-Parametern:

$$\underline{I}_1 = \underline{Y}_{11}\underline{U}_1 + \underline{Y}_{12}\underline{U}_2, \tag{2.3.24}$$

$$\underline{I}_2 = \underline{Y}_{21}\underline{U}_1 + \underline{Y}_{22}\underline{U}_2. \tag{2.3.25}$$

Hierbei bezeichnen $\underline{U}_1$ und $\underline{I}_1$ Eingangsspannung bzw. -strom, $\underline{U}_2$ und $\underline{I}_2$ Ausgangsspannung bzw. -strom des Transistorvierpols, $\underline{Y}_{11}$ den Eingangsleitwert und $\underline{Y}_{21}$ die Vorwärtssteilheit bei Kurzschluß des Ausgangs sowie $\underline{Y}_{12}$ die Rückwärtssteilheit und $\underline{Y}_{22}$ den Ausgangsleitwert bei Kurzschluß des Eingangs. Im Gegensatz zum bipolaren Transistor muß selbst für Kreisfrequenzen ω im Niederfrequenzgebiet mit komplexen $\underline{Y}_{ik} = G_{ik} + jB_{ik}$ gerechnet werden, da wegen der sehr hohen Widerstandswerte $1/G_{11}$ und $1/G_{12}$ die Kapazitäten $C_{11} = B_{11}/\omega$ und $C_{12} = B_{12}/\omega$ in $\underline{Y}_{11}$ und $\underline{Y}_{12}$ wirksam werden. Aus den Vierpolgleichungen (2.3.24) und (2.3.25) und der

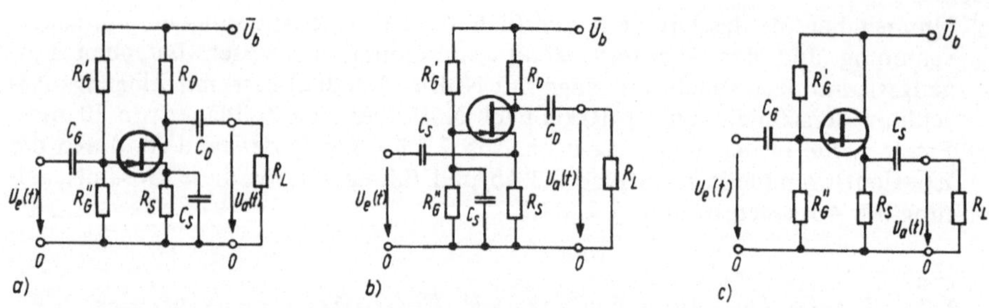

Abb. 2.3.5. Source- (a), Gate- (b) und Drainschaltung (c) eines Kleinsignal-Wechselspannungsverstärkers mit n-Kanal-Sperrschicht-Feldeffekttransistor

Beziehung $\underline{U}_2 = -\underline{I}_2 R_2$ mit R_2 als dem ausgangsseitigen Lastwiderstand folgt für die *Spannungsverstärkung* des Transistorvierpols

$$\underline{V}_U = \frac{\underline{U}_2}{\underline{U}_1} = \frac{-\underline{Y}_{21} R_2}{1 + \underline{Y}_{22} R_2}, \tag{2.3.26}$$

für den *Eingangswiderstand*

$$\underline{Z}_e = \frac{\underline{U}_1}{\underline{I}_1} = \frac{1 + \underline{Y}_{22} R_2}{\underline{Y}_{11} + \Delta \underline{Y} R_2} \tag{2.3.27}$$

mit

$$\Delta \underline{Y} = \underline{Y}_{11}\underline{Y}_{22} - \underline{Y}_{12}\underline{Y}_{21} \tag{2.3.28}$$

und für den *Ausgangswiderstand*

$$\underline{Z}_a = \frac{\underline{U}_2}{\underline{I}_2} = \frac{1 + \underline{Y}_{11} R_1}{\underline{Y}_{22} + \Delta \underline{Y} R_1}. \tag{2.3.29}$$

R_1 bezeichnet den Innenwiderstand der eingangsseitig angeschlossenen Signalquelle.

Ungefähre Richtwerte für die $\underline{Y}$-Parameter eines typischen Silizium-n-Kanal-Sperrschicht-Feldeffekttransistor (KP 303 E) in Sourceschaltung bei einem Arbeitspunkt $\bar{U}_{DS} \approx 5$ V; $\bar{I}_D = 1$ mA und einer Meßfrequenz $f = 1$ kHz sind:

$$\underline{Y}_{11S} \approx jB_{11S} \approx j\,0{,}03\ \mu S; \qquad \underline{Y}_{12S} \approx jB_{12S} \approx j\,0{,}01\ \mu S;$$
$$\underline{Y}_{21S} \approx G_{21S} \approx 2\ mS; \qquad \underline{Y}_{22S} \approx G_{22S} \approx 50\ \mu S.$$

Die Umrechnung der $\underline{Y}$-Parameter der Sourceschaltung ($\underline{Y}_{ikS}$) in die der Gate- und Drainschaltung ist mit Tab. 2.3.4 möglich. Die Kennwerte der Verstärkerschaltungen ergeben sich mit entsprechenden Überlegungen wie beim bipolaren Transistor. Allgemein besitzen die Source- und Gateschaltung eine Spannungsverstärkung, die wegen des geringeren Wertes von G_{21S} beim Feldeffekttransistor gegenüber $\underline{Y}_{21E} = G_{21E} = h_{21E}/h_{11E}$ beim bipolaren Transistor um etwa eine Größenordnung niedriger als die der entsprechenden Schaltung mit bipolarem Transistor ist. Die Spannungsverstärkung der Drainschaltung liegt unter eins. Der Eingangswider-

Tabelle 2.3.4. Umrechnung von $\underline{Y}_{ik}$-Parametern der Sourceschaltung in die der Gate- und Drainschaltung. (Die Näherungen gelten bei üblichen Feldeffekttransistoren)

Source-schaltung	Gateschaltung		Drainschaltung
$\underline{Y}_{11S}$	$\underline{Y}_{11G} = \underline{Y}_{11S} + \underline{Y}_{12S} + \underline{Y}_{21S} + \underline{Y}_{22S} \approx$	$\underline{Y}_{21S}$	$\underline{Y}_{11D} = \underline{Y}_{11S}$
$\underline{Y}_{12S}$	$\underline{Y}_{12G} = -\underline{Y}_{12S} - \underline{Y}_{22S}$	$\approx -\underline{Y}_{22S}$	$\underline{Y}_{12D} = -\underline{Y}_{12S} - \underline{Y}_{11S} \approx -\underline{Y}_{11S}$
$\underline{Y}_{21S}$	$\underline{Y}_{21G} = -\underline{Y}_{21S} - \underline{Y}_{22S}$	$\approx -\underline{Y}_{21S}$	$\underline{Y}_{21D} = -\underline{Y}_{21S} - \underline{Y}_{11S} \approx -\underline{Y}_{21S}$
$\underline{Y}_{22S}$	$\underline{Y}_{22G} = \underline{Y}_{22S}$		$\underline{Y}_{22D} = \underline{Y}_{11S} + \underline{Y}_{12S} + \underline{Y}_{21S} + \underline{Y}_{22S} \approx \underline{Y}_{21S}$
$\Delta\underline{Y}_S$	$\Delta\underline{Y}_G = \Delta\underline{Y}_S$		$\Delta\underline{Y}_D = \Delta\underline{Y}_S$

stand der Sourceschaltung kann sehr groß, der der Drainschaltung extrem groß gemacht werden und hängt im wesentlichen von den Widerständen des Gatespannungsteilers ab. Im Vergleich zur bipolaren Schaltung erhöht sich der Eingangswiderstand wenigstens um zwei bis drei Größenordnungen. Der Eingangswiderstand der Gateschaltung ist niedrig und nur etwa eine Größenordnung höher als der der Basisschaltung. Damit ist die Gateschaltung für Niederfrequenzanwendungen von geringer Bedeutung. Der Ausgangswiderstand der Source- und Gateschaltung ist groß, hingegen der der Drainschaltung niedrig (etwa eine Größenordnung größer als der der vergleichbaren Kollektorschaltung). Die Drainschaltung ist ebenso wie die Kollektorschaltung als Impedanzwandler einsetzbar.

Versuche

Für einen Silizium-n-Kanal-Sperrschicht-Feldeffekttransistor KP 303 E sei der Arbeitspunkt $\bar{U}_{DS} \approx 5$ V; $\bar{I}_D = 1$ mA. Die zugehörige Spannung $\bar{U}_{GS}$ beträgt (exemplarabhängig) etwa $-3 \ldots -5$ V. Source- und Gateschaltung erhalten eine Betriebsspannung $\bar{U}_b = 14$ V, die Drainschaltung $\bar{U}_b = 10$ V. Die Bauelementewerte betragen für die Sourceschaltung

$$R''_G = 10\,\text{M}\Omega;\quad R_S \approx 4\,\text{k}\Omega;\quad R_D = 4{,}7\,\text{k}\Omega;\quad C_G = 1\,\text{nF};$$
$$C_S = 10\,\mu\text{F};\quad C_D = 1\,\mu\text{F};\quad (R'_G = \infty),$$

für die Gateschaltung

$$R_S \approx 4\,\text{k}\Omega;\quad R_D = 4{,}7\,\text{k}\Omega;\quad C_S = 10\,\mu\text{F};\quad C_D = 1\,\mu\text{F};$$
$$(R'_G = \infty;\quad R''_G = 0)$$

und für die Drainschaltung

$$R'_G = 100\,\text{M}\Omega;\quad R''_G \approx 10\,\text{M}\Omega;\quad R_S = 4{,}7\,\text{k}\Omega;\quad C_G = 1\,\text{nF};\quad C_S = 10\,\mu\text{F}.$$

Bei Source- und Gateschaltung wird der gewünschte Drainstrom $\bar{I}_D$ durch Variation des Widerstandswertes von R_S, bei der Drainschaltung von R''_G eingestellt. Die Generatorwechselspannung beträgt bei der Source- und der Gateschaltung $\hat{U}_g = 0{,}3$ V, bei der Drainschaltung $\hat{U}_g = 1$ V. Alle Messungen erfolgen mit einem Oszillographen.

V 2.3.2.1

a) Messen Sie den Betrag der Spannungsverstärkung $|\underline{V}'_U|$ der drei Grundschaltungen als Funktion des Lastwiderstandes $R_L = 470\,\Omega$, $1\,k\Omega$, $2{,}2\,k\Omega$, $4{,}7\,k\Omega$, $10\,k\Omega$ an den Ausgangsklemmen für $f = 1$ kHz!

b) Untersuchen Sie das Verhalten des komplexen Eingangswiderstandes $\underline{Z}_e$ der drei Grundschaltungen durch Zwischenschalten eines Widerstandes $R_V = 3{,}3\,M\Omega$ (Source- und Drainschaltung) bzw. $R_V = 1\,k\Omega$ (Gateschaltung) zwischen Signalgenerator und Eingangsklemmen (vgl. Abb. 1.3.11 a) für die beiden Meßfrequenzen 1 und 10 kHz!

c) Bestimmen Sie die Temperaturabhängigkeit des Drainstroms in der Sourceschaltung im Temperaturbereich 20...60 °C!

d) Berechnen Sie die Spannungsverstärkung für die angegebenen drei Grundschaltungen unter Zugrundelegung der oben genannten $\underline{Y}$-Parameter in Sourceschaltung, und vergleichen Sie diese Ergebnisse mit den Messungen von a)!

e) Bestimmen Sie aus den Messungen von a) den Ausgangswiderstand der drei Grundschaltungen!

f) Konstruieren Sie mit Hilfe der Meßergebnisse von b) ein Ersatzschaltbild der Verstärkerschaltung, wobei die Frequenzabhängigkeit durch die Parallelschaltung von Widerstand und Kondensator dargestellt wird!

2.4. Analoge integrierte Schaltkreise

Monolithisch integrierte Schaltkreise für analoge Anwendungen [1, 26, 36, 51, 78, 83] haben in zahlreichen Einsatzgebieten der Gleich- und Wechselspannungsverstärkertechnik diskret aus Transistoren, Widerständen und Kondensatoren aufgebaute Schaltungen ersetzt. Die wichtigsten analogen integrierten Schaltkreise, der Operationsverstärker und der Leistungsoperationsverstärker, können bezüglich ihrer Einsatzgebiete und Schaltungskennwerte weitgehend ohne spezielle Kenntnisse ihrer Innenschaltung behandelt werden (Black-Box-Darstellung). Beide Schaltkreise sind gleichspannungsgekoppelte mehrstufige Verstärker mit sehr hoher offener (d. h. nicht gegengekoppelter, auch: Leerlauf-) Spannungsverstärkung und geringen bzw. sehr geringen Eingangsströmen. Der Leistungsoperationsverstärker kann außerdem einen hohen Ausgangslaststrom bereitstellen. Die Verstärkungseigenschaften von Operationsverstärker-Schaltungen mit einer starken Gegenkopplung werden hauptsächlich durch die Gegenkopplungsschaltung bestimmt, die extern und aus diskreten Bauelementen aufgebaut wird.

2.4.1. Operationsverstärker

Das Bauelement Operationsverstärker besitzt zwei Eingänge, wobei die Spannungsdifferenz zwischen beiden um die Differenz-Leerlaufverstärkung V_L verstärkt am Ausgang erscheint. Das Ausgangssignal ist bei Benutzung des invertierenden Eingangs gegenphasig zum Eingangssignal, hingegen beim nichtinvertierenden Eingang gleichphasig. Die gemeinsame Ansteuerung beider Eingänge gegen Masse liefert nur eine ganz geringe Ausgangsspannung, so daß diese i. allg. vernachlässigt werden kann (die Gleichtaktverstärkung ist klein gegen die Differenzverstärkung).

Bedingt durch die beiden Eingänge, sind prinzipiell zwei Rückkopplungs-Grundschaltungen möglich (Abb. 2.4.1), die eines *invertierenden Verstärkers* und die eines *nichtinvertierenden Verstärkers.* Zur überschlägigen Berechnung von Operationsverstärker-Schaltungen wird von der Näherung des *idealen Operationsverstärkers* Gebrauch gemacht. Dieser ist durch eine unendlich große Differenz-Leerlaufverstärkung V_L, verschwindende Eingangsströme I_e und unendlich große Bandbreite gekennzeichnet. Damit wird bei endlicher Ausgangsspannung U_a die Differenz-Eingangsspannung Null (sog. virtuelle Erde). Hieraus folgt, daß beim invertierenden Verstärker der invertierende Eingang gegenüber der Nulleitung spannungslos ist. Als Spannungsverstärkung des invertierenden (i) Verstärkers ergibt sich deshalb

$$V_{Ui} = -\frac{R_2}{R_1} \tag{2.4.1}$$

und für den nichtinvertierenden (ni) Verstärker

$$V_{Uni} = 1 + \frac{R_2}{R_1}. \tag{2.4.2}$$

Diese Näherungen gelten für den *realen Operationsverstärker* unter der Bedingung

$$V_L \gg \frac{R_2}{R_1}. \tag{2.4.3}$$

die gleichzeitig den Bereich stabil arbeitender Operationsverstärker-Schaltungen angibt. Der prinzipielle Verlauf der Spannungsverstärkung als Funktion des Verhältnisses der Gegenkopplungswiderstände ist für eine (typische) Leerlaufverstär-

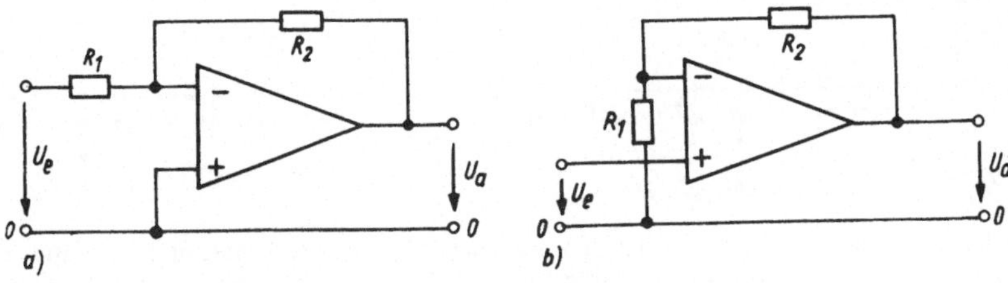

Abb. 2.4.1. Operationsverstärker-Grundschaltungen
a) invertierender Verstärker; b) nichtinvertierender Verstärker

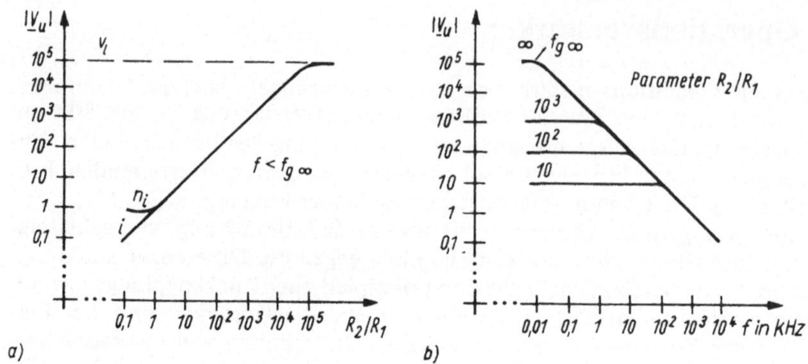

Abb. 2.4.2. Prinzipielles Verhalten der Verstärkung als Funktion der Gegenkopplung (a) und der Frequenz (b) von Operationsverstärker-Schaltungen, wobei $f_{g\infty}$ die Grenzfrequenz des Operationsverstärkers ohne Gegenkopplung angibt

kung $V_L = 10^5$ in Abb. 2.4.2a dargestellt. Für die Eingangswiderstände R_e der beiden Schaltungen (i bzw. ni) erhält man wieder mit der Näherung des idealen Operationsverstärkers

$$R_{ei} = R_1 \tag{2.4.4}$$

und

$$R_{eni} \Rightarrow \infty \,. \tag{2.4.5}$$

Bei einer realen mehrstufigen Verstärkerschaltung (wie sie in einem Operationsverstärker-Schaltkreis verwirklicht ist) nimmt ohne besondere Maßnahmen der Betrag

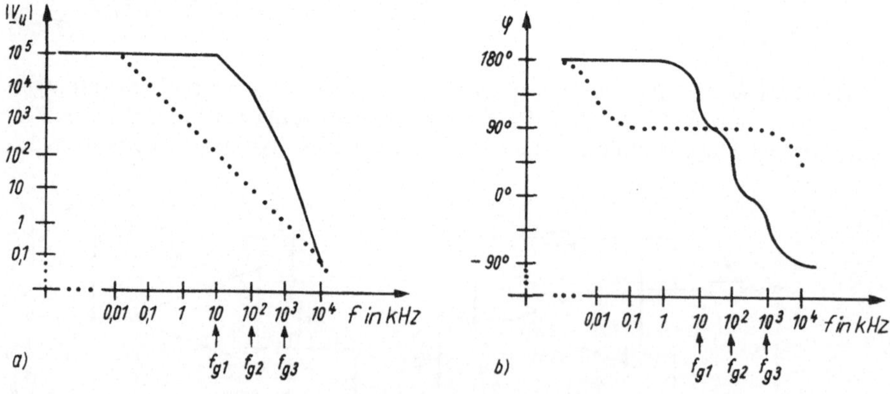

Abb.2.4.3. Betrag und Phase der Spannungsverstärkung als Funktion der Frequenz bei einem dreistufigen Verstärker mit drei verschiedenen Grenzfrequenzen f_{g1}, f_{g2} und f_{g3} (–) und bei einem für beliebige ohmsche Gegenkopplung frequenzgangkorrigierten Operationsverstärker (...)

der Spannungsverstärkung mit wachsender Frequenz mit einer relativ komplizierten Funktion ab. Abb. 2.4.3a zeigt beispielsweise einen derartigen Verlauf für eine dreistufige Verstärkerschaltung mit drei verschiedenen Grenzfrequenzen (f_{g1}, f_{g2}, f_{g3}) in doppelt logarithmischer Darstellung (sog. *Bode-Diagramm*). Als Folge dieser Verstärkungs-Frequenz-Abhängigkeit wird die Phase der Ausgangsspannung (bezogen auf die Eingangsspannung) ebenfalls stark frequenzabhängig, was für das genannte Beispiel in Abb. 2.4.3b dargestellt ist. (Allgemein gilt, daß Verstärkungs-Frequenzgang und Phasen-Frequenzgang realer Schaltungen nicht unabhängig voneinander wählbar sind [43, 78]). Damit besteht die Gefahr, daß in einer rückgekoppelten Schaltung die Gegenkopplung (bei niedrigen Frequenzen) zu einer Mitkopplung (bei höheren Frequenzen) wird und die Schaltung als Oszillator arbeitet. Im Beispiel nach Abb. 2.4.3 schwingt diese Schaltung mit einer Frequenz zwischen f_{g2} und f_{g3} (bei $\varphi = 0°$), wenn die rückgekoppelte Spannung größer gleich einem Zehntel der Ausgangsspannung ist. Um diese Selbsterregungen sicher zu vermeiden, wird durch eine Schaltungsergänzung mit RC-Tiefpässen der Verstärkungs-Frequenzgang beschnitten und die Phase korrigiert. Durch diese *„Frequenzgangkorrektur"* ergibt sich für den Operationsverstärker ohne Gegenkopplung eine relativ niedrige Grenzfrequenz ($f_{g\infty}$ etwa 10...100 Hz), aber ein Frequenzverhalten der Schaltung für alle Frequenzen f mit $|\underline{V}_U(f)| \geqq 1$ wie das eines RC-Tiefpasses (maximale Phasendrehung 90°, vgl. gepunktete Kurven in Abb. 2.4.3). Damit ist der Operationsverstärker mit ohmschen Widerständen beliebig gegenkoppelbar. Mit zunehmender Gegenkopplung erniedrigt sich dann die Verstärkung $|\underline{V}_U|$, und die Grenzfrequenz f_g wächst gleichermaßen, so daß

$$|\underline{V}_U| f_g = \text{const} \tag{2.4.6}$$

gilt (vgl. den Verlauf der Knickpunkte in Abb. 2.4.2b).

Die Frequenzgangkorrektur ist bei intern frequenzgangkorrigierten Operationsverstärkern fest integriert und nicht veränderbar. Bei extern frequenzgangkorrigierten Bauelementen muß ein Kondensator entsprechender Kapazität außen angeschaltet werden (vgl. Abb. 2.4.5a). Damit besteht die Möglichkeit, durch Verringerung der Größe dieser externen Kapazität die Grenzfrequenz des Operationsverstärkers zu erhöhen. Dieser ist dann zwar nicht mehr bis zu kleinen Spannungsverstärkern gegenkoppelbar, aber sowohl die Aussteuerfähigkeit bei höheren Frequenzen als auch die Anstiegs- und Abfallgeschwindigkeit bei Impulsaussteuerung verbessern sich. Die Anstiegsgeschwindigkeit, die sog. *Slew-Rate*, der Ausgangsspannung einer Operationsverstärker-Schaltung beim Anlegen einer Rechteckspannung an den Eingang stellt eine wichtige Kenngröße dar. Sie ist neben dem Operationsverstärkertyp und seiner Frequenzgangkorrketur auch von der gewählten Spannungsverstärkung und der Größe des Eingangssignals abhängig.

Sollen mit einer Operationsverstärker-Schaltung kleine Signalspannungen verarbeitet werden oder ist die Schaltung sehr hochohmig, spielt die Eingangsstufe des realen Operationsverstärkers eine wichtige Rolle. Diese vom Prinzip her als Differenzverstärker (vgl. Abschn. 2.3.1) ausgeführte Stufe kann entweder mit bipolaren oder Feldeffekttransistoren realisiert werden. Bei Zimmertemperatur liegen die Eingangsruheströme $I_{ei0} \approx I_{eni0}$ (Ströme des invertierenden bzw. nichtinvertierenden Eingangs für die Eingangsspannung $U_e = 0$) für bipolare bzw. Feldeffekttransi-

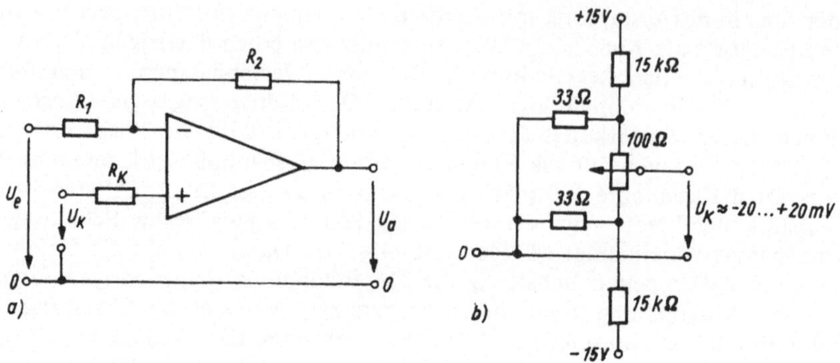

Abb. 2.4.4. Schaltung zur Ermittlung des Einflusses der Offsetspannung
a) Meßschaltung; b) Schaltung zur Erzeugung einer Kompensationsspannung

storen bei 50...500 nA bzw. 0,1...1 nA. Der Eingangsruhestrom I_{ei0} erzeugt in einem invertierenden Verstärker eine von Null abweichende Ausgangsspannung

$$U_{a0} = \frac{R_2 I_{ei0}}{1 + \frac{1}{V_L}\left(1 + \frac{R_2}{R_1}\right)} \approx R_2 I_{ei0} \tag{2.4.7}$$

ohne Eingangssignal, wobei V_L die Differenz-Leerlaufverstärkung bezeichnet.

Mit einer Schaltung nach Abb. 2.4.4a, bei der wir zunächst $U_k = 0$ voraussetzen, kann durch einen Kompensationswiderstand

$$R_K = \frac{R_1 R_2}{R_1 + R_2} \tag{2.4.8}$$

unter der Annahme gleicher Eingangsruheströme $I_{ei0} = I_{eni0}$ für $U_e = 0$ die Bedingung $U_a = 0$ erreicht werden. Dennoch verbleiben ein schaltkreisexemplarabhängiger Restfehler durch die Eingangsoffsetspannung U_{e0} (ein kleiner Spannungsdifferenzwert an den Eingängen, für den die Ausgangsspannung exakt Null wird) und nicht genau gleiche Eingangsruheströme. Beide Störeinflüsse können durch eine

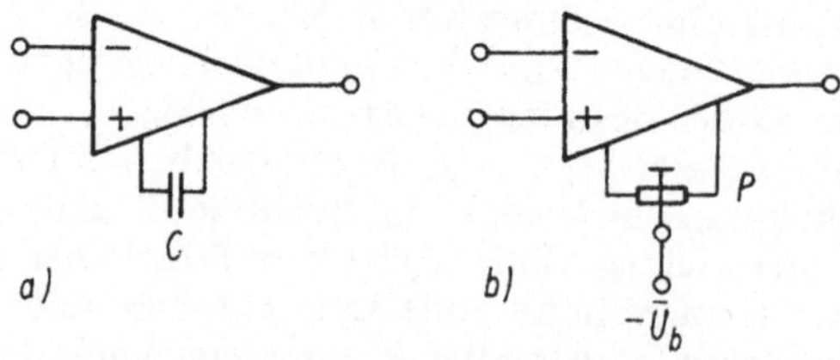

Abb. 2.4.5. Korrekturbeschaltungen von Operationsverstärkern
a) externe Frequenzgangkorrektur; b) Offsetspannungskompensation

Offsetspannungskompensation nach Abb. 2.4.4 wesentlich verringert werden, allerdings ist der richtige Kompensations-Spannungswert U_K temperatur- und zeitabhängig („Drift").

Neuere Operationsverstärker-Schaltkreise erlauben über zwei zusätzliche Anschlüsse eine einstellbare Offsetspannungskompensation, so daß wieder beide Operationsverstärkereingänge frei sind (Abb. 2.4.5b). Moderne Operationsverstärker mit Feldeffekttransistor-Eingangsstufe sind bezüglich der Größe der Eingangsoffsetspannung und ihrer Temperaturabhängigkeit nicht wesentlich schlechter als entsprechende Bauelemente mit bipolarer Eingangsstufe. Die Slew-Rate der Feldeffekttransistor-Operationsverstärker ist i. allg. eine Größenordnung höher als die von bipolaren Operationsverstärkern.

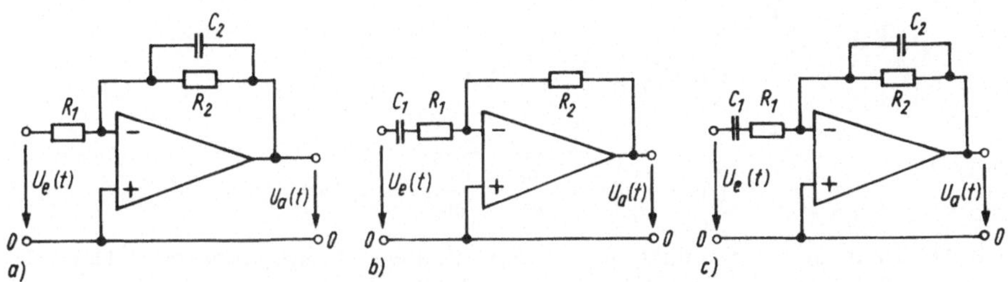

Abb. 2.4.6. Wechselspannungsverstärker mit Operationsverstärkern
a) Tiefpaßverstärker; b) Hochpaßverstärker; c) Bandpaßverstärker

Operationsverstärker sind bei entsprechender Außenbeschaltung auch als *Wechselspannungsverstärker* benutzbar. Abb. 2.4.6 zeigt die Schaltungen eines Tiefpaß-, eines Hochpaß- und eines Bandpaßverstärkers. Unter der vereinfachenden Annahme eines idealen Operationsverstärkers ergeben sich für die komplexen Span-

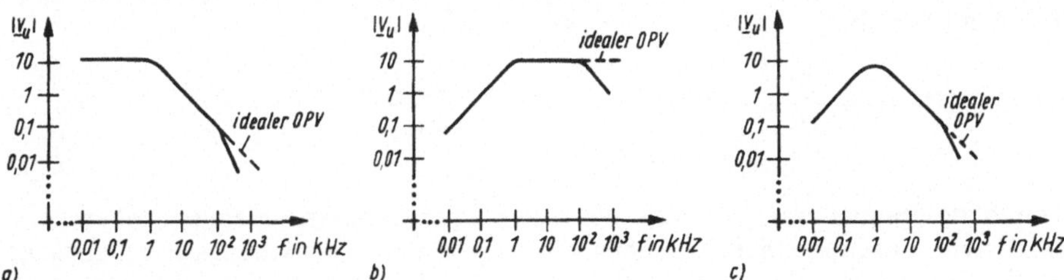

Abb. 2.4.7. Frequenzgang der Verstärker nach Abb. 2.4.6. für $R_2/R_1 = 10$ und f_g (bzw. f_0) = 1 kHz
a) Tiefpaßverstärker $\omega_2 = 2\pi \cdot 1$ kHz; b) Hochpaßverstärker $\omega_1 = 2\pi \cdot 1$ kHz; c) Bandpaßverstärker $\omega_0 = \omega_1 = \omega_2 = 2\pi \cdot 1$ kHz

nungsverstärkungen des Tiefpaßverstärkers

$$\underline{V}_{\mathrm{UT}} = -\frac{R_2}{R_1}\,\frac{1}{1+\mathrm{j}\omega R_2 C_2} = -\frac{R_2}{R_1}\,\frac{1}{1+\mathrm{j}\dfrac{\omega}{\omega_2}}, \tag{2.4.9}$$

des Hochpaßverstärkers

$$\underline{V}_{\mathrm{UH}} = -\frac{R_2}{R_1}\,\frac{\mathrm{j}\omega R_1 C_1}{1+\mathrm{j}\omega R_1 C_1} = -\frac{R_2}{R_1}\,\frac{j\dfrac{\omega}{\omega_1}}{1+\mathrm{j}\dfrac{\omega}{\omega_1}} \tag{2.4.10}$$

und des Bandpaßverstärkers

$$\begin{aligned}\underline{V}_{\mathrm{UB}} &= -\frac{R_2}{R_1}\,\frac{1}{\left(1+\dfrac{R_2 C_2}{R_1 C_1}\right)+\mathrm{j}\left(\omega R_2 C_2 - \dfrac{1}{\omega R_1 C_1}\right)}\\ &= -\frac{R_2}{R_1}\,\frac{1}{\left(1+\dfrac{\omega_1}{\omega_2}\right)+\mathrm{j}\left(\dfrac{\omega}{\omega_2}-\dfrac{\omega_1}{\omega}\right)}.\end{aligned} \tag{2.4.11}$$

Als Abkürzungen wurden dabei $\omega_1 = 1/R_1C_1$ und $\omega_2 = 1/R_2C_2$ verwendet. Der erste Faktor $-R_2/R_1$ in den drei Gleichungen ist die Spannungsverstärkung des invertierenden Verstärkers, der zweite Faktor beschreibt die Frequenzabhängigkeit. Für den Tiefpaß- und den Hochpaßverstärker entspricht die Frequenzabhängigkeit genau der der zugehörigen passiven *RC*-Filterschaltungen. Der Bandpaßverstärker besitzt mit

$$|\underline{V}_{\mathrm{UB}}| = \frac{R_2}{R_1}\,\frac{1}{\sqrt{\left(1+\dfrac{\omega_1}{\omega_2}\right)^2+\left(\dfrac{\omega}{\omega_2}-\dfrac{\omega_1}{\omega}\right)^2}} \tag{2.4.12}$$

ähnliche Eigenschaften wie der *RC*-Bandpaß, die Ausgangsspannung wird für $\omega = \omega_0 = (R_1R_2C_1C_2)^{-1/2}$ maximal und genau gegenphasig zur Eingangsspannung. Für den Spezialfall $\omega_1 = \omega_2 = \omega_0$ vereinfacht sich die Beziehung (2.4.12) zu

$$|\underline{V}_{\mathrm{UB}}|_{\mathrm{S}} = \frac{R_2}{2R_1}\,\frac{1}{\sqrt{1+\dfrac{v^2}{4}}} \quad \text{mit} \quad v = \frac{\omega}{\omega_0}-\frac{\omega_0}{\omega}. \tag{2.4.13}$$

Durch die Frequenzgangkorrektur des realen Operationsverstärkers entstehen kompliziertere Zusammenhänge. Gehen wir von einem Verstärkungs-Frequenzgang nach Abb. 2.4.2b aus und wählen für alle drei Schaltungen beispielsweise $R_2/R_1 = 10$ sowie $\omega_0 = \omega_1 = \omega_2 = 2\pi \cdot 10^3\,\mathrm{s}^{-1}$, so entstehen reale Frequenzgänge nach Abb. 2.4.7.

Der Name des Operationsverstärkers ist von seinem Einsatz in der analogen Rechentechnik abgeleitet. Vier einfache *Rechenschaltungen* mit Operationsverstärkern

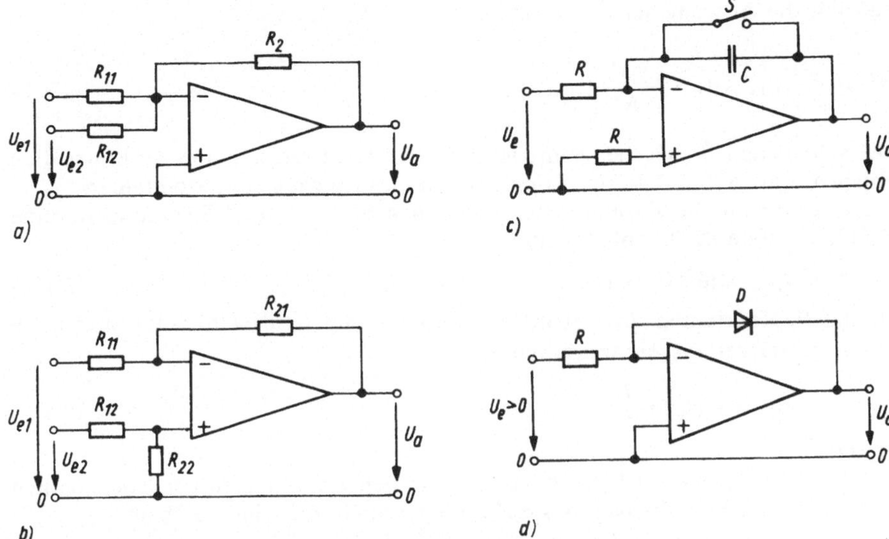

Abb. 2.4.8. Rechenschaltungen mit Operationsverstärkern
a) Addierverstärker; b) Subtrahierverstärker; c) Integrierverstärker; d) logarithmischer Verstärker

zeigt Abb. 2.4.8; sie sollen nur unter Zugrundelegung der idealen Operationsverstärkereigenschaften und für Eingangsgleichspannungen beschrieben werden. Der Addierverstärker liefert eine Ausgangsspannung

$$U_a = -\frac{R_2}{R_{11}} U_{e1} - \frac{R_2}{R_{12}} U_{e2} . \tag{2.4.14}$$

Für $R_{11} = R_{12} = R_2$ wird

$$U_a = -(U_{e1} + U_{e2}) . \tag{2.4.15}$$

Ein positives Ausgangssignal bei positiven Eingangsspannungen kann durch Zuschalten eines Inverters (Schaltung nach Abb. 2.4.1a mit $R_1 = R_2$, d. h. $V_U = -1$) erreicht werden. Für den Subtrahierverstärker gilt

$$U_a = \frac{R_{22}}{R_{11}} \frac{R_{11} + R_{21}}{R_{12} + R_{22}} U_{e2} - \frac{R_{21}}{R_{11}} U_{e1} , \tag{2.4.16}$$

die Dimensionierung $R_{11} = R_{21} = R_{12} = R_{22}$ ergibt

$$U_a = U_{e2} - U_{e1} . \tag{2.4.17}$$

Beim Integrierverstärker wird zur Zeit $t = 0$ der Schalter S, der vorher den Ausgang mit dem invertierenden Eingang verband und damit $U_a(t < 0) = 0$ erzwang, geöffnet. Für die Ausgangsspannung erhält man

$$U_a(t>0) = -\frac{1}{RC}\int_0^t U_e(t')\,dt'. \tag{2.4.18}$$

Der Widerstand R zwischen dem nichtinvertierenden Eingang und der Masse dient entsprechend Abb. 2.4.4a der Kompensation des Eingangsruhestromfehlers.

Der exponentielle Zusammenhang zwischen Strom I_D und Spannung U_D einer Halbleiterdiode in Durchlaßrichtung

$$I_D = I_0(e^{U_D/U_T}-1) \approx I_0\, e^{U_D/U_T} \quad \text{für} \quad U_D \gg U_T \tag{2.4.19}$$

(I_0 und U_T Konstanten, $U_T \approx 30$ mV bei Zimmertemperatur) wird beim logarithmischen Verstärker ausgenutzt, so daß sich

$$U_{aL} \approx -U_T \ln \frac{U_e}{RI_0} \tag{2.4.20}$$

ergibt.

Für alle angegebenen Schaltungen sind in den Abbildungen der Übersichtlichkeit halber die Betriebsspannungszuführungen nicht mit eingezeichnet.

Versuche

Als Standardbauelement dient ein integrierter Operationsverstärker mit interner Frequenzgangkorrektur in bipolarer Technik (MAA 741). Außerdem werden Operationsverstärker mit externer Frequenzgangkorrektur in bipolarer Technik (MAA 748) und Operationsverstärker mit Feldeffekt-Eingangsstufe (B 081) eingesetzt. Die Betriebsspannungen sind +15 V und −15 V gegen die Nulleitung. Der Innenwiderstand der Stromversorgungsgeräte soll 1 Ω und der des Wechselspannungs- bzw. des Impulsgenerators 50 Ω nicht überschreiten. Die Messung von Gleichspannungen erfolgt mit einem Digitalvoltmeter, die der Wechsel- und Impulsspannungen mit einem Oszillograph.

V 2.4.1.1

a) Messen Sie die Abhängigkeit des Betrages der Spannungsverstärkung des invertierenden und des nichtinvertierenden Verstärkers (mit einem Schaltkreis MAA 741) von dem Widerstand $R_2 = 100\,\Omega \ldots 1\,\text{M}\Omega$ (in der Stufung 1; 2,2; 4,7) bei $R_1 = 1\,\text{k}\Omega$ und $f = 100$ Hz! Die Eingangswechselspannung werde so variiert, daß sich eine Ausgangsspannung $\hat{U}_a \approx 5$ V ergibt!

b) Messen Sie für die Schaltung nach Abb. 2.4.4a bei Verwendung der Operationsverstärker MAA 741 bzw. B 081 mit $R_1 = 10\,\text{k}\Omega$; $R_2 = 1\,\text{M}\Omega$; $U_e = 0$ und zunächst $U_K = 0$ die Ausgangsspannung U_a als Funktion von $R_K = 0 \ldots 100\,\text{k}\Omega$ sowie für $R_K = 10\,\text{k}\Omega$ die notwendige Kompensationsspannung U_K für $U_a = 0$ bei $U_e = 0$! Verfolgen Sie die Konstanz der durchgeführten Kompensation über 30 min (für beide Schaltkreise)!

c) Überprüfen Sie, ob sich bei den Messungen nach a) Abweichungen von den für ideale Operationsverstärker gültigen Beziehungen ergeben!

d) Schätzen Sie aus dem Ergebnis von b) ab, bis zu welcher minimalen Eingangsspannung die beiden untersuchten Schaltkreisexemplare unter Laborbedingungen (etwa konstante Umgebungstemperatur) brauchbar sind!

V 2.4.1.2

a) Ermitteln Sie die Abhängigkeit der Spannungsverstärkung nach Betrag und Phase von der Frequenz $f = 10$ Hz...1 MHz bei sinusförmiger Eingangs-Wechselspannung für den invertierenden und den nichtinvertierenden Verstärker mit den Schaltkreisen MAA 741, MAA 748 ($C = 3$ pF) und B 081 für drei verschiedene Gegenkopplungsgrade ($R_1 = 1$ kΩ, $R_2 = 1$ MΩ, 100 kΩ, 10 kΩ). Die zugehörigen Eingangsspannungen seien $\hat{U}_e = 5$ mV, 50 mV, 500 mV.
b) Führen Sie für die unter a) genannten Verstärkerarten, Gegenkopplungsgrade und Eingangsspannungen Messungen mit einer Rechteckimpulsfolge (Tastverhältnis 1 : 1) und einer Folgefrequenz 100 Hz...10 kHz durch!
c) Bestimmen Sie aus den Messungen von a) und b) die Grenzfrequenzen und kontrollieren Sie, ob das Frequenzverhalten bzw. das Zeitverhalten dem eines RC-Tiefpasses entspricht!
d) Berechnen Sie aus den Messungen von b) die Slew-Rate des Ausgangssignals (d. h. die Anstiegsgeschwindigkeit in V/µs)!

V 2.4.1.3

a) Messen Sie den Betrag der Spannungsverstärkung $|\underline{V}_U|$ für den Tiefpaß-, den Hochpaß- und den Bandpaßverstärker mit einer Dimensionierung $R_1 = 1$ kΩ; $R_2 = 100$ kΩ; $C_1 = 1$ µF; $C_2 = 22$ nF bei $f = 10$ Hz...1 MHz und einer Eingangswechselspannung $\hat{U}_e = 50$ mV!
b) Bestimmen Sie aus den Messungen von a) die Grenzfrequenzen und geben Sie an, ob Abweichungen vom idealen Frequenzgang auftreten!

V 2.4.1.4

a) Bestimmen Sie die Ausgangsspannungen des Addier- und des Subtrahierverstärkers mit einer Bemessung $R_{11} = R_{12} = R_{21} = R_{22} = 10$ kΩ in einem Eingangsspannungsbereich U_{e1}, $U_{e2} = 0...5$ V!
b) Messen Sie die Ausgangsspannung des Integrierverstärkers mit der Dimensionierung $R = 47$ kΩ; $C = 10$ µF und für $U_e = 0$; 10 mV; 20 mV als Funktion der Zeit über 200 s (in Schritten von 10 s)!
c) Ermitteln Sie die Ausgangsspannung des logarithmischen Verstärkers (für die Diode werde eine Siliziumdiode SAY 40 verwendet) bei $R = 1$ kΩ in einem Eingangsspannungsbereich $U_e = 50$ mV...5 V!
d) Führen Sie für die durchgeführten Messungen eine Fehlerabschätzung durch! Bestimmen Sie für den logarithmischen Verstärker die Konstanten der Gl. (2.4.20)!

2.4.2. Leistungsoperationsverstärker

Bei den Operationsverstärker-Schaltungen des Abschn. 2.4.1. wurde keine zusätzliche Belastung des Ausgangs (außer durch das Gegenkopplungsnetzwerk) berücksichtigt. Soll der Operationsverstärker eine gewisse Ausgangsleistung bereitstellen, sind Kenntnisse über die Eigenschaften der Ausgangsschaltung des Bauelementes notwendig. Übliche Operationsverstärkerschaltkreise liefern bei Ausgangsscheitelspannungen $\hat{U}_a$, die einige Volt unter dem Betrag der Betriebsspannungen $|\bar{U}_b|$ liegen (z. B. $\hat{U}_a = 10$ V bei $|\bar{U}_b| = 15$ V, sowohl in positiver als auch in negativer Richtung) unverzerrte Ausgangsscheitelströme $\hat{I}_a \approx 5$ mA. Somit ist der Ausgang der Schaltung minimal mit einigen kΩ belastbar und liefert Ausgangsleistungen von maximal einigen 10 mW. Unterschreitet der Ausgangslastwiderstand die angegebene Grenze und wird der Operationsverstärker entsprechend weit ausgesteuert, tritt eine Begrenzerschaltung in Funktion. Der Operationsverstärker ist damit kurzschlußfest.

Um mit normalen Operationsverstärkern Schaltungen mit höherer Ausgangsleistung aufzubauen, wird der Operationsverstärker mit einem Stromverstärker im *Gegentakt-B-Betrieb* (sog. Booster) gemäß Abb. 2.4.9a kombiniert. Die Funktionsweise des Gegentakt-B-Verstärkers in komplementärer Kollektorschaltung soll an Hand von Abb. 2.4.9b erklärt werden. Für die Eingangsspannung $U_e = 0$ sind beide Transistoren stromlos ($I_{c1} = I_{c2} = 0$), die Ausgangsspannung U_a ist ebenfalls Null. Überschreitet die Eingangsspannung die Schleusenspannung ($|U_s| \approx 0{,}7$ V) der Basis-Emitter-Dioden der beiden Transistoren, wird entweder für positive Signale der npn-Transistor oder für negative Signale der pnp-Transistor stromleitend. Es entsteht ein Ausgangssignal, das um die Schleusenspannung U_s kleiner als das Eingangssignal ist und einen Totbereich für etwa $-0{,}7\text{ V} < U_e < 0{,}7$ V besitzt. Damit entstehen sog. Übernahmeverzerrungen. Der Ausgangsstrom ist um die Stromverstärkung B (größenordnungsmäßig 100) der eingesetzten Transistoren höher als der

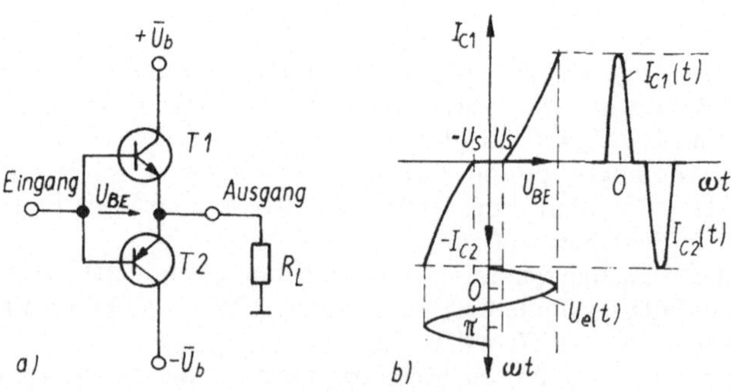

Abb. 2.4.9. Gegentakt-B-Verstärker in Kollektorschaltung
a) Schaltbild; b) Aussteuerverhalten

Eingangsstrom. Die an dem Lastwiderstand R_L verfügbare Ausgangsleistung beträgt

$$P_a = \frac{m^2}{2} \frac{\bar{U}_b^2}{R_L}, \qquad (2.4.21)$$

wenn für die ansteuernde Eingangsspannung

$$U_e(t) = \hat{U}_e \cos \omega t = m \bar{U}_b \cos \omega t \quad \text{mit} \quad m = 0 \ldots 1 \qquad (2.4.22)$$

gilt. Die zugeführte Gleichstromleistung ist

$$P_b = \frac{2m}{\pi} \frac{\bar{U}_b^2}{R_L}, \qquad (2.4.23)$$

womit sich ein Wirkungsgrad

$$\eta = P_a / P_b = m\pi/4 \leqq 0{,}78 \qquad (2.4.24)$$

ergibt. Die an einem Transistor umgesetzte Verlustleistung

$$P_V = \left(\frac{m}{\pi} - \frac{m^2}{4} \right) \frac{\bar{U}_b^2}{R_L} \qquad (2.4.25)$$

besitzt für $m = 2/\pi$ ein Maximum mit

$$P_{V\,max} = \frac{\bar{U}_b^2}{\pi^2 R_L}. \qquad (2.4.26)$$

Entsprechend sind die Kühlbedingungen für die beiden Transistoren zu wählen.

Die Übernahmeverzerrungen der Gesamtschaltung sind wegen der Gegenkopplung über beide Schaltungsteile wesentlich geringer als die des Gegentakt-B-Verstärkers allein.

Die komplette Schaltung, bestehend aus einem Operationsverstärker und einem Stromverstärker, ist in einem *Leistungsoperationsverstärker* integriert [14, 89]. Dieses Bauelement kann Ausgangsströme im Amperebereich liefern und ist gegen aus-

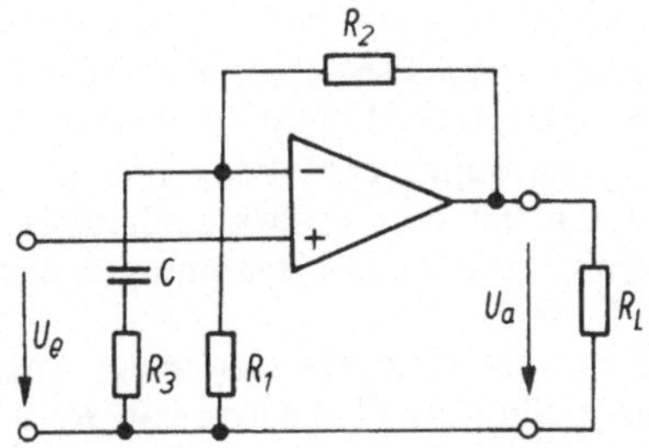

Abb. 2.4.10. Außenbeschaltung eines Leistungsoperationsverstärkers für nichtinvertierenden Betrieb bei beliebiger ohmscher Gegenkopplung (die Bauelemente R_3 und C sind nur für kleinere Spannungsverstärkungen erforderlich; bei Einsatz des Schaltkreises B 165 empfiehlt sich, $R_3 \approx 1\,k\Omega$ und $C \approx 15\,nF$ zu wählen, wenn $R_1 = 1\,k\Omega$ und $|\underline{V}_U| < 5$ gelten)

gangsseitigen Massekurzschluß (bzw. zu geringen Lastwiderstand) durch Schutzschaltungen vor Überlast gesichert. Die üblicherweise realisierte interne Frequenzgangkorrektur gestattet Gegenkopplungen für Spannungsverstärkungen $V_U \geqq 5$. Für kleinere Spannungsverstärkungen muß eine Zusatzbeschaltung des Eingangs gemäß Abb. 2.4.10 erfolgen. Leistungsoperationsverstärker arbeiten im Frequenzbereich Null bis zu einigen 10 kHz.

Versuche

Die Betriebsspannungen aller Operationsverstärkerschaltungen betragen +15 V und −15 V gegen die Nulleitung. Alle Signalspannungsmessungen erfolgen mit einem Oszillographen.

V 2.4.2.1

a) Bestimmen Sie für eine invertierende Schaltung nach Abb. 2.4.1a mit dem Operationsverstärker MAA 741 und den Widerständen $R_1 = 1\,k\Omega$ sowie $R_2 = 10\,k\Omega$ die maximal mögliche unverzerrte Ausgangsspannung bei ausgangsseitiger Belastung mit $R_L = 220\,\Omega$, $470\,\Omega$, $1\,k\Omega$, $2{,}2\,k\Omega$, $4{,}7\,k\Omega$ bzw. ohne Lastwiderstand durch Variation der Amplitude einer sinusförmigen Eingangsspannung bei einer Meßfrequenz $f = 1$ kHz!

b) Untersuchen Sie die Schaltung eines Operationsverstärkers MAA 741 mit einem Gegentakt-B-Verstärker (T_1 = SD 345, T_2 = SD 346) nach Abb. 2.4.9a hinsichtlich ihres Aussteuerverhaltens bei Lastwiderständen $R_L = 10\,\Omega \ldots 1\,k\Omega$ für eine sinusförmige Eingangsspannung mit $f = 1$ kHz bzw. 10 kHz! Überprüfen Sie, in welchem Umfange Übernahmeverzerrungen auftreten!

c) Berechnen Sie aus den Messungen von b) die maximal möglichen Ausgangsleistungen in Abhängigkeit vom Lastwiderstand!

V 2.4.2.2

a) Messen Sie an einer Leistungsoperationsverstärker-Schaltung mit dem Schaltkreis B 165 für drei verschiedene Gegenkopplungsgrade ($R_1 = 1\,k\Omega$ und $R_2 = 2{,}2\,k\Omega$, $22\,k\Omega$ bzw. $220\,k\Omega$) die Spannungsverstärkung und die maximal mögliche unverzerrte Ausgangsspannung bei den Lastwiderständen $R_L = 5\,\Omega$, $10\,\Omega$ bzw. $22\,\Omega$! Die Aussteuerung erfolge mit Wechselspannungen der Meßfrequenz $f = 100$ Hz, 1 kHz bzw. 10 kHz!

b) Ermitteln Sie aus den Messungen von a) die maximal möglichen Ausgangsleistungen (als Funktion der Spannungsverstärkung $|\underline{V}_U|$ sowie von R_L und f) für unverzerrte Ausgangsspannungen!

c) Untersuchen Sie für die unter a) angegebenen Schaltungen mit je drei verschiedenen Gegenkopplungsgraden und Lastwiderständen das Impulsverhalten, indem Sie den Eingang mit einem Rechtecksignal (Folgefrequenz 1 kHz, Tastverhältnis 1:1) einer solchen Amplitude ansteuern, daß die Ausgangsspannung $\hat{U}_a = 10$ V beträgt. Wie groß ist die Slew-Rate?

2.5. Transistoren im Schalterbetrieb

An einen Schalter *S* in einer elektronischen Schaltung (s. Abb. 2.5.1 a) stellt man folgende Forderungen:

- Im geschlossenen Zustand (*EIN*-Zustand) soll der Übergangswiderstand ($R_Ü$) Null sein;
- im geöffneten Zustand (*AUS*-Zustand) soll der Sperrwiderstand (R_S) unendlich sein;
- die Umschaltung soll ohne Zeitverzögerung erfolgen;
- beim Umschalten soll kein Kontaktprellen auftreten.

Unter Kontaktprellen versteht man das mehrmalige Kontaktgeben eines Schalters beim Umschalten, bedingt durch dessen Konstruktion.
Die Kennlinie eines idealen Schalters ist in Abb. 2.5.1 b dargestellt.
Reale Schalter können diese Anforderungen nicht erfüllen:

- Im geschlossenen Zustand tritt ein Übergangswiderstand $R_Ü$ auf, die Spannung U_a ist damit nicht Null;
- im geöffneten Zustand ist ein Sperrwiderstand R_S (im MΩ-Bereich) vorhanden, und damit ist der Strom I_a nicht Null;
- beim Umschalten treten Zeitverzögerungen $t_Ü$ auf.

Ein realer Schalter hat die in Abb. 2.5.1 c gezeigte Ersatzschaltung [70].

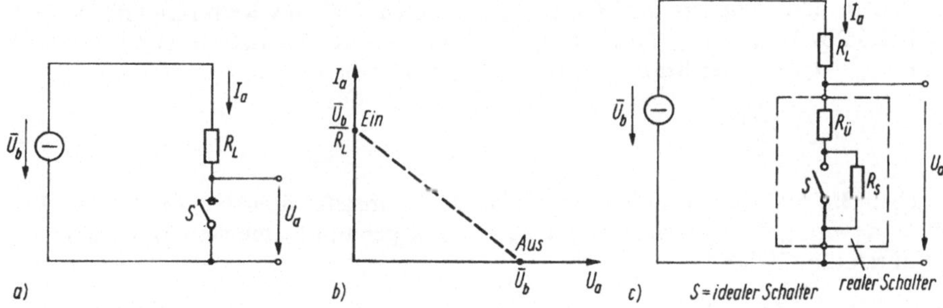

Abb. 2.5.1. a) Idealer Schalter in einer elektronischen Schaltung; b) Kennlinie eines idealen Schalters; c) Ersatzschaltung eines realen Schalters

2.5.1. Bipolartransistoren als Schalter

Hier sollen nur npn-Transistoren in Emitterschaltung (die am meisten angewendete Betriebsart als Schalter) behandelt werden. In Abb. 2.5.2 a ist die zugehörige Schaltung dargestellt.

In das Kennlinienfeld (Abb. 2.5.2b) zeichnet man die Widerstandsgerade

$$I_C = \frac{\bar{U}_b - U_{CE}}{R_L}, \tag{2.5.1}$$

die mit den Achsen des Kennlinienfeldes die Schnittpunkte

$$I_C = \frac{\bar{U}_b}{R_L} \quad \text{für} \quad U_{CE} = 0 \tag{2.5.2}$$

und

$$U_{CE} = \bar{U}_b \quad \text{für} \quad I_C = 0 \tag{2.5.3}$$

bildet. Es ergeben sich folgende Arbeitspunkte:

$A_{(Y)}$ – der Transistor ist gesperrt
(„geöffneter Schalter" – AUS-Zustand).
Das heißt, der Basisstrom $I_{B(Y)}$ ist Null, jedoch fließt noch ein Kollektorstrom I_{CE0}.
{die Formelzeichen erhalten den Index (Y)}.

$A_{(X)}$ – der Transistor ist leitend
(„geschlossener Schalter" – EIN-Zustand).
Das heißt, durch einen entsprechend großen Basisstrom $I_{B(X)}$ wird die Basis-Emitter-Diode leitend, jedoch bleibt noch eine Restspannung $U_{CE\,sat}$ bestehen. Bedingt durch diesen Basisstrom ist für das Schalten eines Bipolartransistors eine Steuerleistung notwendig.
{Die Formelzeichen erhalten den Index (X)}.

Legt man den Arbeitspunkt $A_{(X)}$ in den linearen Teil des Kennlinienfeldes (vgl. Abb. 2.5.2b) ($I_{C(X)} = I_{Cü}$, $I_{B(X)} = I_{Bü}$), so würde sich der Basisstrom zur Erzeugung von $I_{C(X)} = I_{Cü}$ mit der Stromverstärkung B_N des Transistors zu

$$I_{BÜ} = \frac{I_{CÜ}}{B_N} \tag{2.5.4}$$

ergeben. Im praktischen Betrieb wird man den Transistor übersteuern, d. h. der Basisstrom wird größer gewählt ($I_{B(X)} > I_{Bü}$). Der sogenannte Übersteuerungsfaktor m ist durch die Gleichung

$$m = \frac{I_{B(X)} \cdot B_N}{I_{C(X)}} \tag{2.5.5}$$

definiert. Da bei der Übersteuerung der Arbeitspunkt $A_{(X)}$ im nichtlinearen Teil des Kennlinienfeldes liegt, gilt $I_{C(X)} \leqq B_N I_{B(X)}$ oder

$$m \geqq 1\,. \tag{2.5.6}$$

In Tab. 2.5.1 sind die wichtigsten Kenngrößen für einen Siliziumtransistor als Schalter in Emitterschaltung zusammengestellt.

Die Dimensionierung des statischen Zustands der Schaltung (d. h., das Zeitverhalten ist ohne Interesse) beschränkt sich auf die Wahl des Widerstandes R_l, des

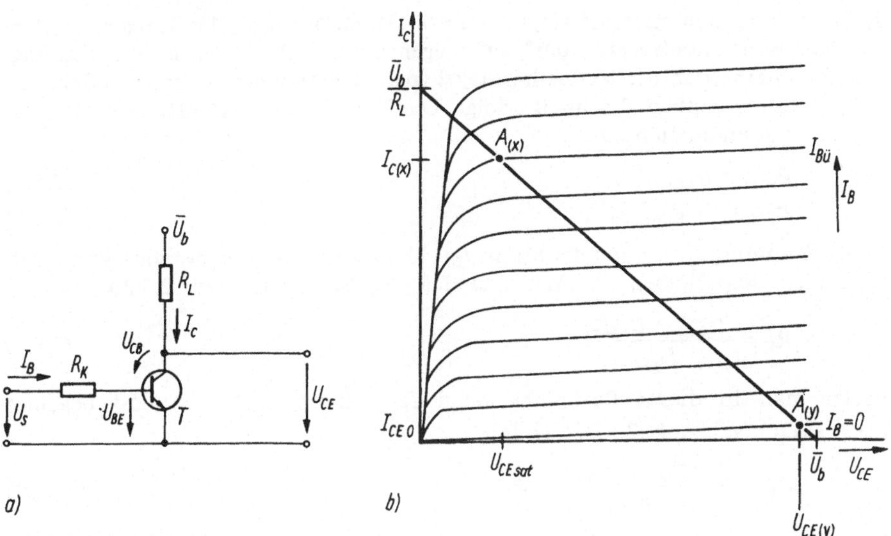

Abb. 2.5.2. a) Bipolarer Transistor in Emitterschaltung als Schalter; b) Kennlinienfeld eines npn-Transistors

Übersteuerungsfaktors m und die Berechnung des Widerstandes R_K. Bei der Wahl des Transistortyps müssen dessen Grenzwerte

- der maximale Kollektorstrom $I_{C\max}$,
- die maximale Kollektorspannung $U_{CE\max}$,
- die maximale Emitter-Basis Sperrspannung $U_{EB\max}$ und
- die maximale Kollektorverlustleistung $P_{V\max}$

beachtet werden.

Den Übersteuerungsfaktor m wird man wegen guten dynamischen Verhaltens der Schaltung zwischen 5 und 10 wählen (s. u.). Der Widerstand R_L wird möglichst klein gewählt, damit eine Belastung der Schaltstufe durch weitere Schaltstufen o. ä. nur einen geringen Einfluß auf die Ausgangsspannung U_{CE} hat. Die untere Grenze

Tabelle 2.5.1. Kenngrößen für einen bipolaren npn-Siliziumtransistor im Schalterbetrieb

EIN-Zustand	AUS-Zustand
$U_{BE(X)} \approx 0{,}6\,V$	$U_{BE(Y)} \leqq 0{,}4\,V$
$U_{CE(X)} = U_{CEsat} \approx 0{,}2\,V$	$U_{CE(Y)} = \bar{U}_b - I_{CE0}R_L \approx \bar{U}_b$
$I_{B(X)} = I_{C(X)}/B_N$	$I_{B(Y)} \approx 0$
$I_{C(X)} = (\bar{U}_b - U_{CEsat})/R_L$	$I_{C(Y)} \approx I_{CE0} \approx 10\,nA$

für R_L ist durch den maximal möglichen Kollektorstrom $I_{C\max}$ des Transistors gegeben. Die Widerstandsgerade darf, im Gegensatz zur Analogverstärkerschaltung, beim Schalterbetrieb die Verlustleistungshyperbel schneiden, sofern das Schalten des Transistors genügend schnell erfolgt. Die Transistorverlustleistung in den Arbeitspunkten ergibt sich zu

$$P_{V(X)} = U_{CE\,sat} I_{C(X)}, \tag{2.5.7}$$

$$P_{V(Y)} = U_{CE(Y)} I_{CE0}. \tag{2.5.8}$$

Da die Spannung $U_{CE\,sat}$ und der Strom I_{CE0} klein sind, wird die jeweilige Verlustleistung auch klein bleiben. Der Widerstand R_K ergibt sich aus Abb. 2.5.2a zu

$$R_K = \frac{U_{S(X)} - U_{BE(X)}}{I_{B(X)}}. \tag{2.5.9}$$

Ersetzt man in dieser Beziehung noch $I_{B(X)}$ durch Gl. (2.5.5) und beachtet $I_{C(X)} \approx \bar{U}_b / R_L$ (vgl. Abb. 2.5.2c), so folgt

$$R_K = \frac{B_N(U_{S(X)} - U_{BE(X)})}{m\bar{U}_b} R_L. \tag{2.5.10}$$

Für den Fall des gesperrten Transistors muß noch kontrolliert werden, ob die Spannung $U_{BE(Y)}$ kleiner als die Flußspannung U_{BEF} der Basis-Emitter-Diode ($\approx 0{,}6$ V) ist. Falls dies nicht gilt, wird die Spannung $U_{BE(Y)}$ durch eine zusätzliche negative Spannung nach Abb. 2.5.3 abgesenkt.

Auf die Besonderheiten der Dimensionierung, die durch die Bauelementetoleranzen, die Toleranzen der Betriebsspannung und der Steuerspannung bedingt sind, soll hier nicht eingegangen werden.

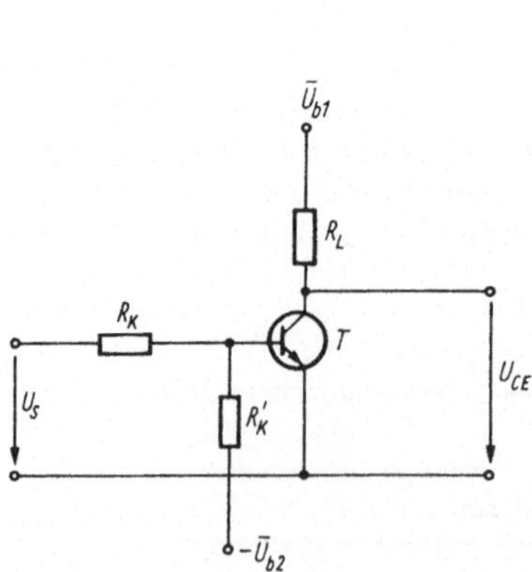

Abb. 2.5.3. Absenkung der Spannung $U_{BE(Y)}$ bei einem bipolaren Schalttransistor

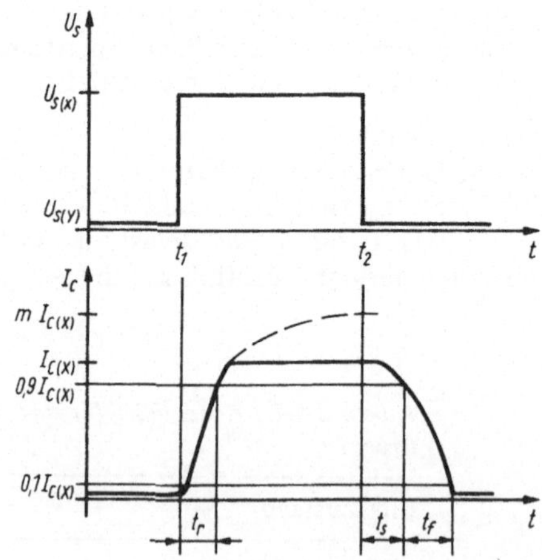

Abb. 2.5.4. Kollektorstrom als Funktion der Zeit für eine Schaltstufe

Im folgenden wird das dynamische Verhalten der Transistorschaltstufe untersucht. Darunter versteht man den Übergang vom „AUS“- in den „EIN“-Zustand des Transistors und umgekehrt.

Legt man an den Eingang der Schaltstufe einen Rechteckimpuls, so werden sich der Kollektorstrom und damit auch die Ausgangsspannung erst nach einer endlichen Zeit den stationären Werten nähern (vgl. Abb. 2.5.4).

- Zum Zeitpunkt t_1 soll die Steuerspannung U_S von $U_{S(Y)}$ nach $U_{S(X)}$ springen, der Transistor also vom „AUS“-Zustand in den „EIN“-Zustand geschaltet werden.

Dann ergibt sich für den Kollektorstrom im linearen Bereich, d. h. für $I_C(t) \leqq I_{C(X)}$,

$$I_C(t) = mI_{C(X)} \{1 - \exp(-t/\tau_C)\}, \qquad (2.5.11)$$

wobei τ_C eine Zeitkonstante ist, die von den Transistorkennwerten abhängt.

Die Anstiegszeit t_r ist definiert als die Zeit, in der der Strom $I_C(t)$ von $0{,}1 I_{C(X)}$ auf $0{,}9 I_{C(X)}$ anwächst. Es ergibt sich damit aus Gl. (2.5.11)

$$t_r = \tau_C \ln \frac{(m - 0{,}1)}{(m - 0{,}9)}. \qquad (2.5.12)$$

Mit größerer Übersteuerung m wird folglich die Anstiegszeit t_r geringer!

- Zum Zeitpunkt t_2 soll die Steuerspannung U_S von $U_{S(X)}$ nach $U_{S(Y)}$ springen, der Transistor also vom Zustand „EIN“ in den Zustand „AUS“ geschaltet werden.

Es vergeht eine Speicherzeit t_s (Ausschaltverzögerungszeit), bevor sich der Kollektorstrom merklich ändert (vgl. Abb. 2.5.4). Dieser Effekt wird durch die im Basisraum gespeicherten Ladungsträger verursacht, so daß ein großer Übersteuerungsfaktor m eine große Speicherzeit t_s bedeutet. Nach Ablauf der Speicherzeit t_s baut der Basisstrom die im Basisraum noch vorhandenen Ladungsträger weiter ab, und der Kollektorstrom sinkt rapide. Die Abfallzeit t_f hängt stark von der Größe des Ausräumstromes ab. Dies bedeutet, es fließt während der Zeit $t_s + t_f$ ein Basisstrom, obwohl die Basis-Emitterdiode gesperrt ist.

Zum schnellen Schalten eines Transistors wäre der in Abb. 2.5.5 dargestellte Verlauf des Basisstromes ideal:

Zum Zeitpunkt t_1 fließt ein hoher Basisstrom $(mI_{C(X)}/B_N)$; dadurch wird t_r klein gehalten. Im eingeschalteten Zustand ist der Transistor nicht übersteuert ($m = 1$), und die Speicherzeit t_s wird damit ebenfalls gering. Zum Zeitpunkt t_2 fließt ein hoher Ausräumstrom, die Abfallzeit t_f ist gering. Diesen „idealen“ Basisstromverlauf kann man annähernd durch die in Abb. 2.5.6 gezeigte Schaltung erreichen: Durch den Aufladestrom des Kondensators C_K wird zum Zeitpunkt t_1 ein großer Basisstrom fließen. Im statischen Fall wird der Basisstrom I_B durch den Widerstand R_K bestimmt und dieser so dimensioniert, daß keine Übersteuerung auftritt. Zum Zeitpunkt t_2 wird durch den Entladestrom des Kondensators ein hoher „Ausräumstrom“ fließen.

Eine weitere Möglichkeit besteht darin, durch Dioden im Eingangsnetzwerk eine Übersteuerung der Basis-Kollektor-Diode und damit eine große Speicherzeit zu verhindern (vgl. Abb. 2.5.7). Die Diode muß eine kleinere Flußspannung als die Basis-Kollektor-Diode des Transistors und eine kleinere Schaltzeit besitzen. Dies wird in LS-TTL-Schaltkreisen (Low-Power-Schottky-Transistor-Transistor-Logik) angewendet.

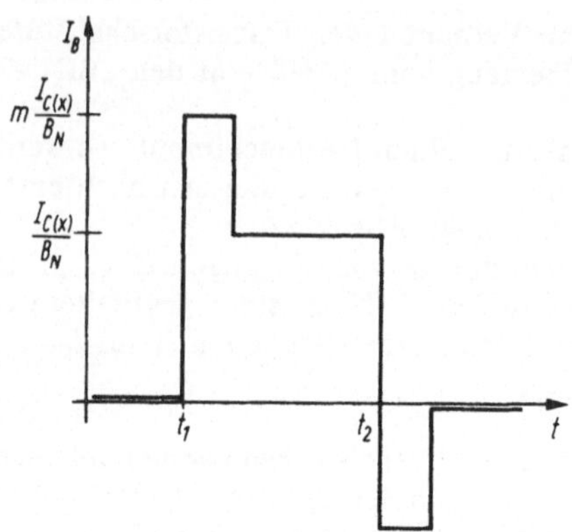

Abb. 2.5.5. Idealer Verlauf des Basisstromes eines Schalttransistors

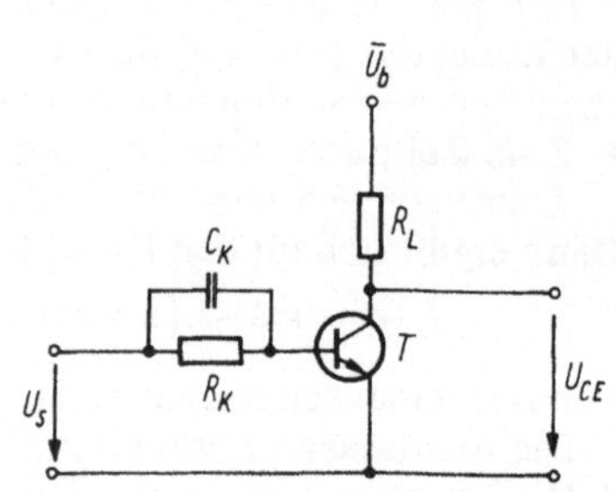

Abb. 2.5.6. Schaltung zur Schaltzeitverkürzung mit einem Kondensator

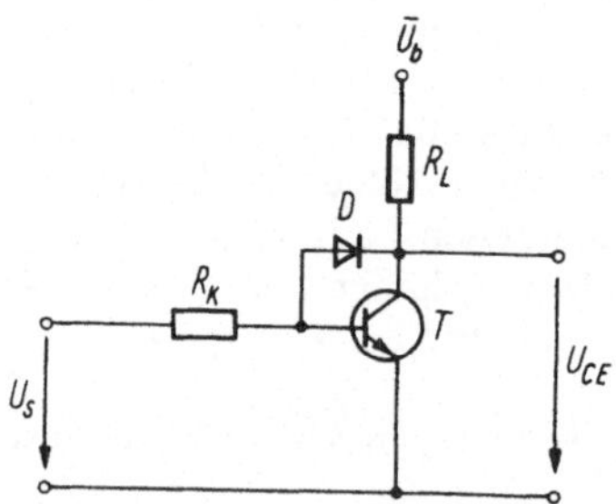

Abb. 2.5.7. Schaltung zur Schaltzeitverkürzung mit einer Diode

Eine wesentliche Rolle spielt die Belastung einer Schaltstufe mit weiteren Schaltelementen (z. B. durch nachfolgende Schaltstufen). In Abb. 2.5.8 sind einige der möglichen Lastfälle aufgezeigt.

1. Fall (Abb. 2.5.8a): Belastung mit einem Widerstand R_B nach der Betriebsspannung $\bar{U}_b$.
Für den Fall „Transistor ist leitend" muß der zusätzliche Strom I durch den Transistor fließen. Dies ist bei der Dimensionierung des Widerstandes R_K zu beachten.

2. Fall (Abb. 2.5.8b): Belastung mit einem Widerstand R_B nach Masse.
Für den Fall „Transistor ist gesperrt" fließt über den Widerstand R_B ein Strom I

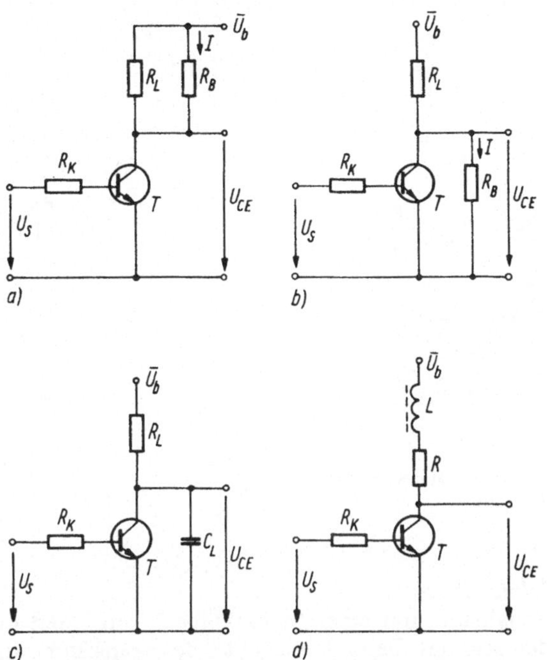

Abb. 2.5.8. Verschiedene Lastfälle für eine Schaltstufe mit einem bipolaren Transistor
a) ohmsche Belastung nach der Betriebsspannung U_b; b) ohmsche Belastung nach Masse; c) kapazitive Belastung; d) induktive Belastung

und die Ausgangsspannung $U_{CE(Y)}$ sinkt entsprechend

$$U_{CE(Y)} \approx \bar{U}_b \frac{R_B}{R_B + R_L} \tag{2.5.13}$$

ab. Deshalb muß $R_L \ll R_B$ gewählt werden.

3. Fall (Abb. 2.5.8c): Kapazitive Belastung.

Für den Fall der kapazitiven Belastung kann sich die Ausgangsspannung nicht sprunghaft ändern, der Kondensator C_L muß erst auf- bzw. entladen werden. Die Aufladung im „AUS-Zustand“ erfolgt über den Widerstand R_L mit der Zeitkonstante $t = R_L C_L$. Der Widerstand R_L muß möglichst klein sein, um eine kleine Schaltzeit zu erhalten. Die Entladung des Kondensators C_L im „EIN-Zustand“ erfolgt über den Transistor. Das Umschalten geschieht nicht längs der Widerstandsgeraden von R_L, sondern wie in Abb. 2.5.9 gezeigt. Im Gegensatz zur rein ohmschen Belastung können bei der kapazitiven Belastung sehr große Umschaltzeiten auftreten. Dadurch kann die zulässige Verlustleistung des Transistors überschritten werden.

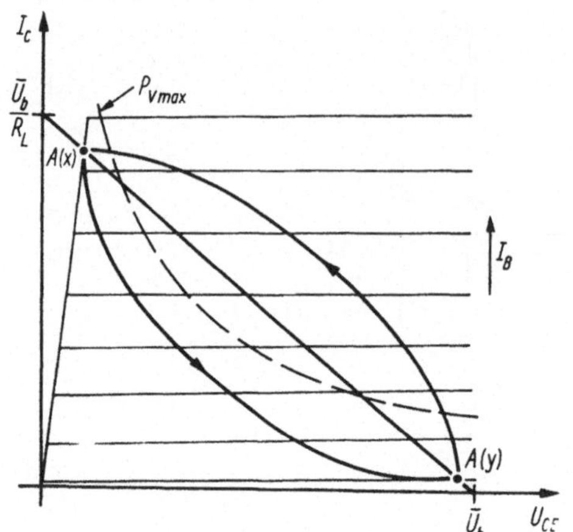

Abb. 2.5.9. Kennlinie für einen bipolaren Schalttransistor mit kapazitiver Belastung

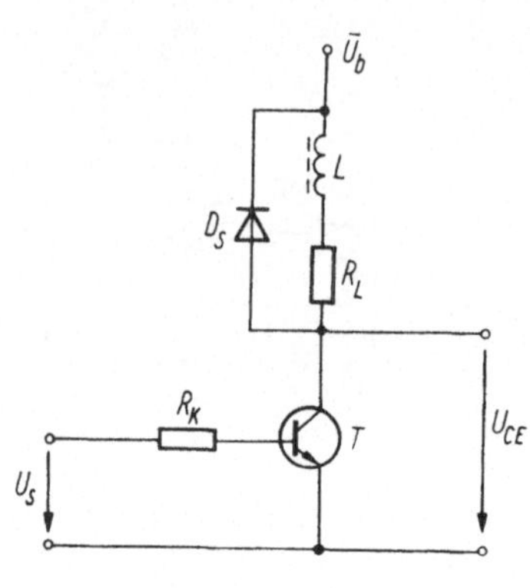

Abb. 2.5.10. Schaltstufe mit induktiver Belastung und einer Schutzdiode

4. Fall (Abb. 2.5.8d): Induktive Belastung.
Bei der Belastung der Schaltstufe mit einer Induktivität L verhindert diese eine sprunghafte Änderung des Stromes. Beim Ausschalten des Transistors wird in der Induktivität L eine Spannung induziert, die sich zur Betriebsspannung $\bar{U}_b$ addiert. Dies kann zu einem Überschreiten der zulässigen Kollektorspannung $U_{CE\,max}$ führen. Deshalb ist für diesen Fall unbedingt eine Schutzdiode D_5 nach Abb. 2.5.10 erforderlich [79, 83].

Versuch
V 2.5.1.1

Es sollen die Kennwerte für einen mittelschnellen bipolaren Schalttransistor (Transistor SF 826c) bestimmt werden. Bei den Messungen der Schaltzeiten wird der Oszillograph mit der positiven Flanke der Steuerspannung U_S getriggert.

Bei allen Messungen soll die Betriebsspannung $\bar{U}_b = 12$ V und der Widerstand $R_L = 1$ kΩ (außer bei Aufgabe a) betragen. Die Steuerspannung U_S für die Aufgaben d, e und f wird mit einem Rechteckimpulsgenerator ($f = 10$ kHz,Impulsbreite $t_w = 5$ µs) erzeugt. Der Widerstand R_I in Abb. 2.5.12 muß entsprechend dem Innenwiderstand des Rechteckimpulsgenerators gewählt werden.

a) Nehmen Sie den Verlauf der Arbeitsgeraden $I_C = f(U_{CE})$ mit dem Arbeitswiderstand R_L und dem Basisstrom I_B als Parameter auf (vgl. Abb. 2.5.2b)! Führen Sie diese Messungen für die Arbeitswiderstände $R_L = 1$ kΩ, 2,2 kΩ und 4,7 kΩ mit einem Koppelwiderstand $R_K = 100$ kΩ durch. Verändern Sie die Steuerspannung U_S so, daß sich die Spannung U_{CE} um jeweils 1 V ändert! Die Meßschaltung ist in der Abb. 2.5.11 angegeben! Messen Sie die Spannung U_{BE} mit einem Digitalvoltmeter!

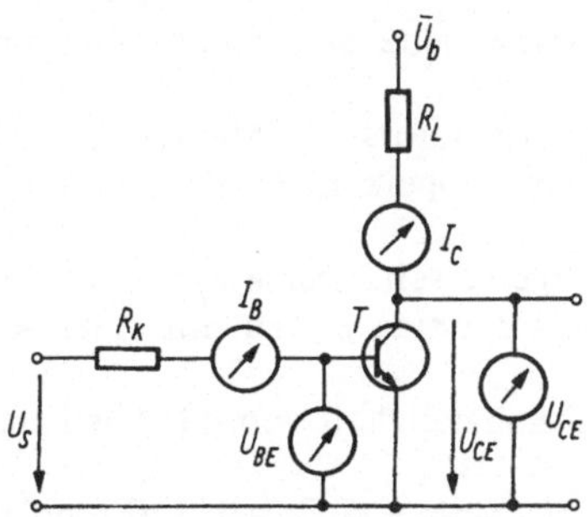

Abb. 2.5.11. Meßschaltung für die Arbeitsgerade $I_C = f(U_{CE})$

b) Bestimmen Sie aus diesen Kennlinien die Stromverstärkung B_N gemäß der Gl. (2.5.4) und vergleichen Sie die Lage der Schnittpunkte der Arbeitsgeraden mit den Achsen (U_{CE} bzw. I_C) mit den theoretischen Werten nach Gl. (2.5.2) und (2.5.3)!
Diskutieren Sie die eventuellen Abweichungen der Schnittpunkte, und beachten Sie dabei die Toleranzen der Widerstände!

c) Nehmen Sie die Abhängigkeit der Spannung $U_{CE\,sat}$ vom Übersteuerungsfaktor m nach Abb. 2.5.11 auf!
Berechnen Sie dazu den Widerstand R_K nach Gl. (2.5.10), wobei Sie für die Spannung $U_{BE(X)}$ den Wert 0,6 V und für die Spannung $U_{S(X)}$ den Wert 1 V annehmen, der Übersteuerungsfaktor m soll 1 sein und die Stromverstärkung B_N den unter b) ermittelten Wert haben!

d) Messen Sie die Schaltzeiten t_r, t_s und t_f (vgl. Abb. 2.5.4) für die unterschiedlichen Übersteuerungsfaktoren m ohne die Kondensatoren C_K und C_L nach Abb. 2.5.12!
Als Widerstand R_K soll der unter c) ermittelte Wert eingesetzt werden. Der Grad

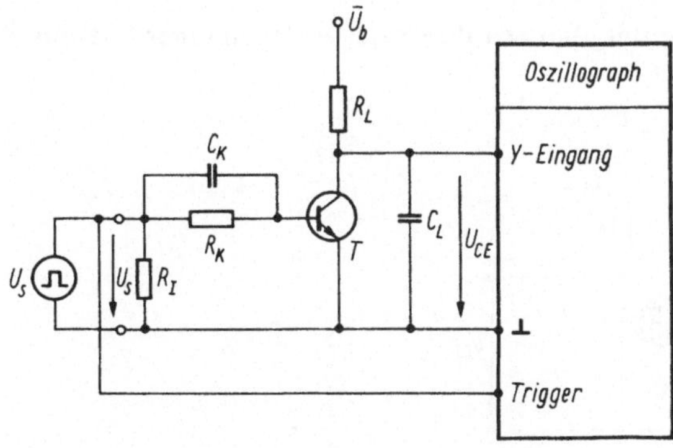

Abb. 2.5.12. Meßschaltung für die Schaltzeiten t_r, t_s und t_f

der Übersteuerung *m* wird durch unterschiedliche Steuerspannungsamplituden U_S eingestellt (U_S von 1...10 V variieren).

e) Ermitteln Sie den Einfluß des Koppelkondensators C_K! Messen Sie die Schaltzeiten t_r, t_s und t_f für folgende Werte des Koppelkondensators $C_K = 0$; 100 pF; 1 nF und 10 nF nach Abb. 2.5.12!
Die Lastkapazität C_L soll bei den Messungen 0 sein. Der Widerstand R_K soll den unter c) ermittelten Wert haben. Die Ansteuerung erfolgt mit einer Amplitude $\hat{U}_S = 1$ V.

f) Messen Sie die Funktion $U_{CE} = f(t)$ in Abhängigkeit von der Lastkapazität C_L nach Abb. 2.5.12!
Stellen Sie die Spannung U_{CE} für folgende Werte von $C_L = 0$; 1 nF und 10 nF auf dem Oszillographen dar und übertragen Sie die Funktion $U_{CE}(t)$ in ein Diagramm!
Der Widerstand R_K soll den unter c) ermittelten Wert, die Koppelkapazität C_K den Wert 0 haben! Die Ansteuerung erfolgt mit $\hat{U}_s = 5$ V!

g) Bestimmen Sie den in Abb. 2.5.1c allgemein für einen Schalter definierten Sperr- (R_S) und Übergangswiderstand ($R_Ü$) aus dem unter a) gemessenen Kennlinienfeld!

2.5.2. Feldeffekttransistoren als Schalter

Prinzipiell lassen sich alle Feldeffekttransistoren als Schalttransistoren einsetzen. Abb. 2.5.13 zeigt die Grundschaltung eines n-Kanal-Feldeffekttransistors vom Anreicherungstyp im Schalterbetrieb.

Je nachdem ob es sich um einen n- oder p-Kanal Transistor vom Verarmungs- bzw. Anreicherungstyp handelt, ergeben sich andere Spannungsverhältnisse für die Betriebsspannung $\bar{U}_b$ bzw. die Steuerspannung U_{GS}.

Verarmungstyp bedeutet, daß schon für die Spannung $U_{GS} = 0$ ein leitfähiger Kanal im Feldeffekttransistor zwischen Drain und Source vorhanden ist. Bei der Abschnürspannung U_P wird der Drainstrom, trotz anliegender Spannung U_{DS} nahezu Null ($I_D < 100$ µA).

Anreicherungstyp bedeutet, daß erst durch das Anlegen einer Spannung U_{GS} ein

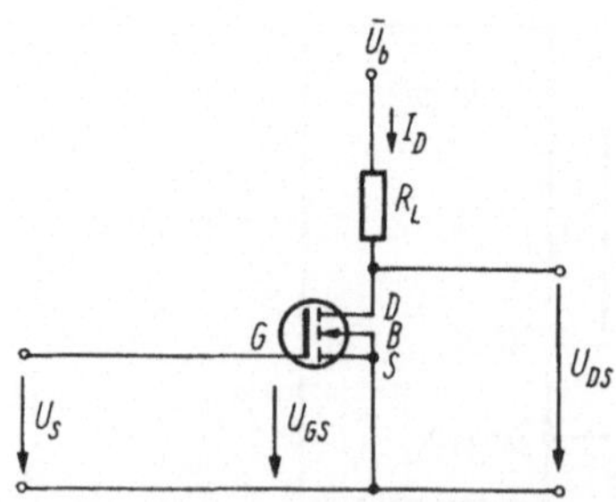

Abb. 2.5.13. Feldeffekttransistor als Schalter

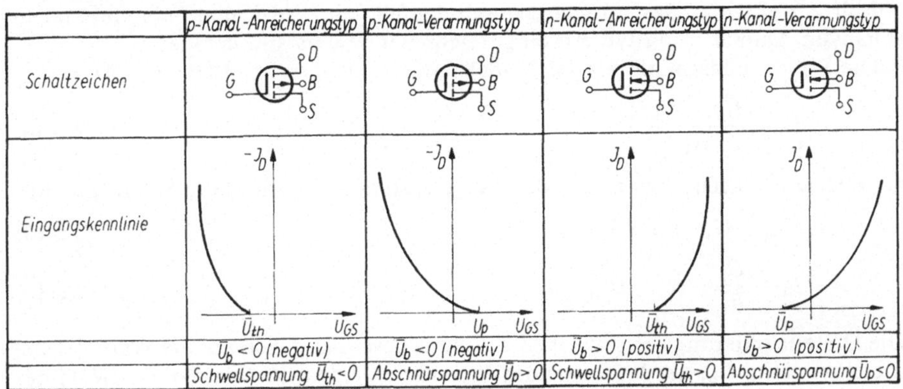

	p-Kanal-Anreicherungstyp	p-Kanal-Verarmungstyp	n-Kanal-Anreicherungstyp	n-Kanal-Verarmungstyp
Schaltzeichen	G D B S	G D B S	G D B S	G D B S
Eingangskennlinie	$-J_D$; U_{th}; U_{GS}	$-J_D$; U_P; U_{GS}	J_D; U_{th}; U_{GS}	J_D; U_P; U_{GS}
	$U_b < 0$ (negativ)	$U_b < 0$ (negativ)	$U_b > 0$ (positiv)	$U_b > 0$ (positiv)
	Schwellspannung $U_{th} < 0$	Abschnürspannung $U_P > 0$	Schwellspannung $U_{th} > 0$	Abschnürspannung $U_P < 0$

Abb. 2.5.14. Übersicht über die verschiedenen Arten von Feldeffekttransistoren

leitfähiger Kanal im Feldeffekttransistor erzeugt werden muß. Erst beim Überschreiten einer Schwellspannung U_{th} beginnt ein Drainstrom zu fließen.

Bei beiden Typen erfolgt die Steuerung über ein elektrisches Feld, aufgebaut durch die Spannung U_{GS} am Gate, nahezu leistungslos: Der Eingangswiderstand von Feldeffekttransistoren liegt im MΩ-Bereich.

In Abb. 2.5.14 sind die Eingangskennlinien, Schaltzeichen usw. für die einzelnen Feldeffekttransistoren zusammengestellt.

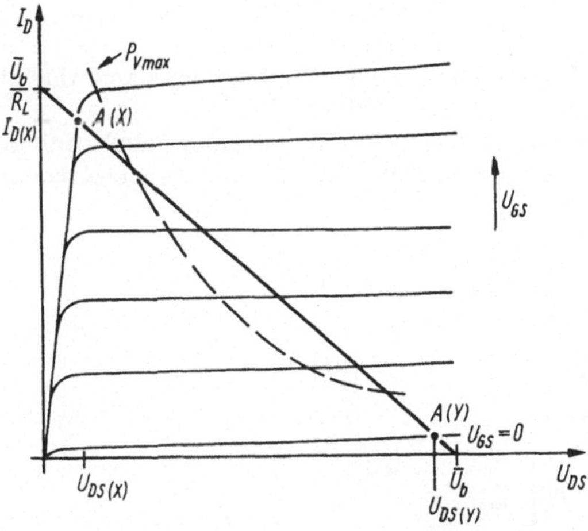

Abb. 2.5.15. Kennlinie für einen n-Kanal-Feldeffekttransistor vom Anreicherungstyp

Abb. 2.5.15 zeigt das Ausgangskennlinienfeld eines n-Kanal-Feldeffekttransistors vom Anreicherungstyp mit eingezeichneter Widerstandsgeraden.

Die Widerstandsgerade für den Widerstand R_L entsprechend Gl. (2.5.14),

$$I_D = \frac{\bar{U}_b - U_{DS}}{R_L} \tag{2.5.14}$$

hat mit den Achsen I_D bzw. U_{DS} des Ausgangskennlinienfeldes die Schnittpunkte

$$U_{DS} = \bar{U}_b \quad \text{für} \quad I_D = 0\,, \tag{2.5.15}$$

$$I_D = \frac{\bar{U}_b}{R_L} \quad \text{für} \quad U_{DS} = 0\,. \tag{2.5.16}$$

Die Dimensionierung des statischen Zustands beschränkt sich auf die Wahl der Betriebsspannung $\bar{U}_b$, des Widerstandes R_L und des Transistortyps. Bei der Wahl des Feldeffekttransistors müssen dessen Grenzwerte

- die maximale Spannung $U_{DS\,max}$,
- die maximale Sperrspannung $U_{GS\,max}$,
- der maximale Strom $I_{D\,max}$ und
- die maximale Verlustleistung $P_{V\,max}$ beachtet werden.

Die ersten drei Grenzwerte dürfen nicht überschritten werden. Die Widerstandsgerade darf die Verlustleistungshyperbel schneiden, wenn das Umschalten genügend schnell erfolgt. Für den Fall des leitenden Feldeffekttransistors („EIN"-Zustand) erfolgt eine Spannungsteilung zwischen dem Widerstand R_L (vgl. Abb. 2.5.13) und dem Kanalwiderstand $R_{K(X)}$ des Feldeffekttransistors. Dieser Kanalwiderstand $R_{K(X)}$ berechnet sich zu

$$R_{K(X)} = \frac{U_{DS(X)}}{I_{D(X)}} \tag{2.5.17}$$

Man muß den Widerstand R_L möglichst groß gegenüber dem Kanalwiderstand wählen, um eine kleine Spannung $U_{DS(X)}$ zu erhalten.

Bei der Untersuchung des dynamischen Verhaltens einer Schaltstufe mit Feldeffekttransistoren kann man davon ausgehen, daß der Steuermechanismus (Feldef-

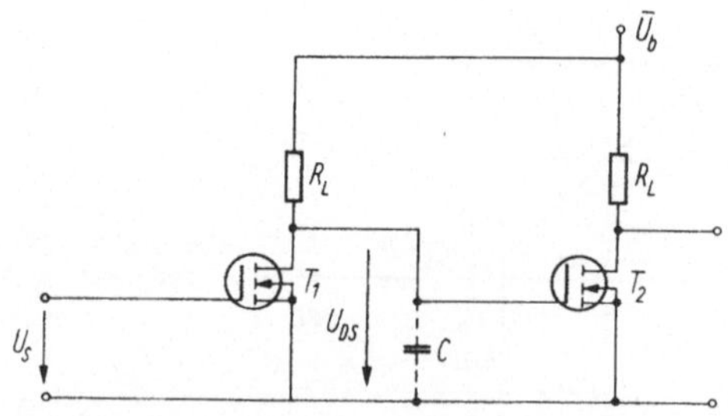

Abb. 2.5.16. Zusammenschaltung von Schaltstufen mit Feldeffekttransistoren

fekt) ohne wesentliche innere Verzögerungszeiten (rund 10^{-10} s) erfolgt. Eine Speicherzeit t_s wie bei Bipolartransistoren tritt nicht auf. Die Zusammenschaltung von Schaltstufen mit Feldeffekttransistoren zeigt Abb. 2.5.16.

Die in Abb. 2.5.16 eingezeichnete Kapazität C repräsentiert die Kapazitäten der Verbindungsleitungen, die Eingangskapazität des nachfolgenden Feldeffekttransistors und die Ausgangskapazität des geschalteten Feldeffekttransistors. Diese Kapazität C muß über den Widerstand R_L mit der Zeitkonstante $t \approx R_L C$ aufgeladen bzw. über den Kanalwiderstand $R_{K(X)}$ des Feldeffekttransistors mit der Zeitkonstante $t_1 \approx R_{K(X)}\, C$ entladen werden.

Um möglichst kleine Schaltzeiten zu erreichen, sind die oben genannten Kapazitäten durch geeigneten Aufbau bzw. durch geeignete Wahl der Feldeffekttransistoren gering zu halten. Die im Abschn. 2.5.1 gezeigten Besonderheiten bei den unterschiedlichen Lastarten gelten in gleicher Weise für die Feldeffekttransistoren.

Werden Feldeffekttransistoren als Schalter eingesetzt, hat sich die Kombination zweier Feldeffekttransistoren unterschiedlichen Leitfähigkeitstyps bewährt. In

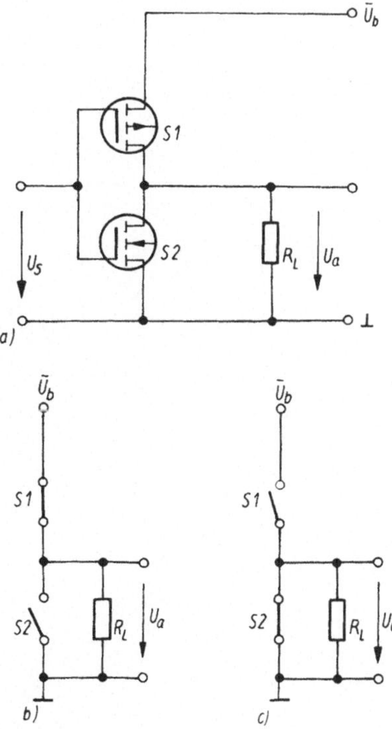

Abb. 2.5.17. Transistorschaltstufe mit einem p-Kanal- und einem n-Kanal-Feldeffekttransistor vom Anreicherungstyp

a) Prinzipschaltbild; b) Ersatzschaltung für den Fall „Schalter EIN“; c) Ersatzschaltung für den Fall „Schalter AUS“

Abb. 2.5.17a) ist eine solche Schaltung dargestellt. Je nach Steuerspannung U_S ist der eine Feldeffekttransistor gesperrt und der andere leitet. Die Ersatzschaltungen (Abb. 2.5.17b und c) verdeutlichen diese Arbeitsweise [3].

Versuch
V 2.5.2.1

Die Messungen werden an n- bzw. p-Kanal-Feldeffekttransistoren vom Anreicherungstyp durchgeführt. Verwenden Sie in diesem Versuch den monolithisch integrierten Schaltkreis V 4007. In ihm sind 6 Feldeffekttransistoren enthalten. Beachten Sie unbedingt bei der Versuchsdurchführung die Behandlungsvorschriften für Feldeffektbauelemente (vgl. Abschn. 1.4.2.) und den Grenzwert $P_{V\,max} = 100$ mV (je Transistor).

Alle Messungen sollen durchgeführt werden für $\bar{U}_b = 5$ V, 10 V, 15 V; $R_L = 1$ kΩ,

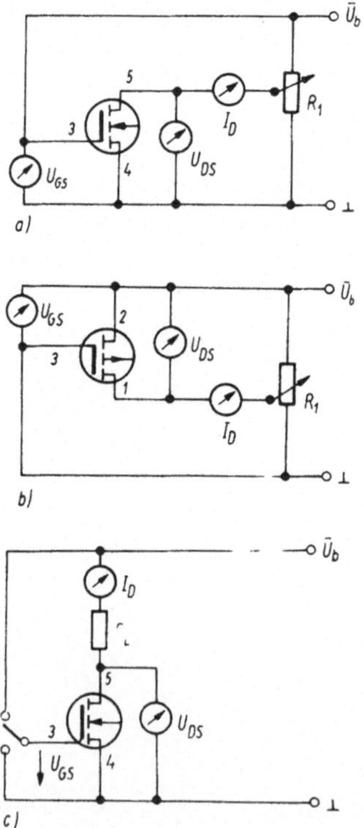

Abb. 2.5.18. Meßschaltungen für Feldeffekttransistoren
a) Meßschaltung für die Funktion $I_D = f(U_{DS})$; b) Meßschaltung für die Funktion $I_D = f(U_{DS})$; c) Meßschaltung für die Funktion $U_{DS} = f(U_{GS})$

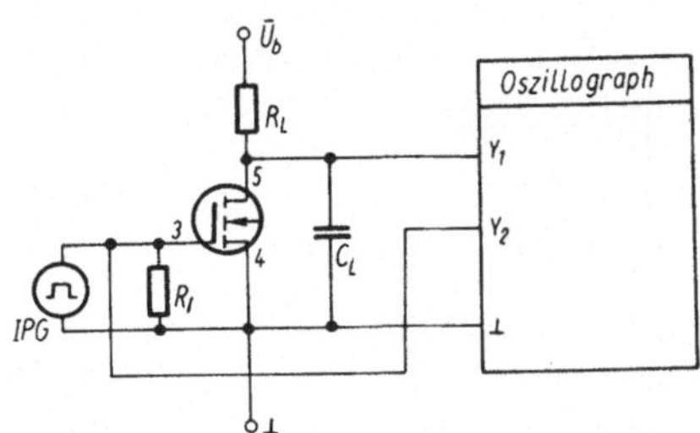

Abb. 2.5.19. Meßschaltung für die Schaltzeiten t_r, t_s und t_f

10 kΩ; $C_L = 1$ nF; $R_1 = 1$ kΩ eine Impulsfolgefrequenz von 10 kHz und eine Impulsbreite von 10 µs.

Beachten Sie bei allen Meßschaltungen Abb. 2.5.18 bis Abb. 2.5.21:

- Die angegebenen Zahlen sind die Anschlüsse der Pins des Schaltkreises V 4007!
- Es sind zusätzlich folgende Anschlüsse am Schaltkreis V 4007 zu verbinden: $\bar{U}_b$ = Anschlüsse 11, 14; Masse = Anschlüsse 6, 7, 9, 10!

a) Messen Sie für den Feldeffekttransistor vom n-Kanal-Anreicherungstyp das Ausgangskennlinienfeld $I_D = f(U_{DS})$ mit $U_{GS}(= \bar{U}_b)$ als Parameter nach Abb. 2.5.18 a.

b) Messen Sie für den Feldeffekttransistor vom p-Kanal-Anreicherungstyp das Ausgangskennlinienfeld $I_D = f(U_{DS})$ mit $U_{GS}(= \bar{U}_b)$ als Parameter nach Abb. 2.5.18 b.

c) Messen Sie das Schaltverhalten $U_{DS} = f(U_{GS})$ eines Feldeffekttransistors nach Abb. 2.5.18 c für $U_{GS} = 0$ V und $U_{GS} = \bar{U}_b$.
Bestimmen Sie aus den obigen Meßwerten den Sperrwiderstand R_S und den Übergangswiderstand $R_Ü$ (siehe Ersatzschaltbild eines Schalters Abb. 2.5.1) des eingesetzten Feldeffekttransistors.
Diskutieren Sie das Ergebnis, insbesondere die Abhängigkeit der Spannung U_{DS} vom Lastwiderstand.

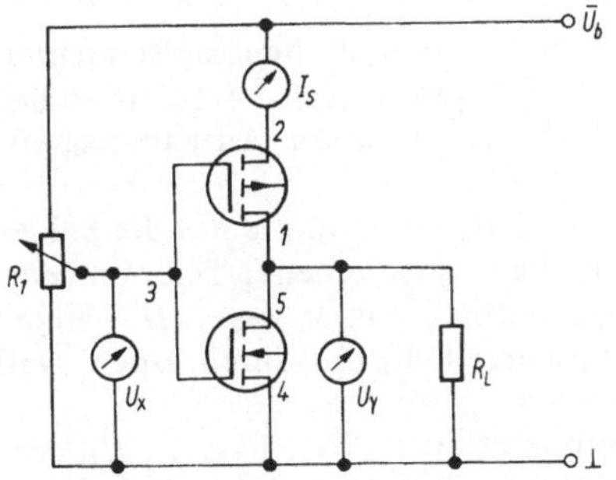

Abb. 2.5.20. Meßschaltung für die Funktionen $U_Y = f(U_X)$ und $I_S = f(U_X)$

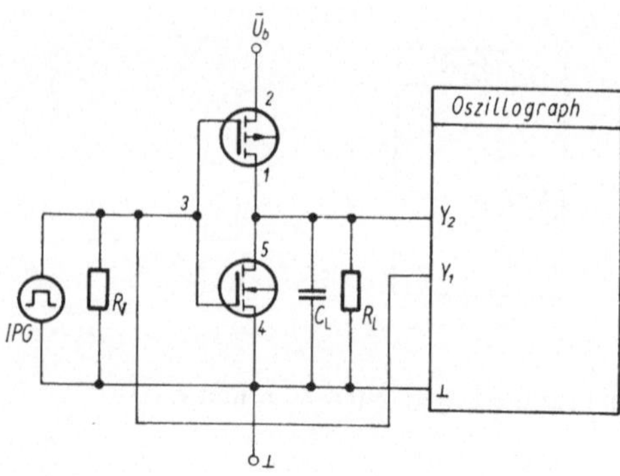

Abb. 2.5.21. Meßschaltung für die Schaltzeiten t_r, t_s und t_f

d) Messen Sie die Schaltzeiten t_r, t_s und t_f nach Abb. 2.5.19!
e) Zeichnen Sie in die unter a) und b) ermittelten Kennlinienfelder die Widerstandsgeraden für R_L ein.
f) Messen Sie die Übertragungskennlinie $U_Y = f(U_X)$ für einen CMOS-Schalter, bestehend aus einem n-Kanal- und einem p-Kanal-Feldeffekttransistor nach Abb. 2.5.20 einmal ohne R_L und einmal mit $R_L = 10\ \text{k}\Omega$.
Bestimmen Sie den Sperrwiderstand R_s und den Übergangswiderstand $R_Ü$ für diese Schaltung und vergleichen Sie die Werte mit denen von Aufgabe c).
g) Messen Sie die Stromaufnahme $I_s = f(U_x)$ der Schaltung nach Abb. 2.5.20 einmal ohne den Widerstand R_L und einmal mit R_L.
h) Messen Sie die Schaltzeiten t_r, t_s und t_f nach Abb. 2.5.21 und vergleichen Sie die Werte mit denen von Aufgabe d).

2.6. Digitale integrierte Schaltkreise

Digitale integrierte Schaltkreise (vgl. Abb. 2.6.1) enthalten meist mehrere Gatter. Ein Gatter verknüpft n Signale an den Eingängen X_i (mit $i = 1 \dots n$) eindeutig nach einer vorgegebenen Funktion (Schaltfunktion) zu einem Ausgangssignal am Ausgang Y.

Bei den Signalen handelt es sich um digitale Größen, die nur die beiden Wertigkeiten H bzw. L besitzen können. Innerhalb vorgegebener Toleranzbereiche wird unterschieden nach L-Pegel (L = Low, „niedrig“) und H-Pegel (H = High, „hoch“). Sie entsprechen bestimmten Spannungsbereichen, die durch einen „verbotenen“ Bereich getrennt sind.

Für die verschiedenen Spannungskombinationen (U_{X1}, U_{X2}, ..., U_{Xn}) an den Eingängen X_i ist die Ausgangsspannung U_Y am Ausgang Y der digitalen Schaltung durch entsprechende Schaltfunktionen $Y = F(X_1, X_2, \dots, X_n)$ bestimmt. Die Schalt-

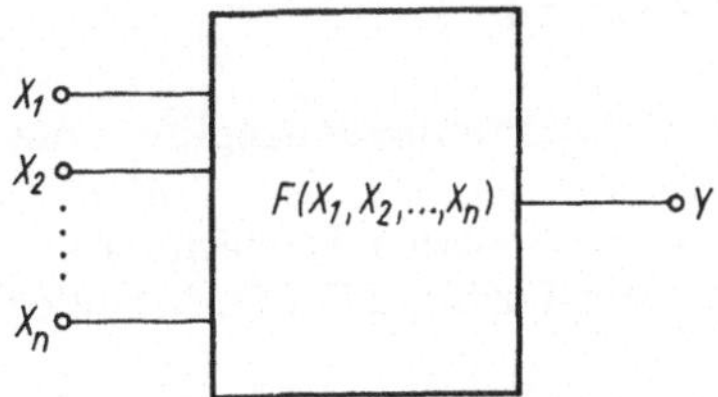

Abb. 2.6.1. Schaltzeichen für einen digitalen integrierten Schaltkreis

funktionen lassen sich als Funktionstabellen darstellen. Tab. 2.6.1 zeigt einige Schaltfunktionen.

Die positiven Richtungen für die Ströme und Spannungen bei digitalen integrierten Schaltungen werden gemäß Abb. 2.6.2 festgelegt.

Tabelle 2.6.1. Schaltfunktionen einiger Gatter

		Funktion			
		UND	ODER	NAND	NOR
X_1	X_2	Y	Y	Y	Y
L	*L*	*L*	*L*	*H*	*H*
H	*L*	*L*	*H*	*H*	*L*
L	*H*	*L*	*H*	*H*	*L*
H	*H*	*H*	*H*	*L*	*L*

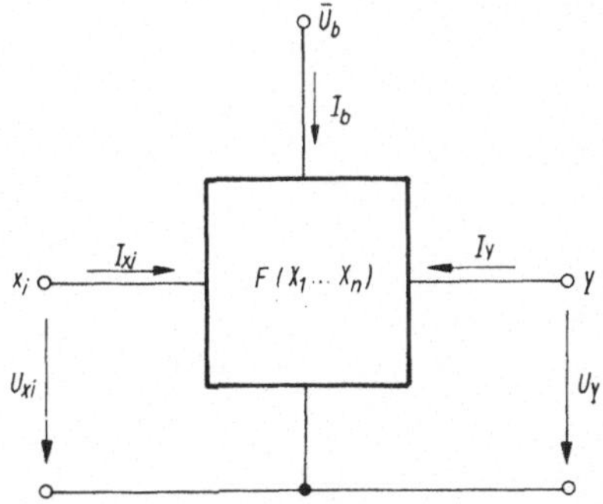

Abb. 2.6.2. Festlegung der positiven Strom- und Spannungsrichtungen bei digitalen integrierten Schaltkreisen

2.6.1. Übersicht über die Schaltkreisarten

Je nach der Herstellungstechnologie und der Schaltungskonzeption unterscheidet man verschiedene Schaltkreisfamilien:

- Bipolare Schaltkreisfamilien (aufgebaut mit bipolaren Transistoren), z. B. TTL-Schaltkreise (TTL für Transistor-Transistor-Logik), LS-TTL-Schaltkreise (LS-TTL für Low-Power-Schottky-TTL),
- unipolare Schaltkreisfamilien (aufgebaut mit MOS-Feldeffekttransistoren vom Anreicherungstyp) z. B. CMOS-Schaltkreise (CMOS für Complement-Metall-Oxid-Silizium), HCT-Schaltkreise (HCT für High speed CMOS TTL-kompatibel).

In der Tab. 2.6.2 sind die für den Anwender interessanten Kennwerte angegeben.

Tabelle 2.6.2. Kennwerte digitaler Schaltkreisfamilien

Schaltkreisfamilien	TTL	LS-TTL	CMOS	HCT
Betriebsspannung $\bar{U}_b$ in V	5	5	5...15	5
typ. mittl. Leistungsaufnahme (bei $f = 1$ MHz) in mW	10	2	0,5	1,5
typ. mittl. Schaltzeiten in ns	10	9	60	10
max. Taktfrequenzen in MHz (Flipflop-Taktfrequenzen)	35	45	2	40

In den Abb. 2.6.3 ist ein Beispiel für ein NAND-TTL-Gatter und in der Abb. 2.6.4 ein Beispiel für ein NAND-CMOS-Gatter dargestellt.

Den Wertigkeiten *H* bzw. *L* entsprechen unterschiedliche Spannungsbereiche für die Eingangs- und Ausgangssignale. Die Grenzen dieser Bereiche müssen von

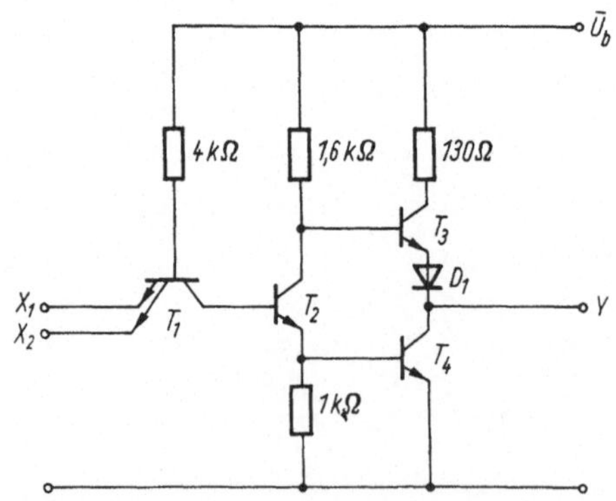

Abb. 2.6.3. NAND-Gatter in TTL-Technik

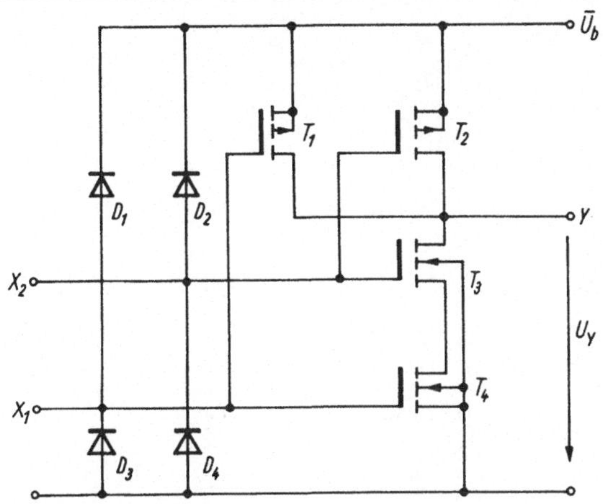

Abb. 2.6.4. NAND-Gatter in CMOS-Technik

den Schaltkreisherstellern auch unter den ungünstigsten Bedingungen garantiert werden. In der Abb. 2.6.5 sind diese Spannungsbereiche angegeben.

Als Störabstand U_{HS} einer Schaltkreisfamilie für die Wertigkeit H definiert man die Differenz zwischen der minimalen Ausgangsspannung U_{YH} und der minimalen Eingangsspannung U_{XH}, die jeweils die Wertigkeit H garantieren:

$$U_{HS} = U_{YH\,min} - U_{XH\,min}. \tag{2.6.1}$$

Analog ist die Größe U_{LS} für die Wertigkeit L durch

$$U_{LS} = U_{XL\,max} - U_{YL\,max} \tag{2.6.2}$$

definiert.

Bei der Entwicklung von Schaltungen mit digitalen Schaltkreisen sind noch die Zusammenschaltungsbedingungen von besonderem Interesse.

1. Baut man Schaltungen mit unterschiedlichen Schaltkreisfamilien auf, müssen die Pegelwerte ein sicheres Arbeiten der Schaltungen ermöglichen. Anderenfalls sind Pegelwandlerstufen einzusetzen!
2. Die Ausgangsströme I_Y dürfen bei der Einhaltung der entsprechenden Pegelwerte nicht überschritten werden.
3. Von der Größe dieser Ströme hängt die maximale Zahl n der Schaltkreiseingänge ab, die an einen Schaltkreisausgang angeschlossen werden dürfen. Dabei ergibt sich n aus den Gleichungen

$$I_{YL} = \sum_{i=1}^{n} I_{XLi} \tag{2.6.3}$$

und

$$I_{YH} = \sum_{i=1}^{n} I_{XHi}, \tag{2.6.4}$$

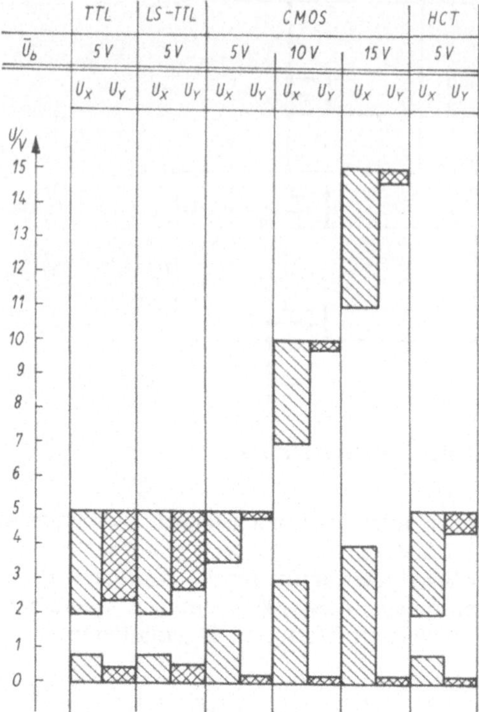

Spannungsbereiche für $\bar{U}_b = 5\,V$:

	$U_{XL\,max}$	$U_{XL\,min}$	$U_{YL\,max}$	$U_{YH\,min}$
TTL	0,8 V	2 V	0,4 V	2,4 V
LS-TTL	0,8 V	2 V	0,5 V	2,7 V
CMOS	1,5 V	3,5 V	0,05 V	4,95 V
HCT	0,8 V	2 V	0,1 V	4,4 V

Abb. 2.6.5. Spannungsbereiche bei digitalen integrierten Schaltkreisen für verschiedene Betriebsspannungen $\bar{U}_b$

wobei die Zahlenwerte für diese Ströme der Tab. 2.6.3 entnommen werden können.

Außerdem gibt man oft für die einzelnen Schaltkreisfamilien noch den sogenannten *Eingangslastfaktor (Fan-in)* und den *Ausgangslastfaktor (Fan-out)* an, die folgendermaßen definiert sind:

Der Eingangslastfaktor (Fan-in) eines Gatters ist der Quotient aus dem Leistungsverbrauch des Gattereingangs und dem eines Standardgatters.

Der Ausgangslastfaktor (Fan-out) eines Gatters gibt an, wieviel Gattereingänge

Tabelle 2.6.3. Maximale Ströme für H- und L-Potential am Eingang (X) bzw. Ausgang (Y) der Schaltkreisfamilien von Tab. 2.6.2.

Schaltkreisfamilien	Ströme			
	I_{YL}	I_{YH}	I_{XL}	I_{XH}
TTL	16 mA	−0,4 mA	−1,6 mA	0,04 mA
LS-TTL	8 mA	−0,4 mA	−0,4 mA	0,02 mA
CMOS (bei $\bar{U}_b = 5$ V)	0,4 mA	−0,4 mA	−1,0 µA	1,0 µA
HCT	5 mA	−5 mA	−1,0 µA	1,0 µA

Die Ströme I_{YL} und I_{YH} gelten dabei für ein Grundgatterausgang (es gibt noch Leistungsgatter, die höhere Ausgangsströme liefern können).

(mit dem Eingangslastfaktor (Fan-in) = 1) an diesen Gatterausgang angeschlossen werden dürfen.

Der Ausgangslastfaktor (Fan-out) entspricht dem n in den Gln. (2.6.3) und (2.6.4) [3, 40, 83, 90].

2.6.2. Messung der Kennwerte digitaler Schaltkreise

Die interne Schaltung der digitalen integrierten Schaltkreise ist bei den hier behandelten Aufgaben ohne Bedeutung (sog. „Black-Box"-Behandlung). Die verschiedenen technischen Realisierungen der einzelnen Schaltkreisfamilien unterscheiden sich bei dieser Behandlungsart also nur durch die von außen meßbaren elektrischen Kennwerte.

Die wichtigsten Kenngrößen digitaler integrierter Schaltkreise sind:

a) Statische Kennwerte
   - Übertragungskennlinie $U_Y = f(U_{X1}, \ldots, U_{XN})$. Meßschaltung siehe Abb. 2.6.6a.
   - Eingangskennlinie $I_X = f(U_X)$. Meßschaltung siehe Abb. 2.6.6b.
   - Ausgangskennlinie $U_Y = f(I_Y)$. Meßschaltungen siehe Abb. 2.6.6c und d.

b) Dynamische Kennwerte
   - Verzögerungszeiten t_{DHL} und t_{DLH} der Ausgangsspannung $U_Y(t) = f(U_{X1}, t)$ (vgl. Abb. 2.6.6e). Meßschaltung siehe Abb. 2.6.6e.
   - Anstiegszeit t_{LH} und Abfallzeit t_{HL} der Ausgangsspannung $U_Y(t) = f(U_{X1}, t)$ (vgl. Abb. 2.6.6e). Meßschaltung siehe Abb. 2.6.6e.
   - Stromaufnahme in Abhängigkeit von der Betriebsfrequenz. Meßschaltung siehe Abb. 2.6.6f.

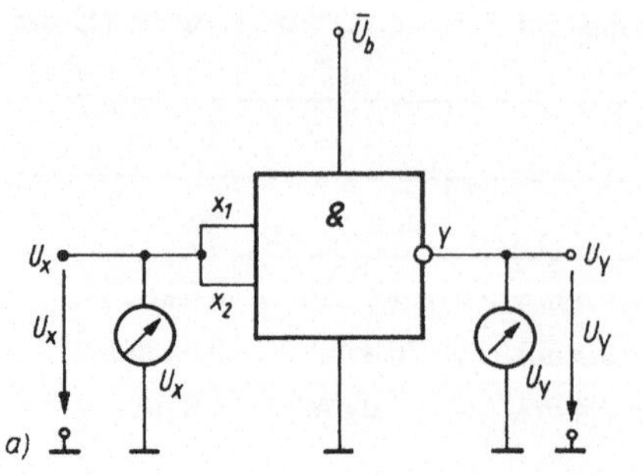
$\bar{U}_b$
&
x_1
x_2
y
U_x
U_y
a)

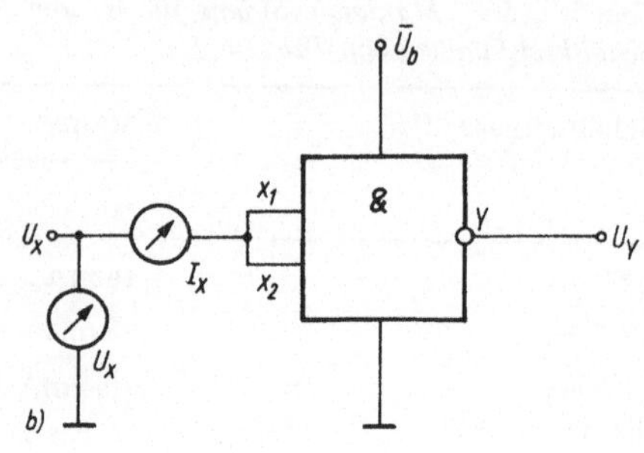
$\bar{U}_b$
&
x_1
x_2
y
U_x
I_x
U_y
b)

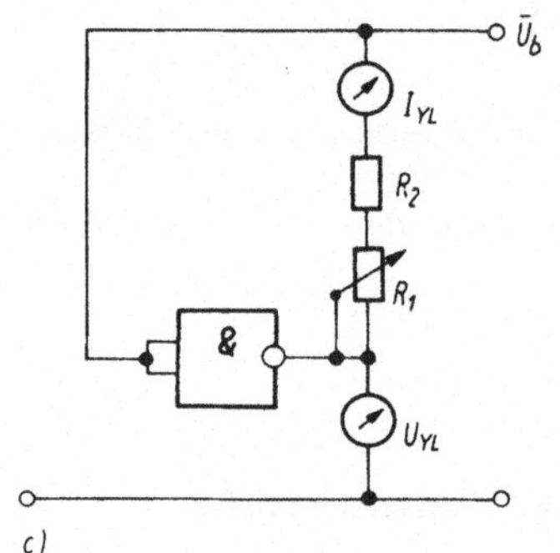
$\bar{U}_b$
&
I_{YL}
R_2
R_1
U_{YL}
c)

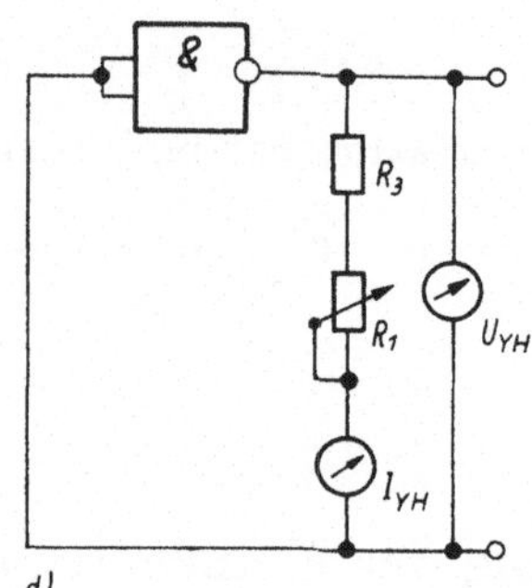
&
R_3
R_1
U_{YH}
I_{YH}
d)

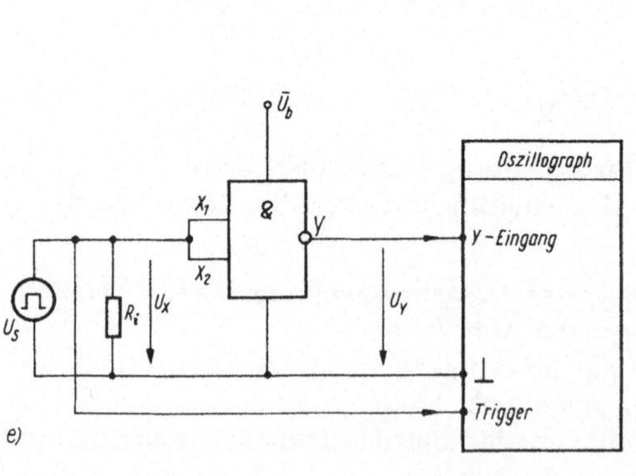
$\bar{U}_b$
Oszillograph
&
x_1
x_2
y
y-Eingang
U_x
U_y
U_s
R_i
⊥
Trigger
e)

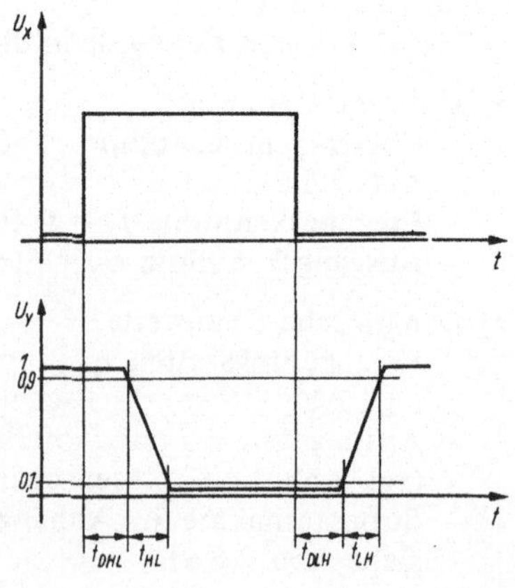
U_x
t
U_y
1
0,9
0,1
t
t_{DHL}
t_{HL}
t_{DLH}
t_{LH}

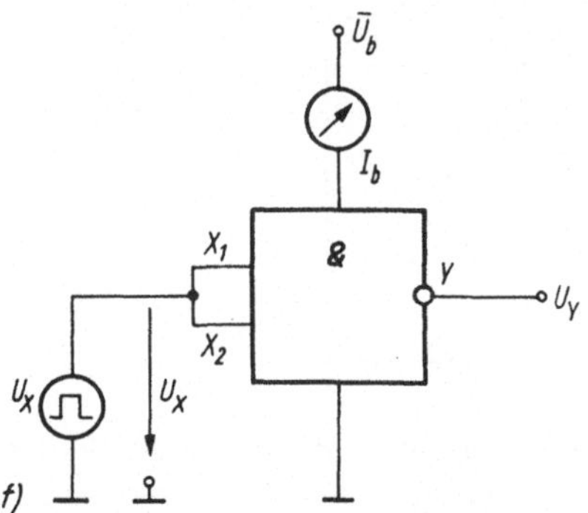

Abb. 2.6.6. Meßschaltung für digitale integrierte Schaltkreise am Beispiel eines NAND-Gatters mit 2 Eingängen
a) Meßschaltung für die Übertragungskennlinie; b) Meßschaltung für die Eingangskennlinie; c) Meßschaltung für die Ausgangskennlinie $U_{YL} = f(I_Y)$; d) Meßschaltung für die Ausgangskennlinie $U_{YH} = f(I_Y)$; e) Meßschaltung für die Verzögerungs-, Anstiegs- und Abfallzeiten; f) Meßschaltung für die Stromaufnahme

Versuch
V 2.6.2.1

Die Kennwerte sollen an einem NAND-Gatter (1/4 V 4011) der CMOS-Schaltkreisfamilie ermittelt werden.

Entsprechend der Normung wurden in den Meßschaltungen die Betriebsspannungs- und Masseanschlüsse nicht eingezeichnet! Die Anschlußbelegung für den integrierten Schaltkreis ist in der Anlage des Buches enthalten.

Beachten Sie dabei die Behandlungsvorschriften für Feldeffektbauelemente (vgl. Abschn. 1.4.2.) und daß alle nicht benutzten Eingänge des CMOS-Schaltkreises mit Masse zu verbinden sind.

a) Nehmen Sie die Übertragungskennlinien $U_Y = f(U_X)$ jeweils ohne und mit R_L (10 kΩ) für $\bar{U}_b = 5$ V, 10 V und 15 V nach Abb. 2.6.6a auf!
Die Spannung U_X soll von $U_X = 0$ V bis $U_X = \bar{U}_b$ variiert werden.
b) Tragen Sie in die gemessenen Kennlinien die vom Hersteller garantierten Werte entsprechend Abb. 2.6.5 für $U_{YH\,min}$, $U_{YL\,max}$, $U_{XH\,min}$ und $U_{XL\,max}$ ein!
c) Messen Sie die Ausgangskennlinien $U_{YL} = f(I_{YL})$ nach Abb. 2.6.6c und $U_{YH} = f(I_{YH})$ nach Abb. 2.6.6d für $\bar{U}_b = 15$ V ($R_1 = 25$ kΩ, $R_2 = 680$ Ω, $R_3 = 1$ kΩ)!
Ermitteln Sie aus diesen Kennlinien die Spannungswerte U_{YH} bzw. U_{YL}, die sich bei Belastung des Gatters mit 20 Gattern vom gleichen Typ ergeben!
d) Messen Sie die Verzögerungszeiten t_{DHL} bzw. t_{DLH} und die Anstiegszeit t_{LH} sowie die Abfallzeit t_{HL} für das Ausgangssignal U_Y (vgl. Abb. 2.6.6e) nach Abb. 2.6.7 bei einer Betriebsspannung $\bar{U}_b = 5$ V einmal mit Belastung ($R_L = 10$ kΩ, $C_L = 1$ nF) des Gatters und einmal ohne Belastung.
Steuern Sie die Meßschaltungen mit einem Rechteckgenerator an ($f = 100$ kHz,

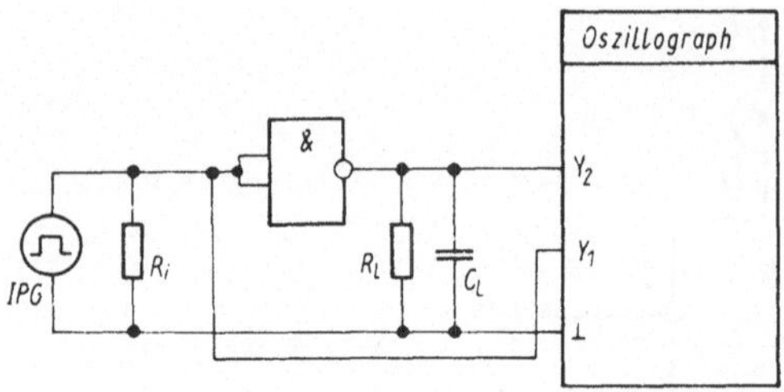

Abb. 2.6.7. Meßschaltung für die Verzögerungs-, Anstiegs- und Abfallzeiten

$\hat{U}_a = 5$ V). Der Widerstand R_i wird entsprechend dem Innenwiderstand des Rechteckgenerators gewählt!

e) Messen Sie die Stromaufnahme $I_S = f(f)$ für die Ansteuerung mit Rechteckimpulsen nach Abb. 2.6.8 für eine Betriebsspannung $\bar{U}_b = 5$ V mit Belastung ($R_L = 10$ kΩ, $C_L = 1$ nF) und ohne Belastung!
Da in einem Schaltkreis V 4011 vier NAND-Gatter enthalten sind, kann die Stromaufnahme nur für alle 4 Gatter gleichzeitig gemessen werden.
Steuern Sie die Schaltung mit einem Rechteckimpulsgenerator an ($f = 1$ kHz bis 5 MHz, $\hat{U}_A = 5$ V). Der Widerstand R_i wird entsprechend dem Innenwiderstand des Rechteckimpulsgenerators gewählt.

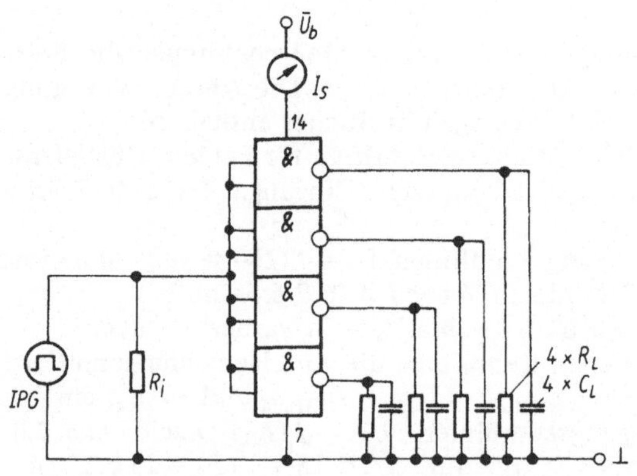

Abb. 2.6.8. Meßschaltung für die Stromaufnahme

f) Messen Sie den Einfluß der Schaltzeiten auf die Funktion einer digitalen Schaltung nach Abb. 2.6.9!
Am Gatter *G4* Eingang X_1 liegt die Eingangsspannung U_X. Über die Gatter *G1*, *G2* und *G3* wird das Signal U_X dreimal negiert und dreimal um die Gatterlauf-

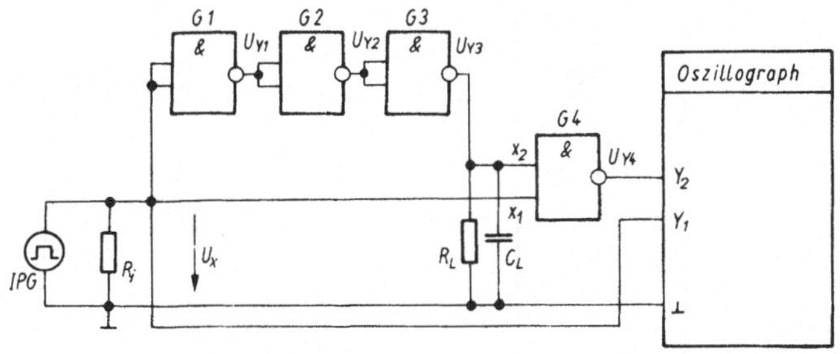

Abb. 2.6.9. Meßschaltung für die Auswirkung der Verzögerungszeiten

zeiten t_{DHL} bzw. t_{DLH} verzögert an den Eingang X_2 des Gatters *G4* geleitet. Für das Gatter *G4* ($Y4 = \overline{(X_1 \wedge X_2)}$) kann mit $X_2 = \overline{\overline{\overline{X_1}}}$ die logische Gleichung

$$Y_4 = \overline{(X_1 \wedge \overline{\overline{\overline{X_1}}})} \tag{2.6.5}$$

aufgestellt werden. Das heißt, wäre keine Zeitverzögerung zwischen den Signalen X_1 und X_2 am Gatter *G4*, so müßte die Spannung U_{Y4} stets den Pegelwert *H* haben. Das Oszillogramm zeigt den Einfluß der Verzögerungszeiten auf die Wirkungsweise einer digitalen Schaltung. Steuern Sie die Schaltung mit einem Rechteckimpulsgenerator an ($f = 1$ MHz, $\hat{U}_A = \overline{U}_b$).
Der Widerstand R_i wird entsprechend dem Innenwiderstand des Rechteckimpulsgenerators gewählt. Die Betriebsspannung $\overline{U}_b$ soll 5 V, 10 V und 15 V betragen!
Messen Sie die Spannungen U_X, U_{Y1}, U_{Y2}, U_{Y3} und U_{Y4} und stellen Sie die Oszillogramme in einem Diagramm dar! Der Oszillograph soll dabei mit der *LH*-Flanke des Signals U_X getriggert werden.
Führen Sie diese Messungen einmal mit Belastung ($R_L = 10$ kΩ, $C_L = 1$ nF) und einmal ohne Belastung durch!

2.7. Grundschaltungen der Digitaltechnik mit Rückkopplung

Ist in einer digitalen Schaltung eine Rückkopplung (vgl. Abb. 2.7.1) mit einer Phasendrehung 0, 2π, 4π, 6π ... vorhanden, so spricht man von Mitkopplung. Das Ausgangssignal *Y* einer solchen digitalen Schaltung hängt nicht nur von der aktuellen Spannungsbelegung an den Eingängen $X_1, X_2, \ldots, X_n$, sondern auch vom vorhergehenden Schaltzustand des Systems und damit von der Zeit *t* ab. Die Übertragungsfunktion hat damit die Gestalt $Y = F(X_1, X_2, \ldots, X_n, t)$.

In der digitalen Schaltungstechnik teilt man Schaltungen mit Mitkopplung ein in

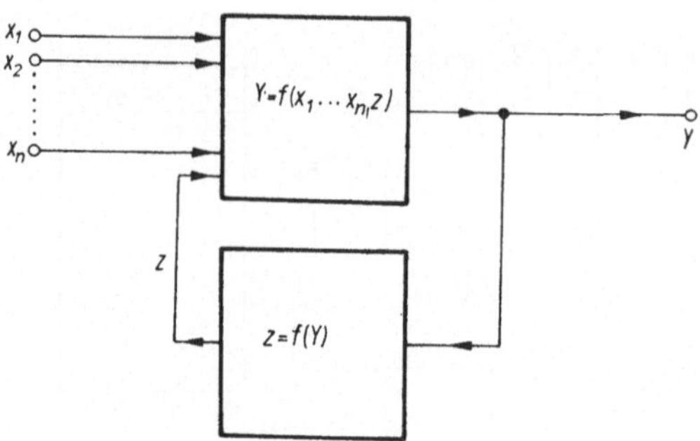

Abb. 2.7.1. Blockschaltbild einer Digitalschaltung mit Rückkopplung

- monostabile Schaltungen (siehe Abschn. 2.7.1.) (monostabile Multivibratoren, Univibratoren, Monoflops),
- astabile Schaltungen (siehe Abschn. 2.7.2.) (astabile Multivibratoren),
- Schwellwertschalter (siehe Abschn. 2.7.3.) (Schmitt-Trigger),
- sequentielle Schaltungen (siehe Abschn. 2.7.4.) (bistabile Multivibratoren, Flipflops).

Die oben genannten Schaltungen weisen teilweise mehrere Eingänge auf, die durch eine UND- bzw. ODER-Verknüpfung verbunden sind und dabei folgende Funktionen haben:

R-Eingang (Reset-Eingang), ein Signal am Eingang R schaltet den Ausgang auf *L*-Potential,
S-Eingang (Set-Eingang), ein Signal am Eingang S schaltet den Ausgang auf *H*-Potential,
L-Eingang (Lade-Eingang), ein Signal am Eingang L bewirkt eine Übernahme der Information an den Dateneingängen in das Flipflop,
A- bzw. B-Eingang (Schalteingang), ein Signal an diesen Eingängen bewirkt ein „Kippen" der Schaltung in einen instabilen Zustand,
T-Eingang (Takt-Eingang), (oft auch als C-Eingang (Clock-Eingang) bezeichnet), ein Signal am Eingang T bewirkt eine Übernahme der Information an den Dateneingängen in das Flipflop bzw. das Flipflop ändert seinen Zustand (im Gegensatz zum L-Eingang handelt es sich beim T-Eingang um einen dynamischen Eingang (siehe unten)).
J-; K-; D_A-, ..., D_N-Eingänge (Dateneingänge), ein Signal an diesen Eingängen wird erst nach einem Taktimpuls in das Flipflop übernommen.

Man muß noch zwischen den verschiedenen Steuerwirkungen dieser Eingänge auf den Ausgangszustand der Schaltung unterscheiden:

1. Statische Steuerung
   - ein *H*-Potential am Eingang bewirkt eine Zustandsänderung der Schaltung, oder
   - ein *L*-Potential am Eingang bewirkt eine Zustandsänderung der Schaltung.

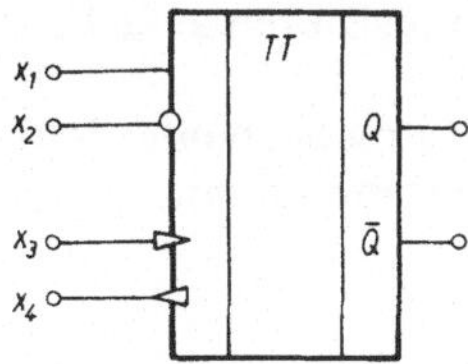

Abb. 2.7.2. Schaltbild eines Flipflops mit den verschiedenen Steuerungsarten
X_1 statische Steuerung mit *H*-Potential; X_2 statische Steuerung mit *L*-Potential; X_3 dynamische Steuerung mit *LH*-Potentialsprung; X_4 dynamische Steuerung mit *HL*-Potentialsprung

2. Dynamische Steuerung (Taktflankensteuerung)
   - ein *LH*-Potentialsprung am Eingang bewirkt eine Zustandsänderung der Schaltung, oder
   - ein *HL*-Potentialsprung am Eingang bewirkt eine Zustandsänderung der Schaltung.

In der Abb. 2.7.2 sind die genormten Schaltbilder für diese Steuerungsarten dargestellt [3, 13, 40].

2.7.1. Monostabile Schaltungen

Der monostabile Multivibrator hat einen stabilen und einen instabilen Arbeitszustand. Beim Anlegen eines Eingangssignals gerät der monostabile Multivibrator in den instabilen Zustand und am Ausgang entsteht $Y = H$. Der Zeitpunkt für das „Zurückkippen" in den stabilen Arbeitszustand ($Y = L$) wird durch die Schaltungsdimensionierung bestimmt. Monostabile Multivibratoren dienen zur Erzeugung von Rechteckimpulsen mit wählbarer Impulsbreite. In der Abb. 2.7.3a ist das genormte Schaltbild dargestellt.

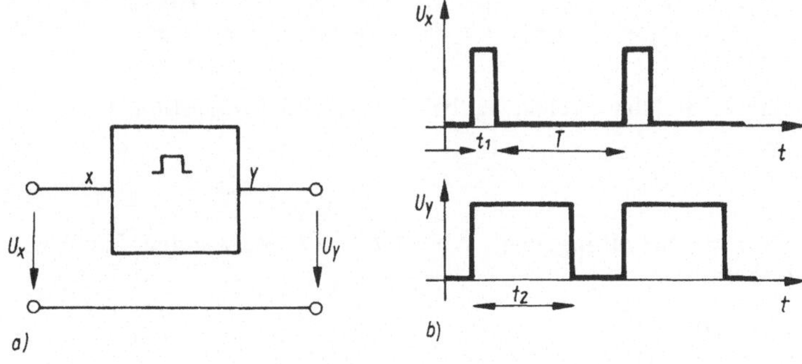

Abb. 2.7.3. Monostabiler Multivibrator
a) Genormtes Schaltbild; b) Spannungsverläufe

Monostabile Multivibratoren können diskret mit Transistoren aufgebaut werden. Es gibt sie auch als integrierte Schaltkreise.

In den folgenden 3 Versuchen sollen Sie den Aufbau monostabiler Multivibratoren mit diskreten Transistoren, mit digitalen Schaltkreisen und mit einem komplett integrierten Schaltkreis kennenlernen.

Versuche

V 2.7.1.1

In Abb. 2.7.4 ist eine Schaltung mit Bipolartransistoren dargestellt. Im Ruhezustand ist der Transistor T_1 leitend und der Transistor T_2 gesperrt. Durch einen positiven Impuls am Eingang X_1 wird die Spannung U_{CE} der Transistoren T_2 und T_3 kurzzeitig auf die Spannung $U_{CE\,sat} \approx 0$ V abgesenkt, da der Transistor T_3 zu leiten beginnt. Dieser negative Impuls wird durch den Kondensator C_B auf die Basis des Transistors T_1 übertragen. Damit kippt der Multivibrator in seinen instabilen Zustand, in dem der Transistor T_1 gesperrt und der Transistor T_2 leitend ist. In diesem Zustand lädt sich der Kondensator C_B auf, bis die Spannung an der Basis des Transistors T_1 ausreicht, um diesen wieder leitend zu machen und dadurch den Transistor T_2 wieder zu sperren.

Die Theorie ergibt für die Verweilzeit t_2 im instabilen Zustand

$$t_2 \approx 0{,}7 R_{B1} C_B \,. \tag{2.7.1}$$

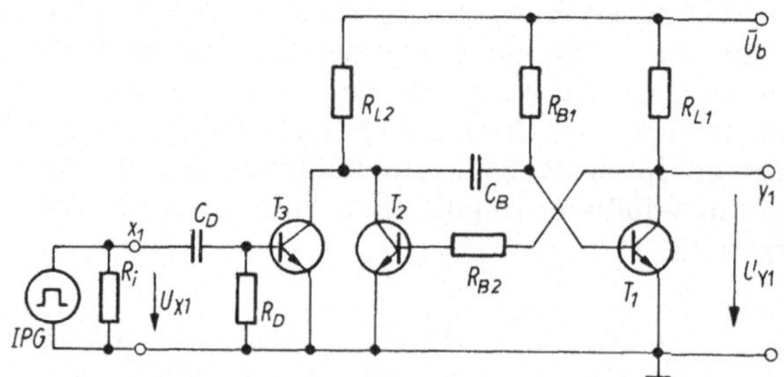

Abb. 2.7.4. Monostabiler Multivibrator mit Bipolartransistoren

a) Bauen Sie die Schaltung nach Abb. 2.7.4 auf! Verwenden Sie dabei folgende Bauelemente:

$T_1, T_2, T_3 = \text{SF 826}$,

$R_{L1}, R_{L2} = 1\,\text{k}\Omega$,

$R_{B1} = 47\,\text{k}\Omega$,

$R_{B2} = 22\,\text{k}\Omega$,

R_D = 220 kΩ,
C_D = 100 pF,
C_B = 10 nF!

Die Betriebsspannung $\bar{U}_b$ soll 5 V betragen.
Steuern Sie die Schaltung mit einem Rechteckimpulsgenerator (f = 1 kHz; t_w = 100 µs, Impulsamplitude $\hat{U}_{X1}$ = 5 V) an!
Wählen Sie den Widerstand R_i gleich dem Innenwiderstand des Rechteckimpulsgenerators.
Stellen Sie die Spannungen U_{X1}, U_Y und U_{BE} für die Transistoren T_1, T_2, T_3 auf einem Oszillographen dar, den Sie mit der positiven Flanke des Signals U_{X1} triggern!
Übertragen Sie die Oszillographenbilder in ein Diagramm!

b) Messen Sie die Impulsdauer t_2 der Ausgangsspannung U_{Y1} in Abhängigkeit von der Betriebsspannung $\bar{U}_b$ = (2…5) V mit einem Zähler und diskutieren Sie das Ergebnis!
c) Ersetzen Sie den Widerstand R_{B2} durch einen Kurzschluß!
Überlegen Sie, welchen Einfluß dies auf die Impulsdauer t_2 bzw. die einzelnen Spannungen hat!
Wiederholen Sie für diese Schaltungsänderung die Aufgaben a) und b)!
d) Überlegen Sie, warum vor die Basis des Transistors T_3 das Differenzierglied R_D, C_D geschaltet wurde!
e) Vergleichen Sie die unter b) gemessenen Werte mit den theoretischen Werten nach Gl. (2.7.1)!

V 2.7.1.2

In der Abb. 2.7.5 ist die Schaltung eines monostabilen Multivibrators unter Verwendung von integrierten NAND-Gattern gezeigt. Die Theorie ergibt für die Verweilzeit t_2 im instabilen Zustand für 270 Ω < R < 1 kΩ

$$t_2 \approx RC. \qquad (2.7.2)$$

a) Bauen Sie die Schaltung nach Abb. 2.7.5 auf! Verwenden Sie dabei folgende Bauelemente:

G = DL 000,
C = 22 nF,
R = 1 kΩ!

Die Betriebsspannung $\bar{U}_b$ soll 5 V betragen.

Steuern Sie die Schaltung mit einem Rechteckimpulsgenerator (f = 10 kHz, t_W = 1 µs, $\hat{U}_A$ = 5 V) an! Wählen Sie den Widerstand R_i gleich dem Innenwiderstand des Rechteckimpulsgenerators.
b) Stellen Sie die Spannungen U_{X1}, U_{X2}, U_{Y2} und U_Y auf einem Oszillographen dar und übertragen Sie die Oszillographenbilder in ein Diagramm!

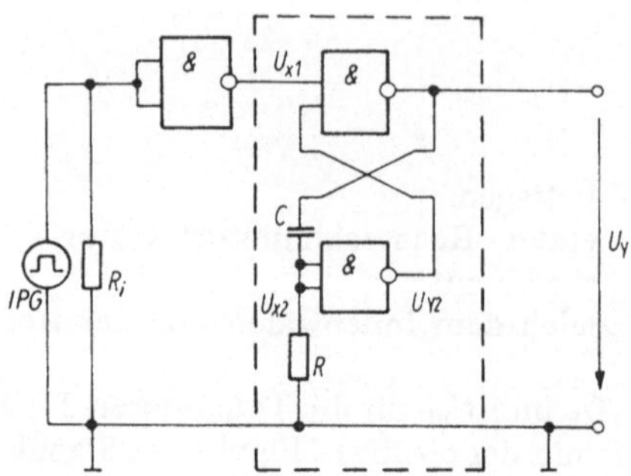

Abb. 2.7.5. Monostabiler Multivibrator mit NAND-Gattern (zum Schutz der Schaltkreise wird bei großen Kondensatoren C oftmals eine Diode parallel zum Widerstand geschalten)

c) Bestimmen Sie die Impulsdauer t_2 und vergleichen Sie das Ergebnis mit dem theoretischen Wert nach Gl. (2.7.2)!
d) Bestimmen Sie die Impulsdauer t_2 für unterschiedliche Frequenzen des Rechteckimpulsgenerators ($f = 100$ Hz bis 40 kHz)! Stellen Sie die Funktion $t_2 = f(f)$ in einem Diagramm dar und diskutieren Sie die Abhängigkeit!
e) Bestimmen Sie die Impulsdauer t_2 für $\bar{U}_b = 2{,}5$ V, 3 V, 4 V und 5 V und stellen Sie die Funktion $t_2 = f(\bar{U}_b)$ in einem Diagramm dar! Zum Schutz des Schaltkreises vor Zerstörung muß stets die Bedingung $\hat{U}_A \leqq \bar{U}_b$ eingehalten werden.
f) Untersuchen Sie den Einfluß der Impulsbreite t_w des Rechteckimpulsgenerators auf die Impulsbreite t_2, indem Sie t_w von 1 µs bis 50 µs variieren!

V 2.7.1.3

In der Abb. 2.7.6 ist die Schaltung eines monostabilen Multivibrators mit einem integrierten Schaltkreis dargestellt. Bei der Verwendung eines integrierten Schaltkreises ist die Innenschaltung für den Anwender uninteressant, er hat sich nur an die vom Hersteller vorgegebenen Dimensionierungsregeln für die externen Bauteile zu halten. Für den Schaltkreis DL 123 sind dies
$R_{ext} = 5 \ldots 260$ kΩ, C_{ext} keine Einschränkungen.
Die Impulsbreite ergibt sich für $C_{ext} > 1$ nF zu

$$t_2 = 0{,}45 R_{ext} C_{ext} \,. \tag{2.7.3}$$

a) Bestimmen Sie die Werte R_{ext} und C_{ext} für eine Impulsbreite t_2 von 20 µs.
b) Bauen Sie die Schaltung nach Abb. 2.7.6 unter Verwendung des integrierten Schaltkreises DL 123 auf! Die Betriebsspannung $\bar{U}_b$ soll 5 V betragen. Steuern Sie die Schaltung mit einem Rechteckimpulsgenerator ($f = 1$ kHz, $t_w = 1$ µs, $\hat{U}_A = 5$ V) an! Wählen Sie den Widerstand R_i gleich dem Innenwiderstand des Rechteckimpulsgenerators.

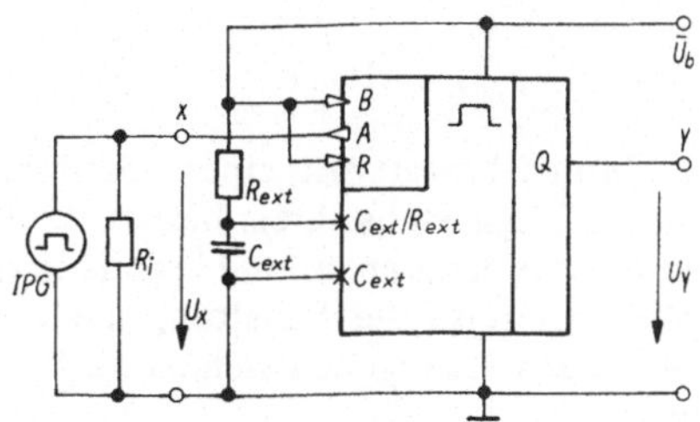

Abb. 2.7.6. Monostabiler Multivibrator mit einem integrierten Schaltkreis

c) Stellen Sie die Spannungen U_X und U_Y auf einem Oszillographen dar und übertragen Sie die Oszillographenbilder in ein Diagramm!
d) Messen Sie die Impulsbreite t_2 mit einem Zähler und vergleichen Sie das Ergebnis mit dem theoretischen Wert nach Gl. 2.7.3!
e) Bestimmen Sie die Impulsbreite t_2 für $\bar{U}_b = 2{,}5$ V, 3 V, 4 V und 5 V mit einem Zähler und diskutieren Sie das Ergebnis! Zum Schutz des Schaltkreises vor Zerstörung muß stets die Bedingung $\hat{U}_A \leqq \bar{U}_b$ eingehalten werden.
f) Bestimmen Sie die Impulsdauer t_2 für unterschiedliche Frequenzen des Rechteckimpulsgenerators ($f = 100$ Hz bis 40 kHz)! Stellen Sie die Funktion $t_2 = F(f)$ in einem Diagramm dar und diskutieren Sie das Ergebnis!
g) Vergleichen Sie die Schaltungen in den Abb. 2.7.5 und 2.7.6!

2.7.2. Astabile Schaltungen

Astabile Multivibratoren sind selbständig schwingende Kippschaltungen, die rechteckförmige Ausgangssignale liefern. Sie benötigen keine Eingangssignale, die Ausgangsspannung ist nur eine Funktion der Zeit. Durch die Bauelementedimensionierung bestimmt man die Periodendauer der Rechteckimpulse. In Abb. 2.7.7 ist das genormte Schaltbild für astabile Multivibratoren dargestellt.

Astabile Multivibratoren werden zur Erzeugung von Rechteckimpulsfolgen in elektronischen Schaltungen eingesetzt.

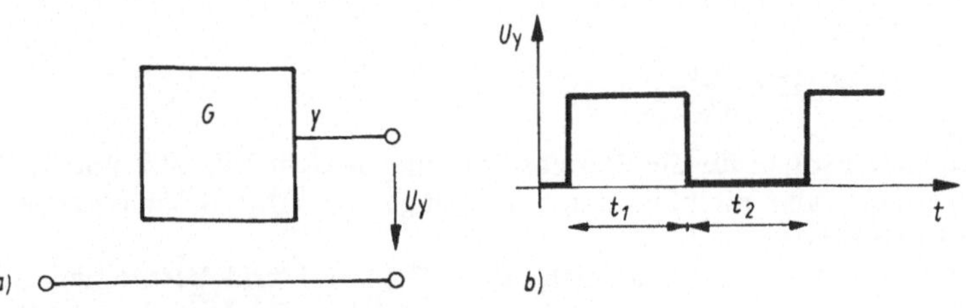

Abb. 2.7.7. Astabiler Multivibrator
a) Genormtes Schaltbild; b) Spannungsverläufe

Versuch V 2.7.2.1

In diesem Versuch soll ein astabiler Multivibrator mit einem Schmitt-Triggerschaltkreis aufgebaut werden. Ein Schmitt-Triggerschaltkreis besitzt zwei Schwellspannungen (U_{X-} und U_{X+}), bei denen die Ausgangsspannung jeweils in den anderen Wert kippt. Zur Erklärung der Wirkungsweise der Schaltung nach Abb. 2.7.8 geht man vom eingeschwungenen Zustand aus. Es ergeben sich damit für die angegebene Schaltung zwei Betriebszustände:

- $U_Y = H$: Der Kondensator C lädt sich über die Diode D_2 und den Widerstand R_{22} auf. Hat die Kondensatorspannung den Wert U_{X+} erreicht, schaltet der Schmitt-Trigger in den Zustand U_Y ist L.
- $U_Y = L$: Der Kondensator C entlädt sich über die Diode D_1 und den Widerstand R_{21}. Hat die Kondensatorspannung den Wert U_{X-} erreicht, schaltet der Schmitt-Trigger in den Zustand $U_Y = H$ und der Kondensator wird wieder aufgeladen.

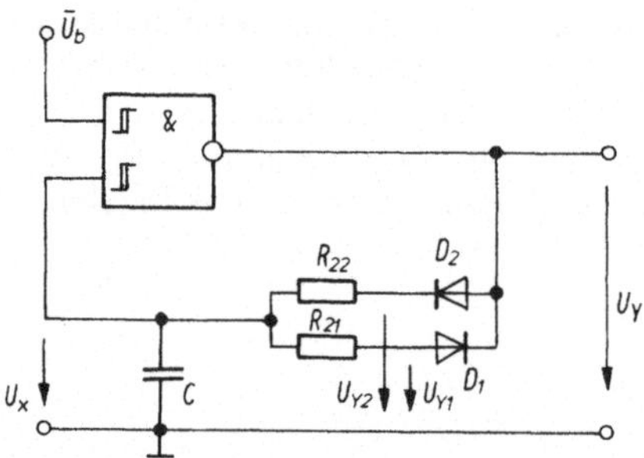

Abb. 2.7.8. Astabiler Multivibrator mit einem Schmitt-Trigger

Für die Zeiten t_1 und t_2 ergeben sich folgende Formeln:

$$t_1 \approx R_{22} C \ln \frac{\bar{U}_b - U_{X-}}{\bar{U}_b - U_{X+}} \tag{2.7.4}$$

und

$$t_2 \approx R_{21} C \ln \frac{\bar{U}_b}{U_{X-}} . \tag{2.7.5}$$

Alle Aufgaben sollen für die Betriebsspannungen $\bar{U}_b = 5$ V, 10 V und 15 V durchgeführt werden! Alle nichtbenutzten Eingänge des CMOS-Schaltkreises sind mit Masse zu verbinden!

a) Bauen Sie die Schaltung nach Abb. 2.7.11 auf und bestimmen Sie für den Schaltkreis V 4093 die Schwellspannungen U_{X+} und U_{X-}. Steuern Sie dazu die Schaltung mit einer Gleichspannung $U_X = (0\text{ V} \ldots \bar{U}_b)$ an!
Messen Sie die Ausgangsspannung U_Y mit einem Vielfachmeßgerät.

b) Bauen Sie die Schaltung nach Abb. 2.7.8 auf und verwenden Sie dafür folgende Bauelemente:

G $= \mathrm{V}\,4093$,
$D_1, D_2 = \mathrm{SAY}\,40$,
$C = 22\,\mathrm{nF}$,
$R_{21} = 1\,\mathrm{k\Omega}$,
$R_{22} = 10\,\mathrm{k\Omega}$!

c) Berechnen Sie für die oben angegebenen Bauelemente die Zeiten t_1 und t_2!
d) Stellen Sie die Spannungen U_X, U_Y, U_{Y1} und U_{Y2} auf einem Oszillographen dar und übertragen Sie die Oszillographenbilder in ein Diagramm!
e) Bestimmen Sie die Zeiten t_1 und t_2 mit einem Zähler und vergleichen Sie die Meßwerte mit den berechneten Werten aus Aufgabe c)!

2.7.3. Schwellwertschalter

Schwellwertschalter (Schmitt-Trigger) werden zur Umwandlung beliebig veränderlicher Eingangsspannungen U_X in zwei diskrete Ausgangsspannungen (U_{Y+} bzw. U_{Y-}) verwendet. In Abb. 2.7.9a ist das genormte Schaltbild für einen Schmitt-Trigger dargestellt. Die Wirkungsweise zeigt Abb. 2.7.9b. Übersteigt die Eingangsspannung U_X den Spannungswert U_{X+}, so nimmt die Ausgangsspannung den Wert U_{Y+} ein. Erst wenn die Eingangsspannung den Wert U_{X-} unterschreitet, springt die Ausgangsspannung auf den Wert U_{Y-}. Die Differenz der beiden Spannungen U_{X+} und U_{X-} bezeichnet man als Hysterese des Schmitt-Triggers.

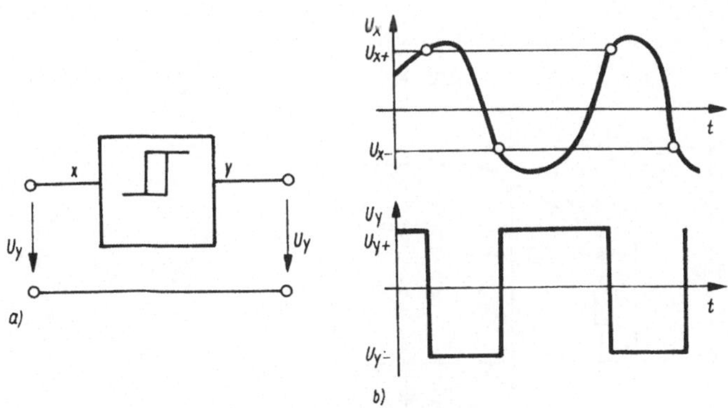

Abb. 2.7.9. Schmitt-Trigger
a) genormtes Schaltbild; b) Spannungsverläufe

Versuche

V 2.7.3.1

In Abb. 2.7.10 ist die Schaltung eines Schmitt-Triggers mit einem Operationsverstärker dargestellt. Am nichtinvertierenden Eingang des Operationsverstärkers liegt die Spannung

$$U_1 = U_Y \frac{R_1}{R_1 + R_2}. \tag{2.7.6}$$

Ist die Differenz $U_X - U_1$ positiv, so wird sich als Ausgangsspannung U_Y der negative Maximalwert der Ausgangsspannung des Operationsverstärkers (U_{Y-}) einstellen, d. h., U_1 besitzt den negativen Wert

$$U_1 = U_{X-} = U_{Y-} \frac{R_1}{R_1 + R_2}. \tag{2.7.7}$$

Unterschreitet die Spannung U_X diesen Wert, so wird die Differenz $U_X - U_1$ negativ und die Ausgangsspannung des Operationsverstärkers nimmt ihren positiven Maximalwert (U_{Y+}) an, so daß für U_1 gilt

$$U_1 = U_{X+} = U_{Y+} \frac{R_1}{R_1 + R_2}, \tag{2.7.8}$$

a) Bauen Sie die Schaltung nach Abb. 2.7.10 auf! Verwenden Sie dabei folgende Bauelemente:

   OV $= \text{MAA } 741$, $\quad C_1, C_3 = 10\,\mu\text{F}$,
   $R_V = 2{,}2\,\text{k}\Omega$, $\quad C_2, C_4 = 22\,\text{nF}$.
   $R_3 = 22\,\text{k}\Omega$,
   $R_1, R_2 = 4{,}7\,\text{k}\Omega$.

   Für die beiden Betriebsspannungen soll gelten $\bar{U}_{b1} = +10\text{ V}$ und $\bar{U}_{b2} = -10\text{ V}$.

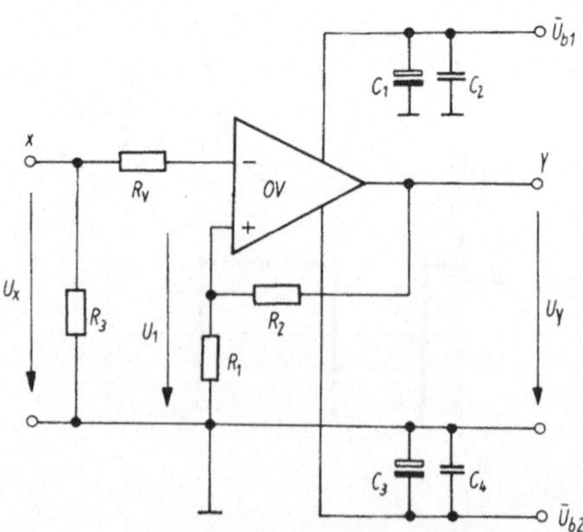

Abb. 2.7.10. Schmitt-Trigger mit einem Operationsverstärker

b) Nehmen Sie die Kennlinie $U_Y = f(U_X)$ auf! Steuern Sie dazu die Schaltung mit einer Gleichspannung $U_X = (-10 \ldots +10)$ V an! Messen Sie die Ausgangsspannung U_Y mit einem Vielfachmeßgerät!
c) Steuern Sie die Schaltung mit einem Sinusgenerator ($f = 1$ kHz, $\hat{U} = 10$ V) an und stellen Sie die Spannungen U_Y, U_X und U_1 auf einem Oszillographen dar! Übertragen Sie die Oszillogramme in ein Diagramm (vgl. Abb. 2.7.9b)!
d) Messen Sie mit einem Oszillographen die Flankensteilheit der Ausgangsspannung U_Y, und überlegen Sie, bis zu welcher maximalen Frequenz die Schaltung arbeiten kann!
e) Überlegen Sie, wie durch die Parallelschaltung einer Diode (z. B. SAY 40) zu dem Widerstand R_1 erreicht werden kann, daß sich U_{X+} etwa 0,6 V ergibt, ohne daß U_{X-} verändert wird! Nehmen Sie die Kennlinie $U_Y = f(U_X)$ für die veränderte Schaltung wie bei Aufgabe b) auf!
f) Vergleichen Sie die bei Aufgabe b) gemessenen Werte mit den theoretischen Ergebnissen nach Gl. (2.7.7) und Gl. (2.7.8)!

V 2.7.3.2

In diesem Versuch sollen die Kennlinien $U_Y = f(U_X)$ von integrierten Schmitt-Triggerschaltkreisen aufgenommen werden.

a) Bauen Sie die Schaltung nach Abb. 2.7.11 mit dem LS-Schaltkreis DL 132 auf.
b) Messen Sie die Kennlinien $U_Y = f(U_X)$ für die Betriebsspannungen $\bar{U}_b = 2{,}5$ V, 3 V, 4 V und 5 V! Steuern Sie dazu die Meßschaltung mit einer Gleichspannung $U_X = (0 \ldots \bar{U}_b)$ an. Die Ausgangsspannung U_Y wird mit einem Vielfachmesser gemessen!
c) Steuern Sie die Schaltung mit einem Rechteckimpulsgenerator ($f = 10$ kHz, $\hat{U}_A = 5$ V) an und messen Sie die Flankensteilheit des Ausgangssignals U_Y bei einer Betriebsspannung $\bar{U}_b = 5$ V!
d) Bauen Sie die Schaltung nach Abb. 2.7.11 mit dem CMOS-Schaltkreis V 4093 auf!
e) Messen Sie die Kennlinien $U_Y = f(U_X)$ für die Betriebsspannungen $\bar{U}_b = 5$ V, 10 V und 15 V! Steuern Sie dazu die Meßschaltung mit einer Gleichspannung

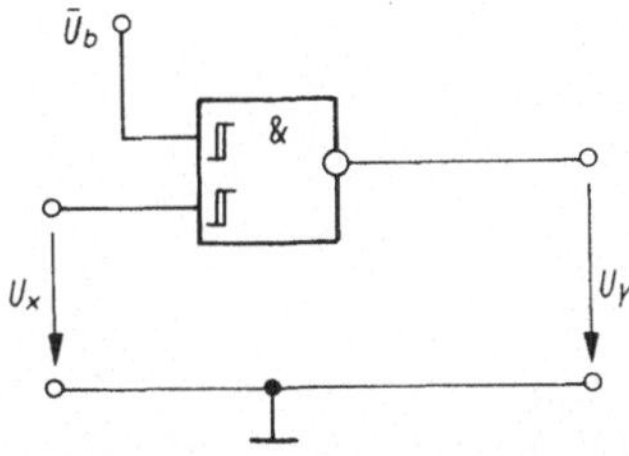

Abb. 2.7.11. Schmitt-Trigger mit einem integrierten Schaltkreis

$U_X = (0 \ldots \bar{U}_b)$ an. Die Ausgangsspannung U_Y wird mit einem Vielfachmesser gemessen!

f) Führen Sie für diesen Schaltkreis die Messung von Aufgabe c) durch und vergleichen Sie die Schaltzeiten beider Schaltkreise!

2.7.4. Sequentielle Schaltungen

Diese Schaltungen haben zwei stabile Arbeitspunkte und werden durch ein bzw. mehrere Eingangssignale umgeschaltet. Sequentielle Schaltungen (Flipflops) unterteilt man in

- *ungetaktete Systeme*, das Ausgangssignal des Flipflops ändert sich in Abhängigkeit von den Eingangssignalen und dem Zustand der Schaltung, und
- *getaktete Systeme*, das Ausgangssignal des Flipflops ändert sich in Abhängigkeit von den Eingangssignalen und dem Zustand der Schaltung nur beim Anliegen eines Taktsignals.

Flipflops haben meist zwei Ausgänge Y_1 und Y_2. Die logischen Zustände der beiden Ausgänge sind stets komplementär und man schreibt statt Y_1 und Y_2 auch oft Q und $\bar{Q}$.

Sequentielle Schaltungen werden als Speicherelemente verwendet.

Ungetaktete sequentielle Schaltungen

Ein typischer Vertreter einer ungetakteten sequentiellen Schaltung ist ein sogenanntes R-S-Flipflop. In der Abb. 2.7.12a ist das genormte Schaltbild dargestellt. Die Funktion des R- bzw. S-Eingangs sind in der Funktionstabelle (Abb. 2.7.12b) angegeben.

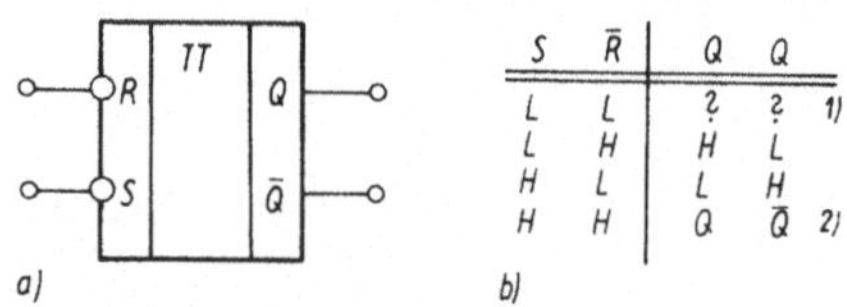

S	$\bar{R}$	Q	Q	
L	L	?	?	1)
L	H	H	L	
H	L	L	H	
H	H	Q	$\bar{Q}$	2)

b)

Abb. 2.7.12. R-S-Flipflop

a) Genormtes Schaltbild; b) Funktionstabelle;

1) diese Belegung der Eingangsvariablen ist verboten, da sie den Ausgangszustand unbestimmt läßt.

2) das Flipflop behält seinen Ausgangszustand

Versuch
V 2.7.4.1

Die Grundschaltung eines R-S-Flipflops, das aus NAND-Gattern aufgebaut ist, zeigt Abb. 2.7.13. Entsprechend der Normung wurden die Anschlüsse für die Betriebsspannung und Masse nicht eingezeichnet. Die Betriebsspannung $\overline{U}_b$ soll 5 V betragen.

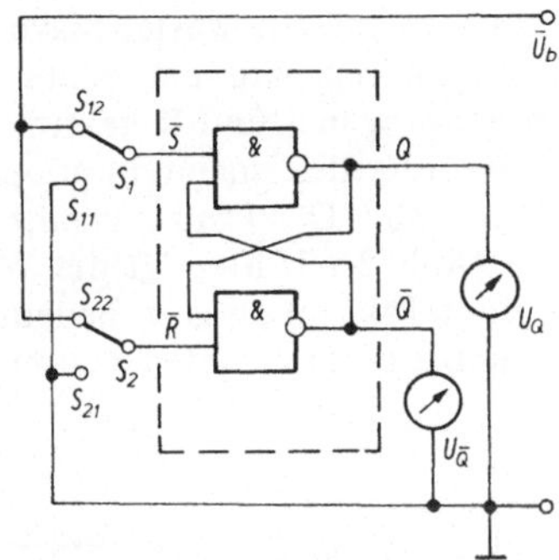

Abb. 2.7.13. R-S-Flipflop mit NAND-Gattern

a) Bauen Sie die Schaltung unter Verwendung eines Schaltkreises DL 000 auf!
b) Messen Sie die Ausgangsspannungen Q und $\overline{Q}$ mit zwei Vielfachmessern für die verschiedenen Kombinationen der Eingangsspannungen entsprechend der Funktionstabelle (Abb. 2.7.12)!
Die Spannungen an den Eingängen R und S sollen mit den Schaltern S_1 bzw. S_2 eingestellt werden. Dabei ist in der Schalterstellung S_{11} bzw. S_{21} das Eingangspotential *L* und in der Schalterstellung S_{12} bzw. S_{22} das Eingangspotential *H*.

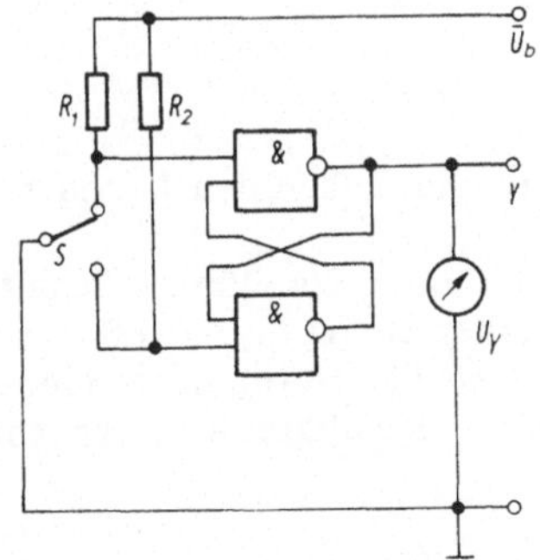

Abb. 2.7.14. R-S-Flipflop als „prellfreier Schalter“

c) Realisieren Sie die Anwendung eines R-S-Flipflops als „prellfreier Schalter" gemäß der Abb. 2.7.14! Die Widerstände R_1 sollen einen Wert von 22 kΩ haben. Testen Sie die Funktionsweise!

d) Überlegen Sie, warum diese Schaltung das „Prellen", d. h. das ungewollte mehrmalige Kontaktgeben beim Umschalten des mechanischen Schalters S unwirksam macht!

Getaktete sequentielle Schaltungen

Als Beispiel für eine getaktete sequentielle Schaltung soll ein Master-Slave-Flipflop erklärt werden. Mit der *LH*-Flanke des Taktimpulses wird ein erstes Flipflop („Slave") entsprechend der Spannung an den Eingängen J und K gesetzt und erst mit der *HL*-Flanke des Taktimpulses diese Stellung des ersten Flipflops in ein zweites („Master") und damit zum Ausgang übertragen. Das Prinzipschaltbild ist in Abb. 2.7.15a dargestellt. Die Funktionstabelle (Abb. 2.7.15b) zeigt die Wirkungsweise der J- und K-Eingänge beim Anliegen eines Taktimpulses. t_n bedeutet dabei den Zeitpunkt der positiven Flanke des Taktimpulses und t_{n+1} den Zeitpunkt nach dem Taktimpuls.

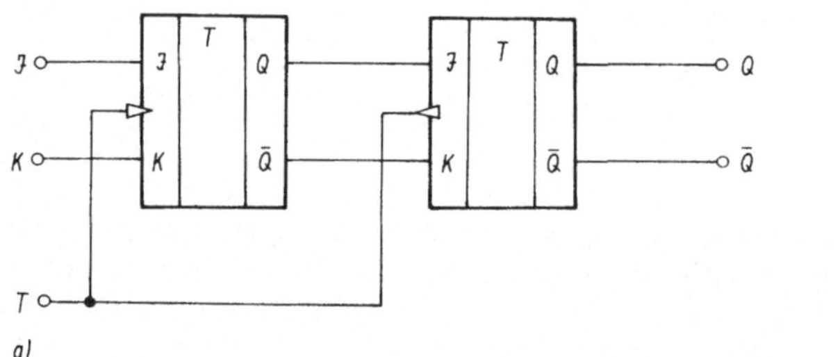

t_n		t_{n+1}	
J	K	Q	$\bar{Q}$
L	L	Q_n	$\bar{Q}_n$ 1)
L	H	L	H
H	L	H	L
H	H	$\bar{Q}_n$	Q_n 2)

b)

Abb. 2.7.15. Master-Slave-Flipflop
a) Prinzipschaltbild; b) Funktionstabelle
1) das Flipflop behält seinen Ausgangszustand
2) das Flipflop ändert seinen Ausgangszustand

Versuch V 2.7.4.2

Ein integriertes J-K-Master-Slave-Flipflop beinhaltet neben den J- und K-Eingängen noch statisch wirkende R- und S-Eingänge.

In diesem Versuch soll der Taktimpuls durch einen „prellfreien Schalter" (vgl. V 2.7.4.1) erzeugt werden, indem man den Schalter S_1 von S_{11} nach S_{12} und wieder nach S_{11} schaltet (vgl. Abb. 2.7.16). Entsprechend der Normung wurden die Anschlüsse für die Betriebsspannung und Masse der Schaltkreise in der Abb. 2.7.16 nicht eingezeichnet.

Die Betriebsspannung $\bar{U}_b$ soll 5 V betragen.

a) Bauen Sie eine Schaltung gemäß Abb. 2.7.16 auf! Verwenden Sie dabei folgende Bauelemente:

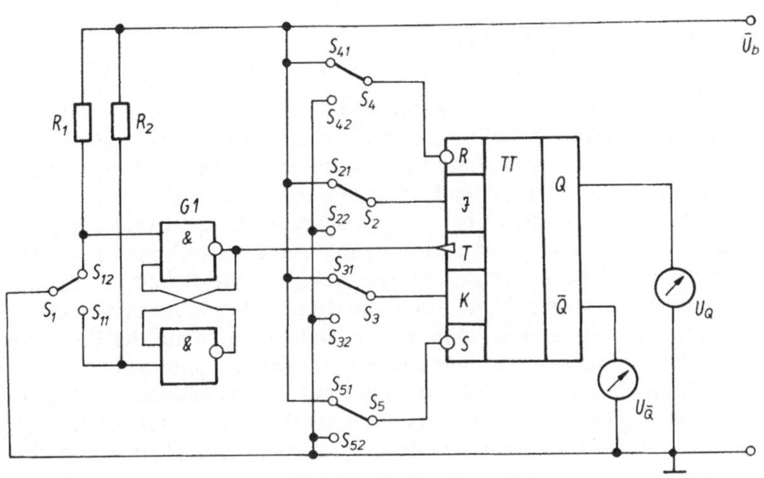

Abb. 2.7.16. Meßschaltung für ein Master-Slave-Flipflop

TT = DL 112,
G1 = DL 000,
R_1, R_2 = 22 kΩ.

Messen Sie die Ausgangsspannungen Q und $\bar{Q}$ mit Vielfachmessern für alle Kombinationen der Eingangsspannungen an den J- und K-Eingängen gemäß der Funktionstabelle in Abb. 2.7.15! Die Eingangsspannungen lassen sich mit den Schaltern S_2 und S_3 einstellen. Dabei entsprechen die Schalterstellungen S_{21} bzw. S_{31} H-Potential und S_{22} bzw. S_{32} L-Potential. Nach jeder Änderung der Eingangsspannungskombinationen muß ein Taktimpuls mit dem Schalter S_1 erzeugt werden. Bei diesen Messungen müssen die Schalter S_4 bzw. S_5 in der Stellung S_{41} bzw. S_{51} sein.

b) Messen Sie die Funktionen des S- bzw. R-Eingangs, indem Sie jeweils das Potential L durch die Schalter S_4 bzw. S_5 an den R- bzw. S-Eingang legen (Stellung S_{42} bzw. S_{52})!

c) Testen Sie die Wirkungsweise der Taktimpulse wie bei Aufgabe a), wenn an den Eingängen R bzw. S das Potential L anliegt!

d) Steuern Sie das Flipflop am Takteingang mit einem Impulsgenerator an ($f = 1$ kHz, Impulsbreite $t_w = 100$ µs, $U = 5$ V). Stellen Sie den Taktimpuls und den Ausgangsimpuls auf einem Oszillographen dar und bestimmen Sie die jeweilige Impulsbreite! Übertragen Sie die Oszillogramme in ein Diagramm!

e) Überlegen Sie, welche Funktion das Flipflop in der Schaltung nach Abb. 2.7.16 mit Impulsansteuerung hat und wozu es eingesetzt werden könnte!

2.8. Optoelektronik

Optoelektronische Bauelemente wandeln elektrische Signale in optische bzw. optische in elektrische um. Schaltungen mit optoelektronischen Bauelementen dienen der Anzeige von Betriebszuständen und Meßwerten, der Erfassung optischer Kenngrößen für elektronisch arbeitende Systeme, der elektrischen Trennung von Eingangs- und Ausgangsgrößen über ein optisches Hilfssignal und der Signalübertragung mit Lichtleitern. Verwendet man optoelektronische Bauelemente auf Halbleiterbasis, so kann die zugehörige elektronische Schaltung in normaler Si-Halbleiterschaltungstechnik bei nicht zu hohen Betriebsspannungen ausgeführt werden. Die Bedeutung optoelektronischer Bauelemente auf der Basis von Elektronen- bzw. Ionenröhrentechnologien (wie z. B. Vakuumphotozellen und gasgefüllte Anzeigeröhren) beschränkt sich nur noch auf Spezialgebiete, so daß hier auf sie verzichtet wird. Die Aufnahme- und Wiedergabetechnik von Monitor- bzw. Fernsehbildern und die Elektronenstrahlröhre von Oszillographen sollen ebenso nicht Gegenstand dieses Kapitels sein (vgl. hierzu [6, 88]).

2.8.1. Lichtquellen und Lichtempfänger

Elektromagnetische Strahlung im infraroten und sichtbaren Spektralbereich kann man mit speziellen pn-Halbleiterdioden, sog. *Lumineszenzdioden*, erzeugen [54, 60, 88]. Diese Bauelemente werden aus Verbindungshalbleitern mit drei- und fünfwertigen Elementen (AIII-BV-Halbleiter), z. B. Galliumarsenid, Galliumarsenidphosphid und Galliumphosphid, hergestellt. Ebenso wie beim üblichen vierwertigen Halbleitermaterial Silizium bewirkt eine Dotierung mit Störstellenatomen eine p- bzw. n-Leitung. Diese auch als *LED* (lichtemittierende Dioden) bezeichneten, in Durchlaßrichtung gepolten Dioden geben Licht ab, dessen Wellenlänge λ von dem verwendeten Halbleitermaterial und der Dotierung abhängt. Der Diodenstrom bestimmt die Lichtstärke und hat nur sehr geringen Einfluß auf die Wellenlänge. Übliche Emissionsfarben sind rot ($\lambda \approx 600$ nm), orange ($\lambda \approx 620$ nm), gelb ($\lambda \approx 590$ nm) und grün ($\lambda \approx 560$ nm). Infrarot-LED arbeiten vor allem im Wellenlängenbereich $\lambda \approx (850...950)$ nm. Die Fertigung von Bauelementen im blauen und violetten Farbbereich bereitet noch erhebliche technologische Schwierigkeiten. Das von Lumineszenzdioden ausgestrahlte Licht ist inkohärent, die spektrale Halbwertsbreite beträgt etwa 30 nm. Der Wirkungsgrad der elektrisch-optischen Energiewandlung erreicht bei LED keine wesentlich höheren Werte als bei Glühlampen (einige Prozent), aber die Zuverlässigkeit und die Lebensdauer der Halbleiterbauelemente ist wesentlich höher. Die mit Lumineszenzdioden z. Z. erzeugbaren maximalen Lichtstärken betragen je nach der eingesetzten Technologie etwa 3 mcd...10 cd. Eine für die optische Signalübertragung sehr wesentliche Eigenschaft von LED besteht in der Möglichkeit, über die Diodenstromstärke das Licht bis zu Frequenzen über den Megahertzbereich hinaus in der Intensität zu modulieren.

Der prinzipielle Aufbau und die Strom-Spannungs-Charakteristik von Lumineszenzdioden sind in Abb. 2.8.1 dargestellt. Abbildungsteil b) zeigt den für alle Halb-

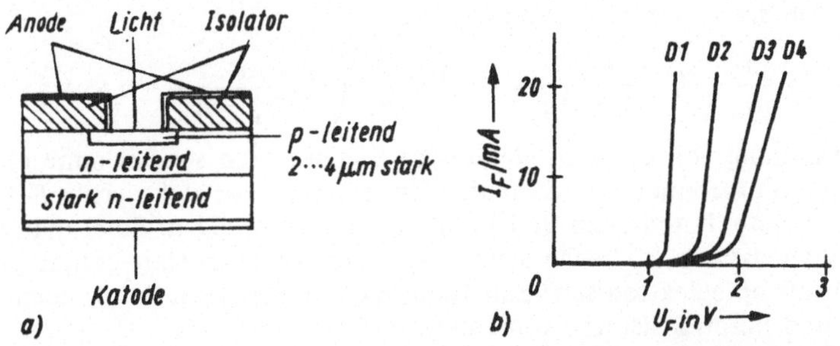

Abb. 2.8.1. Prinzipieller Aufbau (a) und Strom-Spannungs-Kennlinie (b) von Lumineszenzdioden
(D1: IR-LED VQ 125; D2: rote LED VQA 16; D3; gelbe LED VQA 36; D4: grüne LED VQA 26)

leiterdioden typischen Sachverhalt, daß im Arbeitsbereich bereits geringe Spannungsänderungen ΔU_F zu großen Stromänderungen ΔI_F führen. Deswegen müssen LED über Vorwiderstände R_V an eine entsprechend größere Betriebsspannung $\bar{U}_b$ geschaltet oder mit Konstantstromquellen betrieben werden (Abb. 2.8.2). Bei der Schaltung mit Vorwiderstand ergibt sich für den Diodenstrom I_F

$$\frac{\bar{U}_b - U_{F\max}}{R_V} \leqq I_F \leqq \frac{\bar{U}_b - U_{F\min}}{R_V}. \tag{2.8.1}$$

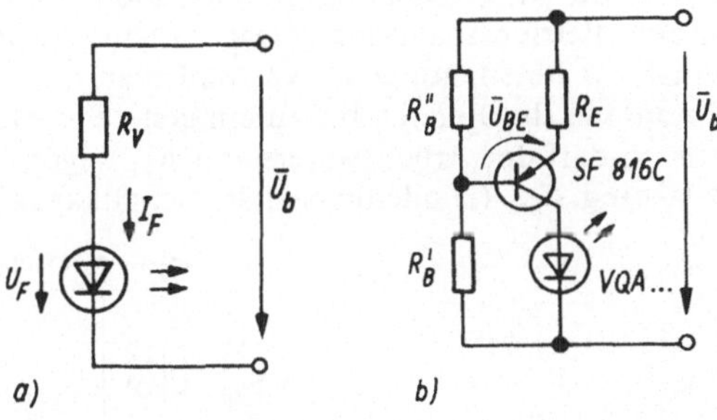

Abb. 2.8.2. Betriebsschaltungen von Lumineszenzdioden
a) Schaltung mit Vorwiderstand; b) Schaltung mit Konstantstromquelle

Der Streubereich der Diodenspannung U_F resultiert aus Bauelementetoleranzen und der Temperaturabhängigkeit der Bauelementekennwerte. Je größer $\bar{U}_b$ und damit R_V für einen Sollwert I_{FS} (z. B. $I_{FS} = 20$ mA) gewählt wird, um so geringer ist der Streubereich des Stroms bei gegebenen $U_{F\max}$ und $U_{F\min}$. Übliche Werte für die Betriebsspannung sind $\bar{U}_b = (5\ldots10)$ V bei $U_F = (1{,}5\ldots2{,}5)$ V. Der Vorteil von Konstantstromquellen-Schaltungen besteht darin, daß der Diodenstrom I_F praktisch unabhängig von der Diodenspannung U_F wird:

$$I_F \approx \frac{1}{R_E}\left(\bar{U}_b \frac{R''_B}{R'_B + R''_B} + \bar{U}_{BE}\right) \approx \frac{1}{R_E}\left(\bar{U}_b \frac{R''_B}{R'_B + R''_B} - 0{,}65\,\mathrm{V}\right). \qquad (2.8.2)$$

Die Umwandlung von Licht in elektrische Signale kann sowohl ohne elektrische Hilfsenergie (Fotoelemente und Solarzellen) als auch mit elektrischer Hilfsenergie (Fotowiderstände, Fotodioden und Fototransistoren) erfolgen. Sieht man von dem Spezialfall ab, daß elektronische Schaltungen mit Sonnenenergie betrieben werden, so sind für die optoelektronische Schaltungstechnik vor allem Fotowiderstände, Fotodioden und Fototransistoren von Interesse.

Fotowiderstände auf polykristalliner Halbleiterbasis bestehen überwiegend aus gesinterten bzw. aufgedampften Kadmiumsulfid- bzw. Kadmiumsulfoselenidschichten [60]. Diese besitzen einen über mehrere Größenordnungen näherungsweise linearen Zusammenhang zwischen Betriebsstrom (bei fester Betriebsspannung) und Beleuchtungsstärke und nur eine relativ geringe Empfindlichkeits-Wellenlängen-Abhängigkeit im sichtbaren Spektralbereich. Der entscheidende Nachteil dieser CdS- bzw. CdS_xSe_{1-x}-Fotowiderstände liegt in der langen Zeit, die bis zum Einstellen eines Gleichgewichts-Widerstandswertes nach Änderung der Beleuchtungsstärke nötig ist. Die Grenzfrequenz derartiger Bauelemente beträgt bei nicht zu kleiner minimaler Beleuchtungsstärke größenordnungsmäßig einige Hertz. Der Dunkelwiderstand wird meist erst einige Minuten nach Abschalten der Beleuchtung erreicht.

Fotodioden, hergestellt in üblicher Silizium-Einkristall-Halbleitertechnik mit Störstellendotierung für p- bzw. n-Leitung, zeigen einen beleuchtungsstärkeabhängigen Sperrstrom I_R [57, 60]. Wird die in Sperrichtung gepolte Diode in Reihe mit einem Meßwiderstand R_M an eine Betriebsspannung gelegt, so ist der Spannungsabfall an R_M (etwa) proportional zur Beleuchtungsstärke. Will man die sehr hohe Grenzfrequenz f_{gD} einer Si-Fotodiode (im Bereich bis zu einigen zehn Megahertz) schaltungstechnisch ausnutzen, so darf der Arbeitswiderstand R_M wegen einer unvermeidbaren kapazitiven Belastung C_{ges} (Diodenkapazität, Schaltkapazität, Ein-

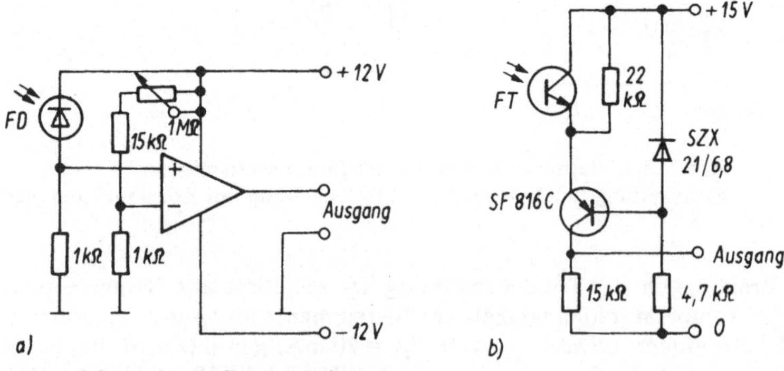

Abb. 2.8.3. Lichtempfängerschaltungen
a) Fotodiodenschaltung für Digitalsignal-Verarbeitung; b) Fototransistorschaltung

gangskapazität der Auswerteschaltung) nicht zu groß gewählt werden, denn es gilt

$$f_{gs} = (2\pi C_{ges} R_M)^{-1}. \tag{2.8.3}$$

f_{gs} bezeichnet hierbei die Schaltungsgrenzfrequenz, wenn $f_{gs} \ll f_{gD}$ erfüllt ist. Da deshalb die Signalspannungen $U_S = R_M I_R$ nur relativ klein sind, ist für eine digitale Meßwertverarbeitung (Beleuchtungsstärke kleiner oder größer als ein Referenzwert) eine Schaltung mit einem Operationsverstärker-Schaltkreis nach Abb. 2.8.3a zweckmäßig. Die spektrale Empfindlichkeit von Si-Fotodioden nimmt im Bereich des sichtbaren Lichts mit zunehmender Wellenlänge zu und hat im Infrarotbereich ein Maximum. Richtwerte für Si-pn-Fotodioden sind Diodenströme I_{RF} von 10...100 μA bei Beleuchtungsstärken von 1000 lx. Durch den Einsatz spezieller Technologien (pin- und Avalanche-Fotodioden) können Fotoempfindlichkeit und Grenzfrequenz noch wesentlich gesteigert werden.

Eine andere Möglichkeit zur Erhöhung der Signalspannung bei gegebener Beleuchtungsstärke bietet der Fototransistor. Bei ihm erfolgt eine Stromverstärkung des elektrischen Nutzsignals gleich im Wandlerbauelement. Ähnlich wie beim normalen bipolaren Transistor ist die Spannungsverstärkung V_U etwa proportional zum Arbeitswiderstand R. Die nutzbare Grenzfrequenz von Fototransistor-Schaltungen ist bei mittleren Widerstandswerten R (um 10 kΩ) mit etwa 10...100 kHz wesentlich niedriger als die von Fotodioden-Schaltungen. Verwendet man als Arbeitswiderstand R einer Fototransistor-Schaltung nach Abb. 2.8.3b den sehr niedrigen Eingangswiderstand der Basisschaltung eines bipolaren Transistors, so kann die Grenzfrequenz um knapp eine Größenordnung erhöht werden.

Versuche

V 2.8.1.1

a) Messen Sie die relative Lichtstärke von je einer Lumineszenzdiode des Typs VQA 16, VQA 26, VQA 36 und VQA 46 als Funktion der elektrischen Betriebsleistung $U_F I_F$ mit einem Fotowiderstand (z. B. WK 65060), der über einen Strommesser an eine Gleichspannung von 5 V geschaltet ist (die Wellenlängenabhängigkeit des Fotowiderstandes werde vernachlässigt)! Der Diodenstrom ist bei festem Vorwiderstand $R_v = 220\,\Omega$ durch Variation von $\bar{U}_b$ im Bereich $I_F = 1...20$ mA zu wählen (vgl. Abb. 2.8.2a).

b) Messen Sie für fünf verschiedene Lumineszenzdioden des Typs VQA 16 die elektrische Betriebsleistung und die relative Lichtstärke mit der Meßanordnung nach a), wobei für das erste Exemplar VQA 16 $I_F = 10$ mA mit $\bar{U}_b$ eingestellt und dann $\bar{U}_b$ nicht mehr verändert wird! Untersuchen Sie die Temperaturabhängigkeit dieser Meßwerte im Intervall 20 bis 60 °C!

c) Führen Sie die Aufgaben nach b) mit einer Schaltung nach Abb. 2.8.2b aus! Es gelte $\bar{U}_b = 5$ V; $R_E = 100\,\Omega$; $R'_B = 4{,}7$ kΩ; $R''_B \approx 2{,}3$ kΩ. Durch Variation von R''_B (Einstellregler) wird $I_F = 10$ mA für das erste Exemplar VQA 16 eingestellt.

V 2.8.1.2

a) Messen Sie den Signalstrom einer Fotodiode SP 103 und eines Fototransistors SP 215, wenn diese an eine Betriebsspannung von 10 V gelegt werden und im Abstand von 1 cm von Dioden des Typs VQ 125 (infrarot), VQA 16 (rot), VQA 26 (grün) bzw. VQA 36 (gelb) bei einem Diodenstrom von $I_F = 10$ mA beleuchtet werden!
b) Messen Sie das Ausgangssignal einer Schaltung nach Abb. 2.8.3 a, wobei die Fotodiode SP 103 durch eine IR-Diode VQ 125 angesteuert wird! Der Betriebsimpulsstrom der IR-Diode betrage $I_F = 50$ mA bei einer Impulsfolgefrequenz von 10 kHz...100 kHz (Tastverhältnis 1:1), er werde durch Abgleich des Vorwiderstandes bei einer Impulsspannung von 5 V eingestellt. Wählen Sie die Potentiometerstellung für Komparatorzwecke geeignet und untersuchen Sie die möglichen Abstände von Lichtquelle und Lichtempfänger!
c) Messen Sie das Ausgangssignal einer Schaltung nach Abb. 2.8.3 b bei einer impulsförmigen Beleuchtung des Fototransistors SP 215 entsprechend Aufgabenstellung b)! Bestimmen Sie zu Vergleichszwecken das Impulssignal, das an einem ohmschen Arbeitswiderstand $R = 15$ kΩ anstelle der Transistorschaltung entsteht! Variieren Sie bei beiden Experimenten den Abstand IR-Diode – Fototransistor!

2.8.2. Anzeigeschaltungen

Eine optische Anzeige von Meßwerten kann mit optoelektronischen Bauelementen im Zusammenwirken mit entsprechenden integrierten Schaltkreisen sowohl in analoger als auch in digitaler Form erfolgen.

Die Funktion eines Spannungsmessers mit Zeigerausschlag (Drehspulmeßinstrument) bildet eine sog. *LED-Skala* nach. Hierbei wird eine bestimmte Spannung dem Leuchten einer Diode in einer Diodenzeile (z. B. aus zwölf LED) zugeordnet. Zwischenwerte sind durch die Helligkeit der mitleuchtenden vorherigen bzw. nachfolgenden Diode interpolierbar. Neben dieser als „gleitender Punktbetrieb“ bezeichneten Betriebsart ist meist auch ein „Bandbetrieb“ möglich, bei dem die Dioden links von der die Meßspannung anzeigenden Diode mitleuchten. Die Ansteuerelektronik für die Diodenzeilen ist normalerweise in einem speziellen integrierten Schaltkreis enthalten (z. B. A 277 D). Abb. 2.8.4 zeigt die Schaltung und die Anzeigekennlinie einer typischen LED-Skala in gleitendem Punktbetrieb. Dabei wird der an den Anschlüssen 16 bzw. 3 mit $U_{\mathrm{ref\,min}}$ bzw. $U_{\mathrm{ref\,max}}$ festgelegte Spannungsmeßbereich in zwölf etwa gleich weite Spannungsschritte ΔU unterteilt.

Eine digitale Anzeige von Meßwerten ist vor allem mit Dezimalziffern bzw. im Hexadezimalcode üblich. Die besonders in der Mikrorechentechnik gebräuchliche Hexadezimaldarstellung umfaßt neben den Dezimalzahlen 0...9 die Symbole A, B, C, D, E und F. Hierzu wird – neben der Darstellung auf dem Monitor eines Rechners – vor allem eine Siebensegmentanzeige nach Abb. 2.8.5 verwendet. Die Segmente werden mit LED gebildet. Zur Ansteuerung dieser Bauelemente stehen spe-

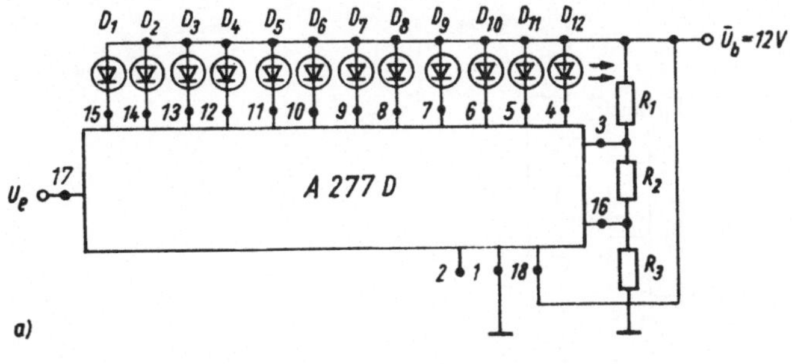

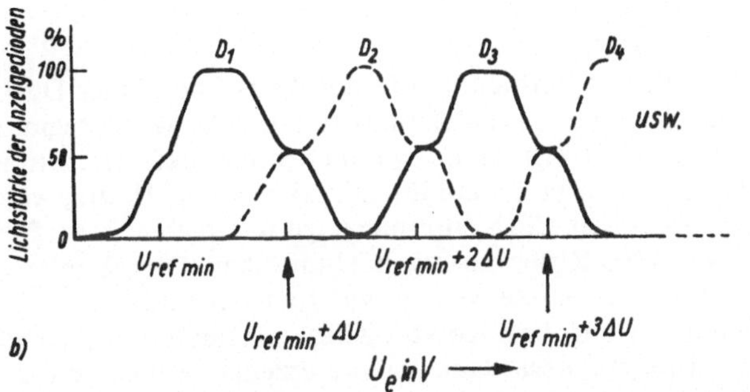

Abb. 2.8.4. LED-Skala mit zwölf Lumineszenzdioden für eine Ansteuerung im gleitenden Punktbetrieb
a) Schaltung; b) Anzeigekennlinie

Symbol	leuchtende Segmente	Symbol	leuchtende Segmente
0	a, b, c, d, e, f	8	a, b, c, d, e, f, g
1	b, c	9	a, b, c, d, f, g
2	a, b, d, e, g	A	a, b, c, e, f, g
3	a, b, c, d, g	B	c, d, e, f, g
4	b, c, f, g	C	a, d, e, f
5	a, c, d, f, g	D	b, c, d, e, g
6	a, c, d, e, f, g	E	a, d, e, f, g
7	a, b, c, f	F	a, e, f, g

Abb. 2.8.5. Symboldarstellung bei einer Siebensegmentanzeige

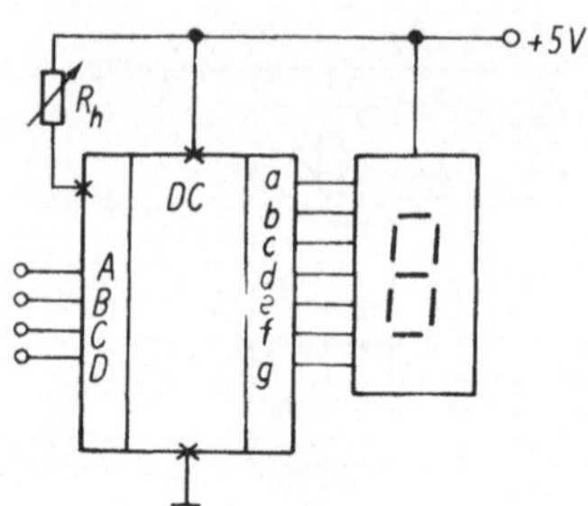

Abb. 2.8.6. LED-Siebensegmentanzeige mit Decoder/Treiber

zielle Decoderschaltkreise zur Verfügung, die den BCD-Code einer Dezimalziffer bzw. die 4bit-Information einer Hexadezimalziffer in die Siebensegmentdarstellung umwandeln und die LED-Ziffernanzeige über Stromquellenschaltungen (sog. Stromsenken) direkt ansteuern (z. B. D 346, vgl. Abb. 2.8.6). Häufig werden zwei Ziffern in einem Gehäuse einer LED-Ziffernanzeige untergebracht (z. B. VQE 24). Der Leistungsbedarf von LED-Ziffernanzeigen ist mit über 100 mW relativ hoch, so daß sie für batteriebetriebene Geräte weniger gut geeignet sind.

Eine andere Möglichkeit zur Anzeige von Ziffern bieten *Flüssigkristall-Displays* (LCD, liquid crystal display). Diese Bauelemente erzeugen selbst kein Licht, sondern nutzen die Umgebungsbeleuchtung aus (passive Anzeige). Das Wirkprinzip von Feldeffekt-Flüssigkristallanzeigen [60, 88] besteht darin, daß die Drehung der Polarisationsebene des Lichts durch einen Flüssigkristall (von z. B. 90°) mit einem elektrischen Feld aufgehoben werden kann. Durch geeignete Anordnung zweier Polarisationsfilter und eines Reflektors nach Abb. 2.8.7 erscheint der Flüssigkristall ohne Betriebsspannung hell und mit Betriebsspannung dunkel. Da Flüssigkristalle beim Anlegen von Gleichspannung infolge Elektrolyse zerstört werden, müssen LCD mit Wechselspannungen oder Impulsspannungen ohne Gleichspannungsanteil einer Frequenz von einigen zehn Hertz betrieben werden. Ziffernanzeigen auf der Basis von LCD werden sowohl in einstelliger als auch in mehrstelliger (4- bis 12-stelliger) Ausführung produziert. Einstellige Bauelemente werden üblicherweise

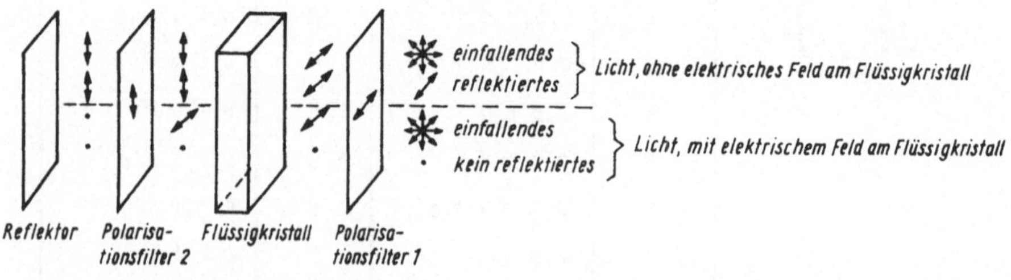

Abb. 2.8.7. Prinzip einer Feldeffekt-Flüssigkristallanzeige

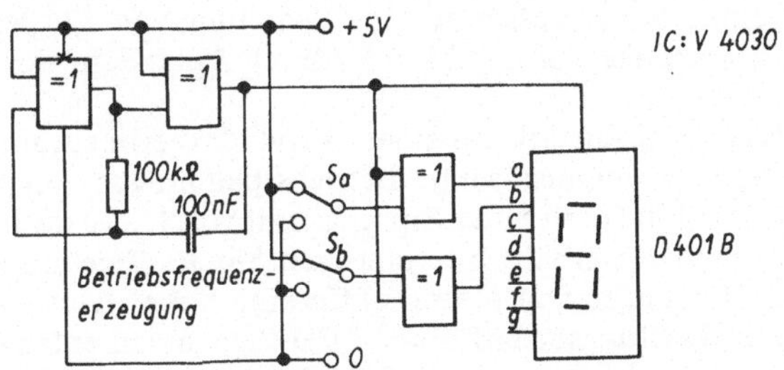

Abb. 2.8.8. Testschaltung für eine LCD-Siebensegmentanzeige (nur die Segmente a und b sind in Betrieb)

ebenso wie integrierte Schaltkreise kontaktiert und können so einfach eingebaut werden. Mehrstellige LCD sind wegen nicht lötbarer Kontaktierungsflächen schwieriger zu handhaben. Für den Betrieb mehrstelliger LCD-Anzeigen stehen spezielle CMOS-Ansteuerschaltkreise (mit sehr geringer Leistungsaufnahme) zur Verfügung, womit der Vorteil des geringen Leistungsbedarfs der LCD mit einigen Mikrowatt Betriebsleistung pro Ziffer voll zur Geltung kommen kann. Abb. 2.8.8 zeigt eine Testschaltung zur Funktionsmessung an einer einstelligen LCD vom Typ D 401 B.

Versuche

V 2.8.2.1

a) Messen Sie für eine LED-Skala nach Abb. 2.8.4 mit zwölf Lumineszenzdioden VQA 16 die erforderlichen Eingangsspannungen U_e für volle und halbe Diodenhelligkeit (visuelle Beobachtung), wenn der Referenzspannungsteiler mit $R_1 = 10\ \text{k}\Omega$; $R_2 = 1{,}5\ \text{k}\Omega$ und $R_3 = 220\ \Omega$ dimensioniert ist! Die Eingangsspannungen U_e werden von einer separaten Quelle bereitgestellt. Beachten Sie, daß die halbe Helligkeit der Dioden gemäß Abb. 2.8.3 b durch das gleich helle Leuchten zweier Dioden gekennzeichnet ist!

b) Führen Sie die Messungen nach a) für einen Referenzspannungsteiler mit $R_1 = 4{,}7\ \text{k}\Omega$; $R_2 = 6{,}8\ \text{k}\Omega$ und $R_3 = 1\ \text{k}\Omega$ aus und vergleichen Sie die Breite der Übergangsbereiche (zwei Dioden leuchten) mit den Ergebnissen von a)!

c) Diskutieren Sie für beide Betriebsarten die Anzeigegenauigkeit einer LED-Skala!

V 2.8.2.2

a) Überprüfen Sie die Funktion einer LED-Anzeige nach Abb. 2.8.6 für alle Hexadezimalziffern durch entsprechende Wahl der Eingangsbelegung (0 oder +5 V) für die Eingänge A...D!

b) Messen Sie die relative Lichtstärke der Ziffer 8 mit einem Fotowiderstand (z. B.

WK 65060), der über einen Strommesser an eine Spannung von 5 V geschaltet ist, für eine Segmentstromstärke von 3...15 mA (durch Verändern des Widerstandes R_h einstellbar)!

c) Vergleichen Sie die relative Lichtstärke in einem Parallelexperiment mit b), wobei die zweite LED-Anzeige impulsförmige Betriebsspannungen von 5 V über einen Vorwiderstand $R_v = 100\ \Omega$ mit einer Einschaltzeit von 1...10 ms und einer Impulsfolgefrequenz von 50 Hz erhält! Interpretieren Sie die Ergebnisse!

d) Schätzen Sie mit den Messungen von b) und c) für eine hinreichende Anzeigehelligkeit den mittleren Leistungsbedarf einer LED-Siebensegmentanzeige ab, wenn alle Ziffern 0...9 bzw. alle Symbole 0...F gleich häufig eingeschaltet werden!

e) Überprüfen Sie die Funktion einer LCD-Anzeige nach Abb. 2.8.8 für zwei Segmente und messen Sie die LCD-Ansteuerspannungen an einem angesteuerten (bzw. nichtangesteuerten) Segment und an der gemeinsamen Elektrode mit einem Zweistrahloszillographen! Bestimmen Sie die Stromaufnahme der Gesamtschaltung!

2.8.3. Optokoppler und Lichtleiterübertragung

Für einige schaltungstechnische Anwendungen ist eine galvanische Trennung von Signalquellen- und Signalverarbeitungsschaltung wünschenswert oder nötig. Solche Fälle treten z. B. bei der Verarbeitung von Signalspannungen, denen ein hohes Grundpotential überlagert ist, bei der erdfreien Einspeisung von Steuergrößen und bei Meßwertverarbeitungssystemen mit der Gefahr einer induktiven Störspannungseinkopplung infolge Erdschleifen (vgl. Abschn. 1.4.1) auf.

Eine Signalübertragung mit galvanischer Trennung verwirklicht man bei Wechselgrößen relativ einfach durch transformatorische Kopplung. Sollen jedoch Gleichspannungs- (oder Gleichstrom-) Signale mit übertragen werden, muß entweder das Nutzsignal zunächst in eine Wechselspannung umgeformt, transformatorisch ge-

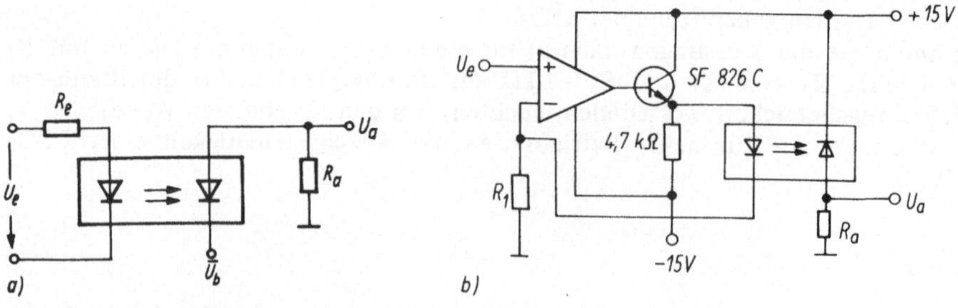

Abb. 2.8.9. Optokopplerschaltungen mit Spannungsansteuerung
a) Schaltung mit Vorwiderstand zur Spannungs-Strom-Wandlung; b) Schaltung mit gesteuerter Konstantstromquelle

koppelt und wieder gleichgerichtet (Zerhackerprinzip [67], sehr aufwendig) oder eine optoelektronische Kopplung verwendet werden. Bei diesem sog. *Optokoppler* erfolgt die Umwandlung eines Eingangsstroms I_e, der eine Infrarot-Lumineszenzdiode ansteuert, in eine etwa stromproportionale Lichtstärke, die eine Fotodiode bzw. einen Fototransistor in einen Ausgangsstrom I_a zurückwandelt. Beide Wandlerbauelemente befinden sich in einem Gehäuse, die Lichtstrecke ist (normalerweise, s. u.) nicht zugänglich. Der infrarote Spektralbereich gewährleistet maximale Empfindlichkeit der optisch-elektrischen Rückwandlung durch Fotodiode bzw. Fototransistor. Der Stromübertragungsfaktor I_a/I_e ergibt sich (bei nicht zu kleinen Eingangsströmen) für den Optokoppler mit Fotodiode zu etwa 0,01...0,1, für Optokoppler mit Fototransistor zu etwa 0,5...2. Die Grenzfrequenz wird im wesentlichen durch die Fotodiode bzw. den Fototransistor bestimmt und liegt bei einigen Megahertz bzw. bei etwa 100 kHz. Über einen Bereich von zwei Größenordnungen ist der Zusammenhang von Eingangs- und Ausgangsstrom näherungsweise linear (mit einem Fehler von etwa $\pm 20\,\%$). Bei höheren Genauigkeitsforderungen werden dann Schaltungsmaßnahmen zur Linearisierung notwendig. Da in der größeren Zahl der Anwendungen nicht Ströme, sondern Spannungen übertragen werden sollen, kann im einfachsten Falle gemäß Abb. 2.8.9a durch Zuschalten zweier Widerstände eine Spannungs-Strom- bzw. Strom-Spannungs-Wandlung im Eingangs- bzw. Ausgangskreis erfolgen. Will man einen Spannungsbereich von mehr als einer Größenordnung übertragen, ist diese einfache Schaltung wegen des zunehmenden Fehlers der Eingangs-Spannungs-Strom-Wandlung mit abnehmender Eingangsspannung nicht mehr geeignet. Eine *steuerbare Konstantstromquelle* mit einem typischen Operationsverstärker und zusätzlichem Stromverstärkungstransistor kann bei nicht zu hoher Grenzfrequenzforderung (z. B. 10 kHz) eine über etwa drei Zehnerpotenzen für die Optokoppleranwendungen hinreichend genaue Spannungs-Strom-Wandlung durchführen (vgl. Abb. 2.8.9b). Für den Zusammenhang zwischen Eingangsspannung U_e und Optokoppler-Eingangsstrom I_e gilt

$$I_e = U_e / R_1 . \tag{2.8.4}$$

Beim Gabelkoppler ist eine etwa 1 cm lange Lichtstrecke eines Optokopplersystems zu etwa 5 mm frei zugänglich, so daß beispielsweise Schaltungen für Zählvorgänge nach dem Prinzip der Lichtschranke aufgebaut werden können.

Die sehr hohen Übertragungsbandbreiten der elektrisch-optischen und optisch-elektrischen Wandler auf Halbleiterbasis legen den Gedanken nahe, eine Nachrichtenübertragung (Vielkanaltelefonie, Videosignale) auf optischem Wege mit diesen Bauelementen zu realisieren. Eine größere Streckenlänge in Luft ist jedoch wegen der beschränkten Lichtleistung einerseits und der relativ hohen Dämpfung der Luft mit etwa 0,01...0,5 dB/m (Maximalwert für Nebel) andererseits nicht möglich. Die Führung eines Lichtstrahls in einem Material mit einer Brechzahl, die größer als die des umgebenden Mediums (z. B. Luft) ist, kann durch Totalreflexion erfolgen [21, 60].

Mit diesem Prinzip ist beispielsweise durch Glas- oder Plastfasern [88] die Beleuchtung relativ unzugänglicher Stellen durchführbar, jedoch wegen der typischen Dämpfungswerte herkömmlicher Materialien von 0,2...5 dB/m (optisches Glas etwa 3...5 dB/m, Plastfasern etwa 1...4 dB/m, Quarzglas 0,2...0,4 dB/m) noch

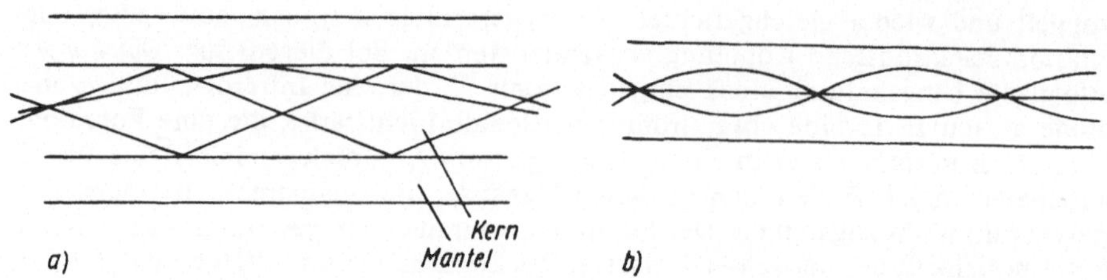

Abb. 2.8.10. Lichtausbreitung im Stufenprofil- (a) und im Gradientenlichtleiter (b)

keine längere Licht-Nachrichtenübertragung. Auf der Grundlage spezieller hochreiner Gläser mit metallischen Verunreinigungen von weniger als 10^{-8} gelang es im letzten Jahrzehnt, *Lichtleiter* mit einer Dämpfung von 1...5 dB/km bei bestimmten Wellenlängen im Infrarotbereich zu entwickeln und industriell zu fertigen [21]. Neben der einfacheren Technik einer scharf getrennten Kern- und Mantelzone (Stufenprofil-Lichtleiter, Abb. 2.8.10a) wird neuerdings eine kontinuierliche Verringerung der Brechzahl mit zunehmendem Abstand von der Lichtleiterachse eingesetzt (Gradienten-Lichtleiter, Abb. 2.8.10b). Mit diesen Lichtleitern sind Nachrichtenverbindungen für Streckenlängen im Bereich bis etwa 10 km realisierbar. Die obere Grenzfrequenz beträgt selbst mit einfachen optoelektronischen Wandlern (Lumineszenzdiode und Fotodiode) einige Megahertz. Durch den Einsatz von Halbleiterlaserdioden und speziellen Fotodioden kann die Grenzfrequenz um wenigstens zwei Größenordnungen gesteigert werden. Ebenso scheint eine weitere Vergrößerung der Streckenlänge möglich zu sein.

Die Informationsübertragung kann sowohl analog, d. h. durch Modulation der Lichtstärke mit einem kontinuierlichen Nachrichtenstrom, als auch digital, d. h. durch Ein- und Ausschalten der Lichtquelle mit dem impulscodierten Nachrichteninhalt, geschehen. Die Digitaltechnik ist hinsichtlich der Störfreiheit und der Übertragung größerer Nachrichtenmengen pro Zeiteinheit der Analogtechnik überlegen [21].

Versuche

Als Optokoppler werden Kombinationen von Lumineszenzdiode und Fotodiode (MB 110) sowie von Lumineszenzdiode und Fototransistor (MB 104) eingesetzt. Lichtschrankenexperimente erfolgen mit einem Gabelkoppler mit Fototransistorempfänger (MB 123). Für Modellexperimente zur Lichtleiterübertragung dient eine Infrarot-Lumineszenzdiode (VQ 125), eine schnelle Fotodiode (SP 103) sowie Plast- und Gradientenlichtleiter.

V 2.8.3.1

a) Messen Sie für die Optokoppler MB 110 und MB 104 den Gleichstromübertragungsfaktor für Eingangsströme $I_e = (0,1...10)$ mA! Die Eingangsströme werden nach Abb. 2.8.9a im Bereich 0,1...1 mA mit $R_e = 10\,k\Omega$ und im Bereich 1...10 mA mit $R_e = 1\,k\Omega$ und variabler Eingangsspannung $U_e \approx (1...11)$ V eingestellt. Der Ausgangsstrom kann mit einem Strommesser, der den Widerstand R_a bildet, direkt gemessen werden. Die Betriebsspannung $\bar{U}_b$ betrage 10 V.

b) Messen Sie für die Schaltungen nach Abb. 2.8.9b mit dem Optokoppler MB 110 bzw. MB 104 den Gleichspannungsübertragungsfaktor bei Eingangsspannungen $U_e = 5$ mV...5 V! Hierbei gelte $R_1 = 470\,\Omega$ und $R_a = 1\,k\Omega$.

V 2.8.3.2

a) Messen Sie für die Optokoppler MB 110 und MB 104 in der Schaltung nach Abb. 2.8.9a die Ausgangssignale an $R_a = 1\,k\Omega$, wenn die Ansteuerung mit einer Rechteckimpulsfolge mit einem Tastverhältnis von 1:1 und einer Folgefrequenz von 10 kHz...1 MHz bei einer Impulsspannung von 10 V und $R_e = 1\,k\Omega$ erfolgt!

b) Verwenden Sie einen Gabelkoppler MB 123 zur Drehzahlmessung an einem Kleinmotor 6 V/2,5 W mit Lochscheibe. In der Schaltung nach Abb. 2.8.9a werde $U_e = 10$ V; $R_e = 1\,k\Omega$ und $R_a = 10\,k\Omega$ gewählt. Variieren Sie die Motorbetriebsspannung und zählen Sie die Impulse mit einem Zählfrequenzmesser!

V 2.8.3.3

a) Messen Sie für eine Kombination VQ 125/SP 103 bei geringstmöglichem Abstand den Fotodiodenstrom in der Schaltung nach Abb. 2.8.9a als Funktion der Eingangsspannung $U_e = (1...10)$ V mit $R_e = 220\,\Omega$. Den Widerstand R_a bilde ein Strommesser, $\bar{U}_b$ sei 10 V.

b) Schalten Sie zwischen Lumineszenzdiode und Fotodiode 30 cm Plastlichtleiter, 1 m Plastlichtleiter bzw. 3 m Gradientenlichtleiter und führen Sie die Messungen gemäß a) durch!

c) Diskutieren Sie die Ergebnisse von b) hinsichtlich der Signaldämpfung der verwendeten Kabel!

d) Überprüfen Sie für 30 cm Plastlichtleiter bzw. 3 m Gradientenlichtleiter die Frequenzeigenschaften einer digitalen Übertragung mit einer Schaltung nach Abb. 2.8.9a! Die Ansteuerung erfolge mit Rechteckimpulsen eines Tastverhältnisses von 1:1 bei einer Folgefrequenz von 10 kHz...1 MHz und einem Impulsstrom von 50 mA.

3. Teil: Aufbauversuche

3.1. Verstärker

Gegenstand dieses Kapitels sind einfache Verstärkerschaltungen im Frequenzbereich Null bis zu einigen Megahertz sowie bis zu Ausgangsleistungen von einigen zehn Watt. Je nach Kopplungsart unterscheidet man gleichspannungs- und wechselspannungsgekoppelte Verstärker, die kurz Gleichspannungs- bzw. Wechselspannungsverstärker genannt werden. Gleichspannungsverstärker verarbeiten deshalb auch Wechselspannungen nicht zu hoher Frequenz. Steht die Problematik einer gewissen Ausgangsleistung im Vordergrund, werden diese Verstärker als *Leistungsverstärker* bezeichnet. Eine wesentliche Klassifizierung erfolgt nach dem verarbeiteten Frequenzband. Beim *Breitbandverstärker* ist die Verstärkung in einem größeren Frequenzbereich konstant, beim *Selektivverstärker* hingegen wird nur ein schmaler Bereich um eine Frequenz f_0 verstärkt (oder evtl. unterdrückt). Als aktive Verstärkerbauelemente dienen i. allg. bipolare oder Feldeffekt-Siliziumtransistoren und vor allem analoge integrierte Schaltkreise.

3.1.1. Breitbandverstärker

Breitbandverstärker-Schaltungen mit Betriebsfrequenzen bis zu etwa 100 kHz nutzen i. allg. Operationsverstärker bzw. Leistungsoperationsverstärker, deren Grund-

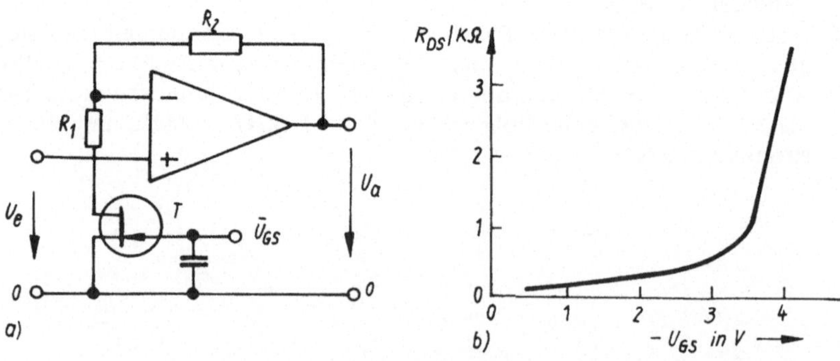

Abb. 3.1.1. Operationsverstärker-Schaltung mit steuerbarer Spannungsverstärkung
a) Schaltung; b) Steuerkennlinie für den Feldeffekt-Transistor KP 303 E

schaltungen im Kapitel 2.4. behandelt worden sind. Die im vorliegenden Abschnitt dargestellten Schaltungen stellen Erweiterungen dieser Grundschaltungen dar.

Häufig besteht die Forderung, die Spannungsverstärkung mit einer Hilfsspannung steuerbar zu gestalten. Diese Aufgabe kann mit einer Schaltung nach Abb. 3.1.1a gelöst werden, wobei ein Teil des Gegenkopplungswiderstandes einer nichtinvertierenden Verstärkerschaltung durch einen Feldeffekttransistor gebildet wird. Für nicht zu große Drain-Source-Spannungen U_{DS} (max. einige hundert Millivolt beiderlei Polarität) stellt der Feldeffekttransistor näherungsweise einen gesteuerten ohmschen Widerstand R_{DS} entsprechend Abb. 3.1.1b dar. Unter der Voraussetzung, daß die Leerlaufspannungsverstärkung des Operationsverstärkers groß gegen V_U ist, gilt für die Spannungsverstärkung der Schaltung

$$V_u = 1 + \frac{R_2}{R_1 + R_{DS}}. \tag{3.1.1}$$

Wenn Leistungsoperationsverstärker (sowohl bei Gleichspannungs- als auch bei Wechselspannungskopplung) mit Lastwiderständen arbeiten, die eine induktive Komponente besitzen (z. B. Lautsprecher, Motoren), müssen diese für eine stabile Betriebsweise mit einer RC-Kombination (sog. Boucherot-Glied) und mit Spannungsbegrenzerdioden gemäß Abb. 3.1.2a beschaltet werden. Abb. 3.1.2b zeigt eine einfache Möglichkeit zur weiteren Erhöhung der Ausgangsleistung bei einer Leistungsoperationsverstärker-Schaltung. Durch die Ergänzung mit einer *Gegentakt-C-Endstufe* (zum *C*-Betrieb vgl. Abschn. 3.1.2) ergibt sich folgendes Betriebsverhalten: Die Stromversorgung des Leistungsoperationsverstärkers erfolgt über die Widerstände R_{b1} und R_{b2}, wobei der Laststrom I_L durch den Widerstand R_L den überwiegenden Anteil des Betriebsstromes ausmacht. Durch geeignete Dimensionierung bleiben für Aussteuerungen, die Lastströme $|I_L| \lessapprox 1$ A bewirken, beide Transistoren gesperrt. Der Leistungsoperationsverstärker stellt den Laststrom allein bereit. Für höhere Aussteuerungen überschreitet der Spannungsabfall an den Widerständen R_{b1} (bei positiver Eingangsspannung) bzw. R_{b2} (bei negativer Eingangsspannung) die Schleusenspannung der Transistoren T_1 bzw. T_2, so daß diese den weite-

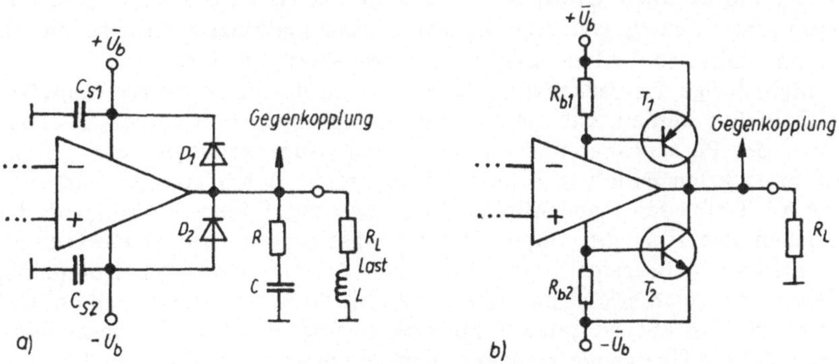

Abb. 3.1.2. Leistungsoperationsverstärker-Ausgangsschaltungen
a) für induktiv-ohmsche Last; b) zur Erhöhung der Ausgangsleistung

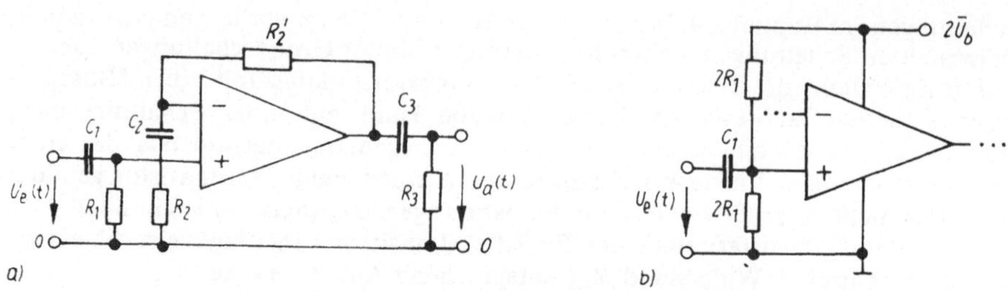

Abb. 3.1.3. Voll wechselspannungsgekoppelter Operationsverstärker
a) Grundschaltung; b) Modifikation für nur eine Betriebsspannung

ren (höheren) Laststrom liefern. Bei induktiver Last ist wiederum die Schaltung nach Abb. 3.1.2a erforderlich.

Werden Operationsverstärker-Schaltungen über Kondensatoren gekoppelt, so führt man das verstärkungsbestimmende Gegenkopplungsnetzwerk auch nur für Wechselspannungen aus, wodurch eine erhöhte Gleichspannungsstabilität erreicht wird. Abb. 3.1.3a zeigt eine entsprechende Schaltung für einen nichtinvertierenden Verstärker. Hierin bestimmen drei voneinander entkoppelte Hochpässe die untere Grenzfrequenz der Schaltung (R_1C_1, R_2C_2 und R_3C_3). Nehmen wir der Einfachheit halber an, daß alle drei Hochpässe die gleiche untere Grenzfrequenz f_{gu} besitzen, so ergibt sich als untere Gesamtgrenzfrequenz

$$f_{gu}^{(g)} = \frac{f_{gu}}{\sqrt{\sqrt[n]{2} - 1}} \qquad (3.1.2)$$

mit $n = 3$. Die Schaltung nach Abb. 3.1.3a gestattet mit einer geringfügigen Änderung den Betrieb mit nur einer Betriebsspannung. Hierzu wird der negative Betriebsspannungsanschluß des Operationsverstärkers an Masse, der positive an $+2\bar{U}_b$ und der nichtinvertierende Eingang mittels eines Spannungsteilers an eine Spannung $\bar{U}_b$ gelegt (vgl. Abb. 3.1.3b). Diese Schaltungstechnik ist sowohl für Operations- als auch für Leistungsoperationsverstärker geeignet.

Mehrstufige Tiefpaßschaltungen können in der Form *aktiver Tiefpaßfilter* so dimensioniert werden, daß sie spezielle Forderungen hinsichtlich des Amplituden- sowie des Phasengangs und damit der Impulsübertragungseigenschaften erfüllen. Im einfachsten Falle von Filtern mit mehreren, durch Trennverstärker entkoppelten *RC*-Tiefpässen (nach Abschn. 2.1.2), den sog. Filtern mit kritischer Dämpfung, ergeben sich zwar gute Impulsübertragungseigenschaften, da die Gruppenlaufzeit t_{gr} im Durchlaßbereich konstant ist, aber der Übergang vom Durchlaßbereich in den Sperrbereich erfolgt nur allmählich. Mittleren Anforderungen an diesen Übergang (bei fast ebenso guter Impulsübertragung) genügen die *Bessel-Filter*. Fordert man steilere Übergänge zwischen dem Durchlaß- und dem Sperrbereich, entsteht wegen der dann unvermeidlichen Frequenzabhängigkeit der Gruppenlaufzeit im Durchlaßbereich ein starkes Überschwingen der Ausgangsspannung des Filters bei

Ansteuerung mit einem Einschaltsprung. Beim *Butterworth-Filter* beträgt das Überschwingen etwa 10 % der Impulsamplitude, der Amplituden-Frequenzgang ist bis nahe an die Grenzfrequenz konstant und knickt dann relativ scharf ab. Ein noch steilerer Übergang kann auf Kosten einer Welligkeit im Durchlaßbereich mit einem *Tschebyscheff-Filter* erreicht werden. Je höher die zulässige Welligkeit im Durchlaßbereich ist, um so steiler ist der Übergang. Für aktive Tiefpaßfilter 4. Ordnung (d.h. mit vier an der Übertragungsfunktion beteiligten RC-Gliedern) sind die Eigenschaften der genannten vier Filtertypen in Abb. 3.1.4 dargestellt.

Die komplexe Übertragungsfunktion $\underline{G}(\Omega)$ aktiver Tiefpaßfilter ist als Quotient der komplexen Amplituden der Ausgangsspannung zur Eingangsspannung definiert. Das heißt, $\underline{G}(\Omega)$ ist die zur komplexen Spannungsverstärkung $\underline{V}_U$ einer Verstärkerschaltung analoge Größe. Die komplexe Übertragungsfunktion läßt sich allgemein in der Form

$$\underline{G}(\Omega) = \frac{V_0}{1 + \mathrm{j}\, c_1\Omega - c_2\Omega^2 - \mathrm{j}\, c_3\Omega^3 + c_4\Omega^4 \pm \ldots} \tag{3.1.3}$$

schreiben. Hierbei sind $c_1, c_2, c_3, c_4, \ldots$ positive, reelle Koeffizienten, V_0 die Spannungsverstärkung bei $f = 0$ und Ω die normierte Frequenz

$$\Omega = \frac{\omega}{\omega_g} = \frac{f}{f_{go}}. \tag{3.1.4}$$

f_{go} bezeichnet die obere Grenzfrequenz des Filters, die dadurch festgelegt ist, daß für diese Frequenz der Betrag der Übertragungsfunktion auf $V_0/\sqrt{2}$ abgesunken ist. Im folgenden sollen nur Tiefpaßfilter bis zur vierten Ordnung betrachtet werden, für die $\underline{G}(\Omega)$ in der Form

$$\underline{G}(\Omega) = \frac{V_0}{(1 + \mathrm{j}\, a_1\Omega - a_2\Omega^2)\,(1 + \mathrm{j}\, b_1\Omega - b_2\Omega^2)} \tag{3.1.5}$$

dargestellt werden kann. Durch entsprechende Wahl der Koeffizienten a_1, a_2, b_1 und b_2 entstehen Bessel-, Butterworth- oder Tschebyscheff-Filter. Tab. 3.1.1 gibt für Filter 1. bis 4. Ordnung diese Koeffizienten an [17, 27, 83]. Die schaltungstechnische Realisierung aktiver Tiefpaßfilter erster und zweiter Ordnung ist mit den in Abb. 3.1.5 gezeigten Schaltungen möglich. Tiefpaßfilter dritter und vierter Ordnung ergeben sich durch Kettenschaltung zweier derartiger Filter.

Das Tiefpaßfilter zweiter Ordnung mit Einfachgegenkopplung nach Abb. 3.1.5a besitzt eine Übertragungsfunktion

$$\underline{G}(\Omega) = \frac{-1}{1 + \mathrm{j}\, 2\omega_g RC_1\Omega - \omega_g^2 R^2 C_1 C_2 \Omega^2}. \tag{3.1.6}$$

Durch Koeffizientenvergleich mit Gl. (3.1.5) erhält man für die Kapazitäten

$$C_1 = \frac{a_1}{4\pi f_{go} R} \tag{3.1.7}$$

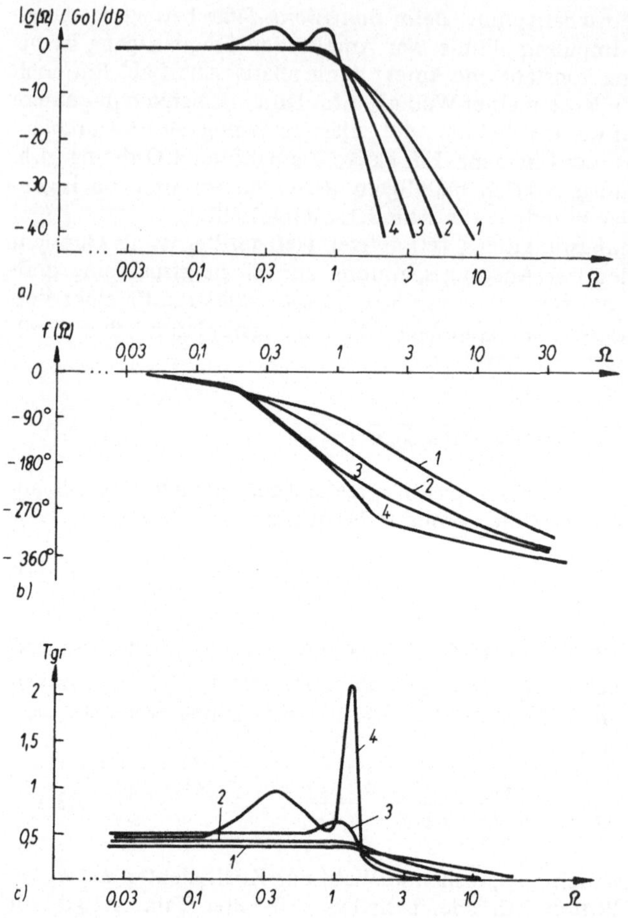

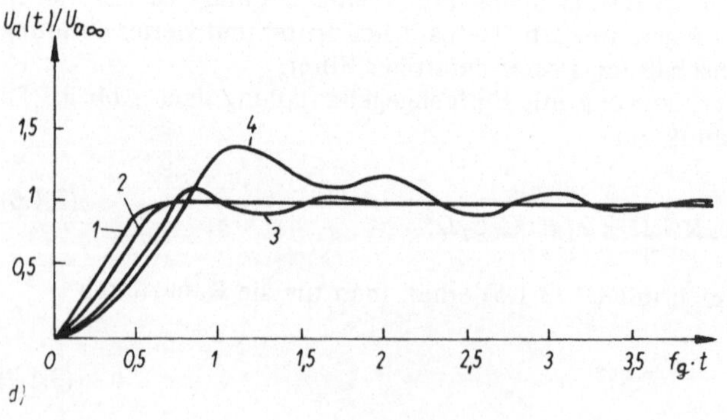

Abb. 3.1.4. Betrag (a) und Phase (b) der Übertragungsfunktion sowie die normierte Gruppenlaufzeit (c) und der Einschaltvorgang (d) von Tiefpaßfiltern 4. Ordnung
1 Filter mit kritischer Dämpfung; *2* Bessel-Filter; *3* Butterworth-Filter; *4* Tschebyscheff-Filter mit 3 dB Welligkeit

Tabelle 3.1.1. Koeffizienten der Übertragungsfunktion zur Bildung von Bessel-, Butterworth- und Tschebyscheff-Filtern erster bis vierter Ordnung

Ordnung	Bessel-Filter				Butterworth-Filter			
	a_1	a_2	b_1	b_2	a_1	a_2	b_1	b_2
1	1,000	0,000	–	–	1,000	0,000	–	–
2	1,362	0,618	–	–	1,414	1,000	–	–
3	0,756	0,000	1,000	0,477	1,000	0,000	1,000	1,000
4	1,340	0,489	0,774	0,389	1,848	1,000	0,756	1,000

	Tschebyscheff-Filter mit 3 dB Welligkeit			
	a_1	a_2	b_1	b_2
1	1,352	0,000	–	–
2	0,987	1,663	–	–
3	3,480	0,000	0,369	1,283
4	2,140	5,323	0,192	1,154

und

$$C_2 = \frac{a_2}{a_1 \pi f_{go} R}, \tag{3.1.8}$$

wobei die Grenzfrequenz f_{go} und der Widerstand R vorgegeben werden können. R wählt man üblicherweise im Bereich um 10 kΩ.

Die Übertragungsfunktion des Tiefpaßfilters zweiter Ordnung mit Mehrfachgegenkopplung lautet

$$\underline{G}(\Omega) = \frac{-1}{1 + \mathrm{j}\, 3\omega_g R C_1 \Omega - \omega_g^2 R^2 C_1 C_2 \Omega^2}, \tag{3.1.9}$$

so daß sich hierfür die Bauelementewerte

$$C_1 = \frac{a_1}{6\pi f_{go} R} \tag{3.1.10}$$

und

$$C_2 = \frac{3a_2}{2a_1 \pi f_{go} R} \tag{3.1.11}$$

ergeben. Schließlich hat das Tiefpaßfilter zweiter Ordnung mit Einfachmitkopplung die Übertragungsfunktion

$$\underline{G}(\Omega) = \frac{1}{1 + \mathrm{j}\, 2\omega_g R C_1 \Omega - \omega_g^2 R^2 C_1 C_2 \Omega^2}, \tag{3.1.12}$$

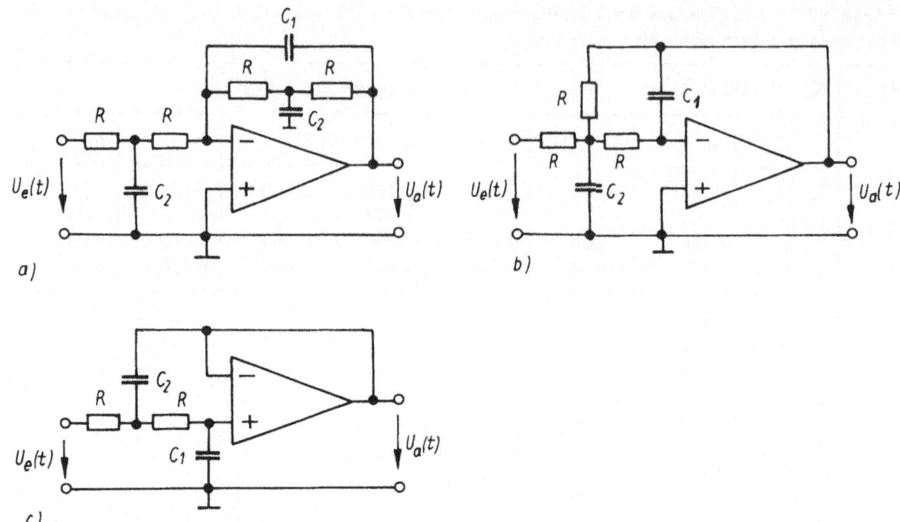

Abb. 3.1.5. Aktive Tiefpaßfilter zweiter Ordnung
a) mit Einfachgegenkopplung; b) mit Mehrfachgegenkopplung; c) mit Einfachmitkopplung

woraus

$$C_1 = \frac{a_1}{4\pi f_{go} R} \tag{3.1.13}$$

und

$$C_2 = \frac{a_2}{a_1 \pi f_{go} R} \tag{3.1.14}$$

folgen.

Für die Bildung eines Tiefpaßfilters dritter oder vierter Ordnung aus der Kettenschaltung eines Tiefpaßfilters erster oder zweiter Ordnung mit einem Tiefpaßfilter zweiter Ordnung treten beim zweiten Tiefpaßfilter in allen Dimensionierungsvorschriften die Koeffizienten b_1 und b_2 an die Stelle der Koeffizienten a_1 und a_2.

Beim praktischen Aufbau derartiger Filterschaltungen ist zu beachten, daß nur eng tolerierte und wenig temperaturabhängige Widerstände und Kondensatoren verwendet werden. Die Abweichung vom Sollwert sollte möglichst unter 1 % liegen. Den Einfluß von Bauelementetoleranzen auf die Filtereigenschaften untersucht die sog. Empfindlichkeitsanalyse [27, 37, 83].

Versuche

V 3.1.1.1

a) Entwerfen Sie die Schaltung eines zweistufigen Wechselspannungsverstärkers mit Operationsverstärker-Schaltungen nach den Abb. 3.1.1 a und 3.1.3 a, wobei die Signaleinkopplung der ersten Stufe über einen *RC*-Hochpaß erfolgen soll! Dimensionieren Sie diese Schaltung für eine Gesamtspannungsverstärkung von 10^2 bis 10^3 bei $f = 1$ kHz (je nach Steuerspannung $\bar{U}_{GS}$) und eine untere Gesamtgrenzfrequenz $f_{gu}^{(g)} = 100$ Hz!

b) Bauen Sie die Schaltung nach a) mit zwei Operationsverstärkern B 081 und einem Feldeffekttransistor KP 303 E auf und bestimmen Sie die Steuerspannungen $\bar{U}_{GS}$ für den geforderten Verstärkungsbereich!

c) Messen Sie die komplexe Spannungsverstärkung $\underline{V}_U$ als Funktion der Frequenz $f = 10$ Hz...10 kHz für drei verschiedene Steuerspannungen $\bar{U}_{GS}$ (entsprechend $|\underline{V}_U(1\text{ kHz})| = 100$; 300 bzw. 1000)! Untersuchen Sie, in welchem Eingangsspannungsbereich die Schaltung linear aussteuerbar ist!

V 3.1.1.2

a) Entwerfen Sie eine Leistungsoperationsverstärker-Schaltung für eine induktiv-ohmsche Last nach Abb. 3.1.2a in der Schaltungsmodifikation nach Abb. 3.1.3b für nur eine Betriebsspannung $2\bar{U}_b = 30$ V! Der Betrag der Spannungsverstärkung $|\underline{V}_U|$ soll 20, die untere Grenzfrequenz $f_{gu}^{(g)} = 10$ Hz und der ohmsche Lastwiderstand der Schaltung $R_L = 4\,\Omega$ betragen.

b) Bauen Sie die Schaltung mit einem Leistungsoperationsverstärker B 165 auf, und messen Sie den Betrag der Spannungsverstärkung und die maximal mögliche unverzerrte Ausgangsspannung als Funktion der Frequenz $f = 20$ Hz...20 kHz! Bestimmen Sie daraus die maximal mögliche Ausgangsleistung!

c) Ergänzen Sie die Schaltung mit einer Gegentakt-*C*-Endstufe nach Abb. 3.1.2b mit den Transistoren KD 617 (für T_1) und KD 607 (für T_2)! Erhöhen Sie die Betriebsspannung auf 36 V, und messen Sie die maximale Ausgangsleistung für unverzerrte Signale im Frequenzbereich $f = 20$ Hz...20 kHz!

V 3.1.1.3

a) Dimensionieren Sie ein aktives Tiefpaßfilter zweiter Ordnung mit Einfach- bzw. Mehrfachgegenkopplung nach Abb. 3.1.5a und b für eine Bessel- bzw. Butterworth-Charakteristik! Die obere Grenzfrequenz betrage $f_{go} = 100$ Hz.

b) Bauen Sie die Schaltung mit einem Operationsverstärker B 081 auf, wobei das Gegenkopplungsnetzwerk für die vier Filterarten umgeschaltet werde!

c) Messen Sie die komplexe Übertragungsfunktion in Abhängigkeit von der Frequenz $f = 10$ Hz...10 kHz für die vier Filterarten!

d) Bestimmen Sie die Impulsform am Ausgang des Filters (für die vier Betriebsarten) bei Anregung mit einem Rechtecksprung am Eingang!

V 3.1.1.4

a) Dimensionieren Sie ein aktives Tiefpaßfilter vierter Ordnung mit Einfachmitkopplung nach Abb. 3.1.5c für eine Bessel-, Butterworth- bzw. Tschebyscheff-

Charakteristik! Die Welligkeit des Tschebyscheff-Filters betrage 3 dB, die obere Grenzfrequenz des gesamten Filters $f_{go} = 50$ Hz!

b) Bauen Sie die Schaltung nach a) mit zwei Operationsverstärkern B 081 und umschaltbaren *RC*-Bauelementen für die drei Filtertypen auf!

c) Messen Sie die komplexe Übertragungsfunktion im Frequenzbereich $f = 5$ Hz...5 kHz und die Impulsform am Ausgang des Filters bei Anregung mit einem Rechtecksprung am Eingang!

d) Überprüfen Sie durch Variation der Widerstandswerte des ersten Filterteils (nur ein Widerstand sowie beide Widerstände gemeinsam) im Bereich von 1...5% die Empfindlichkeit der drei Filtertypen auf Bauelementetoleranzen!

3.1.2. Selektivverstärker

Diese Verstärkergruppe verarbeitet Signale bei einer bestimmten Frequenz bzw. in einem kleinen Frequenzintervall, sie hat insbesondere zur Abtrennung von störenden Spannungen mit anderen Frequenzen oder zur Verringerung breitbandiger Störungen, wie z. B. Rauschen, eine größere Bedeutung.

Selektivverstärker im Niederfrequenzbereich, d. h. mit Resonanzfrequenzen bis zu einigen zehn Kilohertz, werden üblicherweise mit Operationsverstärker-Schaltungen realisiert. Dabei gestaltet man die Rückkopplung durch ein entsprechendes *RC*-Netzwerk so, daß sich für die Spannungsverstärkung ein Frequenzgang ergibt, der im einfachsten Falle den Selektionseigenschaften eines Parallelschwingkreises (vgl. Abschn. 2.1.1) entspricht. Abb. 3.1.6a zeigt eine Standardschaltung. Diese besitzt bei der Resonanzfrequenz

$$f_0 = \frac{1}{2\pi C} \sqrt{\frac{R_1 + R_3}{R_1 R_2 R_3}} \qquad (3.1.15)$$

eine Spannungsverstärkung

$$|\underline{V}_U(f_0)| = R_2/(2R_1)\,. \qquad (3.1.16)$$

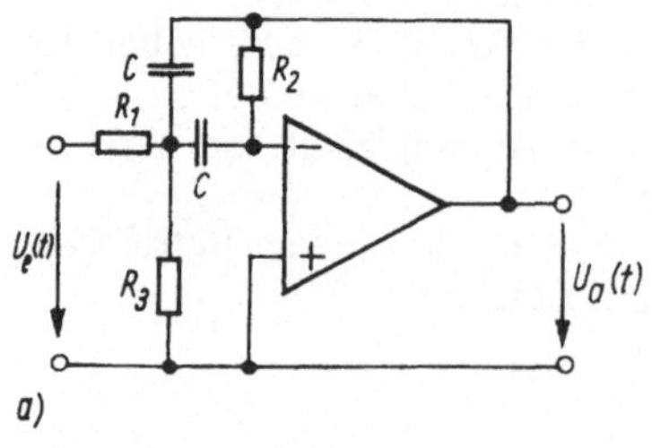

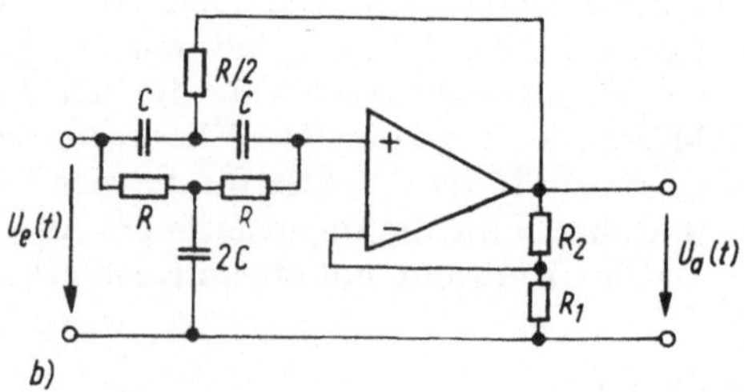

Abb. 3.1.6. Aktive Filterschaltungen mit Operationsverstärkern
a) Selektivverstärker; b) Sperrfilter-Verstärker ($R_2 = aR_1$ mit $a = 0...1$)

Die Bandbreite B, d. h. das Frequenzintervall, in dem die Verstärkung mindestens das $1/\sqrt{2}$-fache der maximalen Verstärkung ist, ergibt sich aus der Beziehung

$$B = f_0/Q. \tag{3.1.17}$$

Die hierin enthaltene Güte Q hängt nur von der Wahl der Widerstände ab:

$$Q = \frac{1}{2}\sqrt{\frac{R_2(R_1+R_3)}{R_1 R_3}}. \tag{3.1.18}$$

Voraussetzungen für die Gültigkeit der Gln. (3.1.15), (3.1.16) und (3.1.18) sind ein Innenwiderstand R_i der Signalquelle klein gegen R_1 und eine Leerlaufspannungsverstärkung des Operationsverstärkers groß gegen Q^2.

In der Niederfrequenztechnik sind auch Verstärker erforderlich, die über einen größeren Frequenzbereich hinweg, mit Ausnahme einer bestimmten Sperrfrequenz, eine konstante Spannungsverstärkung besitzen. Beispielsweise kann man damit netzfrequente Störspannungen unterdrücken. Diese *Sperrfilter-Verstärker* sind in ähnlicher Technik wie niederfrequente Selektivverstärker mit Operationsverstärkern aufbaubar. Für die Schaltung nach Abb. 3.1.6b mit einem Doppel-T-RC-Netzwerk entsteht bei der Sperrfrequenz

$$f_S = (2\pi\, RC)^{-1} \tag{3.1.19}$$

eine hohe, von den Bauelementetoleranzen abhängige Sperrdämpfung. Als Sperrdämpfung wird der reziproke Wert des Betrages der Spannungsverstärkung im Sperrbereich bezeichnet. Die Sperrbandbreite, d. h. das Frequenzintervall, in dem die Sperrdämpfung $\geqq \sqrt{2}$ ist, ergibt sich zu

$$B_S = \frac{1-a}{\pi\, RC}. \tag{3.1.20}$$

Hinreichend weitab vom Sperrbereich beträgt die Spannungsverstärkung

$$|V_U(f \neq f_S)| \approx 1 + a. \tag{3.1.21}$$

Damit ändert sich bei Variation von $R_2 = aR_1$ zur Sperrbandbreiteeinstellung gleichzeitig die Spannungsverstärkung (maximal um den Faktor 2).

Die Selektion in Verstärkern für höhere Betriebsfrequenzen ($f \gtrsim 100$ kHz) wird vor allem durch Schwingkreise oder Filterschaltungen, die aus LC-Schaltungen zu-

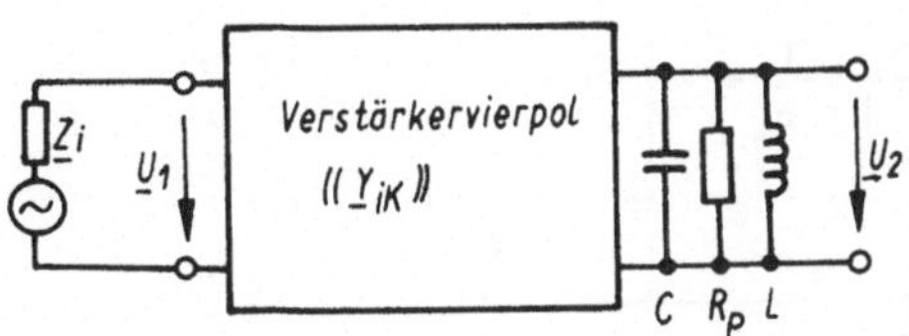

Abb. 3.1.7. Prinzipschaltung eines Hochfrequenz-Selektivverstärkers mit Parallelschwingkreis

sammengesetzt sind (z. B. Bandfilter), bewirkt. Als Verstärkerbauelemente werden bipolare oder Feldeffekttransistoren und spezielle integrierte Schaltkreise verwendet. Operationsverstärker sind für diesen Frequenzbereich i. allg. nicht mehr geeignet. Bedingt durch die höheren Betriebsfrequenzen und die realen Bauelementeparameter ergeben sich einige Besonderheiten. Gehen wir von der Prinzipschaltung eines *Hochfrequenz-Selektivverstärkers* nach Abb. 3.1.7 mit einer Beschreibung des Verstärkerbauelements durch die Leitwertparameter $\underline{Y}_{ik}$ aus (vgl. Abschn. 2.3.2), gilt unter der Voraussetzung

$$R_e\{\underline{Y}_{12}\underline{Y}_{21}\} + |\underline{Y}_{12}\underline{Y}_{21}| < 2(G_{11} + G_i)\left(G_{22} + \frac{1}{R_p}\right) \tag{3.1.22}$$

für die Spannungsverstärkung

$$\underline{V}_U(f) = \frac{\underline{U}_2}{\underline{U}_1} \approx -\underline{Y}_{21}\frac{R_p}{1 + j(f/f_0 - f_0/f)R_p/\omega_0 L} \tag{3.1.23}$$

mit

$$\omega_0 = (\sqrt{LC})^{-1}. \tag{3.1.24}$$

Die Ungleichung (3.1.22) muß für ein stabiles Arbeiten unabhängig vom Blindleitwert der eingangsseitigen Quelle (B_i) und einer eventuellen ausgangsseitigen komplexen Zusatzlast erfüllt sein (sog. unbedingte Stabilität). Bei gegebenen Werten $\underline{Y}_{ik}$ des aktiven Bauelements kann dies nur durch eingangs- bzw. ausgangsseitige ohmsche Belastung über G_i bzw. $1/R_p$ erreicht werden, was jedoch zu einer Verringerung der Spannungsverstärkung und Verschlechterung der Selektion führt. Günstig sind Bauelemente mit kleinen Werten für die Rückwärtssteilheit $\underline{Y}_{12}$. Bei Verletzung der Stabilitätsbedingung (3.1.22) entsteht evtl. eine starke Verformung der Durchlaßkurve oder Schwingneigung bis hin zum Arbeiten der Schaltung als Oszillator. Normale bipolare Transistoren bereiten hinsichtlich der Erfüllung der Ungleichung (3.1.22) Probleme, so daß man häufig eine spezielle Schaltungsvariante, die sog. Neutralisation [43, 78], verwendet. Dabei wird die durch $\underline{Y}_{12}$ bewirkte Eingangsstörspannung mit einer gleich großen, aber gegenphasigen Neutralisationsspannung kompensiert. Diesen zusätzlichen schaltungstechnischen Aufwand kann man mit den moderneren Doppel-Gate-MOS-Feldeffekttransistoren umgehen. Diese

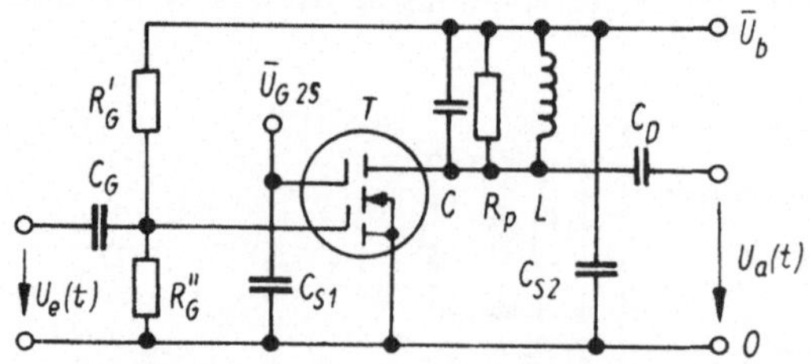

Abb. 3.1.8. Hochfrequenz-Selektivverstärkerstufe mit Doppel-Gate-MOS-Feldeffekttransistor

Bauelemente stellen schaltungsmäßig die Kombination einer Source- mit einer Gateschaltung (vgl. Abschn. 2.3.2) dar und besitzen nur sehr kleine Rückwärtssteilheiten ($\underline{Y}_{12} = -\mathrm{j}\,\omega C_{12}$ mit $C_{12} \approx 0{,}05$ pF). Damit ist ein einfacher Aufbau von Hochfrequenz-Selektivverstärkern nach Abb. 3.1.8 möglich. Mit der Spannung an Gate 2 des MOS-Feldeffekttransistors kann die Vorwärtssteilheit $\underline{Y}_{21}$ und so die Spannungsverstärkung gesteuert werden. Die in Abb. 3.1.8 gezeigte Schaltung eignet sich besonders für eine Kettenschaltung zur Erhöhung der Selektion, da der niedrige Wert des Realteils des Eingangsleitwerts G_{11} die Selektionseigenschaften des vorhergehenden Schwingkreises nur unwesentlich beeinflußt (im Gegensatz zu Schaltungen mit bipolaren Transistoren, wo eine transformatorische Ankopplung nötig wäre).

Für die Bandbreite einer n-stufigen Schaltung gilt

$$B_n = B\sqrt{\sqrt[n]{2} - 1}\,, \tag{3.1.25}$$

wenn die Bandbreite B der einzelnen Stufen

$$B = (2\pi\, CR_{\mathrm{p}})^{-1} \tag{3.1.26}$$

beträgt.

Für Hochfrequenz-Selektivverstärker wurden spezielle integrierte Schaltkreise entwickelt, die intern gleichspannungsgekoppelt sind und als Außenschaltung Koppel- und Abblockkondensatoren sowie ein Selektionsnetzwerk benötigen, das im einfachsten Falle durch einen Parallelschwingkreis gebildet wird. Eine solche Schaltung ist gemäß Abb. 3.1.9 z. B. im Schaltkreis A 4100 enthalten. Sie kann bis ca. 30 MHz verwendet und mit einer intern erzeugten, am Anschluß 5 meßbaren Steuergleichspannung in ihrer Spannungsverstärkung beeinflußt werden. Bei dieser als *Regelverstärker* bezeichneten Betriebsart verringert sich die Spannungsverstärkung ab einer einstellbaren Regeleinsatz-Eingangsspannung $U_{\mathrm{e}}^{\mathrm{RE}} \approx 50\,\mu\mathrm{V} \ldots 5\,\mathrm{mV}$, so daß in einem gewissen Eingangsspannungsbereich die Ausgangsspannung nur wenig von der Eingangsspannung abhängt. Die Spannung $U_{\mathrm{e}}^{\mathrm{RE}}$ wird mit dem Wider-

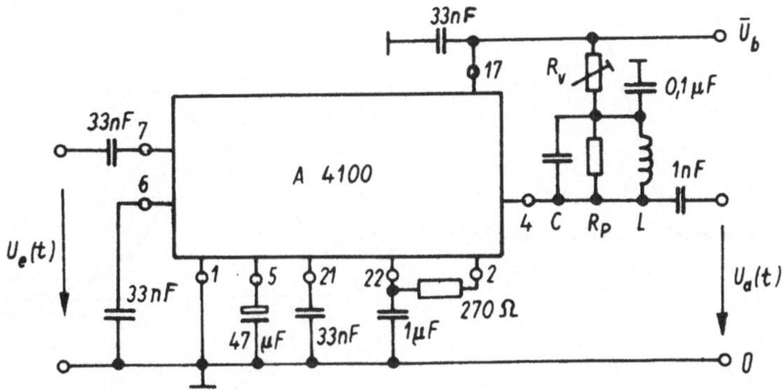

Abb. 3.1.9. Hochfrequenz-Selektivverstärker mit integriertem Schaltkreis A 4100

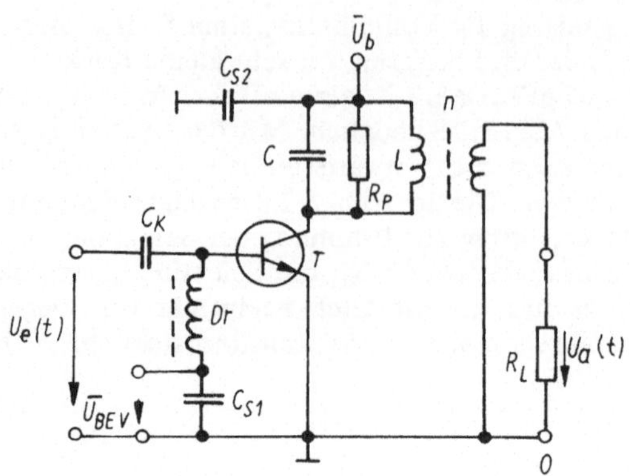

Abb. 3.1.10. Hochfrequenz-Selektivverstärkerstufe im *C*-Betrieb

stand $R_V = (20...200)\ \Omega$ festgelegt, größere Widerstandswerte entsprechen höheren Regeleinsatz-Eingangsspannungen.

Für eine selektive Leistungsverstärkung im Hochfrequenzbereich, d.h. beim Einsatz eines Schwingkreises als Arbeitswiderstand, ist eine *Verstärkerschaltung im C-Betrieb* nach Abb. 3.1.10 günstig. Hierbei wird die Basis-Emitter-Vorspannung $\bar{U}_{BEV}$ des Transistors so gewählt, daß nur während eines Teiles der positiven Ansteuerhalbwelle für die Dauer $\frac{\theta}{180°} t_P$ ein Kollektorstrom fließt. θ bezeichnet den Stromflußwinkel, der für *C*-Betrieb kleiner als 90° ist, und t_P die Periodendauer der Ansteuerwechselspannung. Nähert man die Übertragungskennlinie des Transistors $I_C = f(U_{BE})$ durch eine *Knickkennlinie* nach Abb. 3.1.11a an und steuert den Transistor

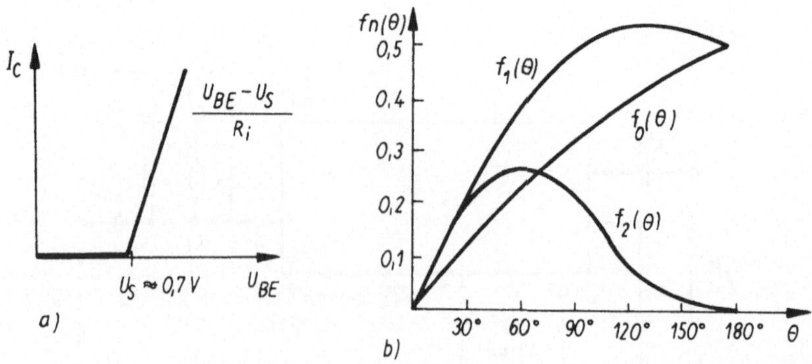

Abb. 3.1.11. Knickkennlinie (a) und zugehörige Fourierkoeffizienten (b) zur Modellierung eines Transistorverstärkers im *C*-Betrieb

bis zum Spitzenwert des Kollektorstroms

$$I_{CS} = (\hat{U}_e - U_S + \bar{U}_{BEV})/R_i \tag{3.1.27}$$

aus, so kann der Kollektorstrom als Fourier-Entwicklung

$$I_C(t) = I_{CS} \sum_{n=0}^{\infty} f_n(\theta) \cos n\,\omega t \tag{3.1.28}$$

geschrieben werden. Die ersten drei Koeffizienten $f_n(\theta)$ dieser Entwicklung sind in Abb. 3.1.11b graphisch dargestellt.

Der Kollektorschwingkreis der Schaltung filtert dann die gewünschte Frequenzkomponente aus, d. h. die Grundwelle bei üblichen Verstärkern oder eine Oberwelle bei *Frequenzvervielfacher*-Schaltungen. Wird die minimal notwendige Kollektor-Emitter-Spannung U_{CERest} (ca. 1 V) vernachlässigt, so ergibt sich für den Verstärkerbetrieb eine Scheitelspannung

$$\hat{U}_{a1} = I_{CS} f_1(\theta) R_p = \bar{U}_b \tag{3.1.29}$$

bei größtmöglicher Aussteuerung. Die an R_p maximal verfügbare Nutzleistung

$$P_{a\,max} = \bar{U}_b^2/2R_p \tag{3.1.30}$$

erfordert eine Gleichstromleistung

$$P_b = \bar{U}_b I_{CS} f_0(\theta), \tag{3.1.31}$$

was einem Wirkungsgrad

$$\eta = \frac{P_{a\,max}}{P_b} = \frac{f_1(\theta)}{2 f_0(\theta)} \tag{3.1.32}$$

entspricht. Der Lastwiderstand R_p kann durch transformatorische Ankopplung an die Spule L von einem äußeren Lastwiderstand R_L gebildet werden. Bei einem

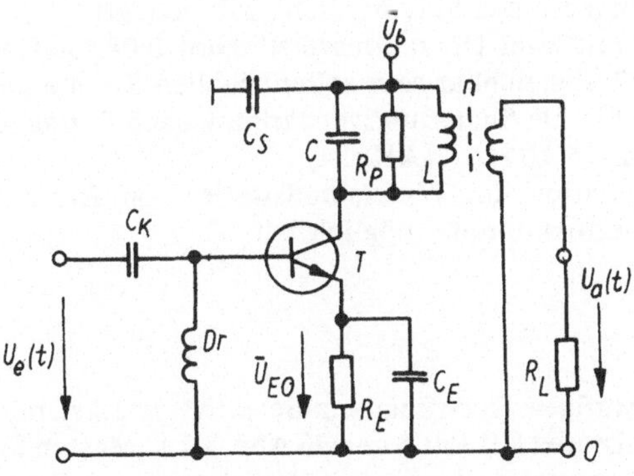

Abb. 3.1.12. Hochfrequenz-Selektivverstärkerstufe im *C*-Betrieb mit automatischer Vorspannungserzeugung

Übersetzungsverhältnis n gilt

$$R_p = n^2 R_L. \tag{3.1.33}$$

Eine separate Quelle für die Basis-Emitter-Vorspannung kann durch die in Abb. 3.1.12 gezeigte Schaltung eingespart werden. Den für die Vorspannung

$$-\bar{U}_{BEV} = \bar{U}_{E0} = I_{CS} f_0(\theta)\, R_E \tag{3.1.34}$$

erforderlichen Stromflußwinkel θ erhält man aus der Beziehung

$$\pi R_i / R_E = \tan\theta - \theta. \tag{3.1.35}$$

Versuche

V 3.1.2.1

a) Dimensionieren Sie einen Selektivverstärker nach Abb. 3.1.6a für eine Resonanzfrequenz $f_0 = 500$ Hz, eine Güte $Q = 10$ und eine Spannungsverstärkung $|\underline{V}_U(f_0)| = 100$! Wählen Sie für R_3 einen einstellbaren Widerstand, um auf exakte Resonanzfrequenz abgleichen zu können!
b) Bauen Sie die Schaltung mit einem Operationsverstärker B 081 auf! Messen Sie die Spannungsverstärkung als Funktion der Frequenz! Bestimmen Sie daraus die Güte! Überprüfen Sie, welchen Einfluß der Signalquelleninnenwiderstand auf die Parameter der Schaltung hat!

V 3.1.2.2

a) Dimensionieren Sie einen Sperrfilter-Verstärker nach Abb. 3.1.6b für eine Sperrfrequenz $f_s = 100$ Hz und eine Sperrbandbreite $B_s = 10$ Hz!
b) Kombinieren Sie den Verstärker nach a) mit einer weiteren Operationsverstärker-Schaltung mit ohmscher Gegenkopplung, so daß der Betrag der Gesamtspannungsverstärkung außerhalb des Sperrbereichs 100 beträgt!
c) Bauen Sie die Schaltung mit zwei Operationsverstärkern B 081 auf, wobei die Widerstände R_2 sowie $R/2$ abgleichbar sein sollen! Stellen Sie die geforderten Sollwerte ein und messen Sie die Spannungsverstärkung nach Betrag und Phase als Funktion der Frequenz $f = 10$ Hz...1 kHz!
d) Überprüfen Sie durch Variation des Widerstandswertes von R_2, in welchem Umfang eine geringere Sperrbandbreite möglich ist!

V 3.1.2.3

a) Entwerfen Sie einen zweistufigen Hochfrequenz-Selektivverstärker mit Doppel-Gate-MOS-Feldeffekttransistoren KP 350 A gemäß Abb. 3.1.8! Messen Sie zur Dimensionierung der Gate-Spannungsteiler die erforderlichen Gate 1-Source-Spannungen bei einer Gate 2-Source-Spannung $\bar{U}_{G2S} = 5$ V für einen Drainstrom $\bar{I}_D = 5$ mA! Die Betriebsspannung betrage $\bar{U}_b = 12$ V. Der zweistufige Verstärker soll bei einer Resonanzfrequenz $f_0 = 500$ kHz eine Spannungsverstärkung von 400 und eine Gesamtbandbreite von 10 kHz besitzen.

b) Bauen Sie die Schaltung unter Beachtung des Umgangs mit MOS-Feldeffekt-Bauelementen (vgl. Abschn. 1.4.2) auf! Gleichen Sie die Schwingkreise auf die geforderte Resonanzfrequenz ab! Messen Sie die Spannungsverstärkung als Funktion der Frequenz bei Drainströmen von jeweils $\bar{I}_D = 5$ mA! Bestimmen Sie daraus die Bandbreite!

c) Verändern Sie die Spannung $\bar{U}_{G2S}$ des ersten Transistors im Bereich +5 V bis −2 V und untersuchen Sie den Einfluß auf die Spannungsverstärkung! Überprüfen Sie, welche Eingangsspannungen noch linear verarbeitet werden!

V 3.1.2.4

a) Entwerfen Sie einen geregelten Hochfrequenz-Selektivverstärker nach Abb. 3.1.9 für zwei verschiedene Regeleinsatz-Eingangsspannungen $U_e^{RE} \approx 100\,\mu$V bzw. 1 mV und einer Resonanzfrequenz $f_0 = 500$ kHz bei einer Bandbreite $B = 10$ kHz!

b) Bauen Sie die Schaltung auf, und messen Sie bei einer Betriebsspannung $\bar{U}_b = 5$ V bzw. 9 V die Ausgangsspannung als Funktion der Frequenz und der Eingangsspannung ($\hat{U}_e = 10\,\mu$V...10 mV) für beide Schaltungsarten!

V 3.1.2.5

a) Dimensionieren Sie einen zweistufigen Hochfrequenz-Selektivverstärker im *C*-Betrieb (gemäß Abb. 3.1.10 sowie Abb. 3.1.12) mit einer ersten Stufe als Frequenzverdoppler von 100 auf 200 kHz und einer zweiten Leistungsverstärkerstufe! Als Transistoren werden zwei SF 826C verwendet, die Betriebsspannung betrage $\bar{U}_b = 15$ V. Die zweite Stufe ist transformatorisch mit einem Übersetzungsverhältnis von 5:1 an die erste angekoppelt, ein Lastwiderstand $R_L = 100\,\Omega$ am Ausgang der Schaltung belaste mit einem Übersetzungsverhältnis von 3:1 den Kollektorschwingkreis der zweiten Stufe.

b) Bauen Sie diese Schaltung auf und gleichen Sie diese auf die Resonanzfrequenz und den optimalen Stromflußwinkel (bei einer festen Eingangsspannung) ab!

c) Messen Sie die maximal mögliche Ausgangsleistung im Frequenzbereich um die Resonanzfrequenz! Untersuchen Sie, in welchem Eingangsspannungsbereich die Schaltung funktionsfähig ist! Bestimmen Sie den Wirkungsgrad der Schaltung!

3.2. Sinusgeneratoren

Sinusgeneratoren (Oszillatoren) [1, 43, 64, 78] sind rückgekoppelte Verstärker, die ohne ein von außen angelegtes Eingangssignal ein sinusförmiges Ausgangssignal bestimmter Frequenz erzeugen. Zur Erläuterung betrachten wir Abb. 3.2.1 a. Die

Eingangsspannung mit der komplexen Amplitude $\underline{U}_e$ wird in einem Verstärker, der die komplexe Spannungsverstärkung (= komplexe Übertragungsfunktion des Verstärkers) $\underline{V}_U = |\underline{V}_U| \, e^{j\alpha} = \dfrac{\underline{U}_2}{\underline{U}_e + \underline{U}_1}$ besitzt, verstärkt. Über das Rückkopplungsnetzwerk mit der komplexen Übertragungsfunktion $\underline{k} = |\underline{k}| \, e^{j\beta} = \dfrac{\underline{U}_1}{\underline{U}_2}$ gelangt ein Teil $\underline{U}_1$ dieser verstärkten Spannung zum Eingang und wird dort zu $\underline{U}_e$ addiert. Die komplexe Übertragungsfunktion der gesamten Schaltung ergibt sich folglich zu

$$\frac{\underline{U}_2}{\underline{U}_e} = \frac{\underline{V}_U}{1 - \underline{k}\underline{V}_U}. \tag{3.2.1}$$

Bei der Nullstelle des Nenners

$$\underline{k}\underline{V}_U = |\underline{k}\underline{V}_U| \, e^{j(\alpha+\beta)} = 1 \tag{3.2.2}$$

wird das System instabil: es schwingt, d. h., auch ohne Eingangssignal beobachten wir ein Ausgangssignal (vgl. Abb. 3.2.1 b). Gl. (3.2.2) führt zu den beiden *Selbsterregungsbedingungen*

$$|\underline{k}\underline{V}_U| = 1, \tag{3.2.3}$$

$$\alpha + \beta = 0, 2\pi, \ldots \tag{3.2.4}$$

Die Amplitudenbedingung Gl. (3.2.3) fordert, daß der Verstärker die Dämpfung des Rückkopplungsnetzwerkes kompensiert. Die Phasenbedingung Gl. (3.2.4) fordert, daß das Rückkopplungsnetzwerk eine Phasendrehung des Verstärkers kompensiert.

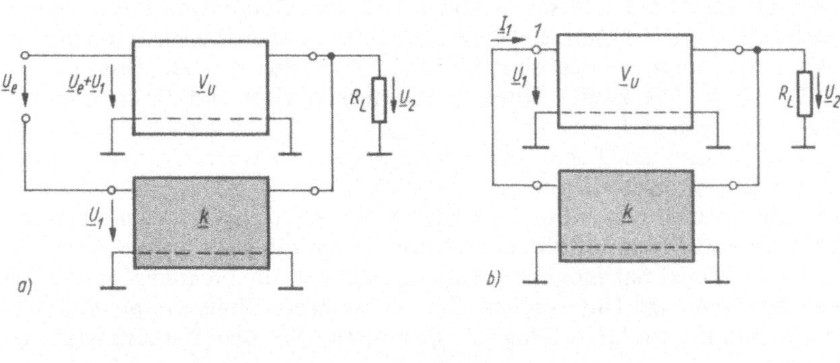

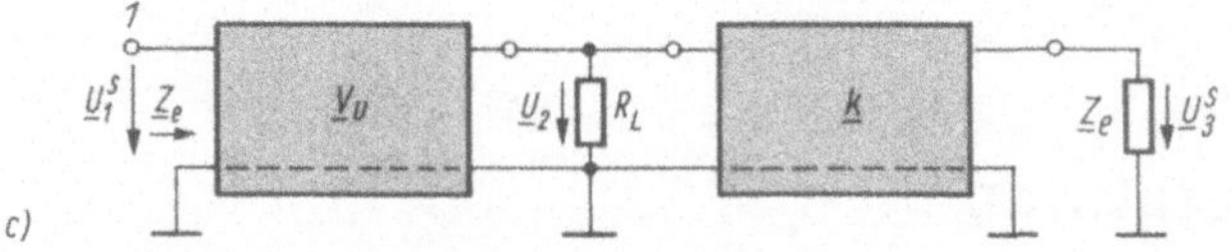

Abb. 3.2.1. Rückkopplung

a) Prinzipschaltbild eines rückgekoppelten Verstärkers; b) Prinzipschaltbild eines Oszillators; c) Ersatzschaltbild zur Bestimmung der Schleifenverstärkung

Wie Abb. 3.2.1c zeigt, ergibt sich die Größe $\underline{k}\underline{V}_U = \frac{\underline{U}_3^S}{\underline{U}_1^S}$, die sog. *Schleifenverstärkung*, gerade als komplexe Übertragungsfunktion der an der Stelle 1 geöffneten Schleife. $\underline{Z}_e = \frac{\underline{U}_1}{\underline{I}_1}$ bildet dabei den komplexen Eingangswiderstand nach, mit dem das Koppelnetzwerk vor dem Auftrennen belastet wurde. Wie eine nähere Betrachtung zeigt, muß beim Einschalten der Betriebsspannung des Oszillators zunächst $|\underline{V}_U| > \left|\frac{1}{\underline{k}}\right|$ sein, um Selbsterregung zu erreichen. Die Schwingungsamplitude steigt dann exponentiell an, bis durch nichtlineares Verhalten des Verstärkers $|\underline{V}_U| = \left|\frac{1}{\underline{k}}\right|$ geworden ist [64]. Das führt i. allg. zu Verzerrungen der Ausgangsspannung. Abhilfe schafft eine automatische Verstärkungsregelung, die $|V_U| = \left|\frac{1}{\underline{k}}\right|$ bewirkt, bevor es zu Übersteuerungen kommt. Wichtig ist weiterhin eine ausreichende Frequenzstabilität des Oszillators. Wenn sich – etwa durch Temperaturschwankungen – elektrische Parameter und damit die Größen $\underline{V}_U$ und $\underline{k}$ verändern, wandert die Frequenz, bis die Schwingbedingung wieder erfüllt ist. Gegenmaßnahmen sind die Verwendung von Bauelementen mit kleinen Temperaturkoeffizienten, Unterbringung der frequenzbestimmenden Bauteile in einem Thermostaten sowie eine möglichst geringe Belastung des Oszillatorkreises, weil Laständerungen Frequenzänderungen nach sich ziehen. Einen wesentlichen Einfluß auf die Frequenzstabilität besitzen die Verläufe $|\underline{k}| = |\underline{k}(\omega)|$ und $\beta = \beta(\omega)$ in der Nähe der Resonanzfrequenz: Je steiler sie sind, um so kleiner ist der Frequenzbereich, in dem die Schwingbedingung erfüllt werden kann, und um so stabiler ist die Frequenz ($\underline{V}_U$ kann als frequenzunabhängig vorausgesetzt werden). Unter diesem Gesichtspunkt wächst die Frequenzstabilität in der Reihe *RC*-, *LC*-, Quarz-Oszillator. Nach Gl. (3.2.2) spielen nur Betrag und Phase der Verstärkung des aktiven Elements für die Schwingungserzeugung eine Rolle. Nichts wird über dessen inneren Aufbau vorausgesetzt. Deshalb bietet sich in vielen Fällen die Verwendung integrierter Verstärker an. Sie erhöhen die Betriebssicherheit und die Verstärkungsstabilität der Schaltung.

3.2.1. LC-Oszillatoren

LC-Oszillatoren enthalten (mindestens) einen Schwingkreis als frequenzbestimmendes Element. Am gebräuchlichsten sind die sog. Dreipunktschaltungen, bei denen dieser Schwingkreis das Rückkopplungsnetzwerk bildet. Entweder die Spule oder der Kondensator besitzt durch einen Abgriff drei Anschlüsse, die mit dem Ausgang, dem Eingang und der Masse des Verstärkers verbunden sind. Abb. 3.2.2 zeigt das Prinzipschaltbild aller Dreipunktoszillatoren. Zur Berechnung der komplexen Schleifenverstärkung $\underline{k}\underline{V}_U$ werde vorausgesetzt, daß die komplexe Verstärkung $\underline{V}_U$ für reelle Lastwiderstände reell ist (also $\alpha = 0$ oder π, was für nicht zu hohe Frequenzen gilt) und daß der Eingangswiderstand $|\underline{Z}_e|$ groß gegen den Widerstand X_1

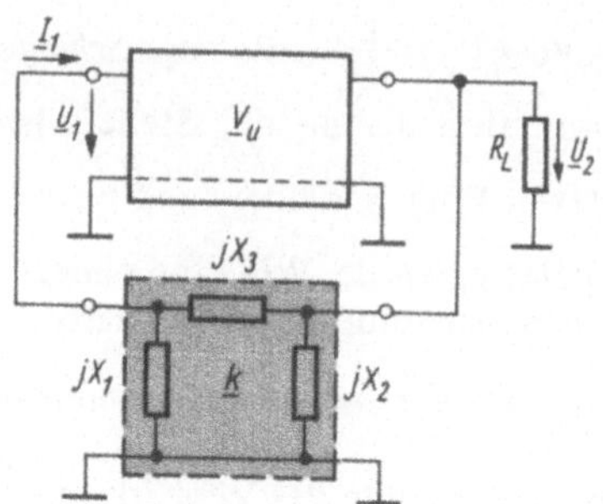

Abb. 3.2.2. Prinzipschaltbild eines *LC*-Oszillators in Dreipunktschaltung

ist $\left(|\underline{Z}_e| = \left|\frac{\underline{U}_1}{\underline{I}_1}\right| \gg X_1\right)$. Die Bauelemente im Rückkopplungsvierpol seien rein induktiv bzw. kapazitiv, d. h., X_1, X_2 und X_3 sind Reaktanzen. Damit folgt aus Abb. 3.2.2

$$\underline{k}\underline{V}_U = \frac{X_1}{X_1 + X_3} \underline{V}_U(\underline{Z}_L) \quad \text{mit} \quad \frac{1}{\underline{Z}_L} = \frac{1}{R_L} - j\left(\frac{1}{X_2} + \frac{1}{X_1 + X_3}\right). \tag{3.2.5}$$

Da $\underline{k}\underline{V}_U = 1$ gelten soll und $\underline{k}$ reell ist, muß $\underline{V}_U$ reell sein. Gemäß der obigen Voraussetzung muß also auch $\underline{Z}_L$ reell sein, d. h., aus der Beziehung für $\underline{Z}_L$ (Gl.(3.2.5)) folgt

$$X_1 + X_2 + X_3 = 0. \tag{3.2.6}$$

Gl. (3.2.6) in Gl. (3.2.5) eingesetzt, liefert schließlich zur Erfüllung der Selbsterregungsbedingungen

$$\underline{V}_U(R_L) = -\frac{X_2}{X_1}. \tag{3.2.7}$$

Gilt z. B. $\underline{V}_U < 0$, so müssen die Reaktanzen X_1 und X_2 die gleiche Phase besitzen: beide induktiv (induktive Dreipunktschaltung) oder beide kapazitiv (kapazitive Dreipunktschaltung). Für X_3 ist dann wegen Gl. (3.2.6) die zu X_1 und X_2 entgegengesetzte Phase zu wählen.

Versuche

V 3.2.1.1

a) Dimensionieren Sie den in Abb. 3.2.3 angegebenen kapazitiven Dreipunktoszillator mit einem Si-npn-HF-Transistor (z. B. SF 826) in Emitterschaltung! Für den Arbeitspunkt des Transistors gelte $\bar{U}_b = +9$ V; $\bar{I}_C \approx 1$ mA; $\bar{U}_{CE} = 5$ V; $\bar{U}_{E0} = 1$ V; $\bar{I}_q = 0{,}1$ mA. Die Schwingfrequenz f_0 betrage 450 kHz, die Induktivität L_3 der Schwingkreisspule 100 µH. Durch geeignete Wahl des kapazitiv nicht über-

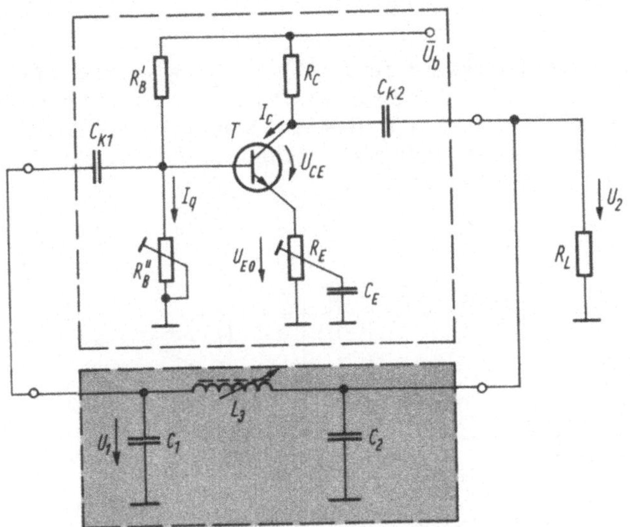

Abb. 3.2.3. Kapazitiver Dreipunktoszillator in Emitterschaltung

brückten Teils R'_E des Emitterwiderstandes R_E soll eine Spannungsverstärkung $|\underline{V}'_{UE}| = 10$ eingestellt werden $\left(\frac{1}{|\underline{V}'_{UE}|} = \frac{1}{|\underline{V}_{UE}|} + \frac{R'_E}{R'_C}\right.$ mit $|\underline{V}'_{UE}| \approx \frac{h_{21E}}{h_{11E}} R'_C$, $\left.R'_C = \frac{R_C R_L}{R_C + R_L} \text{ und } R_L = 10\ \text{k}\Omega\right)$.

b) Bringen Sie an der aufgebauten Schaltung ohne eingeschalteten Schwingkreis nach Einstellung des Arbeitspunktes die Verstärkung $|\underline{V}'_{UE}|$ auf 10! Messen Sie $|\underline{V}'_{UE}|$ im Frequenzbereich von 400...600 kHz! Messen Sie den Eingangswiderstand $|\underline{Z}_e|$ bei der Resonanzfrequenz! Überprüfen Sie die Annahme $|\underline{Z}_e| \gg X_1$!

c) Messen Sie bei $f_0 = 450$ kHz mit dem auf Resonanz abgestimmten Schwingkreis die Schleifenverstärkung $|\underline{k}\underline{V}_U|$ entsprechend Abb. 3.2.1c ohne und mit angeschaltetem Widerstand $R_e = |\underline{Z}_e|$! Messen Sie die Schleifenverstärkung in der Umgebung der Resonanzfrequenz f_0, und ziehen Sie daraus Rückschlüsse auf die zu erwartende Frequenzstabilität des Oszillators! Weisen Sie die 180° Phasenverschiebung zwischen Ein- und Ausgangssignal nach! Schließen Sie die Rückkopplung, und überprüfen Sie die Erfüllung der Schwingbedingung $|\underline{k}\underline{V}_U| = 1$!

d) Messen Sie die Frequenz des Sinusgenerators als Funktion der Betriebsspannung $\bar{U}_b = (8...12)$ V!

e) Messen Sie die Frequenz mit Beginn des Einschaltens aller 30 s über eine Dauer von 30 min! Leiten Sie aus dem Ergebnis Angaben über die Frequenzstabilität ab!

V 3.2.1.2

a) Erläutern Sie die Funktionsweise der in Abb. 3.2.4 angegebenen *LC*-Oszillatorschaltung mit einem Operationsverstärker OV1 (z. B. B 081 D) und nachfolgendem Entkoppelverstärker OV2 (z. B. B 081 D)! Weisen Sie auf den Unterschied zu den oben beschriebenen Dreipunkt-Schaltungen hin! Welche Funktion besitzt der Widerstand $R = 100\,\mathrm{k\Omega}$?

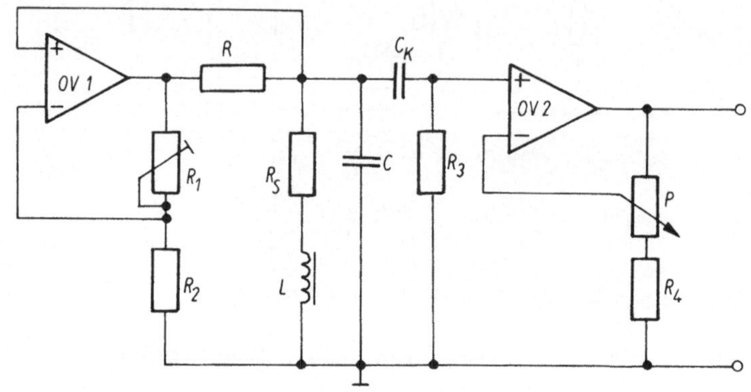

Abb. 3.2.4. *LC*-Oszillator mit Operationsverstärker und Trennstufe

b) Dimensionieren Sie die Schaltung für eine Oszillatorfrequenz f_0 von ca. 10 kHz! Wählen Sie dabei $L \approx 10\,\mathrm{mH}$ sowie $R_S \approx 50\,\Omega$! Die Betriebsverstärkung $|\underline{V}_U|$ des OV2 soll zwischen 1 und 10 regelbar sein.

c) Messen Sie entsprechend Abb. 3.2.1 c in der Umgebung der Resonanzfrequenz f_0 die Schleifenverstärkung $|\underline{k}\underline{V}_U|$ und leiten Sie daraus Rückschlüsse auf die Frequenzstabilität des Oszillators ab! Warum kann bei dieser Messung der Eingangswiderstand R_e unberücksichtigt bleiben?

3.2.2. Quarz-Oszillatoren

Werden Schwingquarze als frequenzbestimmendes Element in Oszillatoren eingesetzt, können Frequenzstabilitäten $\frac{\Delta f_0}{f_0}$ im Bereich $10^{-6} \ldots 10^{-8}$ erzielt werden. Das Ersatzschaltbild eines Schwingquarzes zeigt Abb. 3.2.5. Da $C_p \gg C_s$ gilt (C_p bezeichnet Gehäuse- und Schaltkapazitäten), liegt die Reihenresonanzfrequenz f_s nur geringfügig unterhalb der Parallelresonanzfrequenz f_p:

$$f_s = \frac{1}{2\pi\sqrt{LC_s}}, \qquad f_p = f_s\sqrt{1 + \frac{C_s}{C_p}} \approx f_s\left(1 + \frac{C_s}{2C_p}\right). \qquad (3.2.8)$$

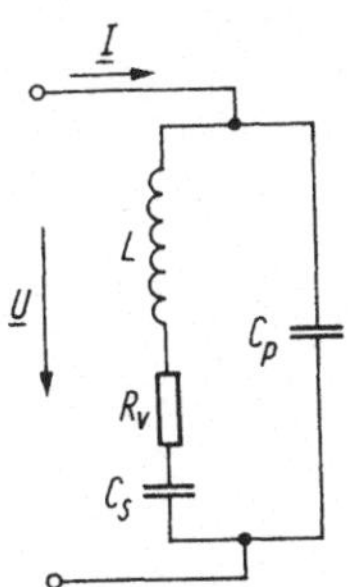

Abb. 3.2.5. Ersatzschaltbild eines Schwingquarzes

Weiterhin beträgt die Güte $Q = \frac{2\pi f_s L}{R_v}$ eines Quarzes einige Tausend und das Verhältnis $\sqrt{\frac{L}{C_s}}$ etwa $10^7 \ldots 10^{18}\,\Omega$. Hieraus ergibt sich, daß der Frequenzgang des Blindwiderstandes zwischen der Reihen- und der Parallelresonanz sehr steil verläuft. Da die Reaktanz dort induktiv ist, kann ein Schwingquarz in den *LC*-Oszillator-Schaltungen die Spule ersetzen. Im Unterschied zu *LC*-Generatoren läßt sich die Resonanzfrequenz eines Quarz-Oszillators nur in einem sehr kleinen Bereich ändern [83].

Versuch

V 3.2.2.1

a) Schreiben Sie die der Gl. (3.2.7) entsprechende Verstärkungsbedingung für einen *Quarz-Oszillator* mit Feldeffekttransistoren entsprechend Abb. 3.2.6 auf, wobei für den FET (z. B. n-Kanal-Sperrschicht-FET KP 303 E) die *Y*-Parameter zu verwenden sind.

b) Dimensionieren Sie die in dieser Abbildung gegebene Schaltung! Die Betriebsspannung betrage $\bar{U}_b = 12$ V, im Arbeitspunkt gelte für die Spannung $\bar{U}_{DS1} \approx +5$ V und für die Drainströme $\bar{I}_{D1}$, $\bar{I}_{D2} \approx 1$ mA. Für die Gatewiderstände ist $R_{G1,2} \geqq 100\,\text{k}\Omega$ zu wählen. Die Resonanzfrequenz des Quarzes ist unter Berücksichtigung der Meßmittel hinreichend niedrig zu wählen. Der Trimmer C_T (einige zehn pF) dient zum „Ziehen" der Quarzfrequenz auf die Resonanzfrequenz f_0. Die Kondensatoren $C_{1,2}$ sollen groß gegen die Eingangs- bzw. Ausgangskapazität des FET sowie groß gegen die Schaltkapazitäten sein (warum?)! Ersetzen Sie den Widerstand R_{D1} auch durch einen auf die Resonanzfrequenz f_0 abgestimmten Schwingkreis!

c) Messen Sie nach Einstellung des Arbeitspunktes den Frequenzgang des zweistufigen Verstärkers im Bereich $f = 0{,}5 f_0 \ldots 1{,}5 f_0$ ohne Quarz, C_1 und C_2!

d) Schätzen Sie auf Grund einer Messung den Betrag der Schleifenverstärkung $|\underline{k}\underline{V}_U|$ für die Oszillatorstufe entsprechend Abb. 3.2.1c in der Nähe der Reso-

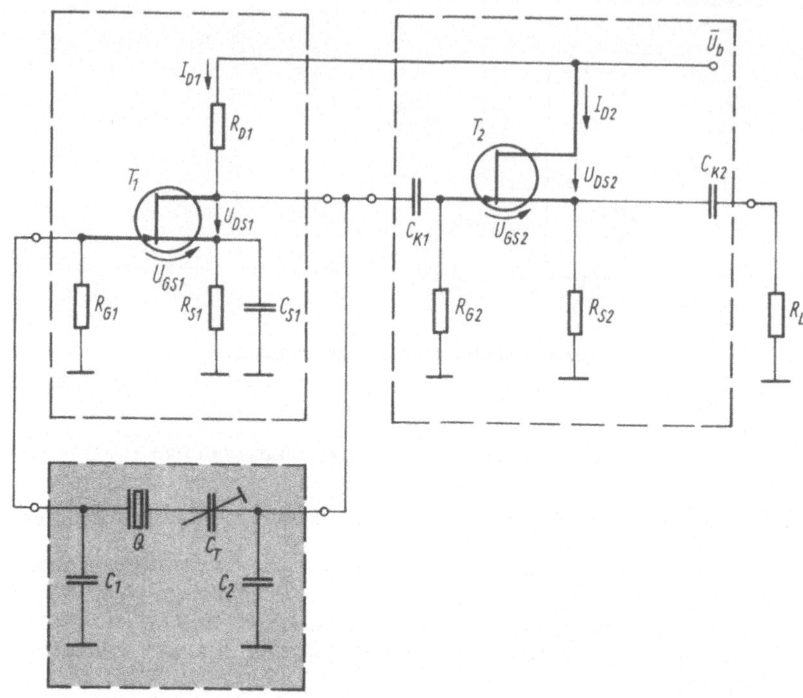

Abb. 3.2.6. Quarz-Oszillator mit FET

nanzfrequenz ab! (Sorgen Sie bei der Messung für eine hochohmige Belastung an C_1!)

e) Schließen Sie die Rückführung, und messen Sie die Frequenz in Abhängigkeit von der Betriebsspannung $\bar{U}_b = (+10 \dots +14)$ V!

3.2.3. RC-Oszillatoren

Da die Selbsterregungsbedingung $\underline{k}\underline{V} = 1$ nicht an einen Schwingkreis als frequenzbestimmendes Element gebunden ist, verwendet man im Niederfrequenzgebiet (bis einige Hundert kHz) meist *RC*-Glieder im Rückkopplungsnetzwerk. Die bekanntesten Rückkopplungsvierpole sind die dreigliedrige *Phasenschieberkette* und die *Wien-Brücke*. Sie sind in Abb. 3.2.7 dargestellt. Gleichzeitig ist die „Resonanzfrequenz" f_0 angegeben, bei der die komplexe Übertragungsfunktion $\underline{k}$ reell wird, d.h., es gilt $\beta = 0, \pi, 2\pi, \dots$ in Gl. (3.2.2). Aus Betrag und Vorzeichen dieser Übertragungsfunktion ergeben sich unmittelbar die notwendige Verstärkung $|\underline{V}_U|$ des Verstärkers und seine Phasendrehung zwischen Ein- und Ausgang. Die berechnete Fre-

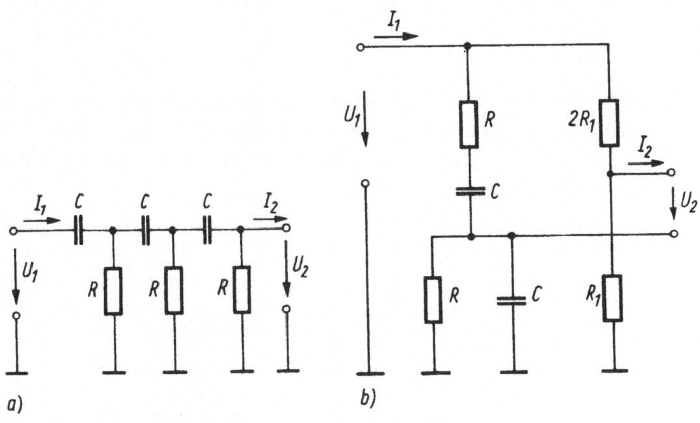

Abb. 3.2.7. *RC*-Rückkopplungs-Netzwerke
a) Phasenschieberkette

$$U_1 = \hat{U}_1 \cos \omega t,$$

$$\underline{k} = \left(\frac{\underline{U}_2}{\underline{U}_1}\right)_{I_2=0} = -\frac{1}{29} \quad \text{für} \quad \omega = \omega_0 = \frac{1}{\sqrt{6}\,RC};$$

b) Wien-Brücke

$$U_1 = \hat{U}_1 \cos \omega t,$$

$$\underline{k} = \left(\frac{\underline{U}_2}{\underline{U}_1}\right)_{I_2=0} = 0 \quad \text{für} \quad \omega = \omega_0 = \frac{1}{RC}$$

quenz stimmt aber nur gut mit der experimentell ermittelten überein, wenn der Eingangswiderstand des Verstärkers entweder sehr groß ist (die gleiche Annahme wie im Abschn. 3.2.2) oder wenn man ihn bei der Phasenschieberkette und dem Wienzweig in die Größe des am Eingang liegenden Widerstandes einbezieht. Weiterhin wird die Verstärkung $\underline{V}_U$ selbst nur reell bei reellem Lastwiderstand. Diese Forderung, die in Abschn. 3.2.1 auf Grund der Resonanzabstimmung Gl. (3.2.6) erfüllt wird, ist näherungsweise zu verwirklichen, wenn der Ausgangswiderstand des Verstärkers klein gegen den Betrag des stets komplexen Eingangswiderstandes des Rückkopplungsvierpols bleibt. Die Vorzüge von *RC*-Oszillatoren sind die Vermeidung großer Induktivitäten und der größere Abstimmbereich bei Veränderung von R oder C $\left(f_0 \propto \frac{1}{RC} \text{ gegenüber } f_0 \propto \frac{1}{\sqrt{LC}} \text{ bei } LC\text{-Oszillatoren}\right)$ in frequenzvariablen Sinusgeneratoren. Nachteilig ist insbesondere der gegenüber Schwingkreisen hoher Güte wesentlich flachere Frequenzgang von Betrag und Phase der komplexen Übertragungsfunktion $\underline{k}$ und die damit verbundene niedrigere Frequenzstabilität.

Versuche

V 3.2.3.1

a) Dimensionieren Sie den *Phasenschieberketten-Oszillator* mit einem im invertierenden Betrieb arbeitenden Operationsverstärker OV1 (z. B. B 081 D) entsprechend Abb. 3.2.8 mit $R = 2{,}2\,\mathrm{k\Omega}$! Die Resonanzfrequenz soll etwa 3 kHz betragen. Erläutern Sie die Funktionsweise!

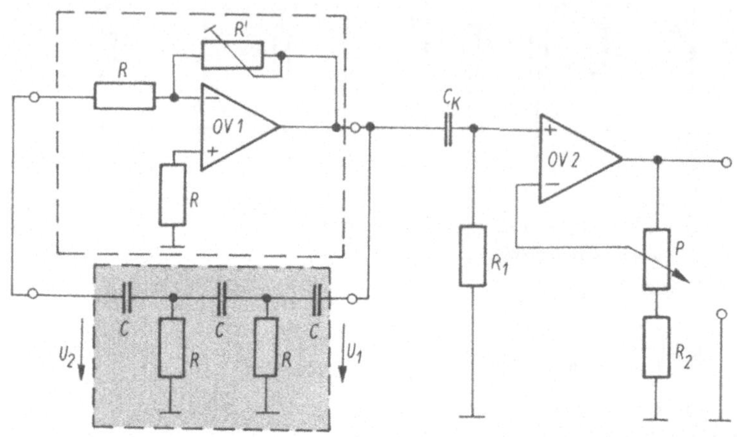

Abb. 3.2.8. *RC*-Phasenschieber-Oszillator mit Operationsverstärker und Trennstufe

b) Messen Sie die Verstärkungseigenschaften des Operationsverstärkers ohne Phasenschieberkette im Frequenzbereich 0,5...5 kHz sowie seinen Ein- und Ausgangswiderstand bei der Resonanzfrequenz! Messen Sie den Betrag der komplexen Schleifenverstärkung $|\underline{k}\underline{V}_U|$ in der Nähe der Resonanzfrequenz f_0!

c) Schließen Sie einen Trennverstärker (z.B. mit einem OV B 081 D), dessen Spannungsverstärkung $|\underline{V}_U|$ zwischen 1 und 10 regelbar sein soll, an!

d) Bringen Sie den Sinusgenerator zum Schwingen, und messen Sie die Resonanzfrequenz in Abhängigkeit von der Betriebsspannung $\bar{U}_b = \pm(13...16)$ V!

V 3.2.3.2

a) Erläutern Sie die Funktionsweise des *Wien-Brücken-Oszillators* mit einem im nichtinvertierenden Betrieb arbeitenden Operationsverstärker OV (z.B. B 081 D) und mit *Verstärkungsregelung* durch Z-Dioden entsprechend Abb. 3.2.9! (Anmerkung: Da für die Wien-Brücke nach Abb. 3.2.7b im abgestimmten Zustand die komplexe Übertragungsfunktion gleich Null ist und der Oszillator folglich nicht arbeiten würde, verstimmt man sie geringfügig. Dazu wird das Spannungs-

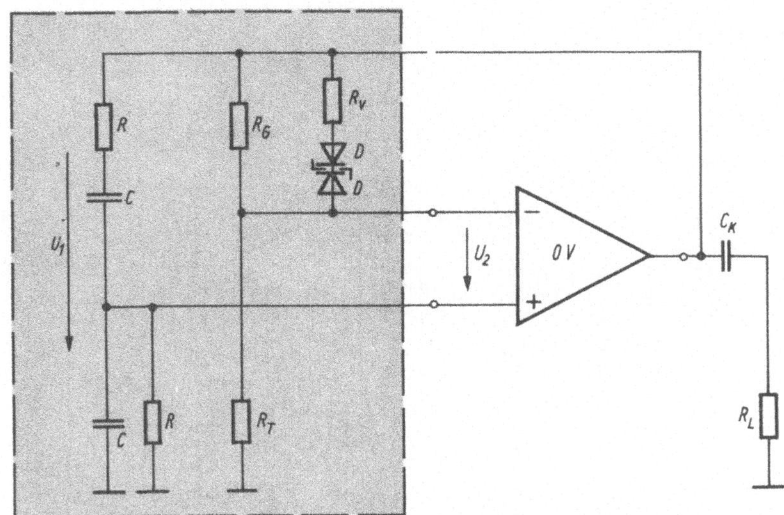

Abb. 3.2.9. *RC*-Wien-Brücken-Oszillator mit Operationsverstärker und Verstärkungsregelung durch Z-Dioden

teilerverhältnis $\frac{R_G}{R_T}$ etwas größer als zwei gewählt. Übersteigt die Amplitude der Ausgangsspannung das 1,5fache der hier mit 5,1 V gewählten Z-Dioden-Spannung, so beginnen die Z-Dioden zu leiten. Dadurch wird das Spannungsteilerverhältnis bis auf den Wert von nahezu zwei verkleinert.)

b) Bauen Sie die angegebene Schaltung auf! Mit $R_T = 1\,k\Omega$ soll die Verstärkung zwischen $|\underline{V}_{U\,max}| = 3{,}2$ (Sperrung der Z-Dioden) und $|\underline{V}_{U\,min}| = 2{,}9$ (Kurzschluß der Z-Dioden) liegen. Die Schwingfrequenz für $R = 15\,k\Omega$ sei etwa 1 kHz.

c) Kontrollieren Sie die normale Arbeitsweise des Operationsverstärkers ohne den aus der Reihen- und Parallelschaltung von *R* und *C* gebildeten Wien-Zweig im Frequenzbereich von 0,5...5 kHz! Messen Sie den Betrag der komplexen Schleifenverstärkung $|\underline{k}\underline{V}_U|$ entsprechend Abb. 3.2.1c in der Nähe der Resonanzfrequenz f_0! Schließen Sie die Rückführung, und vergleichen Sie die gemessene Schwingfrequenz mit der berechneten!

d) Verändern Sie die Verstärkungsregelung in der Weise, daß R_G effektiv nicht verkleinert, sondern R_T durch die Reihenschaltung mit einem n-Kanal-Sperrschicht-FET (z. B. KP 303) effektiv vergrößert wird (Abb. 3.2.10)! Der FET arbeitet dabei als *spannungsgesteuerter Widerstand.* Dazu zeigt Abb. 3.2.11 die Abhängigkeit des Drain-Source-Widerstandes R_{DS} von der Gate-Source-Spannung $\bar{U}_{GS}$. Diese Steuerspannung $\bar{U}_{GS}$ wird dabei durch Gleichrichtung der Ausgangsspannung an der Diode D (z. B. SAY 40) gewonnen. Die Widerstände

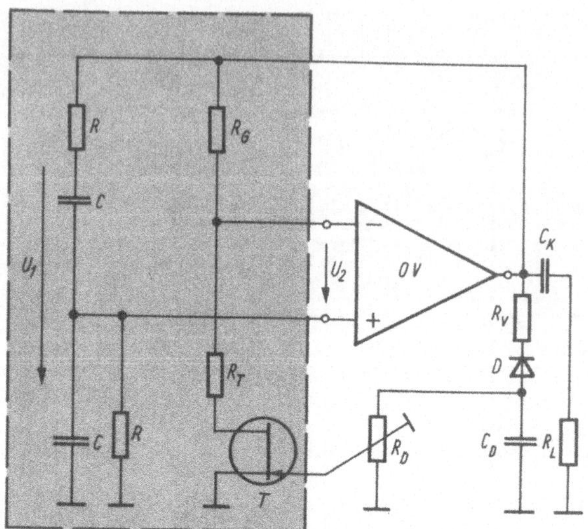

Abb. 3.2.10. *RC*-Wien-Brücken-Oszillator mit Operationsverstärker und Verstärkungsregelung durch FET

$R_V = 100\ \text{k}\Omega$, $R_D = 500\ \text{k}\Omega$ und $R_G = 4{,}7\ \text{k}\Omega$ sind vorgegeben. Die Zeitkonstante $R_D C_D$ muß groß gegen die Schwingungsdauer gewählt werden. Erläutern Sie diese Schaltung!

e) Messen Sie ohne Wien-Zweig die Verstärkung des nichtinvertierenden Operationsverstärkers in Abhängigkeit von der Amplitude $\hat{U}_e \leqq 2\ \text{V}$ einer Sinusspan-

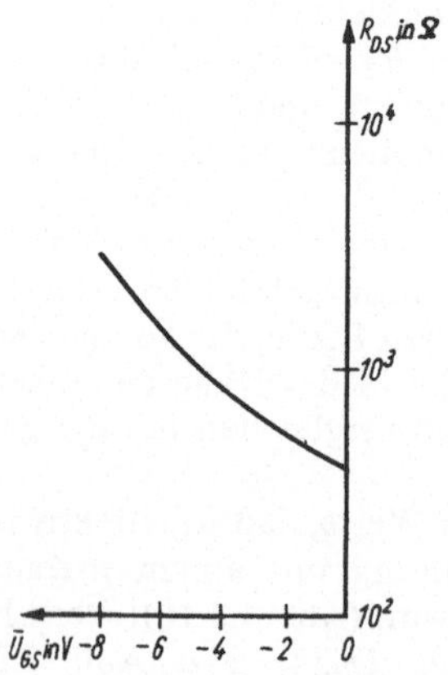

Abb. 3.2.11. Abhängigkeit des Drain-Source-Widerstandes R_{DS} von der Gate-Source-Spannung eines FET

nung bei einer Frequenz von 1 kHz! Messen Sie den Betrag der komplexen Schleifenverstärkung $|\underline{k}\underline{V}_U|$ in der Nähe der Resonanzfrequenz f_0, und überprüfen Sie die Phasengleichheit zwischen Eingangs- und Ausgangsspannung! Schließen Sie die Rückkopplung, und bestimmen Sie die Schwingfrequenz!

3.2.4. Funktionsgeneratoren

Da bei frequenzvariablen *RC*-Generatoren zwei Bauelemente veränderlich sein müssen, geht man für die Bereitstellung von Sinusschwingungen mit nicht extrem niedrigen Klirrfaktoren häufig den Umweg über die Erzeugung rechteck- bzw. dreieckförmiger Signalverläufe mit anschließender Signalwandlung an nichtlinearen Kennlinien. Dieses Verfahren besitzt neben der relativ einfachen Frequenzänderung den Vorteil, daß die frequenzbestimmenden Stufen im Schalterbetrieb arbeiten und somit Amplitudenregelungen überflüssig werden. Die Abb. 3.2.12 zeigt einen solchen *Funktionsgenerator.* Der Operationsverstärker OV 1 arbeitet als Schmitt-Trigger, der wiederum sein Eingangssignal für den invertierenden Eingang von einem nachgeschalteten Integrator OV 2 erhält. Dadurch entstehen am Ausgang des OV 1 Rechteckimpulse und am Ausgang des OV 2 Dreieckimpulse, die

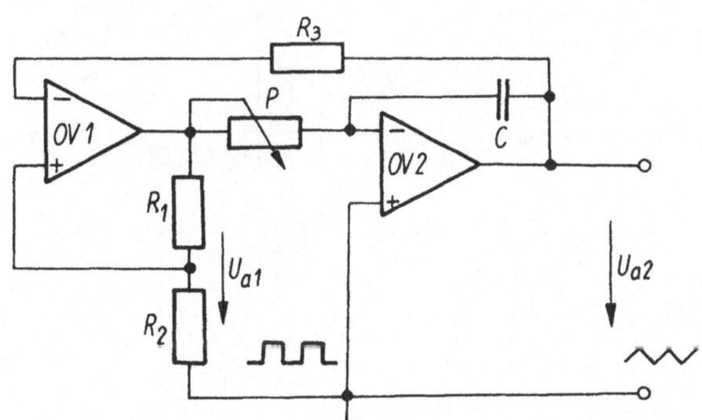

Abb. 3.2.12. *RC*-Dreieck-Impuls-Generator mit Operationsverstärkern

durch Begrenzung an der nichtlinearen Kennlinie einer Differenzverstärkerschaltung [42] sinusförmig werden. Diese Signalformung läßt sich ebenfalls durch ein Netzwerk unterschiedlich vorgespannter Dioden realisieren [36].

Versuch

V 3.2.4.1

a) Erläutern Sie die Funktionsweise des Dreieckgenerators mit den Operationsverstärkern OV 1 und OV 2 (z.B. B 081 D) in Abb. 3.2.12! Welchen Einfluß besitzen die Widerstände R_1 und R_2 auf das Schaltverhalten des Schmitt-Triggers? In welcher Weise bestimmen das Potentiometer P und der Kondensator C die Frequenz des Generators?

b) Dimensionieren Sie den Dreiecksgenerator für einen Frequenzbereich von 100 Hz bis 10 kHz ($\bar{U}_b = \pm 6$ V; $R_3 = 1$ kΩ)! Überprüfen Sie an der aufgebauten Schaltung den Einfluß von R_1, R_2, P und C auf die Funktionsweise!

c) Bestimmen Sie die Differenz der momentanen Spannungen zwischen einem dreieck- und einem sinusförmigen Signal mit jeweils gleicher Frequenz f, gleicher Phase sowie gleichem Anstieg im Nulldurchgang für mindestens zehn äquidistante Punkte im Bereich $t = 0$ bis $1/4f$ auf rechnerischem Wege!

d) Nehmen Sie die U_e-U_a-Kennlinie der in Abb. 3.2.13 dargestellten Schaltung für Eingangsspannungen $U_e = -8$ V...+8 V auf, und stellen Sie die Abweichungen von einer idealen Transferkennlinie fest! Überprüfen Sie die Funktionsfähigkeit der Gesamtschaltung!

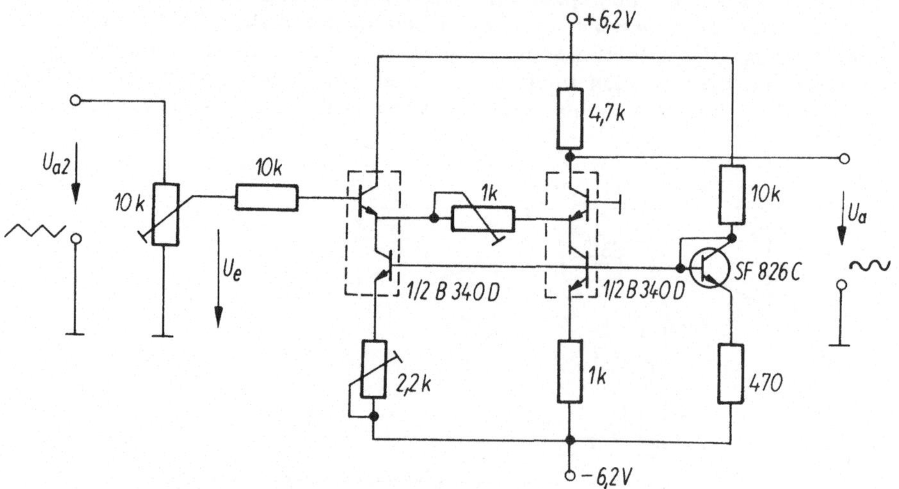

Abb. 3.2.13. Schaltung zur Dreieck-Sinus-Signalformung

3.3. Frequenzumsetzung

3.3.1. Amplituden- und Frequenzmodulatoren

Unter *Modulation* [1, 36, 43, 64, 78] wird die Änderung der Amplitude $\hat{U}_T$ oder der Frequenz ω_T (im folgenden werden sowohl f als auch ω als Frequenz bezeichnet) oder der Phase φ_T einer hochfrequenten Trägerspannung $U_T(t) = \hat{U}_T \cos(\omega_T t + \varphi_T)$ im Rhythmus einer niederfrequenten Signalspannung $U_S(t) = \hat{U}_S \cos \omega_S t$ verstanden. Man spricht dann von Amplituden-, Frequenz- bzw. Phasenmodulation.

Für eine *amplitudenmodulierte* Schwingung erhält man folglich ($\varphi_T = 0$ gesetzt)

$$U_{AM}(t) = (\hat{U}_T + \hat{U}_S \cos \omega_S t) \cos \omega_T t = \hat{U}_T(1 + m \cos \omega_S t) \cos \omega_T t, \quad (3.3.1)$$

wobei die Größe

$$m = \frac{\hat{U}_S}{\hat{U}_T} = \frac{U_{AM\,max} - U_{AM\,min}}{U_{AM\,max} + U_{AM\,min}} < 1 \quad (3.3.2)$$

als *Modulationsgrad* bezeichnet wird [64]. Die Gl. (3.3.1) kann mit Hilfe eines Additionstheorems in die Beziehung

$$U_{AM}(t) = \hat{U}_T \left[\cos \omega_T t + \frac{m}{2} \cos (\omega_T + \omega_S)\, t + \frac{m}{2} \cos (\omega_T - \omega_S)\, t\right] \quad (3.3.3)$$

umgeformt werden. Es treten also neben der Trägerschwingung zwei Seitenschwingungen mit den Frequenzen $\omega_T \pm \omega_S$ auf. Erfolgt die Modulation durch ein Signal, das aus einer Überlagerung verschiedener Frequenzen $0 < \omega_S < \omega_{S\,max}$ besteht, so ergeben sich entsprechend ein oberes und ein unteres *Seitenband*, und die Bandbreite des Spektrums beträgt $\omega_{S\,max}/\pi$. In Abb. 3.3.1 sind die Zeitverläufe der bei der Amplitudenmodulation auftretenden Schwingungen und die zugehörigen Spektren wiedergegeben.

Aus den Gln. (3.3.1) und (3.3.3) ist ersichtlich, daß die das Signal enthaltenden Seitenfrequenzen durch eine Multiplikation der Trägerschwingung $U_T(t)$ mit dem Signal $U_S(t)$ entstehen. Eine solche Multiplikation kann entweder durch Bauelemente mit nichtlinearer Kennlinie oder durch Bauelemente bzw. Baugruppen, die direkt eine Produktbildung ausführen, erreicht werden.

Im ersten Fall (s. auch Abbn. 3.3.2 und 3.3.3) wird die Summe von Träger- und Signalspannung an einer nichtlinearen Strom-Spannungs-Kennlinie, die wir im folgenden durch eine Potenzreihe 2. Ordnung annähern, überlagert:

$$\begin{aligned} I(U_T, U_S) &= I_0 + S(U_T + U_S) + \frac{1}{2} T(U_T + U_S)^2 \\ &= I_0 + \frac{T}{4}(\hat{U}_T^2 + \hat{U}_S^2) + S(\hat{U}_T \cos \omega_T t + \hat{U}_S \cos \omega_S t) \\ &\quad + \frac{T}{4}(\hat{U}_T^2 \cos 2\omega_T t + \hat{U}_S^2 \cos 2\omega_S t) \\ &\quad + \frac{T}{2} \hat{U}_T \hat{U}_S [\cos (\omega_T + \omega_S)\, t + \cos (\omega_T - \omega_S)\, t]. \end{aligned} \quad (3.3.4)$$

Regt dieser Strom einen Schwingkreis mit der Resonanzfrequenz ω_T, dem Resonanzwiderstand R_P und einer Bandbreite $B \geqq \omega_{S\,max}/\pi$ an, so entsteht die Spannung

$$U_{AM}(t) = R_P S \hat{U}_T \left[\cos \omega_T t + \frac{T}{2S} \hat{U}_S (\cos (\omega_T + \omega_S)\, t + \cos (\omega_T - \omega_S)\, t)\right]. \quad (3.3.5)$$

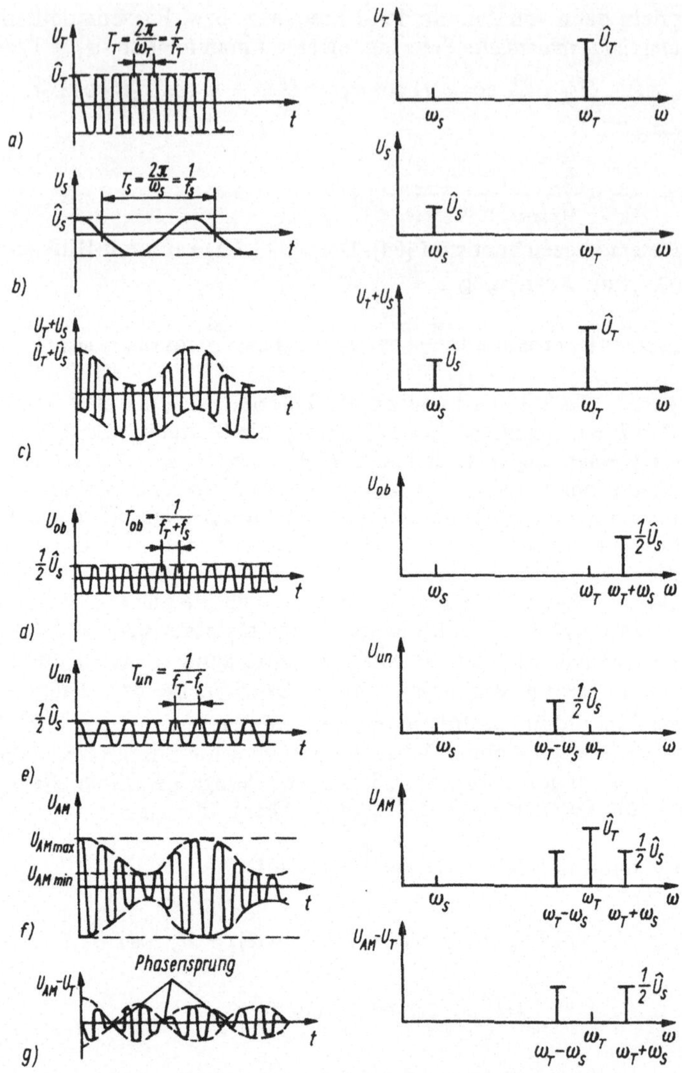

Abb. 3.3.1. Schwingungen und Spektren bei der Amplitudenmodulation
a) Trägerschwingung $U_T = \hat{U}_T \cos \omega_T t$; b) Signalschwingung $U_S = \hat{U}_S \cos \omega_S t$; c) additive Überlagerung von Signal- und Trägerschwingung $U_T + U_S$; d) obere Seitenschwingung $U_{OS} = \hat{U}_S/2 \cos(\omega_T + \omega_S) t$; e) untere Seitenschwingung $U_{US} = \hat{U}_S/2 \cos(\omega_T - \omega_S) t$; f) amplitudenmodulierte Schwingung $U_{AM} = (\hat{U}_T + \hat{U}_S \cos \omega_S t) \cos \omega_T t = \hat{U}_T \cos \omega_T t + 1/2\ \hat{U}_S \cos(\omega_T + \omega_S) t + 1/2\ \hat{U}_S \cos(\omega_T - \omega_S) t = U_T + U_{OS} + U_{US}$; g) amplitudenmodulierte Schwingung bei gleichzeitiger Unterdrückung des Trägers $U_{AM} - U_T = U_{OS} + U_{US}$

Ein Vergleich mit Gl. (3.3.3) zeigt, daß die Überlagerung von Träger und Signal an einer nichtlinearen Kennlinie und eine darauffolgende Filterung zu einer amplitudenmodulierten Schwingung mit dem Modulationsgrad $m = \frac{T}{S}\hat{U}_S$ führt.

Unerwünschte Frequenzkomponenten lassen sich ebenfalls durch geeignete Ansteuerung und Zusammenschaltung nichtlinearer Elemente unterdrücken. So bildet der in Abb. 3.3.2 gezeigte Doppelgegentaktmodulator (auch *Ringmodulator* ge-

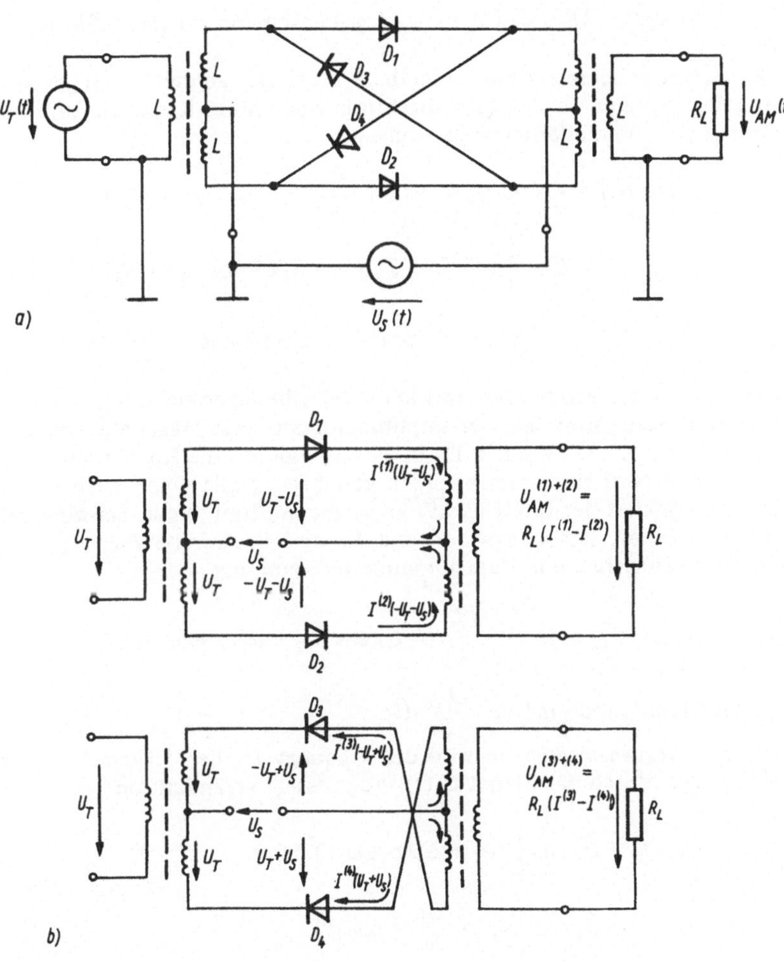

Abb. 3.3.2. Ringmodulator
a) Schaltung; b) Ersatzschaltung für die Dioden D_1 und D_2 (oben) bzw. D_3 und D_4 (unten)

nannt) am Lastwiderstand R_L das Ausgangssignal

$$U_{AM}(t) = R_L[I^{(1)}(+U_T, -U_S) - I^{(2)}(-U_T, -U_S) + I^{(3)}(-U_T, +U_S) - I^{(4)}(+U_T, +U_S)]. \quad (3.3.6)$$

Er wirkt selbst im Fall einer Kennliniencharakteristik 3. Grades

$$I^{(i)}(U) = I_0 + SU + \frac{1}{2}TU^2 + \frac{1}{6}QU^3, \quad i = 1, \ldots, 4 \quad (3.3.7)$$

als idealer Multiplikator, da aus den Gln. (3.3.6) und (3.3.7)

$$U_{AM}(t) = 2R_L T\hat{U}_T\hat{U}_S[\cos(\omega_T + \omega_S)t + \cos(\omega_T - \omega_S)t] = 4R_L TU_T U_S \quad (3.3.8)$$

folgt.

Besitzt ein Bauelement zwei steuerbare Eingänge, an die der Träger bzw. das Signal gelegt werden, so läßt sich die Strom-Spannungs-Kennlinie in eine Potenzreihe mit zwei Veränderlichen entwickeln:

$$\begin{aligned} I(U_T, U_S) &= I_0 + S_T U_T + S_S U_S + \frac{T_T}{2}U_T^2 + \frac{T_S}{2}U_S^2 + T_{TS}U_T U_S + \ldots \\ &= I_0 + \frac{1}{4}(T_T\hat{U}_T^2 + T_S\hat{U}_S^2) + S_T\hat{U}_T\cos\omega_T t + S_S\hat{U}_S\cos\omega_S t \\ &\quad + \frac{1}{2}T_{TS}\hat{U}_T\hat{U}_S[\cos(\omega_T + \omega_S)t + \cos(\omega_T - \omega_S)t] + \ldots . \end{aligned} \quad (3.3.9)$$

Im Gegensatz zur Modulation mit additiver Überlagerung von Träger und Signal an einem Eingang kann hier der amplitudenmodulierte Träger auch bei einer linearen Kennlinie erhalten werden. Da in diesem Fall nur die Koeffizienten S_T, S_S und T_{TS} ungleich Null sind, verschwinden gleichzeitig alle Oberwellen im Frequenzspektrum. Passiert der in Gl. (3.3.9) angegebene Strom einen Schwingkreis (Resonanzfrequenz ω_T, Resonanzwiderstand R_P und Bandbreite $B \geqq \omega_{S\max}/\pi$), so entsteht die gewünschte amplitudenmodulierte Spannung

$$U_{AM}(t) = R_P\left[S_T\hat{U}_T\cos\omega_T t + \frac{T_{TS}}{2}\hat{U}_T\hat{U}_S(\cos(\omega_T + \omega_S)t + \cos(\omega_T - \omega_S)t)\right] \quad (3.3.10)$$

mit dem Modulationsgrad $m = \frac{T_{TS}}{S_T}\hat{U}_S$.

Bei der *Frequenzmodulation* wird die Frequenz ω_T der Trägerschwingung $U_T(t) = \hat{U}_T\cos\omega_T t$ durch das Signal $U_S(t) = \hat{U}_S\cos\omega_S t$ verändert, und man erhält

$$\begin{aligned} U_{FM}(t) &= \hat{U}_T\cos\int_0^t(\omega_T + \Delta\omega\cos\omega_S t')\,dt' \\ &= \hat{U}_T\cos\left(\omega_T t + \frac{\Delta\omega}{\omega_S}\sin\omega_S t\right). \end{aligned} \quad (3.3.11)$$

Die maximale Frequenzänderung des modulierten Trägers $\Delta\omega$, die der Signalamplitude $\hat{U}_S$ proportional sein muß, wird der *Frequenzhub* und die Größe $\frac{\Delta\omega}{\omega_S}$ der *Modulationsindex* genannt. Die Fouriertransformation der frequenzmodulierten Schwingung nach Gl. (3.3.11) ergibt ein Frequenzspektrum mit unendlich vielen Seitenschwingungen, deren Amplituden mit wachsendem Abstand von der Trägerfrequenz abnehmen [64]. Die Faustformel

$$B = \frac{\omega_{S\,max}}{\pi}\left(1 + \frac{\Delta\omega}{\omega_{S\,max}}\right) \tag{3.3.12}$$

liefert Näherungswerte für die Bandbreite unter Berücksichtigung von Komponenten, die größer als 10% der Gesamtamplitude $\hat{U}_T$ sind. Praktisch wird eine Frequenzmodulation durch Änderung der Größe eines frequenzbestimmenden Bauelements eines Hochfrequenz-Oszillators im Rhythmus der Signalfrequenz erreicht. Hinsichtlich der *Phasenmodulation*, die, wie Gl. (3.3.11) zeigt, eng mit der Frequenzmodulation verknüpft ist, sei nur auf die Literatur verwiesen [64].

Versuche

V 3.3.1.1

a) Bauen Sie einen *Amplitudenmodulator* nach Abb. 3.3.2 auf, wobei jedoch vorerst nur die Diode D_1 eingeschaltet wird (alle Dioden sind Gleichrichterdioden, z.B. vom Typ SAY 40)! Als Übertrager sind Ringkerne vorzusehen, die mit je drei Spulen L mit gleicher Windungszahl und gleichem Windungssinn bewickelt werden. Der induktive Widerstand $\omega_T L$ soll etwa das Fünffache des Abschlußwiderstandes $R_L = 75\,\Omega$ betragen. Für die Wechselspannungen $U_T(t) = \hat{U}_T \cos\omega_T t$ und $U_S(t) = \hat{U}_S \cos\omega_S t$ sind die Werte $\hat{U}_T \approx 1$ V, $\hat{U}_S \approx 100$ mV, $\frac{\omega_T}{2\pi} = 450$ kHz, $\frac{\omega_S}{2\pi} = (0\ldots20)$ kHz zu wählen.
Stellen Sie die Spannungsverläufe vor und nach der Diode sowie am Lastwiderstand R_L auf einem Oszillographen dar, und vergleichen Sie diese mit Abb. 3.3.1! Warum sind am Widerstand R_L die Signalfrequenz sowie Vielfache von ihr nicht zu beobachten?

b) Erweitern Sie die Schaltung durch Einbau der Dioden D_2, D_3 und D_4 zum Ringmodulator! Stellen Sie den Spannungsverlauf $U_{AM}(t)$ am Widerstand R_L auf einem Oszillographen dar! Erklären Sie das Ergebnis mit Hilfe von Gl. (3.3.8) und Abb. 3.3.1! Messen Sie oszillographisch die *Trägerfrequenzunterdrückung* des Ringmodulators als Verhältnis der Spannungen an der Primärseite des Eingangsübertragers und am Widerstand R_L bei abgeschalteter Signalspannung $U_S(t)$! Worauf kann eine nichtideale Trägerfrequenzunterdrückung zurückgeführt werden?

V 3.3.1.2

a) Dimensionieren Sie den *Amplitudenmodulator* mit einem n-Kanal-Doppelgate-MOSFET (z.B. KP 350) nach Abb. 3.3.3, wobei folgende Daten vorgegeben sind:

$\bar{U}_b = +12$ V, im Arbeitspunkt $\bar{U}_{SO} = 1$ V, $\bar{U}_{GO1} = 3$ V, $\bar{U}_{GO2} = 4$ V sowie $\bar{I}_{q1} \approx \bar{I}_{q2} < 0{,}1$ mA! Für den Modulator werden $U_T(t) = \hat{U}_T \cos \omega_T t$ mit $\hat{U}_T \approx 1$ V und $\frac{\omega_T}{2\pi} = 450$ kHz sowie $U_S(t) = \hat{U}_S \cos \omega_S t$ mit $\hat{U}_S \approx 1$ V und $\frac{\omega_S}{2\pi} = (0 \ldots 10)$ kHz gewählt. Das Filter F ist ein handelsübliches 450-kHz-AM-Filter. Der Widerstand R_L ist so zu wählen, daß sich die erforderliche Bandbreite des Schwingkreises einstellt.

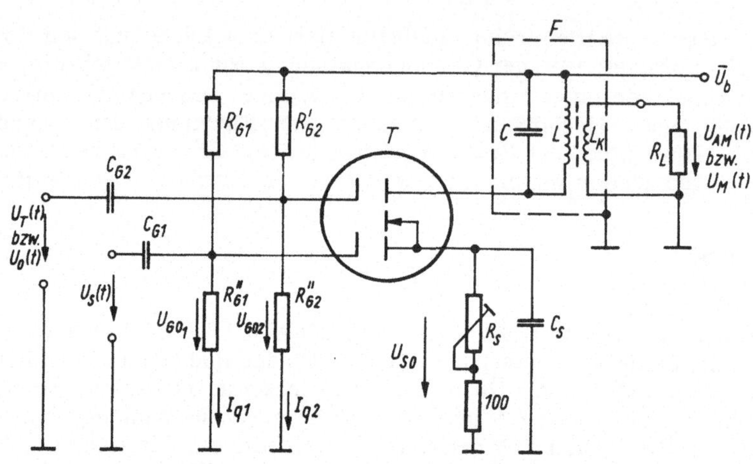

Abb. 3.3.3. Amplitudenmodulator mit einem Doppelgate-MOSFET

b) Überprüfen Sie den Arbeitspunkt des Verstärkers! Messen Sie die Verstärkung und die Bandbreite bei alleiniger Ansteuerung mit der Trägerspannung $U_T(t)$! Oszillographieren Sie für $U_S(t) = 0$ die Spannung am Lastwiderstand R_L, und vergleichen Sie den Verlauf mit den Darstellungen in Abb. 3.3.1 und mit Gl. (3.3.10)! Bestimmen Sie den Modulationsgrad m in Abhängigkeit von der Signalamplitude $\hat{U}_S$ für $\frac{\omega_S}{2\pi} = 1$ kHz!

V 3.3.1.3

a) Dimensionieren Sie die in Abb. 3.3.4 gezeigte Schaltung zur *Frequenzmodulation* für eine Trägerfrequenz $f_T = 450$ kHz!
Der Modulator besteht aus einem Hochfrequenz-Oszillator in kapazitiver Dreipunktschaltung (C_2, C_3) mit bipolarem HF-Transistor T (z. B. SF 826C) als Verstärker und Kapazitätsdioden-Abstimmung. Wird die in Sperrichtung anliegende Vorspannung $\bar{U}_{st}$ der Kapazitätsdiode D (z. B. KB 113) erhöht bzw. erniedrigt, so verkleinert bzw. vergrößert sich ihre Sperrschichtkapazität C_D.

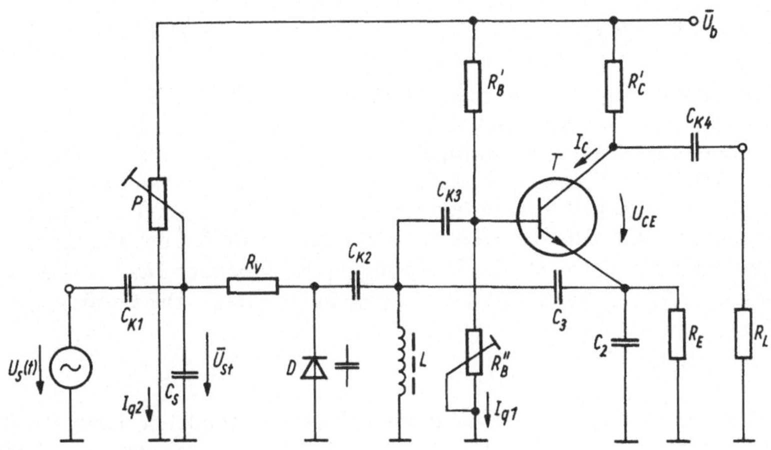

Abb. 3.3.4. Frequenzmodulator mit einem *LC*-Oszillator und einer Kapazitätsdiode

Folglich verändert sich die Resonanzfrequenz des aus L, C_2, C_3 und C_D gebildeten Schwingkreises und damit auch die Schwingfrequenz des Oszillators. Für den Oszillator arbeitet der Transistor T in Kollektorschaltung und bezüglich des Lastwiderstandes $R_L = 10\,\mathrm{k\Omega}$ in Emitterschaltung (es sei $|\underline{V}_{UE}| \approx 1$) mit der Betriebsspannung $\bar{U}_b = 12\,\mathrm{V}$ und dem Arbeitspunkt $\bar{I}_C = (0{,}5\ldots1)\,\mathrm{mA}$; $\bar{U}_{CE} = 6\,\mathrm{V}$, $\bar{I}_{q1} \lessapprox 0{,}2\,\mathrm{mA}$. Im Rückkopplungsnetzwerk werden $L \approx 100\,\mu\mathrm{H}$ und $C_2 \approx 1\,\mathrm{nF}$ eingesetzt. Zur Erfüllung der *Schwingbedingung* $\underline{k}\underline{V}_{UC} = 1$ bei der Frequenz $f_T = 450\,\mathrm{kHz}$ mit $\underline{k}(\omega_T) = \dfrac{C_2}{C_3} + 1$ und $\underline{V}_{UC} \lessapprox 1$ wird C_3 so groß gewählt, daß der Oszillator sicher anschwingt. Der Widerstand $R_V = 10\,\mathrm{k\Omega}$ verhindert einen Kurzschluß der Hochfrequenz an der Diode gegen Masse. Der Strom $\bar{I}_{q2}$ durch das Potentiometer P betrage etwa 0,1 mA. Die Kondensatoren C_{K2} bis C_{K4} und C_S schließen die Hochfrequenz, aber im Gegensatz zu C_{K1} nicht die modulierende Signalfrequenz kurz.

b) Stellen Sie mit Hilfe von R_B'' den Strom $\bar{I}_C$ im Arbeitspunkt so ein, daß am Lastwiderstand R_L eine möglichst unverzerrte Sinusspannung beobachtet wird! Gleichen Sie die funktionstüchtig aufgebaute Schaltung mittels L so ab, daß bei einer bestimmten Steuerspannung $\bar{U}_{st0}$ der Oszillator mit der Frequenz $f_T = 450\,\mathrm{kHz}$ schwingt und diese Frequenz symmetrisch um $\bar{U}_{st0}$ bis zu $f_T \pm \Delta f_{max}$ geändert werden kann! Nehmen Sie die Abhängigkeit des Frequenzhubs $\Delta\omega = 2\pi\,\Delta f$ von der Steuerspannung $\bar{U}_{st}$ auf!

c) Modulieren Sie mit einer Signalspannung $U_S(t) = \hat{U}_S \cos \omega_S t$, wobei $\dfrac{\omega_S}{2\pi} = 1\,\mathrm{kHz}$ beträgt und die Amplitude $\hat{U}_S$ so groß zu wählen ist, daß der Frequenzhub $\Delta\omega$ maximal wird! Weisen Sie die Modulation oszillographisch nach, und berechnen Sie die Bandbreite des Spektrums nach Gl. (3.3.12)!

3.3.2. Mischer

Unter der *Mischung* versteht man die Frequenzverschiebung einer (evtl. modulierten) hochfrequenten Signalschwingung $U_S(t) = \hat{U}_S \cos \omega_S t$ mit Hilfe einer zweiten hochfrequenten Oszillatorschwingung $U_0(t) = \hat{U}_0 \cos \omega_0 t$, wobei i. allg. $\hat{U}_0 \gg \hat{U}_S$ gewählt wird. Diese Frequenzumsetzung läßt sich durch die bei der Amplitudenmodulation erhaltenen Resultate beschreiben, wenn dort formal die Trägerspannung $U_T(t)$ durch die Oszillatorspannung $U_0(t)$ ersetzt wird. Bei der Mischung siebt man mit einem Filter entweder die Komponente der Frequenz $|\omega_0 - \omega_S|$ oder der Frequenz $\omega_0 + \omega_S$ aus der Ausgangsspannung $U_M(t)$ heraus. Die Größe

$$V_M = \frac{\hat{U}_M(\omega_0 \pm \omega_S)}{\hat{U}_S}, \tag{3.3.13}$$

die sich z. B. für den als *additiven Mischer* verwendeten Ringmodulator aus Gl. (3.3.8) zu $V_M = 2R_L T\hat{U}_0$ und für den multiplikativen Mischer aus Gl. (3.3.10) zu $V_M = (1/2)\, R_p T_{TS} \hat{U}_0$ ergibt, bezeichnet man als *Mischverstärkung*.

Mit integrierten Schaltkreisen, die hinreichend exakt das Produkt zweier Eingangssignale bilden, kann man eine direkte *multiplikative Mischung* realisieren:

$$\begin{aligned} U_M(t) &= k\,U_0\,U_S = k\,\hat{U}_0\,\hat{U}_S \cos(\omega_0 t + \varphi_0) \cos \omega_S t \\ &= \frac{k}{2}\,\hat{U}_0\,\hat{U}_S \{\cos[(\omega_0 + \omega_S)\,t + \varphi_0] \\ &\quad + \cos[(\omega_0 - \omega_S)\,t + \varphi_0]\}. \end{aligned} \tag{3.3.14}$$

Die Konstante k besitzt dabei die Einheit V^{-1}. Mit solchen Schaltkreisen ist gleichfalls eine Amplitudenmodulation und, wie noch ausgeführt wird, die Amplituden- und Frequenzdemodulation durchführbar.

Versuch
V 3.3.2.1

a) Bauen Sie einen *multiplikativen Mischer* mit dem Vierquadranten-Multiplikator (Koinzidenzschaltung) des integrierten Rundfunkempfänger-Schaltkreises A 4100 D entsprechend Abb. 3.3.5 auf! Die Oszillatorspannung $U_0(t) = \hat{U}_0 \cos \omega_0 t$ mit $\hat{U}_0 = 100$ mV und $\frac{\omega_0}{2\pi} = 100$ kHz liegt an den Eingängen 9 und 10 des Schaltkreises und gelangt nach Passieren eines Begrenzerverstärkers (1) an die von außen nicht zugänglichen Eingänge des Multiplikators (2). Die Signalspannung $U_S(t) = \hat{U}_S \cos \omega_S t$ mit $\hat{U}_S = 100$ mV und $\frac{\omega_S}{2\pi} = 90$ kHz wird an die direkt ansteuerbaren Eingänge 12 und 13 des Multiplikators angeschlossen. (Die internen, für eine Frequenzdemodulation erforderlichen Koppelkondensatoren zwischen den zugänglichen und nichtzugänglichen Eingängen sind bei den vorliegenden Betriebsfrequenzen wirkungslos.) Das multiplizierte Signal

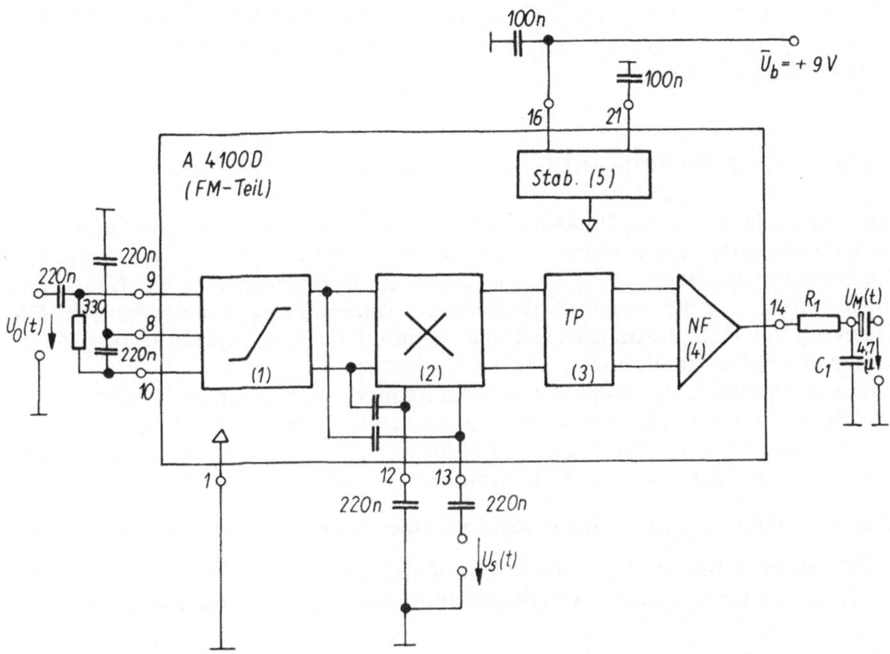

Abb. 3.3.5. Mischer mit einem Vierquadrantenmultiplizierer (Koinzidenzstufe) aus einem integrierten Rundfunkempfänger-Schaltkreis

wird nach einer Hochfrequenzsiebung *(3)* und NF-Verstärkung *(4)* mit einem Innenwiderstand von ca. 180 Ω am Anschluß *14* nach außen geführt.
Der nachfolgende *RC*-Tiefpaß (R_1, C_1) soll so dimensioniert werden, daß er eine Grenzfrequenz von 10 kHz besitzt!

b) Messen Sie an der Schaltung die Mischverstärkung $a_{\text{MdB}} = 20 \lg \dfrac{\hat{U}_M(10\,\text{kHz})}{\hat{U}_S(90\,\text{kHz})}$ und die Oszillatorspannungsunterdrückung $a_{\text{OdB}} = 20 \lg \dfrac{\hat{U}_M(100\,\text{kHz})}{\hat{U}_0(100\,\text{kHz})}$ vor und nach dem Tiefpaß, wobei $\hat{U}_S = 0$ gewählt wird!

c) Verwenden Sie die Schaltung als phasenempfindlichen Gleichrichter für zwei unmodulierte Hochfrequenzschwingungen $U_0(t)$ und $U_S(t)$, wobei die beiden Frequenzen $f_0 = f_S = 100$ kHz übereinstimmen (vgl. Gl. (3.3.16) für $m = 0$ u. Abschn. 3.3.3)! Weisen Sie die Abhängigkeit der Ausgangsspannung von der relativen Phasenlage der beiden Hochfrequenzspannungen nach, indem Sie φ_0 gleich Null und 180° wählen und für beide Fälle die Ausgangsgleichspannung bestimmen! (Die unterschiedliche Phase φ_0 der Oszillatorspannung bei gleicher Amplitude $\hat{U}_0$ läßt sich leicht mit Hilfe eines Transistorverstärkers gewinnen, wenn in den Emitter- und Kollektorkreis gleiche Widerstände geschaltet werden.) Messen Sie für den phasenempfindlichen Gleichrichter die Oszillatorspannungsunterdrückung a_0!

3.3.3. Amplituden- und Frequenzdemodulatoren

Die Demodulation ist die Umkehrung der Modulation, d. h., es wird das einer Trägerspannung aufgeprägte Signal zurückgewonnen. Als Beispiele für die *Demodulation amplitudenmodulierter Schwingungen* sollen die Demodulation durch *Hüllkurvengleichrichtung* und die *phasenempfindliche Gleichrichtung* beschrieben werden. Die Schaltung zur Hüllkurvengleichrichtung ist im einfachsten Fall ein Einweggleichrichter mit Ladekondensator C_L und Lastwiderstand R_L.

Ist die Amplitude der modulierten Hochfrequenz groß gegen die Flußspannung der Diode, dann läßt sich ihre Kennlinie als ideale Knickkennlinie approximieren [64]. Im Falle fehlender Modulation, d. h. für $m = 0$ in Gl. (3.3.1), lädt sich der Kondensator C_L auf den positiven Spannungswert $\hat{U}_T$ auf. Die Zeitkonstante $\tau = R_L C_L$ ist so zu wählen, daß diese Spannung über eine Periode $\frac{2\pi}{\omega_T}$ praktisch unverändert bleibt. Bei moduliertem Träger ($m \neq 0$) muß dagegen die Spannung am Kondensator C_L der niederfrequenten Amplitudenänderung folgen. Damit ergeben sich für

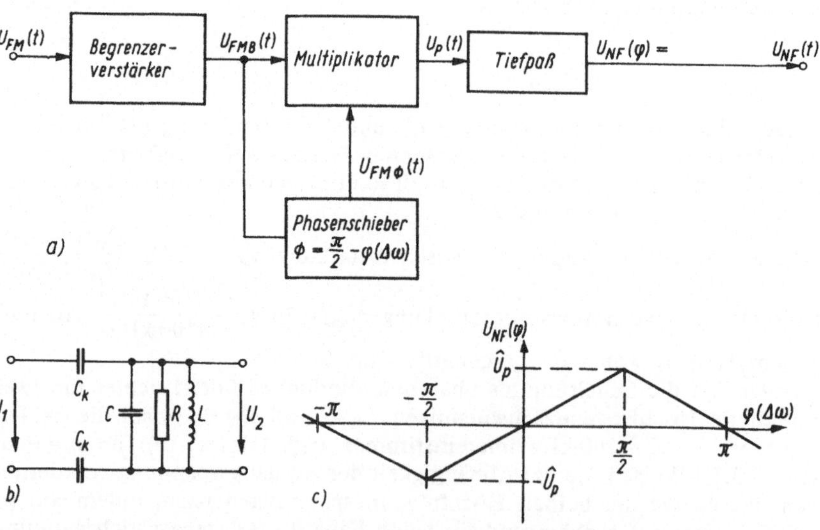

Abb. 3.3.6. Prinzip der Frequenzdemodulation mit einer Koinzidenzstufe
a) Blockschaltbild; b) Phasenschieber; c) Demodulatorkennlinie

die Wahl von C_L und R_L die Bedingungen

$$3\omega_{S\,max} < \frac{1}{\tau} < 0{,}3\,\omega_T, \tag{3.3.15}$$

wobei $\omega_{S\,max}$ die höchste vorkommende Modulationsfrequenz bezeichnet. Der Eingangswiderstand R_{ein} der Gleichrichterschaltung, der z. B. einen an ihrem Eingang liegenden Schwingkreis bedämpft, beträgt $\frac{R_L}{2}$ [64].

Während die Amplitudendemodulation durch Hüllkurvengleichrichtung nur bei vorhandenem Träger anwendbar ist (d. h., die zu demodulierende Nachricht muß durch Gl. (3.3.1) beschreibbar sein), wird die phasenempfindliche Amplitudendemodulation auch bei unterdrücktem Träger [s. Gl. (3.3.8)] wirksam. Sie stellt den Sonderfall der multiplikativen Mischung dar, bei der die Signalfrequenz ω_S und die Oszillatorfrequenz ω_0 übereinstimmen. Führt man diese Bedingung in Gl. (3.3.14) ein und ersetzt dort $\hat{U}_S$ durch die modulierte Amplitude $\hat{U}_S(1 + m\cos\omega_N t)$, so erhält man die Ausgangsspannung

$$U_M(t)_{\omega_0=\omega_S} = \frac{k}{2}\,\hat{U}_S\hat{U}_0(1 + m\cos\omega_N t)\,\{\cos\varphi_0 + \cos(2\omega_0 t + \varphi_0)\}\,. \tag{3.3.16}$$

Mit einem Tiefpaß läßt sich leicht der hochfrequente Anteil unterdrücken. Es verbleibt neben einer Gleichspannung die Komponente bei der Signalfrequenz ω_N, multipliziert mit dem Phasenfaktor $\cos\varphi_0$. Das Signal nach phasenempfindlicher Gleichrichtung ist folglich zusätzlich von der relativen Phasenlage zwischen Signal- und Oszillatorspannung abhängig. Die phasenempfindliche Gleichrichtung (auch „lock-in"-Verstärkung genannt) besitzt eine große Bedeutung bei der Messung sehr kleiner Signale zur Verbesserung des Signal-Rausch-Verhältnisses.

Von den verschiedenen Möglichkeiten der *Frequenzdemodulation* soll nur die sog. *Koinzidenzschaltung* betrachtet werden [36]. Hier erfolgt wie bei der phasenempfindlichen Amplitudendemodulation eine Produktbildung zweier Hochfrequenzspannungen. Der frequenzmodulierte Träger

$$U_{FM}(t) = \hat{U}_T\cos\left(\omega_T t + \frac{\Delta\omega}{\omega_S}\sin\omega_S t\right) \tag{3.3.17}$$

wird vorher bis zur Begrenzung verstärkt, so daß eine Rechteckspannung mit den Spannungswerten $\pm k_B\hat{U}_T$ entsteht. Sie läßt sich in die Reihe

$$U_{FMB}(t) = \frac{4}{\pi}k_B\hat{U}_T\left(\cos x - \frac{1}{3}\cos 3x + \frac{1}{5}\cos 5x - \dots\right) \tag{3.3.18}$$

entwickeln, wobei $x = \omega_T t + \frac{\Delta\omega}{\omega_S}\sin\omega_S t$ gesetzt wurde. Wie in Abb. 3.3.6a dargestellt, steuert die Rechteckspannung $U_{FMB}(t)$ sowohl einen Eingang des Multiplikators als auch einen Phasenschieber an. Verschiebt letzterer ihre Phase um $\Phi = \pi/2 - \varphi$ und dämpft ihre Amplitude um den Faktor k_Φ, so ergibt sich aus

Gl. (3.3.18)

$$U_{FM\Phi}(t) = \frac{4}{\pi} k_B k_\Phi \hat{U}_T \left(\sin(x-\varphi) + \frac{1}{3} \sin 3(x-\varphi) + \frac{1}{5} \sin 5(x-\varphi) + \ldots \right). \tag{3.3.19}$$

Die so gewonnene Rechteckspannung liegt nun am zweiten Eingang des Multiplikators. Für die Ausgangsspannung des Multiplikators $U_P(t) = k_P U_{FMB}(t)\, U_{FM\Phi}(t)$, die dem Produkt der beiden Rechtecksignale proportional ist (die Proportionalitätskonstante k_P besitzt die Einheit V^{-1}), erhält man nach Durchlaufen eines Tiefpasses die Beziehung

$$U_{NF}(\varphi) = \frac{8}{\pi^2} \hat{U}_P \left(\sin\varphi - \frac{1}{9} \sin 3\varphi + \frac{1}{25} \sin 5\varphi - \ldots \right). \tag{3.3.20}$$

Diese Gleichung, in der $\hat{U}_P = k_P k_B^2 k_\Phi \hat{U}_T^2$ gesetzt wurde, stellt die Fourierreihe der in Abb. 3.3.6c gezeigten Dreieckskurve dar. Im Bereich $-\frac{\pi}{2} < \varphi < \frac{\pi}{2}$ ist die Ausgangsspannung $U_{NF}(\varphi)$ der Phasenverschiebung φ proportional. Besteht nun weiterhin Proportionalität zwischen der Phase φ und dem Frequenzhub $\Delta\omega$ (Eigenschaft des Phasenschiebers) sowie zwischen dem Frequenzhub $\Delta\omega$ und dem Signal $U_S(t)$ (Eigenschaft des Frequenzmodulators), so ist die Ausgangsspannung $U_{NF}(t)$ linear vom Signal $U_S(t)$ abhängig. Ein Phasenschieber mit den gewünschten Eigenschaften $\Phi = \frac{\pi}{2} - \varphi$ und $\varphi \propto \Delta\omega$ kann relativ einfach durch einen lose angekoppelten Schwingkreis realisiert werden (s. Abb. 3.3.6b): Unter den Voraussetzungen $R \ll \frac{2}{\omega_T C_K}$ und $\frac{|\omega - \omega_T|}{\omega_T} = \frac{|\Delta\omega|}{\omega_T} \ll 1$ folgt nämlich mit Hilfe der komplexen Wechselstromrechnung

$$\Phi = \arg\left(\frac{\underline{U}_2}{\underline{U}_1}\right) \approx \frac{\pi}{2} - Q\frac{\Delta\omega}{\omega_T}, \tag{3.3.21}$$

wobei noch die Güte $Q = \frac{R}{\omega_T L}$ des auf die Resonanzfrequenz $\omega_T = \frac{1}{\sqrt{LC}}$ abgestimmten Schwingkreises eingeführt wurde. Die Ausgangsspannung dieses Phasenschiebers, die auf Grund der Selektivität des Resonanzkreises eine Sinusform besitzt, wird vor dem Multiplikator annähernd in eine Rechteckspannung entsprechend Gl. (3.3.19) umgewandelt.

Versuche

V 3.3.3.1

a) Bauen Sie einen *Amplitudendemodulator* für eine Trägerfrequenz $f_T = 450\,\text{kHz}$ auf! Verwenden Sie dazu den AM-ZF-Verstärker mit Demodulator und Tiefpaß des integrierten Rundfunkempfänger-Schaltkreises A 4100 D entsprechend

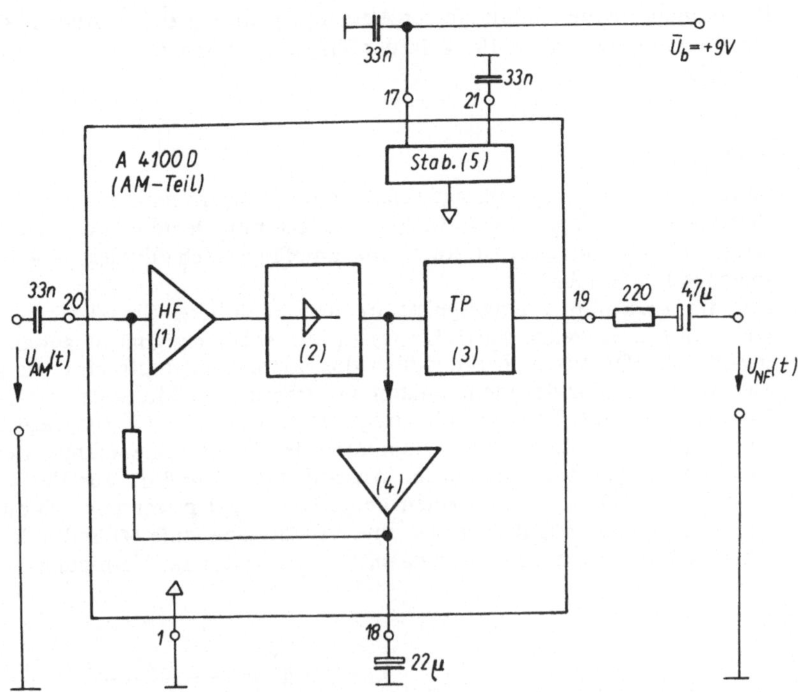

Abb. 3.3.7. Amplitudendemodulator mit einem integrierten Rundfunkempfänger-Schaltkreis

Abb. 3.3.7. Das am Anschluß *20* eingespeiste Signal wird in einem dreistufigen *C*-gekoppelten Verstärker *(1)*, der eine Bandbreite von 300...800 kHz besitzt, verstärkt. Die Hüllkurvendemodulation *(2)* erfolgt mittels Basis-Emitterdiode eines Transistors und Ladekondensator. Das demodulierte Signal wird in einer dreistufigen aktiven Tiefpaßschaltung *(3)*, deren Grenzfrequenz etwa 6,5 kHz beträgt, gefiltert und niederohmig (Innenwiderstand ca. 270 Ω) am Anschluß *19* ausgekoppelt. Gleichzeitig dient der in einem Regelverstärker *(4)* verstärkte Mittelwert des demodulierten Signals zur Verstärkungsregelung des ersten Transistors des Verstärkers *(1)*. Die Betriebsspannung $\bar{U}_b$ wird über eine Stabilisierungsschaltung *(5)* den einzelnen Baugruppen zugeführt.

b) Bestimmen Sie die Amplitude der Ausgangsspannung $\hat{U}_{NF}$ in Abhängigkeit von der Amplitude der Eingangsspannung $\hat{U}_{AM} = 0\ldots50$ mV ($f_T = 450$ kHz; $f_S = 1$ kHz; $m \approx 0{,}5$)! Messen Sie für jede Eingangsspannung die Größe der Regelspannung am Anschluß *18*!

c) Bestimmen Sie die Amplitude der Ausgangsspannung $\hat{U}_{NF}$ in Abhängigkeit von der Frequenz $f_S = (0\ldots10)$ kHz der Signalspannung $U_S(t)$ ($\hat{U}_{AM} = 10$ mV; $f_T = 450$ kHz; $m \approx 0{,}5$)!

d) Bestimmen Sie die Amplitude der Ausgangsspannung $\hat{U}_{NF}$ in Abhängigkeit von der Frequenz $f_T = (10^2 \ldots 10^3)$ kHz der Trägerspannung $U_T(t)$ ($\hat{U}_{AM} = 10$ mV; $f_S = 1$ kHz; $m \approx 0{,}5$)!

V 3.3.3.2

a) Bauen Sie einen *Frequenzdemodulator* für eine Trägerfrequenz $f_T = 450$ kHz auf! Verwenden Sie dazu den FM-ZF-Verstärker mit Demodulator und NF-Ausgangsstufe des integrierten Rundfunk-Empfänger-Schaltkreises A 4100 D entsprechend Abb. 3.3.8.
Das am Anschluß *9* eingespeiste frequenzmodulierte Signal wird in einem sechsstufigen Begrenzerverstärker *(1)* in ein Rechtecksignal umgewandelt, das sowohl den Phasenschieberkreis über die Koppelkondensatoren *C* als auch direkt den als Koinzidenzdemodulator *(3)* arbeitenden Multiplizierer ansteuert. (Da die Schaltung für eine Trägerfrequenz von ca. 10 MHz ausgelegt ist, muß durch eine hochohmige Dimensionierung des Phasenschieberkreises eine ausreichende Signalamplitude an den Anschlüssen *12* und *13* zur Verfügung gestellt werden.) Das im Koinzidenzdemodulator *(2)* gewonnene Produktsignal durchläuft einen Tiefpaß *(3)* sowie eine NF-Ausgangsstufe *(4)* und steht am Anschluß *14* mit einem Innenwiderstand von ca. 180 Ω zur Verfügung.

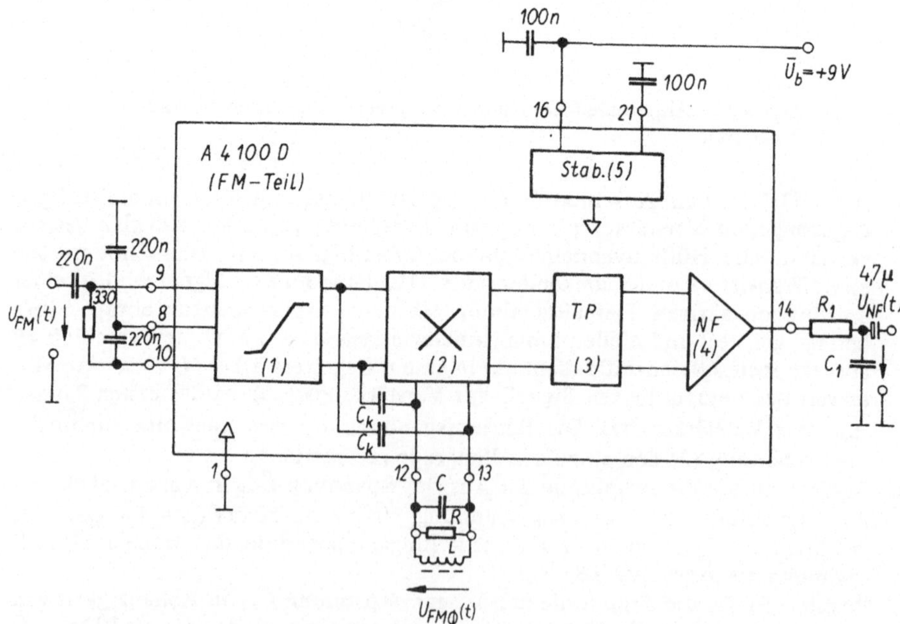

Abb. 3.3.8. Frequenzdemodulator mit einem integrierten Rundfunkempfänger-Schaltkreis

b) Dimensionieren Sie den als Phasenschieber verwendeten Parallelschwingkreis mit $L \approx 5\,\mu H$ so, daß er eine Güte von ca. 20 besitzt! Dimensionieren Sie den *RC*-Tiefpaß mit $R = 2{,}2\,k\Omega$ am Anschluß *14* für eine Grenzfrequenz von ca. 10 kHz.

c) Messen Sie in Abhängigkeit von der Trägerfrequenz $f_T = (400\ldots500)$ kHz der unmodulierten Eingangsspannung mit $\hat{U}_{FM} = 1$ mV die Gleichspannung am NF-Ausgang *14* (vor dem Koppelkondensator 4,7 µF)! Untersuchen Sie die Linearität der so erhaltenen statischen Demodulator-Kennlinie!

3.4. Digitale Schaltungen

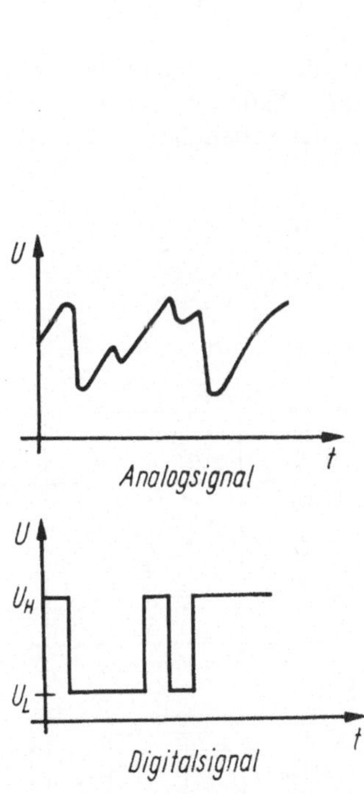

Abb. 3.4.1. Gegenüberstellung von Analog- und Digitalsignal

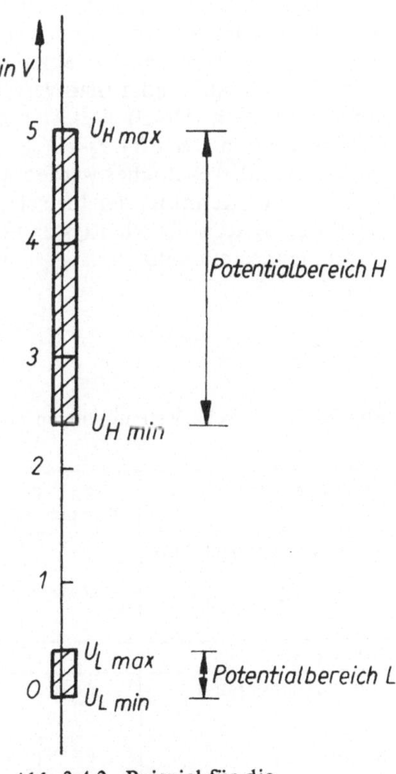

Abb. 3.4.2. Beispiel für die Potentialzuordnung (Ausgangssignal von TTL-Schaltkreisen)

In der digitalen Schaltungstechnik werden quantisierte Signale verarbeitet, die aus Kombinationen der zwei Signalwerte 0 und 1 bestehen (Binärsignal, Binärsystem). Den Unterschied zwischen einem Analog- und einem Digitalsignal zeigt schematisch die Abb. 3.4.1.

Man spricht in der Digitaltechnik von „positiver“ Logik, wenn die 1 einem hohen Potential (= High, abgekürzt „H“) und die 0 einem niedrigen Potential (= Low, abgekürzt „L“) entspricht. Bei der „negativen“ Logik ist die Zuordnung umgekehrt: Die 1 wird dem Potential L und die 0 dem Potential H zugeordnet.

Im Rahmen dieses Buches verwenden wir stets die positive Logik. Den Potentialen H und L ordnet man Spannungsbereiche zu, die durch einen verbotenen Bereich getrennt sind. In der Abb. 3.4.2 ist diese Potentialzuordnung für TTL-Schaltkreise dargestellt.

Die Schaltalgebra (Boolesche Algebra) befaßt sich mit der Verknüpfung von Binärsignalen und ordnet einer oder mehrerer Eingangsvariablen X_i $(i = 1, 2, \ldots, n)$ eindeutig eine Ausgangsvariable Y zu. Abb. 3.4.3 zeigt die möglichen logischen Verknüpfungen zweier Variablen, die dazugehörigen logischen Funktionen und mathematischen Zeichen. Eine überstrichene Variable $\bar{X}$ bedeutet dabei die Negation der ursprünglichen Variablen, d. h. $\bar{H} = L$ und $\bar{L} = H$.

In der Literatur findet man verschiedene mathematische Zeichen für
die Konjunktion (UND) $Y_1 = X_1 \wedge X_2 = X_1 \cdot X_2 = X_1 X_2$ und für
die Disjunktion (ODER) $Y_2 = X_1 \vee X_2 = X_1 + X_2$.
Im Rahmen dieses Buches werden wir aber stets die $\wedge$ Zeichen bzw. $\vee$ verwenden.

Neben der Kenntnis der logischen Funktionen benötigt man zum Entwurf von Schaltungen noch die wichtigsten Gleichungen der Schaltalgebra, die im folgenden zusammengestellt sind:

Abb. 3.4.3. Logische Verknüpfungen zweier Binärsignale

Funktionsbezeichnung	Negation Komplement	Konjunktion AND UND	Disjunktion OR ODER	NAND NICHTUND
Schaltbelegungstabelle	Y X L H H L	Y X_1 X_2 L L L L L H L H L H H H	Y X_1 X_2 L L L H L H H H L H H H	Y X_1 X_2 H L L H L H H H L L H H
Funktionssymbol		$\wedge$	$\vee$	
Funktionsgleichung	$Y = \bar{X}$	$Y = X_1 \wedge X_2$ $Y = X_1 X_2$	$Y = X_1 \vee X_2$ $Y = X_1 + X_2$	$Y = \overline{X_1 \wedge X_2}$ $Y = \overline{X_1 X_2}$
Schaltzeichen	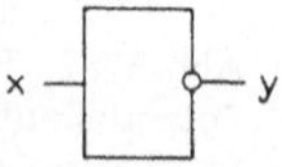 x, y	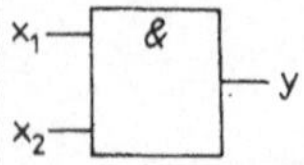 x_1, x_2, &, y	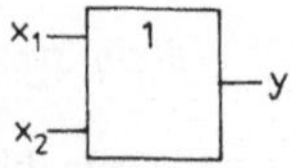 x_1, x_2, 1, y	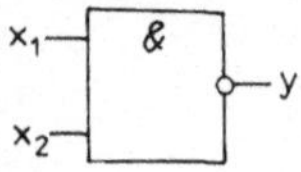 x_1, x_2, &, y

1. Allgemeine Gleichungen

$$X_1 \wedge H = X_1 \qquad (3.4.1)$$
$$X_1 \wedge L = L \qquad (3.4.2)$$
$$X_1 \vee H = H \qquad (3.4.3)$$
$$X_1 \vee L = X_1 \qquad (3.4.4)$$
$$X_1 \vee X_1 = X_1, \quad \text{bzw.} \quad X_1 \wedge X_1 = X_1 \qquad (3.4.5)$$
$$X_1 \vee \overline{X_1} = H, \quad \text{bzw.} \quad X_1 \wedge \overline{X_1} = L \qquad (3.4.6)$$

2. Kommutativgesetze

$$X_1 \wedge X_2 = X_2 \wedge X_1 \qquad (3.4.7)$$
$$X_1 \vee X_2 = X_2 \vee X_1 \qquad (3.4.8)$$

3. Assoziativgesetze

$$(X_1 \wedge X_2) \wedge X_3 = X_1 \wedge (X_2 \wedge X_3) \qquad (3.4.9)$$
$$(X_1 \vee X_2) \vee X_3 = X_1 \vee (X_2 \vee X_3) \qquad (3.4.10)$$

4. Distributivgesetze

$$(X_1 \vee X_2) \wedge X_3 = (X_1 \wedge X_3) \vee (X_2 \wedge X_3) \qquad (3.4.11)$$
$$(X_1 \wedge X_2) \vee X_3 = (X_1 \vee X_3) \wedge (X_2 \vee X_3) \qquad (3.4.12)$$

5. De-Morgansche Regeln

$$\overline{X_1 \vee X_2} = \overline{X_1} \wedge \overline{X_2} \qquad (3.4.13)$$
$$\overline{X_1 \wedge X_2} = \overline{X_1} \vee \overline{X_2} \qquad (3.4.14)$$

NOR Nicht ODER	Antivalenz Exklusiv ODER	Äquivalenz Gleichheit	Implikation	Inhibition
Y X_1 X_2 H L L L L H L H L L H H	Y X_1 X_2 L L L H L H H H L L H H	Y X_1 X_2 H L L L L H L H L H H H	Y X_1 X_2 H L L L L H H H L H H H	Y X_1 X_2 L L L L L H H H L L H H
$Y = \overline{X_1 \vee X_2}$ $Y = \overline{X_1 + X_2}$	$Y = (\overline{X}_1 \wedge X_2) \vee (X_1 \wedge \overline{X}_2)$	$Y = (\overline{X}_1 \wedge \overline{X}_2) \vee (X_1 \wedge X_2)$	$Y = X_1 \vee \overline{X}_2$	$Y = X_1 \wedge \overline{X}_2$
x_1, x_2 — 1 — y	x_1, x_2 — =1 — y	x_1, x_2 — = — y	x_1, x_2 — 1 — y	x_1, x_2 — & — y

6. Weitere Umformungsregeln

$$X_1 \vee (X_1 \wedge X_2) = X_1 \quad (3.4.15)$$

$$X_1 \vee (\overline{X_1} \wedge X_2) = X_1 \vee X_2 \quad (3.4.16)$$

$$(X_1 \wedge \overline{X_2}) \vee (X_1 \wedge X_2) = X_1 \quad (3.4.17)$$

$$X_1 \wedge (\overline{X_2} \vee X_2) = X_1 \quad (3.4.18)$$

$$X_1 \wedge (X_1 \vee X_2) = X_1 \quad (3.4.19)$$

$$X_1 \wedge (\overline{X_1} \vee X_2) = X_1 \wedge X_2 \quad (3.4.20)$$

$$(X_1 \vee \overline{X_2}) \wedge (X_1 \vee X_2) = X_1 \quad (3.4.21)$$

$$X_1 \vee (\overline{X_2} \wedge X_2) = X_1 \quad (3.4.22)$$

Die Richtigkeit dieser Gleichungen kann durch Aufstellen einer Funktionstabelle (evtl. mit 3 Eingangsvariablen) leicht überprüft werden [3, 13, 44].

3.4.1. Kombinatorische Schaltungen

Bei den kombinatorischen Schaltungen tritt als Parameter nur die aktuelle Belegung H oder L als Eingangsvariable, aber nicht die Zeit t auf. Die Schaltungen besitzen also kein „Gedächtnis“.

Der Entwurf kombinatorischer Schaltungen

Beim Entwurf derartiger Schaltungen geht man wie folgt vor:

1. Aus der verbalen Aufgabenstellung wird die Funktionstabelle, d. h. die Tabelle aller möglichen Belegungen (H oder L) der Eingangsvariablen, aufgestellt und die Ausgangsvariable mit H belegt, wenn sie entsprechend der Aufgabenstellung für die entsprechende Kombination der Eingangsvariablen wahr sein soll (bzw. L, wenn sie falsch sein soll).
2. Mit Hilfe dieser Funktionstabelle wird die sog. kanonische disjunktive Normalform der logischen Gleichung aufgestellt, d. h., für alle Zeilen der Funktionstabelle mit dem Ausgangsvariablenwert $Y = H$ werden die Eingangsvariablen X_i entsprechend ihrer Belegung (bei H mit X_i, bei L mit $\overline{X_i}$) durch die Konjunktion (UND) und die Zeilen untereinander durch die Disjunktion (ODER) verknüpft.
3. Durch wiederholte Anwendung der Gln. (3.4.1) bis (3.4.22) wird die Normalform minimiert, so daß eine möglichst geringe Anzahl von Variablenausdrücken auftritt. Zu anderen Minimierungsverfahren siehe [3].
4. Mit Hilfe der Gln. (3.4.13) und (3.4.14) wird die minimierte Gleichung in solche Ausdrücke umgeformt, die eine Schaltungsrealisierung durch die zur Verfügung stehenden Schaltkreise ermöglicht.

Dieses Verfahren soll an Hand eines Beispiels demonstriert werden, bei dem eine Schaltung nur unter Verwendung von NAND-Gattern zu entwickeln ist.

Im 1. Entwurfsschritt sei aus der verbalen Aufgabenstellung die Funktionstabelle Tab. 3.4.1 aufgestellt worden.

Tabelle 3.4.1. Funktionstabelle für das Beispiel zum Entwurf einer kombinatorischen Schaltung

X_1	X_2	X_3	X_4	Y
L	*L*	*L*	*L*	*L*
L	*L*	*L*	*H*	*L*
L	*L*	*H*	*L*	*L*
L	*L*	*H*	*H*	*H*
L	*H*	*L*	*L*	*L*
L	*H*	*L*	*H*	*H*
L	*H*	*H*	*L*	*H*
L	*H*	*H*	*H*	*H*
H	*L*	*L*	*L*	*L*
H	*L*	*L*	*H*	*L*
H	*L*	*H*	*L*	*L*
H	*L*	*H*	*H*	*H*
H	*H*	*L*	*L*	*L*
H	*H*	*L*	*H*	*H*
H	*H*	*H*	*L*	*H*
H	*H*	*H*	*H*	*H*

2. Entwurfsschritt: Aus der Funktionstabelle wird die disjunktive kanonische Normalform der Gleichung aufgestellt:

$$\begin{aligned} Y = {} & (\overline{X_1} \wedge \overline{X_2} \wedge X_3 \wedge X_4) \vee (\overline{X_1} \wedge X_2 \wedge \overline{X_3} \wedge X_4) \vee (\overline{X_1} \wedge X_2 \wedge X_3 \wedge \overline{X_4}) \\ & \vee (\overline{X_1} \wedge X_2 \wedge X_3 \wedge X_4) \vee (X_1 \wedge \overline{X_2} \wedge X_3 \wedge X_4) \\ & \vee (X_1 \wedge X_2 \wedge \overline{X_3} \wedge X_4) \vee (X_1 \wedge X_2 \wedge X_3 \wedge \overline{X_4}) \vee (X_1 \wedge X_2 \wedge X_3 \wedge X_4) \end{aligned} \tag{3.4.23}$$

3. Entwurfsschritt: Mit Hilfe der Distributivgesetze kann man Gl. (3.4.23) in die vereinfachte Form bringen:

$$\begin{aligned} Y = {} & \{(\overline{X_1} \vee X_1) \wedge (\overline{X_2} \wedge X_3 \wedge X_4)\} \vee \{(\overline{X_1} \vee X_1) \wedge (X_2 \wedge \overline{X_3} \wedge X_4)\} \\ & \vee \{(\overline{X_1} \vee X_1) \wedge (X_2 \wedge X_3 \wedge \overline{X_4})\} \vee \{(\overline{X_1} \vee X_1) \wedge (X_2 \wedge X_3 \wedge X_4)\}. \end{aligned} \tag{3.4.24}$$

Mit Gl. (3.4.6) ergibt sich daraus

$$Y = (\overline{X_2} \wedge X_3 \wedge X_4) \vee (X_2 \wedge \overline{X_3} \wedge X_4) \vee (X_2 \wedge X_3 \wedge \overline{X_4}) \vee (X_2 \wedge X_3 \wedge X_4). \tag{3.4.25}$$

Durch Anwenden des Distributivgesetzes vereinfacht sich die Gl. (3.4.25) zu

$$Y = \{(\overline{X_2} \vee X_2) \wedge (X_3 \wedge X_4)\} \vee \{(X_3 \vee \overline{X_3}) \wedge (X_2 \wedge X_4)\} \vee \{(X_4 \vee \overline{X_4}) \wedge (X_2 \wedge X_3)\}, \tag{3.4.26}$$

und mit den Gln. (3.4.6) und (3.4.1) folgt schließlich

$$Y = (X_3 \wedge X_4) \vee (X_2 \wedge X_4) \vee (X_2 \wedge X_3). \qquad (3.4.27)$$

4. Entwurfsschritt: Nun wird Gl. (3.4.27), die man zunächst als

$$Y = \overline{\overline{(X_3 \wedge X_4) \vee (X_2 \wedge X_4) \vee (X_2 \wedge X_3)}} \qquad (3.4.28)$$

schreibt, durch Anwendung der De-Morganschen Regeln, Gln. (3.4.13) und (3.4.14), in eine Form gebracht, die eine Schaltungsrealisierung mit NAND-Gattern ermöglicht:

$$Y = \overline{\overline{(X_3 \wedge X_4)} \wedge \overline{(X_2 \wedge X_4)} \wedge \overline{(X_2 \wedge X_3)}}. \qquad (3.4.29)$$

Die zugehörige Schaltung ist in Abb. 3.4.4a) dargestellt und in Abb. 3.4.4b) die Testschaltung, mit der die Funktionsweise überprüft werden kann. Die Eingangsspannungen X_2, X_3 bzw. X_4 werden mit den Schaltern S_2, S_3 bzw. S_4 eingestellt. Dabei entsprechen die Schalterstellungen S_{21}, S_{31} bzw. S_{41} einem H-Eingangssignal und die Schalterstellungen S_{22}, S_{32} bzw. S_{42} einem L-Eingangssignal.

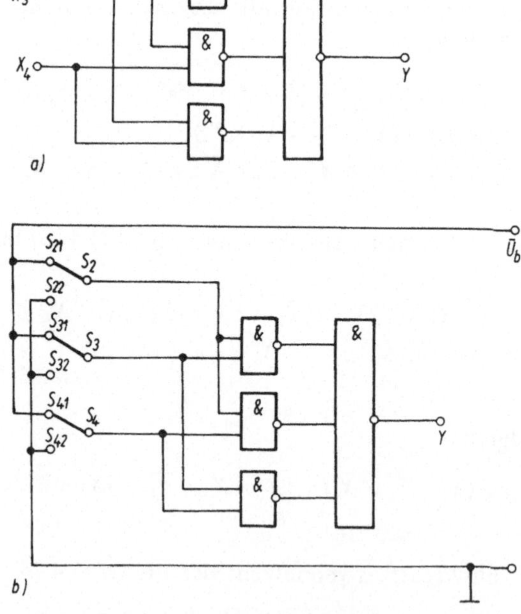

Abb. 3.4.4. Logische Schaltungen
a) Schaltungsrealisierung des Beispiels mit NAND-Gattern;
b) Testschaltung für das Beispiel

Versuch
V 3.4.1.1

Realisieren Sie eine Antivalenzschaltung zweier Eingangssignale mit NAND-Gattern!

Die Funktionstabelle entnehmen Sie der Abb. 3.4.3!

a) Stellen Sie die kanonische disjunktive Normalform der Gleichung auf (siehe auch obiges Beispiel) und bringen Sie diese in eine Form, die eine Schaltungsrealisierung mit NAND-Gattern ermöglicht!
b) Bauen Sie eine Testschaltung ähnlich der Abb. 3.4.4b) auf! Verwenden Sie als NAND-Gatter die Schaltkreise DL 000. Die Betriebsspannung $\overline{U}_b$ soll 5 V betragen.
c) Testen Sie die Schaltung, indem Sie die Funktionstabelle aufnehmen! Stellen Sie alle Kombinationen der Eingangssignale ein und bestimmen Sie dabei das Ausgangssignal mit einem Vielfachmesser!
d) Vergleichen Sie die Funktionstabelle der Aufgabe c) mit der Funktionstabelle der Antivalenzschaltung in Abb. 3.4.3!

Paritätsdetektoren
In der elektronischen Datenverarbeitung sind verschiedene Verfahren zur Fehlererkennung und -korrektur entwickelt worden, um bei der Datenübertragung durch Störsignale auftretende Fehler erkennen und korrigieren zu können. Ein sog. Paritätsdetektor erkennt Fehler von einem Bit. Den zu übertragenden Variablen X_i wird dabei im Datensender eine weitere Variable, die Paritätsvariable Y_{P1}, zugefügt, deren Signalwerte so gebildet werden, daß die Summe aller Variablen (alle Eingangsvariablen und die Paritätsvariable), die den Wert H besitzen, geradzahlig ist (vgl. Tab. 3.4.2.).

Im Datenempfänger signalisiert ein zweiter Paritätsdetektor Fehler in der Datenübertragung.

Versuch
V 3.4.1.2

a) Stellen Sie die kanonische disjunktive Normalform der Gleichung für die Funktionstabelle 3.4.2 auf und bringen Sie diese in eine Form, die die Schaltungsrealisierung mit NAND-Gattern ermöglicht!
b) Bauen Sie eine Testschaltung ähnlich der Abb. 3.4.4b) auf! Verwenden Sie als NAND-Gatter die Schaltkreise DL 000! Die Betriebsspannung $\overline{U}_b$ soll 5 V betragen!
c) Testen Sie die Schaltung, indem Sie die Funktionstabelle aufnehmen! Stellen Sie alle möglichen Kombinationen der Eingangsvariablen ein und messen Sie dabei das Ausgangssignal mit einem Vielfachmesser.
d) Vergleichen Sie die gemessene Funktionstabelle von c) mit der in Tab. 3.4.2 angegebenen!

Tabelle 3.4.2. Funktionstabelle eines Paritätsgenerators für 3 Eingangsvariable

X_1	X_2	X_3	Summe der Eingangsvariablen, die den Wert H besitzen	Y_p
L	L	L	gerade	L
L	L	H	ungerade	H
L	H	L	ungerade	H
L	H	H	gerade	L
H	L	L	ungerade	H
H	L	H	gerade	L
H	H	L	gerade	L
H	H	H	ungerade	H

Halbadder und Volladder

In diesem Versuch soll eine kombinatorische Schaltung zur Addition zweier Dualzahlen entwickelt werden.

Eine Zahl M läßt sich in der Form

$$M = \sum_{i=-n}^{m} X_i b^i \tag{3.4.28}$$

schreiben. Darin bezeichnet i die Stelle (Wertigkeit) der Ziffer X_i und b die Basis des gewählten Zahlensystems. Beim Dezimalsystem gilt $b = 10$ und beim Dualsystem $b = 2$. Während beim Dezimalsystem die X_i durch die bekannten Ziffern 0, 1...9 gebildet werden, gibt es im Dualsystem nur die Ziffern 0 und 1.

Um die verschiedenen Zahlensysteme kennzeichnen zu können, setzt man mitunter die Basis des Zahlensystems als Index an die Zahl. Damit ergeben sich beispielsweise folgende Darstellungen für die Dezimalzahl 812,75
im dezimalen Zahlensystem:

$$M = 8 \cdot 10^2 + 1 \cdot 10^1 + 2 \cdot 10^0 + 7 \cdot 10^{-1} + 5 \cdot 10^{-2} = 812{,}75_{10}$$

und im dualen Zahlensystem:

$$\begin{aligned} M &= 1 \cdot 2^9 + 1 \cdot 2^8 + 0 \cdot 2^7 + 0 \cdot 2^6 + 1 \cdot 2^5 + 0 \cdot 2^4 + 1 \cdot 2^3 \\ &\quad + 1 \cdot 2^2 + 0 \cdot 2^1 + 0 \cdot 2^0 + 1 \cdot 2^{-1} + 1 \cdot 2^{-2} \\ &= 1\,100\,101\,100{,}11_2 \end{aligned}$$

Da im dualen Zahlensystem nur die Ziffern 0 und 1 auftreten, ermöglicht dieses System den Aufbau von Rechenschaltungen mit Hilfe digitaler Schaltungen.

Die Addition zweier einstelliger Dualzahlen ergibt beispielsweise

$$\begin{aligned} L + L &= L \\ L + H &= H \\ H + L &= H \\ H + H &= HL, \end{aligned}$$

d.h. einen Zusammenhang, der als logische Verknüpfung von zwei Eingangsvariablen dargestellt werden kann.

Versuch
V 3.4.1.3

a) Stellen Sie die kanonische disjunktive Normalform der logischen Gleichung zur Addition der Ziffern gleicher Stelle von zwei Dualzahlen ohne Übertrag von der nächst niedrigeren Stelle auf, die die Summe und den abzugebenden Übertrag gemäß Tab. 3.4.3 bildet (sog. Halbadder)! Minimieren Sie diese Gleichung mit Hilfe der Gln. (3.4.1) bis (3.4.21)!

Tabelle 3.4.3. Funktionstabelle zur Addition der Ziffern gleicher Stelle (i) von zwei Dualzahlen ohne Übertrag von der nächst niedrigeren Stelle (sog. Halbadder)

Ziffern		Summe	abzugebender Übertrag
$X_i^{(1)}$	$X_i^{(2)}$	$Y_i^{(s)}$	$Y_i^{(ü)}$
L	*L*	*L*	*L*
H	*L*	*H*	*L*
L	*H*	*H*	*L*
H	*H*	*L*	*H*

b) Formen Sie die Normalform der logischen Gleichung um, so daß eine Schaltungsrealisierung durch NAND-, NOR- und Inverterschaltkreise der LS-Schaltkreisfamilie (DL XXX) möglich ist! Über die zur Verfügung stehenden Schaltkreise und deren Anschlußbelegung siehe die Anlage zu diesem Buch!

Tabelle 3.4.4. Funktionstabelle zur Addition der Ziffern gleicher Stelle (i) von zwei Dualzahlen mit Übertrag von der nächst niedrigeren Stelle (sog. Volladder).

Ziffern		erhaltener Übertrag	Summe	abzugebender Übertrag
$X_i^{(1)}$	$X_i^{(2)}$	$Y_{i-1}^{(ü)}$	$Y_i^{(s)}$	$Y_i^{(ü)}$
L	*L*	*L*	*L*	*L*
H	*L*	*L*	*H*	*L*
L	*H*	*L*	*H*	*L*
H	*H*	*L*	*L*	*H*
L	*L*	*H*	*H*	*L*
H	*L*	*H*	*L*	*H*
L	*H*	*H*	*L*	*H*
H	*H*	*H*	*H*	*H*

c) Bauen Sie die Schaltung auf und testen Sie deren Funktionsfähigkeit, indem Sie die Funktionstabelle aufnehmen! Dazu wird die Belegung der Eingangsvariablen mit Schaltern (vgl. Abb. 3.4.4) realisiert, und die Ausgangsvariablen werden mit Vielfachmessern gemessen! Die Betriebsspannung $\bar{U}_b$ soll 5 V betragen!

Will man mehrstellige Dualzahlen addieren, so muß in der Additionsschaltung noch der Übertrag der vorhergehenden Stelle verarbeitet werden. Die entsprechende Funktionstabelle ist in Tab. 3.4.4 dargestellt (sog. Volladder).

d) Stellen Sie die kanonische disjunktive Normalform der logischen Gleichung für die Summen- und für die Übertragsbildung entsprechend Tab. 3.4.4 auf! Minimieren Sie diese Normalform!
e) Formen Sie die Normalform entsprechend der Aufgabe b) um!
f) Bauen Sie die Schaltung auf, und überprüfen Sie deren Funktion entsprechend der Aufgabe c)!

3.4.2. Sequentielle Schaltungen

Sequentielle digitale Schaltungen haben im Gegensatz zu kombinatorischen Schaltungen ein „Gedächtnis", d.h. die aktuelle Ausgangsvariablenbelegung hängt außer von der momentanen Belegung der Eingangsvariablen (Zeitpunkt t_n) auch von der früheren Belegung der Eingangsvariablen (Zeitpunkt t_{n-1}) ab.

Diese Schaltungen müssen also einen Schaltungsteil enthalten, der als „Gedächtnis" (Speicher) arbeitet. Meist werden dazu die im Abschn. 2.7.4 behandelten Flipflops verwendet.

Zählschaltungen

Zählschaltungen sind wichtige Bauelemente in physikalischen Meßgeräten. Die Schaltung addiert die Anzahl von Impulsen zu der im Zähler vorhandenen Zahl und speichert das Ergebnis. Die Zählkapazität N der Schaltung ergibt sich aus der Anzahl m der verwendeten Flipflops:

$$N = 2^m - 1. \qquad (3.4.29)$$

Mit 4 Flipflops können also maximal 15 Impulse gezählt werden.

Durch kombinatorische Schaltungen, die den Zählerstand auswerten und die Zählschaltung entsprechend beeinflussen, lassen sich auch Zähler mit einer Zählerkapazität $N < 2^m - 1$ aufbauen.

Versuch
V 3.4.2.1

a) Realisieren Sie einen Dualzähler nach Abb. 3.4.5 unter Verwendung folgender Bauelemente:

CT 16: DL 193,
G 1: DL 038,
G 2: DL 000,

R_{V1}, R_{V2}: 22 kΩ,
R_1, R_2, R_3, R_4: 330 Ω,
C_1: 22 nF,
C_2: 22 µF,
D_1, D_2, D_3, D_4: VQA 10!

Der aktuelle Zählerstand wird durch Lumineszenzdioden entsprechend dem dualen Zahlensystem (vgl. V 3.4.1.2) mit den Stellen $D_1 = 2^0$, $D_2 = 2^1$, $D_3 = 2^2$ und $D_4 = 2^3$ angezeigt! Eine leuchtende Lumineszenzdiode bedeutet die Ziffer 1 und eine nichtleuchtende die Ziffer 0.
Der Dualzähler kann durch den Schalter S_1 (Stellung S_{11}) rückgestellt werden (= Zählerstellung 0). Der Zählimpuls wird durch einen „prellfreien Schalter" (vgl. V 2.7.4.1) erzeugt. Dazu wird der Schalter S_2 von der Stellung S_{21} nach S_{22} und wieder nach S_{21} geschaltet.
Die Betriebsspannung $\bar{U}_b$ soll 5 V betragen!

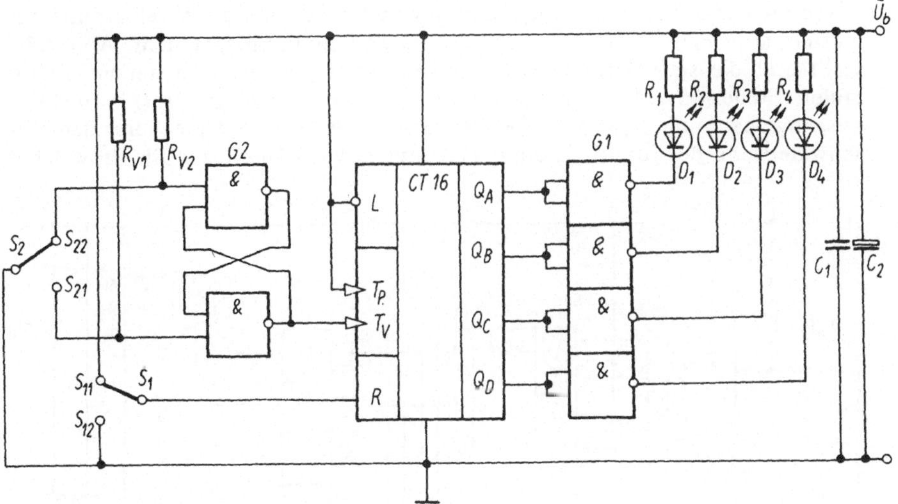

Abb. 3.4.5. Schaltung eines Dualzählers

b) Nehmen Sie die Funktionstabelle entsprechend der Tab. 3.4.5 auf! Dazu wird der Zähler in die Stellung 0 gebracht und jeweils ein Zählimpuls, wie unter a) beschrieben, erzeugt!

c) Durch den Einsatz eines Dezimal-Decoders DC soll die Zählerstellung ausgewertet und beim Erreichen der Zählerstellung 7 der Zähler auf 0 gesetzt werden. Dazu wird der Decoderausgang $\bar{Q}_7$ nach Abb. 3.4.6 mit dem Ladeeingang L des Zählers verbunden. Mit dem Ladeimpuls wird die Information an den Eingängen $D_A = H$, $D_B = D_C = D_D = L$ in den Zähler übernommen.

Tabelle 3.4.5. Funktionstabelle für einen Dualzähler

Stand nach Zählimpuls	Zählerstand	Ausgänge			
		Q_A	Q_B	Q_C	Q_D
–	0	*L*	*L*	*L*	*L*
1	1	*H*	*L*	*L*	*L*
2	2	*L*	*H*	*L*	*L*
⋮	⋮	⋮	⋮	⋮	⋮
15	15	*H*	*H*	*H*	*H*
16	0	*L*	*L*	*L*	*L*

Bauen Sie die Schaltung nach Abb. 3.4.6 mit dem Schaltkreis MH 7442 als Decoder auf! Nehmen Sie die Funktionstabelle wie bei Aufgabe b) auf!

d) Durch eine einfache Ergänzung kann aus dieser Schaltung ein „elektronischer Würfel" aufgebaut werden. Bauen Sie die Schaltung entsprechend Abb. 3.4.7 auf! Durch das statistische Einschalten des Impulsgenerators entstehen Zufallszahlen. Steuern Sie die Schaltung mit einem Impulsgenerator an ($f = 100$ kHz, Ausgangsspannung $\hat{U}_A = 5$ V). Der Widerstand R_I muß entsprechend dem Innenwiderstand des Impulsgenerators gewählt werden. Überlegen Sie, in welcher

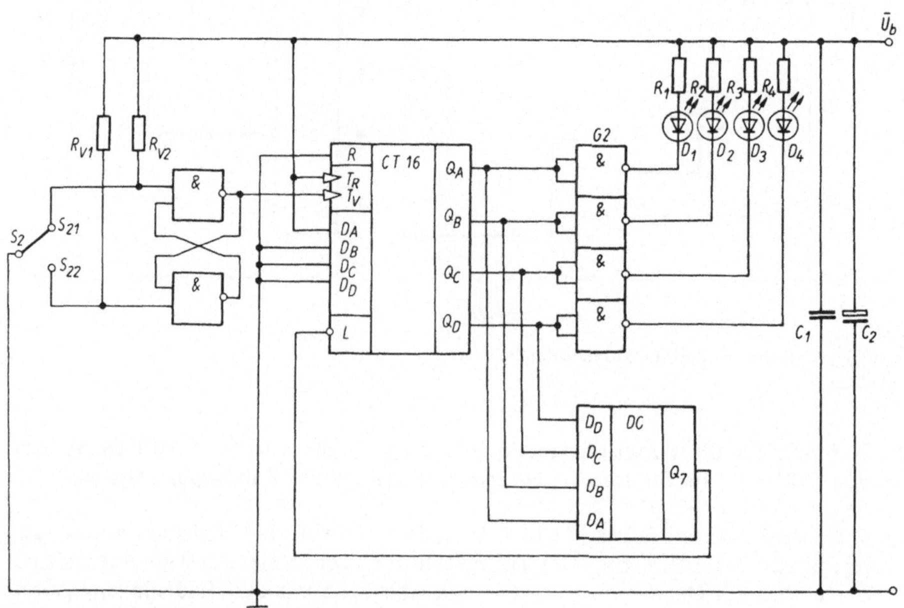

Abb. 3.4.6. Schaltung eines Zählers mit Rückstellung

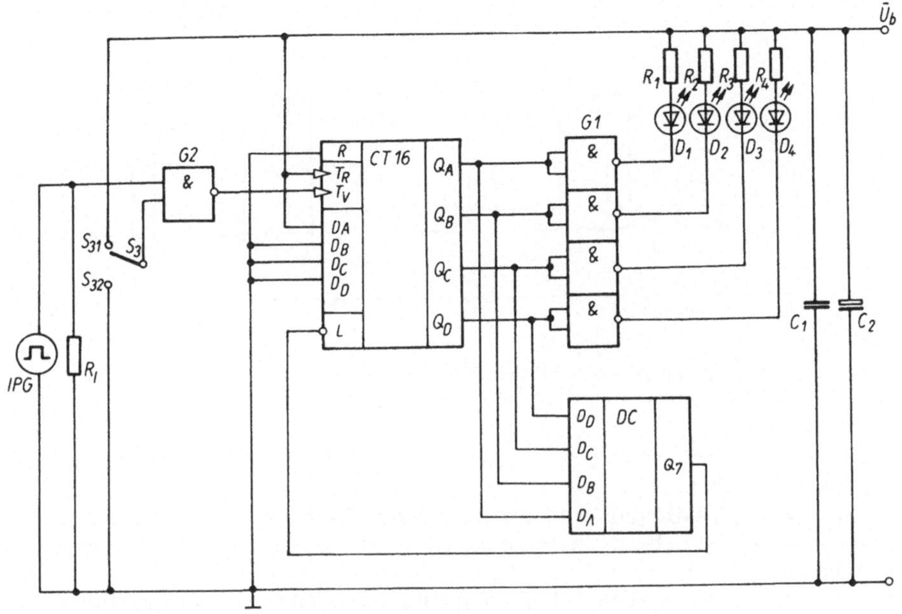

Abb. 3.4.7. Schaltung eines „elektronischen Würfels“

Stellung des Schalters S_3 gezählt („gewürfelt“) wird! Testen Sie den „elektronischen Würfel“, und rechnen Sie die angezeigte Dualzahl in eine Dezimalzahl um!

e) Stellen Sie die einzelnen Ausgangsspannungen (Q_A, Q_B, Q_C, Q_D) des Zählers auf einem Oszillographen dar und übertragen Sie die Oszillogramme in ein Diagramm!

Schieberegister

Schieberegister bestehen aus der Zusammenschaltung von Flipflops entsprechend Abb. 3.4.8. Die Funktionsweise der dabei verwendeten J-K-Master-Slave-Flipflops ist im Abschn. 2.7.4 erläutert.

Durch einen Impuls auf der Taktleitung T wird die Information des Flipflops n in das Flipflop $n + 1$ und die Information des seriellen Eingangs E_S in das Flipflop 1 übernommen (geschoben).

Schieberegister besitzen neben dem Takteingang T, dem seriellen Eingang E_S und den parallelen Ausgängen Q_A bis Q_D meist noch parallele Dateneingänge D_A bis D_D und einen entsprechenden Steuereingang M_C, über den die gewünschte Betriebsart ausgewählt wird. In Abb. 3.4.9 ist das genormte Blockschaltbild für ein vollständiges Schieberegister dargestellt. Es sind mit einem solchen Schieberegister folgende Betriebsarten möglich:

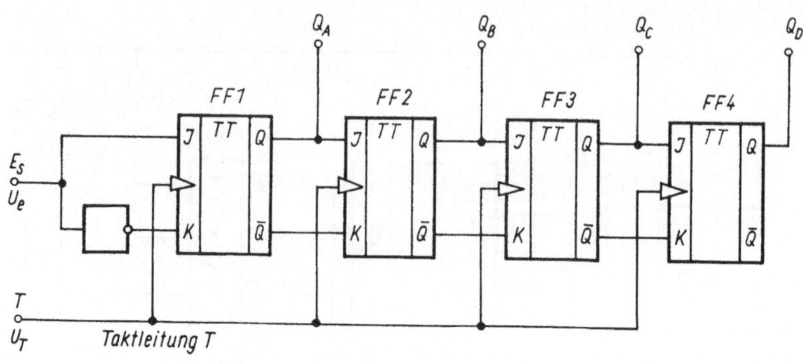

Abb. 3.4.8. Prinzipschaltbild eines Schieberegisters

1. Über die Dateneingänge (D_A bis D_D) wird eine Information parallel in die Flipflops geschrieben.
   Durch einen Taktimpuls wird die Information nach links bzw. rechts (je nach gewünschter Betriebsart) verschoben. Diese Möglichkeit wird in Rechenschaltungen verwendet.
2. Die eingegebene parallele Information wird durch eine Folge von Taktimpulsen in eine serielle Information (die dann am Ausgang Q_D seriell zur Verfügung steht) umgewandelt. Dies wird in der Datenübertragung angewendet. Eine n-stellige Dualzahl wird über eine Leitung durch n Takte seriell übertragen. Das Schieberegister arbeitet als Parallel-Serienwandler.
3. Eine serielle Information am Eingang E_S des Schieberegisters wird durch n Takte in das Schieberegister übernommen und steht danach an den Ausgängen Q_A bis Q_D als parallele Information zur Verfügung. Diese Betriebsart benötigt

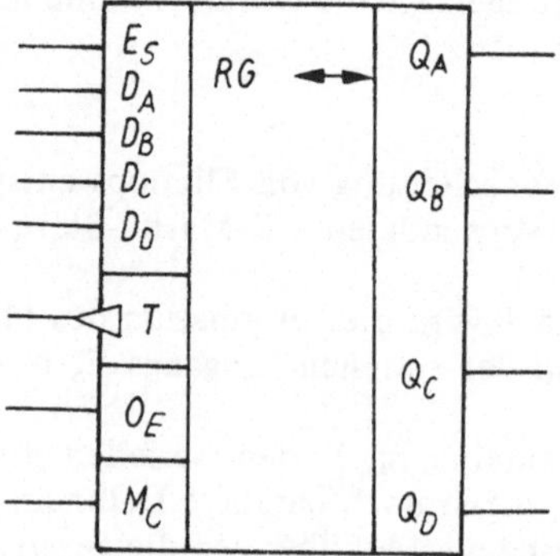

Abb. 3.4.9. Schaltsymbol eines Schieberegisters (mit dem Schaltkreis DL 295)

man bei der obengenannten Anwendung zur Rückwandlung einer seriellen Information in eine parallele Information.

4. Eine Information am Eingang E_S des Schieberegisters erscheint um *n* Takte verzögert am Ausgang Q_D. Damit kann das Schieberegister als Verzögerungsschaltung verwendet werden.
5. Durch Verbindung des Ausgangs Q_D mit dem Eingang E_S erhält man einen Ringzähler. Siehe auch Abschn. 3.5.

Versuch V 3.4.2.2

a) Realisieren Sie eine Schaltung mit einem Schieberegister nach Abb. 3.4.10 unter Verwendung folgender Bauelemente:

RG: DL 295,
G1: DL 038,
G2: DL 000,
R_{V1}, R_{V2}: 22 kΩ,
R_1, R_2, R_3, R_4: 330 Ω,
C_1: 22 nF,
C_2: 22 µF,
D_1, D_2, D_3, D_4: VQA 10!
Die Betriebsspannung $\bar{U}_b$ soll 5 V betragen!

Der Schiebetakt wird durch einen „prellfreien Schalter“ (vgl. V 2.7.4.1) erzeugt. Dazu wird der Schalter S_1 von der Stellung S_{11} in die Stellung S_{12} und wieder nach S_{11} geschaltet. Mit dem Schalter S_2 wird die gewünschte Betriebsart eingestellt: Schalterstellung S_{22} ist paralleles Einschreiben und Schalterstellung S_{21} ist Schiebebetrieb.
Die Anzeige der Information des Schieberegisters erfolgt durch Lumineszenzdioden. Ordnet man den Ausgängen entsprechend dem dualen Zahlensystem (vgl. V 3.4.1.2) die Wertigkeiten $Q_A = 2^0$, $Q_B = 2^1$, $Q_C = 2^2$ und $Q_D = 2^3$ zu, so erhält man eine Rechenschaltung. Eine leuchtende Lumineszenzdiode bedeutet, der entsprechende Ziffernwert ist 1, und eine nichtleuchtende Lumineszenzdiode, der Ziffernwert ist 0.

b) Schreiben Sie über die Dateneingänge die folgende Information in das Schieberegister: $Q_A = L$, $Q_B = H$, $Q_C = H$, $Q_D = L$! Die gewünschte Information kann mit den Schaltern S_A bis S_D eingestellt werden. Dabei entsprechen die Schalterstellungen S_{A2} bis S_{D2} *H*-Information und S_{A1} bis S_{D1} *L*-Information. Beachten Sie dabei die unter a) gemachten Angaben zur Betriebsart (Schalterstellung S_2)! Wandeln Sie diese Dualzahl in eine Dezimalzahl um (vgl. V 3.4.1.3)! „Schieben“ Sie diese Information durch einen Taktimpuls nach rechts, lesen Sie die Dualzahl ab, und wandeln Sie diese in eine Dezimalzahl um! Überlegen Sie, welche mathematische Operation durch eine Rechts- bzw. Linksverschiebung ausgeführt wird!

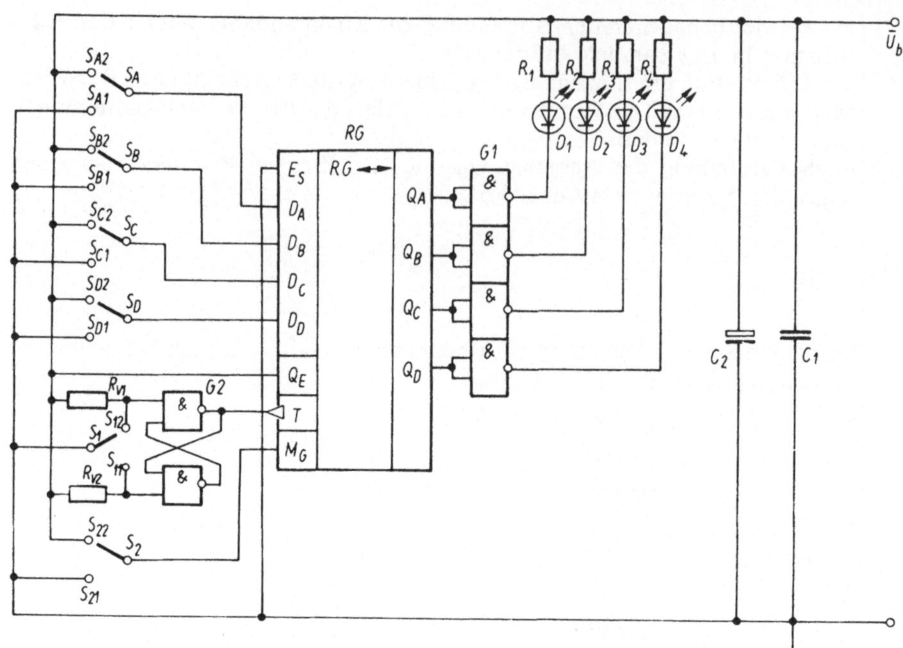

Abb. 3.4.10. Rechenschaltung mit einem Schieberegister

c) Bauen Sie einen Impulsgenerator auf, indem Sie den Ausgang Q_D des Schieberegisters mit dem Eingang E_S verbinden! Schreiben Sie zu Beginn die folgende Information in das Schieberegister: $Q_A = L$, $Q_B = H$, $Q_C = H$, $Q_D = H$!
Tragen Sie in einem Diagramm die Ausgangsspannungen Q_A bis Q_D nach jdem Schiebetakt ein!

3.4.3. Impulsgeneratoren

Impulsgeneratoren sind rückgekoppelte Verstärker, die nichtsinusförmige Ausgangssignale liefern.

Impulsgeneratoren erzeugen Ausgangssignale mit sprunghaften Änderungen ihrer Zeitfunktion oder ihrer zeitlichen Ableitung. Abb. 3.4.11 zeigt einige Beispiele für derartige Signale.

Durch den hohen Integrationsgrad mikroelektronischer Schaltkreise ist die Berechnung der einzelnen Bauelemente nur noch in geringem Umfang notwendig und beschränkt sich meist auf die Bestimmung der Bauelemente, die das Zeitverhalten und die Ausgangsspannung beeinflussen. Die Schaltung muß aus einzelnen Schaltkreisen unter Beachtung der Zusammenschaltungsbedingungen, des Schaltverhaltens usw. entwickelt werden.

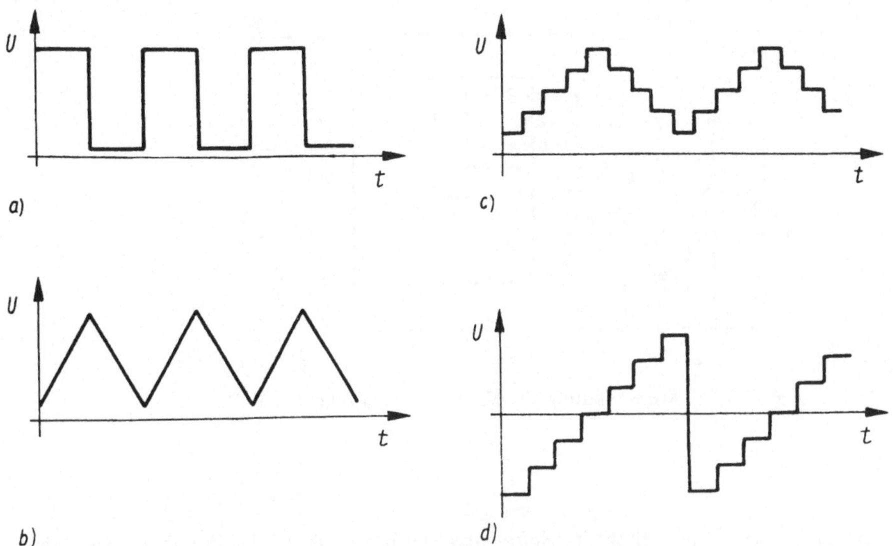

Abb. 3.4.11. Beispiele für nichtsinusförmige Signale
a) Rechtecksignal; b) Dreiecksignal; c) symmetrisches Treppensignal; d) unsymmetrisches Treppensignal

Versuche

V 3.4.3.1

Mit einem integrierten Schaltkreis (vgl. Abschn. 2.7.1.) soll ein Rechteckimpulsgenerator aufgebaut werden. Verwenden Sie dafür den LS-Schaltkreis DL 123. Die Betriebsspannung $\bar{U}_b$ soll bei allen Aufgaben 5 V betragen, sofern nicht anders angegeben. Die Impulsdauer des Ausgangsimpulses für den oben genannten Schaltkreis berechnet sich für $C_{ext} > 1$ nF zu

$$t_q = 0{,}45 C_{ext} R_{ext}. \tag{3.4.30}$$

a) Bauen Sie einen monostabilen Multivibrator nach Abb. 3.4.12 auf!
Die Dauer des Ausgangsimpulses soll 1 µs betragen. Berechnen Sie dafür den Kondensator C_{ext} nach Gl. (3.4.30) (wählen Sie $5\ \mathrm{k\Omega} < R_{ext} < 260\ \mathrm{k\Omega}$).
Steuern Sie die Schaltung mit einem Impulsgenerator an ($f = 100$ kHz, Tastverhältnis 1:1, Ausgangsspannung $\hat{U}_A = 5$ V)! Wählen Sie den Widerstand R_I gleich dem Innenwiderstand des Rechteckgenerators. Messen Sie die Impulsdauer t_q mit einem Zähler und diskutieren Sie das Ergebnis!

b) Messen Sie die Abhängigkeit der Impulsdauer von der Frequenz des Impulsgenerators (im Bereich von 10 kHz bis 1 MHz) nach der Schaltung wie bei Aufgabe a)!

c) Messen Sie die Abhängigkeit der Impulsdauer von der Betriebsspannung $\hat{U}_b$ im

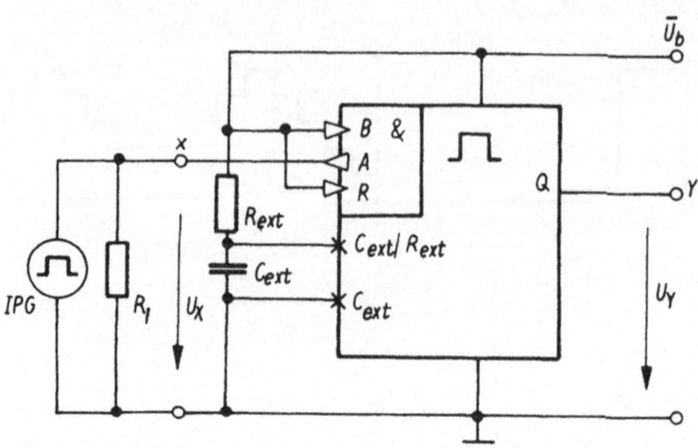

Abb. 3.4.12. Meßschaltung für einen monostabilen Multivibrator

Bereich von 2...5 V nach der Schaltung wie bei Aufgabe a)! Beachten Sie dabei, daß die Ausgangsspannung $\hat{U}_A$ des Impulsgenerators stets kleiner $\overline{U}_b$ sein muß, da sonst der Schaltkreis zerstört wird!

d) Bauen Sie einen Impulsgenerator nach Abb. 3.4.13 auf! Die Impulsdauer t_q soll 10 µs und das Tastverhältnis 1:1 betragen. Berechnen Sie die dafür benötigten Bauelemente wie bei Aufgabe a)!

e) Überprüfen Sie die Funktion der Schaltung mit einem Oszillographen und messen Sie die Impulsdauer t_q und die Impulspause mit einem Zähler! Entnehmen Sie die technischen Daten des Schaltkreises, in welcher Stellung der Schalter S_1 stehen muß!

f) Bestimmen Sie die Frequenzkonstanz (über 1 Stunde) mit Hilfe eines Zählers!

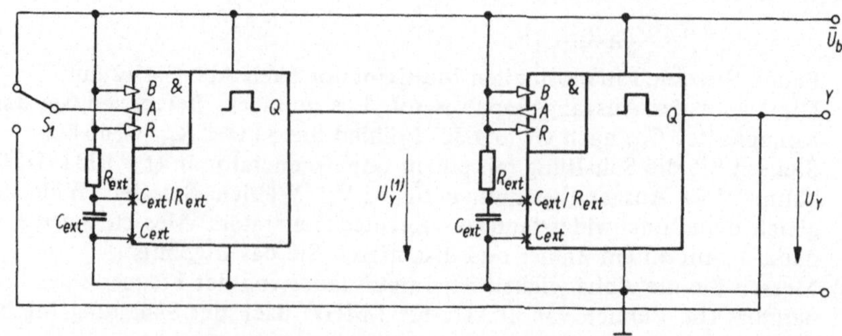

Abb. 3.4.13. Rechteckimpulsgenerator mit zwei monostabilen Multivibratoren

V 3.4.3.2

Zur Erzeugung von dreieckförmigen Impulsen werden oft Kondensatorschaltungen verwendet, da für die Spannung über einen Kondensator

$$U_C(t) = \frac{1}{C} \int_0^t I(t')\, d(t') \tag{3.4.31}$$

gilt und diese Spannung linear von der Zeit abhängt, wenn der Strom $I(t')$ konstant gehalten wird ($I(t') = I$):

$$U_C(t) = \frac{1}{C} I t. \tag{3.4.32}$$

Durch umschaltbare Konstantstromquellen kann damit ein Sägezahngenerator aufgebaut werden (vgl. Abb. 3.4.14), wenn der Umschalter S_1 in Abhängigkeit von der Spannung U_C den Auflade- bzw. Entladestrom einschaltet.

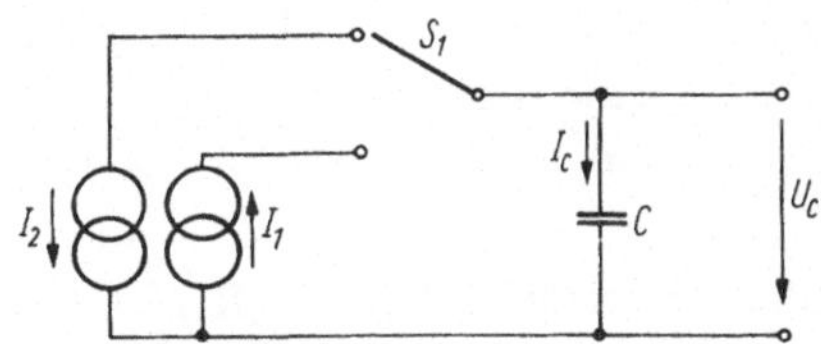

Abb. 3.4.14. Prinzipschaltbild eines Sägezahngenerators

Der Schalter S_1 soll durch einen Schmitt-Trigger (vgl. Abschn. 2.7.4.) und die Konstantstromquellen sollen durch Komplementär-Transistoren realisiert werden. Verwendet man als Schmitt-Trigger einen integrierten Operationsverstärker, so wird der Bauelementeaufwand wesentlich reduziert.

a) Bauen Sie die Schaltung nach Abb. 3.4.15 unter Verwendung folgender Bauelemente auf:

   OV: MAA 741,
   T_1: SF 816,
   T_2: SF 826,
   R_1: 2,2 kΩ; R_2: 22 kΩ; R_{31}, R_{32}: 4,7 kΩ,
   R_{41}, R_{42}: 1 kΩ; R_{21}, R_{22}: 2,2 kΩ,
   C: 100 nF!

   Die Betriebsspannungen $\bar{U}_{b1}$ und $\bar{U}_{b2}$ sollen 15 V betragen.
b) Messen Sie mit einem Oszillographen folgende Spannungen: U_{a1}, U_a, U_{E1} und U_{E2}! Die Triggerung des Oszillographen soll dabei mit der Spannung U_{a1} erfolgen. Tragen Sie die Oszillogramme in ein Diagramm ein!
c) Messen Sie die Impulsbreite mit einem Zähler und nehmen Sie die Abhängigkeit der Wiederholzeit von der Zeit (über eine Stunde) auf!
d) Berechnen Sie den Auflade- bzw. Entladestrom aus den in Aufgabe b) gemesse-

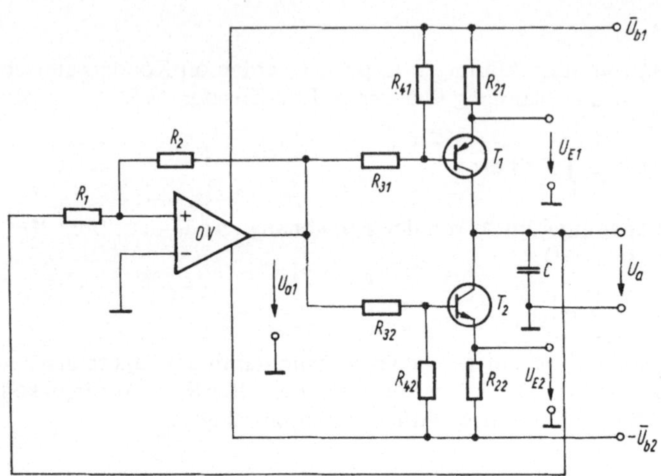

Abb. 3.4.15. Schaltbild eines Sägezahngenerators

nen Spannungen! Verändern Sie die Widerstände R_{22} und R_{21} so, daß sich die Periodendauer verdoppelt!

e) Überlegen Sie, welchen Einfluß ein Widerstand parallel zum Kondensator C hat! Überprüfen Sie das Ergebnis Ihrer Überlegung, indem Sie parallel zum Kondensator C einen Widerstand von 1 kΩ schalten und die Ausgangsspannung mit einem Oszillographen beobachten!

V 3.4.3.3

Unter Verwendung eines Operationsverstärkers als Summationsverstärker soll ein Impulsgenerator aufgebaut werden, der ein unsymmetrisches Treppensignal liefert (vgl. Abb. 3.4.11).

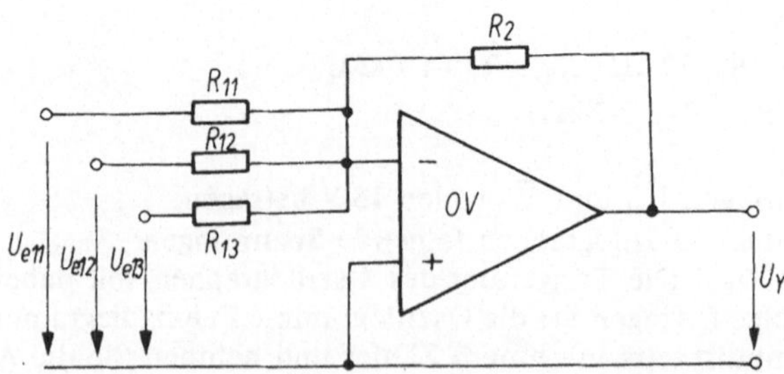

Abb. 3.4.16. Operationsverstärker als Summationsverstärker

Für die Ausgangsspannung der Schaltung nach Abb. 3.4.16 ergibt sich

$$U_y = -R_2\left(\frac{1}{R_{11}}U_{e11} + \frac{1}{R_{12}}U_{e12} + \frac{1}{R_{13}}U_{e13}\right). \tag{3.4.33}$$

Wird dieser Summationsverstärker von einer Digitalschaltung angesteuert, so gilt

$$U_{e1n} = N_n U_e \quad \text{mit} \quad n = 1, 2, 3, \tag{3.4.34}$$

wobei N_n nur die Werte 0 oder 1 annehmen kann und $U_e = 5$ V (bei der hier gewählten Schaltung) ist.

Wählt man außerdem $R_{12} = 2{*}R_{13}$ und $R_{11} = 4{*}R_{13}$, so ergibt sich

$$U_y = -\frac{R_2}{R_{13}}U_e\left(\frac{N_1}{4} + \frac{N_2}{2} + \frac{N_3}{1}\right). \tag{3.4.35}$$

a) Bauen Sie die Schaltung eines Treppengenerators nach Abb. 3.4.17 unter Verwendung folgender Bauelemente auf:

CT16:	DL 093
OV:	B 081
R_2:	6,8 kΩ
C_1, C_2:	10 µF
C_3, C_4:	22 nF.

Die Betriebsspannungen $\bar{U}_{b1}$ bzw. $\bar{U}_{b2}$ sollen +5 V bzw. −5 V betragen. Berech-

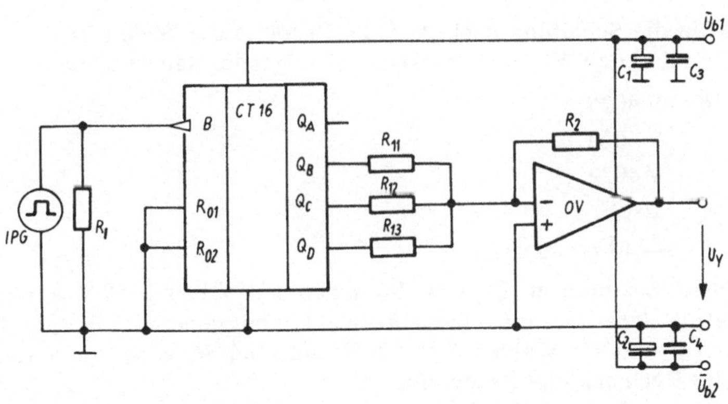

Abb. 3.4.17. Schaltbild eines unsymmetrischen Treppengenerators

nen Sie die Widerstände R_{11}, R_{12} und R_{13} für $U_{Y\max} = 5$ V! Steuern Sie die Schaltung mit einem Impulsgenerator an ($f = 1$ kHz, $\hat{U} = 5$ V). Wählen Sie den Widerstand R_i gleich dem Innenwiderstand des Impulsgenerators.

b) Überprüfen Sie die Funktion der Schaltung mit einem Oszillographen. Die Triggerung muß mit der Spannung am Ausgang Q_D des Zählers CT16 erfolgen.

c) Die Ausgangsspannung U_y ist in der obigen Schaltung nur negativ. Überlegen Sie, wie durch die Summation einer negativen Spannung (ein weiterer Widerstand ist notwendig) am Operationsverstärker eine um 0 V symmetrische Aussteuerung erfolgt.

V 3.4.3.4

Es soll ein Impulsgenerator für ein symmetrisches Treppensignal (vgl. Abb. 3.4.11) aufgebaut werden. Dazu wird ein Operationsverstärker als Summationsverstärker eingesetzt (s. dazu V 3.4.3.3). Dieser Summationsverstärker wird von einer Digitalschaltung angesteuert. Die Zählerstellung eines Vor- Rückwärtszählers CT wird von einem Dezimaldecoder DC ausgewertet, der wiederum ein Flipflop TT ansteuert. Dieses steuert die Zählrichtung des Zählers. Damit ergibt sich folgender Ablauf:

1. – Das Flipflop ist in der Stellung EIN, d. h. $U_{\underline{1}} = H$.
   – Der Zähler ist über seinen Steuereingang $V/\bar{D}$ in Zählrichtung „vorwärts" geschaltet.
2. – Bei Erreichung der Zählerstellung 7 wird die Spannung am Ausgang Q_7 des Decoders H.
   – Das Flipflop wird über den Rücksetzeingang in die Stellung AUS geschaltet ($Q = L$).
   – Der Zähler wird über seinen Steuereingang $V/\bar{D}$ in die Zählrichtung „rückwärts" geschaltet.
3. – Der Decoder schaltet bei der Zählerstellung 0 über den Steuereingang S das Flipflop in die Stellung EIN, der Vorgang beginnt bei 1.

a) Bauen Sie die Schaltung nach Abb. 3.4.18 (ohne die Widerstände R_{11} bis R_{13} und R_2 und ohne OV) unter Verwendung folgender Bauelemente auf:

   CT10/16: V 4029,
   DC: V 4028,
   TT: V 4027,
   C_1, C_2: 10 µF,
   C_3, C_4: 22 nF.

   Die Betriebsspannungen $\bar{U}_{b1}$ bzw. $\bar{U}_{b2}$ sollen +10 V bzw. −10 V betragen. Steuern Sie die Schaltung mit einem Rechteckimpulsgenerator an ($f = 10$ kHz, $t_w = 10$ µs, $\hat{U}_A = 10$ V)! Wählen Sie den Widerstand R_i gleich dem Innenwiderstand des Rechteckimpulsgenerators.
b) Messen Sie mit einem Oszillographen die Spannungen an den Ausgängen Q_A bis Q_D des Zählers CT10/16, an den Ausgängen Q_0 und Q_7 des Decoders DC und am Ausgang Q des Flipflops TT. Triggern Sie den Oszillographen mit der Spannung Q vom Ausgang des Flipflops TT. Tragen Sie die Oszillogramme in ein Diagramm ein.
c) Erweitern Sie die Schaltung unter Verwendung folgender Bauelemente:

   OV: B 081,
   R_2: 12 kΩ;

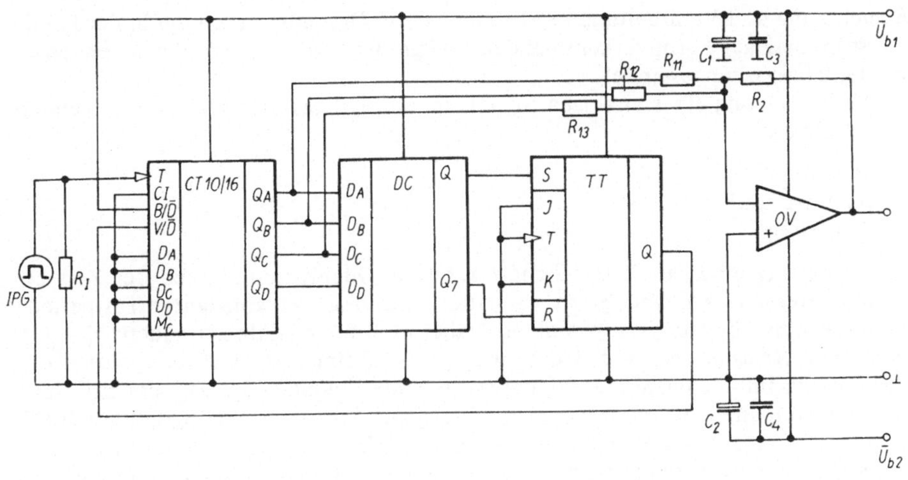

Abb. 3.4.18. Schaltbild eines unsymmetrischen Treppengenerators

Berechnen Sie die Widerstände R_{11}, R_{12} und R_{13} für $U_{Y\max} = 8$ V!

d) Messen Sie die Ausgangsspannung U_Y mit einem Oszillographen und übertragen Sie das Oszillogramm in das Diagramm der Aufgabe b).

e) Die Schaltung liefert nur eine negative Ausgangsspannung. Überlegen Sie, wie durch die Summation einer negativen Spannung (ein weiterer Widerstand ist notwendig) am Operationsverstärker eine um 0 symmetrische Ausgangsspannung erzeugt werden kann.

3.5. Digitale Schaltungen zur Informationsverarbeitung

Digitale Schaltungen arbeiten mit *Binärsignalen,* so daß nur zwei Zustände unterschieden werden müssen. Im Rahmen dieses Buches wird stets die sog. positive Logik verwendet, bei der der logischen 1 das höhere Potential H (= high) und der logischen 0 das niedrigere Potential L (= low) zugeordnet wird.

3.5.1. Analog-Digital-Konverter (ADC)

Die Vorteile der digitalen Signaldarstellung gegenüber der analogen liegen z.B. bei der Meßwerterfassung in der Vermeidung von Ablesefehlern, der größeren erreichbaren Genauigkeit, der größeren Störsicherheit und der einfachen Möglichkeit zur

Speicherung und Verarbeitung in Mikrorechnern. Deshalb werden die in der Praxis meist in analoger Form vorkommenden Meßgrößen durch *Analog-Digital-Konverter* in Digitalwerte umgewandelt.

Die Umsetzung eines analogen Signals in ein digitales Signal läuft in folgenden drei Stufen ab:

- Abtastung
- Quantisierung
- Codierung.

Die *Abtastung* eines analogen Signals kann als Quantisierung nach der Zeit betrachtet werden. Am häufigsten wird die Abtastung mit konstanter Tastperiode (äquidistante Abtastung) angewendet. Dabei muß für die Abtastfrequenz $f_a = 1/t_p$ nach dem *Abtasttheorem* die Bedingung $f_a \geqq 2f_{max}$ eingehalten werden, wobei f_{max} die höchste im abzutastenden Signal auftretende Frequenz ist [65]. Bei Erfüllung dieser Bedingung läßt sich das analoge Signal aus dem getasteten Signal durch Filterung über einen idealen Tiefpaß mit der Grenzfrequenz f_{max} zurückgewinnen.

Durch die *Quantisierung* wird die beim analogen Signal vorhandene unendliche Anzahl von Werten des Informationsparameters in einem stetigen Intervall auf eine endliche Zahl beschränkt. Die Anzahl der endlichen, diskreten Werte ist von der gewählten *Quantisierungseinheit* q (s. u.) und von der Größe des Meßbereiches abhängig.

Durch die *Codierung* (Verschlüsselung) wird die dem Meßwert entsprechende Zahl in einem bestimmten Zahlensystem dargestellt, so daß eine eindeutige Reproduzierbarkeit und Lesbarkeit gewährleistet ist. Bei Analog-Digital-Konvertern sind verschiedene Ausgangscodes anzutreffen. So wird bei *unipolarem Eingangssignal* der *Dualcode* oder der *BCD-Code* verwendet, bei *bipolarem Eingangssignal* jedoch der *Offsetbinärcode*, der *Zweierkomplementcode* oder der *BCD-Code in Betrags- und Vorzeichendarstellung.*

Bei der Kommunikation mit dem Menschen ist die Darstellung des digitalen Ausgangssignals im Dualcode schwer erfaßbar. Um die digitale Information in üblicher Weise lesbar zu machen, muß diese in das Dezimalsystem übersetzt werden. Die *Tetradenverschlüsselung* ist dabei die am häufigsten anzutreffende Art der Verschlüsselung für die Ziffern der Dezimalzahlen, wobei für jede Ziffer des Dezimalsystems vier Dualstellen (d.h. vier bit) erforderlich sind. Durch den gewählten Code wird schließlich das genaue Zuordnungsschema zur Bedeutung der einzelnen Bits in der Tetrade für die Dezimalziffer festgelegt. Am häufigsten wird in der Meßtechnik der *BCD-Code* (binary coded decimal number; binär codierte Dezimalzahl) mit der Wertigkeit 8-4-2-1 für die vier Bits (auch natürlicher BCD-Code genannt) angewendet. Bei ihm werden die zehn Dezimalziffern (0...9) genauso dargestellt wie im Dualcode. Die Dezimalziffer Z ergibt sich aus den einzelnen Bits $(Z_0 \ldots Z_3)$ durch $Z = Z_3 \cdot 2^3 + Z_2 \cdot 2^2 + Z_1 \cdot 2^1 + Z_0 \cdot 2^0$. Beim *Offsetbinärcode* wird zur n-stelligen Dualzahl Z_B ein Offset addiert, der von der Anzahl n der Bits in der Dualzahl Z_B wie folgt abhängt: $Z_{offsetbinär} = \pm Z_B + 2^{n-1}$.

Durch diese Verschiebung wird erreicht, daß die offsetbinäre Zahl stets positiv ist. Das erste (am weitesten links stehende) Bit in der offsetbinären Zahl $Z_{offsetbinär}$ stellt das Vorzeichenbit dar. Für alle positiven Zahlen, einschließlich der Null, ist es „1", während für alle negativen Zahlen im Vorzeichenbit eine „0" steht. Der *Zweierkomplementcode* unterscheidet sich vom *Offsetbinärcode* lediglich im MSB (Most Significant Bit, höchstwertiges Bit). Für eine Umwandlung zwischen diesen beiden Zahlendarstellungen wird nur das MSB komplementiert. Beim *BCD-Code in Betrags- und Vorzeichendarstellung* wird ein getrenntes Bit (das am weitesten links stehende, d. h. das MSB) genutzt. Dabei wird eine positive Zahl mit dem Vorzeichenbit „0" und eine negative Zahl mit dem Vorzeichenbit „1" gekennzeichnet.

Zur Charakterisierung von Analog-Digital-Konvertern gibt es folgende wichtige Kenngrößen:

- Quantisierungseinheit: Durch die *Quantisierungseinheit q* wird das mit einem digitalen Meßwert erfaßte Intervall der analogen Meßgröße beschrieben. Die Größe der Quantisierungseinheit bestimmt damit im wesentlichen die erreichbare Auflösung (d. h. die Differenz zwischen zwei benachbarten unterscheidbaren Zahlenwerten) der Umsetzung. Bei einem *ADC mit dual codiertem Ausgangssignal* wird die *Auflösung* durch die *Anzahl m der Bits im Ausgangscodewort* bestimmt. So hat ein *10-bit-ADC* eine *Auflösung von $2^{10} = 1\,024$ Eingangsamplitudenstufen.*
  Bei einem *ADC mit BCD-codiertem Ausgangssignal* hängt die *Auflösung* von der *Anzahl der Tetraden (Dezimalstellen)* ab. Ein *3-Digit-ADC* erreicht eine *Auflösung von 10^{-3} vom Endwert des Meßbereiches,* obwohl er 12 bit (3 Tetraden zu je 4 bit) zur Darstellung benötigt. Dies ist durch den uneffektiveren BCD-Code bedingt.
- Umsetzzeit: Die *Umsetzzeit* charakterisiert die Zeitdauer für eine Umsetzung, die mit dem Befehl zur Abtastung des Eingangssignals beginnt und mit dem Erhalt des digitalen Meßergebnisses endet.
- Gesamtfehler: Der Gesamtfehler von Analog-Digital-Konvertern hängt im wesentlichen von folgenden Größen ab:
  - Quantisierungsfehler
  - Nullpunktfehler
  - Verstärkungsfehler
  - Linearitätsfehler
  - Monotonitätsfehler.

Der (relative) *Quantisierungsfehler F_Q*, der durch die Umsetzung einer analogen Größe in den Digitalwert entsteht, hängt von der Anzahl n der unterscheidbaren Stufen ab, in die der Meßbereich unterteilt wird, und schwankt je nach Auslegung des ADC zwischen folgenden Grenzen:

$$\frac{1}{2}\,\frac{1}{n} \leqq |F_Q| \leqq \frac{1}{n}. \tag{3.5.1}$$

Der *absolute Fehler Δx*, der durch die Quantisierung der analogen Größe hervorgerufen wird, beträgt demzufolge maximal $\pm(1/2\ldots1)\,q$.

Klassifizierung der ADC

Eine Einteilung der Analog-Digital-Konverter ist relativ schwierig; denn es existiert eine Vielzahl von Prinzipien, die nach unterschiedlichen Gesichtspunkten ausgelegt sind. Bei der Einteilung nach der *Art der Bewertung der analogen Meßgröße* unterscheidet man *Momentanwertumsetzer und integrierende Umsetzer*:

Bei Momentanwertumsetzern erhält man nur dann genaue Ergebnisse, wenn Gleichgrößen, die nicht durch Störgrößen überlagert sind, umgesetzt werden. Bei der Wandlung von Zeitverläufen muß entsprechend dem *Abtasttheorem* mit einer Abtastfrequenz f_a gearbeitet werden, die mindestens doppelt so groß ist wie die höchste im abzutastenden Signal vorkommende Frequenz f_{max} [65]. Bei integrierenden Umsetzern erfolgt die Bewertung der analogen Meßgröße proportional zu dem durch Integration gewonnenen arithmetischen Mittelwert, so daß sich Störgrößen, deren arithmetischer Mittelwert gleich Null ist, fast völlig kompensieren.

Die Klassifizierung nach der *Methode des Vergleichs zwischen Analogwert und Vergleichsnormal* erfaßt ausschließlich den Vorgang der Umsetzung. Die Anzahl der Umsetzschritte (Vergleichs- und Zähloperationen), die zur Herbeiführung einer Übereinstimmung zwischen dem analogen Eingangssignal und dem Vergleichsnormal erforderlich ist, und die Anzahl der Normale stehen dabei in einem umgekehrten Verhältnis zueinander (Tab. 3.5.1).

Tabelle 3.5.1. Unterschiede zwischen den wichtigsten ADC-Wirkprinzipien (bezogen auf einen m-bit-ADC)

Verfahren	Anzahl der Umsetzschritte	Anzahl der Normale	Eigenschaften
Parallelverfahren (parallele ADC)	1	$2^m - 1$	sehr schnell, sehr aufwendig
Wägeverfahren (Stufenumsetz.)	m	m	schnell, vertretbarer Aufwand
Zählverfahren (serielle ADC)	$2^m - 1$	1	sehr einfach, lange Umsetzzeit

Der *parallele ADC* (direkte Methode) benötigt nur einen Umsetzschritt und dafür aber so viele Normale, wie zur angestrebten Auflösung (Wortbreite) erforderlich sind. Deshalb sind parallele ADC vom Prinzip her die schnellsten, aber auch die aufwendigsten Umsetzer, so daß sie bisher nur für Auflösungen $\leqq 8$ bit industriell als Schaltkreis angeboten werden.

Beim *seriellen ADC* (Zählmethode, indirekte Methode) wird nur ein einziges Normal mit der kleinsten Auflösung, das nach Gl. (3.5.1) dem Quantisierungsfehler $F_Q = \pm\frac{1}{n}$ entspricht, so oft aneinander gereiht, bis die Summe der Normale mit der Eingangsgröße übereinstimmt. Serielle ADC sind vom Prinzip her die langsamsten Umsetzer. Sie können aber dafür mit relativ geringem Aufwand eine sehr hohe Genauigkeit, Auflösung und Linearität erreichen. Außerdem ist dieses Verfahren auch durch Schaltungen realisierbar, die eine Integration des Eingangssignals während der Umsetzzeit ausführen.

Der *Stufenumsetzer* (Wägeverfahren, Verfahren der sukzessiven Approximation) liegt mit seinen Parametern ungefähr in der Mitte zwischen dem parallelen und dem seriellen ADC. So benötigt man für einen 10-bit-ADC nur 10 Umsetzschritte und 10 Normale, die dual abgestuft sind. Beim Stufenumsetzer werden zeitlich nacheinander die dual abgestuften Normale mit der umzusetzenden analogen Eingangsspannung verglichen, wobei man mit dem größten Normal beginnt. Der Vergleich wird dabei ähnlich wie bei einer Waage nach dem Verfahren der sukzessiven Approximation ausgeführt. Stufenumsetzer besitzen eine relativ kleine Umsetzzeit und eine hohe Genauigkeit bei einem vertretbaren schaltungstechnischen Aufwand.

Derartige ADC werden deshalb häufig im analogen Interface von mikrorechnergestützten Meßwerterfassungssystemen eingesetzt.

Serielle ADC

Serielle ADC existieren in zahlreichen Varianten und Ausführungsformen und lassen sich dabei allgemein in folgende zwei Gruppen einteilen:

- Nachlaufumsetzer;
- Sägezahnumsetzer.

Während Nachlaufumsetzer mit einem Digital-Analog-Konverter (DAC) arbeiten und in ihrer Wirkungsweise Umsetzern nach dem Wägeverfahren ähneln, benötigen Sägezahnumsetzer keinen DAC. Beim Sägezahnumsetzer wird zunächst die analoge Eingangsspannung in eine proportionale Zwischengröße (Zeitdifferenz oder Frequenz) umgewandelt. Anschließend wird diese Zwischengröße mit Hilfe eines Zählers digitalisiert. Es lassen sich folgende Gruppen von Sägezahnumsetzern unterscheiden:

- Einflanken-ADC (Single-Slope-ADC)
- Zweiflanken-ADC (Dual-Slope-ADC)
- ADC nach dem Verfahren der Ladungsmengenkompensation (Charge-balancing-ADC)
- ADC mit $U(I)/f$-Wandlern.

Für eine nähere Betrachtung der Arbeitsweise von Sägezahnumsetzern wird der Zweiflanken-ADC ausgewählt.

Abb. 3.5.1 zeigt das Blockschaltbild und das Funktionsprinzip eines Zweiflanken-ADC. Bei diesem Umsetzer wird die AD-Umsetzung zeitlich nacheinander in zwei Phasen ausgeführt. Zuerst wird die Eingangsspannung $\bar{U}_e$ während einer festen Zeit T_1 (i. allg. $T_1 = K \cdot 20\,\text{ms} = K/50\,\text{Hz}$; $K = 1, 2, \ldots$) einem analogen Integrator (Miller-Integrator) zugeführt. Das Zeitintervall T_1 für die Integration der Eingangsspannung $\bar{U}_e$ wird dabei häufig so gewählt, daß K überlagerte 50 Hz-Schwingungen erfaßt werden, um eine Brummspannungsunterdrückung für 50 Hz zu realisieren. Nach Ablauf des Zeitintervalls T_1 wird an den Eingang des Integrators eine Referenzspannung $\bar{U}_R$ (mit entgegengesetzter Polarität zu $\bar{U}_e$) geschaltet. Die nun folgende Abwärtsintegration ist beendet, wenn die Ausgangsspannung U_s des Integrators den Wert Null erreicht hat. Die dafür benötigte Zeit T_2 ist proportional zur Eingangsspannung $\bar{U}_e$.

Für die Ausgangsspannung U_{s1} des Integrators am Ende der ersten Phase (nach Ablauf von T_1) gilt bei idealem Verstärker V_1 (unendlich große Differenz-Leerlaufverstärkung, verschwindende Eingangsströme und unendlich große Bandbreite)

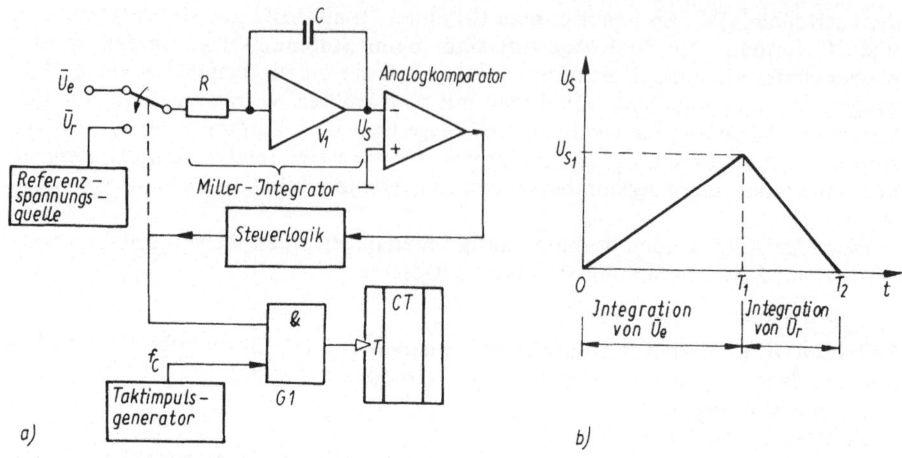

Abb. 3.5.1. Serieller ADC (Zweiflanken-ADC)
a) Blockschaltbild; b) Integratorausgangsspannung

und einem Anfangswert der Ausgangsspannung $U_{s0} = 0$ V folgende Gleichung:

$$U_{s1} = \frac{1}{RC} \int_0^{T_1} \bar{U}_e \, dt = \bar{U}_e \cdot \frac{T_1}{RC}. \tag{3.5.2}$$

Im Zeitintervall der Abwärtsintegration gilt für die Ausgangsspannung U_s des Integrators folgende Gleichung:

$$U_s = U_{s1} - \frac{1}{RC} \int_{T_1}^{T_1+t} \bar{U}_r \, dt = U_{s1} - \bar{U}_r \frac{t}{RC} \tag{3.5.3}$$

für $T_1 \leqq t \leqq (T_1 + T_2)$.

Wenn die Abwärtsintegration beendet ist, gilt

$$0 = U_{s1} - \frac{1}{RC} \int_{T_1}^{T_1+T_2} \bar{U}_r \, dt = U_{s1} - \frac{T_2}{RC} \bar{U}_r. \tag{3.5.4}$$

Mit Gl. (3.5.2) wird die Zeitdauer T_2 proportional dem arithmetischen Mittelwert der analogen Eingangsspannung $\bar{U}_e$ während des festen Zeitintervalls T_1 (integrierender ADC).

Für die Zeitdauer T_2 wird das UND-Gatter G 1 durch die Steuerlogik geöffnet, und es können Impulse einer quarzstabilisierten Taktfrequenz f_c auf einen Zähler gelangen. Die Anzahl N_2 der registrierten Impulse (Zählerstand) beträgt dabei:

$$N_2 = T_2 \cdot f_c \pm 1 = T_1 \cdot f_c \frac{\bar{U}_e}{\bar{U}_r} \pm 1 = N_1 \cdot \frac{\bar{U}_e}{\bar{U}_r} \pm 1. \tag{3.5.5}$$

Die maximale Zählkapazität N_1 des Zählers wird nach Gl. (3.5.5) durch das Produkt $T_1 f_c$ bestimmt. Der Ausdruck $\bar{U}_r/N_1$ repräsentiert die Quantisierungseinheit q (Normal) des ADC.

Wenn bei diesem ADC die Zeitkonstante RC und die Taktfrequenz f_c während der Dauer einer Umsetzung konstant bleiben, dann haben sie keinen Einfluß auf den Zählerstand N_2.

Stufenumsetzer

ADC, die nach dem *Verfahren der sukzessiven Approximation* (Wägeverfahren) *als Stufenumsetzer* arbeiten, stellen einen guten Kompromiß zwischen kleiner Umsetzzeit, hoher Genauigkeit und vertretbarem schaltungstechnischem Aufwand dar. Mit monolithischen Schaltkreisen werden 8 bis 16 bit Auflösung, sowie Umsetzraten von 20 kHz bis 1 MHz erreicht. Abb. 3.5.2a zeigt das Schaltungsprinzip eines ADC nach dem Verfahren der sukzessiven Approximation. Als wesentliche Baugruppen beinhaltet dieser ADC den Komparator, den internen Digital-Analog-Konverter (DAC), das Sukzessiv-Approximations-Register (SAR) und die Steuerlogik. Für eine vollständige Meßwertumsetzung sind bei n Quantisierungsstufen ($m = \mathrm{ld}\, n$ bit Auflösung, wobei unter ld der duale Logarithmus verstanden wird) zeitlich nacheinander m Vergleiche mit m Normalen erforderlich. Die Umsetzzeit ist dabei unabhängig von der Eingangssignalamplitude konstant.

Bei ADC's, die nach dem Verfahren der sukzessiven Approximation arbeiten, wird das umzusetzende analoge Eingangssignal $\bar{U}_e$ zeitlich nacheinander mit dual abgestuften Normalen, beginnend mit dem größten Normal, unter Verwendung eines DAC und eines Komparators verglichen. Abb. 3.5.2b zeigt das Taktdiagramm für eine vollständige Meßwertumsetzung. Mit dem Eintreffen des Startsignals wird die gesamte Approximationslogik zurückgesetzt und das Statussignal auf H-Potential gesetzt. Mit der ersten HL-Flanke des Taktes wird der zum MSB (Most Significant Bit, höchstwertiges Bit) gehörige Schalter im DAC eingeschaltet, so daß am DAC-Ausgang die Spannung $\bar{U}_{v(MSB)} = 0{,}5\,\bar{U}_{e\,max}$ auftritt. Alle übrigen Schalter für die niederwertigeren Bits im DAC sind ausgeschaltet. Der Komparator vergleicht die DAC-Ausgangsspannung $\bar{U}_v$ mit der analogen Eingangsspannung $\bar{U}_e$. In Abhängigkeit vom Ergebnis dieses Vergleiches wird mit der folgenden LH-Flanke des Taktes der zum MSB gehörige Schalter entweder ausgeschaltet (Rücksetzung des MSB), falls $\bar{U}_v > \bar{U}_e$ ist, oder eingeschaltet belassen (MSB bleibt gesetzt), falls $\bar{U}_v < \bar{U}_e$ ist. Der Zustand des MSB wird im SAR abgespeichert. Mit der zweiten HL-Flanke des Taktes wird im dargestellten Fall zu dem bereits eingeschalteten MSB-Schalter noch der zum MSB/2 gehörige Schalter im DAC eingeschaltet. Am DAC-Ausgang erscheint die Spannung $\bar{U}_v = 0{,}75\,\bar{U}_{e\,max}$, die im Komparator mit der Eingangsspannung $\bar{U}_e$ verglichen wird. Im dargestellten Fall ist $\bar{U}_v < \bar{U}_e$, so daß bei der folgenden LH-Flanke des Taktes der zum MSB/2 gehörige Schalter eingeschaltet bleibt. Der Zustand des MSB/2, das damit auch gesetzt bleibt, wird ebenfalls im SAR abgespeichert. In gleicher Weise werden alle weiteren Bits bis zum LSB (Least Significant Bit, niederwertigstes Bit) abgearbeitet. Dabei nähert sich die DAC-Ausgangsspannung $\bar{U}_v$ schrittweise dem Wert der analogen Eingangsspannung $\bar{U}_e$. Die Umsetzung eines 10-bit-Wortes erfordert zehn Taktperioden. Innerhalb jeder Taktperiode wird der zum entsprechenden Bit gehörige Schalter im DAC ein- und gegebenenfalls wieder ausgeschaltet. Da das Umsetzverfahren keine fehlerintegrierende Wirkung besitzt und somit empfindlich gegenüber Störspannungen am Eingang ist, darf sich während der gesamten Umsetzzeit die analoge Eingangsspannung $\bar{U}_e$ nur um weniger als 0,5 LSB ändern, wenn keine Fehlmessungen auftreten sollen. Deshalb ist bei veränderlichen Eingangssignalen am Eingang des ADC eine Abtast- und Halteschaltung erforderlich.

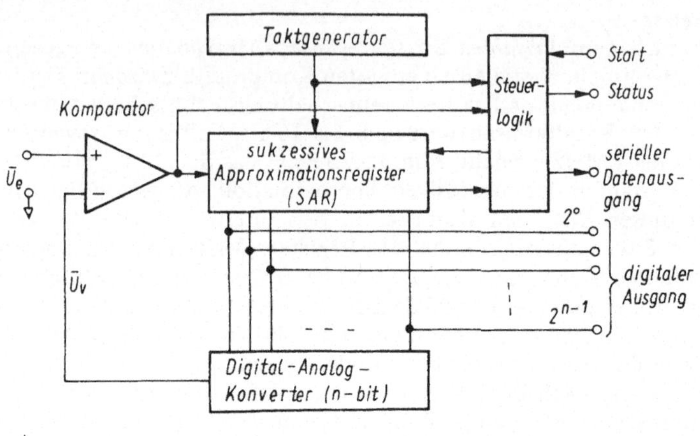

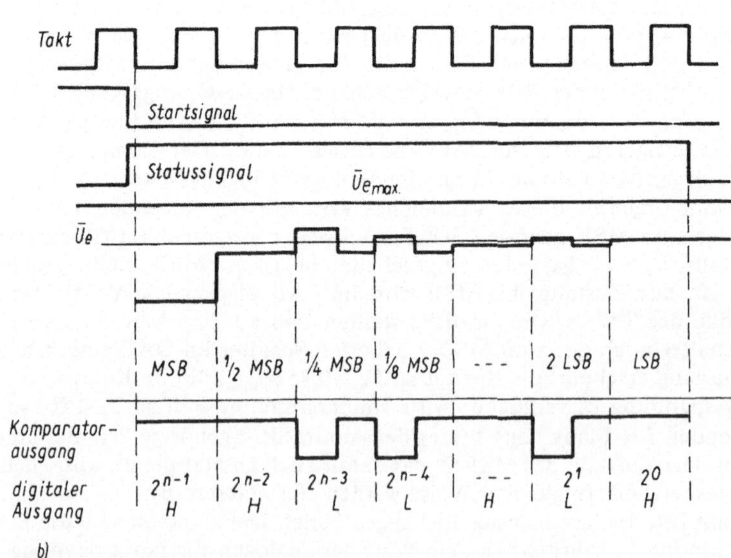

Abb. 3.5.2. Stufenumsetzer
a) Blockschaltbild; b) Taktdiagramm einer Meßwertumsetzung

Versuche

V 3.5.1.1

Serielle ADC, die nach dem Zweiflanken-Integrations-(Dual-Slope-)Verfahren arbeiten, werden häufig in Digitalvoltmetern eingesetzt. Ein solcher ADC, z. B. C 520 D; AD 2020, dessen Blockschaltbild in Abb. 3.5.3 dargestellt ist, setzt Eingangsspannungen von $\bar{U}_e = -99$ mV bis $+999$ mV mit einer Auflösung von 1 mV in drei Tetraden mit BCD-Code um. Der ADC enthält als wesentliche Baugruppen den Spannungs-Stromwandler, den Komparator, die Referenzquelle, den Taktgenerator, die Teilerstufen, den 3-Dekaden-Zähler, die Kontroll- und Steuerlogik, den Anzeigemultiplexer und die Anpaßschaltung. Die Ausgabe der drei Tetraden mit den Wertigkeiten 100, 10 und 1 als bitparallele Information erfolgt dekadenweise im Multiplexbetrieb. Für eine visuelle Auswertung des Ergebnisses der Umsetzung ist der Anschluß von dreistelligen digitalen Anzeigeeinheiten (LED-7-Segment-Anzeigen) über einen entsprechenden BCD-zu-7-Segment-Decoder möglich. Die automatische Polaritäts- und Überlaufkennung des ADC läßt sich aus Tab. 3.5.2 entnehmen. Beim Einsatz des ADC in meßwertverarbeitenden Systemen kann nach Tab. 3.5.3 mit Hilfe einer Steuerspannung am Anschluß 6 des Schaltkreises zwischen folgenden drei Betriebsarten gewählt werden: langsame Umsetzung (Normalbetrieb), schnelle Umsetzung und Haltezustand.

Während im Betrieb mit schneller Umsetzung der Multiplexer jeden Meßwert genau einmal zur Anzeige ausgibt, wird im Betrieb mit langsamer Umsetzung jeder

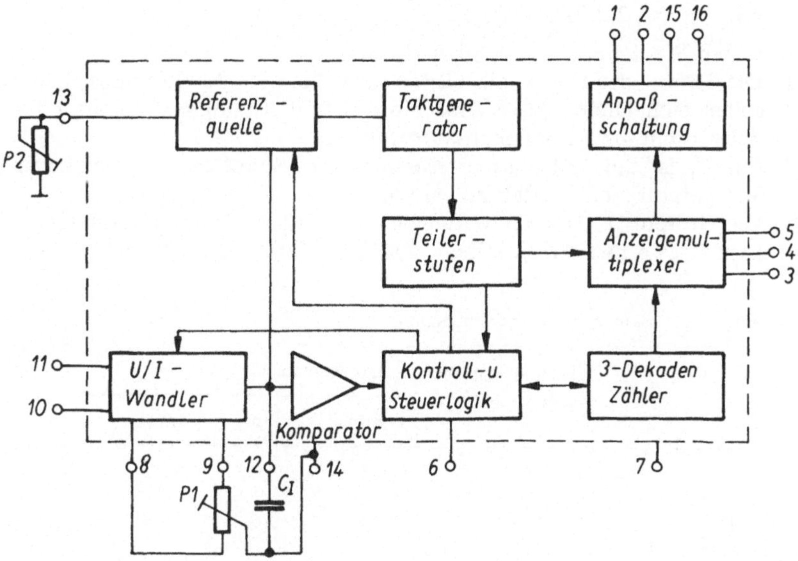

Abb. 3.5.3. Blockschaltbild eines seriellen ADC, der nach dem Zweiflanken-Integrationsverfahren arbeitet (ADC C 520 D)

Tabelle 3.5.2. Sonderzeichenausgabe

	Sonderzeichen	Siebensegmentdarstellung D 347 D/D 348 D
positives Vorzeichen	keine Kennzeichnung	
negatives Vorzeichen	*HLHL* = 10 im MSD (höchstwertige Ziffernstelle)	– 8 8
positiver Überlauf	*HLHH* = 11 in allen Digits	E E E
negativer Überlauf	*HLHL* = 10 in allen Digits	– – –

umgewandelte Meßwert 24mal ausgegeben. In Abb. 3.5.4 wird die Schaltung des ADC C 520 D mit einer dreistelligen Anzeige (Digitalvoltmeter) dargestellt.

a) Realisieren Sie die Schaltung nach Abb. 3.5.4 unter Verwendung folgender Bauelemente:

IC 1: C 520 D;
IC 2: D 348 D;
T_1, T_2, T_3: SF 816;
FSA 1, FSA 2, FSA 3: VQB 28.

Beachten Sie dabei die folgenden Hinweise:

1. Die Ströme des Digitalteils dürfen nicht über die Analogmasse fließen. Deshalb sollen sich Digitalmasse (Anschluß 7) und Analogmasse (Anschluß 10) möglichst dicht am Siebkondensator treffen.
2. Für C_I ist ein verlustarmer Kondensator (Styroflex) mit möglichst geringem Temperaturkoeffizienten zu verwenden.
3. Der Nullpunkt- bzw. Endwertabgleich ist mit den Abgleichpunkten $\bar{U}_e = 0{,}5$ mV (Anzeige schwankt zwischen 000 und 001) bzw. $\bar{U}_e = 900{,}5$ mV (Anzeige

Tabelle 3.5.3. Betriebsarten und Umsetzrate

Betriebsarten	Steuerspannung U_0 in V	Umsetzrate			
		min.	typ.	max.	
langsame Umsetzung	0...0,4	2	4	7	Messungen/s
schnelle Umsetzung	3,2...5,5	48	96	168	Messungen/s
Haltezustand	0,8...1,6	Speicherung des letzten Meßwertes			
Meßwertausgabe	0...5,5	48	96	168	Hz

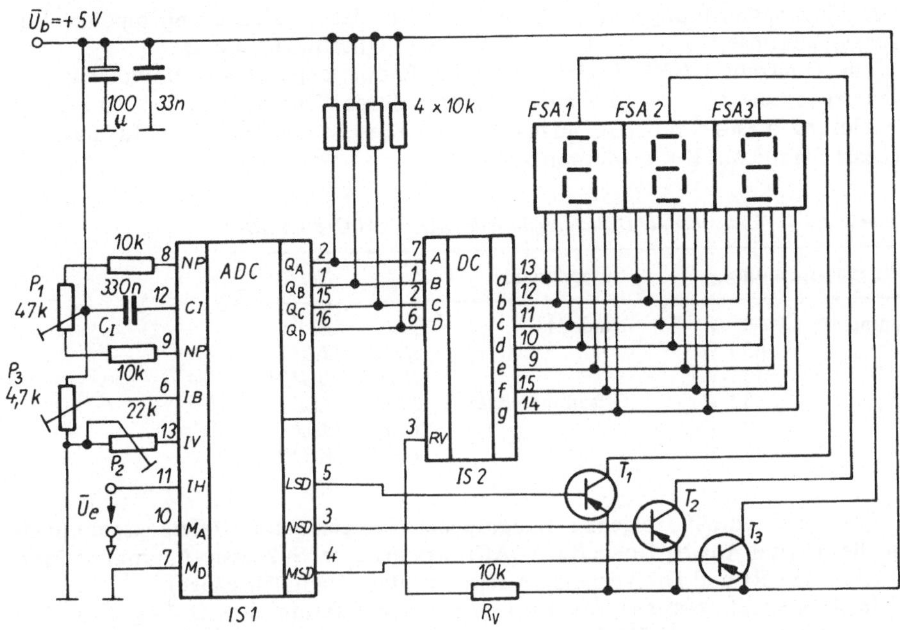

Abb. 3.5.4. 3-Digit-ADC C 520 D mit BCD-codiertem Ausgangssignal und dezimaler Anzeige (Digitalvoltmeter)

schwankt zwischen 900 und 901) auszuführen. Für P_1 (Nullpunktabgleich) und P_2 (Endwertabgleich) sind Dickschichteinsteller mit Spindelantrieb einzusetzen.

4. Die Betriebsspannung ist unmittelbar an den IC C 520 D und D 348 D mit jeweils zwei parallel geschalteten Kondensatoren ($C = 47\,\mu F \parallel 47\,nF$) gegen Masse abzublocken.

b) Kontrollieren Sie die Umsetzung von Eingangsspannungen im Bereich von $\bar{U}_e = -99\,mV$ bis $+999\,mV$ und die Ausgabe von Sonderzeichen entsprechend Tab. 3.5.2 auf der LED-7-Segment-Anzeige.

c) Stellen Sie mit dem Potentiometer P_3 die drei möglichen Betriebsarten nach Tab. 3.5.3 ein!

V 3.5.1.2

Stufenumsetzer, d. h. ADC, die nach dem Verfahren der sukzessiven Approximation arbeiten, werden im Rahmen der rechnergestützten Erfassung analoger Meßwerte eingesetzt. Ein solcher ADC, z. B. C 570 C; AD 570; C 571 C; AD 571, dessen Blockschaltbild in Abb. 3.5.5 a dargestellt ist, setzt entsprechend Tab. 3.5.4 unipolare Eingangsspannungen $\bar{U}_e = (0 \ldots +10{,}2)$ V in den Dualcode und bipolare Eingangsspannungen $\bar{U}_e = (-5{,}1 \ldots +5{,}1)$ V in den Offsetbinärcode um.

Die Dualzahl *HHHH HHHH*, die beim Endwertabgleich der unipolaren Eingangsspannung $\bar{U}_e = +10{,}2$ V auftritt, entspricht der Dezimalzahl 255, so daß die Auflösung dieses 8-bit-ADC 40 mV beträgt. Dies ist auch der Wert für das LSB (Least Significant Bit, niederwertiges Bit).

Tabelle 3.5.4. Codierung der Digitalausgänge des ADC C 570 C (8-bit-ADC)

Eingangsspannung		Ausgangscode	
unipolar:	0 V	Dualcode:	*LLLL LLLL*
	+5,1 V		*HLLL LLLL*
	+10,2 V		*HHHH HHHH*
bipolar:	−5,1 V	Offsetbinärcode:	*LLLL LLLL*
	0 V		*HLLL LLLL*
	+5,1 V		*HHHH HHHH*

Der ADC enthält folgende Baugruppen: Taktgenerator, Referenzspannungsquelle, Digital-Analog-Konverter (DAC), Komparator, Sukzessiv-Approximations-Register (SAR) und Dreizustands-Ausgangsstufen (Digitalausgänge).

In Abb. 3.5.5b wird das Taktdiagramm der Meßwertumsetzung dargestellt. Mit dem Eintreffen der *LH*-Flanke des Startimpulses am Eingang L/$\bar{S}$ des ADC werden nach einer kurzen Verzögerungszeit t_d die Digitalausgänge hochohmig geschaltet. Gleichzeitig wird das Statussignal STS auf *H*-Potential gesetzt. Dadurch wird die interne Steuerung in den Ausgangszustand gebracht. Dieser Zustand dauert so lange an, bis mit dem Eintreffen der *HL*-Flanke des Startimpulses der Umsetzzyklus ausgelöst wird. Die Umsetzzeit t_u liegt zwischen 15 µs und 40 µs. Mit Beendigung der Umsetzzeit t_u wird das Statussignal auf *L*-Potential gebracht.

Nach Ablauf einer sehr kurzen Beruhigungszeit t_v sind dann die aktuellen Daten an den aktivierten Digitalausgängen des ADC bis zum Eintreffen der *LH*-Flanke eines neuen Startimpulses verfügbar. Ein positiver Impuls mit einer Impulsbreite $t_p \geqq 2$ µs am Eingang L/$\bar{S}$ des ADC bewirkt das Abschalten der Digitalausgänge (hochohmiger Zustand) und den erneuten Start der Umsetzung eines analogen Signals. In Abb. 3.5.6 wird die Schaltung eines Stufenumsetzers (8-bit-ADC) mit hexadezimaler Anzeige dargestellt.

a) Realisieren Sie die Schaltung nach Abb. 3.5.6 unter Verwendung folgender Bauelemente:

IC 1:	C 570 C;
IC 2, IC 3:	D 346 D;
IC 4:	DL 123 D;
FSA 1, FSA 2:	VQE 24.

Beachten Sie dabei folgende Hinweise:

1. Die Masseführung ist so auszulegen, daß keine Ströme des Digitalteils über die Analogmasse fließen.

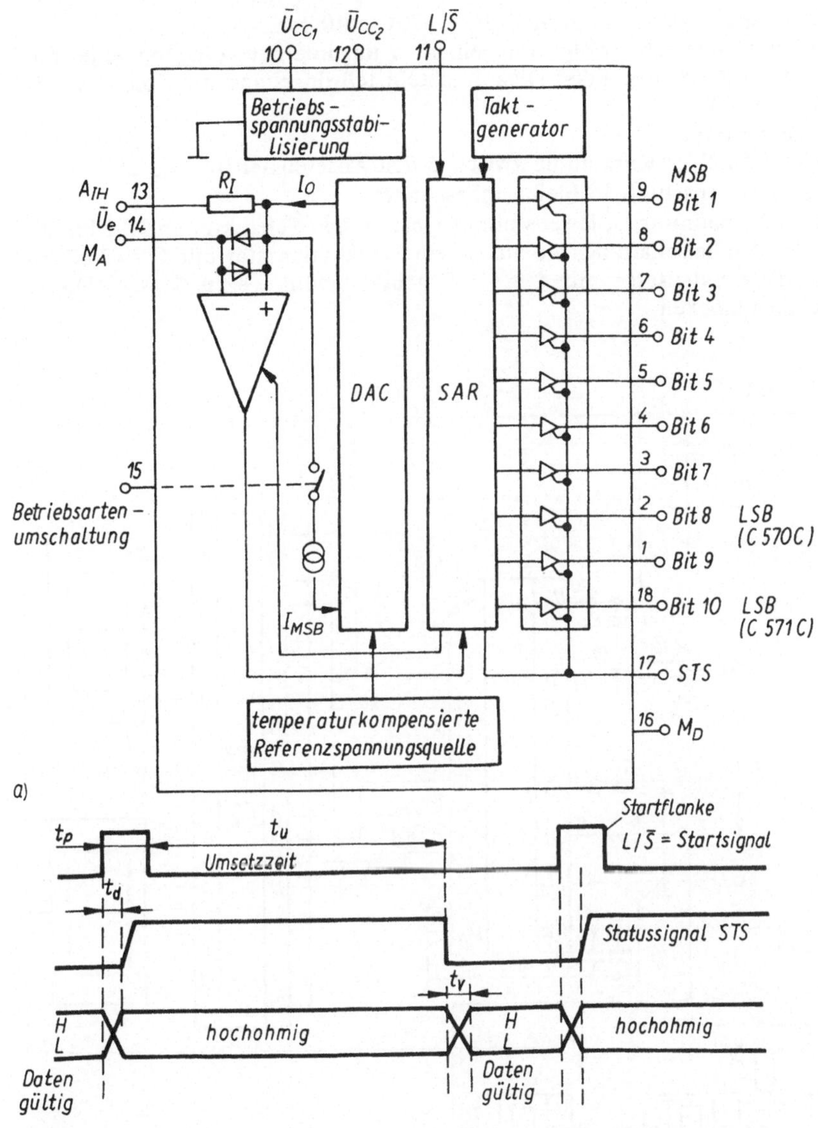

Abb. 3.5.5. Beispiel eines Stufenumsetzers: ADC C 570C/C 571C
a) Blockschaltbild (mit *MSB* höchstwertiges Bit; *LSB* niederwertigstes Bit; A_{IH} Analogeingang; M_A Analogmasse; M_D Digitalmasse; $L/\bar{S}$ Lösch- und Starteingang; *STS*-STATUS-Ausgang); b) Taktdiagramm einer Meßwertumsetzung (mit t_d Verzögerungszeit; t_v Beruhigungszeit, Daten gültig – aktuelle Daten an den Digitalausgängen, hochohmig – hochohmiger Zustand der Digitalausgänge)

2. Der Nullpunktabgleich kann beim IC C 570C entfallen.
3. Der Endwertabgleich erfolgt mit einem zum internen Eingangswiderstand $R_I \approx 5\,k\Omega$ in Reihe liegenden Dickschichteinstellwiderstand mit Spindelantrieb von $R_1 = 100\,\Omega$.
4. Betriebsartenwahl:
   $\bar{U}_e = (0 \ldots +10{,}2)$ V; Kurzschluß zwischen den Anschlüssen 14 und 15.
   $\bar{U}_e = \pm 5{,}1$ V; Anschluß 15 bleibt unbeschaltet.
5. Die Betriebsspannung ist jeweils unmittelbar an den Schaltkreisen IC 1 bis IC 4 mit einer Parallelschaltung, die aus einem Siebkondensator mit $C = 47\,\mu F$ und einem HF-Kondensator mit $C = 47$ nF gebildet wird, gegen Masse (Digitalmasse) abzublocken.

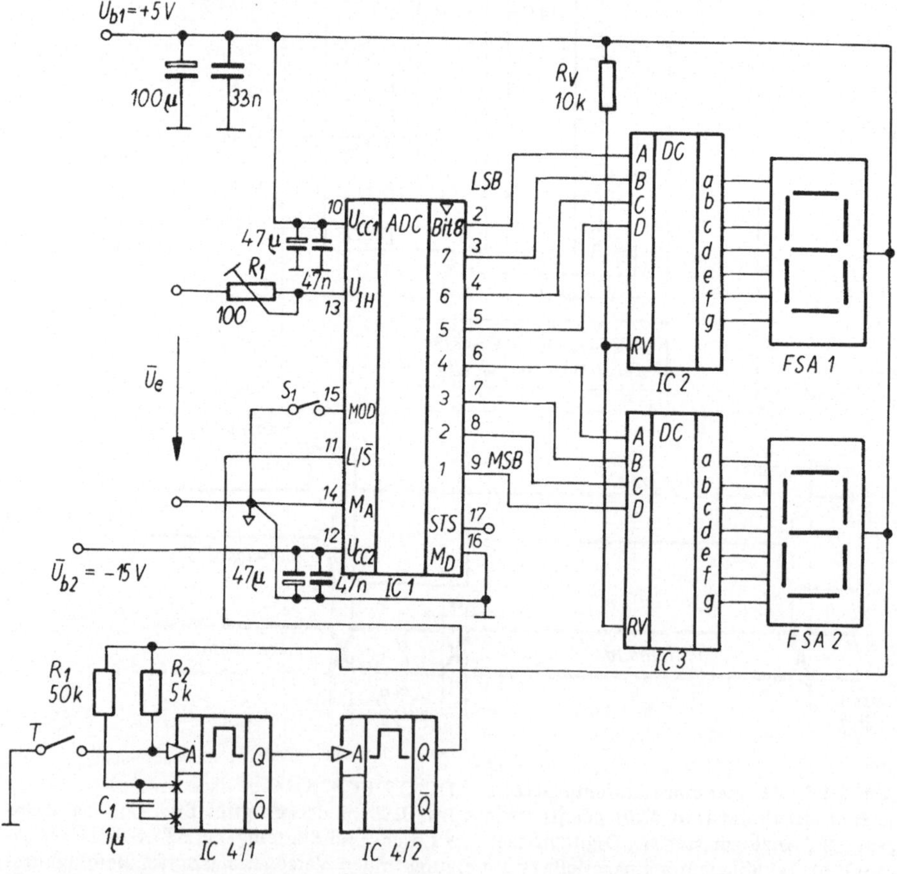

Abb. 3.5.6. Stufenumsetzer (8-bit-ADC) mit dual bzw. offsetbinär codiertem Ausgangssignal und hexadezimaler Anzeige

b) Kontrollieren Sie nach Tab. 3.5.4 die Umsetzung von Eingangsspannungen im Bereich von $\bar{U}_e = (0\ldots+10)$ V bzw. von $\bar{U}_e = (-5\ldots+5)$ V auf der LED-7-Segment-Anzeige. Führen Sie vorher jeweils mit dem Widerstand R_1 den Endwertabgleich für $\bar{U}_e = +10{,}2$ V bzw. $\bar{U}_e = +5{,}1$ V so aus, daß die Zahlendarstellung auf der LED-7-Segment-Anzeige FSA 1 und FSA 2 zwischen den zweistelligen Hexadezimalzahlen FE *H* und FF *H* wechselt. Dabei entspricht einer Hexadezimalziffer eine vierstellige Dualzahl. Das Hexadezimalsystem verwendet die 16 Symbole 0...9, A, B, C, D, E und F. Die Symbole A...F entsprechen den Dezimalzahlen 10...15. Bei einer Umwandlung der Hexadezimalzahlen *FE H* bzw. *FF H* in äquivalente Dualzahlen erhält man *HHHH HHHL* bzw. *HHHH HHHH*.
Die Auslösung einer Umsetzung erfolgt durch Betätigung des Tasters *T*.
Wie groß ist bei diesem ADC die Auflösung (Quantisierungseinheit)?

c) Steuern Sie die Schaltung mit einem Impulsgenerator ($f = 15$ kHz, Tastverhältnis 1:1, Impulsamplitude $\hat{U} \leqq 5$ V) am Eingang A des IC 4.2 an, wobei vorher der Schaltkreis IC 4.1 abzutrennen ist, und beobachten Sie die Zeitverläufe am Statusausgang und am Eingang $L/\bar{S}$ des ADC C 570C mit Hilfe eines Zweistrahloszillographen!
Vergleichen Sie die Zeitverläufe mit dem Taktdiagramm in Abb. 3.5.5b!
Erhöhen Sie die Frequenz des Impulsgenerators und beobachten Sie die Zeitverläufe! Bei welcher Frequenz wird die Umsetzung beendet?

3.5.2. Digital-Analog-Konverter

Digital-Analog-Konverter (DAC) haben in der Meß- und Regelungstechnik häufig die Aufgabe, die bei der Meßwerterfassung und -verarbeitung anfallenden digitalen Signale in eine zur Ansteuerung analoger elektrischer Funktionseinheiten (Anzeigeeinheiten, Stellglieder usw.) geeignete Form umzusetzen. Hierbei wird das digitale Eingangssignal, in ein (quasi) analoges Ausgangssignal, d. h. in eine proportionale elektrische Spannung oder einen proportionalen elektrischen Strom umgewandelt, so daß der Digital-Analog-Konverter im eigentlichen Sinne als Decodierer arbeitet. Während bei *unipolarem Ausgangssignal* als *digitales Eingangssignal* eine *Dualzahl (auch BCD-Zahl)* dient, wird bei *bipolarem Ausgangssignal* eine *Zahl in offsetbinärer* oder *Zweierkomplementdarstellung* als *Eingangssignal* angewendet. Bei der *offsetbinären Darstellung* wird zur n-stelligen Dualzahl Z_B ein Offset addiert, der von der Anzahl n der Bits in der Dualzahl Z_B wie folgt abhängt: $Z_{\text{offsetbinär}} = \pm Z_B + 2^{n-1}$.

Durch diese Verschiebung wird erreicht, daß die offsetbinäre Zahl stets positiv ist. Das erste (am weitesten links stehende) Bit in der offsetbinären Zahl $Z_{\text{offsetbinär}}$ stellt das Vorzeichenbit dar. Für alle positiven Zahlen einschließlich der Null ist es „1", während für alle negativen Zahlen im Vorzeichenbit eine „0" steht. Die *Zweierkomplementdarstellung unterscheidet* sich von der *offsetbinären Darstellung* lediglich im MSB (Most Significant Bit, höchstwertiges Bit). Für eine Umwandlung zwischen diesen beiden Zahlendarstellungen wird nur das MSB komplementiert. Für den Anwender bzw. für einen Vergleich der einzelnen DAC sind folgende Parameter von Interesse: Betriebscode, Auflösung, Umsetzfehler, Umsetzzeit bzw. Umsetzgeschwindigkeit und schaltungtechnischer Aufwand (Preis).

Als *Umsetzfehler* F_u wird bei einem DAC die relative Abweichung der analogen Spannung vom digital eingegebenen Wert definiert. Der maximale Umsetzfehler $F_{u\,max}$ ergibt sich definitionsgemäß aus der größten Abweichung $\Delta U_{a\,max}$, bezogen auf den größten anzeigbaren Wert:

$$F_{u\,max} = \Delta U_{a\,max} / \bar{U}_{a\,max}. \tag{3.5.6}$$

Als *Umsetzzeit* (Konversionszeit) t_u definiert man diejenige Zeit, die erforderlich ist, um ein digitales Signal in eine analoge Größe umzusetzen. So bestimmen bei einem Stufenumsetzer (paralleler DAC) die Schaltzeiten der Analogschalter, die Anstiegszeiten des Summierverstärkers und Verzögerungszeiten, die durch Reaktanzen des Widerstandsnetzwerkes hervorgerufen werden, die Umsetzzeit. Zwischen dem zugelassenen Umsetzfehler F_u und der erforderlichen Umsetzzeit t_u besteht ein Zusammenhang in der Form, daß mit größer werdendem Umsetzfehler die Umsetzzeit geringer wird. Dieser Zusammenhang läßt sich in einfacher Weise meßtechnisch erfassen, falls die Umsetzzeit im wesentlichen durch die Schaltzeiten der Analogschalter bestimmt wird. Dazu werden die Analogschalter mit einer Folge von symmetrischen Rechteckimpulsen (Impulsbreite $= 1/2f$) angesteuert, und es wird der Verlauf des Ausgangssignals, beginnend mit niedrigen Frequenzen f, auf einem Oszillographen dargestellt. Durch eine Erhöhung der Frequenz f läßt sich die Amplitude der Ausgangsspannung $\bar{U}_a$ um den durch den zulässigen Fehler festgelegten Betrag der Spannung $\bar{U}_a F_u$ reduzieren. Die zugehörige Umsetzzeit t_u zu dem Fehler F_u folgt dann aus der Gleichung

$$t_u = \frac{1}{2f}. \tag{3.5.7}$$

Bei der Einteilung der DAC nach *Wirkprinzipien* wird einerseits zwischen *parallel* und *seriell arbeitenden* und andererseits zwischen *direkt* und *indirekt umwandelnden* Schaltungen unterschieden. DAC, die nach dem seriellen Wirkprinzip arbeiten, sind relativ einfach aufgebaut und besitzen nur einen Daten- und einen Takteingang. Die einzelnen Datenbits werden an den Dateneingang zeitlich nacheinander

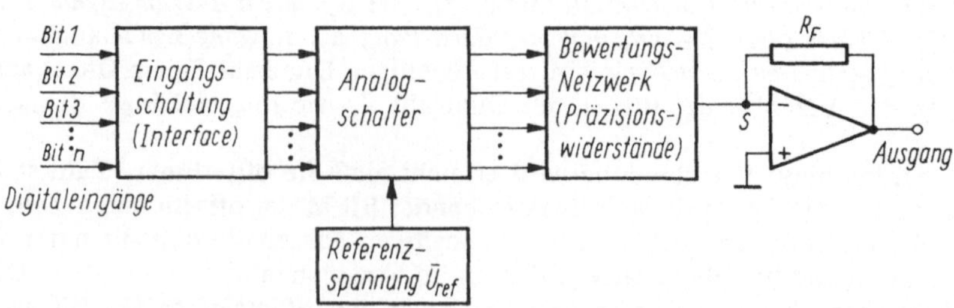

Abb. 3.5.7. Blockschaltbild eines parallelen DAC

angelegt und durch den Takt synchronisiert, so daß sich durch die sequentielle Abarbeitung des anliegenden Datenwortes eine große Umsetzzeit ergibt.

Beim parallelen DAC stehen alle Koeffizienten A_i des Digitalwortes (alle Bits des Codewortes) parallel am Eingang des Konverters zur Verfügung und werden gleichzeitig umgewandelt. Dadurch kann eine hohe Umsetzgeschwindigkeit erreicht werden. In Abb. 3.5.7 ist das Blockschaltbild eines parallelen DAC dargestellt. Ein solcher paralleler Umsetzer benötigt ebenso viele Umsetzgruppen, d. h. Schalter und Bewertungswiderstände, wie das Digitalwort Koeffizienten besitzt (n in Abb. 3.5.7). Die Wirkungsweise des parallelen Konverters beruht darauf, daß gestufte Ströme oder Spannungen geschaltet und aufsummiert werden, so daß die Ausgangsspannung des Operationsverstärkers dem Wert des Digitalsignals proportional ist.

Eine direkte Umsetzung liegt vor, wenn das digitale Eingangswort unmittelbar in ein (quasi-) analoges Ausgangssignal ($\bar{U}_a$, $\bar{I}_a$) umgewandelt wird. Bei der indirekten Umsetzung dagegen wird das Eingangssignal zunächst in ein Zwischensignal (z. B. in eine Impulsbreite) umgesetzt, welche anschließend in das endgültige Ausgangssignal überführt wird.

Als erstes Beispiel für einen parallelen Digital-Analog-Konverter zeigt Abb. 3.5.8 die Arbeitsweise eines DAC mit gestuften Widerständen. Hierbei werden die Analogschalter S_1 bis S_n des Konverters durch die Ausgänge des parallelen Eingaberegisters gesteuert. Sie verbinden jeweils einen Widerstand in Abhängigkeit vom Koeffizienten A_i des Digitalsignals (1 oder 0) mit Masse oder mit einer Referenzspannung U_{ref}. Die Widerstände des Bewertungsnetzwerkes müssen dabei je nach Art des gewählten Codes abgestuft werden. Bei reinem Binärcode ist für jedes Bit ein Präzisionswiderstand erforderlich, dessen Widerstandswert sich von Stelle zu Stelle halbiert. Der Wertebereich der Widerstände ist abhängig von der Anzahl der Koeffizienten A_i des Digitalsignals. Für ein 12-bit-Codewort liegt die Variation der Widerstandswerte im Bereich von 1:4096. Die Größe dieses Bereichs erschwert natürlich auch die Einhaltung von Stabilitäts- und Genauigkeitsforderungen für die einzelnen Widerstände und verhindert die Ausführung des Bewertungsnetzwerkes in integrierter Bauform. Außerdem wird der mögliche Widerstandsbereich durch eine untere und eine obere Grenze eingeschränkt. So sollten im Interesse einer hohen statischen Genauigkeit die Widerstandswerte eine untere Grenze nicht unterschreiten, um zu gewährleisten, daß sich der Übergangswiderstand des geschlossenen Analogschalters nur geringfügig auf den Umsetzfehler aus-

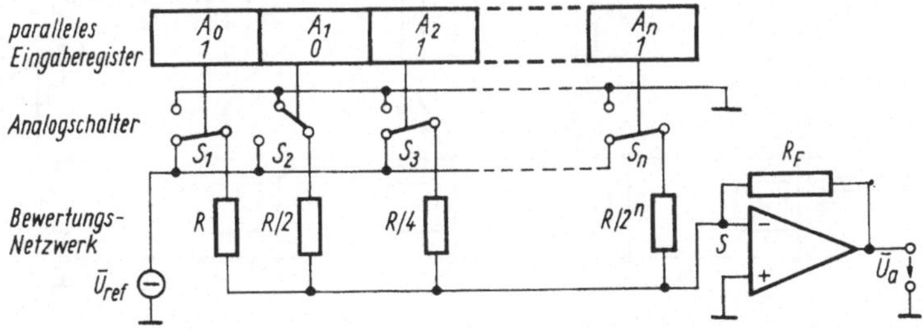

Abb. 3.5.8. Prinzipschaltbild eines parallelen DAC mit gestuften Widerständen

wirkt. Die obere Grenze dagegen wird erreicht, wenn die Schaltströme in die Größenordnung der Leckströme der Schalter oder des Eingangs-Offsetstroms des Operationsverstärkers gelangen oder die Schaltzeiten der Analogschalter (z. B. bei MOS-FETs) die Umsetzgeschwindigkeit zu sehr herabsetzen.

Als ein zweites Beispiel für einen parallelen Digital-Analog-Konverter zeigt Abb. 3.5.9 die Prinzipschaltung eines DAC mit R-$2R$-Widerstands-Netzwerk und Referenzspannungsquelle. Bei diesem Konverter, der nur mit den beiden Widerstandswerten R und $2R$ auskommt, ist die Stellenwertigkeit der einzelnen Bits des Digitalsignals davon abhängig, an welcher Stelle die Einspeisung erfolgt. So muß das Bit mit der niedrigsten Wertigkeit am weitesten entfernt vom Summationspunkt (S in Abb. 3.5.9), das mit der höchsten Wertigkeit diesem am nächsten eingespeist werden. Die Stellungen der einzelnen Analogschalter S_1 bis S_{n+1} richten sich dabei nach den Koeffizienten A_i (0 oder 1) des digitalen Eingangssignals. Für $A_i = 1$ befindet sich der betreffende Analogschalter in der Stellung, daß der zugehörige Zweigwiderstand ($2R$) an der Referenzspannung $\bar{U}_{ref}$ liegt und in den jeweiligen Knoten der Zweigstrom $\bar{I}_0 = \bar{U}_{ref}/3R$ eingespeist wird. Am Summationspunkt S des invertierenden Operationsverstärkers ist dieser Zweigstrom nur noch in dem Maße wirksam, wie dies der Wertigkeit der gesetzten Bits entspricht, da der Strombeitrag, der zum Summationspunkt gelangt, innerhalb des Kettenleiters von Knoten zu Knoten halbiert wird. Befinden sich bei diesem Konverter zwei oder mehrere Schalter im „Ein"-Zustand, so kann man unter Anwendung des Superpositionsgesetzes die Strombeiträge der einzelnen Bits und damit auch den Gesamtstrom (als Summe aller Teilströme) berechnen:

$$\bar{I}_{ges} = \sum_{i=0}^{n} \bar{I}_0 A_i 2^{-(n-1)} \quad \text{mit} \quad A_i = 0 \quad \text{oder} \quad 1. \tag{3.5.8}$$

Für die analoge Ausgangsspannung $\bar{U}_a$ am Ausgang des Summierverstärkers (Abb. 3.5.9) ergibt sich damit folgende Beziehung:

$$\bar{U}_a = -\bar{I}_{ges} R_F. \tag{3.5.9}$$

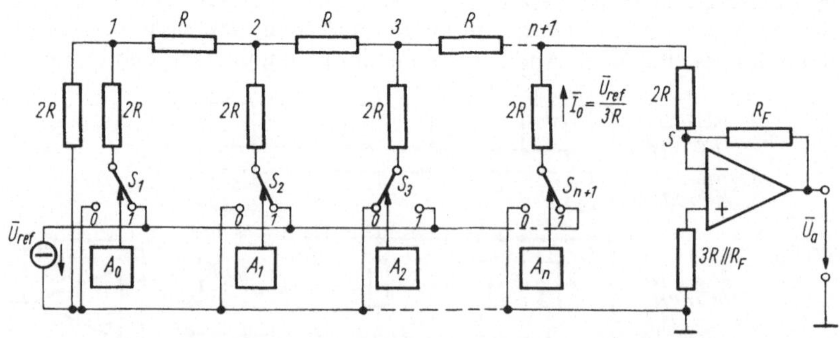

Abb. 3.5.9. Prinzipschaltbild eines parallelen DAC mit R-$2R$-Widerstands-Netzwerk und Referenzspannungsquelle

In Abb. 3.5.10 ist eine einfache Schaltung für einen 4-bit-DAC mit einem niederohmigen *R*-2*R*-Netzwerk und gesteuerten Konstantstromquellen dargestellt. Die Querwiderstände 2*R* liegen dabei fest auf Masse. Durch die Konstantstromquellen werden in die Knotenpunkte des Netzwerkes gleich große Referenzströme eingespeist. Die Schaltungen nach Abb. 3.5.9 und Abb. 3.5.10 sind elektrisch gleichwertig. Die Schaltung nach Abb. 3.5.9 benötigt jedoch genaue analoge Umschalter (S_1 bis S_{n+1}), die in den beiden möglichen Schalterstellungen (0 oder 1) stets den Durchlaßzustand aufweisen. Im Interesse geringer Fehlereinflüsse müssen sie deshalb in beiden Schalterstellungen möglichst identisches Durchlaßverhalten (Durchlaßwiderstand, Offset- und Driftgrößen und Thermospannungen) besitzen. Bei der Schaltung nach Abb. 3.5.10 kann man dagegen auf genaue analoge Umschalter verzichten und einfache digitale Ein-Aus-Schalter zum Schalten der Stromquellen einsetzen. Derartige Ein-Aus-Schalter lassen sich durch einfache Logikgatter realisieren, die über ihren Ausgangszustand (*L*- oder *H*-Potential) das Ein- und Ausschalten der Stromquellen steuern. Diese Aufwandsersparnis bei den Schaltern wird jedoch teilweise wieder dadurch aufgehoben, daß bei diesem DAC pro Bit eine Konstantstromquelle erforderlich ist. Das Ein- und Ausschalten der Konstantstromquellen wird dabei durch einen Dualzähler (z. B. DL 193 D) über die Ausgänge von vier Gattern mit offenem Kollektor (z. B. D 126 D) gesteuert. Beim Ausgangszustand *H* eines Gatters ist die entsprechende Konstantstromquelle eingeschaltet.

Als ein drittes Beispiel für einen parallelen Digital-Analog-Konverter zeigt Abb. 3.5.11 die Prinzipschaltung eines DAC mit Widerstands-Kettenleiter (invertiertes *R*-2*R*-Widerstands-Netzwerk).

Bei diesem Konverter wird die Reihenfolge von Analogschalter und Wider-

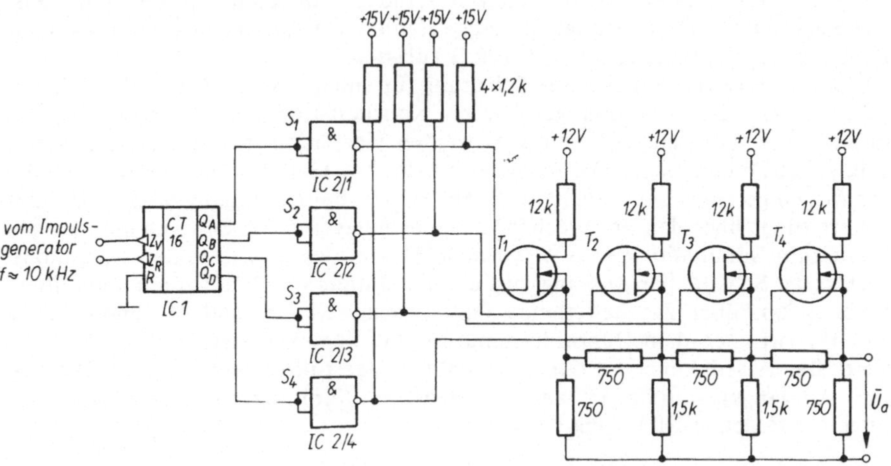

Abb. 3.5.10. Schaltung eines 4-bit-DAC mit einem niederohmigen *R*-2*R*-Netzwerk und gesteuerten Konstantstromquellen

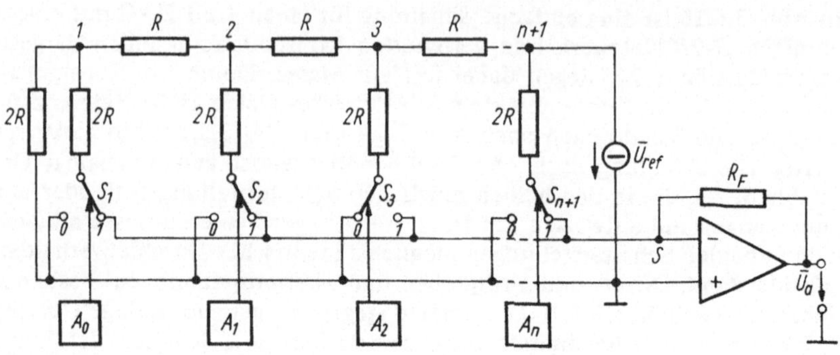

Abb. 3.5.11. Prinzipschaltbild eines parallelen DAC mit Widerstands-Kettenleiter und Referenzstromquelle

stands-Netzwerk vertauscht und die Referenzspannungsquelle $\bar{U}_{\mathrm{ref}}$ zwischen den Knotenpunkt n + 1 und Masse geschaltet. Die einzelnen Analogschalter S_1 bis S_{n+1} stellen hierbei in Abhängigkeit von den Koeffizienten A_i (0 oder 1) des Digitalsignals eine Verbindung mit dem nichtinvertierenden Eingang des Operationsverstärkers (Masse-Potential) oder dem invertierenden Eingang des Operationsverstärkers (virtuelle Masse) her. Da die beiden Stellungen der Analogschalter praktisch gleiches Potential aufweisen, bleiben die Ströme durch die Zweigwiderstände ($2R$) auch beim Umschalten konstant. Damit kann der Wert dieser Widerstände theoretisch beliebig hoch gewählt werden, ohne daß die Reaktanzen des Netzwerkes die Schaltzeiten der Analogschalter vergrößern. Bei diesem Konverter wählt man die Werte für die Kettenleiter-Widerstände $R = 100\ \mathrm{k}\Omega$ und kann damit bei einer ausreichenden statischen Genauigkeit (Umsetzfehler) von 10^{-3} noch Übergangswiderstände der Analogschalter bis $R_{\mathrm{ü}} = 100\ \Omega$ zulassen.

In Abb. 3.5.12 ist eine einfache Schaltung für einen 4-bit-DAC mit einem invertierten R-$2R$-Netzwerk und gesteuerten Konstantstromquellen dargestellt. Als Stromschalter (Umschalter) S_1 bis S_4 werden vier Gatter mit offenem Kollektor (z. B. D 126 D) eingesetzt. Die Ansteuerung der vier Gatter erfolgt dabei durch die vier Ausgänge eines Dualzählers (z. B. DL 193 D). Beim Ausgangszustand H eines Gatters fließt über den entsprechenden Querwiderstand $2R$ des Kettenleiters ein Strom zum Summationspunkt S (virtuelle Masse) des invertierenden Operationsverstärkers. Schaltet der Ausgangszustand des Gatters von H auf L um, dann fließt dieser Strom über das betreffende Gatter gegen Masse, und die Diode (z. B. SAY 18) zwischen dem Querwiderstand $2R$ und dem Summationspunkt S ist gesperrt. Bei diesem Umsetzer treten ebenfalls dualgestufte Querströme auf. Die analoge Ausgangsspannung $\bar{U}_{\mathrm{a}}$ am Ausgang des Summierverstärkers kann man durch die folgende Gleichung ermitteln:

$$\bar{U}_{\mathrm{a}} = -\frac{R_{\mathrm{F}}}{R}\,\bar{U}_{\mathrm{e}} \sum_{i=0}^{n} A_{\mathrm{i}} 2^{-(\mathrm{n}-\mathrm{i})} \quad \text{mit} \quad A_{\mathrm{i}} = 0 \quad \text{oder} \quad 1. \tag{3.5.10}$$

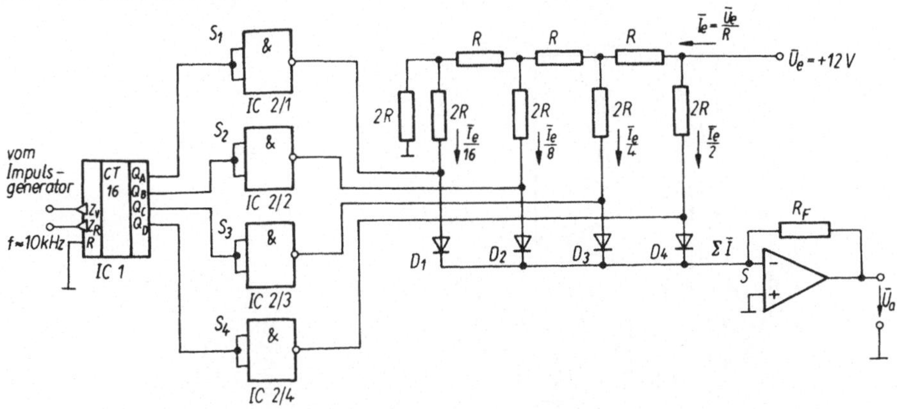

Abb. 3.5.12. Schaltung eines 4-bit-DAC mit Widerstands-Kettenleiter und gesteuerten Konstantstromquellen

Für die Genauigkeit der Umsetzung sind die Abweichungen der Kettenleiter-Widerstände voneinander entscheidend, so daß man für einen solchen DAC möglichst Widerstände mit gleicher Toleranz und guter Übereinstimmung des Temperaturgangs einsetzen sollte. Dabei ist es sinnvoll, auch die Anforderungen an die Genauigkeit der Referenzspannungsquelle und an den Quantisierungsfehler ($F_Q \approx 2^{-n}$), d.h. an die Stellenzahl n des Konverters, anzupassen.

Versuche

V 3.5.2.1

a) Realisieren Sie die in Abb. 3.5.10 dargestellte Schaltung eines 4-bit-DAC mit einem niederohmigen R-$2R$-Netzwerk und gesteuerten Konstantstromquellen unter Verwendung folgender Bauelemente: IC 1: DL 193 D; IC 2: D 126 D; $T_1 \ldots T_4$: KP 350 A. Als Auswerteschaltung ist ein Summierverstärker nach Abb. 3.5.14 (IC 1: B 081 D) einzusetzen. Dabei ist der Widerstand R_F so zu dimensionieren, daß die maximale Ausgangsspannung des DAC $\bar{U}_{a\,max} = -12$ V erreicht. Die Bereitstellung der Referenzspannung $\bar{U}_{ref} = +12$ V erfolgt durch die Referenzspannungsquelle nach Abb. 3.5.13 (T_1: SF 826 C; D_1: SZ 600/12).

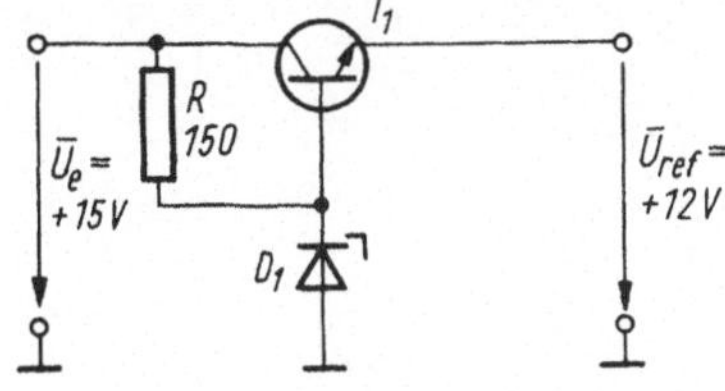

Abb. 3.5.13. Referenzspannungsquelle

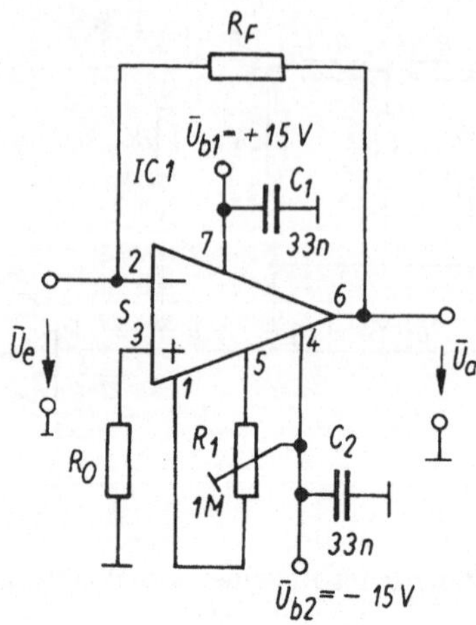

Abb. 3.5.14. Summierverstärker als Auswerteschaltung

Als Widerstände für das R-$2R$-Netzwerk und die Stromquellen sind Metallschichtwiderstände mit 1 % Toleranz zu verwenden.

b) Führen Sie vor Inbetriebnahme der Schaltung einen Abgleich der Offsetspannung durch! Messen Sie die Abhängigkeit der Ausgangsspannung $\bar{U}_a$ von der digitalen Eingangsgröße, indem Sie den Dualzähler (DL 193 D) zunächst mit Einzelimpulsen durch die Schaltung zur Start-Impuls-Auslösung nach Abb. 3.5.15 ansteuern! Bestimmen Sie hieraus mit Hilfe von Gl. (3.5.6) den maximalen Umsetzfehler $F_{u\,max}$!

c) Steuern Sie den Dualzähler (DL 193 D) wahlweise über den Zähleingang für den Vorwärts- oder Rückwärtszählbetrieb mit einem Rechteckwellen-Generator (Impulsfolgefrequenz $f \approx 10$ kHz, Impulsspannung $\hat{U} \leqq 5$ V) an, wobei der jeweils

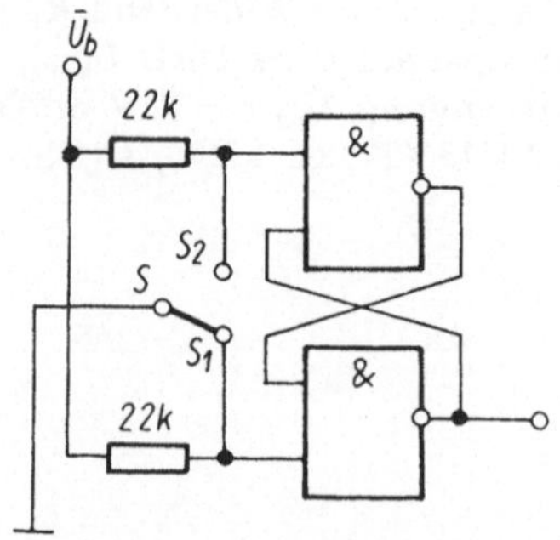

Abb. 3.5.15. Schaltung zur Start-Impuls-Auslösung

nicht benutzte Zähleingang auf *H*-Potential zu legen ist, und beobachten Sie das Ausgangssignal in Form einer Treppe auf dem Oszillographen!

d) Realisieren Sie die in Abb. 3.5.12 dargestellte Schaltung eines 4-bit-DAC mit Widerstands-Kettenleiter und gesteuerten Konstantstromquellen unter Verwendung folgender Bauelemente: IC 1: DL 193 D; IC 2: D 126 D; $D_1 \ldots D_4$: SAY 18; $R = 15\,\mathrm{k\Omega}$ und/oder $56\,\mathrm{k\Omega}$. Als Auswerteschaltung ist auch hier ein Summierverstärker nach Abb. 3.5.14 (IC 1: B 081 D) einzusetzen. Weitere Hinweise sind bereits unter a) aufgeführt. Die Durchführung des Versuches erfolgt nach b) und c).

V 3.5.2.2

In Abb. 3.5.16 werden das Blockschaltbild und die Anschlußbelegung eines integrierten 12-bit-DAC, der im direkten Parallelbetrieb arbeitet und einen dualen Eingangscode besitzt, dargestellt. Dieser DAC (C 565 D, AD 565) enthält als wesentliche Baugruppen:

- die Referenzspannungsquelle,
- die Referenzstromquelle,
- die TTL – kompatiblen Eingangsstufen,
- den Eingangs-Regelspannungs-Operationsverstärker,
- das gestufte Präzisionswiderstandsnetzwerk,
- die Stromquellentransistoren,
- die schnellen Stromquellenschalter,
- die integrierten Ausgangswiderstände R_1 und R_2 und
- den Widerstand R_3 zur Umschaltung von Unipolar- auf Bipolarbetrieb.

a) Zur Überwachung und Auswertung von Grenzwertüberschreitungen ist es günstig, wenn sich Grenzwerte auch digital programmieren lassen. Realisieren Sie die Schaltung eines programmierbaren Grenzwertmelders nach Abb. 3.5.17, die eine Auflösung von 8 bit erreicht, unter Verwendung folgender Bauelemente:

   IC 1: C 565 D;
   IC 2: B 081 D;
   IC 3: DL 000 D;
   D_1: Lumineszenzdiode (VQA 16 bzw. VQA 26).

   Beachten Sie dabei folgende Hinweise:

   1. Schalten Sie bei der Auslegung des DAC C 565 D als 8-bit-DAC die nicht benutzten Digitaleingänge (Anschlüsse 13 bis 16) auf Masse.
   2. Der Nullpunkt- und Endwertabgleich des DAC sind zeitlich nacheinander durch die beiden Dickschichteinsteller mit Spindelantrieb P_1 und P_2 auszuführen.
   3. Die Masseführung ist so auszulegen, daß keine Ströme des Digitalteils über die Analogmasse fließen.
   4. Die beiden Betriebsspannungen $\bar{U}_{b1}$ und $\bar{U}_{b2}$ sind unmittelbar an den Schaltkreisen IC 1 und IC 2 mit jeweils zwei parallel geschalteten Kondensatoren ($C = 47\,\mu\mathrm{F} \parallel 47\,\mathrm{nF}$) gegen Masse (Digitalmasse) abzublocken.

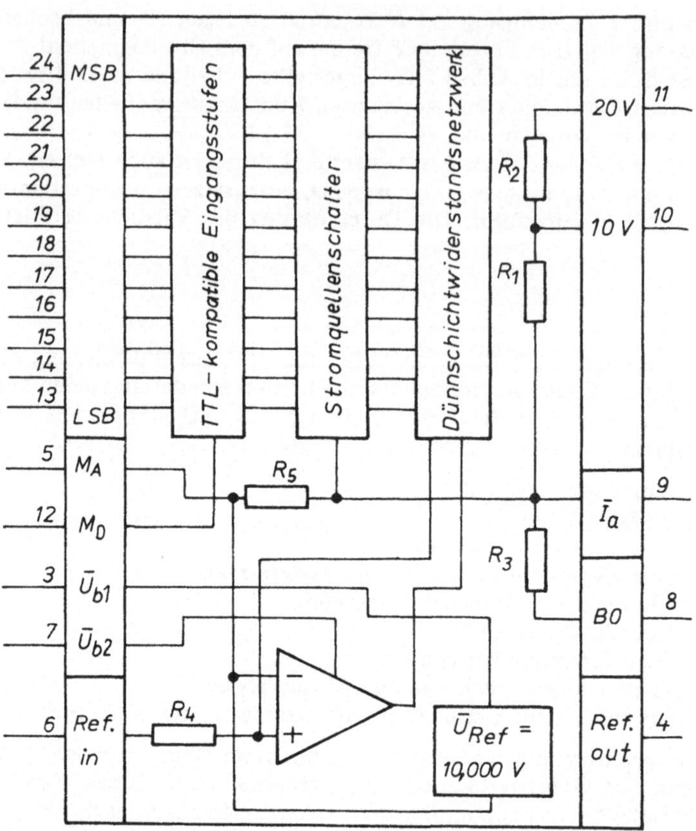

Abb. 3.5.16. Blockschaltbild des DAC C 565 D

b) Kontrollieren Sie die Funktionstüchtigkeit des Grenzwertmelders bei der Überwachung beliebiger Spannungen in den Bereichen $\bar{U}_e = (0\ldots+10)$ V und $\bar{U}_e = (0\ldots+20)$ V! Eine Grenzwertüberschreitung wird jeweils durch das Aufleuchten der Lumineszenzdiode D_1 signalisiert. Mit Hilfe eines achtstelligen Ziffernschalters lassen sich beliebige digitale Eingangssignale im Dualcode mit 8 bit Wortbreite vorgeben. Dieser Ziffernschalter besteht aus acht einpoligen Umschaltern, bei denen die eine Schalterstellung auf *L*-Potential und die andere auf *H*-Potential liegt. Ein solcher Ziffernschalter läßt sich durch den Einsatz von DIL-Schaltern (KSD 31 nach TGL 39 058) realisieren.
Führen Sie den Nullpunkt- und den Endwertabgleich des Grenzwertmelders mit den digitalen Eingangssignalen *LLLL LLLL* bei $\bar{U}_e = 0$ V und *HHHH HHHH* bei $\bar{U}_e = +10$ V durch! Mit einer Änderung von 1 LSB (Least Significant Bit, niederwertigstes Bit) im digitalen Eingangssignal wird für den analogen Span-

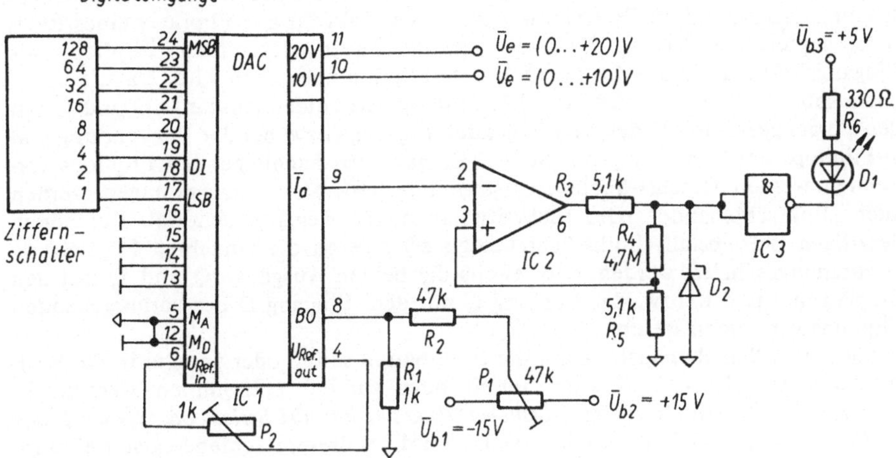

Abb. 3.5.17. Programmierbarer Grenzwertmelder mit DAC

nungsbereich $U_e = (0...+10)$ V eine Änderung von 39,06 mV erzielt. Dieser Wert entspricht auch der Auflösung des Grenzwertmelders.

3.5.3. Schieberegister

Das *Schieberegister* ist eine Schaltung, die zur Speicherung binär codierter Informationen dient. Bei ihm kann die Information in unveränderter Form innerhalb einer Speichereinheit (Register) transportiert werden. Die einzelnen Speicher dieses Re-

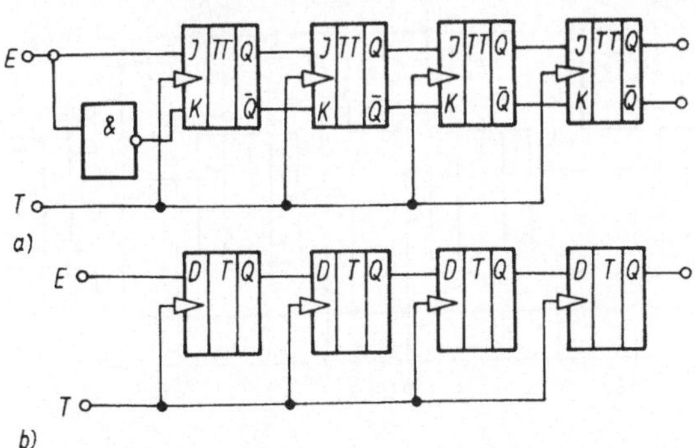

Abb. 3.5.18. Prinzipschaltbild eines Rechts-Schieberegisters
a) mit J-K-Flipflops; b) mit D-Flipflops

gisters (meist Zwischenspeicher-Flipflops) sind untereinander so zusammengeschaltet, daß mit jedem Taktimpuls – wobei der Takt für alle Flipflops eines Registers gemeinsam ist – die Ausgangsinformation des einen Flipflops als Eingangsinformation auf das nachfolgende Flipflop übergeben wird. Dazu müssen nach Abb. 3.5.18 beim Einsatz von J-K-Flipflops die beiden Ausgänge Q und $\bar{Q}$ mit den Eingängen J und K des nachfolgenden Flipflops bzw. bei der Verwendung von D-Flipflops der Q-Ausgang mit dem D-Eingang des nachfolgenden Flipflops verbunden werden (Rechts-Schieberegister). Für bestimmte Anwendungen werden auch „linksschiebende" oder rückwärtsschiebende Register benötigt. Bei einem derartigen Betriebsfall (Links-Schieberegister) müssen die einzelnen Flipflops so zusammengeschaltet werden, daß jeweils die beiden Ausgänge Q und $\bar{Q}$ mit den Eingängen J und K bzw. der Ausgang Q mit dem Eingang D des vorhergehenden Flipflops verbunden werden.

Bei einem Schieberegister kann die Information seriell oder parallel in die Speicherkette eingelesen und auch seriell oder parallel entnommen werden. In Abb. 3.5.19 wird ein vierstufiges *Schieberegister zur Parallel-Serien- oder Serien-Parallel-Umsetzung* mit D-Flipflops dargestellt. Wird bei diesem Schieberegister eine Information von 4 bit nacheinander Bit für Bit (seriell) über den Eingang $E_S = D_A$ eingegeben, dann steht diese Information nach vier Taktimpulsen gleichzeitig in ihrer Gesamtheit an den vier Q-Ausgängen des Registers (parallel) zur Verfügung, und das Register arbeitet als Serien-Parallel-Umsetzer. Im umgekehrten Fall wird beim Parallel-Serien-Umsetzer die parallele digitale Eingangsinformation von 4 bit durch Auslösung eines Abtastimpulses gleichzeitig auf die Setzeingänge der einzelnen Flipflops des Registers gegeben, wodurch die vier Flipflops entsprechend gesetzt werden. Diese 4-bit-Kombination wird nun nacheinander Bit für Bit übertragen und steht als serielle Ausgangsinformation am Ausgang $A_S = Q_D$ des letzten Flipflops zur Verfügung.

Wenn man ein Schieberegister mit J-K-Flipflops zum Ring schließt, indem man die Ausgänge Q bzw. $\bar{Q}$ des letzten Flipflops mit den Eingängen J bzw. K des er-

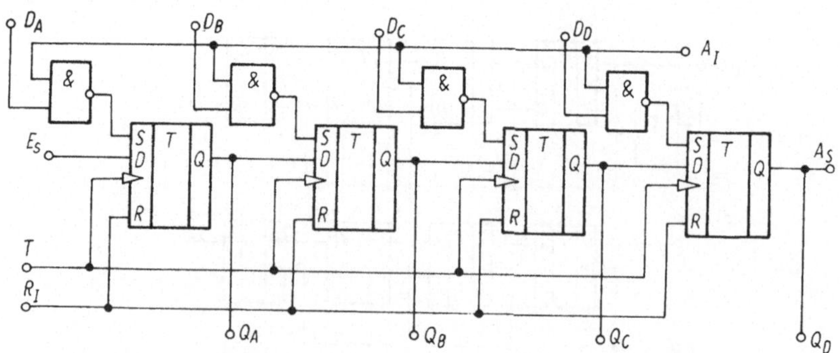

Abb. 3.5.19. Vierstufiges Schieberegister zur Parallel-Serien- oder Serien-Parallel-Umsetzung mit D-Flipflops
(A_I Abtastimpuls; R_I Rückstellimpuls)

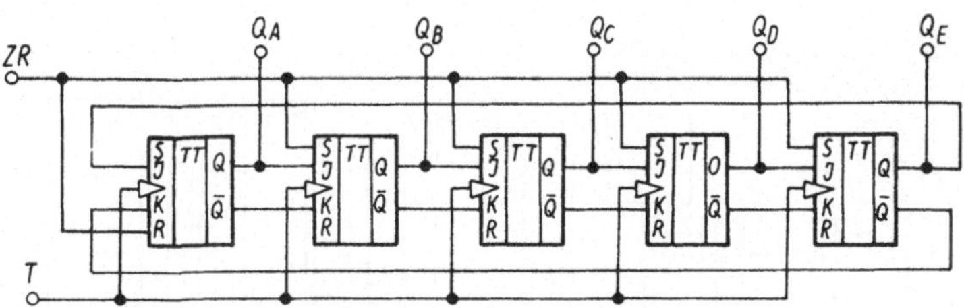

Abb. 3.5.20. Fünfstufiger Ringzähler mit J-K-Flipflops

sten Flipflops verbindet, so erhält man einen *Ringzähler*. In Abb. 3.5.20 ist ein fünfstufiger Ringzähler mit J-K-Flipflops dargestellt. Der Ringzähler ist die einfachste synchrone Zählschaltung. Ein aus z hintereinandergeschalteten J-K-Flipflops bestehender Ringzähler kann bis $n = z$ zählen, d.h., nach n Zählimpulsen befindet er sich wieder in seiner Ausgangsstellung. Beim Ringzähler läuft dabei ein „*L*" (oder „*H*") zyklisch um. Das Signal wird vor Beginn des Zählvorgangs eingelesen, indem man die Schaltung durch den Stellimpuls ZR in die Grundstellung bringt. Dazu wird der Stellimpuls, der mit dem Potential L wirkt, beim ersten Flipflop an R (oder S) und bei den übrigen an S (oder R) geführt, so daß sich im ersten Flipflop ein „*L*" (oder „*H*") befindet. Beim Ringzähler liegt das Zählergebnis an den Flipflop-Ausgängen immer in decodierter Form vor. Der Zählumfang wird durch die Anzahl z der Flipflops bestimmt. Dies bedingt jedoch einen relativ hohen Aufwand an Flipflops bei großem Zählumfang. Ringzähler lassen sich auch mit D-Flipflops aufbauen. Der Ringzähler besitzt im Vergleich zu anderen Zählschaltungen die kleinste Verzögerungszeit (Zeitdauer zwischen dem Eintreffen des Zählimpulses und dem Vorliegen des Zählergebnisses) und wird oft als Frequenzteiler oder Frequenzuntersetzer benutzt.

Versuche

V 3.5.3.1

a) Zur seriellen Übertragung des Zählerstandes eines 4-bit-Dualzählers (Einsparung von Leitungen bei größeren Entfernungen) ist eine Parallel-Serien-Umsetzung auf der Senderseite und eine Serien-Parallel-Umsetzung auf der Empfängerseite erforderlich. Realisieren Sie nach Abb. 3.5.21 eine Schaltung zur Parallel-Serien- (IC 2) und Serien-Parallel-Umsetzung (IC 3) unter Verwendung folgender Bauelemente:

IC 1: DL 123 D;
IC 2, IC 3: DL 295 D;
IC 4: D 346 D;
FSA 1: VQB 28.

b) Überprüfen Sie die Funktionstüchtigkeit der Schaltung, indem Sie verschiedene

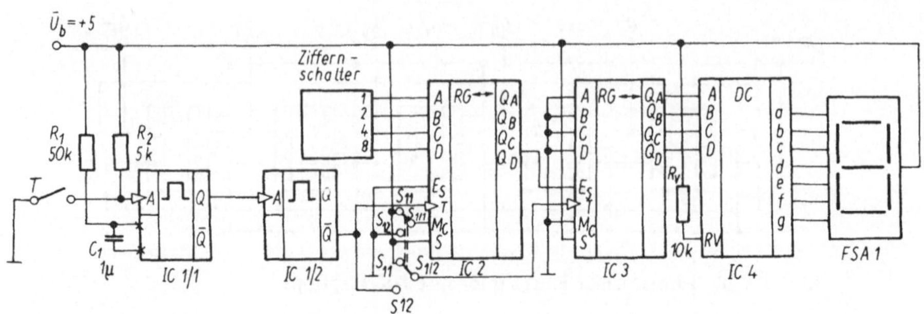

Abb. 3.5.21. Schaltung zur Parallel-Serien- und Serien-Parallel-Umsetzung mit Schieberegistern

Zählerstände übertragen und auf der Anzeige kontrollieren! Beachten Sie dabei folgende Hinweise:
Der zu übertragende Zählerstand wird auf der Senderseite mit Hilfe eines vierstelligen Ziffernschalters an den Eingängen für die Paralleleingabe des Schieberegisters IC 2 bereitgestellt. Dieser Ziffernschalter besteht aus vier einpoligen Umschaltern, bei denen die eine Schalterstellung *L*-Potential und die andere *H*-Potential aufweist. Ein solcher Ziffernschalter läßt sich durch den Einsatz von DIL-Schaltern (KSD 31 nach TGL 39 058) realisieren. Zur Übernahme der an den Dateneingängen anliegenden Information wird der zweipolige Umschalter ($S_{1/1}$ und $S_{1/2}$) in die Stellung S_{11} gebracht. Dadurch werden der Steuereingang von IC 2 und der Takteingang T von IC 3 auf *H*-Potential gelegt. Mit Hilfe der Schaltung zur Erzeugung von Einzelimpulsen (IC 1/1 und IC 1/2) wird durch die Betätigung des Tasters T ein Einzelimpuls ausgelöst und die an den Eingängen A bis D anstehende Information in das Schieberegister IC 2 übernommen. Anschließend wird der zweipolige Umschalter ($S_{1/1}$ und $S_{1/2}$) in die Stellung S_{12} gebracht. Dadurch werden der Steuereingang M_C von IC 2 auf *L*-Potential gelegt und der Takteingang T von IC 3 mit dem Ausgang $\bar{Q}$ des monostabilen Multivibrators IC 1/2 verbunden. Mit Hilfe von vier Einzelimpulsen wird der im Schieberegister IC 2 eingeschriebene Zählerstand seriell über den Ausgang Q_D ausgegeben und über den seriellen Eingang E_S in das Schieberegister IC 3 wieder eingeschrieben, so daß nach viermaliger Betätigung des Tasters T der Zählerstand auf der Empfängerseite an den Ausgängen Q_A bis Q_D des Schieberegisters IC 3 bereitsteht. Diese Ausgänge sind mit den Eingängen A bis D des BCD-zu-7-Segment-Decoders IC 4 verbunden, der den Zählerstand als *hexadezimale Ziffer* auf die LED-7-Segment-Anzeige FSA 1 ausgibt. Das *Hexadezimalsystem* verwendet die 16 Symbole 0...9, A, B, C, D, E und F. Die Symbole A...F entsprechen den Dezimalzahlen 10...15.

V 3.5.3.2

a) Realisieren Sie die Schaltung eines achtstufigen Ringzählers nach Abb. 3.5.22 unter Verwendung folgender Bauelemente:

IC 1:	DL 123 D;
IC 2, IC 3:	DL 295 D;
NAND-Gatter:	DL 000 D;
D_1 bis D_8:	Lumineszenzdioden (VQA 16 bzw. VQA 26).

Beachten Sie dabei folgende Hinweise:
Vor Zählbeginn ist der Schalter S_1 in die Stellung S_{11} zu bringen. Mit dem Taster T wird über die Schaltung zur Erzeugung von Einzelimpulsen (IC 1/1 und IC 1/2) ein Taktimpuls ausgelöst und auf den Takteingang T von IC 2 gegeben. Dadurch erfolgt am seriellen Eingang E_S die Übernahme der Information E_S = H. Anschließend wird der Schalter S_1 in die Stellung S_{12} gebracht, wodurch der serielle Eingang von IC 2 mit dem Ausgang Q_D von IC 3 verbunden ist. Der Ringzähler befindet sich in seiner Grundstellung. Der Zählbetrieb erfolgt durch das Auslösen weiterer Taktimpulse.

b) Beobachten Sie den Zustand der einzelnen Ausgänge der beiden Schieberegister (IC 2 und IC 3) als Funktion der eingetasteten Taktimpulse! Eine leuchtende Lumineszenzdiode bedeutet, der entsprechende Ausgang des Schieberegisters besitzt *H*-Potential (Ziffernwert = 1), eine nichtleuchtende Lumineszenzdiode, der Ausgang liegt auf *L*-Potential (Ziffernwert = 0).

c) Steuern Sie den Ringzähler (IC 2 und IC 3) am Takteingang T von IC 2 mit einem Rechteckwellen-Generator (Impulsfolgefrequenz $f = 10$ kHz, Impulsamplitude $\hat{U} \leqq 5$ V) an, wobei vorher der monostabile Multivibrator IC 1/2 abzutrennen ist, und betrachten Sie auf einem Zweistrahl-Oszillographen jeweils die Taktimpulsfolge und die Impulsfolge an den einzelnen Ausgängen der beiden Schieberegister (IC 2 und IC 3)!

d) Geben Sie die Information HLLH (Ziffernwert = 1001) bitseriell über den Eingang E_S von IC 2 in den Ringzähler (IC 2 und IC 3) ein! Bringen Sie hierfür den Schalter S_1 in die Stellung S_{11} und lösen Sie mit dem Taster T über die Schal-

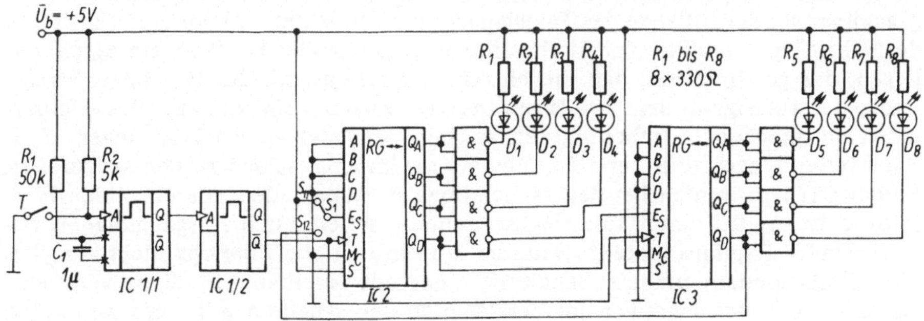

Abb. 3.5.22. Schaltung eines achtstufigen Ringzählers

tung zur Erzeugung von Einzelimpulsen (IC 1/1 und IC 1/2) zeitlich nacheinander vier Taktimpulse aus, die auf den Takteingang T von IC 2 gegeben werden! Stellen Sie gleichzeitig zu jedem Taktimpuls am seriellen Eingang E_S das entsprechende Bit bereit! Bringen Sie danach den Ringzähler wieder in seine Grundstellung! Die weitere Auswertung erfolgt entsprechend b) und c)!

3.5.4. Frequenzteiler, Zähler

In diesem Abschnitt werden *asynchrone und synchrone Frequenzteiler für beliebige Teilerverhältnisse* und *asynchron und synchron arbeitende Dual- und Dezimalzähler im Vorwärts- und Rückwärts-Zählbetrieb* sowie *voreinstellbare Zähler und Vorwahlzähler* behandelt. Zwischen Zählern und Frequenzteilern gibt es von der Schaltungsstruktur her keine grundlegenden Unterschiede. Sie unterscheiden sich voneinander nur dadurch, daß bei Zählern im Gegensatz zu Frequenzteilern die Anschlüsse für die Anzeige des Zählergebnisses nach außen geführt sind.

Der Aufbau von *Frequenzteilern oder -untersetzern* erfolgt in der Regel durch Hintereinanderschalten (Kettenschaltung) mehrerer Flipflops (Anzahl z). Frequenzteiler besitzen einen Takteingang und auch nur einen Ausgang. Sie springen nach jeweils $n(n \leqq 2^z)$ eintreffenden Eingangsimpulsen in ihren Ausgangszustand zurück und geben dabei ein Ausgangssignal ab. Bei einer periodischen Impulsfolge wird dadurch die Frequenz der Impulse im Verhältnis $n:1$ untersetzt, wobei für einen reinen *Dualuntersetzer* (Kettenschaltung von z J-K-Flipflops ohne Rückführung) die Zahl $n = 2^z$ ist. Für ein kleineres Teilerverhältnis ($n < 2^z$) sind Rückführungen erforderlich, um einige der 2^z möglichen Zustände zu überspringen. Der einfachste Frequenzteiler, der die Frequenz der Impulse im Verhältnis 2:1 teilt, kann mit einem J-K-Flipflop (z.B. DL 112 D), dessen Eingänge die Belegung $J = K = H$ besitzen, aufgebaut werden. In Abhängigkeit von der Art der Taktsteuerung existieren *synchron und asynchron arbeitende Frequenzteiler*. Bei synchronen Frequenzteilern werden alle Takteingänge der Flipflops durch das gleiche Taktsignal angesteuert (paralleler Taktbetrieb). Damit erreicht man, daß die erforderlichen Kippvorgänge gleichzeitig erfolgen und das Ausgangssignal lediglich um eine Flipflop-Schaltzeit gegenüber der Schaltflanke des Taktsignals verzögert ist. Bereits vor dem Eintreffen der Schaltflanke muß an den Vorbereitungseingängen der Flipflops ein Signal anliegen, das gewährleistet, daß die einzelnen Flipflops mit der folgenden Schaltflanke des Taktsignals den jeweils gewünschten Zustand einnehmen. Dies erfordert einen entsprechenden schaltungstechnischen Aufwand an Rückführungen, Zwischenverbindungen und Verknüpfungsgattern. Im Unterschied zu den synchronen Frequenzteilern werden bei den asynchronen Frequenzteilern die einzelnen Flipflops nicht parallel durch Taktimpulse, sondern seriell durch Ausgangssignale davorliegender Flipflops gestellt. Dadurch kippen auch die Flipflops nicht zur gleichen Zeit, sondern um die Schaltzeit eines oder mehrerer Flipflops verzögert. Asynchrone Teiler benötigen im Vergleich zu den synchronen Teilern wesentlich weniger Aufwand an Verbindungsleitungen und Verknüpfungsgattern. Nach Abb. 3.5.23 kann man asynchrone Frequenzteiler mit beliebigem Teilungsverhältnis $n \geqq 2$ entwerfen, die für jedes J-K-Flipflop neben dem Takteingang C nur einen J-Eingang und dabei auch keine zusätzlichen Verknüpfungsgatter benötigen. Drei Beispiele für die Kombination der in Abb. 3.5.23 gezeigten beiden Schaltungsprinzipien sind in Abb. 3.5.24 dargestellt [39].

Zähler werden ebenso wie Frequenzteiler durch eine Kettenschaltung von Zwischenspeicher-Flipflops (z. B. J-K-Flipflops: DL 112 D, V 4027 D bzw. D-Flipflops: DL 074 D, V 4013 D) realisiert. Dabei gilt auch hinsichtlich der Unterscheidung zwischen asynchronen und synchronen Zählern das gleiche wie bei den Frequenzteilern. Das erste Flipflop innerhalb eines Zählers stellt einen „Zweier-Zähler" dar, der die Wertigkeit 2^0 besitzt und bis 1 zählen kann. Zum Aufbau eines kompletten Zählers, der im dualen Zahlensystem zählt, benötigt man natürlich weitere Flipflops, denen die Wertigkeiten 2^1, 2^2, 2^3, 2^4, ... entsprechend den darzustellenden Dualzahlen zugeordnet sind. Der *Zählerstand eines Dualzählers* ergibt sich aus den Ausgangspotentialen (Zuständen) der einzelnen Zählerstufen (Flipflops), die entsprechend dem Dualcode nur die Werte *H* und *L* haben. Die Zählkapazität wird durch die möglichen Zustandskombinationen der Zählerstufen bestimmt.

So beträgt die Zählkapazität eines Dualzählers (Binärzähler) aus *z* Flipflops

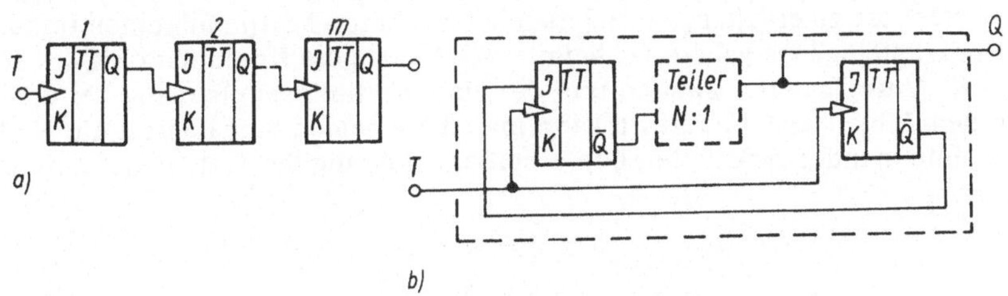

Abb. 3.5.23. Schaltungsprinzipien asynchroner Frequenzteiler
a) mit einem Teilerverhältnis 2^n:1; b) mit einem Teilerverhältnis (2N + 1):1

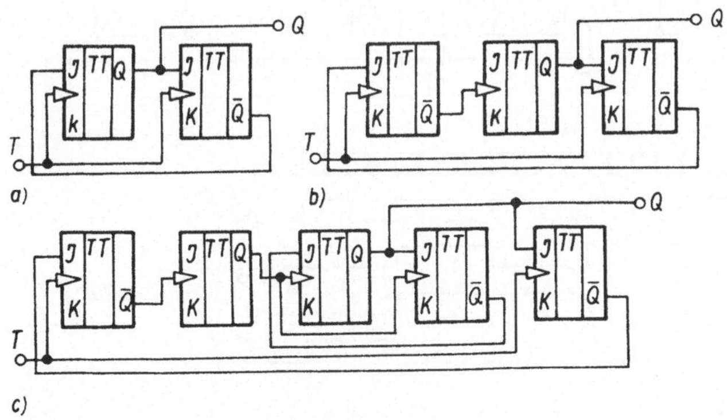

Abb. 3.5.24. Asynchrone Frequenzteiler
a) Teiler 3:1; b) Teiler 5:1; c) Teiler 13:1

2^z-1 Impulse. Beim 2^zten Impuls kehrt dieser Zähler wieder in die Ausgangslage (Nullstellung) zurück. Soll ein Zähler nicht dual, sondern dezimal zählen und anzeigen, so benötigt man einen *Dekadenzähler*, der für jede Dezimalstelle eine *Zähldekade* (Dezimalzähler, Modulo-10-Zähler) enthält. Diese Zähldekade besteht aus vier Flipflops, kann von 0 bis 9 zählen und geht mit dem zehnten Taktimpuls wieder auf 0 zurück. Die Zahlen 0 bis 9 werden im BCD-Code (binär codierte Dezimalzahl) dargestellt. Sehr häufig arbeiten diese *Zähldekaden nach dem 8-4-2-1-Code* (natürlicher BCD-Code), der auch bei anderen digitalen Funktionseinheiten angewendet wird und damit das Zusammenschalten wesentlich vereinfacht. Im 8-4-2-1-Code wird jede Dezimalzahl durch ein vierstelliges Codewort dargestellt. Zur Beschreibung der Dezimalziffern werden von den 16 möglichen *Tetraden des vierstelligen binären Codes* nur 10 benötigt, so daß dieser Code noch *6 Pseudotetraden* enthält. Da ein vierstufiger Zähler (Zähler mit vier Flipflop-Stufen) 16 Zustände besitzt, muß man entweder durch Rückführungen oder durch Nullsetzen der Zähldekade gewährleisten, daß beim Eintreffen des zehnten Taktimpulses der Zähler auf 0 zurückgestellt wird und die sechs nicht benötigten letzten Zustände einfach übersprungen werden.

Verwendet man die *Methode der Rückstellung*, um aus einem Dualzähler eine Zähldekade zu erhalten, so muß man beim zehnten Taktimpuls einen Impuls auf die Rückstelleingänge geben. Da beim 8-4-2-1-Code die Kombination $Q_B = H$ und $Q_D = H$ (Ausgänge des zweiten und des vierten Flipflops) erstmalig bei dem dekadischen Zählerstand 10 auftritt, kann man diese beiden Signale über ein NAND-Gatter miteinander verknüpfen und erhält am Ausgang des Gatters das zum Betätigen

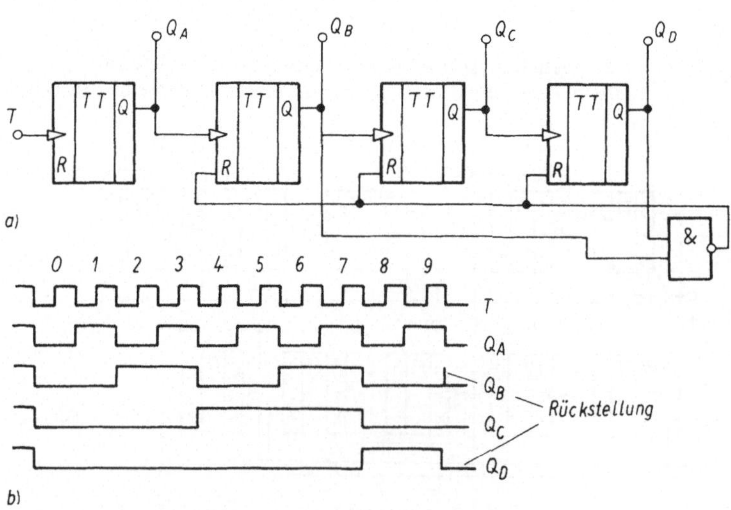

Abb. 3.5.25. Asynchrone Vorwärts-Zähldekade
a) Schaltung durch Rückstellung; b) Impulsdiagramm

der Rückstelleingänge des zweiten, dritten und vierten Flipflops benötigte *L*-Signal. In Abb. 3.5.25a wird hierzu eine entsprechende Schaltung dargestellt. Aus dem dazugehörigen Impulsdiagramm in Abb. 3.5.25b erkennt man, daß nach dem zehnten Taktimpuls am Ausgang Q_B kurzzeitig ein *H*-Signal erscheint, das durch den Rückstellimpuls aber sofort wieder unterdrückt wird. Realisiert man eine *Zähldekade durch Vorbereitung,* d. h. durch eine entsprechende Beschaltung der J- und K-Eingänge, dann besitzt diese Zähldekade kein kurzzeitiges *H*-Signal am Ausgang Q_B beim zehnten Taktimpuls (Abb. 3.5.26).

Da die Zähldekade im 8-4-2-1-Code zählen soll, müssen entsprechend dem Impulsdiagramm in Abb. 3.5.26b die einzelnen Flipflops folgende Forderungen erfüllen:

- Flipflop A muß bei jedem Taktimpuls kippen ($J_A = K_A = H$).
- Flipflop B muß bei jedem *HL*-Übergang von Q_A kippen mit Ausnahme des fünften Überganges (zehnter Taktimpuls). Es muß daher vom ersten bis zum achten Taktimpuls $J_B = K_B = H$ gelten und beim neunten und zehnten Impuls $J_B = K_B = L$ oder $J_B = L$, $K_B = H$ sein. Deshalb wird J_B mit Q_D verbunden.
- Flipflop C muß bei jedem *HL*-Übergang von Q_B (vierter und achter Taktimpuls) kippen ($J_C = K_C = H$).
- Flipflop D muß bei dem *HL*-Übergang von Q_C (achter Taktimpuls) von *L*- auf *H*-Potential und am Ende des zehnten Taktes von *H*- auf *L*-Potential kippen. Dies wird erreicht, indem der Takteingang dieses Flipflops mit Q_A und der Vorbereitungseingang J_D über ein integriertes UND-Gatter mit Q_B und Q_C verbunden werden ($K_D = H$), so daß durch den ersten bis dritten *HL*-Übergang von Q_A das Flipflop nicht kippt.

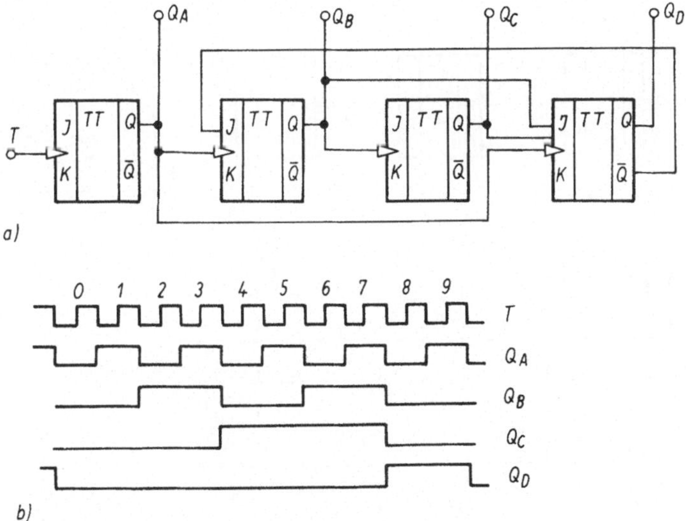

Abb. 3.5.26. Asynchrone Vorwärts-Zähldekade
a) Schaltung durch Vorbereitung; b) Impulsdiagramm

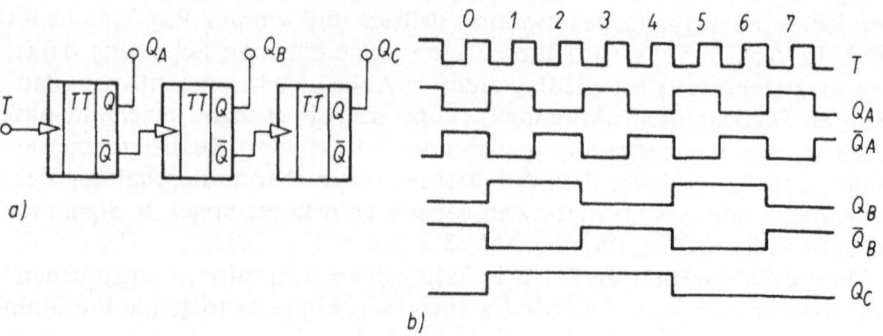

Abb. 3.5.27. Asynchroner Rückwärts-Dualzähler
a) Schaltung; b) Impulsdiagramm

Werden durch eine entsprechende Wahl der Rückführungen anstelle der sechs letzten Zustände andere Zustände übersprungen, dann sind bei einer Zähldekade auch andere Zeitabläufe möglich, und man erhält z. B. den 2-4-2-1-Code, den 5-4-2-1-Code usw. Der Aufwand bei der Realisierung einer Zählschaltung hängt im wesentlichen vom eingesetzten Flipflop-Typ und von der verwendeten Codierung ab. Die Ausgangssignale des Zählers werden häufig zur weiteren Verarbeitung auf ein *Decodiernetzwerk* gegeben, um damit Anzeigeeinheiten anzusteuern oder Schalt- bzw. Steuervorgänge auszulösen.

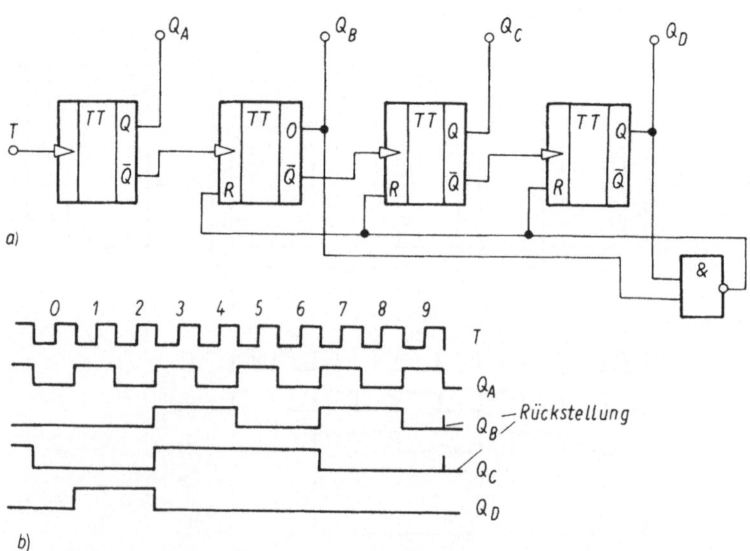

Abb. 3.5.28. Asynchrone Rückwärts-Zähldekade
a) Schaltung durch Rückstellung; b) Impulsdiagramm

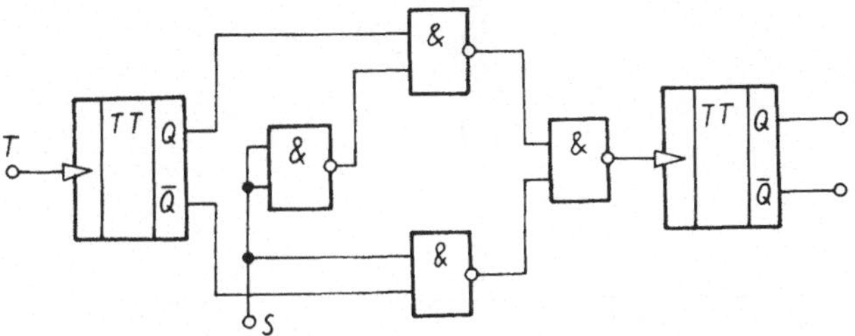

Abb. 3.5.29. Umschaltnetzwerk für einen asynchronen Vorwärts-Rückwärts-Dualzähler
(S = *L*: vorwärts; S = *H*: rückwärts)

Im Gegensatz zu den bisher betrachteten Vorwärts-Zählern beginnt der Rückwärts-Zähler von der höchsten Zahl an abwärts zu zählen. Soll ein asynchroner Dualzähler rückwärts zählen, dann muß jeweils anstelle des Q-Ausgangs der Q̄-Ausgang mit dem Takteingang des nachfolgenden Flipflops verbunden werden. So springt ein dreistufiger Dualzähler, falls er auf 0 stand, mit dem ersten Taktimpuls immer auf die Zahl 7 und verringert mit jedem weiteren Taktimpuls den Zählerstand um eine Ziffer, bis er bei 0 angelangt ist (Abb. 3.5.27). Eine *Rückwärts-*

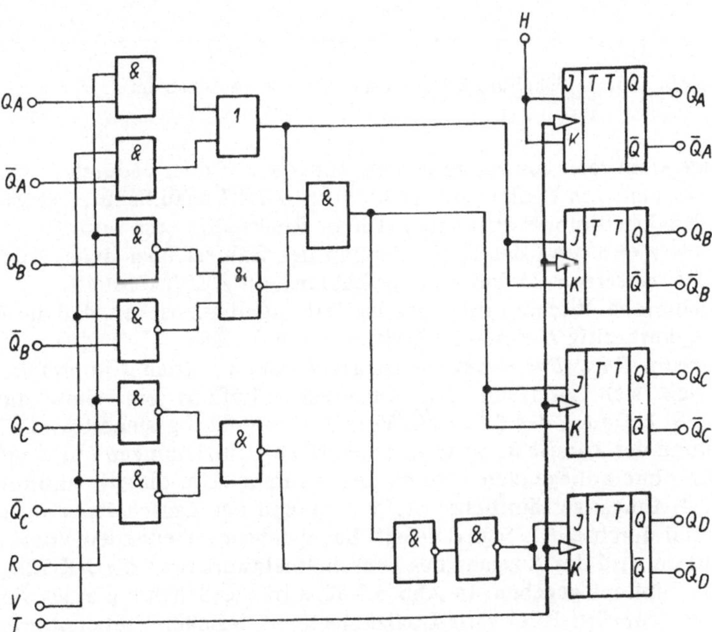

Abb. 3.5.30. Vierstufiger synchroner Vorwärts-Rückwärts-Dualzähler
(V = *H*, R = *L*: vorwärts; V = *L*, R = *H*: rückwärts)

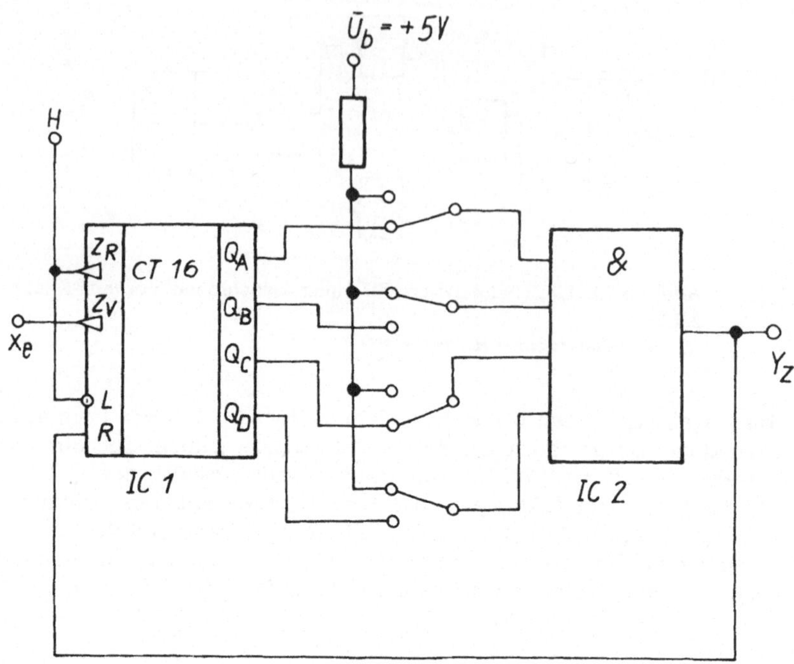

Abb. 3.5.31. Schaltung eines einstellbaren Vorwahlzählers

Zähldekade kann man aus einem dualen Rückwärts-Zähler dadurch gewinnen, daß man das Kippen vom Zählerstand *LLLL* nach *HHHH* dazu benutzt, einen entsprechenden Rückstellimpuls abzuleiten. Dieser Rückstellimpuls wird dann dazu verwendet, das zweite und das dritte Flipflop des Zählers über deren Rücksetzeingänge auf *L* zu setzen, so daß sich der Zählerstand *HLLH* einstellt.

Als Nachteil bei diesem Prinzip ist der Tatbestand anzusehen, daß die Ausgänge Q_B und Q_C kurzzeitig *H*-Potential besitzen (Abb. 3.5.28).

Ein *Vorwärts-Rückwärts-Dualzähler* im asynchronen Betrieb wird praktisch so aufgebaut, daß sich zwischen den einzelnen Flipflops ein Umschaltnetzwerk (Abb. 3.5.29) befindet, das durch ein Vorzeichensignal S gesteuert wird. Durch die Umschaltung der Zählrichtung kann es dabei zu Fehlzählungen (ein Schalten von Zählstufen ohne anliegenden Zählimpuls) kommen. Um dies zu verhindern, werden die J-K-Eingänge sämtlicher Stufen während des Umschaltens auf das Blokkierpotential durch ein *L*-Signal gelegt. Bei synchron arbeitenden Vorwärts-Rückwärts-Zählern wird der Ausgang des Umschaltnetzwerkes an die J-K-Eingänge der folgenden Flipflops gegeben. In Abb. 3.5.30 wird die Schaltung eines vierstufigen synchronen Vorwärts-Rückwärts-Dualzählers mit serieller Vorbereitungsverknüpfung dargestellt. Asynchrone Vorwärts-Rückwärts-Zähler spielen i. allg. gegenüber den synchronen Zählern nur eine untergeordnete Rolle.

Vorwahlzähler

Vorwahlzähler sind so konzipiert, daß sie beim Erreichen einer wählbaren Zahl ein Signal abgeben. Über einen Codierschalter wird eine Zahl (hier Dualzahl) eingestellt, bei der der Zähler auf die Stellung 0 rückgesetzt wird. Abb. 3.5.31 zeigt eine Schaltung für einen Vorwahlzähler. Die eingezeichnete Schalterstellung entspricht der Zahl 5. Die am Eingang X_e anliegenden Impulse werden vom Zähler CT 16 gezählt. Beim Erreichen der Zahl 5 entsteht am Ausgang Y_Z ein positiver Impuls, der den Zähler CT 16 über den Rückstelleingang R auf Null steht. Eine andere Möglichkeit zur Realisierung eines Vorwahlzählers ist im Versuch V 3.3.2.1 angegeben.

Voreinstellbarer Zähler

Ein Zähler, der seine Zählung nicht bei Null, sondern bei einer bestimmten Zahl beginnen soll, muß auf diese entsprechende Zahl voreingestellt werden können. Dies geschieht in der Form, daß die einzelnen Flipflop-Stufen des Zählers entsprechend der einzustellenden Zahl auf *L* oder *H* gesetzt werden.

Hierfür wird die einzustellende Zahl auf die Dateneingänge D_A bis D_D gegeben. Durch einen „Daten-Abtastimpuls" am Ladeeingang (Load) des Zählers wird diese bereitstehende Information unabhängig vom Takt in den Zähler übernommen. In Abb. 3.5.32 a wird die Schaltung für einen ***voreinstellbaren Dezimalzähler*** dargestellt, die auch als variabler Frequenzteiler für die Teilerfaktoren 1:1 bis 1:99 eingesetzt

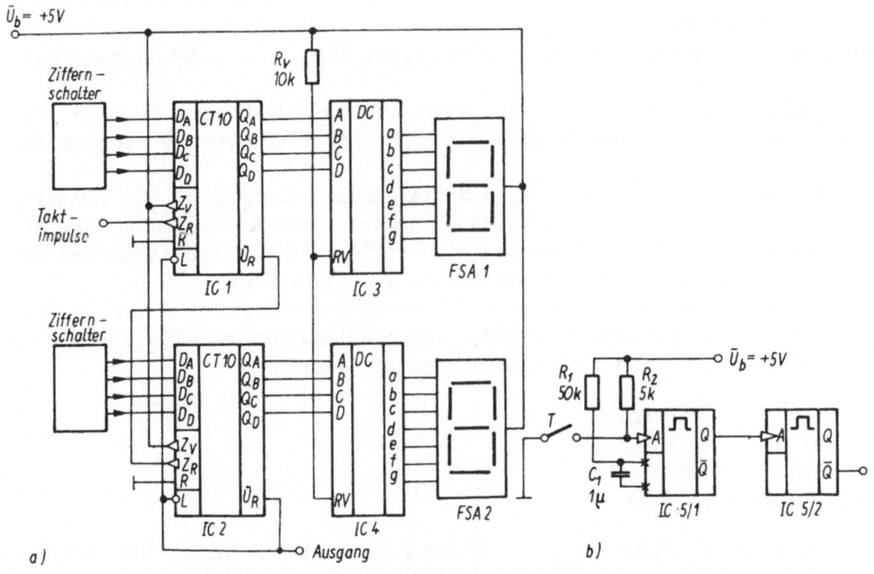

Abb. 3.5.32. a) Schaltung eines voreinstellbaren Dezimalzählers mit Anzeige; b) Schaltung zur Erzeugung von Einzelimpulsen

werden kann. Die beiden Zähldekaden werden jeweils über die Dateneingänge D_A bis D_D voreingestellt und zählen beim Anlegen von Taktimpulsen an den Eingang für den Rückwärts-Zählbetrieb der ersten Zähldekade bis 0. Beim Erreichen der Zählstellung 0 des Dezimalzählers gelangt der Übertragsimpuls vom Ausgang für den Rückwärts-Zählbetrieb der zweiten Zähldekade auf die Ladeeingänge beider Zähldekaden und bewirkt, daß beide Zähldekaden sofort wieder auf die voreingestellte Zahl springen. Die Verzögerungszeit, die dabei zwischen dem Erreichen der Stellung 0 und der erneuten Voreinstellung auftritt, entspricht etwa der Verzögerungszeit des LSB-Flipflops (Least Significant Bit, niederwertigstes Bit) der Zählerschaltkreise und bestimmt als Kehrwert die maximal zulässige Eingangsfrequenz.

Versuche

V 3.5.4.1

a) Realisieren Sie die Schaltung eines einstellbaren Vorwahlzählers nach Abb. 3.5.31 unter Verwendung folgender Bauelemente:

IC 1: DL 193 D;
IC 2: DL 021 D.

Die aufgebaute Schaltung soll nach 7 bzw. 12 Zählimpulsen ein H-Signal abgeben und dabei selbst auf Null zurückgestellt werden! Bei der Konzipierung der Schaltung ist sowohl vom dualen Vorwärts- als auch vom dualen Rückwärts-Zähler auszugehen.
Bringen Sie vor Beginn einer jeden Zählung die Zählstufen in die Ausgangsstellung!

b) Kontrollieren Sie die Zählfolge der verschiedenen Schaltungen! Hinweis: Geben Sie mit Hilfe der Schaltung nach Abb. 3.5.32 b Einzelimpulse (Ausgang Q) auf die Zähler!

c) Steuern Sie die Zähler mit einer rechteckförmigen Impulsfolge ($f \approx 100$ kHz, Impulsamplitude $\hat{U} \leqq 5$ V) durch einen Impulsgenerator an und beobachten Sie auf einem Zweistrahl-Oszillographen die Impulsverläufe an den Ausgängen der einzelnen Flipflop-Stufen im Vergleich zur Taktimpulsfolge!

d) Realisieren Sie die Schaltung eines voreinstellbaren Dezimalzählers mit Anzeige nach Abb. 3.5.32 a und die Schaltung zur Erzeugung von Einzelimpulsen nach Abb. 3.5.32 b unter Verwendung folgender Bauelemente:

IC 1, IC 2: DL 192 D;
IC 3, IC 4: D 346 D;
IC 5: DL 123 D;
FSA 1, FSA 2: VQE 24.

Betreiben Sie die Schaltung als variablen Frequenzteiler! Stellen Sie beliebige Teilerfaktoren von 1:1 bis 1:99 über die beiden Ziffernschalter an den Dateneingängen der zwei Zähldekaden ein! Realisieren Sie die Ziffernschalter nach V 3.5.3.1 b!

e) Steuern Sie die Schaltung mit einer rechteckförmigen Impulsfolge ($f \approx 100$ kHz, Impulsamplitude $\hat{U} \leqq 5$ V) durch einen Impulsgenerator an, und beobachten Sie die Impulsverläufe an den Ausgängen Ü_R der beiden Zähldekaden im Vergleich zur Taktimpulsfolge auf einem Zweistrahl-Oszillographen! Kontrollieren Sie die Funktion der Schaltung nach Abb. 3.5.32a an Hand der beiden LED-7-Segment-Anzeigen, indem Sie über die beiden Ziffernschalter eine beliebige Zahl zwischen 1 und 99 voreinstellen und mit Hilfe der Schaltung nach Abb. 3.5.32b Einzelimpulse auf den Eingang Z_R der Zähldekade IC 1 geben!

V 3.5.4.2

a) Entwerfen Sie durch Kombination der beiden in den Abbn. 3.5.23a und b dargestellten Schaltungsprinzipien für asynchrone Frequenzteiler (ohne zusätzliche Verknüpfungsgatter) entsprechende Schaltungen mit einem Teilungsverhältnis von 9:1, 10:1, 12:1 und 15:1!
b) Bauen Sie die entworfenen Schaltungen mit J-K-Flipflops (z. B. DL 112D, SN 74, LS 112N, V 4027D, CD 4027B) auf!
c) Kontrollieren Sie das Teilungsverhältnis der einzelnen Schaltungen! Hinweis: Geben Sie mit Hilfe der Schaltung nach Abb. 3.5.32b und durch Betätigung des Tasters T Einzelimpulse auf die Frequenzteiler!
d) Steuern Sie die Frequenzteiler mit einer rechteckförmigen Impulsfolge ($f \approx 100$ kHz, $\hat{U} \leqq 5$ V) durch einen Impulsgenerator an, und beobachten Sie die Impulsverläufe an den beschalteten Ausgängen der einzelnen Flipflops im Vergleich zur Taktimpulsfolge auf einem Zweistrahl-Oszillographen!

V 3.5.4.3

Für eine industrielle Steuerung wird ein Steuersignal benötigt, das 10 Impulse besitzt und danach eine Pause aufweist, die der Dauer von 5 Impulsen entspricht.

a) Entwerfen Sie eine Steuerschaltung mit einer Zähldekade (Dezimalzähler), einem Frequenzteiler (Teilungsverhältnis 5:1), einem D-Flipflop und entsprechenden Gattern, die die gestellten Forderungen erfüllt!
Hinweise: Die Steuerschaltung soll eingangsseitig durch eine rechteckförmige Impulsfolge mit $f \approx 10$ kHz und $\hat{U} \leqq 5$ V, die von einem Impulsgenerator geliefert wird, angesteuert werden. Die Zufuhr der Taktimpulse (rechteckförmige Impulsfolge) auf den Zähler für die Steuerimpulse und auf den Frequenzteiler für die Pausen soll zweckmäßigerweise getrennt über zwei NAND-Gatter erfolgen. Dabei ist der zweite Eingang des einen NAND-Gatters mit dem Ausgang Q und der zweite Eingang des anderen mit dem Ausgang $\bar{Q}$ eines D-Flipflops zu verbinden, so daß die beiden NAND-Gatter wechselseitig geöffnet oder gesperrt werden. Dadurch wird die Zufuhr von Taktimpulsen auf die Zähldekade ermöglicht und auf den Frequenzteiler gesperrt oder umgekehrt.
Die Umschaltung des D-Flipflops soll sowohl nach 10 Taktimpulsen durch den Übertragsimpuls des Zählers für die Steuerimpulse, als auch nach 5 Taktimpul-

sen durch den Ausgangsimpuls des Frequenzteilers für die Pausen ausgelöst werden. Dabei ist sicherzustellen, daß durch die Umschaltung des D-Flipflops die weitere Zufuhr von Taktimpulsen auf die jeweils auslösende Schaltung unterbunden wird. Vor Inbetriebnahme der Steuerschaltung ist das D-Flipflop mit Hilfe eines Tasters an seinem Setz- oder Löscheingang (S- oder R-Eingang) in die Ausgangslage zu bringen, die dafür sorgt, daß das NAND-Gatter vor der Zähldekade geöffnet ist. Das durch die Steuerschaltung bereitgestellte Steuersignal kann man am Ausgang des NAND-Gatters vor der Zähldekade abgreifen.

b) Bauen Sie diese Steuerschaltung unter Verwendung eines Dezimalzählers (z. B. DL 192 D, CD 4518 B), eines Frequenzteilers, eines D-Flipflops (z. B. DL 074 D, V 4013 D) und von NAND-Gattern (z. B. DL 000 D, V 4011 D) auf, und überprüfen Sie ihre Funktionstüchtigkeit!
Hinweis: Der Frequenzteiler mit einem Teilungsverhältnis von 5:1 kann dabei wahlweise realisiert werden durch
   - eine Schaltung mit J-K-Flipflops (z. B. DL 112 D, V 4027 D, K 561 TW 1) nach Abb. 3.5.26 b,
   - einen voreinstellbaren Dualzähler (z. B. DL 193 D, V 4520 D, K 561 IE 10) oder
   - einen Vorwahlzähler (z. B. DL 193 D, K 561 IE 10, CD 4520 B).

   Beim Einsatz eines voreinstellbaren Dualzählers kann der zur Voreinstellung erforderliche „Daten-Abtastimpuls“ aus dem Übertragsimpuls des Zählers gewonnen werden. Die einzustellende Zahl wird dabei als statisch parallele Information auf die Dateneingänge A bis D gegeben. Wird ein Vorwahlzähler als programmierter Frequenzteiler eingesetzt, dann sind diejenigen Ausgänge Q_A bis Q_D des 4-bit-Vorwärts-Dualzählers, die bei der vorgewählten Zahl ein H-Signal aufweisen, mit den Eingängen eines NAND-Gatters zu verbinden. Dadurch tritt beim Erreichen der vorgewählten Zahl am Ausgang dieses NAND-Gatters ein Signal (Ausgangsimpuls des Frequenzteilers) auf. Der negierte Ausgangsimpuls kann dabei als „Rückstell-Impuls“ für den Vorwahlzähler dienen.

c) Beobachten Sie auf einem Impuls-Oszillographen das durch die Steuerschaltung erzeugte Steuersignal! Dabei ist auf die Steuerschaltung eingangsseitig eine rechteckförmige Impulsfolge ($f \approx 10$ kHz und $\hat{U} \leqq 5$ V) zu legen.

3.5.5. Multiplexer, Demultiplexer

Multiplexer (data selectors, Datenwähler) haben die *Funktion von Auswahlschaltern.* Es handelt sich dabei um Anordnungen mit einer Anzahl von m Dateneingängen und einem Ausgang. Hierbei kann man über n Adresseneingänge durch Auswählen einer Adresse (meist im Dualcode) einen bestimmten Multiplexer-Dateneingang auf den Ausgang durchschalten. Durch einen gemeinsamen Strobe-Eingang (Sperr-Eingang, auch mit Enable- oder Inhibit-Eingang bezeichnet) läßt sich der Datentransfer zwischen allen Dateneingängen und dem Ausgang des Multiplexers unabhängig von den Adresseneingängen unterbrechen. Durch den Einsatz eines

Multiplexers kann man *m* verschiedene Signale, die in paralleler Form an den *m* Dateneingängen ($m \leqq 2^n$) liegen, zeitlich nacheinander (Zeitmultiplex-Betrieb) auf eine Ausgangsleitung schalten. Die Reihenfolge der Durchschaltung wird dabei durch die Auswahl der entsprechenden Adressen bestimmt. Als integrierte Schaltkreise stehen 2-auf-1-, 4-auf-1-, 8-auf-1- und 16-auf-1-Multiplexer zur Verfügung.

Man unterscheidet *Multiplexer für analoge Signale* (Analogmultiplexer) und *Multiplexer für digitale Signale.* Während ein *Analogmultiplexer* analoge Signale möglichst formgetreu übertragen muß, kann man bei einem Multiplexer für digitale Signale eine gewisse Verformung dieser Signale durchaus zulassen, da dadurch noch kein Informationsverlust eintritt. Deshalb sind bei der schaltungstechnischen Realisierung von Analogmultiplexern auch wesentlich höhere Anforderungen zu erfüllen. Eine wichtige Forderung dabei ist, daß der Durchlaßwiderstand des Schalters unabhängig von der Signalspannung nahezu konstant bleibt. Integrierte Analogmultiplexer werden heute vorzugsweise durch CMOS-Schalter realisiert, bei denen ein konstanter Kanalwiderstand $R_{K(X)}$ des Feldeffekttransistors durch eine vom Schaltzustand abhängige Substratbeschaltung erreicht wird.

In Abb. 3.5.33 ist die Prinzipschaltung eines 16-auf-1-Multiplexers zur sequentiellen Datenabfrage dargestellt. Im Mikrorechner werden Multiplexer u.a. zur Umschaltung von Daten und Adressen eingesetzt.

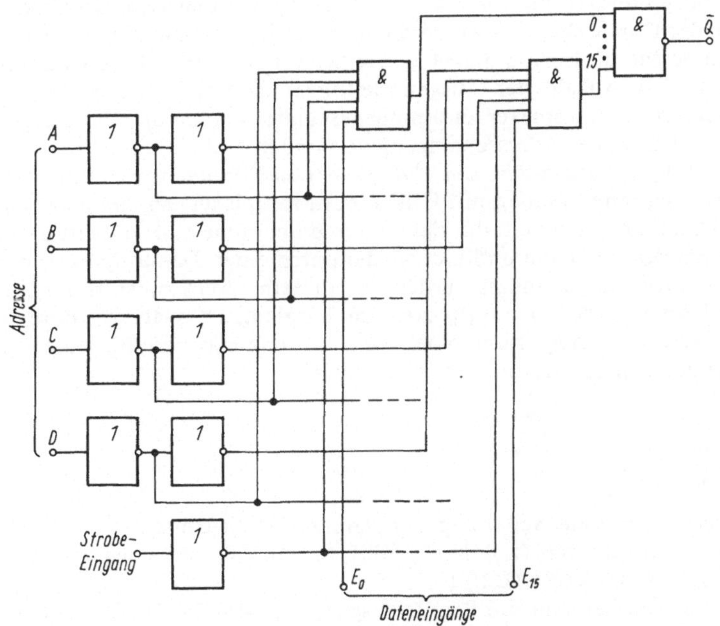

Abb. 3.5.33. Prinzipschaltbild eines 16-auf-1-Multiplexers (Ausgangssignal ist negiert zum jeweiligen Eingangssignal)

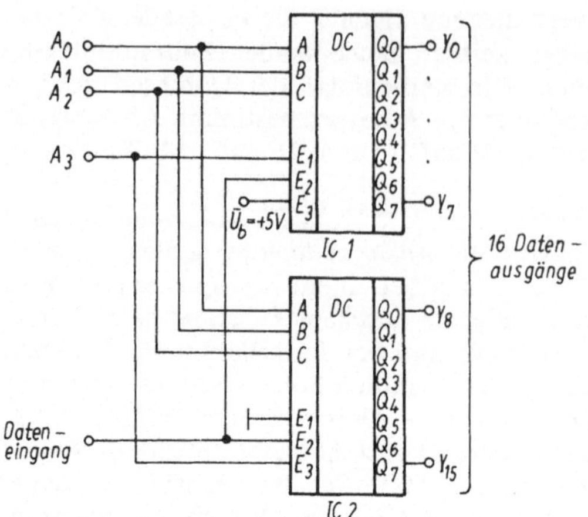

Abb. 3.5.34. Schaltung eines 1-auf-16-Demultiplexers

Der *Demultiplexer* stellt das *Gegenstück zum Multiplexer* dar. Er kann einen Eingangskanal wahlweise auf einen von *m* Ausgangskanälen durchschalten. Die Reihenfolge der Durchschaltung wird auch hier durch die Auswahl der entsprechenden Adressen bestimmt. In Abb. 3.5.34 ist die Schaltung eines 1-auf-16-Demultiplexers dargestellt. Die Anzahl der Ausgangsleitungen läßt sich entsprechend erhöhen, wenn mehrere Demultiplexer zusammengeschaltet werden und der Strobe-Eingang dabei als zusätzlicher Adresseneingang verwendet wird.

Ein wichtiges *Einsatzgebiet von Multiplexern und Demultiplexern* sind *Zeitmultiplexersysteme.* Bei ihnen werden mit Hilfe eines Multiplexers am Sendeort parallele in serielle Daten umgewandelt, die sich dadurch über eine einzige Leitung zum Empfangsort übertragen lassen und hier wieder durch einen Demultiplexer in ein paralleles Datenwort umgewandelt werden. Zu diesem Zweck müssen der Multiplexer am Sendeort und der Demultiplexer am Empfangsort synchron durchgeschaltet werden. Dies wird i. allg. durch eine zweite Leitung realisiert, über die die Taktimpulsfolge zur Synchronisation übertragen wird.

Versuche

V 3.5.5.1

a) Entwerfen Sie eine Schaltung zur Parallel-Serien-Umsetzung mit Hilfe eines 16-auf-1-Multiplexers (z.B. K 155 KP 1, MH 74150) und eines 4-bit-Dualzählers (z. B. DL 193 D, K 561 IE 10)!
Hinweis: Hierbei sind die Parallelausgänge Q_A bis Q_D des Dualzählers (Adressenzähler) mit den Adresseneingängen A bis D des Multiplexers zu verbinden. Die einzelnen Dateneingänge E_1 bis E_{15} des Multiplexers werden durch die Vorgabe eines 16-bit-Datenwortes entsprechend auf *H*- oder *L*-Potential gelegt.

b) Bauen Sie diese Schaltung auf, und überprüfen Sie ihre Funktionstüchtigkeit! Steuern Sie den Dualzähler durch eine rechteckförmige Impulsfolge ($f \approx 10$ kHz, $U \leqq 5$ V) mit Hilfe eines Impulsgenerators an!
Hinweis: Zur Freigabe des Datentransfers zwischen den Dateneingängen und dem Ausgang ist der Strobe-Eingang auf L-Potential zu legen.
c) Variieren Sie das 16-bit-Datenwort, und beobachten Sie dabei mit Hilfe eines Impuls-Oszillographen die am negierten Ausgang $\bar{Q}$ des Multiplexers auftretende Impulsfolge!

V 3.5.5.2

a) Realisieren Sie die Schaltung eines 8-Kanal-Analogmultiplexers mit Kanalanzeige nach Abb. 3.5.35 unter Verwendung folgender Bauelemente:

IC 1: DL 123 D;
IC 2: DL 193 D;
IC 3: V 4051 D;
IC 4: D 346 D;
FSA 1: VQB 28.

Hinweis: An den IC 3 (V 4051 D) sind folgende Spannungen anzulegen: $\bar{U}_{DD} = 10$ V, $\bar{U}_{EE} = \bar{U}_{SS} = 0$ V. Die Betriebsspannung $\bar{U}_{DD}$ ist unmittelbar am Schaltkreis mit zwei parallel geschalteten Kondensatoren ($C = 100\ \mu F \parallel 47$ nF) gegen Masse abzublocken. Überprüfen Sie die Funktionstüchtigkeit der vorgegebenen Schaltung, indem Sie mit Hilfe des Tasters T über die Schaltung zur Erzeugung von Einzelimpulsen (IC 1/1 und IC 1/2) Taktimpulse auf den Zähleingang für den Vorwärtszählbetrieb Z_V des Zählers IC 2 geben und dadurch eine entsprechende Adresse für den Analogmultiplexer IC 3 bereitstellen. Diese

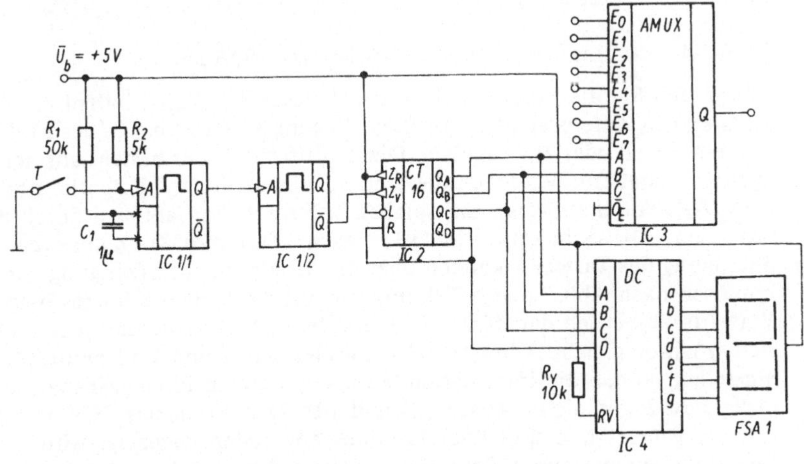

Abb. 3.5.35. Schaltung eines 8-Kanal-Analogmultiplexers mit Kanalanzeige

Adresse wird gleichzeitig durch den BCD-zu-7-Segment-Decoder umgewandelt und auf der LED-7-Segment-Anzeige FSA 1 angezeigt. Setzen Sie den 8-Kanal-Analogmultiplexer als 8-Kanal-Schalter für einen Oszillographen ein, indem Sie an die Eingänge E_0 bis E_7 beliebige periodische Signalverläufe ($f = 1\,\text{kHz}$, $\hat{U} \leqq 5\,\text{V}$) anlegen, die dann wahlweise auf den Ausgang Q durchgeschaltet und auf einem Oszillographen dargestellt werden.

b) Steuern Sie den Zähleingang für den Vorwärtszählbetrieb Z_V des Zählers IC 2 mit einer rechteckförmigen Impulsfolge ($f \approx 100\,\text{kHz}$, Impulsamplitude $\hat{U} \leqq 5\,\text{V}$) durch einen Impulsgenerator an und legen Sie an drei beliebige Eingänge E_0 bis E_7 jeweils ein periodisches Signal mit sinusförmigem, dreieckförmigem und rechteckförmigem Verlauf ($f \approx 1\,\text{kHz}$, $\hat{U} \leqq 5\,\text{V}$)! Beobachten Sie am Ausgang Q des Analogmultiplexers IC 3 mit Hilfe eines Oszillographen die drei abgetasteten Signalverläufe! Verändern Sie die Taktfrequenz am Eingang für den Vorwärtszählbetrieb Z_V des Zählers IC 2 und interpretieren Sie auftretende Veränderungen in den Signalverläufen mit Hilfe des Abtasttheorems!

V 3.5.5.3

a) Realisieren Sie die Schaltung für eine zeitmultiplexe serielle Datenübertragung mit Kanalanzeige (LED-7-Segment-Anzeige) und LED-Anzeige für jeden Decoderausgang nach Abb. 3.5.36a und die Schaltung zur Erzeugung von Einzelimpulsen nach Abb. 3.5.36b unter Verwendung folgender Bauelemente:

IC 1, IC 3: DL 193 D;
IC 2: DL 251 D;
IC 4: DL 155 D;
IC 5: D 346 D;
IC 6: DL 123 D;
FSA 1: VQB 28;
D_1 bis D_8: Lumineszenzdioden (VQA 16 bzw. VQA 26).

Überprüfen Sie die Funktionstüchtigkeit dieser Schaltung, indem Sie über den achtstelligen Ziffernschalter an jedem Eingangskanal E_0 bis E_7 des Multiplexers IC 2 ein Bit (*L* oder *H*) vorgeben. Dieser Ziffernschalter besteht aus acht einpoligen Umschaltern, bei denen die eine Schalterstellung *L*-Potential und die andere *H*-Potential aufweist. Ein solcher Ziffernschalter läßt sich durch den Einsatz von DIL-Schaltern (KSD 31 nach TGL 39058) realisieren. Durch Betätigung des Tasters T können über die Schaltung zur Erzeugung von Einzelimpulsen nach Abb. 3.5.36b Taktimpulse auf die beiden Zähleingänge für den Vorwärtszählbetrieb der Zähler IC 1 und IC 3 gegeben werden. Dadurch lassen sich synchron gleiche Adressen am Multiplexer IC 2 und am Demultiplexer IC 4 einstellen, so daß die Information jeweils von einem Eingangskanal des Multiplexers IC 2 auf einen Ausgangskanal des Demultiplexers IC 4 mit gleicher Adresse gelangt und dort über Lumineszenzdioden angezeigt wird (Lumineszenzdiode leuchtet bei *L*-Potential). Gleichzeitig wird diese Adresse durch den BCD-zu-7-Segment-Decoder IC 5 umgewandelt und auf der LED-7-Segment-

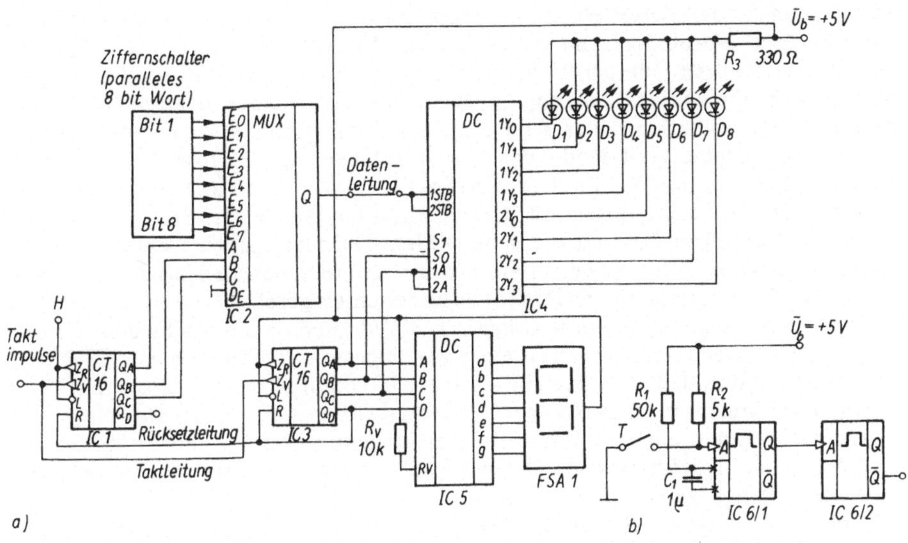

Abb. 3.5.36. a) Schaltung einer zeitmultiplexen seriellen Datenübertragung mit Kanalanzeige;
b) Schaltung zur Erzeugung von Einzelimpulsen

Anzeige FSA 1 angezeigt. Über eine Rücksetzleitung werden nach jeweils 8 Adressen beide Dualzähler über ihren Rückstelleingang R auf Null zurückgesetzt. Der Ausgang Q des Multiplexers IC 2 kann über den Steuereingang D_E durch Anlegen eines *H*-Potentials in den hochohmigen Zustand (Dreizustands-Steuerung) gebracht werden.

b) Steuern Sie die beiden Zähleingänge für den Vorwärtszählbetrieb Z_V der Zähler IC 1 und IC 3 gemeinsam mit einer rechteckförmigen Impulsfolge ($f = 10$ kHz, $\hat{U} \leq 5$ V) durch einen Impulsgenerator an und beobachten Sie auf einem Zweistrahl-Oszillographen die Taktimpulsfolge und die Impulsfolge am Ausgang Q des Multiplexers!

3.5.6. Decoder

Decoder (Codewandler) haben die Aufgabe, die in paralleler Form vorliegende Eingangsinformation (z. B. Daten) von einem Code in einen anderen Code umzuwandeln und als Ausgangsinformation ebenfalls in paralleler Form bereitzustellen. Man kann deshalb eine *Decodierung* immer *als Umcodierung* auffassen. Ein *Decoder für* ein *n-stelliges Codewort* benötigt *n Eingänge* und verfügt über *maximal m Ausgänge* ($m = 2^n$). Er kann ein n-bit-Eingangswort in ein m-bit-Ausgangscodewort wandeln, das in definierter Weise durch das Eingangscodewort bestimmt wird. Man unterscheidet vollständige und unvollständige Decoder. Bei einem vollständigen Decoder wird durch jede der 2^n möglichen Kombinationen eines n-bit-Eingangswortes auch ein gültiges Ausgangscodewort erzeugt. Werden dagegen nicht alle möglichen Kombinationen des n-bit-Eingangswortes decodiert bzw. umcodiert, so liegt ein unvollständiger Decoder vor. Durch Anlegen einer H- bzw. L-Information an den Steuereingang (Strobe- bzw. Enable-Eingang) können alle Ausgänge abgeschaltet oder bei Schaltkreisen mit Dreizustands-Ausgängen (Tri-State-Ausgängen) in den hochohmigen Zustand gebracht werden. Decoder werden vorzugsweise zur Decodierung von Adressen bei Mikrorechner-Schnittstellen und als Ausgangsstufen an der Peripherie digitaler Funktionseinheiten eingesetzt.

Es werden i. allg. *zwei spezielle Gruppen von Codewandlern* unterschieden:

1. *Decodierer* (Decoder): Sie setzen ein *n-bit-Eingangswort in den 1-aus-m-Code* (mit $m \leqq 2^n$) so um, daß stets nur ein Ausgang H-Potential (bzw. L-Potential) führt und die übrigen $m - 1$ Ausgänge L-Potential (bzw. H-Potential) aufweisen. Decodierer können auch als Demultiplexer eingesetzt werden, indem der Steuereingang des Decodierers als Dateneingang und die „normalen" Eingänge als Adresseneingänge verwendet werden.
   Abb. 3.5.37 zeigt die Schaltung eines 1-aus-16-Decoders, der durch die Zusammenschaltung von zwei 1-aus-8-Decoderschaltkreisen realisiert wird.
2. *Codierer* (Encoder): Sie wandeln das ihrem Eingang *im 1-aus-m-Code zugeführte Eingangswort* in ein *anders codiertes Ausgangscodewort* um. Ein typischer Vertreter dieser Gruppe ist der Dezimal-zu-BCD-Codierer. Bei ihm liegt stets nur ein Eingang auf H-Potential, während die anderen neun Eingänge L-Potential aufweisen. An den vier Ausgängen des Codierers tritt das der dezimalen Eingangsziffer entsprechende BCD-Codewort auf.

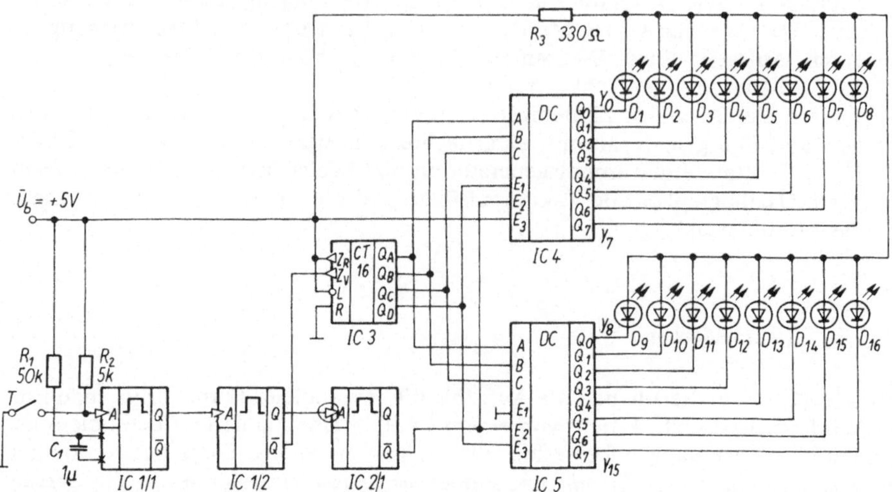

Abb. 3.5.37. Schaltung eines 1-aus-16-Decoders

Versuche

V 3.5.6.1

a) Realisieren Sie die Schaltung eines 1-aus-16-Decoders nach Abb. 3.5.37 unter Verwendung folgender Bauelemente:

IC 1, IC 2: DL 123 D;
IC 3: DL 193 D;
IC 4, IC 5: DS 8205 D;
D_1 bis D_{16}: Lumineszenzdioden (VQA 16 bzw. VQA 26).

Bestimmen Sie die Funktionstabelle des Decoders!
Hinweis: Durch Betätigung des Tasters T werden über die Schaltung zur Erzeugung von Einzelimpulsen (IC 1/1 und IC 1/2) Taktimpulse ausgelöst, die auf den Zähleingang für den Vorwärtszählbetrieb des Dualzählers IC 3 gelangen und gezählt werden. Durch den Zählerstand von IC 3 wird eine vierstellige Adresse für den Decoder (IC 4 und IC 5) bereitgestellt. Gleichzeitig werden die Einzelimpulse über IC 2/1 auf die Freigabe-Eingänge E_2 der beiden Decoder-Schaltkreise IC 4 und IC 5 gegeben, um die zur Aktivierung des Decoders erforderlichen Freigabesignale bereitzustellen. Im decodierten Zustand besitzt der betreffende Ausgang des Decoders *L*-Potential.
Steuern Sie die Schaltung mit einem Impulsgenerator ($f = 200$ Hz, Tastverhältnis 1:1, Impulsamplitude $\hat{U} \leqq 5$ V) am Eingang A des monostabilen Multivibrators IC 1/2 an, wobei vorher der Schaltkreis IC 1/1 abzutrennen ist!
Variieren Sie die Frequenz und beobachten Sie dabei den wandernden Leuchtpunkt (D_1 bis D_{16})!

b) Entwerfen Sie eine Schaltung, die es ermöglicht, acht Kanäle mit jeweils vier Leitungen (zur parallelen Übertragung einer Tetrade) wahlweise auf die Eingänge für die Paralleleingabe eines Schieberegisters zu geben und die entsprechende Information einzuschreiben! Hierfür sollen ein 1-aus-8-Decoder (z. B. DS 8205 D, DL 155 D, MH 3205, 74 LS 138), ein 4-bit-Links-Rechts-Schieberegister (z. B. DL 295 D) und eine Anzahl von Gattern (z. B. DL 000 D, DL 003 D, DL 030 D) eingesetzt werden.
Hinweis: Gibt man die an den Ausgängen Y0 bis Y7 des Decoders auftretenden Signale jeweils getrennt auf acht Negatoren, so lassen sich durch jeden Negator vier Tore für die vier Leitungen eines Kanals steuern. Für diese Torschaltungen sind NAND-Gatter mit zwei Eingängen und offenem Kollektor (z. B. DL 003 D) einzusetzen. Die Ausgänge von jeweils acht Torschaltungen (z. B. für die erste Stelle der Tetraden aller acht Kanäle) werden parallel geschaltet, über einen Widerstand $R = 1{,}2\ \text{k}\Omega$ an die Betriebsspannung $\bar{U}_b = +5$ V geführt und über einen Negator mit einem Paralleleingang (z. B. Eingang A) des Schieberegisters verbunden. Zur Übernahme der jeweiligen Tetrade auf die Paralleleingänge A bis D des Schieberegisters ist der Steuereingang M_C auf *L*-Potential zu legen. Weiterhin ist ein Setzimpuls für den Takteingang T erforderlich. Dieser Impuls kann durch die Verknüpfung der acht Ausgänge Y0 bis Y7 des Decoders über ein NAND-Gatter mit acht Eingängen (z. B. DL 030 D) bereitgestellt werden.

c) Bauen Sie die entworfene Schaltung auf, und überprüfen Sie ihre Funktionstüchtigkeit! Steuern Sie dabei den Decoder entsprechend Pkt. a) an! Geben Sie jeweils für die vier Leitungen der acht Kanäle entsprechende Tetraden als statisch parallele Information durch *L*- bzw. *H*-Potentiale vor!

V 3.5.6.2

Abb. 3.5.38 zeigt die Schaltung eines elektronischen Würfels mit LED-Anzeige. Gibt man bei dieser Schaltung Taktimpulse auf den Zähleingang für den Vorwärtszählbetrieb Z_V der Zähldekade IC 1, dann zählt diese Zähldekade nur bis zur Ziffer 7, denn die einzelnen Bits an den Datenausgängen Q_A, Q_B, und Q_C der Zähldekade IC 1 werden durch den Decoder IC 3 ausgewertet. Beim Erreichen der Ziffer 7 erscheint am Ausgang Q_7 des Decoders IC 3 eine *HL*-Flanke, die auf den Ladeeingang L der Zähldekade IC 1 gegeben wird. Mit dem Eintreffen der *HL*-Flanke wird unmittelbar die an den Dateneingängen D_A, D_B, D_C und D_D anliegende Information $D_A = H$; D_B, D_C, $D_D = L$ (Dezimalziffer 1) in die Zähldekade IC 1 übernommen und der Zählvorgang beginnt von neuem. Da der Ladevorgang nur wenige ns dauert, wird die Ziffer 7 nicht angezeigt. Die Datenausgänge Q_A bis Q_D der Zähldekade IC 1 sind mit den Dateneingängen des BCD-zu-7-Segment-Decoders IC 2 verbunden, der wiederum die LED-7-Segment-Anzeige FSA 1 ansteuert. Entsprechend dem Zählerstand der Zähldekade IC 1 werden auf der LED-7-Segment-Anzeige beliebige Dezimalziffern zwischen 1 und 6 dargestellt.

a) Realisieren Sie die Schaltung eines elektronischen Würfels mit LED-Anzeige nach Abb. 3.5.38 unter Verwendung folgender Bauelemente:

IC 1: DL 192 D;
IC 2: D 346 D;
IC 3: DS 8205 D;
FSA 1: VQB 28;
G 1: DL 000 D.

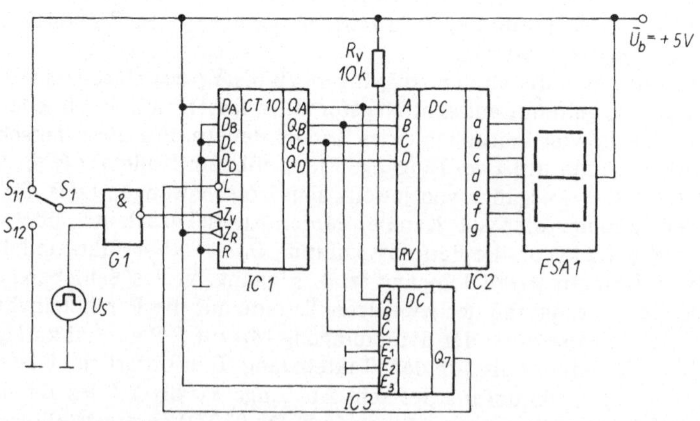

Abb. 3.5.38. Schaltung eines elektronischen Würfels mit LED-7-Segment-Anzeige

Testen Sie die Schaltung des elektronischen Würfels! Die Ansteuerung erfolgt mit einem Impulsgenerator ($f = 100$ kHz, Tastverhältnis 1:1, Impulsamplitude $\hat{U}_S \leqq 5$ V). In welcher Stellung des Schalters S_1 zählt („würfelt") die vorliegende Schaltung? Verändern Sie die Auswerteschaltung (IC 1 und IC 3) so, daß eine Anzeige entweder nur bis zur Ziffer 4 oder bis zur Ziffer 8 erfolgt!

b) Erweitern Sie die Schaltung nach Abb. 3.5.38 dahingehend, daß eine beliebige Ziffer zwischen 1 und 99 angezeigt wird. Hierfür ist ein Dekadenzähler vorzusehen, der aus zwei Zähldekaden besteht. Dabei ist der Ausgang $\ddot{U}_v$ der ersten Zähldekade auf den Eingang Z_v der zweiten Zähldekade zu legen. Der Ausgang $\ddot{U}_v$ der zweiten Zähldekade ist mit den Ladeeingängen L beider Zähldekaden zu verbinden. An den Dateneingängen der zweiten Zähldekade ist die Information D_A, D_B, D_C, D_D = L vorzugeben, so daß mit Erreichen der Ziffer 100 durch die Auswerteschaltung die Übernahme der Ziffer 1 in die erste Zähldekade und der Ziffer 0 in die zweite Zähldekade eingeleitet wird. Auf den Eingang der ersten Zähldekade ist die vom Impulsgenerator gelieferte Impulsfolge zu geben. Realisieren Sie die erweiterte Schaltung mit folgenden Bauelementen:

2 Zähldekaden:	DL 192 D;
2 BCD-zu-7-Segment-Decoder:	D 346 D;
2 LED-7-Segment-Anzeigen:	VQE 24.

Die Ansteuerung erfolgt entsprechend a).
Testen Sie diese Schaltung!

3.6. Regelungstechnik

3.6.1. Elektronische Regler

In Abb. 3.6.1 ist das Signalflußbild eines einschleifigen Regelkreises dargestellt. Die Aufgabe des Reglers ist es, die *Regelgröße* $\underline{X}$ am Ausgang der Regelstrecke trotz der *Störgröße* $\underline{Z}$ möglichst gut an die *Führungsgröße* $\underline{W}$ anzupassen. Der Regler erhält als Eingangsgröße die *Regelabweichung* $\underline{X}_W$, d.h. die *Differenz zwischen der Führungsgröße* $\underline{W}$ *(Sollwert)* und *der Regelgröße* $\underline{X}$ *(Istwert)* zugeführt. Das Ausgangssignal $\underline{Y}_R$ des Reglers gelangt zusammen mit der Störgröße $\underline{Z}$ ($\underline{Z} - \underline{Y}_R = \underline{Y}_S$ in Abb. 3.6.1)

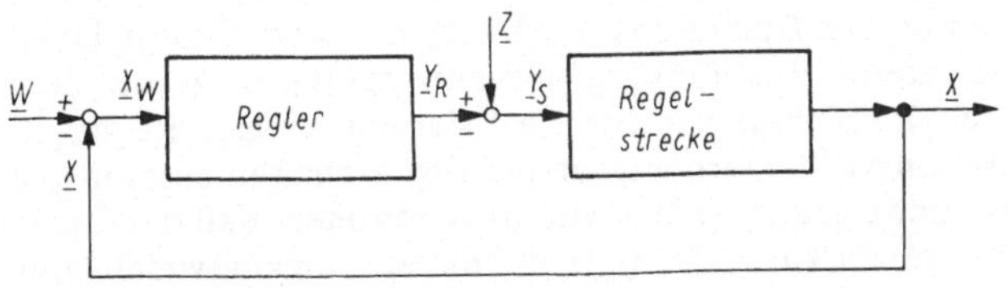

Abb. 3.6.1. Signalflußbild eines einschleifigen Regelkreises

an den Eingang der Regelstrecke, die an ihrem Ausgang die Regelgröße $\underline{X}$ liefert, deren Differenz zur Führungsgröße $\underline{W}$ auf diese Weise minimal (im Idealfall gleich Null) wird.

Die Bezeichnung des Regelkreises richtet sich nach dem Typ des verwendeten Reglers. Grundsätzlich lassen sich dabei *stetige (analoge)* und *nichtstetige (diskrete) Regelkreise* unterscheiden. Stetige Regelkreise ermöglichen durch die analoge Stellgröße eine stabile Einstellung der Regelgröße. Bei nichtstetigen Regelkreisen treten durch die diskrete Stellgröße zyklische Schwankungen der Regelgröße auf.

Stetige Regler

Die *komplexe Übertragungsfunktion* des stetigen Reglers $\underline{G}_R(\omega)$ nach Abb. 3.6.2 ergibt sich aus der komplexen Übertragungsfunktion des Verstärkers $\underline{G}_V(\omega)$ und der komplexen Übertragungsfunktion der Rückführung $\underline{G}_r(\omega)$ unter Beachtung der Beziehungen für die Summationsstelle ($\underline{X}_1 = \underline{X}_w - \underline{X}_2$) und für die Verzweigungsstelle ($\underline{Y} = \underline{Y}_1 = \underline{Y}_2$) durch folgende Gleichungen:

$$\underline{G}_V(\omega) = \underline{Y}(\omega)/\underline{X}_1(\omega) \tag{3.6.1}$$

$$\underline{G}_r(\omega) = \underline{X}_2(\omega)/\underline{Y}(\omega) \tag{3.6.2}$$

$$\underline{G}_R(\omega) = \frac{\underline{Y}(\omega)}{\underline{X}_w(\omega)} = \frac{\underline{G}_V(\omega)}{1 + \underline{G}_r(\omega)\,\underline{G}_V(\omega)}\,. \tag{3.6.3}$$

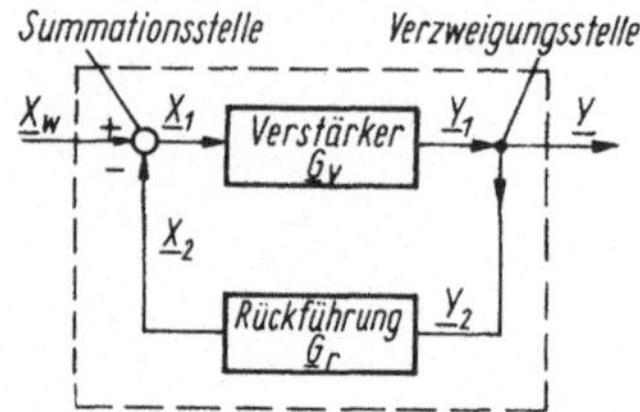

Abb. 3.6.2. Signalflußbild eines stetigen Reglers

Auf der Basis der invertierenden Operationsverstärker-Grundschaltungen Abb. 3.6.3 kann man durch frequenzabhängige Gegenkopplungsnetzwerke praktisch jedes beliebige Frequenz- bzw. Zeitverhalten eines stetigen Reglers realisieren. Bei derartigen Reglerschaltungen werden die erforderliche hohe Verstärkung im Vorwärtszweig durch den Operationsverstärker und das definierte Übertragungsverhalten durch die interne Rückführung (Gegenkopplungsnetzwerk) erzielt.

Bei den folgenden Betrachtungen zur Realisierung stetiger Reglerschaltungen mit Hilfe von Operationsverstärkern werden die Eigenschaften eines idealen Operationsverstärkers zugrunde gelegt. Dabei wird angenommen, daß der Operationsverstärker eine Leerlaufverstärkung $\underline{V} = \underline{G}_V = \infty$, einen Eingangswiderstand $R_e = \infty$, einen Ausgangswiderstand $R_a = 0$, eine Phasendrehung zwischen dem invertierenden Eingang und dem Ausgang für alle Frequenzen von 180° sowie keine Null-

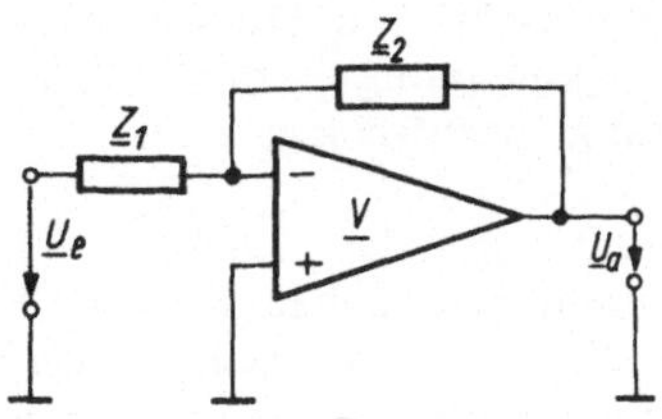

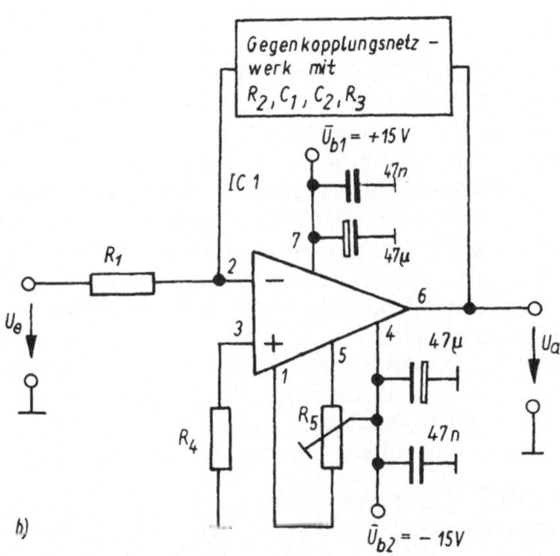

Abb. 3.6.3. Operationsverstärker mit Gegenkopplungsnetzwerk als Regler
a) Prinzipschaltbild; b) praktische Grundlagenschaltung (IC1: MAA 741)

punktfehler (Offsetspannung Null) und Drift besitzt. Auf der Grundlage der in Abb. 3.6.4 dargestellten Prinzipschaltbilder der verschiedenen stetigen Reglerschaltungen und ihrer charakteristischen Kenngrößen werden nachfolgend die Eigenschaften und das Verhalten der einzelnen Reglertypen kurz vorgestellt. Bei den charakteristischen Kenngrößen geht man zweckmäßigerweise von der Übertragungsfunktion $\underline{G}_R(\omega)$ und den grafischen Darstellungen des Betrages der Übertragungsfunktion (Amplitudengang) sowie der Übergangsfunktion aus. Dabei wird durch die komplexe Übertragungsfunktion als Quotient der komplexen Amplituden von Ausgangs- und Eingangssignal das Übertragungsverhalten des linearen stetigen Reglers in besonders vorteilhafter Weise beschrieben. Die Übergangsfunktion beschreibt das zeitliche Verhalten der Ausgangsspannung für den Fall, daß der Eingang der Schaltung mit einem „Einheitssprung" beaufschlagt wird.

Der Operationsverstärker als Proportionalregler (*P-Regler*, Abb. 3.6.4 a)
Charakteristisch für einen P-Regler ist ein frequenzunabhängiges und konstantes Verhältnis von Ausgangs- zu Eingangsspannung $\underline{U}_a/\underline{U}_e$. Typisch für das Verhalten eines P-Reglers ist, daß er die Auswirkungen von Störungen nicht vollständig ausregelt und somit eine bleibende Regelabweichung hinterläßt. Der P-Regler benutzt die Regelabweichung zur proportionalen Steuerung des Stellgliedes. Sein statisches Verhalten ist damit relativ ungünstig. Dagegen reagiert er auf Störungen theoretisch unverzögert, so daß er ein sehr günstiges dynamisches Verhalten aufweist. Als einstellbare Kenngröße tritt beim P-Regler die Proportionalverstärkung $V_R = \underline{G}_R$ auf.

Der Operationsverstärker als Integralregler (*I-Regler*, Abb. 3.6.4 b)
Beim I-Regler entspricht die Ausgangsspannung $\underline{U}_a$ dem zeitlichen Integral der Eingangsspannung $\underline{U}_e$. Unter der Integrationszeit (auch Stellzeit genannt) $T_I = RC$ als einstellbare Kenngröße versteht man dabei diejenige Zeit, die vergeht, bis die Ausgangsspannung $\underline{U}_a$ den Wert der zum Zeitpunkt $t = 0$ angelegten Eingangsspannung $\bar{U}_e$ (Gleichspannung) erreicht hat. Der I-Regler arbeitet somit langsamer als der P-Regler. Durch seine langsame Arbeitsweise kann es im Regelkreis zu Schwingungen kommen. Das dynamische Verhalten der I-Regler ist somit ungünstig. Er arbeitet so lange, bis die Regelabweichung $\underline{X}_w = \underline{X} - \underline{W}$ den Wert Null erreicht hat, so daß keine bleibende Regelabweichung mehr auftritt. Damit ist das statische Verhalten des I-Reglers günstig, da er die Auswirkungen auftretender Störgrößen vollständig beseitigt. Bei der praktischen Realisierung eines I-Reglers mit einem realen Operationsverstärker muß man den durch den Eingangsruhestrom bedingten Fehler kompensieren, damit definierte Anfangsbedingungen vorliegen.

Der Operationsverstärker als PT_1*-Regler* (Abb. 3.6.4 c)
Ein zum Integrationskondensator C parallel geschalteter Widerstand R_2 setzt die Gleichspannungsverstärkung des Reglers herab und verhindert damit niederfrequente Instabilitäten. Dieser aus dem I-Regler abgeleitete Reglertyp wird als PT_1-Regler bezeichnet. Charakteristische Kenngrößen beim PT_1-Regler sind die Proportionalverstärkung $V_R = \underline{G}_R(0)$ und die Verzögerungszeit T_1. Bei einer sprungförmigen Änderung der Regelabweichung $\underline{X}_w$ ändert sich die Stellgröße $\underline{Y}$ nach einer Exponentialfunktion mit der Zeitkonstante T_1.

Der Operationsverstärker als PI-Regler (Abb. 3.6.4 d)
Der PI-Regler entsteht durch Überlagerung der Eigenschaften des P- mit denen des I-Reglers. Beim PI-Regler wird gegenüber dem P-Regler die Einschwingzeit nicht wesentlich geändert, die bleibende Regelabweichung jedoch beseitigt. Der PI-Regler greift schnell ein und regelt infolge seines I-Anteils auch ganz aus. Charakteristische Kenngrößen des PI-Reglers sind die Proportionalverstärkung $V_R = \underline{G}_R(\omega_m)$ mit $\omega_m \gg T_n^{-1}$ und die Nachstellzeit T_n, die beide variabel einstellbar sind. Dadurch

kann man sich mit diesem Regler besonders günstig den Forderungen der Dynamik eines Prozesses anpassen. Die Nachstellzeit T_n des PI-Reglers ist diejenige Zeit, die der I-Anteil bei einer sprungförmigen Änderung der Regelabweichung $\underline{X}_w$ benötigt, um die Stellgröße $\underline{Y}$ so zu verändern, wie dies durch den P-Anteil sofort erfolgt.

Operationsverstärker mit D-Verhalten (*Differenzierglied oder D-Regler*, Abb. 3.6.4e)
D-Regler, die eine der Änderungsgeschwindigkeit der Eingangsspannung $\underline{U}_e$ proportionale Ausgangsspannung $\underline{U}_a$ liefern, haben als Regler praktisch keine Bedeutung. Dagegen werden P-Regler und PI-Regler mit D-Einfluß häufig eingesetzt.

Der Operationsverstärker als PD-Regler (Abb. 3.6.4f)
Der PD-Regler entsteht durch Kombination des Verhaltens des P-Reglers mit dem des Differenziergliedes. Beim PD-Regler kann im Vergleich zum P-Regler die Einschwingzeit verringert werden. Der PD-Regler reagiert sehr schnell auf sich abzeichnende bzw. entstehende Änderungen, so daß man mit ihm der Auswirkung einer Störung bereits im Entstehen begegnen kann. Als einstellbare Kenngrößen treten beim PD-Regler die Proportionalverstärkung $V_R = \underline{G}_R(0)$ und die Vorhaltzeit T_V auf. Die Vorhaltzeit T_V des PD-Reglers ist dabei diejenige Zeit, die bei einer sägezahnförmigen Änderung (linearer Anstieg) der Regelabweichung $\underline{X}_w$ der P-Anteil benötigt, um die Stellgröße $\underline{Y}$ so zu verändern, wie dies durch den D-Anteil sofort erfolgt. Damit ist der Stelleingriff des PD-Reglers dem Stelleingriff des P-Reglers bei linearem Anstieg der Regelabweichung um die Vorhaltzeit T_V voraus.

Beim Einsatz von Reglern mit D-Anteil besteht jedoch auch eine gewisse Gefahr darin, daß kleine, durch stochastische Störungen (Rauschen) bedingte Änderungen der Regelabweichung $\underline{X}_w$ eine zu starke Reaktion der Stellgröße $\underline{Y}$ hervorrufen, da der D-Anteil seinen Stelleingriff nach der Geschwindigkeit der Regelabweichung richtet (eine schnelle Änderungsgeschwindigkeit der Regelabweichung gibt eine starke Reaktion der Stellgröße).

Der Operationsverstärker als PID-Regler (Abb. 3.6.4g)
Der PID-Regler (proportional-integral-differenzierend) entsteht durch Überlagerung aller Eigenschaften der drei Grundreglertypen. Er weist damit gegenüber dem P-Regler die Vorteile einer größeren Regelgenauigkeit (kleinere Regelabweichung) und einer höheren Regelgeschwindigkeit (kürzere Einschwingzeit) auf. Der PID-Regler besitzt als charakteristische Kenngrößen die Proportionalverstärkung $V_R \approx \underline{G}_R(\omega_m)$ mit $T_V^{-1} \gg \omega_m \gg T_n^{-1}$, die Vorhaltzeit T_V und die Nachstellzeit T_n. Mit ihm lassen sich auch schwierige Aufgaben bewältigen, da er durch Veränderung dreier Kenngrößen (V_R, T_V und T_n) die Anpassung an vorgegebene Forderungen erleichtern kann. PID-Regler vermeiden insbesondere bei langsam verlaufenden Prozessen die beim PI-Regler mögliche Überregelung durch eine vom D-Anteil hervorgerufene, dem Differentialquotienten der Regelabweichung proportionale Stellgröße.

Bei der Auswahl und der Dimensionierung eines geeigneten stetigen Reglers geht man zweckmäßigerweise von der Regelstrecke mit ihren Kenndaten (Zeitkonstanten, Verstärkung und Integrationszeit) und dem gewünschten dynamischen und stationären Verhalten (Schnelligkeit, Dämpfung und Genauigkeit) des Regelkreises aus. Die Richtlinien zur günstigen Einstellung von Reglern hängen dabei in

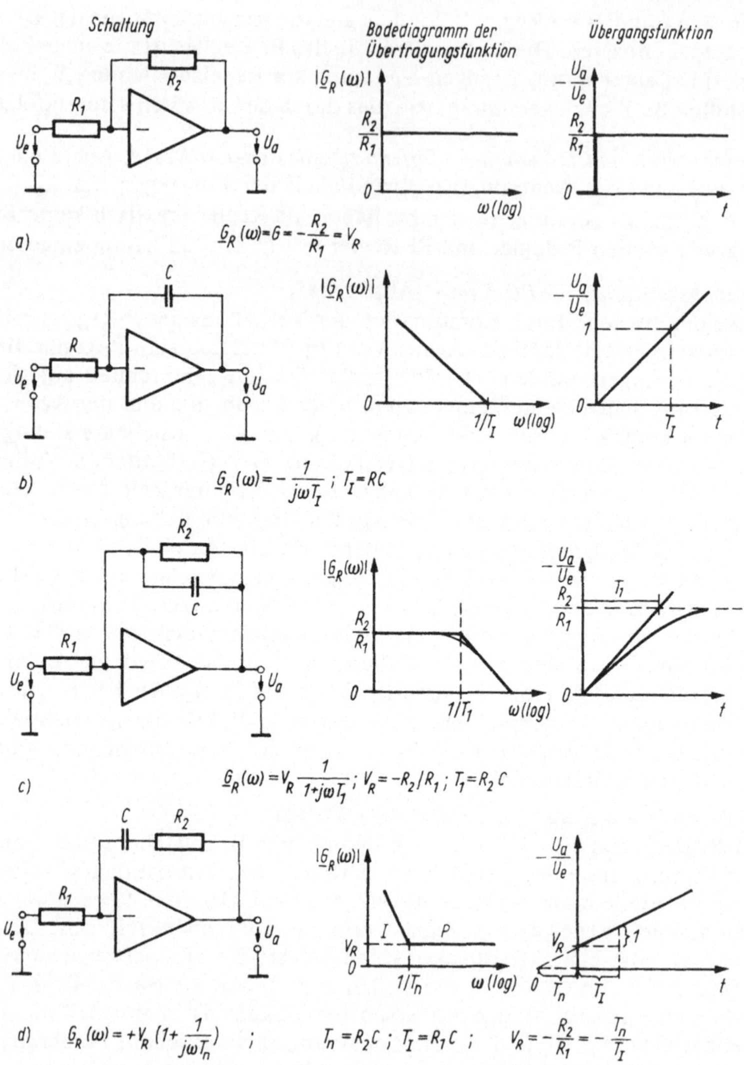

Abb. 3.6.4. Stetige Reglerschaltungen
a) P-Regler; b) I-Regler; c) PT-Regler; d) PI-Regler

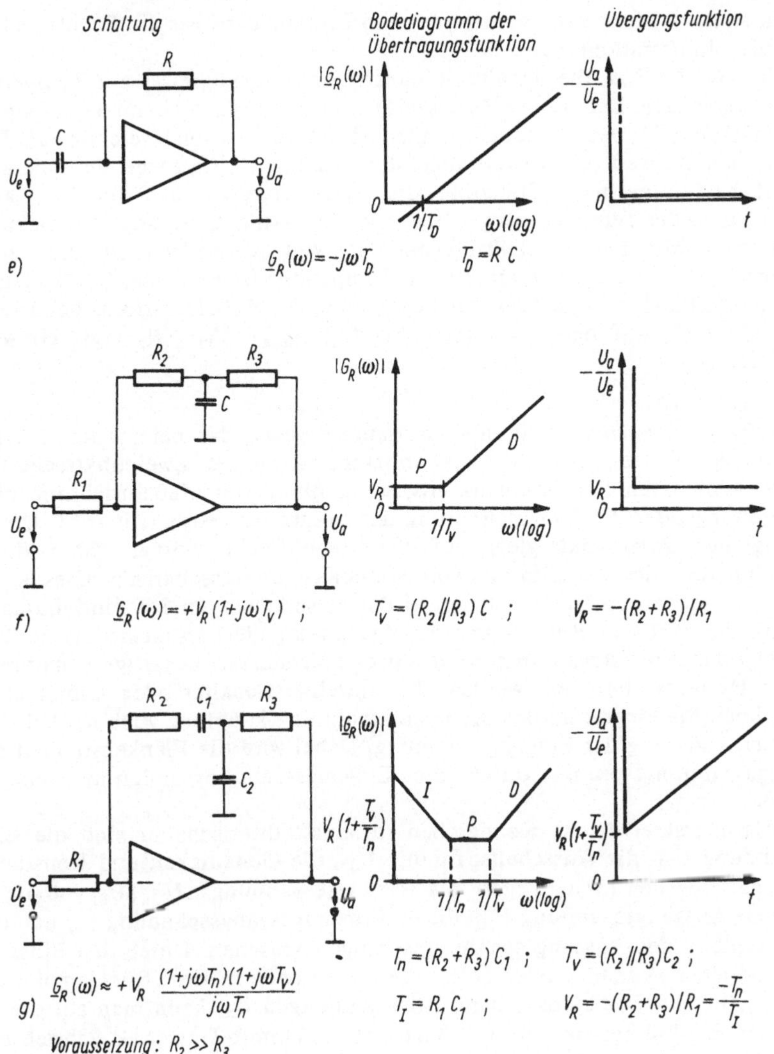

Abb. 3.6.4. Stetige Reglerschaltungen
e) D-Regler; f) PD-Regler; g) PID-Regler

sehr starkem Maße von der Art und dem Umfang der über die Regelstrecke vorliegenden Informationen ab.

In Abb. 3.6.5 ist die Schaltung eines stetigen Regelkreises zur Temperaturregelung dargestellt. Bei diesem Regelkreis wird den Eingangsklemmen des Operationsverstärkers IC 1, der als stetiger Regler arbeitet, die Regelabweichung als Differenz zwischen Sollwert und Istwert zugeführt. Ausgangsseitig liefert der Operationsverstärker IC 1 eine stetige Stellgröße, die auf die Transistoren T_1 und T_2 (Darlington-Schaltung) der Temperaturregelstrecke so einwirkt, daß die Regelabweichung minimal wird. Mit dem Einstellwiderstand P_1 wird der Sollwert für die Temperatur vorgegeben. Die Diode D_2 arbeitet als Temperatur-Istwertgeber. Der Widerstand R_2 und der Transistor T_3 dienen zur Begrenzung des Kollektorstroms beim Leistungstransistor T_2 auf den maximalen Wert $\bar{I}_{CT2\,max} = \bar{U}_{BET3}/R_2$ (vgl. Hinweise bei V 3.6.1.1).

Zweipunktregler

Die Zweipunktregelung stellt eine *nichtstetige Regelung* dar, bei der die Stellgröße nur die beiden Werte „Ein" und „Aus" annehmen kann. Der Zweipunktregler führt immer dann einen Schaltvorgang aus, wenn durch die Meßeinrichtung die Überschreitung oder die Unterschreitung des Sollwertes festgestellt wird. Die Einwirkung des Zweipunktreglers auf die Regelstrecke erfolgt dabei durch die Veränderung des Verhältnisses von Einschalt- zur Ausschaltzeit. Dies ist in Form einer einfachen binären Ansteuerung der entsprechenden Stelleinrichtungen möglich. Die praktische Realisierung des Zweipunktreglers als elektronische Schaltung erfolgt dabei meistens durch mitgekoppelte Verstärker. Derartige Schaltungen, die eine Hysterese besitzen, werden als Schwellwertschalter oder Komparatoren bezeichnet. Sie kippen infolge der Gleichspannungskopplung auch bei beliebig langsamer Änderung der Eingangsspannung. Dabei wird die Flankensteilheit des Ausgangsspannungssprungs durch die Eingangsspannungsänderung kaum beeinflußt.

Als charakteristische Kenngrößen für Schwellwertschalter sind die Einschaltspannung $\bar{U}_{S1}$, die Ausschaltspannung $\bar{U}_{S2}$, die Genauigkeit und Konstanz dieser Triggerschwellen (Schaltpegel), die Hysteresespannung $\Delta U = |\bar{U}_{S1} - \bar{U}_{S2}|$, die maximale Ausgangsspannung $\bar{U}_{aH}$, die minimale Ausgangsspannung $\bar{U}_{aL}$ und die Flankensteilheit des Ausgangsspannungssprungs anzusehen. Durch den Einsatz unterschiedlicher Verstärkerelemente, durch Verändern des Rückkopplungsfaktors $k = \underline{G}_r(0)$ und durch zusätzliche Hilfsspannungen $\bar{U}_{ref}$ kann man auf diese Kenngrößen Einfluß nehmen. In Abb. 3.6.6 ist ein Schmitt-Trigger als Schwellwertschalter dargestellt. Bei dieser Schaltung kann man die statischen Kenngrößen (Hysterese und Triggerschwellen) durch Variation des Rückkopplungsfaktors k und durch die Referenzspannung $\bar{U}_{ref}$ in weiten Grenzen einstellen.

Es gelten die folgenden Gleichungen für die Ein- und Ausschaltspannung $\bar{U}_{S1}$ und $\bar{U}_{S2}$ und für die Hysteresespannung ΔU:

$$\bar{U}_{S1} = \bar{U}_{ref} + R_1(R_1 + R_2)^{-1}(\bar{U}_{aH} - \bar{U}_{ref}), \tag{3.6.4}$$

$$\bar{U}_{S2} = \bar{U}_{ref} + R_1(R_1 + R_2)^{-1}(\bar{U}_{aL} - \bar{U}_{ref}), \tag{3.6.5}$$

$$\Delta U = (\bar{U}_{aH} - \bar{U}_{aL})\, R_1/(R_1 + R_2). \tag{3.6.6}$$

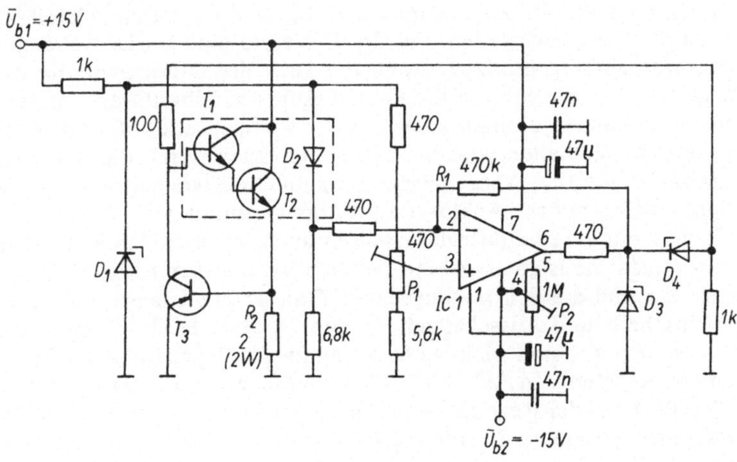

Abb. 3.6.5. Schaltung eines stetigen Regelkreises zur Temperaturregelung für einen Kleinthermostaten (IC1: MAA 741)

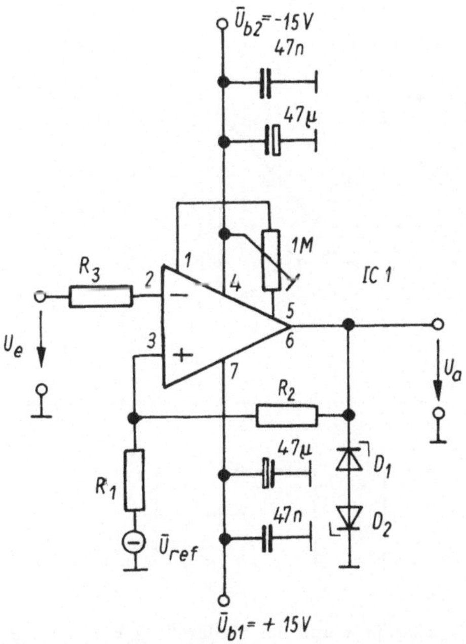

Abb. 3.6.6. Schmitt-Trigger als Schwellwertschalter (IC1: MAA 741)

Die Stabilisierung der Ausgangsspannungen $\bar{U}_{aH}$ und $\bar{U}_{aL}$ durch Z-Dioden ist erforderlich, da die Triggerschwellen und die Hysterese eine starke Abhängigkeit von der Ausgangsspannung besitzen. Auch die Drift der Offsetspannung des Operationsverstärkers hat Einfluß auf die Genauigkeit des Schwellwertschalters. Die erreichten Werte hängen deshalb auch von der Kompensation der Offsetgrößen ab. Das dynamische Verhalten wird bei dieser Schaltung durch die maximale Änderungsgeschwindigkeit der Ausgangsspannung im Großsignalbetrieb (Slew Rate) des Operationsverstärkers bzw. Analogkomparators bestimmt.

Regelkreise mit Zweipunktreglern weisen auch im stationären Zustand infolge des zweiwertigen Stellsignals $\underline{Y}$ eine Pendelbewegung der Regelgröße $\underline{X}$ auf. Die Amplitude Δx und die Schwingungsdauer T dieser Pendelbewegung, das Verhältnis von Einschalt- und Ausschaltzeit T_E und T_A und die Größe einer bleibenden Regelabweichung $\underline{X}_{BA}$ sind wichtige Kriterien für die Beurteilung der Qualität einer nichtstetigen Regelung. In Abb. 3.6.7 ist der zeitliche Verlauf der Regelgröße $\underline{X}$ und der Stellgröße $\underline{Y}$ bei der Regelung einer Strecke 1. Ordnung, deren Verhalten durch eine Differentialgleichung 1. Ordnung (mit nur einer Zeitkonstanten) beschrieben wird, mit der Totzeit T_U und unterschiedlichen Einschalt- und Ausschaltzeitkonstanten (T_E bzw. T_A) durch einen Zweipunktregler mit Schalthysterese (obere Schaltschwelle $\bar{X}_{S1}$ und untere Schaltschwelle $\bar{X}_{S2}$) nach [95] dargestellt.

Abb. 3.6.8 zeigt die Schaltung eines nichtstetigen Regelkreises zur Temperaturregelung. Mit dem Einstellwiderstand P_1 wird der Sollwert für die Temperatur vorge-

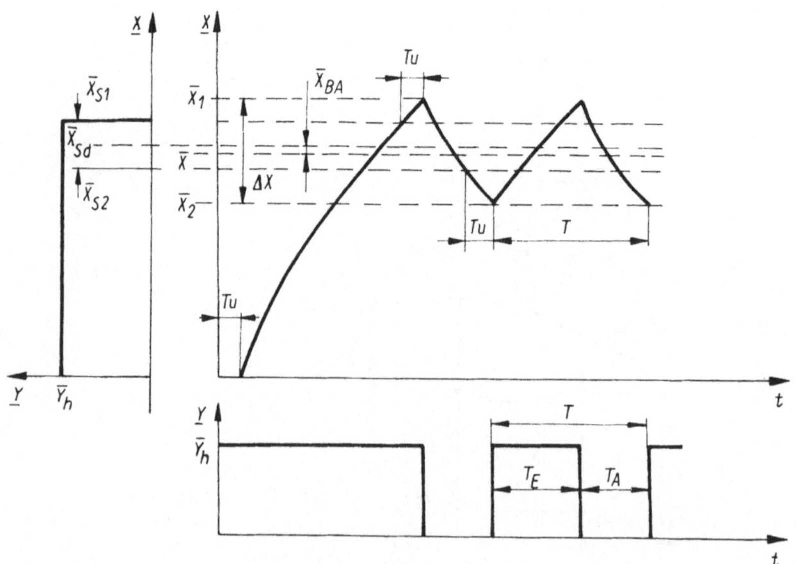

Abb. 3.6.7. Zeitlicher Verlauf der Regelgröße $\underline{X}$ und der Stellgröße $\underline{Y}$ bei der Regelung einer Strecke 1. Ordnung mit der Totzeit T_U und unterschiedlichen Ein- und Ausschaltzeitkonstanten (T_E bzw. T_A) durch einen Zweipunktregler mit Schalthysterese nach [95]

geben. Die Diode D_2 arbeitet als Temperatur-Istwertgeber. Die Regelabweichung als Differenz zwischen Sollwert und Istwert wird den Eingangsklemmen des Operationsverstärkers IC 1 zugeführt. Dieser Operationsverstärker kann über den Schalter S_1 wahlweise als linearer Verstärker oder als Komparator betrieben werden. In der Schalterstellung S_{11} verstärkt der Operationsverstärker nur die Regelabweichung, und das nachgeschaltete Gatter IC 2/1 arbeitet als Komparator ohne Hysterese. Wird dagegen der Schalter S_1 in die Stellung S_{12} gebracht, so läßt sich durch die Mitkopplung der Operationsverstärker IC 1 als Schmitt-Trigger (Komparator mit Hysterese) betreiben. In beiden Fällen liefert das Ausgangssignal des Gatters IC 2/1 das zweiwertige Stellsignal, das die Transistoren T_1 und T_2 (Darlington-Schaltung) der Temperaturregelstrecke ein- bzw. ausschaltet und dadurch die Regelgröße Temperatur beeinflußt. Der Widerstand R_2 und der Transistor T_3 dienen auch hier zur Begrenzung des Kollektorstroms beim Leistungstransistor T_2.

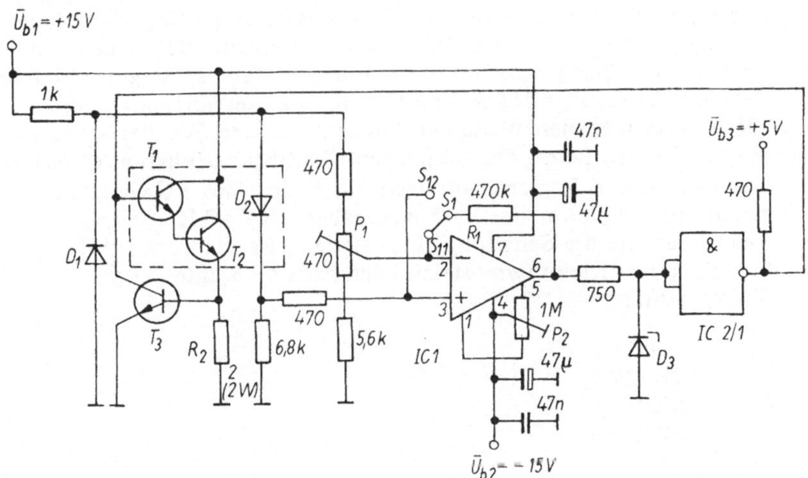

Abb. 3.6.8. Schaltung eines Regelkreises mit Zweipunktregler zur Temperaturregelung für einen Kleinthermostaten (IC1: MAA 741)

Versuche

V 3.6.1.1

a) Realisieren Sie die in Abb. 3.6.3b dargestellte Grundschaltung eines stetigen Reglers (IC 1: B 081 D) mit $R_2 = 100\,\mathrm{k\Omega}$; $R_4 = 50\,\mathrm{k\Omega}$; $R_5 = 100\,\mathrm{k\Omega}$ nach den in Abb. 3.6.4 angegebenen Dimensionierungsregeln als:

- P-Regler mit einer einstellbaren Proportionalverstärkung $V_R = 0{,}1$; 1; 10,
- I-Regler mit $R = 100\,\mathrm{k\Omega}$ und einer einstellbaren Integrationszeit $T_I = 0{,}01\,\mathrm{s}$; 0,1 s; 1 s,

- PI-Regler mit einer einstellbaren Proportionalverstärkung $V_R = 0{,}1;\ 1;\ 10$ einer einstellbaren Nachstellzeit $T_n = 0{,}01$ s; 0,1 s; 1 s,
- PT_1-Regler mit einer einstellbaren Proportionalverstärkung $V_R = 0{,}1;\ 1;\ 10$, einer einstellbaren Verzögerungszeit $T_1 = 0{,}01$ s; 0,1 s; 1 s,
- PD-Regler mit einer einstellbaren Proportionalverstärkung $V_R = 0{,}1;\ 1;\ 10$, einer einstellbaren Vorhaltzeit $T_V = 0{,}002$ s; 0,005 s; 0,01 s,
- PID-Regler mit einer einstellbaren Proportionalverstärkung $V_R = 1$, einer einstellbaren Vorhaltzeit $T_V = 0{,}002$ s; 0,005 s, einer einstellbaren Nachstellzeit $T_n = 0{,}02$ s; 0,05 s!

Beachten Sie dabei die folgenden Hinweise:
Für den Abgleich der Offsetspannung des Operationsverstärkers IC 1 wird der Einstellwiderstand R_5 so lange variiert, bis die Ausgangsspannung des Operationsverstärkers bei kurzgeschlossenen Eingangsklemmen $\bar{U}_a = 0$ V erreicht. Beim I-Regler, PI-Regler und PID-Regler, bei denen keine Gleichspannungsrückkopplung vorliegt, müssen die Kondensatoren im Gegenkopplungsnetzwerk vor Meßbeginn auf Nullpotential entladen werden. Dies kann durch einen zusätzlich eingefügten Schalter erfolgen. Bei der Realisierung des PID-Reglers ist stets $T_n = 10\ T_V$; $R_2 = 100\ R_3$ und $C_3 = 10\ C_1$ zu gewährleisten. Zur Umschaltung auf die verschiedenen Werte der Bauelemente sind Schalter vorzusehen.

b) Messen Sie den Betrag der komplexen Übertragungsfunktion $\underline{G}_R(\omega)$ der einzelnen aufgebauten Reglerschaltungen mit Hilfe eines *RC*-Generators und eines elektronischen Voltmeters im Frequenzbereich $f = 3$ Hz...5 kHz!

c) Realisieren Sie die Schaltung eines stetigen Regelkreises zur Temperaturregelung für einen Kleinthermostaten nach Abb. 3.6.5 unter Verwendung folgender Bauelemente:

IC 1: B 081 D;
T_1, T_3: SF 826 D;
T_2: SU 160;
D_1: SZX 21/6,2;
D_2: SAY 18;
D_3: SZX 21/8,2;
D_4: SZX 21/6,2.

Beachten Sie dabei folgende Hinweise:

Die Dioden D_3 und D_4 dienen der Spannungsbegrenzung und der Steuerspannungsanpassung für die Transistoren T_1, T_2. Der als Heizelement wirkende Leistungstransistor T_2 und die als Temperaturfühler benutzte Diode D_2 sind in enger thermischer Kopplung auf einem Aluminiumblock mit den Abmessungen $40 \times 60 \times 10\ \text{mm}^3$ oder einem geeigneten Profilkühlkörper zu befestigen, wobei durch Verwendung von Wärmeleitpaste kleine Montagewärmewiderstände anzustreben sind. Zur Einstellung und Kontrolle des Thermostaten ist in eine zusätzliche Bohrung des Heizblockes ein geeichtes Quecksilberthermometer mit einer Einteilung 1/10 K zu plazieren. Um die Leistungsaufnahme zur Erreichung einer bestimmten Blocktemperatur zu senken, wird der gesamte Block

mit einer 5 mm starken Isolierung aus Schaumstoffmaterial (Piatherm) umgeben.
Für die Einstellwiderstände P_1 und P_2 sind Dickschichteinsteller mit Spindelantrieb vorzusehen. Für den Abgleich der Offsetspannung des Operationsverstärkers IC 1 wird der Einstellwiderstand P_2 so lange variiert, bis die Ausgangsspannung des Operationsverstärkers bei kurzgeschlossenen Eingangsklemmen $\bar{U}_a = 0$ V erreicht.
Bei der Inbetriebnahme der Schaltung wird der Einstellwiderstand P_1 zunächst in die untere Endstellung gebracht. Danach wird der Schleifer von P_1 langsam in Richtung der oberen Endstellung gedreht, bis erstmalig ein Kollektorstrom (Heizstrom) durch die Transistoren T_1 und T_2 fließt. Diese Einstellung entspricht dem Sollwert Raumtemperatur. Wird der Schleifer von P_1 in gleicher Richtung weiter gedreht, so läßt sich ein Sollwert einstellen, der oberhalb der Raumtemperatur liegt. Der Kollektorstrom wird mit einem Vielfachmesser im Kollektorkreis der Darlington-Stufe gemessen.
Überprüfen Sie die Funktionstüchtigkeit der aufgebauten Schaltung!

d) Ermitteln Sie bei Sollwerten von ca. 30 °C und 40 °C die Aufheizkurven (zeitlicher Verlauf der Temperatur) des Kleinthermostaten in Abhängigkeit vom Heizstrom für $R_2 = 1\,\Omega$, $2\,\Omega$ und $3\,\Omega$!
e) Untersuchen Sie das Verhalten des Regelkreises bei Variation von R_1 ($R_1 = 100\,\text{k}\Omega$, $1\,\text{M}\Omega$)!
f) Untersuchen Sie das Verhalten des Regelkreises, wenn anstelle des verwendeten P-Reglers ein PI-Regler nach Abb. 3.6.4d mit einer Proportionalverstärkung $V_R = 100$ und einer einstellbaren Nachstellzeit $T_n = 0{,}1$ s; 1 s; 10 s eingesetzt wird!

V 3.6.1.2

a) Realisieren Sie die in Abb. 3.6.6 dargestellte Schaltung eines Schwellwertschalters unter Verwendung eines Operationsverstärkers (MAA 741) mit $D_1 = D_2$ = SZX 21/11 und $R_1 = R_3 = 1\,\text{k}\Omega$!
b) Ermitteln Sie den Wertebereich für R_2, bei dem die vorliegende Schaltung noch einwandfrei als Schmitt-Trigger arbeitet!
c) Bestimmen Sie innerhalb dieses Wertebereichs meßtechnisch den Einfluß von R_2 auf die Ein- und Ausschaltschwelle sowie auf die Größe der Hysteresespannung! Diese Messungen sind bei $\bar{U}_{ref} = 0$ V mit Hilfe eines *RC*-Generators und eines Oszillographen durchzuführen.
d) Ermitteln Sie meßtechnisch für $R_2 = 1\,\text{M}\Omega$ den möglichen Einstellbereich der Referenzspannung $\bar{U}_{ref}$! Bestimmen Sie innerhalb dieses Bereichs von $\bar{U}_{ref} = (1 \ldots 11)$ V den Einfluß von $\bar{U}_{ref}$ auf die Ein- und Ausschaltschwelle, indem Sie an den Eingang des Zweipunktreglers eine Gleichspannung $\bar{U}_e$ anlegen und diese für vorgegebene Werte von $\bar{U}_{ref}$ so lange erhöhen, bis die Einschaltschwelle erreicht ist und am Ausgang der Schaltung das Potential $\bar{U}_{aL}$ auftritt. Bei Verringerung der Gleichspannung $\bar{U}_e$ wird die Ausschaltschwelle dann erreicht, wenn am Ausgang der Schaltung das Potential $\bar{U}_{aH}$ erscheint.

e) Bestimmen Sie mit Hilfe eines *RC*-Generators und eines Impulsoszillographen die Anstiegs- und Abfallzeiten der Flanken des rechteckförmigen Ausgangssignals des Komparators (Parameter der Schaltung: $R_2 = 1\,\mathrm{M\Omega}$ und $\bar{U}_{ref} = 0\,\mathrm{V}$)!
f) Realisieren Sie die Schaltung eines Regelkreises mit Zweipunktregler zur Temperaturregelung für einen Kleinthermostaten nach Abb. 3.6.8 unter Verwendung folgender Bauelemente:

IC 1: B 081 D;
IC 2: DL 003 D;
T_1, T_3: SF 826 D;
T_2: SU 160;
D_1: SZX 21/6,2;
D_2: SAY 18;
D_3: SZX 21/5,1.

Beachten Sie die bei V 3.6.1.1 gegebenen Hinweise. Überprüfen Sie die Funktionstüchtigkeit der aufgebauten Schaltung (Schalter S_1 in Stellung S_{11})! Ermitteln Sie bei Sollwerten von ca. 30 °C und 45 °C den zeitlichen Verlauf der Regelgröße (Temperatur) und der Stellgröße (Kollektorstrom von T_1 und T_2) für die aufgebaute Schaltung in den beiden möglichen Schalterstellungen S_{11} und S_{12} (Komparator ohne und mit Hysterese)! Stellen Sie die Verläufe grafisch dar und interpretieren Sie diese an Hand der Abb. 3.6.7!
Bestimmen Sie die Amplitude der Regelschwankung als Differenz von Höchst- und Tiefstwert, die Schwingungsdauer und die Ein- und Ausschaltzeit! Untersuchen Sie das Verhalten des Regelkreises bei Variation von R_1 und/oder R_2 ($R_1 = 100\,\mathrm{k\Omega}$, $1\,\mathrm{M\Omega}$; $R_2 = 1\,\Omega$, $3\,\Omega$)!

3.6.2. Stromversorgungsgeräte

Stromversorgungsgeräte haben die Aufgabe, die für den Betrieb elektronischer Baugruppen notwendigen Spannungen bereitzustellen. Als Netzgeräte werden Stromversorgungsgeräte bezeichnet, die aus dem Wechselstromnetz gespeist werden. Stabilisierte Netzgeräte enthalten als wichtigste Baugruppen Transformator, Gleichrichterschaltung, Siebschaltung und Stabilisierungsschaltung (Steuer- oder Regelschaltung). Aufgabe eines stabilisierten Netzgerätes ist es, eine von äußeren und inneren Einflußgrößen möglichst unabhängige Ausgangsspannung zu liefern. Deshalb stehen bei der Behandlung von Netzgeräten die Stabilisierungsschaltungen im Mittelpunkt des Interesses.

Allgemein besteht bei Stabilisierungsschaltungen eine Abhängigkeit der Ausgangsspannung $\bar{U}_a$ von der Eingangsspannung $\bar{U}_e$, vom Laststrom $\bar{I}_a$ und von der Temperatur *T*. Außerdem existiert noch eine zeitabhängige Drift $U_a(t)$. Um die Qualität einer Stabilisierungsschaltung quantitativ beurteilen zu können, werden diese Einflußfaktoren, die alle gleichzeitig auftreten können, durch folgende Kenngrößen berücksichtigt:

- Stabilisierungsfaktor $S = (\Delta U_e / \bar{U}_e)/(\Delta U_a / \bar{U}_a)$, (3.6.7)
- Regelfaktoren:
  Regelfaktor der Eingangsspannung
  $RF_E = (\Delta U_a / \bar{U}_a)/(\Delta U_e / \bar{U}_e)$, (3.6.8)
  Regelfaktor des Ausgangsstroms
  $RF_A = (\Delta U_a / \bar{U}_a)/(\Delta I_a / \bar{I}_a)$, (3.6.9)
- Innenwiderstand $R_d = -(\Delta U_a / \Delta I_a)$, (3.6.10)
- Temperaturkoeffizient $TK = (1/\Delta T)(\Delta U_a / \bar{U}_a)$, (3.6.11)
- Koeffizient der Langzeitänderung $\delta = (1/\Delta t)(\Delta U_a / \bar{U}_a)$. (3.6.12)

Der *Stabilisierungsfaktor S* ist ein Maß für die Stabilität der Ausgangsspannung gegenüber der Eingangsspannung. Der *Innenwiderstand* R_d beschreibt die Änderung der Ausgangsspannung bei einer bestimmten Laststromänderung.

Außer den bereits genannten Kenngrößen interessieren bei Konstantspannungs- und -stromquellen noch folgende Größen:

- Ausgangsspannungs- und -strombereich,
- maximale Ausgangsleistung,
- Restwelligkeit am Ausgang,
- Kurzschlußfestigkeit,
- Temperaturbereich,
- Abmessungen.

Die Charakteristika der Stabilisierungsschaltungen werden fast ausschließlich vom schaltungstechnischen Aufwand bestimmt.

Stabilisierungsschaltungen ohne Regelung, Stabilisierungsschaltungen mit stetiger Regelung und Stabilisierungsschaltungen mit nichtstetiger Regelung (geschaltete Regler) sind dabei die grundsätzlichen Varianten.

Stabilisierungsschaltungen mit stetiger Regelung

Eine *elektronische Regelschaltung* arbeitet nach folgendem Prinzip: Sie mißt die Ausgangsgröße (Spannung oder Strom) und vergleicht diese mit einem Sollwert, der von außen vorgegeben wird. Die Abweichungen der Ausgangsgröße vom Sollwert werden dann verstärkt und steuern ein Stellglied, das so genau und so schnell wie möglich den Istwert wieder auf den Sollwert nachstellt. Es gibt dabei zwei grundsätzliche Möglichkeiten für die Anordnung des Stellgliedes:

- *Serienregler* (Abb. 3.6.9)
  Das Stellglied (Stellwiderstand) liegt in Reihe mit dem Verbraucher. Es fließt der gesamte Verbraucherstrom über das Stellglied. Durch Steuerung des Stellwiderstandes kann man erreichen, daß ein so großer Anteil der Eingangsspannung über diesem abfällt, daß die Ausgangsspannung $\bar{U}_a$ bei Schwankungen der Eingangsspannung, der Temperatur und des Verbraucherstroms konstant bleibt.

- *Parallelregler* (Abb. 3.6.10)
  Das Stellglied (Stellwiderstand) liegt parallel zum Verbraucher. Durch einen zusätzlichen Strom, der über den Stellwiderstand fließt und durch diesen auch ge-

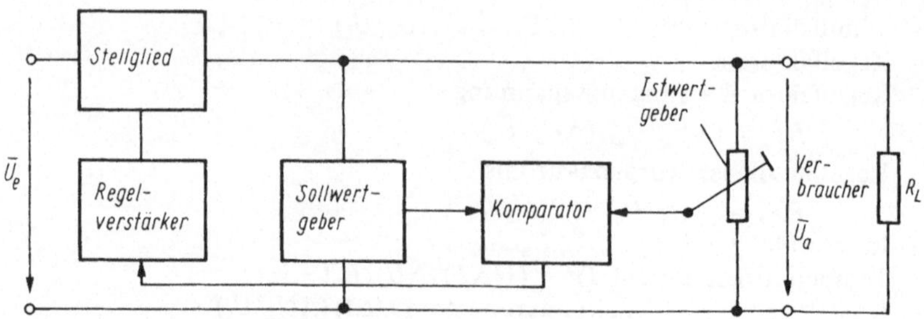

Abb. 3.6.9. Prinzipschaltbild eines Serienreglers

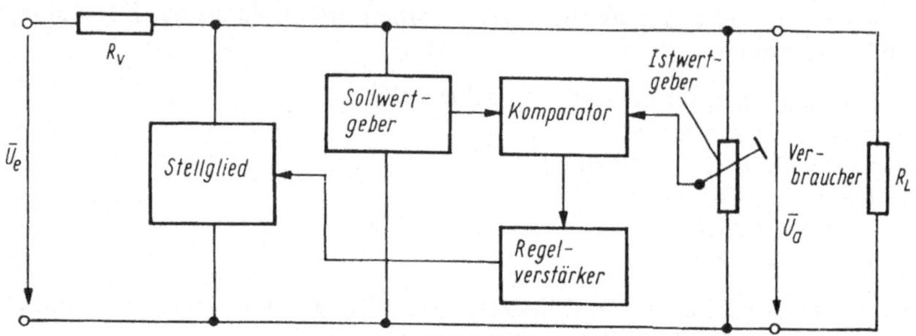

Abb. 3.6.10. Prinzipschaltbild eines Parallelreglers

steuert wird, kann man den Spannungsabfall über einem Vorwiderstand R_V so beeinflussen, daß die gewünschte Ausgangsspannung $\bar{U}_a$ konstant bleibt.

Serienregler werden wesentlich häufiger eingesetzt als Parallelregler, da letztere außer dem Vorteil der Kurzschlußsicherheit gegenüber dem Serienregler folgende wesentliche Nachteile besitzen:

- die Verbraucherleistung darf die zulässige Verlustleistung des Stellgliedes nicht übersteigen,
- niedriger Wirkungsgrad (auch im Leerlauf voller Leistungsverbrauch),
- der als Stellglied eingesetzte Transistor muß die volle Ausgangsspannung aufnehmen.

Parallelregler werden deshalb meist nur für kleine Leistungen und wenig schwankende Last eingesetzt.

Für Stabilisierungsschaltungen mit stetiger Regelung werden vorzugsweise integrierte Spannungsregler eingesetzt. Sie enthalten in der Regel einen Soll-Istwert-Vergleicher mit Verstärker, eine temperaturkompensierte Referenzspannungsquelle, ein Stellglied und eine Schaltung zur Strombegrenzung bzw. zum Überlastungsschutz des Stellgliedes.

Bei integrierten Spannungsreglern lassen sich zwei Grundtypen unterscheiden:

- integrierte Festspannungsregler,
- integrierte einstellbare Spannungsregler.

Integrierte Festspannungsregler sind mit den drei Anschlüssen Eingang, Ausgang und Masse versehen und nur für eine Ausgangsspannung ausgelegt, so daß für jede benötigte Spannung ein Schaltkreistyp erforderlich ist. *Integrierte einstellbare Spannungsregler* können dagegen in Abhängigkeit von der äußeren Beschaltung für unterschiedliche Bereiche der Ausgangsspannung eingesetzt werden. Mit den Grundschaltungen nach Abb. 3.6.11 für Spannungsregler vom Typ MAA 723 lassen sich Spannungen im Bereich von $-6\,\mathrm{V} \geqq \bar{U}_a \geqq -250\,\mathrm{V}$ bzw. von $+2\,\mathrm{V} \leqq \bar{U}_a \leqq +250\,\mathrm{V}$ stabilisieren. Der zulässige Ausgangsstrom dieser Schaltkreise beträgt $\bar{I}_a \leqq 150\,\mathrm{mA}$ (bei günstiger Kühlung), so daß bei höheren Ausgangsströmen externe Leistungstransistoren eingesetzt werden müssen (Abb. 3.6.11c und d). Im Interesse der Stabilität der Schaltung sollte dabei jedoch ein Laststrom von $\bar{I}_a \approx 15\,\mathrm{A}$ nicht überschritten werden.

Hinweise zur Berechnung einer Stabilisierungsschaltung mit einem universellen integrierten Spannungsregler (z. B. MAA 723 bzw. IL 72 723) nach Abb. 3.6.11.

Ausgangspunkt für die Berechnung sind folgende Parameter der Schaltung und Kenngrößen der Bauelemente:

Ausgangsspannung $\bar{U}_a$, maximaler Laststrom $\bar{I}_{a\,max}$, Kollektor-Emitter-Sättigungsspannung des Längstransistors $\bar{U}_{CE\,sat}$, Kurzschlußstrom $\bar{I}_k$ (bei Strombegrenzung durch Rückkopplung), Plus- und Minustoleranz der Eingangsspannung $|\Delta U_{e+}/\bar{U}_e|$ und $|\Delta U_{e-}/\bar{U}_e|$, Effektivwerte der Brummspannungen am Ein- und Ausgang U_{Bre} und U_{Bra} und Kenndaten des integrierten Spannungsreglers.

Die minimale Eingangsspannung $\bar{U}_e$ der Regelschaltung bei Nennlast und unter Berücksichtigung möglicher Netzspannungstoleranzen wird durch folgende Beziehung bestimmt (vgl. [35]):

$$\bar{U}_e \geqq \frac{\bar{U}_a + \bar{U}_{CE1\,sat} + U_{Bre}}{1 - \left|\dfrac{\Delta U_e}{\bar{U}_e}\right|}. \tag{3.6.13}$$

In Abhängigkeit von der gewünschten Ausgangsspannung $\bar{U}_a$ wählt man zunächst die Grundschaltung nach Tab. 3.6.1 und Abb. 3.6.11 aus. Mit den vorgegebenen Richtwerten für die Widerstände R_1 und R_2 nach Tab. 3.6.1 läßt sich dann die entsprechende Ausgangsspannung einstellen. Dabei sollte auf einstellbare Schicht-Drehwiderstände (schlechter Temperaturgang, hohe Ausfallrate, mechanisch instabil) verzichtet und zwei Festwiderstände vorgesehen werden. Beim Einsatz externer Leistungstransistoren (Abb. 3.6.11c, d und e) wird zur Bestimmung der erforderlichen maximalen Verlustleistung P_{max} von Gl. (3.6.14) ausgegangen:

$$P_{max\,th} \approx \left(\bar{U}_e - \bar{U}_{a\,min} + \left|\frac{\Delta U_{e+}}{\bar{U}_e}\right| \bar{U}_e\right) \bar{I}_{a\,max}. \tag{3.6.14}$$

Eine Frequenzkompensation zur Unterdrückung von Schwingungen erfolgt mit Hilfe von Kondensatoren, die zwischen die Anschlüsse 9 und 2

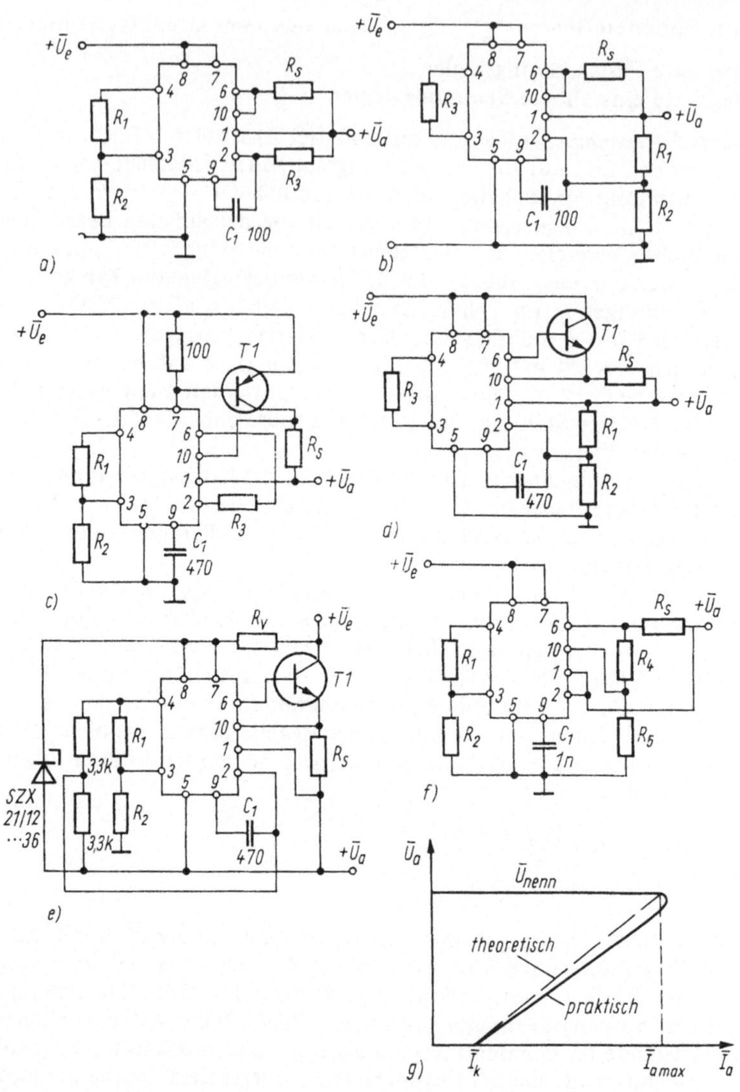

Abb. 3.6.11. Integrierte einstellbare Spannungsregler (MAA 723)
a) Grundschaltung für $\bar{U}_a = (2\ldots7)$ V; b) Grundschaltung für $\bar{U}_a = (7\ldots37)$ V; c) Grundschaltung für $\bar{U}_a = (2\ldots7)$ V mit externem pnp-Transistor; d) Grundschaltung für $\bar{U}_a = (7\ldots37)$ V mit externem npn-Transistor; e) Grundschaltung für $+37\text{ V} < \bar{U}_a < +250$ V; f) Schaltung für $\bar{U}_a = (2\ldots7)$ V mit Strombegrenzung durch Rückkopplung; g) „Fold-back" Kennlinie

($C_1 = (100 \ldots 470)$ pF) oder zwischen 9 und 5 ($C_1 = 470$ pF...1 nF) geschaltet werden. Je größer dabei der Wert des Kondensators gewählt wird, um so geringer ist die Schwingneigung und um so langsamer werden aber auch Störungen (z. B. Schwankungen von $\bar{U}_e$, $\bar{I}_a$ usw.) ausgeregelt. Der Widerstand R_3 dient zur Temperaturkompensation der Schaltung und ist nur bei sehr hohen Anforderungen (Drift der Ausgangsspannung $\Delta U_a < 25$ mV) erforderlich. Er ergibt sich aus folgender Gleichung:

$$R_3 = R_1 R_2 / (R_1 + R_2)\,. \tag{3.6.15}$$

Der Widerstand R_S wird in den Schaltungen nach Abb. 3.6.11 zur Begrenzung des Ausgangsstroms eingesetzt. Seine Größe läßt sich durch die folgende Gleichung bestimmen:

$$R_S = \bar{U}_S / \bar{I}_{a\,max} \tag{3.6.16}$$

(mit $\bar{U}_S = 0{,}65$ V beim Schaltkreis MAA 723 bzw. IL 72 723).

Noch wirkungsvoller ist jedoch eine Schaltung mit Strombegrenzung durch Rückkopplung (Abb. 3.6.11f), bei der durch zwei zusätzliche Widerstände R_4 und R_5 eine „Fold-back“-Kennlinie (Abb. 3.6.11g) erreicht wird. Diese Schaltung mit Strombegrenzung durch Rückkopplung kehrt nach Beseitigung der Überlast selbständig wieder zum normalen Betrieb zurück. Für die Ströme $\bar{I}_k$ und $\bar{I}_{a\,max}$ nach Abb. 3.6.11g gelten dabei die Gleichungen:

$$\bar{I}_{a\,max} = \frac{\bar{U}_a R_4}{R_S R_5} + \frac{\bar{U}_S (R_4 + R_5)}{R_S R_5}\,, \tag{3.6.17}$$

$$\bar{I}_k = \bar{U}_S (R_4 + R_5) / R_S R_5\,. \tag{3.6.18}$$

Integrierte einstellbare Spannungsregler der Reihe B 3170 V bzw. B 3370 V benötigen als externe Beschaltung nach Abb. 3.6.12a und b im wesentlichen nur zwei Wi-

Tabelle 3.6.1. Richtwerte für die Dimensionierung der Widerstände R_1 und R_2 zum Einstellen der Ausgangsspannung U_a *(Schaltkreis MAA 723 bzw. IL 72 723)*

$\bar{U}_a$ in V	R_1 in kΩ	R_2 in kΩ	Schaltung nach Abb.
+2	5,15	2	3.6.11a, c, f
+3	4,12	3,01	3.6.11a, c, f
+3,6	3,57	3,65	3.6.11a, c, f
+5	2,15	4,99	3.6.11a, c, f
+6	1,15	6,04	3.6.11a, c, f
+9	1,87	7,15	3.6.11b, d
+12	4,87	7,15	3.6.11b, d
+15	7,87	7,15	3.6.11b, d
+28	21	7,15	3.6.11b, d
+45	3,57	48,7	3.6.11e
+75	3,57	78,7	3.6.11e
+100	3,57	102	3.6.11e
+250	3,57	255	3.6.11e

derstände, um eine einstellbare stabile Ausgangsspannung im Bereich von (1, 2...37) V (B 3170 V) bzw. von (1, 2...57) V (B 3171 V) als Positivspannungsregler und von −(1, 2...37) V (B 3370 V) bzw. −(1, 2...57) V (B 3371 V) als Negativspannungsregler bei maximal 1,5 A Ausgangsstrom zu realisieren. Dabei wird mit dem Teilerverhältnis $R_2 : R_1$ nach Gl. (3.6.19) bzw. Gl. (3.6.20) die Ausgangsspannung $\bar{U}_a$ eingestellt:

$$\bar{U}_a = \bar{U}_{ref}\left(1 + \frac{R_2}{R_1}\right) + |\bar{I}_{adj}|R_2 \quad \text{(für B 3170 V; B 3171 V)}, \tag{3.6.19}$$

$$-\bar{U}_a = -\bar{U}_{ref}\left(1 + \frac{R_2}{R_1}\right) - |\bar{I}_{adj}|R_2 \quad \text{(für B 3370 V; B 3371 V)}. \tag{3.6.20}$$

Für die Berechnung von $\bar{U}_a$ sind die konstante Referenzspannung $\bar{U}_{ref} = 1{,}25$ V der internen Referenzspannungsquelle und der zwischen Einstellanschluß 1 und Masse über R_2 fließende Strom $\bar{I}_{adj} \approx (50...100)$ µA zugrunde zu legen. Der Widerstand R_1 ist unmittelbar an die Ausgangsklemmen des Schaltkreises anzuschalten und sollte einen Größtwert von 240 Ω nicht überschreiten, um bei fehlender Last am Ausgang den minimalen Laststrom $\bar{I}_{a\,min} = 5$ mA zu sichern. Zur Unterdrückung möglicher Schwingungen des Spannungsreglers sind die Kondensatoren $C_1 = 0{,}1$ µF und $C_2 = 1$ µF unmittelbar an den Ein- und Ausgangsklemmen des Schaltkreises anzuschalten. Der über dem Einstellwiderstand R_2 liegende Tantalkondensator $C_3 = 10$ µF wird benötigt, wenn bei beliebiger Ausgangsspannung eine Brummspannungsunterdrückung von etwa 80 dB erreicht werden soll. Die in Abb. 3.6.12 gestrichelt eingezeichneten Schutzdioden D_1 und D_2 sind dann vorzusehen, wenn die Kondensatoren C_2 oder C_3 Werte von ≧ 10 µF besitzen und die Ausgangsspannung $|\bar{U}_a| \geqq 20$ V beträgt, um bei Kurzschlüssen am Ein- bzw. Ausgang des Spannungsreglers eine Zerstörung des Schaltkreises zu verhindern. Der Temperaturkoeffizient der Ausgangsspannung wird entscheidend von den Temperaturkoeffizienten der Einstellwiderstände R_1 und R_2 bestimmt. Bei höheren Anforderungen ist deshalb der Einsatz von Metallschichtwiderständen mit niedrigem Temperaturkoeffizienten zu empfehlen.

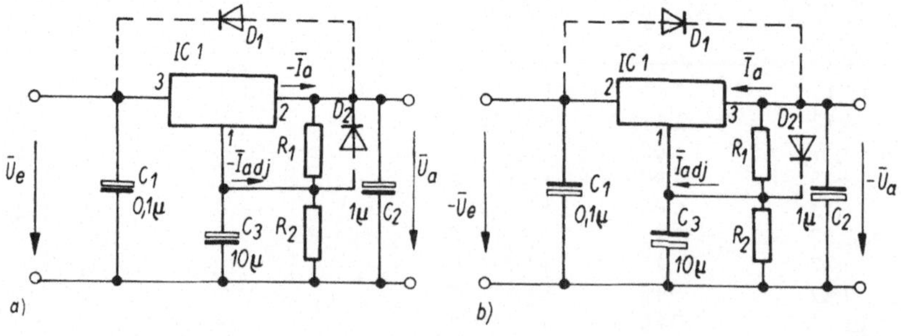

Abb. 3.6.12. Grundschaltungen
a) Positivspannungsregler (IC1 z. B. B 3170 V); b) Negativspannungsregler (IC1 z. B. B 3370 V)

Versuche

V 3.6.2.1

a) Dimensionieren Sie eine Stabilisierungsschaltung mit dem integrierten Spannungsregler MAA 723 entsprechend Abb. 3.6.11 b für eine Ausgangsspannung $\bar{U}_a = 15$ V und einen maximalen Ausgangsstrom $\bar{I}_{a\,max} = 150$ mA! Als Eingangsgleichspannung wird $\bar{U}_e = 20$ V bereitgestellt.

b) Bauen Sie die Schaltung unter Verwendung eines Kühlsterns auf, und messen Sie folgende Parameter:

- $\bar{U}_a = f(\bar{I}_a)$ (wobei $\bar{I}_a = 0 \ldots 150$ mA) für $\bar{U}_e = 20$ V,
- $R_d = f(\bar{U}_e)$ (wobei $\bar{U}_e = 18 \ldots 25$ V) für $\Delta I_a = 0 \ldots 150$ mA,
- $\hat{U}_{Bre} = f(\bar{I}_a)$ (wobei $\bar{I}_a = 0 \ldots 150$ mA) für $\bar{U}_e = 20$ V,
- $\hat{U}_{Bra} = f(\bar{I}_a)$ (wobei $\bar{I}_a = 0 \ldots 150$ mA) für $\bar{U}_e = 20$ V.

c) Ermitteln Sie die Primärleistung P_e, die Sekundärleistung P_a und den Wirkungsgrad $\eta = P_a/P_e$ für $\bar{U}_e = 20$ V; 25 V und $\bar{I}_a = 100$ mA; 150 mA!

d) Dimensionieren Sie für $\bar{I}_{a\,max} = 150$ mA und $\bar{I}_k = 50$ mA mit Hilfe der Gln. (3.6.17) und (3.6.18) einen Spannungsteiler zur Strombegrenzung durch Rückkopplung nach Abb. 3.6.11 f!
Überprüfen Sie die Wirksamkeit der Begrenzungsschaltung!

e) Bestimmen Sie den Stabilisierungsfaktor S nach Gl. (3.6.7) und den Regelfaktor des Ausgangsstroms RF_A nach Gl. (3.6.9)!

V 3.6.2.2

Abb. 3.6.13 zeigt die Schaltung einer digital einstellbaren Spannungsquelle mit einem integrierten Spannungsregler IC 1 (z. B. B 3170 V). Die Ausgangsspannung $\bar{U}_a$ ist stufenweise im Bereich $\bar{U}_a = (1{,}5 \ldots 37)$ V einstellbar. Der Widerstand R_{21} wird

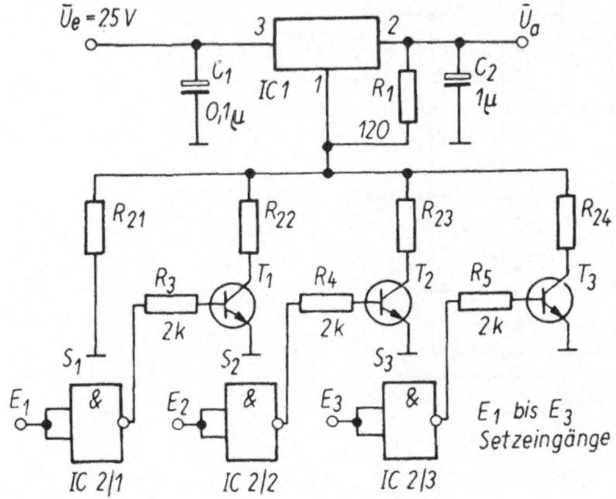

Abb. 3.6.13. Digital einstellbare Spannungsquelle (IC1 z. B. B 3170 V)

dabei durch die größte einstellbare Ausgangsspannung $\bar{U}_a$ festgelegt. Bei der Festlegung der Widerstände R_{22} bis R_{25} sind die Sättigungsspannungen der Transistoren zu berücksichtigen.

In Abb. 3.6.14 ist die Schaltung eines Doppelspannungsreglers für positive und negative Spannungen dargestellt. Beide Ausgangsspannungen lassen sich stufenlos mit dem Doppelpotentiometer R_{21} und R_{22} im Bereich von $|\bar{U}_a| = (1,2 \ldots 20)$ V symmetrisch einstellen. Mit den beiden einstellbaren Widerständen R_{11} und R_{12} können bei $R_{21\,max}$ und $R_{22\,max}$ (Maximalwert des Doppelpotentiometers) die beiden Ausgangsspannungen auf $+\bar{U}_a = +20$ V und $-\bar{U}_a = -20$ V abgeglichen werden.

Abb. 3.6.15 zeigt die Schaltung einer Konstantstromquelle mit einstellbarer Strombegrenzung. Der maximale und minimale Ausgangsstrom dieser Schaltung lassen sich in einfacher Weise nach Gl. (3.6.21) bzw. Gl. (3.6.22) berechnen.

$$\bar{I}_{a\,max} = \frac{|\bar{U}_{ref}|}{R_1} + |\bar{I}_{adj}|, \tag{3.6.21}$$

$$\bar{I}_{a\,min} = \frac{|\bar{U}_{ref}|}{R_1 + R /\!/ R_2} + |\bar{I}_{adj}|. \tag{3.6.22}$$

Zur einwandfreien Funktion der Konstantstromquelle wird nach Gl. (3.6.23) eine minimale Eingangsspannung $\bar{U}_{e\,min}$ benötigt:

$$\bar{U}_{e\,min} \approx \bar{U}_{ref} + 3\text{ V} \approx \bar{I}_a(R_1 + R /\!/ R_2) + \bar{I}_a R_L. \tag{3.6.23}$$

Mit dem Potentiometer R läßt sich stufenlos der Ausgangsstrom $\bar{I}_a$ im Bereich zwischen $\bar{I}_{a\,min}$ und $\bar{I}_{a\,max}$ einstellen.

a) Realisieren Sie die Schaltung einer digital einstellbaren Spannungsquelle nach Abb. 3.6.13 unter Verwendung folgender Bauelemente:

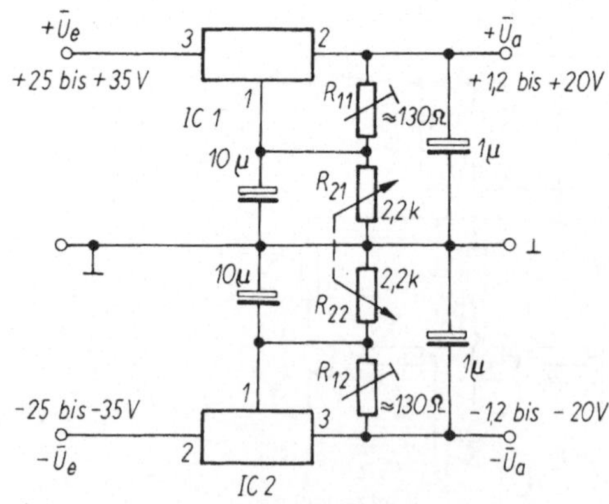

Abb. 3.6.14. Doppelspannungsregler für positive und negative Spannungen (IC1: B 3170 V, IC2: B 3370 V).

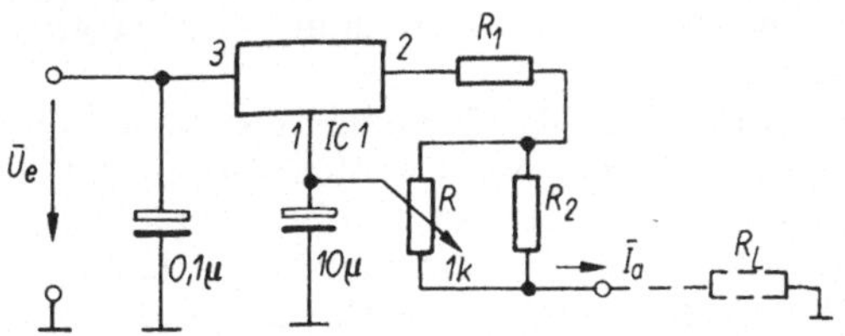

Abb. 3.6.15. Konstantstromquelle mit einstellbarer Strombegrenzung (IC1: B 3170 V)

IC 1: B 3170 V;
IC 2: DL 000 D;
T_1 bis T_3: SF 826 C

und eines geeigneten Kühlkörpers ($R_{thK} \approx 4$ K/W) für IC 1. Dimensionieren Sie die Schaltung so, daß für die Ausgangsspannung $\bar{U}_a = 5$ V, 10 V, 15 V oder 20 V einstellbar sind. Hinweis: Der Widerstand R_{21} bestimmt $\bar{U}_{a\,max}$. Bei der Dimensionierung der Widerstände R_{22} bis R_{24} ist jeweils die Spannung $\bar{U}_{CE\,sat}$ zu berücksichtigen. Die Einstellung der Spannungsquelle auf $\bar{U}_a = 5$ V, 10 V oder 15 V erfolgt dadurch, daß die betreffenden Gattereingänge E_1, E_2 oder E_3 auf Masse gelegt werden. Überprüfen Sie die Funktion der Schaltung mit einem Digitalvoltmeter!

b) Realisieren Sie die Schaltung eines Doppelspannungsreglers für positive und negative Spannungen nach Abb. 3.6.14! Für die beiden integrierten Spannungsregler (IC 1: B 3170 V und IC 2: B 3370 V) sind geeignete Kühlkörper ($R_{thK} \approx 4$ K/W) einzusetzen. Gleichen Sie bei $\bar{U}_e = 25$ V mit den beiden Einstellwiderständen R_{11} und R_{12} bei $R_{21\,max}$ und $R_{22\,max}$ die beiden Ausgangsspannungen unter Verwendung eines Digitalvoltmeters auf $+\bar{U}_a = +20$ V und $-\bar{U}_a = -20$ V ab!

c) Untersuchen Sie durch Veränderung der Einstellung des Doppelpotentiometers mit Hilfe eines Digitalvoltmeters den Gleichlauf der beiden Ausgangsspannungen im Bereich von $\bar{U}_a = (5 \ldots 20)$ V für $\bar{I}_a = 0$ mA, 100 mA, 300 mA und 500 mA! Stellen Sie die aufgenommenen Meßwerte grafisch dar!

d) Messen Sie mit Hilfe eines Digitalvoltmeters bei $R_{21\,max}$ und $R_{22\,max}$ die beiden Ausgangsspannungen $+\bar{U}_a$ und $-\bar{U}_a$ in Abhängigkeit von den beiden Eingangsspannungen $+\bar{U}_e$ und $-\bar{U}_e$ für $|\bar{U}_e| = (25 \ldots 35)$ V mit dem Laststrom $|\bar{I}_a| = 0$ mA, 500 mA und 700 mA! Diskutieren Sie die aufgenommenen Meßkurven!

e) Bestimmen Sie nach Gl. (3.6.10) den dynamischen Innenwiderstand R_d der beiden Spannungsregler bei $R_{21\,max}$ und $R_{22\,max}$, indem Sie die durch eine Änderung des Laststroms von $|\bar{I}_a| = 0{,}7$ A auf $|\bar{I}_a| = 0{,}01$ A verursachte Änderung der Ausgangsspannung $|\bar{U}_a|$ mit der Eingangsspannung $|\bar{U}_e|$ als Parameter ($|\bar{U}_e| = 25$ V, 30 V, 35 V) messen!

f) Realisieren Sie die Schaltung einer Konstantstromquelle mit einstellbarer

Strombegrenzung nach Abb. 3.6.15 unter Verwendung des integrierten Spannungsreglers IC 1: B 3170 V.
Hinweis: Zur einwandfreien Funktion der Schaltung muß eine minimale Eingangsspannung nach Gl. (3.6.23) bereitgestellt werden. Dimensionieren Sie die Widerstände R_1 und R_2 mit Hilfe der Gln. (3.6.21) und (3.6.22) und von $\bar{U}_{ref} = 1{,}25$ V und $\bar{I}_{adj} = 100$ µA für $\bar{I}_{a\,min} = 5$ mA und $\bar{I}_{a\,max} = 120$ mA!

g) Überprüfen Sie die Funktion der stufenlos einstellbaren Strombegrenzung im Bereich zwischen $\bar{I}_{a\,min}$ und $\bar{I}_{a\,max}$, indem Sie die Schaltung mit einem veränderbaren Widerstand R_L (Potentiometer) belasten! Für welchen Widerstandsbereich muß dieses Potentiometer ausgelegt sein?

Stabilisierungsschaltungen mit nichtstetiger Regelung

Der Wirkungsgrad geregelter Stabilisierungsschaltungen wird entscheidend durch die im Stellglied (Leistungstransistor) entstehende Verlustleistung beeinflußt. Diese Verlustleistung kann durch ein periodisches Ein- und Ausschalten des Transistors (Schalterbetrieb) reduziert werden. *Stabilisierungsschaltungen mit nichtstetiger Regelung* lassen sich in Netzgeräten entweder auf der Sekundärseite des Netztransformators *als Schaltregler*, oder auf der Primärseite eines Ferritkernübertragers *als Schaltnetzteile* einsetzen. *Schaltregler* haben *als Gleichspannungswandler* eine große Bedeutung. Abb. 3.6.16 zeigt das Prinzipschaltbild eines Schaltreglers. Durch die Verwendung eines Netztransformators und die anschließende Gleichrichtung und Glättung wird die netzpotentialfreie Eingangsgleichspannung $\bar{U}_e$ des Schaltreglers, die stets größer sein muß als die Ausgangsgleichspannung $\bar{U}_a$, bereitgestellt. Der als Schalter wirkende Transistor arbeitet mit einer Schaltfrequenz von (16...50) kHz (oberhalb des Hörbereichs). Er schaltet die Eingangsgleichspannung $\bar{U}_e$ diskontinuierlich auf einen Energiespeicher, der meist aus einer Drossel in Verbindung mit einem Kondensator und einer Freilaufdiode besteht. Diese Freilaufdiode D ist während der Sperrphase des Transistors T leitend, so daß infolge der in der Drossel L gespeicherten Energie der Strom durch den Lastwiderstand R_L in gleicher Richtung weiter fließt. Trotz diskontinuierlicher Energiezufuhr vom Eingang her, sorgt der Energiespeicher für eine kontinuierliche Energieabgabe an den Verbraucher. Zur Steuerung des Stellgliedes sind folgende Verfahren üblich:

- Impulsfrequenzsteuerung,
- Tastverhältnissteuerung und
- eigene Steuerung.

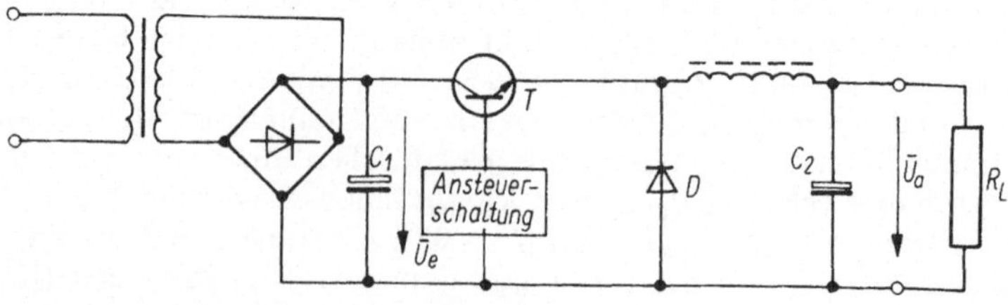

Abb. 3.6.16. Prinzipschaltbild eines Schaltreglers

Schaltregler haben gegenüber Stabilisierungsschaltungen mit stetiger Regelung den Vorteil eines höheren Wirkungsgrades und werden vorzugsweise dann eingesetzt, wenn die Eingangsspannung stark schwankt und aus einer hohen Eingangsspannung eine relativ niedrige Ausgangsspannung erzeugt werden soll.

Als *Schaltnetzteile* werden *netztransformatorlose, geschaltete Netzteile* bezeichnet. Bei ihnen wird die Netzspannung direkt gleichgerichtet und geglättet. Ein als Schalter wirkender Transistor schaltet diese Gleichspannung mit einer Frequenz von (16...50) kHz an die Primärwicklung eines Ferritkernübertragers, der gleichzeitig eine Potentialtrennung vornimmt. Sekundärseitig wird die transformierte Spannung wiederum gleichgerichtet und geglättet, wobei funktionsbedingt der Übertrager bzw. eine Drossel als Energiespeicher dient. *Grundschaltungen von Schaltnetzteiltypen* werden in erster Linie durch die Art des verwendeten Wandlers bestimmt. Es lassen sich folgende Grundtypen unterscheiden:

- Sperrwandler (für Schaltnetzteile kleiner Leistung),
- Durchflußwandler (für Schaltnetzteile mittlerer Leistung) und
- Gegentaktwandler (für Schaltnetzteile hoher Leistung).

Zur Regelung der Ausgangsspannung im Schaltnetzteil werden folgende Steuerungsprinzipien angewandt:

- Impulsfrequenzsteuerung und
- Tastverhältnissteuerung.

Obwohl sich die Impulsfrequenzsteuerung relativ einfach realisieren läßt, wird sie nur bei Schaltnetzteilen kleiner Leistung (z. B. in TV-Geräten) eingesetzt, da die Störstrahlungsunterdrückung für veränderliche Frequenzen recht aufwendig ist. Deshalb ist die Tastverhältnissteuerung bei konstanter Frequenz im Bereich von (25...70) kHz das dominierende Steuerungsprinzip. Abb. 3.6.17 zeigt die Prinzipschaltung einer Schaltnetzteilregelung mit Tastverhältnissteuerung. Dabei muß auch die Regeleinrichtung die galvanische Trennung von Netz und Verbraucher ge-

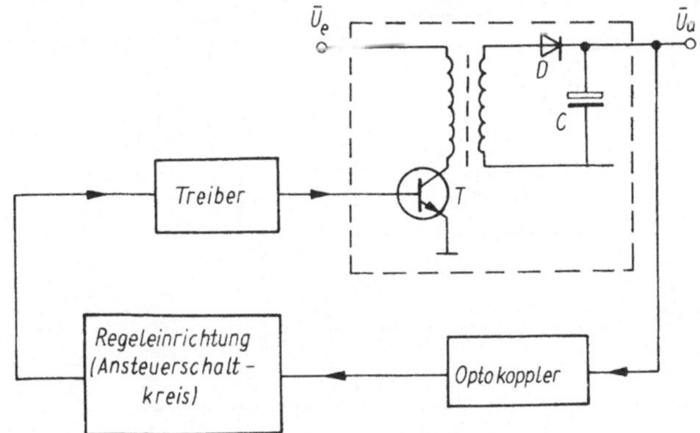

Abb. 3.6.17. Prinzipschaltbild einer Schaltnetzteilregelung

währleisten. Ist die Regeleinrichtung auf der Primärseite angeordnet, so erfolgt die Istwerterfassung über einen Optokoppler bzw. aus einer gesonderten Sekundärwicklung. Die Tastverhältnissteuerung läßt sich mit Hilfe des Ansteuerschaltkreises B 260 D realisieren, dessen Blockschaltbild in Abb. 3.6.18 dargestellt ist. Ein bestimmter Anteil der Ausgangsspannung $\bar{U}_a$ (Steuerspannung) wird auf einen Regelverstärker gegeben und dabei mit einer internen Referenzspannung verglichen. Mit dem Ausgangssignal des Regelverstärkers (Regelabweichung) wird in einem Analogkomparator der Vergleich mit einer Sägezahnspannung ausgeführt. Dabei arbeitet der Komparator als Impulsdauermodulator PDM. Als Ausgangssignal liefert der PDM eine Rechteckimpulsfolge mit konstanter Taktfrequenz, deren Tastverhältnis $v_T = t_P/T$ proportional zur Regelabweichung ist. Der Schalttransistor als Stellglied im Schaltnetzteil bzw. im Schaltregler wird durch diese Rechteckimpulsfolge über eine zusätzliche Treiberstufe angesteuert. Der Ansteuerschaltkreis B 260 D beinhaltet folgende Funktionsblöcke:

- Referenzspannungsquelle (temperaturkompensiert),
- Regelverstärker (extern beschaltbar),
- Sägezahngenerator mit Zusatzeingängen für
  a) externe Synchronisation und
  b) Eingangsspannungsunterdrückung durch Reduzierung von v_T,

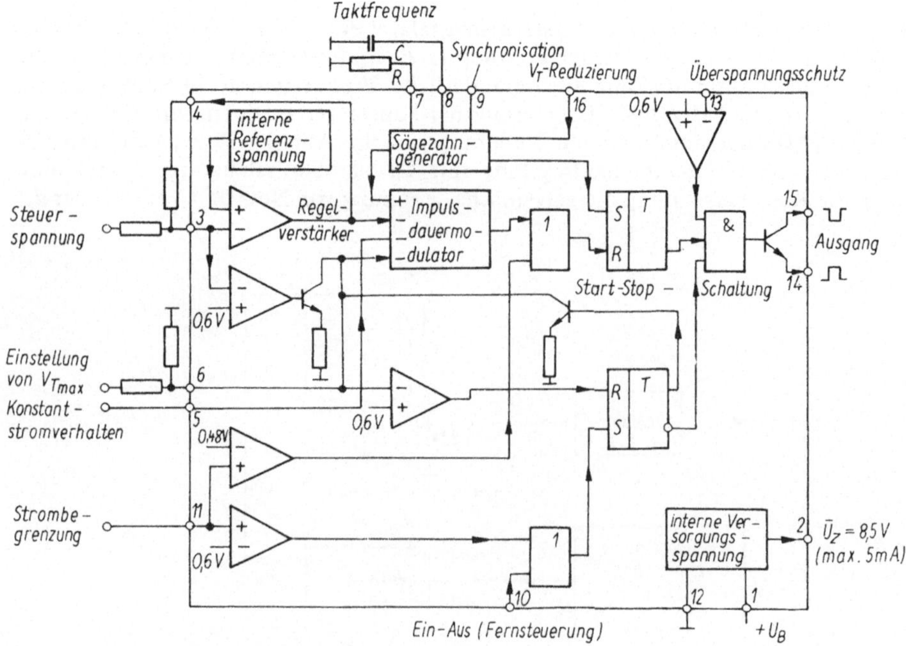

Abb. 3.6.18. Blockschaltbild des Schaltnetzteil-Ansteuerschaltkreises B 260 D

- Impulsdauermodulator mit Tastverhältnisbegrenzung,
- Start-Stop-Schaltung,
- Ausgangsstufe mit getrennter Herausführung von Kollektor und Emitter des Endstufentransistors und
- Schutzschaltungen gegen Überspannung und zur Strombegrenzung.

Die Schaltung kann für Taktfrequenzen von 100 Hz bis < 300 kHz ausgelegt werden.

Schaltnetzteile werden in Zukunft Netzteile mit stetig arbeitenden Regelschaltungen immer mehr verdrängen, da sie einen besseren Wirkungsgrad, eine geringere Masse und kleinere Abmessungen besitzen. Sie stellen damit eine günstige Lösung des Stromversorgungsproblems der Mikroelektronik dar. Dabei zeichnet sich international ein Trend zu immer höheren Schaltfrequenzen (bis zu 300 kHz) ab.

Versuch V 3.6.2.3

In Abb. 3.6.19 wird nach [32] die Schaltung eines Eintakt-Drosselwandlers mit Gleichspannungsversorgung für eine Ausgangsspannung $\bar{U}_a = (5 \ldots 15)$ V und einen maximalen Ausgangsstrom $\bar{I}_a = 0{,}3$ A dargestellt. Der Soll-Istwert-Vergleich wird in dem Ansteuerschaltkreis IC 1 (B 260 D) durchgeführt. Dazu wird mit Hilfe des Einstellwiderstandes R_8 eine der Ausgangsspannung $\bar{U}_a$ des Schaltreglers proportionale Spannung abgegriffen und auf den invertierenden Eingang des Regelverstärkers (Anschluß 3) im Ansteuerschaltkreis IC 1 gegeben. In Abhängigkeit von dieser Spannung steuert der Ansteuerschaltkreis IC 1 über die am Anschluß 15 bereitge-

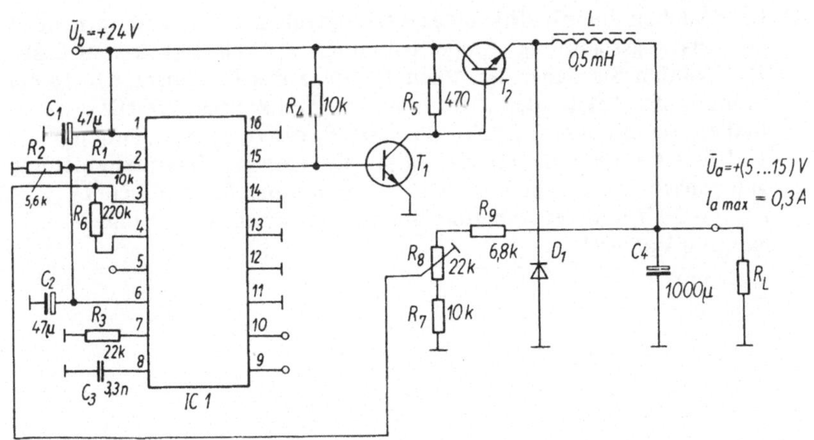

Abb. 3.6.19. Schaltung eines Eintakt-Drosselwandlers mit Gleichspannungsversorgung nach [32] (IC1: B 260 D)

stellte Rechteckimpulsfolge das Tastverhältnis für den Schalttransistor T_2 und stabilisiert damit die Ausgangsspannung $\bar{U}_a$. Dieser Transistor T_2 schaltet tastverhältnisgesteuert die Spannung $\bar{U}_b$ auf einen Energiespeicher, der aus der Drossel L in Verbindung mit dem Kondensator C_4 und der Freilaufdiode D_1 besteht. Der Transistor T_1 invertiert und verstärkt zuvor diese rechteckförmige Spannung. Die Taktfrequenz der tastverhältnisgesteuerten Rechteckimpulsfolge wird durch R_3 und C_3 mit $f = 25$ kHz festgelegt. Die Referenzspannung am Anschluß 2 des Schaltkreises IC 1 wird über den Spannungsteiler R_1 und R_2 an den Anschluß 6 geführt und damit zur Tastverhältnisbegrenzung herangezogen. Zur Realisierung eines Langsamanlaufs des Schaltreglers wird am Anschluß 6 des Ansteuerschaltkreises IC 1 der Kondensator C_2 gegen Masse geschaltet.

a) Realisieren Sie die Schaltung eines Eintakt-Drosselwandlers mit Gleichspannungsversorgung nach Abb. 3.6.19 unter Verwendung folgender Bauelemente:

IC 1: B 260 D;
T_1: SF 827 D;
T_2: KD 607 (mit $B \geqq 30$);
D_1: SY 345/1.

Für den Schalttransistor T_2 ist die Verlustleistung abzuschätzen und ein geeigneter Kühlkörper (z. B. Profilkühlkörper 03 840 nach TGL 26 151) vorzusehen.

b) Stellen Sie die Ausgangsspannung mit dem Einstellwiderstand R_8 auf $\bar{U}_a = 15$ V ein! Überprüfen Sie die aufgebaute Schaltung bei Variation der Spannung $\bar{U}_b = (20\ldots30)$ V und bei Änderung der Last ($R_L = \infty$ bis $R_L = 47\,\Omega$) mit Hilfe eines Oszillographen auf Schwingneigung und andere Instabilitäten! Falls eine Selbsterregung vorhanden ist, wird durch eine Verringerung des Widerstandes R_6 die Schleifenverstärkung des Regelverstärkers herabgesetzt. Stellen Sie mit dem Einstellwiderstand R_8 beliebige Werte für die Ausgangsspannung im Bereich $\bar{U}_a = (5\ldots15)$ V ein!

c) Untersuchen Sie mit Hilfe eines Oszillographen Größe und Form der Welligkeit der Ausgangsspannung (Rippelspannung) in Abhängigkeit vom Lastwiderstand R_L! Wählen Sie dabei die Ablenkfrequenz des Oszillographen in der Größenordnung der Taktfrequenz des Ansteuerschaltkreises B 260 D!

d) Stellen Sie mit dem Einstellwiderstand R_8 die Ausgangsspannung auf $\bar{U}_a = 15$ V ein! Ermitteln Sie mit einem Digitalvoltmeter die Gesamtabweichung der Ausgangsspannung $\bar{U}_a$ bei Variation der Spannung $\bar{U}_b$ zwischen $\bar{U}_{b\,min} = 20$ V und $\bar{U}_{b\,max} = 30$ V und bei Änderung der Last zwischen $R_L = \infty$ und $R_L = 47\,\Omega$ (Leerlauf und Vollast)!

Literatur

[1] Balcke, E.; Krause, H.: Grundlagen der analogen Schaltungstechnik. 2. Aufl. Berlin: VEB Verlag Technik 1984.

[2] Barna, A.; Porat, D. I.: Integrated Circuits in Digital Electronics. New York: John Wiley & Sons 1973.

[3] Brauer, H.; Lehmann, C.: Elektronik-Aufgaben. Leipzig: VEB Fachbuchverlag 1985.

[4] Beuth, K.; Schmusch, W.: Elektronik 3: Grundschaltungen. 7. Aufl. Würzburg: Vogel-Buchverlag 1985.

[5] Beuth, K.; Schmusch, W.: Elektronik 2: Elektronische Bauelemente. 7. Aufl. Würzburg: Vogel-Buchverlag 1985.

[6] Carter, H.: Kleine Oszilloskoplehre. Heidelberg: Dr. A. Hüthig-Verlag 1983.

[7] Danner, G. M.; Gattermann, H.-G.: Methodischer Entwurf digitaler Funktionsgruppen, Geräte und Anlagen. München, Wien: R. Oldenbourg Verlag 1978.

[8] Dostál, J.: Operationsverstärker. Berlin: VEB Verlag Technik 1986.

[9] Dugge, K.-W.; Haferkamp, D.: Grundlagen der Elektronik. Würzburg: Vogel-Buchverlag 1985.

[10] Eckhardt, D.; Groß, W.: Grundlagen der digitalen Schaltungstechnik. 3. Aufl. Berlin: Militärverlag der DDR 1982.

[11] Eckhardt, D.; Konrad, E.; Leupold, W.: Hochintegrierte Schaltungen und ihre Anwendung. Berlin: VEB Verlag Technik 1980 und Heidelberg: Dr. Alfred Hüthig-Verlag 1981.

[12] Elschner, H.; Möschwitzer, A.: Einführung in die Elektrotechnik – Elektronik. Berlin: VEB Verlag Technik 1985.

[13] Entreß, G.; Entreß, L.: Einführung in die Informationsverarbeitung. Berlin: VEB Verlag Technik 1986.

[14] Erlekampf, R.; Mönig, H.-J. (ed.): Mikroelektronik in der Amateurpraxis 3. Berlin: Militärverlag der DDR 1988.

[15] Findeisen, W.: Grundlagen des Entwurfs von Regelungssystemen. Berlin: VEB Verlag Technik 1973.

[16] Frenzel, D.: CMOS-Schalter und -Multiplexer ohne Latch-up-Effekt. Elektronik 27 (1978) 1, S. 57–60.

[17] Fritzsche, G.: Theoretische Grundlagen der Nachrichtentechnik. 3. Aufl. Berlin: VEB Verlag Technik 1984.

[18] Fritzsche, G.; Seidel, V.: Aktive RC-Schaltungen in der Elektronik. Berlin: VEB Verlag Technik 1981 und Heidelberg: Dr. A. Hüthig-Verlag 1982.

[19] Frühauf, U.: Automatische Meß- und Prüftechnik. Berlin: VEB Verlag Technik 1987.

[20] Funke, R.; Liebscher, S.: Grundschaltungen der Elektronik. 11. Aufl. Berlin: VEB Verlag Technik 1985.

[21] Glaser, W.: Lichtleitertechnik – eine Einführung. Berlin: VEB Verlag Technik 1981.

[22] Götte, K.; Hart, H.; Jeschke, G.: Taschenbuch Betriebsmeßtechnik. 2. Aufl. Berlin: VEB Verlag Technik 1982.

[23] Gubsch, G.; Dörrer, K.; Klimant, D.: Elektronische Meßtechnik. 7. Aufl. Berlin: VEB Verlag Technik 1986.

[24] Hantzsch, H.: Wärmeableitung bei Halbleitern. Berlin: Militärverlag der DDR 1978.

[25] Hart, H.: Einführung in die Meßtechnik. 4. Aufl. Berlin: VEB Verlag Technik 1987.
[26] Herpy, M.: Analoge integrierte Schaltungen. 2. Aufl. München: Franzis Verlag 1980.
[27] Herpy, M.; Berka, J. C.: Aktive RC-Filter. München: Franzis Verlag 1984.
[28] Hillebrand, F.: Feldeffekttransistoren in analogen und digitalen Schaltungen. München: Franzis Verlag 1972.
[29] Hiller, H.: Operationsverstärker-Schaltungen und ihre Anwendungen. Berlin: VEB Verlag Technik 1982.
[30] Hnatek, E. R.: A User's Handbook of D/A and A/D Converters. New York, London, Sydney, Toronto: John Wiley & Sons 1976.
[31] Höft, H.: Passive elektronische Bauelemente. Berlin: VEB Verlag Technik 1977 und Heidelberg: Dr. A. Hüthig-Verlag 1977.
[32] Jacob, J.: Schaltnetzteile. Berlin: Militärverlag der DDR 1987.
[33] Jehmlich, W.; Krauß, R.; Rößler, V.: Meßwerterfassungssysteme. messen – steuern – regeln **28** (1985) 2, S. 72–78.
[34] Jungnickel, H.: Stromversorgungseinrichtungen. 2. Aufl. Berlin: VEB Verlag Technik 1985.
[35] Jungnickel, H.: Stromversorgungseinrichtungen. Berlin: VEB Verlag Technik 1982.
[36] Köstner, R.; Möschwitzer, A.: Elektronische Schaltungstechnik. 3. Aufl. Berlin: VEB Verlag Technik 1985.
[37] Kowalski, H.-J.: Aktive RC-Filter. Berlin: Militärverlag der DDR 1981.
[38] Kühn, E.: Handbuch TTL- und CMOS-Schaltkreise. 2. Aufl. Berlin: VEB Verlag Technik 1986.
[39] Kühn, E.; Schmied, H.: Handbuch integrierter Schaltkreise. Berlin: VEB Verlag Technik 1984.
[40] Kühn, E.: Handbuch TTL- und CMOS-Schaltkreise. 3. Aufl. Berlin: VEB Verlag Technik 1988 und Heidelberg: Dr. A. Hüthig-Verlag 1988.
[41] Kühne, H.: Einsatz des integrierten Spannungsreglers MAA 723 in proportionalen Temperaturregelschaltungen. radio, fernsehen, elektronik **28** (1979) 11, S. 705–706.
[42] Kühnel, C.: Einfaches Sinusfunktionsnetzwerk. radio, fernsehen, elektronik **31** (1982) 10, S. 662–663.
[43] Kurz, G. (ed.): Analoge Schaltungen. 2. Aufl. Berlin: Militärverlag der DDR 1980.
[44] Lichtenberger, B.: Praktische Digitaltechnik. Heidelberg: Dr. A. Hüthig-Verlag 1987.
[45] Lindner, H.; Balcke, E.: Elektro-Aufgaben, Bd. III: Leitungen, Vierpole, Fourier-Analyse, Laplace-Transformation. Leipzig: VEB Fachbuchverlag 1987.
[46] Löer, Ch.; Will, G.: Mikrorechner in der Meßtechnik. Berlin: VEB Verlag Technik 1983.
[47] Loriferne, B.: Analog-Digital and Digital-Analog Conversion. London, Philadelphia, Rheine: Heyden 1982.
[48] Lunze, K.: Berechnung elektrischer Stromkreise. 14. Aufl. Berlin: VEB Verlag Technik 1987.
[49] Lunze, K.: Einführung in die Elektrotechnik. 5. Aufl. Berlin: VEB Verlag Technik 1975.
[50] Mann, H.; Schiffelgen, H.: Einführung in die Regelungstechnik. 4. Aufl. München, Wien: Carl Hanser Verlag 1984.
[51] Mennenga, H.: Schaltungstechnik mit Operationsverstärkern. 2. Aufl. Berlin: VEB Verlag Technik 1981 und Heidelberg: Dr. A. Hüthig-Verlag 1981.
[52] Möschwitzer, A.; Jorke, G.: Mikroelektronische Schaltkreise. Berlin: VEB Verlag Technik 1983.
[53] Müller, W.: Elektronische Anzeigebauelemente. Berlin: Militärverlag der DDR 1979.
[54] Müller, W.: Optoelektronische Sender, Empfänger und Koppler. Berlin: Militärverlag der DDR 1986.
[55] N. N.: Schaltungspraxis: Steuer- und Regelschaltungen. Elektronik Sonderheft Nr. 228, München: Franzis Verlag 1986.

[56] Naumann, G.; Meiling, W.; Stscherbina, A.: Standard-Interfaces der Meßtechnik. Berlin: VEB Verlag Technik 1980.
[57] Nührmann, D.: Das große Werkbuch Elektronik. 4. Aufl. München: Franzis-Verlag 1984.
[58] Oppelt, W.: Kleines Handbuch technischer Regelvorgänge. Weinheim/Bergstraße: Verlag Chemie 1972.
[59] Osinga, J.; Maaskant, J. W.: Handbuch der elektronischen Meßgeräte. München: Franzis-Verlag 1984.
[60] Paul, R.: Optoelektronische Halbleiterbauelemente. Stuttgart: Teubner-Verlag 1985.
[61] Pauli, W.: Vierpoltheorie. Berlin: Akademie-Verlag 1974.
[62] Pernards, P.: Digitaltechnik. Heidelberg: Dr. A. Hüthig-Verlag 1986.
[63] Pfeifer, H.: Theorie linearer Bauelemente. 3. Aufl. Berlin: Akademie-Verlag 1977.
[64] Pfeifer, H.: Schaltungen mit Elektronenröhren. 2. Aufl. Berlin: Akademie-Verlag 1970.
[65] Pfeifer, H.: Leitungen und Antennen. 2. Aufl. Berlin: Akademie-Verlag 1970.
[66] Pfeifer, H.; Heink, W.: Schaltungen mit Transistoren. Berlin: Akademie-Verlag 1976.
[67] Philippow, E. (ed.): Taschenbuch Elektrotechnik, Bd. 3: Bauelemente und Bausteine der Informationstechnik. 2. Aufl. Berlin: VEB Verlag Technik 1984.
[68] Rost, A.: Grundlagen der Elektronik. Berlin: Akademie-Verlag 1986.
[69] Rumpf, K.-H.; Pulvers, M.: Transistor-Elektronik. 10. Aufl. Berlin: VEB Verlag Technik 1986.
[70] Rumpf, K.-H.: Bauelemente der Elektronik. 13. Aufl. Berlin: VEB Verlag Technik 1988.
[71] Sahner, G.: Digitale Meßverfahren. 3. Aufl. Berlin: VEB Verlag Technik 1987.
[72] Schlenzig, K.: Amateurtechnologie. 2. Aufl. Berlin: Militärverlag der DDR 1976.
[73] Schlenzig, K.; Jung, D.: Mikroelektronik für Praktiker. Berlin: VEB Verlag Technik 1985.
[74] Schlitt, H.: Regelungstechnik in Verfahrenstechnik und Chemie. Würzburg: Vogel Buchverlag 1978.
[75] Schmidt, G.: Grundlagen der Regelungstechnik. Berlin, Heidelberg, New York: Springer Verlag 1982.
[76] Schultz, J.: Elektrische Meßtechnik. 6. Aufl. Berlin: VEB Verlag Technik 1984.
[77] Schwarz, W.; Meyer, G.; Eckard, D.: Mikrorechner. 3. Aufl. Berlin: VEB Verlag Technik 1984.
[78] Seifart, M.: Analoge Schaltungen. Berlin: VEB Verlag Technik 1987.
[79] Seifart, M.: Digitale Schaltungen. 3. Aufl. Berlin: VEB Verlag Technik 1988 und Heidelberg: Dr. A. Hüthig-Verlag 1988.
[80] Seitzer, D.; Pretzl, G.; Hamdy, N.: Electronic Analog-to-Digital Converters. Chichesters, New York, Brisbane, Toronto, Singapore: John Wiley & Sons 1983.
[81] Shah, A.; Saglini, M.; Weber, C.: Integrierte Schaltungen in digitalen Systemen. Bd. 1 und 2. Basel, Stuttgart: Birkhäuser Verlag 1977.
[82] Starke, L.: Schaltungslehre der Elektronik. 7. Aufl. Frankfurt: Fachverlag 1985.
[83] Tietze, U.; Schenk, Ch.: Halbleiter-Schaltungstechnik. 8. Aufl. Berlin, Heidelberg, New York: Springer Verlag 1986.
[84] Töpfer, H.; Kriesel, W.: Funktionseinheiten der Automatisierungstechnik. 5. Aufl. Berlin: VEB Verlag Technik 1987.
[85] Töpfer, H.; Besch, P.: Grundlagen der Automatisierungstechnik. Berlin: VEB Verlag Technik 1987.
[86] Ulrich, D.: Grundlagen der Digitalelektronik und digitalen Rechentechnik. München: Franzis Verlag 1972.
[87] Voges, E.: Hochfrequenztechnik, Bd. 1: Bauelemente und Schaltungen. Heidelberg: Dr. A. Hüthig-Verlag 1986.
[88] Völz, H.: Elektronik. 4. Aufl. Berlin: VEB Verlag Technik 1986.

[89] Wirsum, S.: Leistungsoperationsverstärker. München: Franzis-Verlag 1984.
[90] Wupper, H.: Grundlagen elektronischer Schaltungen. 2. Aufl. Heidelberg: Dr. A. Hüthig-Verlag 1986.
[91] Wüstehube, J.: Schaltnetzteile. Grafenau: Expert Verlag 1982.
[92] Xander, K.; Enders, H. H.: Regelungstechnik mit elektronischen Bauelementen. Düsseldorf: Werner-Verlag GmbH 1970.
[93] Zander, H.: Analog-Digital-Wandler in der Praxis. Haar: Verlag Markt und Technik 1983.
[94] Zastrow, D.: Elektronik. Wiesbaden: F. Vieweg und Sohn 1983.
[95] Zeitz, K. H.: Regelungen mit Zwei- und Dreipunktreglern. München, Wien: R. Oldenbourg Verlag 1986.

Sachverzeichnis

Anlage

Handelsübliche Bauelemente

A 1.2.1. Widerstände

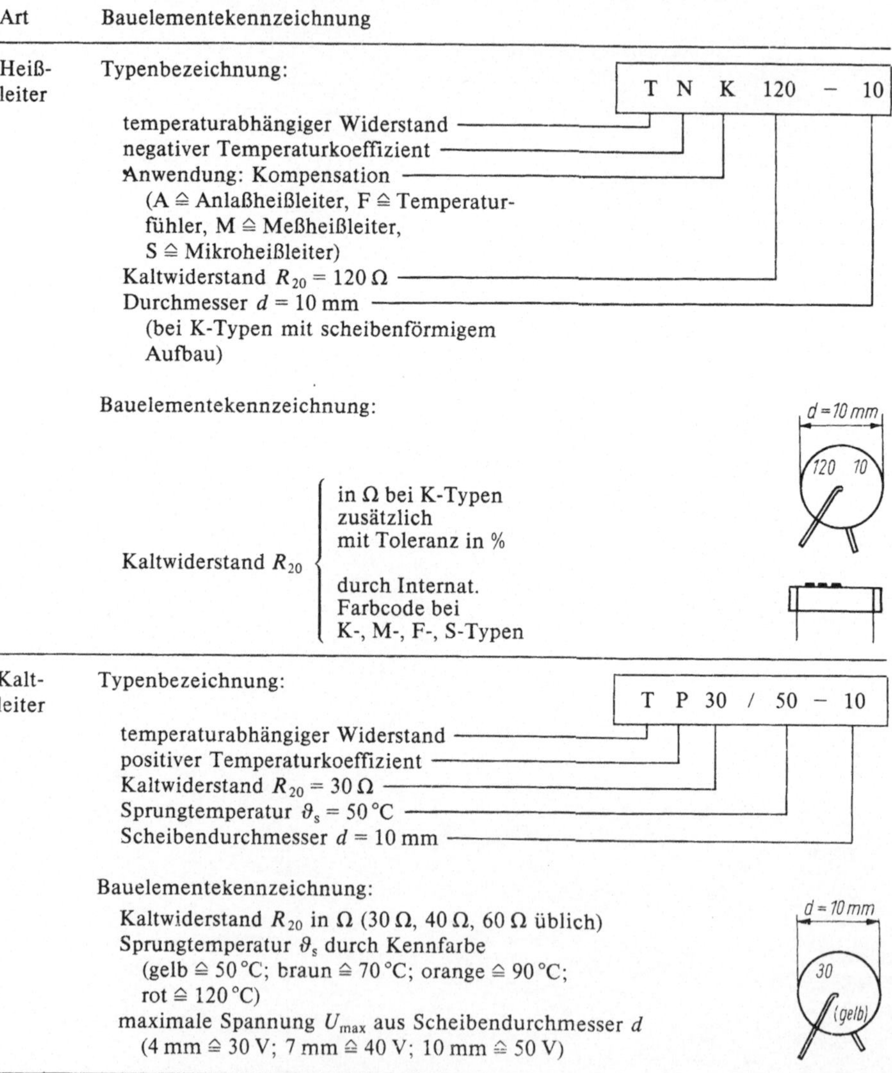

Art	Bauelementekennzeichnung
Heiß-leiter	Typenbezeichnung: **T N K 120 – 10** T: temperaturabhängiger Widerstand N: negativer Temperaturkoeffizient K: Anwendung: Kompensation (A ≙ Anlaßheißleiter, F ≙ Temperaturfühler, M ≙ Meßheißleiter, S ≙ Mikroheißleiter) 120: Kaltwiderstand $R_{20} = 120\,\Omega$ 10: Durchmesser $d = 10$ mm (bei K-Typen mit scheibenförmigem Aufbau) Bauelementekennzeichnung: Kaltwiderstand R_{20} { in Ω bei K-Typen zusätzlich mit Toleranz in % / durch Internat. Farbcode bei K-, M-, F-, S-Typen }
Kalt-leiter	Typenbezeichnung: **T P 30 / 50 – 10** T: temperaturabhängiger Widerstand P: positiver Temperaturkoeffizient 30: Kaltwiderstand $R_{20} = 30\,\Omega$ 50: Sprungtemperatur $\vartheta_s = 50\,°C$ 10: Scheibendurchmesser $d = 10$ mm Bauelementekennzeichnung: Kaltwiderstand R_{20} in Ω (30 Ω, 40 Ω, 60 Ω üblich) Sprungtemperatur ϑ_s durch Kennfarbe (gelb ≙ 50 °C; braun ≙ 70 °C; orange ≙ 90 °C; rot ≙ 120 °C) maximale Spannung U_{max} aus Scheibendurchmesser d (4 mm ≙ 30 V; 7 mm ≙ 40 V; 10 mm ≙ 50 V)

Art	Bauelementekennzeichnung
Varistoren	Typenbezeichnung: S V 33 / 20 − 13 spannungsabhängiger Widerstand (S V) Spannungsabfall $U_K = 33$ V (bei $I = 10$ mA) (33) Toleranz von U_K: ±20% (20) Scheibendurchmesser $d = 13$ mm (13) Bauelementekennzeichnung: Spannungsabfall U_K in V Toleranz von U_K in % $P_{V\,max}$ aus Durchmesser d (9 mm ≙ 0,5 W; 13 mm ≙ 0,8 W; 25 mm ≙ 2,0 W; 44 mm ≙ 3,5 W)  d = 13 mm 33/20

A 1.2.2. Kondensatoren

Art	Bauelementekennzeichnung
Polyesterfolie- (KT-) Kondensatoren	Punkt über Beschriftung Kapazität Kapazitätstoleranz durch Großbuchstaben: F ≙ ±1%; H ≙ ±2,5%; J ≙ ±5%; K ≙ ±10%; M ≙ ±20% Nennspannung durch Kennfarbe an der Stirnseite (= Außenbelag): blau ≙ 25 V; gelb ≙ 63 V; rot ≙ 160 V; grün ≙ 250 V; braun ≙ 400 V; schwarz ≙ 630 V; orange ≙ 1 000 V 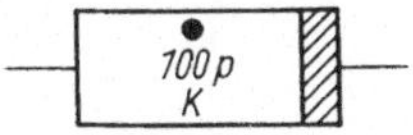 • 100 p K
metallisierte Polyesterfolie- (MKT-) Kondensatoren	Aufschrift MKT Kapazität Kapazitätstoleranz durch Großbuchstaben: F ≙ ±1%; H ≙ ±2,5%; J ≙ ±5%; K ≙ ±10%; M ≙ ±20% Nennspannung  MKT 0,68 μF M250V−
Polystyrenfolie- (KS-) Kondensatoren	Kapazitätswert in pF Kapazitätstoleranz durch Großbuchstaben: F ≙ ±1%; H ≙ ±2,5%; J ≙ ±5%; K ≙ ±10%; M ≙ ±20% Nennspannung durch Kennfarbe (wie bei Polyester-Kondensatoren) oder in Ziffern 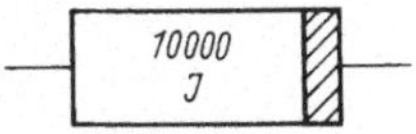 10000 J
Aluminium-Elektrolyt-Kondensatoren	Aufschrift Elyt Kapazitätswert in μF Nennspannung in V Plusbelag durch Aufschrift  + + + + Elyt 220/25

Art	Bauelementekennzeichnung
keramische Kondensatoren	NDK-Kondensatoren: Kapazitätswert in pF (.2 ≙ 0,2 pF) evtl. Kapazitätstoleranz durch Großbuchstaben: C ≙ ±0,25 pF; D ≙ ±0,5 pF; F ≙ ±1 %; G ≙ ±2 %; J ≙ ±5 %; K ≙ ±10 %; M ≙ ±20 %; S ≙ +50 %/ – 20 %; W ≙ +80 %/ – 20 %; Z ≙ +100 %/ – 20% Temperaturkoeffizient in 10^{-6} K^{-1} durch Kennfarbe: ohne ≙ +100; schwarz ≙ 0; braun ≙ –33; rot ≙ –75; orange ≙ –150; hellblau ≙ –470; violett ≙ –750; dunkelblau ≙ –1 500 evtl. Nennspannung durch Kleinbuchstaben: a ≙ 50 V; b ≙ 125 V; c ≙ 160 V; d ≙ 250 V; e ≙ 350 V; f ≙ 500 V; g ≙ 750 V; h ≙ 1 000 V; ohne ≙ 400 V; u ≙ 250 V~; v ≙ 350 V~; w ≙ 550 V~  HDK-Kondensatoren (i. allg. braun): Kapazitätswert in pF oder nF (3n 3 bedeutet z. B. 3,3 nF) evtl. Kapazitätstoleranz durch Großbuchstaben evtl. Nennspannung durch Kleinbuchstaben (wie bei NDK-Kondensatoren) Werkstoff (ε_r) durch Kennfarbe 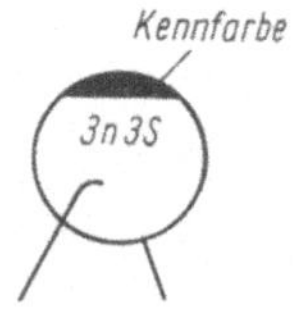

A 1.2.3. Spulen, Magnetwerkstoffe

Art	Parameter		
Manifer-Kernmaterial	Maniferart	Anfangspermeabilität μ_I ±20 %	Frequenzgrenze für Filteranwendungen (* für Dämpfungszwecke) f_{max} in MHz
	330	35	30
	360	300	2
	143	600	2
	180	1 800	200*
	183	2 200	0,2
	190	3 000	200*

Ringkerne	Abmessungen $d_1 \times d_2 \times h$ in mm^3	Maniferart	A_L-Wert in nH
	2,5 × 1,5 × 0,75	360	18...27
		143	36...54
		183	132...198
	4,0 × 2,4 × 1,2	360	29...40
		143	57...86
		183	210...315
	6,3 × 3,8 × 1,9	360	45...68
		183	380...450
	10,0 × 6,0 × 3,0	330	8...13
		183	600...792
	16,0 × 9,6 × 4,8	180	603...1004
	25,0 × 15,0 × 8,0	180	864...1440
	40,0 × 20,0 × 10,0	190	2783...4639

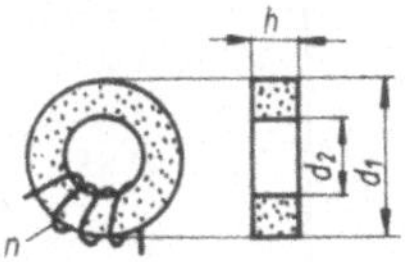

Schalenkerne	Abmessungen $d \times h$ in mm^2	A_L-Wert (abhängig von der Größe des Luftspaltes im Kern) in nH für Manifer	
		143	183
	7 × 4	–	100...800
	9 × 5	–	60...1200
	11 × 6	40...500	100...1500
	14 × 8	40...720	100...2100
	18 × 11	40...1000	160...3200
	22 × 13	63...1250	160...4200
	26 × 16	100...1700	160...5500
	30 × 19	–	250...6700
	36 × 22	–	250...8400
	42 × 29	–	630...9000

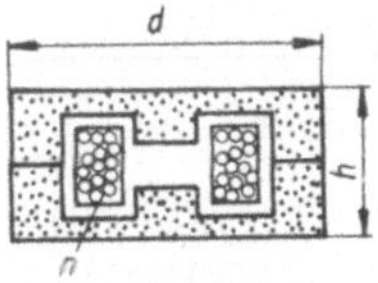

Spulen	Typ	Maniferart des Kernes (Kennfarbe)	Induktivität in µH	Güte (Meß-frequenz)	Bauform
	3907	143 (rot)	56	56 (455 kHz)	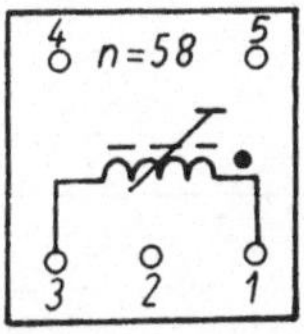 n=58
	3705	143 (rot)	82	95 (455 kHz)	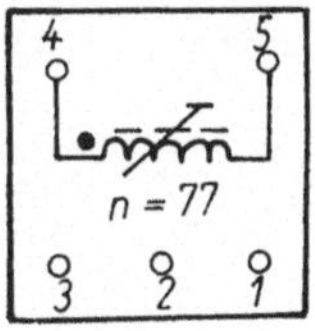 n = 77

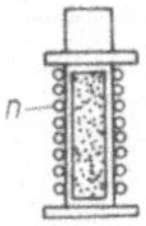

Spulen	Typ	Maniferart des Kernes (Kennfarbe)	Induktivität in µH	Güte (Meß-frequenz)	Bauform
	3822	330 (gelb)	110	61 (1 MHz)	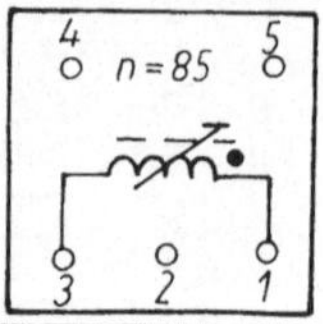 4, 5, $n = 85$, 3, 2, 1

Filter	Typ	Maniferart des Kernes (Kennfarbe)	Induktivität der Hauptwicklung in µH	Güte (Meß-frequenz)	Bauform
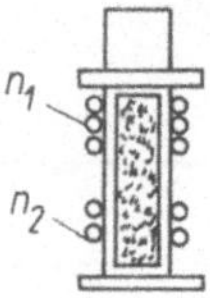 n_1, n_2	3704	143 (rot)	82	90 (455 kHz)	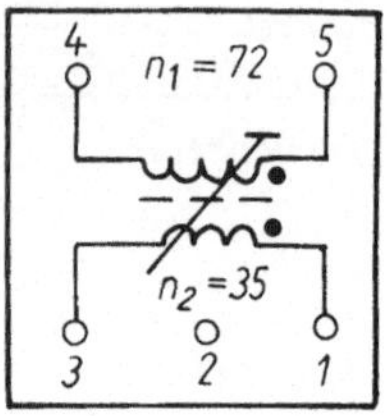 4, 5, $n_1 = 72$, $n_2 = 35$, 3, 2, 1
	3902	143 (rot)	82	85 (455 kHz)	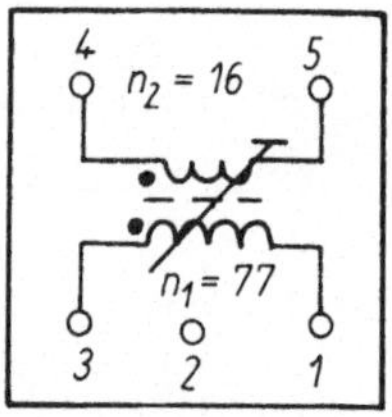 4, 5, $n_2 = 16$, $n_1 = 77$, 3, 2, 1
	3811	143 (rot)	135	131 (1,2 MHz)	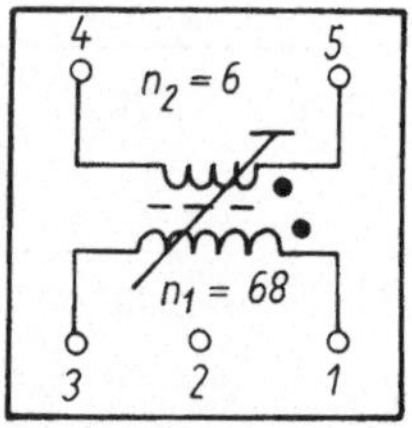 4, 5, $n_2 = 6$, $n_1 = 68$, 3, 2, 1

A 1.2.4. Schwingquarze

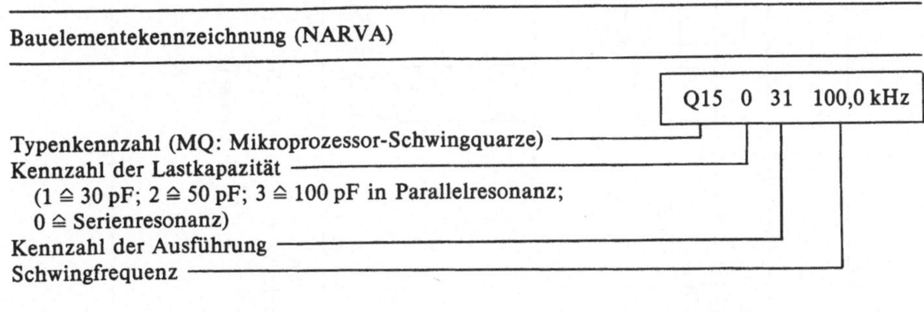

A 1.2.5. Hochfrequenzkabel

Art	Bauelementekennzeichnung
Koaxialkabel	75 – 4 – 1 _ Wellenwiderstand in Ω Durchmesser des Dielektrikums um den Innenleiter in mm Typenkennzeichnung Zusatzkennzeichnung (weitere Schutzhüllen)
Bandkabel	240 A 4 – 1 Wellenwiderstand in Ω Aufbauform Leiterabstand in mm Typenkennzeichnung

A 1.2.6. Halbleiterdioden, Thyristoren

Typ		$U_{R\,max}$ in V	$I_{F\,max}$ in mA	$P_{V\,max}$ in mW	U_F in V (I_F in mA)	I_R in µA (U_R in V)		Bauform
Si-Schalt-dioden	SAY 18	25	115	300	<1 (30)	<0,07 (25)	$I_{FRM\,max} = 2 I_{F\,max}$ $C_{AK} < 8$ pF ($U_F = 0$) $t_S = (2 \ldots 10)$ ns (SAY 30: $t_S < 65$ ns)	Katode Katode
	SAY 30	25	30	150	<0,8 (3)	<0,04 (25)		4 0 y Katode
	SAY 40	15	20	150	<0,84 (3)	<0,06 (15)		
Si-Gleich-richter-dioden	SY 320/1	100	1 000		<1,2 (1 000)	<150 ($U_{R\,max}$)	$I_{FRM\,max} = 10$ A $R_{thja} < 100\ K \cdot W^{-1}$ $f_{max} = 1$ kHz	Katode
	SY 320/2	200						
	SY 320/3	300						
	SY 320/4	400						
	SY 320/5	500						
	⋮							
	SY 320/10	1 000						

	SY 345/05	50	1 000			$t_S < 35$ µs	Katode
	SY 345/1	100					
	SY 345/2	200					
	SY 345/4	400					
	SY 345/6	600					
	SY 345/8	800					
	SY 345/10	1 000					
Kapazitäts-diode (3 Einzel-dioden parallel)	KB 113 (ČSFR)	32	50		0,05 (32)	$C_{AK} = (230\ldots260)$ pF, ($U_R = 1$ V) $C_{AK} < 13$ pF, ($U_R = 30$ V)	Katoden-Seite
Thyristoren	KT 201/100	100	3 000	≦1,8 (10 000)	≦1 ($U_{R\,max}$)	$U_{GKZ} \leqq 3$ V, $I_{GZ} \leqq 20$ mA, $I_{AH} \leqq 20$ mA, $R_{thjc} \leqq 8$ K/W, $R_{thja} \leqq 100$ K/W, $t_z < 20$ µs, $P_{v\,max} = 5$ W, $P_{G\,max} = 0{,}2$ W	K A G
	KT 201/200	200					
	KT 201/300	300					
	KT 201/400	400					
	KT 201/500	500					
	KT 201/600	600					

U_F: Durchlaßspannung
U_R: Sperrspannung
I_F: Durchlaßstrom
I_R: Sperrstrom
U_{GKZ}: Gate-Katoden-Zündspannung
I_{GZ}: Gate-Zündstrom

I_{AH}: Anoden-Haltestrom
R_{thja}, R_{thjc}: äußerer, innerer Wärmewiderstand
P_V: Verlustleistung
P_G: Gate-Verlustleistung
t_z: Zündzeit

Typ		$I_{Z\,max}$ in mA	U_Z in V	R_Z/Ω bei	I_Z in mA	$TK_Z/10^{-4}\,K^{-1}$		Bauform
Z-Dioden	SZX 21/1[2])	200	0,73…0,83	8	5	−18…−22	$P_{V\,max} = 250$ mW	
	SZX 21/5,1	43	4,8…5,5	60		−5…+3	(400 mW[1]))	
	SZX 21/5,6	40	5,2…6,0	40		−2…+5		
	SZX 21/6,2	37	5,8…6,6	10		−1…+6	$U_F < 1$ V bei	
	SZX 21/6,8	34	6,4…7,2	8		0…+7	$I_F = 50$ mA	
	SZX 21/7,5	31	7,0…7,9	7		+2…+7		
	SZX 21/8,2	27	7,7…8,7	7		+3…+7	$U_R > 1$ V bei	
	SZX 21/9,1	25	8,5…9,6	10		+4…+8	$I_R = 1\ \mu A$	
	SZX 21/10	23	9,4…10,6	15		+5…+8		
	SZX 21/11	21	10,4…11,6	20		+5…+8		
	SZX 21/12	19	11,4…12,8	20		+6…+9		
	SZX 21/13	17	12,6…14,0	25		+6…+9		
	SZX 21/15	16	13,8…15,5	30		+7…+9		
	SZX 21/16	14	15,3…17,0	40		+7…+9		
	SZX 21/18	12,5	16,8…19,0	55		+7…+9		
	SZX 21/20	11,5	18,8…21,0	55		+7…+9		
	SZX 21/22	10,5	20,8…23,0	55		+7…+9		
	SZX 21/24	9	22,8…25,6	80		+7…+9		
Leistungs-Z-Dioden	SZ 600/0,75[2])	1000	0,65…0,85	1,5	100	−30	$P_{V\,max} = 1$ W	
	SZ 600/5,1	185	4,8…5,4	3	100	−1	(8 W[3]))	
	SZ 600/5,6	165	5,2…6,0	2	100	+2		
	SZ 600/6,2	150	5,8…6,6	2	100	+3	$I_{F\,max} = 100$ mA	
	SZ 600/6,8	139	6,4…7,2	2	100	+3	$R_{thja} < 100\ K \cdot W^{-1}$	
	SZ 600/7,5	125	7,0…7,9	2	100	+4		
	SZ 600/8,2	115	7,7…8,8	2	100	+5	$R_{thjc} < 8\ K \cdot W^{-1}$	
	SZ 600/9,1	105	8,5…9,6	4	50	+6		
	SZ 600/10	95	9,4…10,6	4	50	+7		
	SZ 600/11	85	10,4…11,6	7	50	+7		
	SZ 600/12	80	11,4…12,7	7	50	+7		
	SZ 600/13	70	12,4…14,1	11	50	+7		

SZ 600/15	65	13,8...15,7	11	50	+7
SZ 600/16	60	15,2...17,1	15	25	+7
SZ 600/18	55	16,8...19,1	15	25	+7
SZ 600/20	50	18,8...21,2	15	25	+8
SZ 600/22	45	20,8...23,2	15	25	+8

[1]) $\vartheta_c \leqq 25\,°C$. [2]) Diode in Flußrichtung. [3]) Mit Kühlblech $0{,}2 \times 0{,}2 \times 0{,}003\ m^3$.

U_Z: Z-Spannung
I_Z: Z-Strom
R_Z: Z-Widerstand
ϑ_c: Gehäusetemperatur
TK_Z: Temperaturkoeffizient von U_Z
R_{thja}, R_{thjc}: Gesamt-, innerer Wärmewiderstand

A 1.2.7. Transistoren

Typ		$U_{CB\,max}$ in V	$U_{CE\,max}$ in V	$U_{EB\,max}$ in V	$I_{C\,max}$ in A	$I_{B\,max}$ in mA	$P_{V\,max}$ in W		Bauform
HF-Transistoren									
npn	SF 826	33	20	7	0,5	250	0,735	$f_T \geqq 60$ MHz ($\lvert U_{CE}\rvert = 10$ V, $\lvert I_C\rvert = 10$ mA, $f_M = 15$ MHz)	E B C
	SF 827	66	30	7	0,5	250	0,735	$R_{thja} \leqq 170\ K \cdot W^{-1}$	
	SF 828	100	60	7	0,5	250	0,735		
	SF 829	120	80	7	0,5	250	0,735		
pnp	SF 816	−20	−20	−7	−0,5	−250	0,735	$U_{CE\,sat} < 0{,}5$ V ($\lvert I_C\rvert = 150$ mA, $\lvert I_B\rvert = 15$ mA)	
	SF 817	−30	−30	−7	−0,5	−250	0,735	h_{21E} ($\lvert U_{CE}\rvert = 2$ V, $\lvert I_C\rvert = 50$ mA, $f = 1$ kHz):	
	SF 818	−60	−60	−7	−0,5	−250	0,735	A: 18...35	
	SF 819	−80	−80	−7	−0,5	−250	0,735	B: 28...70	
								C: 56...140	
								D: 112...280	
								E: 224...560	

Typ		$U_{CB\,max}$ in V	$U_{CE\,max}$ in V	$U_{EB\,max}$ in V	$I_{C\,max}$ in A	$I_{B\,max}$ in mA	$P_{V\,max}$ in W		Bauform
NF-Leistungs-transistoren									
npn	SD 345	45	45	5	3	1	20	$R_{thjc} \leqq 6{,}25\ K \cdot W^{-1}$ $R_{thja} \leqq 100\ K \cdot W^{-1}$ $U_{CE\,sat} \leqq 1\ V\ (\lvert I_C \rvert = 2\ A,$ $\lvert I_B \rvert = 0{,}2\ A)$	E C B
pnp	SD 346	−45	− [illegible]	−5	−3	−1	20	$f_T \geqq 60\ MHz\ (\lvert U_{CE} \rvert = 10\ V,$ $\lvert I_C \rvert = 0{,}2\ A,\ f_M = 20\ MHz)$	
npn	KD 607 (ČSFR)	90	80	5	10	2	70	$R_{thjc} \leqq 1{,}5\ K \cdot W^{-1}$ $U_{CE\,sat} \leqq 2\ V\ (\lvert I_C \rvert = 10\ A,$ $\lvert I_B \rvert = 1\ A)$	E B C
pnp	KD 617 (ČSFR)	−90	−80	−5	−10	−2	70	$f_T \geqq 2\ MHz\ (\lvert U_{CE} \rvert = 10\ V,$ $\lvert I_C \rvert = 1\ A,\ f_M = 1\ MHz)$	
Leistungs-schalttransistor									
npn	SU 178	800	400	6	6		60	$R_{thjc} \leqq 1{,}6\ K \cdot W^{-1}$ $U_{CE\,sat} \leqq 1{,}5\ V\ (I_C = 2{,}5\ A,$ $I_B = 0{,}5\ A)$ $t_S < 1\ \mu s$	E B C

U_{CB}: Kollektor-Basis-Spannung
U_{CE}: Kollektor-Emitter-Spannung
$U_{CE\,sat}$: Kollektor-Emitter-Sättigungsspannung
U_{EB}: Emitter-Basis-Spannung
I_C: Kollektorstrom
I_B: Basisstrom
P_V: Verlustleistung

R_{thja}: Gesamtwärmewiderstand
R_{thjc}: innerer Wärmewiderstand
f_T: Transitfrequenz
f_M: Meßfrequenz
h_{21E}: Stromverstärkungsfaktor in Emitterschaltung
t_S: Schaltzeit

Typ		$U_{DS\,max}$ in V	$U_{GS\,max}$ in V	$I_{D\,max}$ in mA	$P_{V\,max}$ in mW	U_{th} in V ($I_D = 10\,\mu A$)	I_{DSS} in mA ($U_{DS} = 10\,V$)	S in $mA \cdot V^{-1}$ ($U_{DS} = 10\,V$; $I_D = I_{DSS}$)	Bauform
n-Kanal-Sperrschicht-FET	KP 303 (A, B, W, G, D, E) (UdSSR)	25	−30/0	20	200	−2...−8	0,5...20	1...7	S D M G
n-Kanal-MOSFET Anreicherungstyp	KP 305 (D, E, Z, I) (UdSSR)	15	+15/−15	15	150	−6...+1		5...10 ($I_D = 5\,mA$)	D G M S
	KP 350 (A, B, W) Doppelgate-MOSFET (UdSSR)	15	+15/−15	30	200	−6	0,01...3,5 ($U_{G1S} = 0$) ($I_D = 0$ für $U_{G2S} \approx -2\,V$)	6...10 ($I_D = 10\,mA$) (S_{max} für $U_{G2S} \approx +5\,V$)	D G2 S G1

U_{DS}: Drain-Source-Spannung
U_{GS}: Gate-Source-Spannung
U_{th}: Schwellspannung ($I_D = 10\,\mu A$)
I_D: Drainstrom

I_{DSS}: Drainstrom bei $U_{GS} = 0$
P_V: Verlustleistung
$S = \text{Re}\{\underline{Y}_{21S}\}$: Steilheit

A 1.2.8. Optoelektronische Bauelemente

Typ		$U_{R\,max}$ in V	$I_{F\,max}$ in mA	U_F in V (I_F = 20 mA)	λ_p in nm	Bauform
Lumineszenzdioden	VQA 16	5	30	1,8	635 (rot)	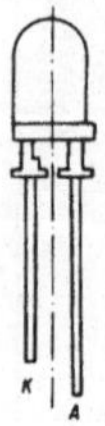
	VQA 26	5	30	3,0	560 (grün)	
	VQA 36	5	30	2,5	590 (gelb)	
	VQA 46	5	30		610 (orange)	K A
	VQ 110	2	50	1,5 (I_F = 50 mA)	940 (IR)	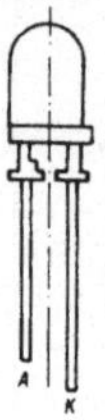
	VQ 125	5	100	1,5 (I_F = 50 mA)	940 (IR)	A K

Typ		$U_{R\,max}$ in V	$I_{R\,max}$ in mA	$P_{V\,max}$ in mW	I_R in µA (E = 0) [I_R in µA (E = 1 000 lx)]	λ_S in nm	Bauform
Fotodiode	SP 103	25	3	10	<1 [>50]	820	 A K

Typ		$U_{CE\,max}$ in V	$P_{V\,max}$ in mW	I_C in nA (U_{CE} = 15 V, E = 0) [I_C in mA (U_{CE} = 5 V, E = 1 000 lx)]	λ_S in nm	Bauform
Fototransistor	SP 201	32	50	<100 [5...8]	780	 E C

Typ		$U_{CE\,max}$ in V	$P_{V\,max}$ in mW	I_C in nA (U_{CE} = 15 V, E = 0) [I_C in mA (U_{CE} = 5 V, E = 1000 lx)]	λ_S in nm	Bauform
	SP 215	50	100	<100 [1,6...8]	850	

Typ		Sender	Empfänger	Eingangsstrom / Ausgangsstrom	Schaltzeit in µs	Anschlußbelegung	Bauform
Optokoppler	MB 104	Lumineszenzdiode (VQ 110)	Fototransistor (SP 201)	≈ 1	<10	1 A, 2 K: IR-Diode; 3 frei; 4 E, 5 C, 6 B: Fototrans.	
	MB 110	Lumineszenzdiode (VQ 110)	Fotodiode (SP 103)	≈ 0,02	<0,1	1 A, 2 K: IR-Diode; 3, 6 frei; 4, 5: Fotodiode	
	MB 123	Lumineszenzdiode (VQ 110)	Fototransistor (SP 201)	-- (offener Koppler)	≈ 5		

Typ			Anschlußbelegung pin	Ziffer		Bauform
Lumines-zenz-Anzeige-einheiten	VQB 18	$I_{F\,max}$ = 20 mA je Segment	1	ohne Stift		
		U_F = 2 V (I_F = 10 mA)	2	1	Katode A	
		I_R = 0,1 mA (U_R = 4 V)	3	1	Katode F	
		λ_p = 660 nm (rot)	4	1	gem. Anode	
			5	1	Katode E	
			6	1	gem. Anode	
			7	nicht belegt		
			8	ohne Stift		
			9	ohne Stift		
	VQB 28	$I_{F\,max}$ = 20 mA je Segment	10	1	Katode dp	
			11	1	Katode D	
			12	1	gem. Anode	
		U_F = 2,6 V (I_F = 10 mA)	13	1	Katode C	
		I_R = 0,1 mA (U_R = 6 V)	14	1	Katode G	
		λ_p = 565 nm (grün)	15	1	Katode B	
			16	ohne Stift		
			17	1	gem. Anode	
			18	ohne Stift		
	VQE 24	$I_{F\,max}$ = 20 mA je Segment	1	1	Katode C	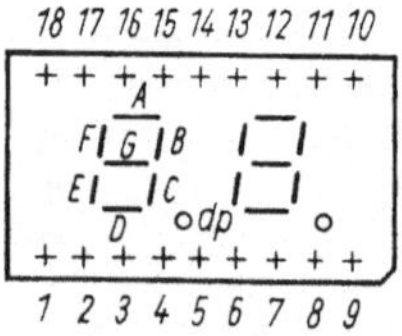
			2	1	Katode E	
		U_F = 2,6 V (I_F = 10 mA)	3	1	Katode D	
		I_R = 0,1 mA (U_R = 5 V)	4	1	Anode	
		λ_p = 565 mm (grün)	5	2	Anode	
			6	2	Katode D	
			7	2	Katode E	
			8	2	Katode C	
			9	2	Katode dp	
			10	2	Katode G	
			11	2	Katode A	
			12	2	Katode F	
			13	2	Katode B	
			14	1	Katode B	
			15	1	Katode F	
			16	1	Katode A	
			17	1	Katode G	
			18	1	Katode dp	

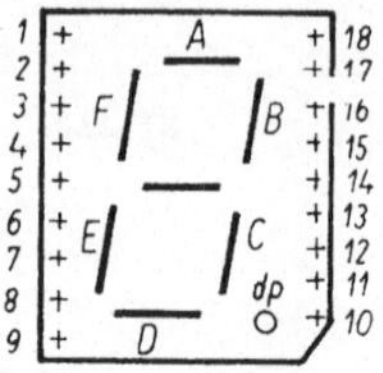

U_F: Durchlaßspannung
U_R: Sperrspannung
U_{CE}: Kollektor-Emitter-Spannung
I_F: Durchlaßstrom
I_R: Sperrstrom
P_V: Verlustleistung
λ_P: Wellenlänge maximaler Emission
λ_S: Wellenlänge für maximale Empfindlichkeit
E: Beleuchtungsstärke

A 1.2.9. Analoge integrierte Schaltkreise

A 277 D: Ansteuerschaltkreis für zwölf Lichtemitterdioden im Band- oder Punktbetrieb

U_b	Betriebsspannung	18	LED 12	4	LED 6	10
M	Masse	1	LED 11	5	LED 5	11
U_{st}	Steuerspannung	17	LED 10	6	LED 4	12
U_{Refmax}	max. Referenzspannung	3	LED 9	7	LED 3	13
U_{Refmin}	min. Referenzspannung	16	LED 8	8	LED 2	14
U_{Hell}	Helligkeitssteuerung	2	LED 7	9	LED 1	15

Funktionsweise:
Eine interne Widerstandskette teilt den Spannungsbereich $\Delta U_{Ref} = U_{Refmax} - U_{Refmin}$ linear in 12 Spannungsstufen. Komparatoren vergleichen diese Teilspannungen mit der Steuerspannung U_{st}. Für $U_{st} - U_{Refmin} > n/12(U_{Refmax} - U_{Refmin})$ leuchtet die n-te LED (Punktbetrieb) bzw. leuchten n LED (Bandbetrieb).

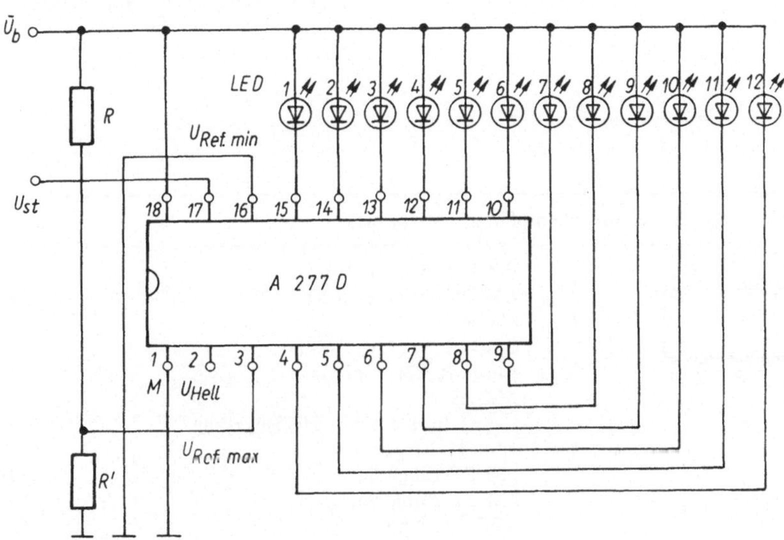

Abb. A 1.2.1. Punktskala mit dem Schaltkreis A 277 D

Parameter		Grenz- und Kennwerte minimal	typisch	maximal	Meß-bedingungen
Verlustleistung	P_V			**990 mW**	
Betriebsspannung	$\bar{U}_b$	**0**	5,5...12 V	**18 V**	
Stromaufnahme	$\bar{I}_b$		4,5 mA	10 mA	$I_4 \ldots I_{15} = 0$
Spannung	U_2	**0**		**18 V**	
Spannungen	U_3, U_{16}, U_{17}	**0**		**6,2 V**	

Parameter		Grenz- und Kennwerte			Meß-bedingungen
		minimal	typisch	maximal	
Spannungen	U_3, U_{17}	0		$U_b - 3$ V	$\bar{U}_b \leqq 9$ V
Ströme	$I_4 \ldots I_{15}$			10 mA	$U_4 \ldots U_{15} = 2 \ldots 2{,}5$ V, $U_2 = 0 \ldots 1$ V
				20 mA	$U_4 \ldots U_{15} \geqq 2{,}5$ V, $U_2 = 0 \ldots 1$ V
Spannungsdifferenz	$U_3 - U_{16}$				
für Punktbetrieb		1,4 V		6,2 V	
für Bandbetrieb		1,2 V		6,2 V	
Spannungsdifferenz	$U_{15} - U_{14}$				
für Punktbetrieb				0,9 V	
für Bandbetrieb		1,3 V			

A 4100 D: AM- und FM-Rundfunkempfängerschaltkreis

22 21 20 19 18 17 16 15 14 13 12
1 2 3 4 5 6 7 8 9 10 11

$\bar{U}_{bFM}$	FM-Betriebsspannung	16
$\bar{U}_{bAM}$	AM-Betriebsspannung	17
M	Masse	1
	Beschaltung AM-Oszillator	2
	Ausgang AM-Oszillator	3
	AM-ZF-Ausgang	4
	C-Anschluß der AM-HF-Regelung	5
	AM-HF-Eingänge	6, 7
	FM-ZF-Eingänge	8, 9
	FM-ZF-Abblockung	10
	AFC-Ausgang	11
	FM-ZF-Phasenschieberkreis	12, 13
	FM-NF-Ausgang	14
	AM/FM-Feldstärkeanzeige-Ausgang	15
	C-Anschluß für AM-ZF-Regelung	18
	AM-NF-Ausgang	19
	AM-ZF-Eingang	20
	HF-Abblockung	21
	stabilisierte Spannung	22

Kurzcharakteristik:
Der Schaltkreis A 4100 D enthält eine komplette AM-Empfängerschaltung für Eingangsfrequenzen bis 30 MHz sowie einen davon völlig getrennten FM-ZF-Verstärker bis 15 MHz mit Demodulator, Feldstärkeindikator und AFC-Ausgang.

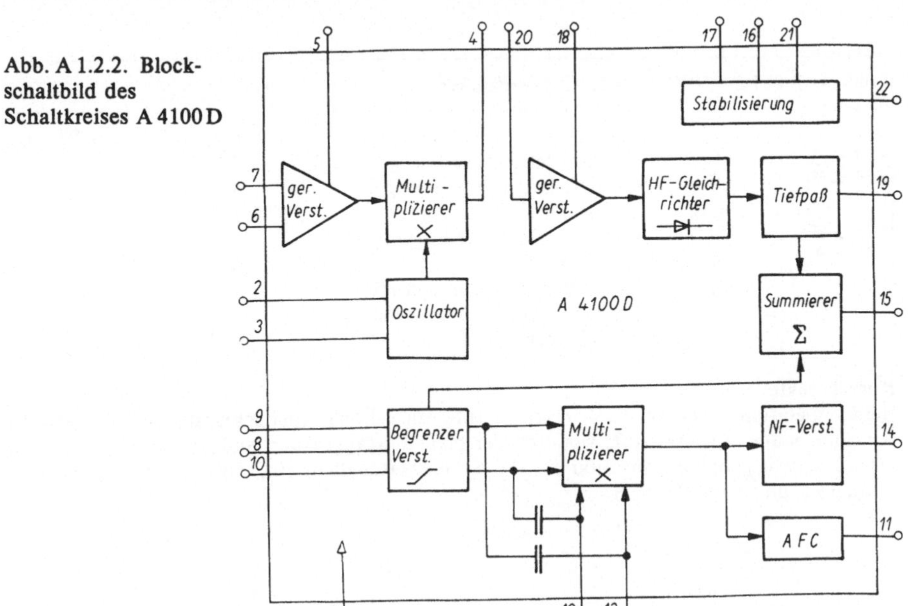

Abb. A 1.2.2. Blockschaltbild des Schaltkreises A 4100 D

Parameter		Grenz- und Kennwerte			Meß-bedingungen
		minimal	typisch	maximal	
Betriebsspannungen	$\bar{U}_{bFM,AM}$	**4,5 V**	7,5…15 V	**16,5 V**	
Stromaufnahme	$\bar{I}_{bAM}$		14 mA	20 mA	$U_{e6,7} = 0$
Stromaufnahme	$\bar{I}_{bFM}$		8,5 mA	14 mA	$U_{e8,9} = 0$
Spannung	U_{22}		2,8 V		
Strom	I_{22}			**1 mA**	
Strom	I_{15}			**1,5 mA**	
AM-HF-Frequenz		0,1 MHz		30 MHz	
AM-Oszillatorfrequenz		0,5 MHz		30 MHz	
AM-ZF-Frequenz		0,2 MHz		0,7 MHz	
AM-NF-Frequenz				7 kHz	
AM-HF-Eingangsspannung	$U_{6,7}$			130 mV	
AM-HF-Regelumfang			45 dB		
AM-ZF-Eingangsspannung	U_{20}			32 mV	
AM-ZF-Regelumfang			49 dB		
AM-NF-Ausgangsspannung	U_{19}	30 mV	55 mV		$U_{6,7} = 20\ \mu V$
			70 mV	130 mV	$U_{6,7} = 10$ mV
AM-HF-Eingangswiderstand	$R_{e6/7}$		2 kΩ		
AM-ZF-Eingangswiderstand	R_{e20}		2,5 kΩ		
AM-NF-Ausgangswiderstand	R_{a19}		270 Ω		
Spannung	U_{15}		2,4 V		$U_{6,7} = 10$ mV
FM-ZF-Frequenz		0		15 MHz	
FM-ZF-Begrenzung bei	$U_{8,9}$		26 µV	50 µV	
FM-NF-Ausgangsspannung	U_{14}	300 mV	470 mV		$U_{9,10} = 10$ mV
FM-NF-Ausgangswiderstand	R_{a14}		180 Ω		
Spannung	U_{15}		2,3 V		$U_{9,10} = 10$ mV

B 080 D, B 081 D: BIFET-Operationsverstärker

		B 080 D	B 081 D
$\bar{U}_{b1}$	positive Betriebsspannung	7	7
$\bar{U}_{b2}$	negative Betriebsspannung	4	4
i. E.	invertierender Eingang	2	2
n. i. E.	nichtinvertierender Eingang	3	3
A	Ausgang	6	6
$R_{O1,2}$	Offsetspannungskompensation	1,5	1,5
C_F	Frequenzgangkompensation	8	–
	nicht belegt	–	8

Kurzcharakteristik:
Beide Operationsverstärker (OV) besitzen eine mit p-Kanal-Sperrschichtfeldeffekt-Transistoren aufgebaute Eingangsstufe, wodurch der hohe Eingangswiderstand erreicht wird. Die externe Frequenzgangkompensation des OV B 080 D ermöglicht eine Erweiterung von Betriebsfrequenz f und Slew-Rate SR.

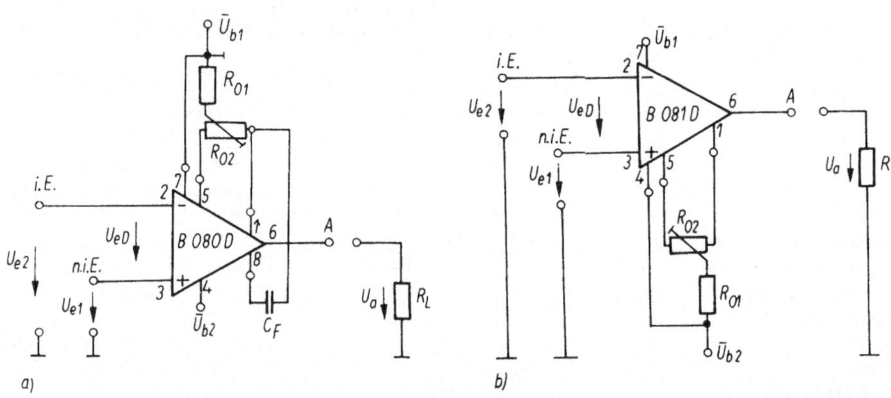

Abb. A 1.2.3.
a) Offsetspannungs- und Frequenzgangkompensation des Operationsverstärkers B 080 D (typische Werte: $R_{01} = 1\,\text{M}\Omega$, $R_{02} = 2\,\text{M}\Omega$, $C_F = 18\,\text{pF}$)
b) Offsetspannungskompensation des Operationsverstärkers B 081 D (typische Werte: $R_{01} = 1{,}5\,\text{k}\Omega$, $R_{02} = 100\,\text{k}\Omega$)

Parameter		Grenz- und Kennwerte minimal	typisch	maximal	Meß-bedingungen
Verlustleistung	P_V			**680 mW**	
Betriebsspannung	$\bar{U}_{b1}$	**0**	15 V	**18 V**	
Betriebsspannung	$\bar{U}_{b2}$	**−18 V**	−15 V	**0**	
Stromaufnahme	$\bar{I}_{b1} = \bar{I}_{b2}$		2 mA	2,8 mA	
Differenzeingangsspannung	U_{eD}	**−30 V**		**30 V**	
Gleichtakteingangs-spannung	U_{e1}, U_{e2}	**−15 V, $\bar{U}_{b2}$**		**15 V, $\bar{U}_{b1}$**	
Eingangsoffsetspannung	$\lvert U_{e0} \rvert$		5 mV	15 mV	

Parameter		Grenz- und Kennwerte			Meß-bedingungen
		minimal	typisch	maximal	
Eingangsoffsetstrom	$\lvert I_{e0} \rvert$		12 pA	100 pA	
Diff.-Eingangswiderstand	R_e		$10^{12}\,\Omega$		
Eingangskapazität	C_e		10 pF		
Diff.-Leerlaufverstärker	$\lvert V_{UL} \rvert$	$15 \cdot 10^3$			$R_L = 2\,k\Omega$
Betriebsfrequenz	f			2,5 MHz	
Slew-Rate (B 080 D)	SR		13 V/µs		$C_F = 18$ pF
			5 V/µs		$C_F = 47$ pF

B 165 H/V: Leistungsoperationsverstärker:

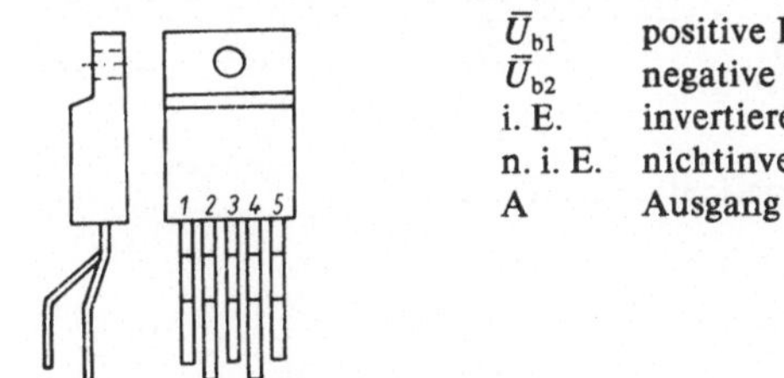

$\overline{U}_{b1}$	positive Betriebsspannung	5
$\overline{U}_{b2}$	negative Betriebsspannung	3
i. E.	invertierender Eingang	2
n. i. E.	nichtinvertierender Eingang	1
A	Ausgang	4

Kurzcharakteristik:
Der Leistungsoperationsverstärker B 165 H/V (H: horizontaler, V: vertikaler Einbau) besitzt intern eine Frequenzgangkompensation, eine Schutzschaltung gegen thermische Überlastung sowie eine Ausgangsstrombegrenzung.

Parameter		Grenz- und Kennwerte			Meß-bedingungen
		minimal	typisch	maximal	
Verlustleistung	P_V			**20 W**	
Betriebsspannung	$\overline{U}_{b1}$	**0**	6...18 V	**36 V**	
Betriebsspannung	$\overline{U}_{b2}$	**−36 V**	−6...−18 V	**0**	
Betriebsspannungsdiff.	$\overline{U}_{b1} - \overline{U}_{b2}$	**0**		**36 V**	
Stromaufnahme	$\lvert \overline{I}_{b1} \rvert = \lvert \overline{I}_{b2} \rvert$		40 mA	60 mA	
Eingangsspannung	$U_{1/3}, U_{2/3}$	**0**		$\boldsymbol{U_{5/3}}$	
Ausgangsgleichstrom	$\overline{I}_a$			**2,5 A**	
Ausgangsspitzenstrom	$\hat{I}_a$			**3,5 A**	
Diff.-Eingangs-spannung	U_{eD}	**−30 V**		**30 V**	
Eingangsoffset-spannung	$\lvert U_{e0} \rvert$		5 mV	20 mV	
Eingangsoffsetstrom	$\lvert I_{e0} \rvert$		20 nA	200 nA	
Diff.-Leerlaufverstärkung	$\lvert V_{UL} \rvert$	$6 \cdot 10^3$	$3 \cdot 10^4$		$R_L \to \infty$

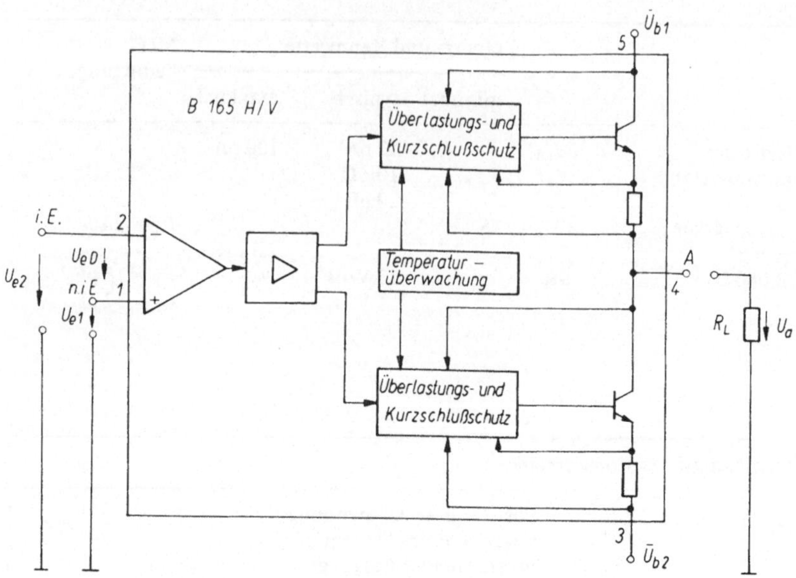

Abb. A 1.2.4. Blockschaltbild des Leistungsoperationsverstärkers B 165 H/V

B 260 D: Ansteuerschaltkreis für Schaltnetzteile und Gleichspannungswandler

16 15 14 13 12 11 10 9

1 2 3 4 5 6 7 8

$\bar{U}_b$	Betriebsspannung	1	Synchronisation des Sägezahngenerators	9
M	Masse	12	Ein/Aus (Fernbedienung)	10
	stab. Spannung	2	Strombegrenzung	11
	Steuerspannung des Regelverstärkers	3	Überspannungsschutz	13
	Verstärkungsumstellung	4	Ausgang (Emitter)	14
	Überstromschutz	5	Ausgang (Kollektor)	15
	Einstelllung des max. Tastverhältnisses $V_{T\,max}$	6	Vorwärtsregelung	16
	R des Sägezahngenerators	7		
	C des Sägezahngenerators	8		

Kurzcharakteristik:
Der Schaltkreis B 260 D gibt eine aus einer Sägezahnspannung abgeleitete Rechteckimpulsfolge mit veränderbarem Tastverhältnis V_T ab. Diese Rechteckimpulsfolge schaltet einen externen Treiber mit nachfolgendem Leistungsschalttransistor, wodurch die dem Wechselspannungsnetz $U_\sim$ entnommene Energie variiert wird.

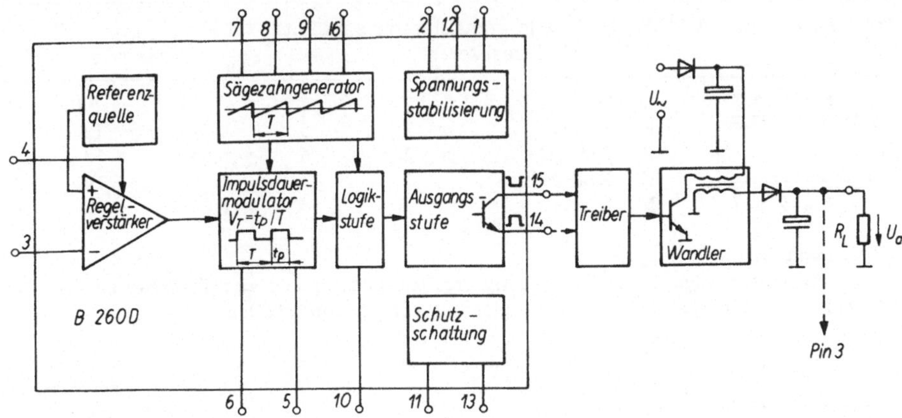

Abb. A 1.2.5. Prinzipschaltung eines netztransformatorlosen Schaltnetzteils mit dem Schaltkreis B 260 D

Parameter		Grenz- und Kennwerte			Meß-bedingungen
		minimal	typisch	maximal	
Verlustleistung	P_V			**900 mW**	
Betriebsspannung	$\bar{U}_b$	**−0,5 V**	12 V	**18 V**	
Stromaufnahme	$\bar{I}_b$		7,5 mA	30 mA	
Laststrom	I_a			40 mA	
Spannung	U_2	7,8 V		9 V	$I_2 = 14$ mA, $U_{14} = 0$
Strom	I_2			**5 mA**	
Spannung	U_4	3,4 V		4 V	$R_{3/4} = 0$, $U_{14} = 0$
Strom	I_4			**1,5 mA**	$U_4 = 6$ V
Strom	I_7			**1,5 mA**	
Spannungen	$U_3, U_5, U_6, U_{10}, U_{11}, U_{13}$			$\boldsymbol{U_2}$	
Spannung	U_{14}			**5 V**	
Spannungen	U_{15}, U_{16}			$\boldsymbol{\bar{U}_b}$	
Tastverhältnis	V_T	0		0,95	$f = 100$ kHz
Schwingfrequenz	f	100 Hz		300 kHz	

B 340 D, B 341 D, B 342 D: Integrierte Transistorarrays mit vier Si-npn-Transistoren

14 13 12 11 10 9 8
1 2 3 4 5 6 7

		$T1$	$T2$	$T3$	$T4$
B	Basis	3	5	10	12
E	Emitter	2	6	9	13
K	Kollektor	1	7	8	14
M	Masse		4,11		

Kurzcharakteristik:
Durch die Unterbringung auf einem Chip ergeben sich für alle vier Transistoren sehr gut übereinstimmende Parameter sowie ein gleiches Temperaturverhalten.

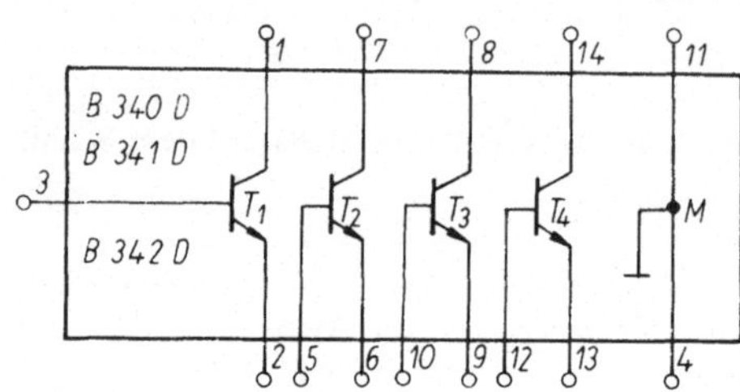

Abb. A 1.2.6. Innenschaltung der Schaltkreise B 340 D, B 341 D und B 342 D

Parameter		Grenz- und Kennwerte minimal	typisch	maximal	Meß-bedingungen
Kollektor-Emitter-Spannung	U_{CE}			**15 V**	
Kollektor-Basis-Spannung	U_{CB}			**20 V**	
Emitter-Basis-Spannung	U_{EB}			**5 V**	
Masse	M			$U_{CE, CB, EB}$	
Kollektorstrom	I_C			**5 mA**	
Stromverstärkung	$h_{21E}(T1)$				
Gruppe c		56		140	$U_{CB} = 5$ V, $I_E = 1$ mA
Gruppe d		112		280	$U_{CB} = 5$ V, $I_E = 1$ mA
Gruppe e		224		560	$U_{CB} = 5$ V, $I_E = 1$ mA
Verhältnis	$h_{21E}(Tx)/h_{21E}(Ty)$	0,8		1,25	$U_{CB} = 5$ V, $I_E = 1$ mA
Übergangsfrequenz	f_T		135 MHz		$U_{CE} = 5$ V, $I_E = 1$ mA, $f_M = 100$ MHz

B 3170 V, B 3171 V: Positiv-Spannungsstabilisator
B 3370 V, B 3371 V: Negativ-Spannungsstabilisator

		B 3170 V B 3171 V	B 3370 V B 3371 V
E	Eingang der nichtstabilisierten Spannung U_e	3	2
A	Ausgang der stabilisierten Spannung U_a	2	3
Einst.	Einstellanschluß	1	1

1 2 3

Kurzcharakteristik:
Alle Spannungsstabilisatoren besitzen intern eine Schutzschaltung gegen thermische Überlastung sowie eine Ausgangsstrom- und Verlustleistungsbegrenzung.

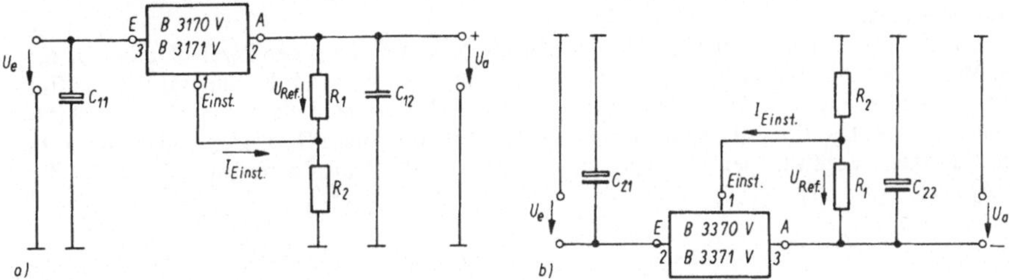

Abb. A 1.2.7. Grundschaltungen mit den integrierten Spannungsreglern
a) B 3170 V und B 3171 V, b) B 3370 V und B 3381;
$U_a = (U_{Ref})\left(1 - \frac{R_2}{R_1}\right) + I_{Einst.} R_2$ (typische Werte: $R_1 = 120\,\Omega$, $C_{11} \geqq 1\,\mu F$, $C_{12} \geqq 10\,nF$, $C_{21} \geqq 22\,\mu F$, $C_{22} \geqq 2{,}2\,\mu F$)

Parameter			Grenz- und Kennwerte		
			minimal	typisch	maximal
Verlustleistung	P_V				**15 W**
Ausgangsspannung	U_a	B 3170 V	1,2 V		**37 V**
		B 3171 V	1,2 V		**57 V**
		B 3370 V	−37 V		−1,2 V
		B 3371 V	−57 V		−1,2 V
Differenz zwischen U_e und U_a		B 3170 V	3 V		40 V
		B 3171 V	3 V		60 V
		B 3370 V	−40 V		−3 V
		B 3371 V	−50 V		−3 V
Laststrom	$\lvert I_a \rvert$		10 mA		**1,5 A**
Referenzspannung	$\lvert U_{Ref} \rvert$		1,2 V	1,25 V	1,3 V
Einstellstrom	$\lvert I_{Einst.} \rvert$			60 µA	100 µA
Brummspannungsunterdrückung	$\lvert U_{Br}/U_a \rvert$		10^{-3}	$6 \cdot 10^{-3}$	
Regelverhalten	$\lvert \Delta U_a/U_a \rvert$			$7 \cdot 10^{-4}$	

C 520 D: 3 Digit-Analog-Digital-Umsetzer

16 15 14 13 12 11 10 9

1 2 3 4 5 6 7 8

$\bar{U}_b$	Betriebsspannung	14
M	Masse	7
U_{eL}	Analog-Dateneingang	10
U_{eH}	Analog-Dateneingang	11
Mod	Betriebsart	6
Np	Nullpunktabgleich	8, 9
Ew	Endwertabgleich	13
C_I	Anschl. Integrationskond.	12

Bit 1	BCD-Datenausgang	2
Bit 2	BCD-Datenausgang	1
Bit 3	BCD-Datenausgang	15
Bit 4	BCD-Datenausgang	16
NSD	Digit-Datenausgang	3
MSD	Digit-Datenausgang	4
LSD	Digit-Datenausgang	5

Funktionsweise:
Der Analog-Digital-Umsetzer C 520 D arbeitet nach dem Prinzip der Zwei-Flanken-Integration. Während einer festen Meßzeit wird das Eingangssignal U_e am Kondensator C_I aufintegriert. Anschließend wird C_I durch einen von einer Referenzquelle gelieferten konstanten Strom entladen. Die Entladezeit wird in Einheiten der von einem Oszillator und Teiler festgelegten Taktzeit gezählt. Der Zählerstand wird als dekadenweise gemultiplextes BCD-Wort ausgegeben.

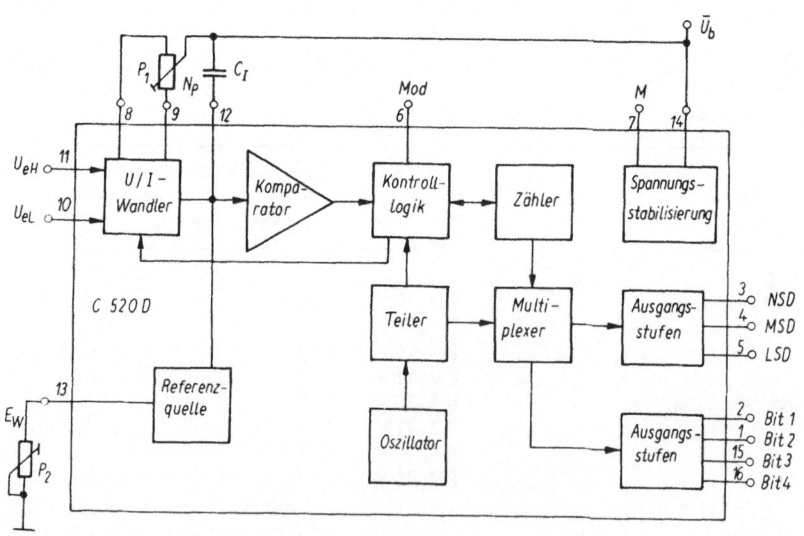

Abb. A 1.2.8. Blockschaltbild des Analog-Digital-Umsetzers C 520 D
(P_1: Nullpunktkorrektur NP, P_2: Endwertabgleich EW, C_J: Integrationskondensator; typische Werte: $P_1 = 50\ k\Omega$, $P_2 = 22\ k\Omega$, $C_1 = 330\ nF$)

Parameter		Grenz- und Kennwerte			Meß-bedingungen
		minimal	typisch	maximal	
Betriebsspannung	$\bar{U}_b$	**0**	5 V	**7 V**	
Stromaufnahme	$\bar{I}_b$		10 mA	20 mA	
Spannungen	$U_{10,11}$	**−15 V**		**15 V**	
Spannungen	$U_{1...6,15,16}$	**0**		**7 V**	
Spannungsdifferenz	$U_{10} - U_{11}$	−0,099 V		0,999 V	
Spannung	U_6				
Normal-Betrieb		0		0,4 V	$0 < U_{10} - U_{11} < 0{,}9$ V
Hold-Betrieb		0,8 V		1,6 V	$0 < U_{10} - U_{11} < 0{,}9$ V
High-speed-Betrieb		3,2 V		5,5 V	$0 < U_{10} - U_{11} < 0{,}9$ V
Low-Spannungen	$U_{1,2,15,16}$		0,09 V	0,4 V	$I_{1,2,15,16} = 1{,}6$ mA
Umsetzzeit	t_S				
Normal-Betrieb		140 ms	200 ms	500 ms	
High-speed-Betrieb		6 ms	8 ms	20 ms	
Linearitätsfehler				1/2 LSB	

C 565 D: 12 Bit-Digital-Analog-Umsetzer

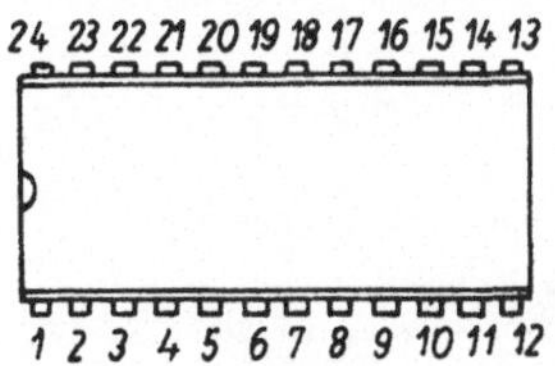

$\bar{U}_{b1}$	positive Betriebsspannung	3	Bit 12 Dateneingang	13
$\bar{U}_{b2}$	negative Betriebsspannung	7	Bit 11 Dateneingang	14
M_A	Analogmasse	5	Bit 10 Dateneingang	15
M_D	Digitalmasse	12	Bit 9 Dateneingang	16
$U_{Ref\,out}$	Referenzspannungs-Ausgang	4	Bit 8 Dateneingang	17
$U_{Ref\,in}$	Referenzspannungs-Eingang	6	Bit 7 Dateneingang	18
BO	Bipolaroffsetabgleich	8	Bit 6 Dateneingang	19
I_{out}	Stromausgang des ADU	9	Bit 5 Dateneingang	20
10 V	Analog-Ausgang 10-V-Bereich	10	Bit 4 Dateneingang	21
20 V	Analog-Ausgang 20-V-Bereich	11	Bit 3 Dateneingang	22
	nicht belegt	1, 2	Bit 2 Dateneingang	23
			Bit 1 Dateneingang	24

Funktionsweise:
Der Digital-Analog-Umsetzer C 565 D setzt ein parallel am Eingang anliegendes 12 Bit-Binärwort entsprechend der Übertragungsfunktion $U_{Analog} = U_{Ref} \cdot x$, wobei x den digitalen Eingangscode bezeichnet, in ein Analogsignal U_{Analog} um. Die Umsetzung erfolgt mittels aus einer Referenzquelle U_{Ref} abgeleiteter und geschalteter Ströme, deren Größe durch ein binär gestuftes Widerstandsnetzwerk gegeben ist. Diese Ströme werden von einem Summations-Operationsverstärker addiert und als analoges Spannungssignal ausgegeben.

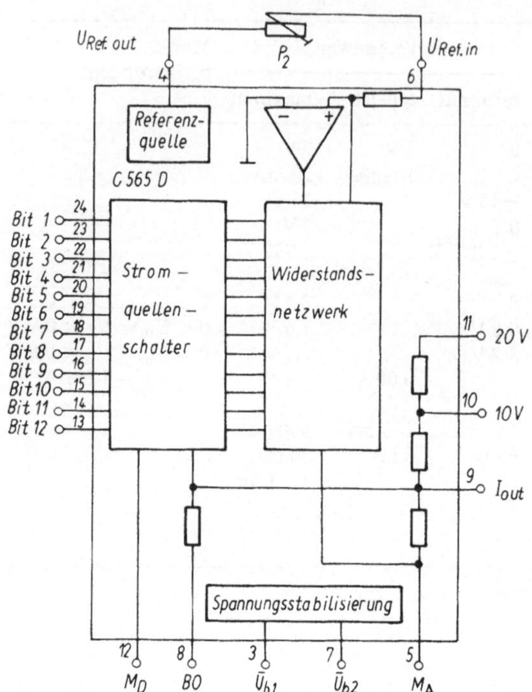

Abb. A 1.2.9. Blockschaltbild des Digital-Analog-Umsetzers C 565 D (P_2: Endwertabgleich EW; typischer Wert: $P_2 = 100\ \Omega$

Parameter		Grenz- und Kennwerte			Meß-bedingungen
		minimal	typisch	maximal	
Betriebsspannung	$\bar{U}_{b1}$	**0**	11,4…16,5 V	**18 V**	
Betriebsspannung	$\bar{U}_{b2}$	**−18 V**	−16,5…−11,4 V	**0**	
Stromaufnahme	I_{b1}			5 mA	$U_{13...24} = 5$ V
Stromaufnahme	I_{b2}			20 mA	$U_{13...24} = 5$ V
Spannung	U_4	9,3 V		10,7 V	
Spannung	U_6	**−12 V**	1,5…12 V	**12 V**	
Spannungen	$U_{8,10}$	**−12 V**		**12 V**	
Spannung	U_9	**−3 V**	−1,5…10 V	**12 V**	
Strom	$\|I_9\|$	1,6 mA		3 mA	
Spannung	U_{11}	**−24 V**		**24 V**	
Spannungen	$U_{13...24}$	**−1 V**	L: 0…0,8 V H: 2…5,5 V	**7 V**	
Umsetzzeit	t_s	200 ns	250 ns	500 ns	
Linearitätsfehler				1/2 LSB	

$\bar{U}_{b1}$	positive Betriebsspannung	10
$\bar{U}_{b2}$	negative Betriebsspannung	12
M_A	Analogmasse	14
M_D	Digitalmasse	16
U_{eH}	Analog-Dateneingang	13
L/S	Eingang Löschen/Starten	11
Mod	Betriebsart uni-/bipolar	15
STS	Statusausgang	17
	innere Verbindungen	1, 18

Bit 8	Datenausgang	2
Bit 7	Datenausgang	3
Bit 6	Datenausgang	4
Bit 5	Datenausgang	5
Bit 4	Datenausgang	6
Bit 3	Datenausgang	7
Bit 2	Datenausgang	8
Bit 1	Datenausgang	9

Funktionsweise:
Der Analog-Digital-Umsetzer C 570 D arbeitet nach dem Verfahren der sukzessiven Approximation. Ein Komparator vergleicht das Eingangssignal U_e schrittweise mit einer von einem internen DAU bereitgestellten, jeweils um den Faktor zwei verkleinerten Referenzspannung U_V. Das Ergebnis des Vergleichs ($U_e \geqq U_V$) wird in einem Register SAR gespeichert und nach dem Vergleich mit der kleinsten Spannungsschwelle (LSB) bitweise auf die Ausgänge Bit 1...Bit 8 geschaltet.

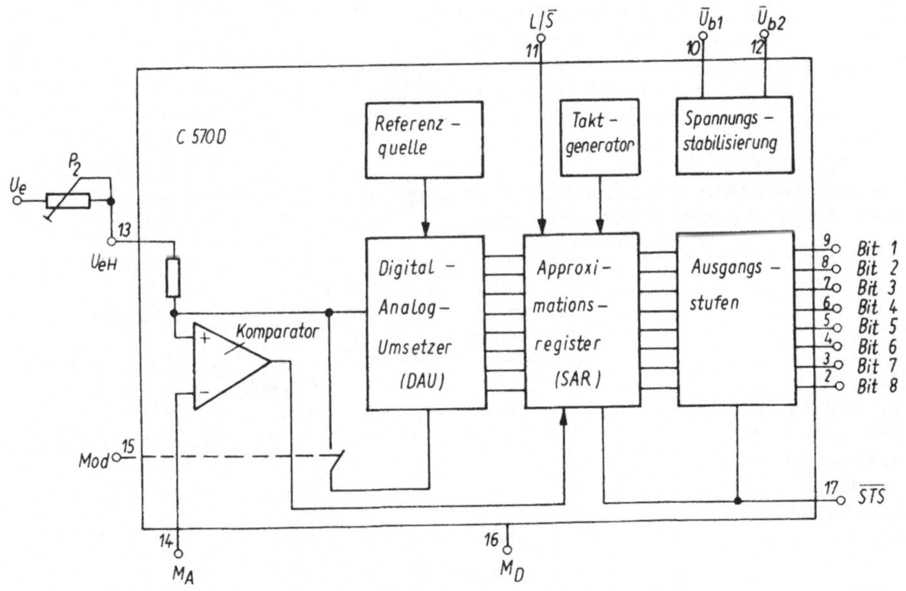

Abb. A 1.2.10. Blockschaltbild des Analog-Digital-Umsetzers C 570 D (P_2 Endwertabgleich EW; typischer Wert: $P_2 = 200\ \Omega$)

Parameter		Grenz- und Kennwerte			Meß-bedingungen
		minimal	typisch	maximal	
Betriebsspannung	$\bar{U}_{b1}$	**0**	5 V	**7 V**	
Betriebsspannung	$\bar{U}_{b2}$	**−16,5 V**	−15 V	**0**	
Stromaufnahme	$\bar{I}_{b1}$		4,9 mA	10 mA	$U_{11} = L$
Stromaufnahme	$\bar{I}_{b2}$		11 mA	15 mA	$U_{11} = L$
Spannungen	$U_{2...9}$	**0**	L: 0,15...0,4 V H: 2,4...3 V	$\bar{U}_{b1}$	$I_{2...9} = 3,2$ mA $I_{2...9} = -0,5$ mA
Spannung	U_{11}	**0**	L: 0...0,8 V H: 2...5,5 V	**7 V**	
Spannung	U_{13}				
Betriebsart unipolar		0		**10 V**	
Betriebsart bipolar		−5 V		5 V	
Spannungsdifferenz	$U_{13} - U_{14}$	**−15 V**		**15 V**	
Umsetzzeit	t_S	15 µs	21 µs	40 µs	
Linearitätsfehler				1/2 LSB	

MAA 723: Positiv-Spannungsstabilisator

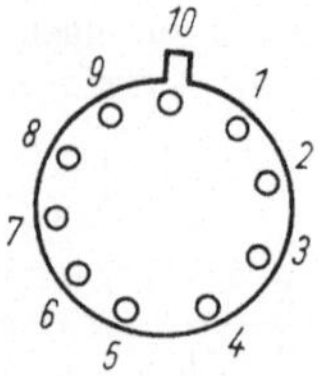

U_e	Eingang der nichtstabilisierten Spannung	8
M	Masse	5
U_a	Ausgang der stabilisierten Spannung	6
	Betriebsspannung des Regelverstärkers	7
	interne Referenzspannung	4
	invertierender Eingang	2
	nichtinvertierender Eingang	3
	Frequenzgangkompensation	9
	Eingänge der Strombegrenzung	1, 10

Kurzcharakteristik:
Der Schaltkreis MAA 723 (ČSFR-Typ) ist ein integrierter Spannungsstabilisator für positive Ausgangsspannungen und kleine Leistungen.

Parameter		Grenz- und Kennwerte			Meß-bedingungen
		minimal	typisch	maximal	
Verlustleistung	P_V			**800 mW**	
nichtstabilisierte Spannung	U_e	10 V		**40 V**	
Stromaufnahme	I_e		2,3 mA	3,5 mA	$U_e = 30$ V, $I_a = 0$
Ausgangsspannung	U_a	2 V		37 V	
Laststrom	I_a			**150 mA**	
Spannungsdifferenz	$U_e - U_a$	3 V		38 V	
Referenzspannung	U_4	6,95 V	7,15 V	7,35 V	
Strom	I_4		3 mA	**15 mA**	
Brummspannungs-unterdrückung	$\lvert U_{Br}/U_a \rvert$		$5 \cdot 10^{-3}$		$f = 50...10^4$ Hz
Regelverhalten	$\lvert \Delta U_a/U_a \rvert$		$2 \cdot 10^{-4}$	10^{-3}	$12 \text{ V} < U_e < 15 \text{ V}$

Abb. A 1.2.11. Grundschaltungen mit dem integrierten Spannungsregler MAA 723:
a) $U_a = (2 \ldots 7)$ V,
b) $U_a = (7 \ldots 33)$ V

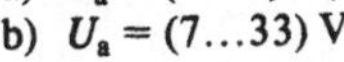

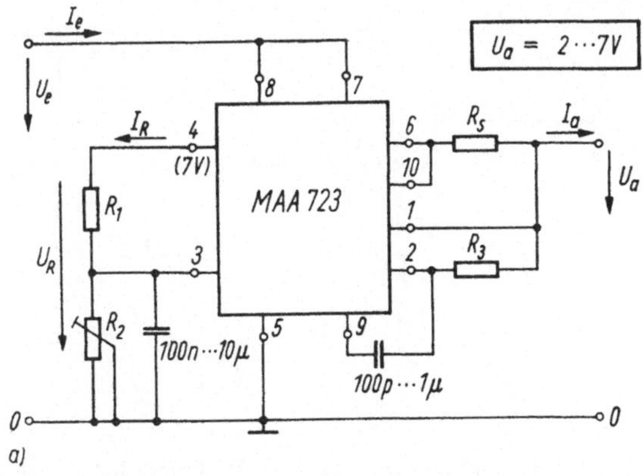

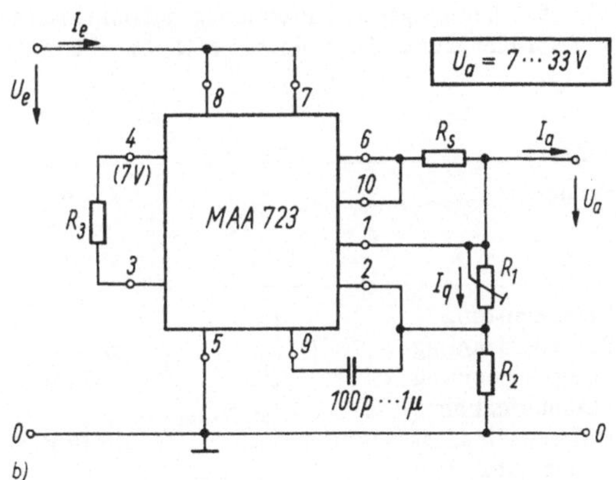

MAA 741, MAA 748: Bipolare Operationsverstärker

		MAA 741	MAA 748
$\bar{U}_{b1}$	positive Betriebsspannung	7	7
$\bar{U}_{b2}$	negative Betriebsspannung	4	4
i. E.	invertierender Eingang	2	2
n. i. E.	nichtinvertierender Eingang	3	3
A	Ausgang	6	6
$R_{01,2}$	Offsetspannungskompensation	1,5	1,5
C_F	Frequenzgangkompensation	–	8
	nicht belegt	8	–

Kurzcharakteristik:
Beide Operationsverstärker (ČSFR-Typen) sind bipolar aufgebaut und für allgemeine Anwendungen vorgesehen. Die externe Frequenzgangkompensation des Operationsverstärkers MAA 748 ermöglicht eine Erweiterung der Großsignal-Eigenschaften.

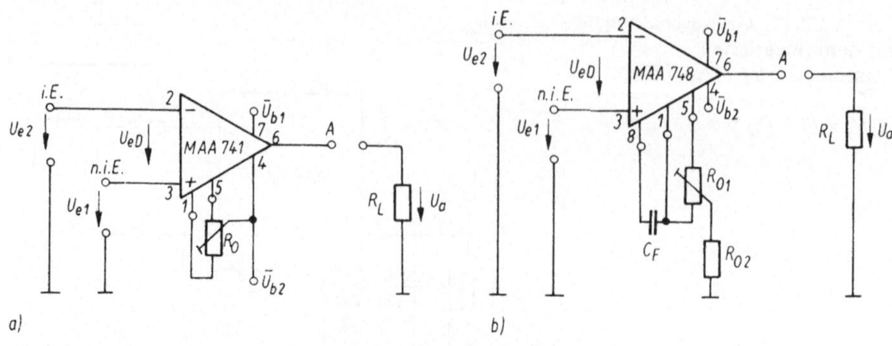

Abb. A 1.2.12.
a) Offsetspannungskompensation des Operationsverstärkers MAA 741 (typischer Wert: $R_0 = 10\ k\Omega$)
b) Offsetspannungs- und Frequenzgangkompensation des Operationsverstärkers MAA 748 (typische Werte: $R_{01} = R_{02} = 5\ M\Omega$, $C_F = (1...30)\ pF$)

Parameter		Grenz- und Kennwerte minimal	typisch	maximal	Meß-bedingungen
Verlustleistung	P_V			500 mW	
Betriebsspannung	$\bar{U}_{b1}$	**0**	**15 V**	**22 V**	
Betriebsspannung	$\bar{U}_{b2}$	**−22 V**	**−15 V**	**0**	
Stromaufnahme	$\bar{I}_{b1} = \bar{I}_{b2}$		1,7 mA	2,8 mA	
Differenzeingangsspannung	U_{eD}	**−30 V**		**30 V**	
Gleichtakteingangsspannung	U_{e1}, U_{e2}	−15 V, U_{b2}		**15 V, U_{b1}**	
Eingangsoffsetspannung	$\lvert \dot{U}_{eO} \rvert$		1 mV	55 mV	
Diff.-Eingangswiderstand	R_{eD}	0,3 MΩ	2 MΩ		
Diff.-Leerlaufverstärkung	$\lvert V_{UL} \rvert$	$5 \cdot 10^4$	$20 \cdot 10^4$		$R_L \geqq 2\ k\Omega$
Ausgangswiderstand			75 Ω		
Betriebsfrequenz	f			1,5 MHz	

A 1.2.10. Digitale integrierte Schaltkreise

TTL-Reihe:

Parameter		Grenz- und Kennwerte			Meß-bedingungen
		minimal	typisch	maximal	
Betriebsspannung	$\bar{U}_b$	**0**	4,75... 5,25 V	**7 V**	
Eingangsspannung	U_I	**−0,5 V**		**5,5 V (DL-Reihe: 7 V)**	
H-Eingangsspannung	U_{IH}	2 V			$\bar{U}_b = 5$ V
L-Eingangsspannung	U_{IL}			0,8 V	$\bar{U}_b = 5$ V
H-Ausgangsspannung	U_{OH}	2,4 V	3,2 V		$\bar{U}_b = 5$ V
L-Ausgangsspannung	U_{OL}		0,2 V	0,4 V	$\bar{U}_b = 5$ V

CMOS-Reihe:

Parameter		Grenz- und Kennwerte			Meß-bedingungen
		minimal	typisch	maximal	
Betriebsspannung	$\bar{U}_b$	**−0,5 V**	3...15 V	**18 V**	
Eingangsspannung	U_I	**−0,5 V**		**$\bar{U}_b$**	
H-Eingangsspannung	U_{IH}	3,5 V			$\bar{U}_b = 5$ V
		7 V			$\bar{U}_b = 10$ V
		11 V			$\bar{U}_b = 15$ V
L-Eingangsspannung	U_{IL}			1,5 V	$\bar{U}_b = 5$ V
				3 V	$\bar{U}_b = 10$ V
				4 V	$\bar{U}_b = 15$ V
H-Ausgangsspannung	U_{OH}	4,95 V			$\bar{U}_b = 5$ V
		9,95 V			$\bar{U}_b = 10$ V
		14,95 V			$\bar{U}_b = 15$ V
L-Ausgangsspannung	U_{OL}			0,05 V	$\bar{U}_b = 5...15$ V

D 126 D: Vier NAND-Gatter mit je zwei Eingängen und offenem Kollektorausgang

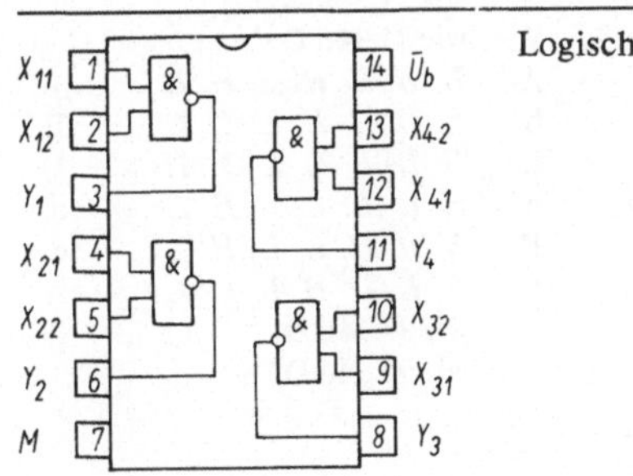

Logische Funktion: $Y_n = \overline{X_{n1} \wedge X_{n2}}$, $n = 1...4$

D 346 D, D 348 D: BCD-zu-7-Segment-Decoder/Treiber

$\bar{U}_b$	Betriebsspannung	16
M	Masse	8
D_A, D_B, D_C, D_D	Dateneingänge	7, 1, 2, 6
a, b, c, d, e, f, g	7-Segment-Ausgänge	13, 12, 11, 10, 9, 15, 14
RV	Ausgangsstromsteuerung	3
BI/RB0	Eingang Dunkeltastung/ Ausgang D.t.	4
RBI	Eingang Dunkeltastung Ziffer „0“	5

Funktionsbeschreibung:
Die Schaltkreise D 346 D und D 348 D verfügen über vier Eingänge D_A, D_B, D_C und D_D zur Aufnahme von Dezimalzahlen im BCD-Code und sieben Ausgänge a bis g zur Darstellung der an den Eingängen anliegenden Dezimalzahl sowie weiterer Zeichen durch eine 7-Segment-Anzeige.
Bei *L*-Signal am Eingang RBI wird die Ziffer „0“ dunkelgetastet und geichzeitig erscheint am Ausgang RB0 ein *L*-Signal.
Der Eingang BI dient zur Dunkeltastung der Anzeige.

Wahrheitstabellen:

Eingänge						Ausgänge D 346 D									D 348 D							
RBI	BI	D_A	D_B	D_C	D_D	RB0	a	b	c	d	e	f	g	Symbol	a	b	c	d	e	f	g	Symbol
H	*H*	*L*	*L*	*L*	*L*	*H*	*L*	*L*	*L*	*L*	*L*	*L*	*H*	0	wie D 346 D							
x	*H*	*H*	*L*	*L*	*L*	*H*	*H*	*L*	*L*	*H*	*H*	*H*	*H*	1	wie D 346 D							
x	*H*	*L*	*H*	*L*	*L*	*H*	*L*	*L*	*H*	*L*	*L*	*H*	*L*	2	wie D 346 D							
x	*H*	*H*	*H*	*L*	*L*	*H*	*L*	*L*	*L*	*L*	*H*	*H*	*L*	3	wie D 346 D							
x	*H*	*L*	*L*	*H*	*L*	*H*	*H*	*L*	*L*	*H*	*H*	*L*	*L*	4	wie D 346 D							
x	*H*	*H*	*L*	*H*	*L*	*H*	*L*	*H*	*L*	*L*	*H*	*L*	*L*	5	wie D 346 D							
x	*H*	*L*	*H*	*H*	*L*	*H*	*L*	*H*	*L*	*L*	*L*	*L*	*L*	6	wie D 346 D							
x	*H*	*H*	*H*	*H*	*L*	*H*	*L*	*L*	*L*	*H*	*H*	*L*	*H*	7	wie D 346 D							
x	*H*	*L*	*L*	*L*	*H*	*H*	*L*	*L*	*L*	*L*	*L*	*L*	*L*	8	wie D 346 D							
x	*H*	*H*	*L*	*L*	*H*	*H*	*L*	*L*	*L*	*L*	*H*	*L*	*L*	9	wie D 346 D							
x	*H*	*L*	*H*	*L*	*H*	*H*	*L*	*L*	*L*	*H*	*L*	*L*	*L*	A	*H*	*H*	*H*	*H*	*H*	*H*	*L*	–
x	*H*	*H*	*H*	*L*	*H*	*H*	*H*	*H*	*L*	*L*	*L*	*L*	*L*	b	*L*	*H*	*H*	*L*	*L*	*L*	*L*	E
x	*H*	*L*	*L*	*H*	*H*	*H*	*L*	*H*	*H*	*L*	*L*	*L*	*H*	C	*H*	*L*	*L*	*L*	*L*	*L*	*H*	U
x	*H*	*H*	*L*	*H*	*H*	*H*	*H*	*L*	*L*	*L*	*L*	*H*	*L*	d	*H*	*L*	*L*	*L*	*L*	*H*	*L*	d
x	*H*	*L*	*H*	*H*	*H*	*H*	*L*	*H*	*H*	*L*	*L*	*L*	*L*	E	*H*	*H*	*H*	*L*	*L*	*H*	*L*	c
x	*H*	*H*	*H*	*H*	*H*	*H*	*L*	*H*	*H*	*H*	*L*	*L*	*L*	F	*L*	*L*	*L*	*H*	*L*	*L*	*L*	A
x	*L*	*x*	*x*	*x*	*x*	*L*	*H*	*H*	*H*	*H*	*H*	*H*	*H*		wie D 346 D							
L	*x*	*L*	*L*	*L*	*L*	*L*	*H*	*H*	*H*	*H*	*H*	*H*	*H*		wie D 346 D							

(*x* = *L* oder *H*)

DL 000 D: Vier NAND-Gatter mit je zwei Eingängen

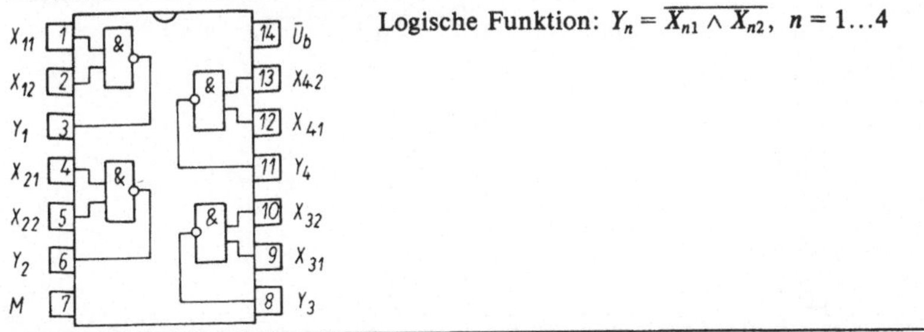

Logische Funktion: $Y_n = \overline{X_{n1} \wedge X_{n2}}$, $n = 1 \ldots 4$

DL 002 D: Vier NOR-Gatter mit je zwei Eingängen

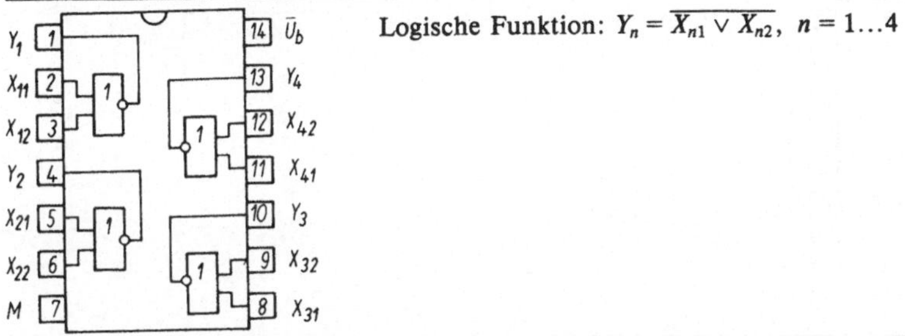

Logische Funktion: $Y_n = \overline{X_{n1} \vee X_{n2}}$, $n = 1 \ldots 4$

DL 003 D: Vier NAND-Gatter mit je zwei Eingängen und offenem Kollektor

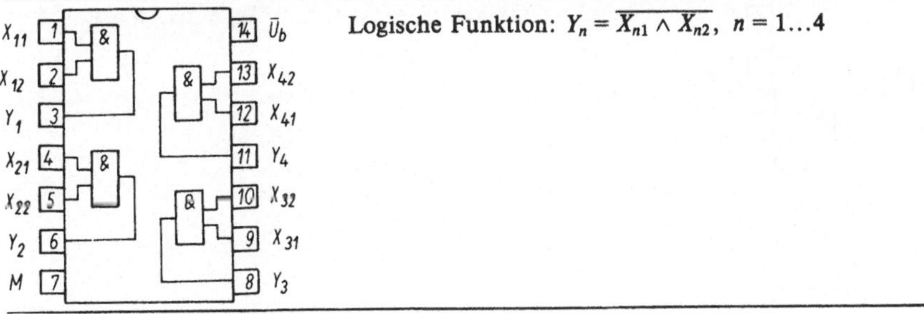

Logische Funktion: $Y_n = \overline{X_{n1} \wedge X_{n2}}$, $n = 1 \ldots 4$

DL 004 D: Sechs Inverter

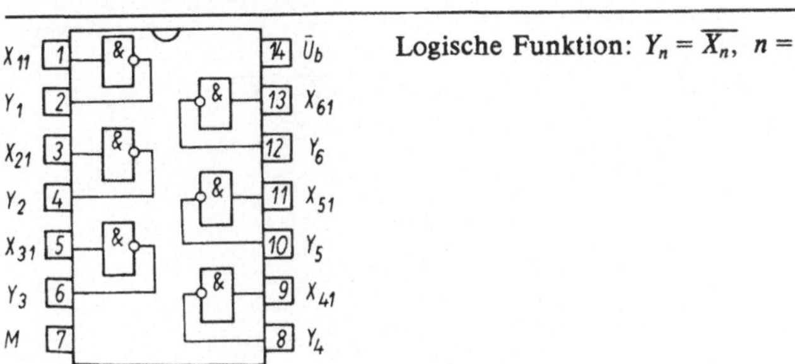

Logische Funktion: $Y_n = \overline{X_n}$, $n = 1 \ldots 6$

DL 010 D: Drei NAND-Gatter mit je drei Eingängen

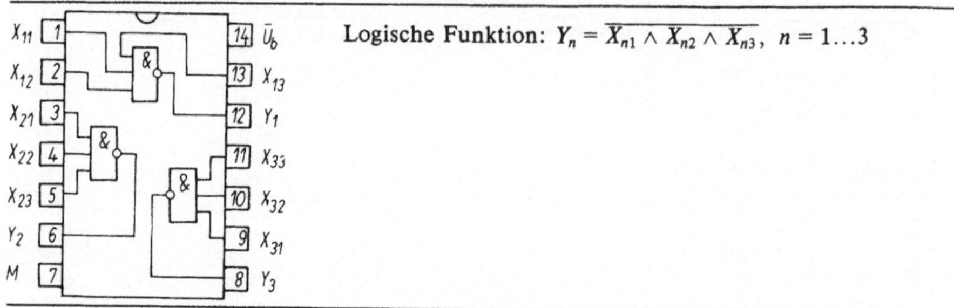

Logische Funktion: $Y_n = \overline{X_{n1} \wedge X_{n2} \wedge X_{n3}}$, $n = 1 \ldots 3$

DL 020 D: Zwei NAND-Gatter mit je vier Eingängen

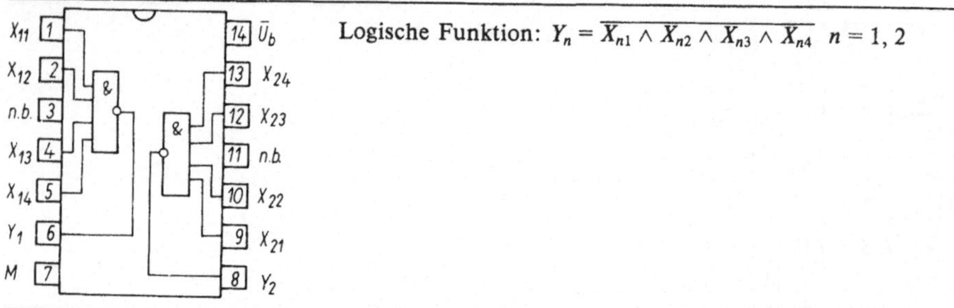

Logische Funktion: $Y_n = \overline{X_{n1} \wedge X_{n2} \wedge X_{n3} \wedge X_{n4}}$ $n = 1, 2$

DL 021 D: Zwei AND-Gatter mit je vier Eingängen

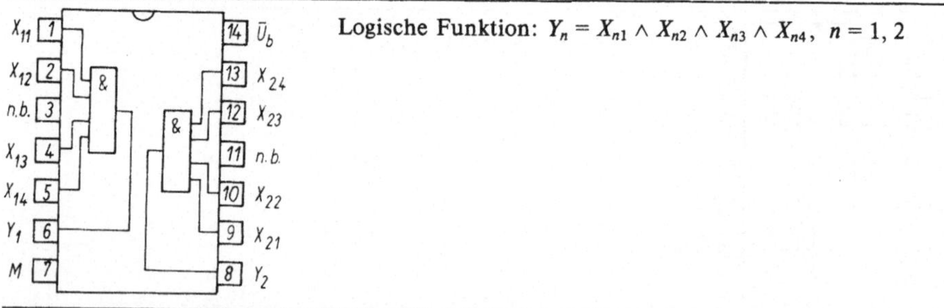

Logische Funktion: $Y_n = X_{n1} \wedge X_{n2} \wedge X_{n3} \wedge X_{n4}$, $n = 1, 2$

DL 030 D: Ein NAND-Gatter mit acht Eingängen

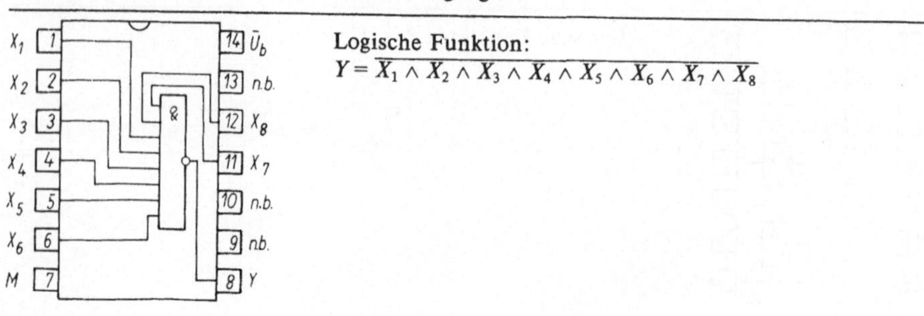

Logische Funktion:
$Y = \overline{X_1 \wedge X_2 \wedge X_3 \wedge X_4 \wedge X_5 \wedge X_6 \wedge X_7 \wedge X_8}$

DL 038 D: Vier NAND-Treibergatter mit je zwei Eingängen und offenem Kollektor

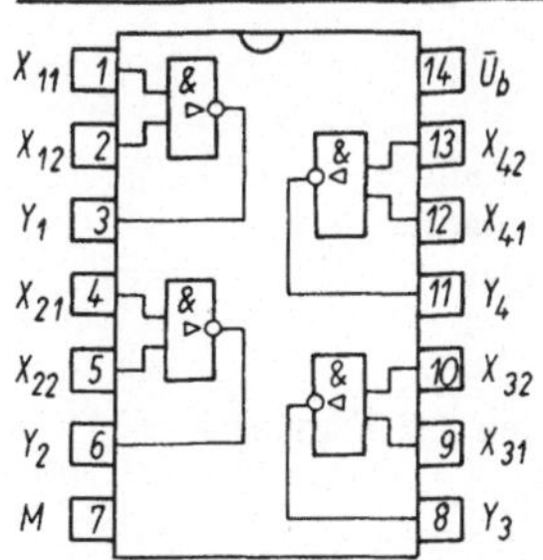

Logische Funktion: $Y_n = \overline{X_{n1} \wedge X_{n2}}$, $n = 1 \ldots 4$

DL 040 D: Zwei NAND-Treibergatter mit je vier Eingängen

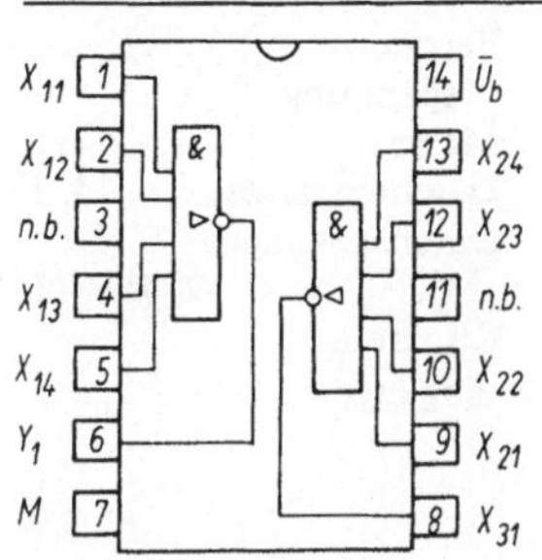

Logische Funktion: $Y_n = \overline{X_{n1} \wedge X_{n2} \wedge X_{n3} \wedge X_{n4}}$, $n = 1, 2$

DL 074 D: Zwei D-Flipflops

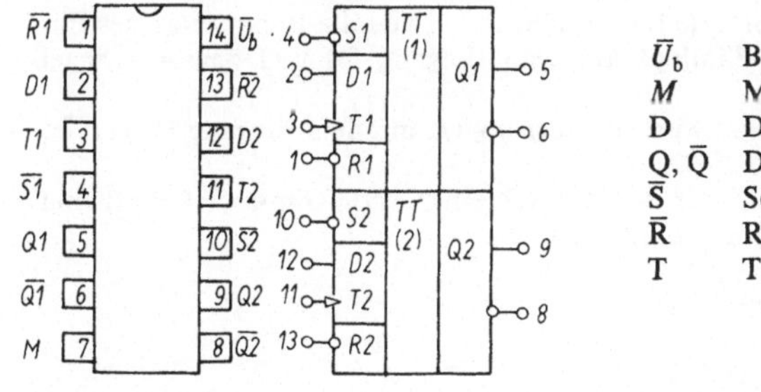

		TT1	TT2
$\bar{U}_b$	Betriebsspannung	14	14
M	Masse	7	7
D	Dateneingang	2	12
Q, $\bar{\mathrm{Q}}$	Datenausgänge	5, 6	9, 8
$\bar{\mathrm{S}}$	Setzeingang	4	10
$\bar{\mathrm{R}}$	Rücksetzeingang	1	13
T	Takteingang	3	11

Funktionsweise:
Die am Dateneingang D anliegende Information wird mit der *LH*-Flanke des Taktes T in das Flipflop übernommen und erscheint an den Ausgängen Q und $\bar{\mathrm{Q}}$.
Mittels des Setzeinganges $\bar{\mathrm{S}}$ läßt sich das Flipflop setzen (nach $\bar{\mathrm{S}} = L$ folgt $\mathrm{Q} = H$) und mittels des Rücksetzeinganges $\bar{\mathrm{R}}$ rücksetzen (nach $\bar{\mathrm{R}} = L$ folgt $\mathrm{Q} = L$).
Während des Zustandes L des Taktes T wird der Dateneingang D blockiert.

Wahrheitstabelle:

Eingänge				Ausgänge		Funktion
$\bar{S}$	$\bar{R}$	T	D	Q	$\bar{Q}$	
L	*H*	*x*	*x*	*H*	*L*	Setzen
H	*L*	*x*	*x*	*L*	*H*	Rücksetzen
H	*H*	↑	*H*	*H*	*L*	Datenübernahme
H	*H*	↑	*L*	*L*	*H*	Datenübernahme
H	*H*	*L*	*x*	$Q_{(t-1)}$	$\overline{Q_{(t-1)}}$	Blockierung
L	*L*	*x*	*x*	Zustand instabil		–

(*x*: *L* oder *H*, ↑: *LH*-Flanke, $Q_{(t-1)}$: Ausgangszustand vor der letzten *LH*-Flanke)

DL 093 D: 4 Bit-Binärzähler

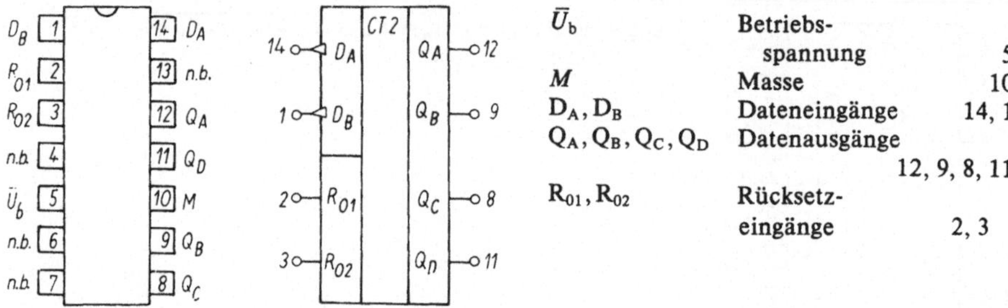

$\bar{U}_b$	Betriebsspannung	5
M	Masse	10
D_A, D_B	Dateneingänge	14, 1
Q_A, Q_B, Q_C, Q_D	Datenausgänge	12, 9, 8, 11
R_{01}, R_{02}	Rücksetzeingänge	2, 3

Funktionsweise:
Der Schaltkreis enthält vier Master-Slave-JK-Flipflops, deren Ausgänge Q mit der *HL*-Flanke des Einganges schalten.
Am Ausgang Q_A des ersten Flipflops wird die im Verhältnis 2 : 1 geteilte Impulsfolge des Einganges D_A ausgegeben. Die weiteren Flipflops mit dem Eingang D_B und den Ausgängen Q_B, Q_C und Q_D bilden einen 8 : 1 Teiler.
Zur Realisierung des vollen Zählumfanges wird der Ausgang Q_A mit dem Eingang D_B verbunden.
Mit den Rücksetzeingängen R_{01} und R_{02}, die intern durch ein NAND-Gatter verknüpft sind, kann ein Rücksetzen aller Ausgänge Q auf *L* erfolgen.

Wahrheitstabelle „Rückstellen/Zählen“:

Rückstelleingänge		Ausgänge			
R_{01}	R_{02}	Q_A	Q_B	Q_C	Q_D
H	*H*	*L*	*L*	*L*	*L*
L	*H*		Zählen		
H	*L*		Zählen		
L	*L*		Zählen		

Wahrheitstabelle „Zählen“:

Zählfolge[1] am Eingang D_A	Ausgänge Q_A	Q_B	Q_C	Q_D
0	*L*	*L*	*L*	*L*
1	*H*	*L*	*L*	*L*
2	*L*	*H*	*L*	*L*
3	*H*	*H*	*L*	*L*
4	*L*	*L*	*H*	*L*
5	*H*	*L*	*H*	*L*
6	*L*	*H*	*H*	*L*
7	*H*	*H*	*H*	*L*
8	*L*	*L*	*L*	*H*
9	*H*	*L*	*L*	*H*
10	*L*	*H*	*L*	*H*
11	*H*	*H*	*L*	*H*
12	*L*	*L*	*H*	*H*
13	*H*	*L*	*H*	*H*
14	*L*	*H*	*H*	*H*
15	*H*	*H*	*H*	*H*

([1] Q_A ist mit D_B verbunden)

DL 112 D: Zwei JK-Flipflops

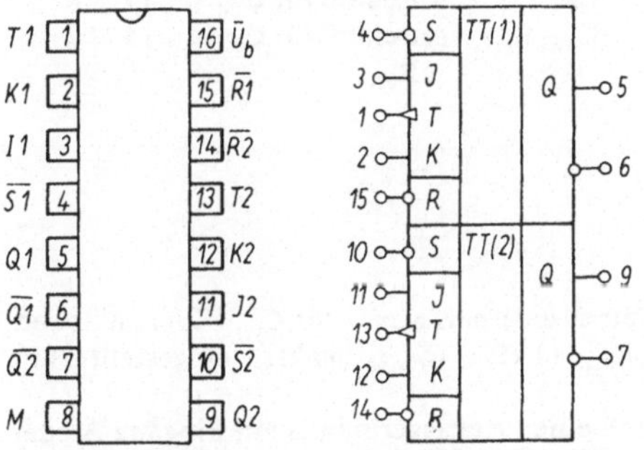

		TT1	TT2
$\bar{U}_b$	Betriebsspannung	16	16
M	Masse	8	8
J, K	Dateneingänge	3, 2	11, 12
Q, $\bar{\text{Q}}$	Datenausgänge	5, 6	9, 7
$\bar{\text{S}}$	Setzeingang	4	10
$\bar{\text{R}}$	Rücksetzeingang	15	14
T	Takteingang	1	13

Funktionsweise:
In Abhängigkeit von den an den Eingängen J und K anliegenden logischen Pegeln während der HL-Flanke des Taktes T ergeben sich drei Betriebsarten: Für J = K = H wird die gespeicherte Information (Q, $\bar{\text{Q}}$) invertiert, für J = K = L bleibt sie unverändert, und für J ≠ K erfolgt eine Datenübernahme unabhängig von der vorher gespeicherten Information.
Mittels des Setzeinganges $\bar{\text{S}}$ läßt sich das Flipflop setzen (nach $\bar{\text{S}}$ = *L* folgt Q = *H*) und mittels des Rücksetzeinganges $\bar{\text{R}}$ rücksetzen (nach $\bar{\text{R}}$ = *L* folgt Q = *L*).

Wahrheitstabelle:

Eingänge $\bar{\text{S}}$	$\bar{\text{R}}$	T	J	K	Ausgänge Q	$\bar{\text{Q}}$	Funktion
L	*H*	*x*	*x*	*x*	*H*	*L*	Setzen
H	*L*	*x*	*x*	*x*	*L*	*H*	Rücksetzen

Eingänge					Ausgänge		Funktion
$\bar{S}$	$\bar{R}$	T	J	K	Q	$\bar{Q}$	
L	*L*	*x*	*x*	*x*	Zustand instabil		
H	*H*	↓	*L*	*L*	$Q_{(t-1)}$	$\overline{Q_{(t-1)}}$	
H	*H*	↓	*L*	*H*	*H*	*L*	Datenübernahme
H	*H*	↓	*H*	*L*	*L*	*H*	Datenübernahme
H	*H*	↓	*H*	*H*	$\overline{Q_{(t-1)}}$	$Q_{(t-1)}$	
H	*H*	*H*	*x*	*x*	$Q_{(t-1)}$	$\overline{Q_{(t-1)}}$	Blockierung

(*x*: *L* oder *H*, ↓: *HL*-Flanke, $Q_{(t-1)}$: Ausgangszustand vor der letzten *HL*-Flanke)

DL 123 D: Zwei monostabile Multivibratoren

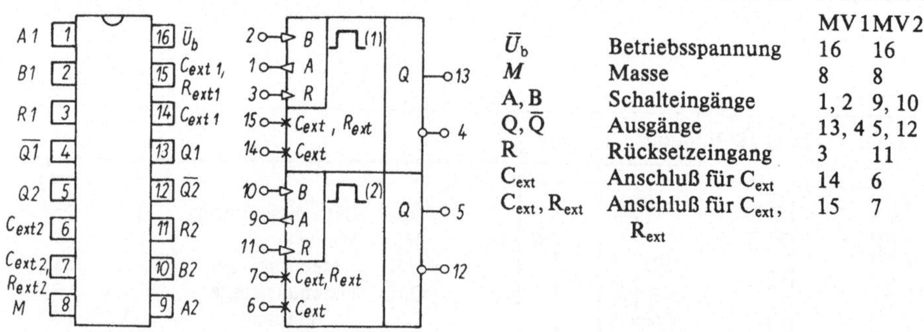

		MV1	MV2
$\bar{U}_b$	Betriebsspannung	16	16
M	Masse	8	8
A, B	Schalteingänge	1, 2	9, 10
Q, $\bar{Q}$	Ausgänge	13, 4	5, 12
R	Rücksetzeingang	3	11
C_{ext}	Anschluß für C_{ext}	14	6
C_{ext}, R_{ext}	Anschluß für C_{ext}, R_{ext}	15	7

Funktionsweise:
Die Impulslänge t_W ($t_W > 40$ ns) wird mit Hilfe einer externen Kapazität C_{ext} (Kapazitätswert beliebig) und eines externen Widerstandes R_{ext} ($5\ k\Omega \leqq R_{ext} \leqq 260\ k\Omega$) eingestellt. Für $C_{ext} > 1$ nF gilt: $t_W = 0{,}45\ R_{ext}\ C_{ext}$.
Davon unabhängig kann die Impulslänge t_W durch einen Retriggerimpuls am Eingang A oder B verlängert bzw. durch Rücksetzen am Eingang R verkürzt werden.

Wahrheitstabelle:

Eingänge			Ausgänge	
A	B	R	Q	$\bar{Q}$
x	*x*	*L*	*L*	*H*
H	*x*	*x*	*L*	*H*
x	*L*	*x*	*L*	*H*
L	↑	*H*	⎍	⊔
↓	*H*	*H*	⎍	⊔
L	*H*	↑	⎍	⊔

(*x* = *L* oder *H*, ↑: *LH*-Flanke, ↓: *HL*-Flanke)

DL 132 D: Vier NAND-Gatter mit je zwei Eingängen mit Schmitt-Trigger-Verhalten

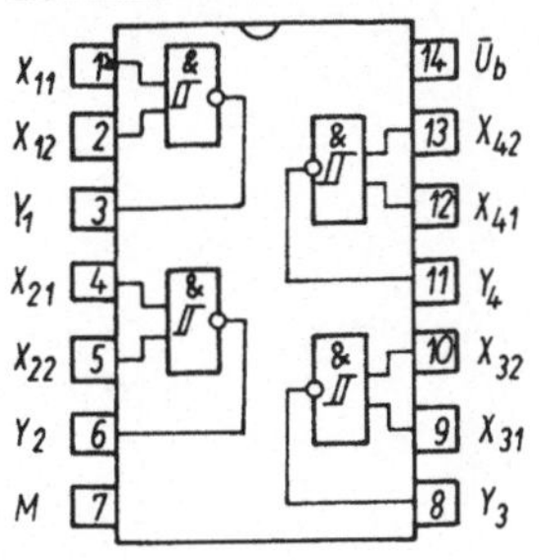

Logische Funktion: $Y_n = \overline{X_{n1} \wedge X_{n2}}$, n = 1...4

DL 155 D: Zwei 2 auf 4-Decoder/Demultiplexer

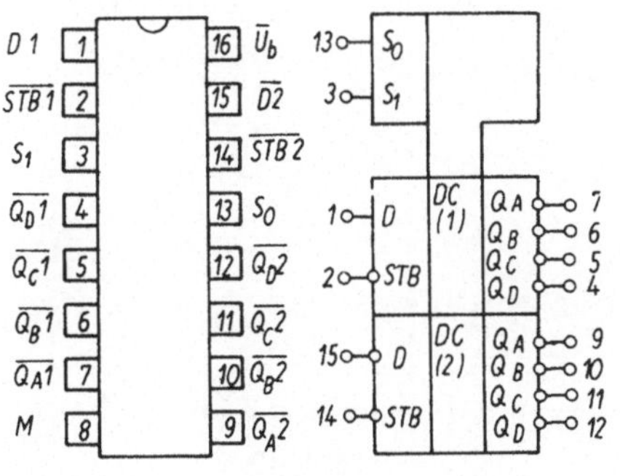

		DC1	DC2
$\overline{U}_b$	Betriebsspannung	16	16
M	Masse	8	8
D	Dateneingang	1	15
Q_A, Q_B, Q_C, Q_D	Datenausgänge	7, 6, 5, 4	9, 10, 11, 12
S_0, S_1	Adreßeingänge	13, 3	13, 3
STB	STROBE-Eingang	2	14

Funktionsweise:
Mit der Adreßinformation an S_0 und S_1 wird jeweils eine der vier Ausgangsstufen in jeder der beiden Teilschaltungen DC1 und DC2 freigegeben. Damit gelangt ein aus den beiden Eingangssignalen an D und STB gebildetes Signal zum entsprechenden Ausgang Q.
Die Eingänge D und STB sind durch ein NOR-Gatter verknüpft, wobei in der Teilschaltung DC1 die Information am Dateneingang D zusätzlich negiert wird.
Werden die Eingänge D und STB beider Teilschaltungen jeweils miteinander verbunden, so wirkt der Eingang D als dritter Adreßeingang und der Eingang STB als Dateneingang eines 1 auf 8-Demultiplexers.
Der Schaltkreis kann darüber hinaus auch als 1 auf 4-Demultiplexer sowie 3 auf 8-Decoder verwendet werden.

Wahrheitstabelle:

Eingänge					Ausgänge			
STB	S_0	S_1	D(DC1)	D(DC2)	Q_A	Q_B	Q_C	Q_D
H	*x*	*x*	*x*	*x*	*H*	*H*	*H*	*H*
L	*L*	*L*	*H*	*L*	*L*	*H*	*H*	*H*
L	*H*	*L*	*H*	*L*	*H*	*L*	*H*	*H*
L	*L*	*H*	*H*	*L*	*H*	*H*	*L*	*H*
L	*H*	*H*	*H*	*L*	*H*	*H*	*H*	*L*
x	*x*	*x*	*L*	*H*	*H*	*H*	*H*	*H*

(*x* = *L* oder *H*)

DL 192 D: Synchroner Vor-/Rückwärts-Dezimalzähler 0...9
DL 193 D: Synchroner Vor-/Rückwärts-Binärzähler 0...15

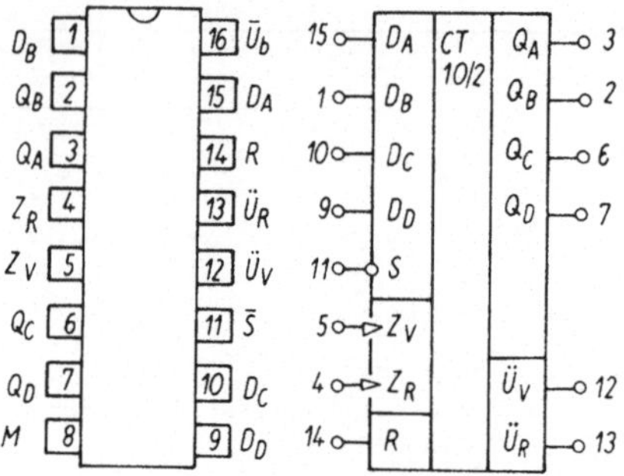

$\bar{U}_b$	Betriebsspannung	16
M	Masse	8
D_A, D_B, D_C, D_D	Dateneingänge	15, 1, 10, 9
Q_A, Q_B, Q_C, Q_D	Datenausgänge	3, 2, 6, 7
Z_R	Eingang Zählen rückwärts	4
Z_V	Eingang Zählen vorwärts	5
S	Ladeeingang	11
$Ü_V$	Übertrag vorwärts	12
$Ü_R$	Übertrag rückwärts	13
R	Rückstellen	14

Funktionsweise:
Die Ziffern sind in den Schaltzuständen von vier JK-Master-Slave-Flipflops verschlüsselt, wobei bei dem DL 192 D die Stellen 10...15 nicht auftreten.
Für die beiden Betriebsarten „Zählen vorwärts" und „Zählen rückwärts" sind zwei getrennte Zähleingänge vorhanden, von denen immer nur ein Eingang Zählimpulse erhalten darf. Im Ruhezustand müssen beide Eingänge auf *H* liegen.
Vor einem Zählvorgang können die vier Flipflops auf einen beliebigen Anfangswert voreingestellt werden, indem nach Anlegen der entsprechenden Pegel an die vier Dateneingänge D_A bis D_D der Ladeeingang S auf *L* gelegt wird.
Zum Löschen der Ausgangsinformation wird der Rückstelleingang R kurzzeitig auf *H* gelegt.

Da an den Ausgängen „Übertrag vorwärts" und „Übertrag rückwärts" die Übertragssignale die gleiche Zeit wie die jeweiligen Zählimpulse anliegen, können durch Verbinden der Übertragausgänge $Ü_V$ bzw. $Ü_R$ mit den Zähleingängen Z_R bzw. Z_V des vorhergehenden bzw. folgenden Zählers mehrstufige Synchronzähler aufgebaut werden.

Wahrheitstabelle „Zählen/Einstellen":

Eingänge				Funktion
Z_V	Z_R	S	R	
Signal	*H*	*H*	*x*	Zählen vorwärts
H	Signal	*H*	*x*	Zählen rückwärts
L	*L*	*L*	*H*	Rückstellen
H	*H*	*L*	*x*	Voreinstellen

(*x*: *L* oder *H*)

DL 194 D: Bidirektionales 4 Bit-Schieberegister

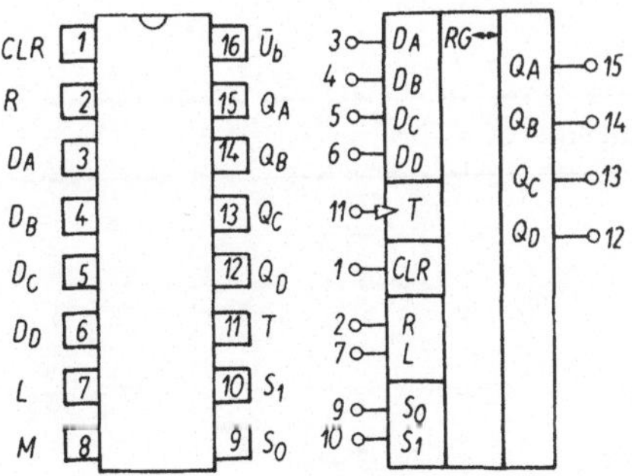

$\bar{U}_b$	Betriebsspannung	16
M	Masse	8
D_A, D_B, D_C, D_D	parallele Dateneingänge	3, 4, 5, 6
Q_A, Q_B, Q_C, Q_D	Datenausgänge	15, 14, 13, 12
S_0, S_1	Steuereingänge für die Betriebsart	9, 10
CLR	Eingang Löschen	1
S_R	serieller Eingang Rechtsschieben	2
S_L	serieller Eingang Linksschieben	7
T	Takteingang	11

Funktionsweise:

Der Schaltkreis enthält vier taktflankengesteuerte RS-Flipflops. Jedes Flipflop wird von einer Torschaltung mit vier Eingängen angesteuert.

Je nach anliegender Adresse an den Steuereingängen S_0 und S_1 wird folgender Eingang für das einzuschreibende Datensignal freigegeben:

Eingänge		Funktion
S_1	S_0	
H	*H*	Datensignal von Paralleleingängen
L	*H*	Datensignal von S_R bzw. vom vorhergehenden Ausgang (Rechtsschieben)
H	*L*	Datensignal von S_L bzw. vom folgenden Ausgang (Linksschieben)
L	*L*	Datensignal vom eigenen Ausgang (Beibehalten der alten Information)

Wahrheitstabelle:

Eingänge										Ausgänge			
CLR	S_1	S_0	T	S_L	S_R	D_A	D_B	D_C	D_D	Q_A	Q_B	Q_C	Q_D
L	*x*	*x*	*x*	*x*	*x*	*x*	*x*	*x*	*x*	*L*	*L*	*L*	*L*
H	*x*	*x*	*L*	*x*	*x*	*x*	*x*	*x*	*x*	$Q_{A(t-1)}$	$Q_{B(t-1)}$	$Q_{C(t-1)}$	$Q_{D(t-1)}$
H	*H*	*H*	↑	*x*	*x*	*a*	*b*	*c*	*d*	*a*	*b*	*c*	*d*
H	*L*	*H*	↑	*x*	*re*	*x*	*x*	*x*	*x*	*re*	$Q_{A(t-1)}$	$Q_{B(t-1)}$	$Q_{C(t-1)}$
H	*H*	*L*	↑	*li*	*x*	*x*	*x*	*x*	*x*	$Q_{B(t-1)}$	$Q_{C(t-1)}$	$Q_{D(t-1)}$	*li*
H	*L*	*L*	*x*	*x*	*x*	*x*	*x*	*x*	*x*	$Q_{A(t-1)}$	$Q_{B(t-1)}$	$Q_{C(t-1)}$	$Q_{D(t-1)}$

(*x*: *L* oder *H*, ↑: *LH*-Flanke, *a*, *b*, *c*, *d*: statischer *H*- oder *L*-Pegel während der *LH*-Flanke, $Q_{n(t-1)}$: Ausgangszustand vor der letzten *LH*-Flanke, *re*, *li*: Datensignal an S_R bzw. an S_L)

DL 251 D: 8 auf 1-Multiplexer mit Tristate-Ausgängen

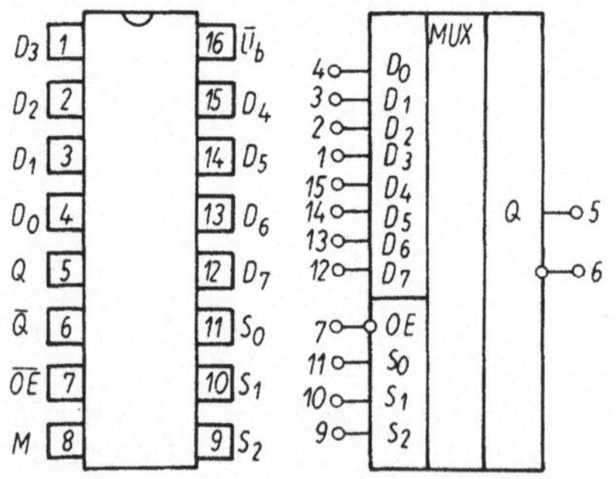

$\bar{U}_b$	Betriebsspannung	16
M	Masse	8
$D_0, D_1, D_2, D_3, D_4, D_5, D_6, D_7$	Dateneingänge	4, 3, 2, 1, 15, 14, 13, 12
$Q, \bar{Q}$	Datenausgänge	5, 6
S_0, S_1, S_2	Adreßeingänge	11, 10, 9
$\overline{OE}$	Eingang Output Enable	7

Funktionsweise:

Mittels der Adreßinformation an den Eingängen S_0, S_1 und S_2 wird jeweils ein Dateneingang D freigegeben, während die restlichen Dateneingänge gesperrt bleiben.

Die am freigegebenen Dateneingang D anliegende Information liegt dann ebenfalls am Ausgang Q sowie negiert am Ausgang $\bar{Q}$ an.
Beide Ausgänge Q und $\bar{Q}$ lassen sich durch *H* am Output Enable-Eingang $\overline{OE}$ in einem hochohmigen Zustand Z schalten.

Funktionstabelle:

Eingänge				Ausgänge	
$\overline{OE}$	S_2	S_1	S_0	Q	$\bar{Q}$
H	*x*	*x*	*x*	Z	Z
L	*L*	*L*	*L*	D_0	$\overline{D_0}$
L	*L*	*L*	*H*	D_1	$\overline{D_1}$
L	*L*	*H*	*L*	D_2	$\overline{D_2}$
L	*L*	*H*	*H*	D_3	$\overline{D_3}$
L	*H*	*L*	*L*	D_4	$\overline{D_4}$
L	*H*	*L*	*H*	D_5	$\overline{D_5}$
L	*H*	*H*	*L*	D_6	$\overline{D_6}$
L	*H*	*H*	*H*	D_7	$\overline{D_7}$

(*x*: *L* oder *H*, Z: Hochohmiger Zustand)

DL 295 D: 4 Bit-Schieberegister mit Tristate-Ausgängen

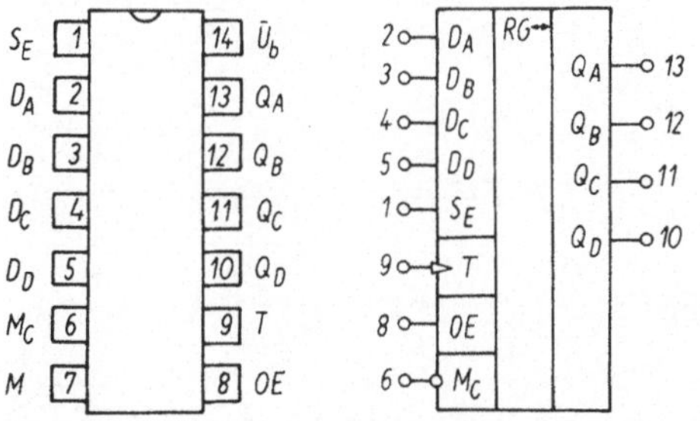

$\bar{U}_b$	Betriebsspannung	14
M	Masse	7
D_A, D_B, D_C, D_D	parallele Dateneingänge	2, 3, 4, 5
Q_A, Q_B, Q_C, Q_D	Datenausgänge	13, 12, 11, 10
S_E	serieller Eingang	1
M_C	Eingang für die Betriebsarten	6
OE	Eingang Output Enable	8
T	Takteingang	9

Funktionsweise:
Der Schaltkreis enthält vier taktflankengesteuerte RS-Flipflops. Die Ausgangsstufen übertragen die Information der Flipflops nichtnegiert an die Ausgänge Q_A bis Q_D.
Die Flipflops werden für $M_C = L$ vom Ausgang des vorhergehenden Flipflops bzw. vom seriellen Eingang S_E (Rechtsschiebebetrieb) oder für $M_C = H$ vom entsprechenden Paralleleingang (Parallelbetrieb) angesteuert.
Für den Linksschiebebetrieb wird mit $M_C = H$ auf die Paralleleingänge geschaltet. Die Eingänge D_A, D_B und D_C sind dabei jeweils mit dem Ausgang Q_B, Q_C bzw. Q_D zu verbinden. Der Eingang D_D wird zum seriellen Eingang der Schiebekette.
Mit OE = *L* lassen sich die Ausgänge Q_A bis Q_D in einen hochohmigen Zustand Z schalten.

Wahrheitstabelle:

Eingänge								Ausgänge			
OE	M_C	T	S_E	D_A	D_B	D_C	D_D	Q_A	Q_B	Q_C	Q_D
L	*x*	*x*	*x*	*x*	*x*	*x*	*x*	Z	Z	Z	Z
H	*H*	*H*	*x*	*x*	*x*	*x*	*x*	$Q_{A(t-1)}$	$Q_{B(t-1)}$	$Q_{C(t-1)}$	$Q_{D(t-1)}$

Eingänge								Ausgänge			
OE	M_C	T	S_E	D_A	D_B	D_C	D_D	Q_A	Q_B	Q_C	Q_D
H	*H*	↓	x	a	*b*	*c*	*d*	*a*	*b*	*c*	*d*
H	*H*	↓	x	Q_B[1)]	Q_C[1)]	Q_D[1)]	*d*	$Q_{B(t-1)}$	$Q_{C(t-1)}$	$Q_{D(t-1)}$	*d*
H	*L*	*H*	x	*x*	*x*	*x*	*x*	$Q_{A(t-1)}$	$Q_{B(t-1)}$	$Q_{C(t-1)}$	$Q_{D(t-1)}$
H	*L*	↓	H	*x*	*x*	*x*	*x*	*H*	$Q_{A(t-1)}$	$Q_{B(t-1)}$	$Q_{C(t-1)}$
H	*L*	↓	L	*x*	*x*	*x*	*x*	*L*	$Q_{A(t-1)}$	$Q_{B(t-1)}$	$Q_{C(t-1)}$

(*x*: *L* oder *H*, Z: Hochohmiger Zustand, ↓: *HL*-Flanke, *a*, *b*, *c*, *d*: Statischer *H*- oder *L*-Pegel während der *HL*-Flanke, $Q_{n(t-1)}$: Ausgangszustand vor der letzten *LH*-Flanke, [1)]: Linksschiebebetrieb)

DS 8205 D: 1 aus 8-Binärdecoder

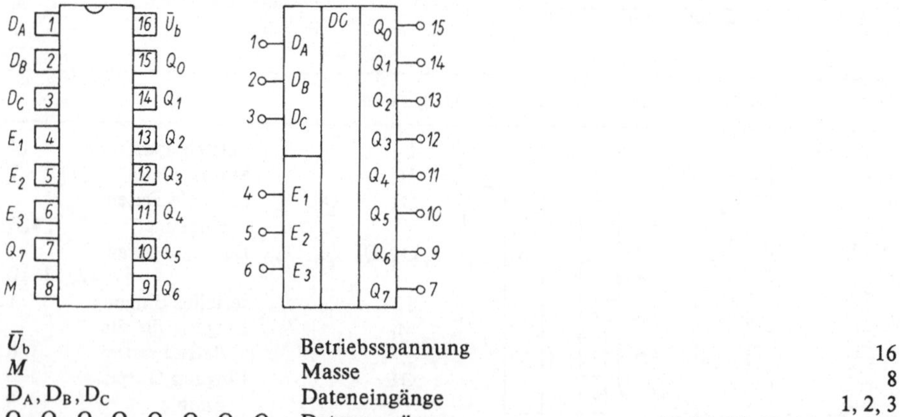

$\bar{U}_b$	Betriebsspannung	16
M	Masse	8
D_A, D_B, D_C	Dateneingänge	1, 2, 3
$Q_0, Q_1, Q_2, Q_3, Q_4, Q_5, Q_6, Q_7$	Datenausgänge	15, 14, 13, 12, 11, 10, 9, 7
E_1, E_2, E_3	Freigabeeingänge	4, 5, 6

Funktionsweise:
Der Decoder wandelt ein 3 Bit-Eingangssignal D_A, D_B, D_C in ein dem Eingangssignal entsprechendes Ausgangssignal $Q_0 \ldots Q_7$ um.
Werden die drei Freigabeeingänge E_1, E_2 und E_3 entsprechend $E_1 = L$, $E_2 = L$ sowie $E_3 = H$ beschaltet, wird der Schaltkreis freigegeben.

Wahrheitstabelle:

Eingänge						Ausgänge							
D_A	D_B	D_C	E_1	E_2	E_3	Q_0	Q_1	Q_2	Q_3	Q_4	Q_5	Q_6	Q_7
L	*L*	*L*	*L*	*L*	*H*	*L*	*H*	*H*	*H*	*H*	*H*	*H*	*H*
H	*L*	*L*	*L*	*L*	*H*	*H*	*L*	*H*	*H*	*H*	*H*	*H*	*H*
L	*H*	*L*	*L*	*L*	*H*	*H*	*H*	*L*	*H*	*H*	*H*	*H*	*H*
H	*H*	*L*	*L*	*L*	*H*	*H*	*H*	*H*	*L*	*H*	*H*	*H*	*H*
L	*L*	*H*	*L*	*L*	*H*	*H*	*H*	*H*	*H*	*L*	*H*	*H*	*H*
H	*L*	*H*	*L*	*L*	*H*	*H*	*H*	*H*	*H*	*H*	*L*	*H*	*H*

Eingänge						Ausgänge							
D_A	D_B	D_C	E_1	E_2	E_3	Q_0	Q_1	Q_2	Q_3	Q_4	Q_5	Q_6	Q_7
L	*H*	*H*	*L*	*L*	*H*	*H*	*H*	*H*	*H*	*H*	*H*	*L*	*H*
H	*H*	*H*	*L*	*L*	*H*	*H*	*H*	*H*	*H*	*H*	*H*	*H*	*L*
x	*x*	*x*	bei allen anderen Kombinationen			*H*	*H*	*H*	*H*	*H*	*H*	*H*	*H*

(*x*: *L* oder *H*)

MH 7442: 1 aus 10-Binärdecoder

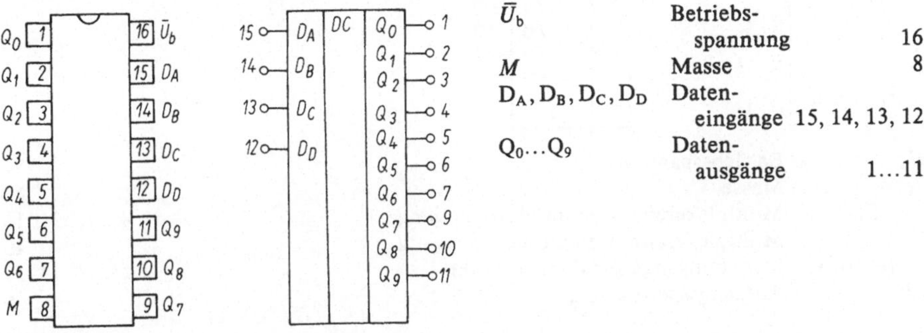

$\bar{U}_b$	Betriebsspannung	16
M	Masse	8
D_A, D_B, D_C, D_D	Dateneingänge	15, 14, 13, 12
$Q_0 \ldots Q_9$	Datenausgänge	1...11

Funktionsweise:
Der Decoder MH 7442 (ČSFR-Typ) wandelt ein 4 Bit-Eingangssignal D_A, D_B, D_C, D_D in ein dem Eingangssignal entsprechendes dezimales Ausgangssignal $Q_0 \ldots Q_9$ um.

Wahrheitstabelle:

Eingänge				Ausgänge									
D_A	D_B	D_C	D_D	Q_0	Q_1	Q_2	Q_3	Q_4	Q_5	Q_6	Q_7	Q_8	Q_9
L	*L*	*L*	*L*	*L*	*H*	*H*	*H*	*H*	*H*	*H*	*H*	*H*	*H*
H	*L*	*L*	*L*	*H*	*L*	*H*	*H*	*H*	*H*	*H*	*H*	*H*	*H*
L	*H*	*L*	*L*	*H*	*H*	*L*	*H*	*H*	*H*	*H*	*H*	*H*	*H*
H	*H*	*L*	*L*	*H*	*H*	*H*	*L*	*H*	*H*	*H*	*H*	*H*	*H*
L	*L*	*H*	*L*	*H*	*H*	*H*	*H*	*L*	*H*	*H*	*H*	*H*	*H*
H	*L*	*H*	*L*	*H*	*H*	*H*	*H*	*H*	*L*	*H*	*H*	*H*	*H*
L	*H*	*H*	*L*	*H*	*H*	*H*	*H*	*H*	*H*	*L*	*H*	*H*	*H*
H	*H*	*H*	*L*	*H*	*H*	*H*	*H*	*H*	*H*	*H*	*L*	*H*	*H*
L	*L*	*L*	*H*	*H*	*H*	*H*	*H*	*H*	*H*	*H*	*H*	*L*	*H*
H	*L*	*L*	*H*	*H*	*H*	*H*	*H*	*H*	*H*	*H*	*H*	*H*	*L*
alle anderen Kombinationen				*H*	*H*	*H*	*H*	*H*	*H*	*H*	*H*	*H*	*H*

MH 74150: 16 Kanal-Digital-Multiplexer/Demultiplexer

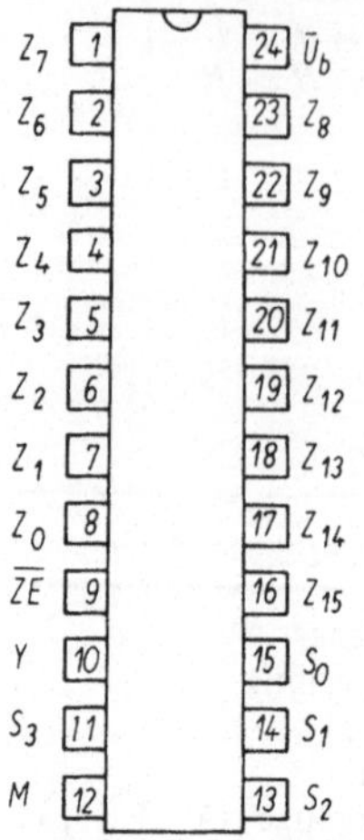

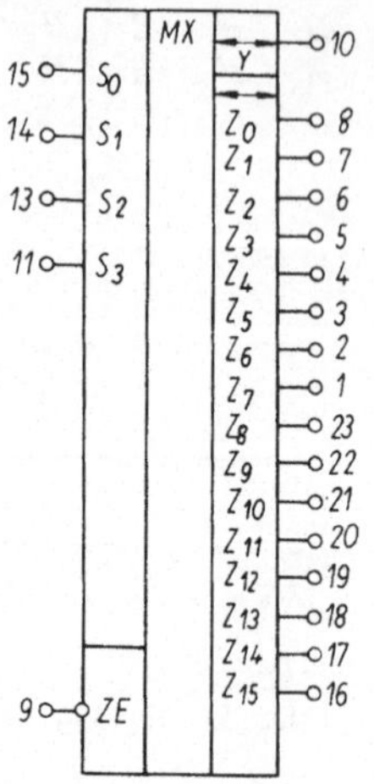

$\bar{U}_b$	Betriebsspannung	24
M	Masse	12
$Z_0 \ldots Z_{15}$	Multiplexerein-/Demultiplexerausgänge	8…1, 23…16
Y	Multiplexeraus-/Demultiplexereingang	10
S_0, S_1, S_2, S_3	Steuereingänge zur Kanalauswahl	15, 14, 13, 11
ZE	Ausgangssperreingang	9

Funktionsweise:

Mittels der Steuereingänge S_0 bis S_3 des Schaltkreises MH 74150 (ČSFR-Typ) wird genau ein Anschluß Z_i ($i = 0 \ldots 15$) ausgewählt und mit dem Ausgang Y verbunden.

Die an diesem Anschluß Z_i anliegende Information erscheint invertiert am Anschluß Y (Multiplexbetrieb) und umgekehrt (Demultiplexbetrieb).

Die Verbindungen zwischen Y und allen anderen Anschlüssen Z_n ($n \neq i$) sind unterbrochen. Durch *H*-Signal am Steuereingang ZE können unabhängig von der Belegung der Steuereingänge S_0 bis S_3 alle 16 Verbindungen zwischen Y und Z unterbrochen werden.

Wahrheitstabelle:

Eingänge					Anschluß Z_i, der mit dem Anschluß Y verbunden ist
ZE	S_0	S_1	S_2	S_3	
L	*L*	*L*	*L*	*L*	Z_0
L	*H*	*L*	*L*	*L*	Z_1
L	*L*	*H*	*L*	*L*	Z_2
L	*H*	*H*	*L*	*L*	Z_3
L	*L*	*L*	*H*	*L*	Z_4
L	*H*	*L*	*H*	*L*	Z_5
L	*L*	*H*	*H*	*L*	Z_6
L	*H*	*H*	*H*	*L*	Z_7
L	*L*	*L*	*L*	*H*	Z_8
L	*H*	*L*	*L*	*H*	Z_9
L	*L*	*H*	*L*	*H*	Z_{10}
L	*H*	*H*	*L*	*H*	Z_{11}
L	*L*	*L*	*H*	*H*	Z_{12}

ZE	S_0	S_1	S_2	S_3	
L	*H*	*L*	*H*	*H*	Z_{13}
L	*L*	*H*	*H*	*H*	Z_{14}
L	*H*	*H*	*H*	*H*	Z_{15}
H	*x*	*x*	*x*	*x*	keine Verbindung

(*x*: *L* oder *H*)

V 4007 D: Zwei Transistorpaare und ein Inverter

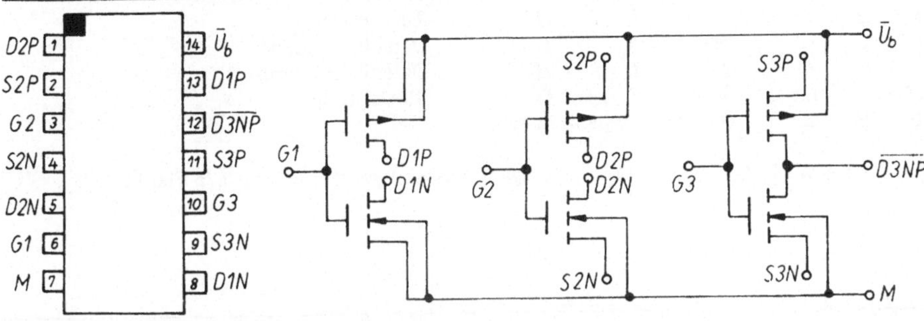

V 4011 D: Vier NAND-Gatter mit je zwei Eingängen

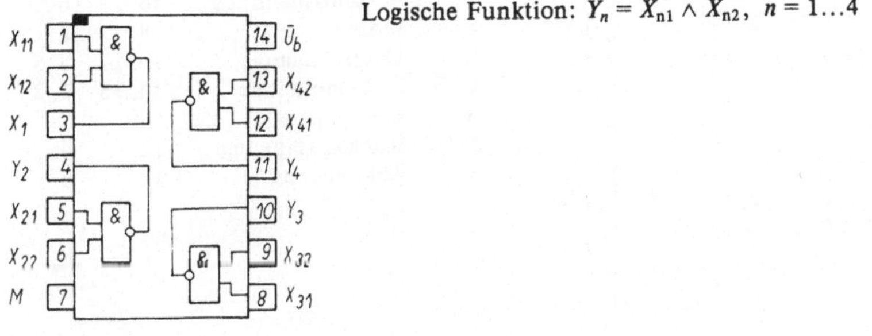

Logische Funktion: $Y_n = \overline{X_{n1} \wedge X_{n2}}$, $n = 1 \ldots 4$

V 4013 D: Zwei D-Flipflops

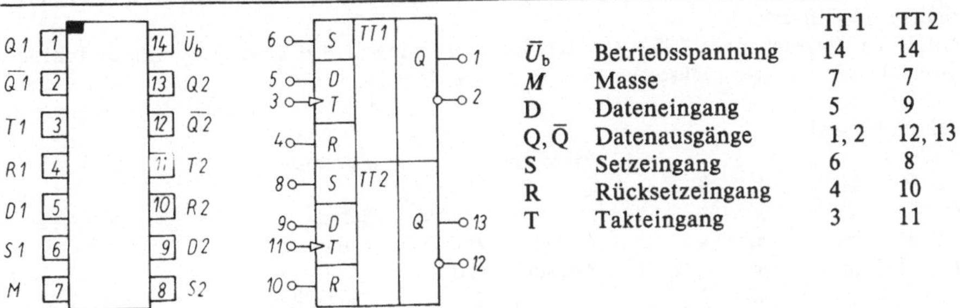

		TT1	TT2
$\bar{U}_b$	Betriebsspannung	14	14
M	Masse	7	7
D	Dateneingang	5	9
Q, $\bar{Q}$	Datenausgänge	1, 2	12, 13
S	Setzeingang	6	8
R	Rücksetzeingang	4	10
T	Takteingang	3	11

Funktionsweise:
Die am Dateneingang D anliegende Information wird mit der *LH*-Flanke des Taktes T in das Flipflop übernommen und erscheint an den Ausgängen Q und $\bar{Q}$.
Mittels des Setzeinganges S läßt sich das Flipflop setzen (S = *H* bewirkt Q = *H*) und mittels des Rücksetzeinganges R rücksetzen (R = *H* bewirkt Q = *L*).
Während des Zustandes *H* des Taktes T wird der Dateneingang blockiert.

Wahrheitstabelle:

Eingänge				Ausgänge		Funktion
S	R	T	D	Q	$\bar{Q}$	
H	*L*	*x*	*x*	*H*	*L*	Setzen
L	*H*	*x*	*x*	*L*	*H*	Rücksetzen
L	*L*	↑	*H*	*H*	*L*	Datenübernahme
L	*L*	↑	*L*	*L*	*H*	Datenübernahme
H	*L*	*H*	*x*	$Q_{(t-1)}$	$\bar{Q}_{(t-1)}$	Blockierung
H	*H*	*x*	*x*	Zustand instabil		

(*x*: *L* oder *H*, ↑: *LH*-Flanke, $Q_{(t-1)}$: Ausgangszustand vor der letzten *LH*-Flanke)

V 4027 D: Zwei JK-Master-Slave-Flipflops

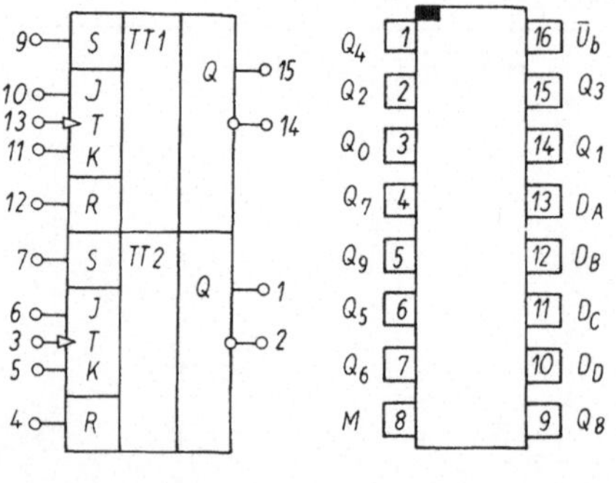

		TT1	TT2
$\bar{U}_b$	Betriebsspannung	16	16
M	Masse	8	8
K, J	Dateneingänge	10, 11	5, 6
Q, $\bar{Q}$	Datenausgänge	14, 15	1, 2
S	Setzeingang	9	7
R	Rücksetzeingang	12	4
T	Takteingang	13	3

Funktionsweise:
Die an den Eingängen J und K anliegende Information während der *LH*-Flanke des Taktes T bestimmt die Arbeitsweise des Flipflops: Datenübernahme, Speicherinhalt wird ungeändert erhalten oder invertiert.
Mittels des Setzeinganges S läßt sich das Flipflop setzen (S = *H* bewirkt Q = *H*) und mittels des Rücksetzeinganges rücksetzen (R = *H* bewirkt Q = *L*).

Wahrheitstabelle:

Eingänge					Ausgänge		Funktion
S	R	T	J	K	Q	$\bar{Q}$	
H	*L*	*x*	*x*	*x*	*H*	*L*	Setzen
L	*H*	*x*	*x*	*x*	*L*	*H*	Rücksetzen
H	*H*	*x*	*x*	*x*	Zustand instabil		
L	*L*	↑	*H*	*L*	*H*	*L*	Datenübernahme

Eingänge					Ausgänge		Funktion
S	R	T	J	K	Q	$\overline{Q}$	
L	*L*	↑	*L*	*H*	*L*	*H*	Datenübernahme
L	*L*	↑	*L*	*L*	$Q_{(t-1)}$	$\overline{Q_{(t-1)}}$	keine Änderung
L	*L*	↑	*H*	*H*	$\overline{Q_{(t-1)}}$	$Q_{(t-1)}$	Invertierung

(*x*: *L* oder *H*, ↑: *LH*-Flanke, $Q_{(t-1)}$: Ausgangszustand vor der letzten *LH*-Flanke)

V 4028 D: 4 Bit-BCD-Dezimal-Decoder

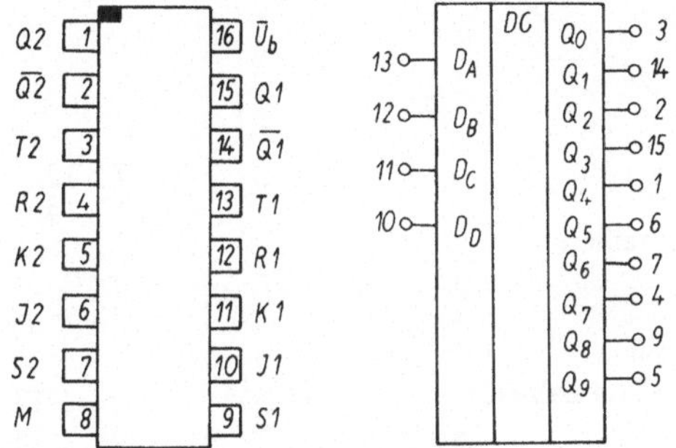

$\bar{U}_b$	Betriebsspannung	16
M	Masse	8
D_A, D_B, D_C, D_D	Dateneingänge	10, 13, 12, 11
$Q_0 \ldots Q_9$	Datenausgänge	3, 14, 2, 15, 1, 6, 7, 4, 9, 5

Funktionsweise:
Der Decoder wandelt ein 4 Bit-Eingangssignal D_A, D_B, D_C, D_D in ein dem Eingangssignal entsprechendes dezimales Ausgangssignal $Q_0 \ldots Q_9$ um.
Der ausgewählte Ausgang zeigt ein *H*-Signal, alle übrigen Ausgänge ein *L*-Signal.

Wahrheitstabelle:

Eingänge				Ausgänge									
D_A	D_B	D_C	D_D	Q_0	Q_1	Q_2	Q_3	Q_4	Q_5	Q_6	Q_7	Q_8	Q_9
L	*L*	*L*	*L*	*H*	*L*	*L*	*L*	*L*	*L*	*L*	*L*	*L*	*L*
H	*L*	*L*	*L*	*L*	*H*	*L*	*L*	*L*	*L*	*L*	*L*	*L*	*L*
L	*H*	*L*	*L*	*L*	*L*	*H*	*L*	*L*	*L*	*L*	*L*	*L*	*L*
H	*H*	*L*	*L*	*L*	*L*	*L*	*H*	*L*	*L*	*L*	*L*	*L*	*L*
L	*L*	*H*	*L*	*L*	*L*	*L*	*L*	*H*	*L*	*L*	*L*	*L*	*L*
H	*L*	*H*	*L*	*L*	*L*	*L*	*L*	*L*	*H*	*L*	*L*	*L*	*L*
L	*H*	*H*	*L*	*L*	*L*	*L*	*L*	*L*	*L*	*H*	*L*	*L*	*L*
H	*H*	*H*	*L*	*L*	*L*	*L*	*L*	*L*	*L*	*L*	*H*	*L*	*L*
L	*L*	*L*	*H*	*L*	*L*	*L*	*L*	*L*	*L*	*L*	*L*	*H*	*L*
H	*L*	*L*	*H*	*L*	*L*	*L*	*L*	*L*	*L*	*L*	*L*	*L*	*H*
alle anderen Kombinationen				*L*	*L*	*L*	*L*	*L*	*L*	*L*	*L*	*L*	*L*

V 4029 D: Synchroner binärer BCD-Vor-/Rückwärtszähler

$\bar{U}_b$	Betriebsspannung	16
M	Masse	8
IP_0, IP_1, IP_2, IP_3	Daten-Voreinstelleingänge	4, 12, 13, 3
Q_0, Q_1, Q_2, Q_3	Datenausgänge	6, 11, 14, 2
PE	Steuereingang parallel Einschreiben	1
$\overline{CI}$	Übertrageingang	5
$\overline{C0}$	Übertragausgang	7
$B/\bar{D}$	Steuereingang binär/dekadisch	9
$V/\bar{D}$	Steuereingang vorwärts/rückwärts Zählen	10
T	Takteingang	15

Funktionsweise:
Ein *H*-Signal am Steuereingang PE übernimmt die an den Voreinstelleingängen IP_0 bis IP_3 anliegende Information unabhängig vom Takt in die Zählstufen und sperrt diese Eingänge. Ein *L*-Signal am Eingang CI gibt den Takt T frei.
Der Zähler zählt auf die *LH*-Flanke des Taktes T, falls die Eingänge $\overline{CI}$ und PE ein *L*-Signal führen. Das Zählen wird unterbrochen, falls einer der beiden Eingänge auf *H* liegt.
Ein *L*-Signal an den Eingängen IP_0 bis IP_3 setzt die Datenausgänge Q_0 bis Q_3 auf *L*.
Der Übertragausgang $\overline{C0}$ geht von *H* nach *L*, wenn der Zähler seinen maximalen Zählerstand beim Vorwärtszählen ($V/\bar{D} = H$) bzw. seinen minimalen Zählerstand beim Rückwärtszählen ($V/\bar{D} = L$) erreicht hat. Bei *H*-Signal am Eingang $B/\bar{D}$ arbeitet der Zähler im Binärmodus, bei *L*-Signal im BCD-Modus.

Wahrheitstabelle „Steuerung":

Eingänge				Funktion
$B/\bar{D}$	$V/\bar{D}$	PE	$\overline{CI}$	
H	*x*	*x*	*x*	Binärmodus
L	*x*	*x*	*x*	BCD-Modus
x	*H*	*x*	*x*	vorwärts Zählen
x	*L*	*x*	*x*	rückwärts Zählen
x	*x*	*H*	*x*	Voreinstellen
x	*x*	*L*	*x*	nicht Voreinstellen
x	*x*	*x*	*H*	nicht Zählen
x	*x*	*x*	*L*	Zählen

(*x*: *L* oder *H*)

V 4030 D: Vier Exklusiv-OR-Gatter mit je zwei Eingängen

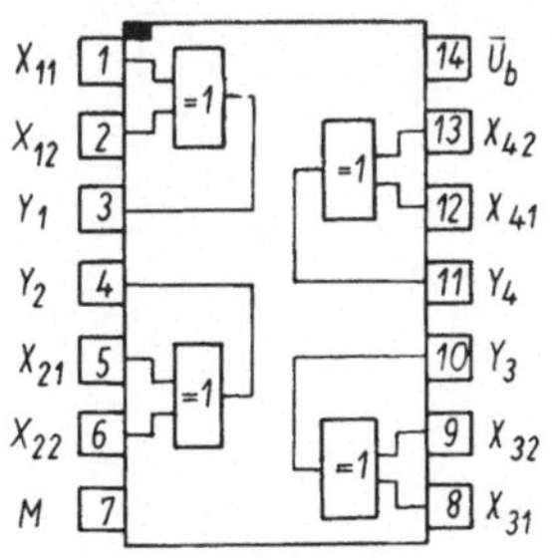

Logische Funktion: $Y_n = (\bar{X}_{n1} \wedge \bar{X}_{n2}) \vee (X_{n1} \wedge X_{n2}),\; n = 1 \ldots 4$

V 4051 D: 8 Kanal-Analog-Multiplexer/Demultiplexer

$\bar{U}_b$	Betriebsspannung	16
M_A	Masse für das Analogsignal	7
M_D	Masse für das Digitalsignal	8
$Z_0 \ldots Z_7$	Multiplexerein-/Demultiplexerausgänge	13, 14, 15, 12, 1, 5, 2, 4
Y	Multiplexeraus-/Demultiplexereingang	3
S_0, S_1, S_2	Steuereingänge zur Kanalauswahl	11, 10, 9
ZE	Ausgangssperreingang	6

Funktionsweise:
Mittels der Steuereingänge S_0, S_1 und S_2 wird genau ein Anschluß Z_i ($i = 0 \ldots 15$) ausgewählt und mit dem Anschluß Y verbunden.
Die am Anschluß Z_i anliegende Information erscheint am Anschluß Y (Multiplexbetrieb) und umgekehrt (Demultiplexbetrieb).
Die Verbindungen zwischen Y und allen anderen Anschlüssen Z_n ($n \neq i$) sind unterbrochen.
Durch *H*-Signal am Steuereingang ZE können unabhängig von der Belegung der Steuereingänge S_0, S_1 und S_2 alle 8 Verbindungen zwischen Y und Z unterbrochen werden.

Wahrheitstabelle:

Eingänge				Anschluß Z_i, der mit dem Anschluß Y verbunden ist
ZE	S_0	S_1	S_2	
L	*L*	*L*	*L*	Z_0
L	*H*	*L*	*L*	Z_1
L	*L*	*H*	*L*	Z_2
L	*H*	*H*	*L*	Z_3
L	*L*	*L*	*H*	Z_4
L	*H*	*L*	*H*	Z_5
L	*L*	*H*	*H*	Z_6
L	*H*	*H*	*H*	Z_7
H	*x*	*x*	*x*	keine Verbindung

(*x*: *L* oder *H*)

V 4093 D: Vier NAND-Gatter mit je zwei Eingängen mit Schmitt-Trigger-Verhalten

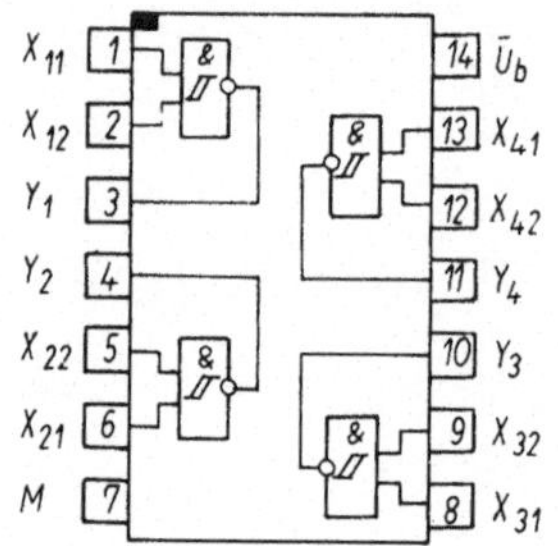

Logische Funktion: $Y_n = \overline{X_{n1} \wedge X_{n2}}$, n = 1...4

V 4520 D: Zwei 4 Bit-Binär-Vorwärtszähler

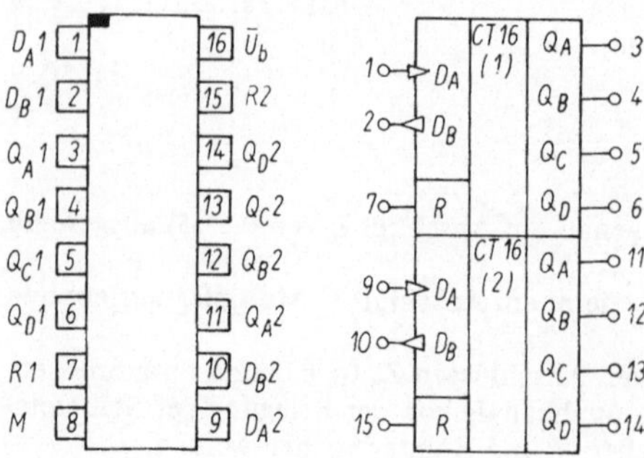

		CT1	CT2
$\bar{U}_b$	Betriebsspannung	16	16
M	Masse	8	8
D_A, D_B	Dateneingänge	1, 2	9, 10
Q_A, Q_B, Q_C, Q_D	Datenausgänge	3, 4, 5, 6	11, 12, 13, 14
R	Rücksetzeingang	7	15

Funktionsweise:
Die vier Zählstufen je Zähler sind D-Flipflops, die von den Dateneingängen D_A und D_B auf die zu zählende Flanke programmiert werden: Für $D_B = H$ wird an D_A auf die *LH*-Flanke, für $D_A = L$ wird an D_B auf die *HL*-Flanke gezählt.
Mittels *H*-Signal am Rücksetzeingang R werden die Datenausgänge Q_A bis Q_D auf *L* gesetzt.

Wahrheitstabelle:

Eingänge			Funktion
R	D_A	D_B	
L	↑	*H*	Zählen
L	*L*	↓	Zählen
L	↓	*x*	keine Änderung
L	*x*	↑	keine Änderung
L	*H*	↓	keine Änderung
L	↑	*L*	keine Änderung
H	*x*	*x*	Nullsetzen

(*x*: *L* oder *H*, ↑: LH-Flanke, ↓: HL-Flanke)